全国高影响天气
监测预报服务技术复盘(2023 年)

中国气象局

气象出版社
China Meteorological Press

内容简介

本书精选2023年具有重大影响的气象灾害与气候事件案例，系统复盘监测预报服务过程，通过深入剖析预报服务难点，凝练出一系列具有广泛推广价值的预报技术和方法，总结形成可复制、可借鉴的预报经验。此外，本书还对雷达卫星、多源融合数据等最新技术和产品应用及其在高影响天气、灾害性天气等监测预报服务中的作用进行了全面总结，旨在为预报员提供实用的指导和参考。

本书可供气象监测预报服务工作者和科研人员学习参考，也可供相关院校师生案例教学使用。

图书在版编目（CIP）数据

全国高影响天气监测预报服务技术复盘. 2023年 / 中国气象局编著. -- 北京 : 气象出版社, 2024. 6.
ISBN 978-7-5029-8234-8

Ⅰ. P45

中国国家版本馆CIP数据核字第20242F1K57号

Quanguo Gaoyingxiang Tianqi Jiance Yubao Fuwu Jishu Fupan(2023 Nian)

全国高影响天气监测预报服务技术复盘(2023年)

中国气象局　**编著**

出版发行：气象出版社

地　　址：北京市海淀区中关村南大街46号　　**邮政编码**：100081

电　　话：010-68407112(总编室)　010-68408042(发行部)

网　　址：http://www.qxcbs.com　　**E-mail**：qxcbs@cma.gov.cn

责任编辑：黄红丽　张玥滢　宋　祎　　**终　　审**：张　斌

责任校对：张硕杰　　**责任技编**：赵相宁

封面设计：博雅锦

印　　刷：北京地大彩印有限公司

开　　本：787 mm×1092 mm　1/16　　**印　　张**：23.25

字　　数：608千字

版　　次：2024年6月第1版　　**印　　次**：2024年6月第1次印刷

定　　价：208.00元

前　言

2022年4月,《全国高影响天气监测预报服务技术复盘(2021年)》首次发布,获得了来自业内各界的广泛关注。2023年,应气象部门预报员联盟(以下简称“联盟”)呼吁,中国气象局设立“复盘总结专项”,支持一线预报员针对重大灾害性天气过程和极端气候事件开展复盘研究。2023年4月,《新时代预报员队伍建设指导意见》(中气党发〔2023〕42号)印发,明确提出“加强技术复盘总结”。中国气象局领导多次指导技术复盘,要求注重科学性、针对性、实用性,在深度和实效上下功夫。预报与网络司等职能司组织多次全国技术复盘交流会,深挖复杂机理,着重原因分析。同时,联盟每年开展优秀预报预测案例评选,不断推动复盘总结工作常态化、制度化、规范化。

2023年我国灾害性天气频发,极端天气强发,气象灾害频现。暴雨过程致灾性强,尤其是台风“杜苏芮”造成的暴雨灾害影响最大;华北和黄淮出现1961年以来最强高温天气过程;冷空气过程偏多,年初、秋末和12月寒潮频繁;局地强对流天气致灾严重;沙尘天气多,首次沙尘天气过程出现早,影响较大。广大预报人员面对复杂天气形势,践行“人民至上、生命至上”理念,加强预报和复盘总结,不断提升预报精准水平,为气象防灾减灾筑牢第一道防线。

在中国气象局党组的关怀指导和职能司的大力支持下,联盟认真贯彻落实上级决策部署,坚持“质量为本”,遵循“唯实创新”，务求打造精品文集。一是助推复盘总结工作系统化。一方面鼓励优秀案例贡献人积极申报“复盘总结专项”，深入挖掘机理成因及预报得失；另一方面将部分获奖案例作为指定篇目纳入复盘文集，鼓励研究成果落地，形成“过程预报—案例立项—技术成果—业务应用”的良性循环。二是持续把好复盘论文质量关。在“专家跟踪”的基础上，今年共邀请50余位首席预报员及科研专家参与编审，充分发挥联盟委员和专家的指导作用，确保每篇技术复盘总结的针对性、深入性和可复用性。

《全国高影响天气监测预报服务技术复盘(2023年)》编制阶段共收到投稿64篇，较去年增多42%，体现了业内人士对复盘文集的认可和支持。文集最终精选25个具有重大影响的气象灾害与气候事件案例，通过深入剖析监测预报服务难点，凝练出一系列具有广泛推广价值的预报技术和方法。此外，本书还对雷达卫星、多源融合数据等最新技术和产品应用进行了全面总结，旨在为预报员提供实用的指导和参考。

最后，我们向所有参与《全国高影响天气监测预报服务技术复盘(2023年)》编写工作的作者、指导专家、审稿专家和工作人员表示最深切的感谢；同时，竭诚希望广大读者对本书提出宝贵意见，以促使我们不断改进。也期待更多的气象工作者能够加入到复盘总结工作中来，分享您的宝贵经验和独到见解，为推进气象科技能力现代化和社会服务现代化贡献智慧和力量。

作者

2024年6月

目　录

前言

第一部分　天气气候概述及气候事件复盘

2023 年汛期气候异常及预测评估 …… 3
2023 年松辽流域盛夏强降水过程成因分析和预测检验 …… 12
2023 年夏季华北和黄淮地区高温成因及次季节模式预测效果评估 …… 23

第二部分　重大天气过程复盘

一、台风和暴雨

“23·7”华北特大暴雨过程天气学成因和预报分析 …… 39
2305 号台风“杜苏芮”引发福建极端强降水特征及预报偏差分析 …… 53
2311 号台风“海葵”残涡引发的持续暴雨预报误差和难点分析 …… 65
2309 号超强台风“苏拉”路径预报误差分析及预报难点思考 …… 77
2023 年 8 月 1—4 日东北地区极端降水过程成因及预报难点分析 …… 87
2023 年 6 月 8—9 日广西北海热带低压极端暴雨成因及预报偏差分析 …… 99
2023 年 7 月 4 日重庆万州特大暴雨中尺度对流特征和地形作用分析 …… 110
2023 年 7 月 21—22 日杭州富阳致灾极端强对流暴雨过程分析 …… 123
2023 年 8 月 26 日湖北暴雨过程成因及预报偏差分析 …… 135
2023 年 7 月 23—24 日双西南涡与青藏高原切变线共存下的暴雨过程分析及启示 …… 149

二、强对流

2023 年 9 月 19 日江苏秋季强龙卷过程特征及预报预警分析 …… 165
2023 年 6 月 1 日辽宁多龙卷天气的观测特征及形成原因 …… 177
2304 号台风“泰利”海南儋州龙卷预报过程分析 …… 192

2023 年 5 月 5 日贵州混合型强对流成因及预报偏差分析 …… 202
2023 年 8 月 8 日成都大运会闭幕式强对流天气分析与预报服务 …… 216

三、强降雪

2023 年 12 月中旬我国持续雨雪低温天气特征及预报难点 …… 227
2023 年 11 月 4—6 日气旋背景下东北地区一次极端雨雪过程成因分析 …… 241
2023 年 2 月 12 日河北中南部雨雪天气的相态特征及成因分析 …… 260
2023 年 2 月 7—8 日西北地区东部回流暴雪天气过程分析 …… 271
2023 年 5 月上旬南疆东部极端低温雨雪天气成因及预报检验 …… 283

四、沙尘

2023 年 3 月 19—23 日强沙尘暴过程溯源和预报难点分析 …… 295
2023 年春季内蒙古区域性强沙尘暴成因及来源解析 …… 307

第三部分　预报技术支撑

2023 年风云气象卫星技术进展及天气应用分析 …… 321
2023 年综合气象观测高影响天气应用技术进展 …… 336
2023 年气象数据产品的快速服务技术研究与应用 …… 351

第一部分

天气气候概述及气候事件复盘

2023 年汛期气候异常及预测评估

支　蓉　高　辉　孙　冷
（国家气候中心，北京，100081）

摘　要：2023 年夏季，我国整体表现为高温少雨，旱涝分布不均。华北、西北等地阶段性高温事件异常突出，长江流域的高温干旱强度明显弱于 2022 年同期。夏季台风生成和登陆个数虽然均较常年偏少，但破坏力强。2023 年汛期较好地预测了主要多雨带在我国北方的特征，对松花江流域、海河流域出现的较重汛情做出了准确的判断，对夏季热带气旋的生成个数、主要路径、影响区域的预测与实况较为相符。预测夏季全国大部地区气温偏高的特征与实况也一致，正确预测了长江流域发生类似 2022 年夏季大范围持续性高温干旱事件的可能性低。汛期预测的主要不足之处是对华南地区的降水预测与实况出现较大偏差，对华北、黄淮等地的高温极端性估计不足。针对 2023 年汛期降水的前兆信号及其预报性能进行了回顾和评估，无论是年代际尺度还是年际尺度外强迫信号，均对我国北方主要多雨带有较好的指示意义，但对华南降水的预测信息与实况相反。

关键词：夏季降水，高温热浪，热带气旋，前兆信号

引言

我国是全球气象灾害最为频发的国家之一[1,2]，短期气候预测的准确性直接关系到国家防灾减灾的重大决策部署，具有非常重要的现实意义。面对重大国家需求，我国从 1954 年开始正式发布相关预测产品，经过几十年坚持不懈的科学研究和业务实践相结合，在短期气候预测水平及服务方面取得了显著提升，为保护人民生命财产安全及国家防灾减灾作出了重要贡献[3]。

我国地处全球季风性气候特征最显著的区域之一，受东亚季风系统复杂性影响，短期气候预测难度极大。具体到夏季气候异常而言，不仅影响因子众多[4-7]，且涉及的时间尺度也很复杂[8-10]，导致预测实践中往往极难准确捕捉发挥决定性作用的前兆信号，从而影响预测结果的准确性。

2023 年夏季，我国气候整体表现为高温少雨，旱涝分布不均。根据国家气候中心统计，夏季全国平均气温为 1961 年以来历史同期第二高。主要多雨区出现在东北和华北等地；海河和松花江流域降水明显偏多，珠江流域明显偏少。暴雨过程频繁，短时强降雨、雷暴、风雹、龙卷等灾害多点散发、致灾性强，华北、东北等地强降水引发了严重洪涝灾害，出现明显的“旱涝急

资助项目：国家自然科学基金重点项目（42130610）、国家重点研发计划（2017YFC1502300）、国家自然科学基金面上项目（41975088）和中国气象局重点创新团队（CMA2023ZD03）共同资助。

第一作者：支蓉，主要从事短期气候预测研究，E-mail：zhirong@cma. gov. cn。
通信作者：高辉，主要从事短期气候预测研究，E-mail：gaohui@cma. gov. cn。

转”。台风生成和登陆个数少,但破坏力强,台风“杜苏芮”导致严重洪涝灾害;高温日数多,极端性强。本文首先回顾了2023年夏季我国气候异常实况并与预测结果进行对比,总结预测成功与不足之处;然后重点回顾了超前2～3个月预测汛期降水的前兆信号及预测效果;最后总结了汛期预测中存在的科学问题及对未来研究方向的思考。

1 2023年夏季气候异常特征及预测效果评估

1.1 大气环流

2023年夏季,东亚夏季风较常年同期偏强,有利于我国东部主雨带整体偏北[11]。夏季平均500 hPa位势高度距平场显示,欧亚中高纬呈“两槽一脊”的异常型分布,环流经向度较小,有利于我国大部气温偏高,尤其是北方地区处于高压脊控制之下,异常偏高幅度明显大于南方地区。夏季对流层中层西太平洋副热带高压(简称“西太副高”)强度较常年明显偏强、西伸脊点偏西、脊线略偏北,但菲律宾以东西太副高主体区域附近对流层低层850 hPa距平风场为气旋式环流异常,表现出与对流层中层位势高度正异常明显不匹配的特征。在对流层低层气旋式环流异常影响下,我国东部地区受偏北风异常影响,尤其是华南等地水汽输送及辐合条件较差,降水偏少[12]。

3月底进行全国汛期会商时,准确预测了东亚夏季风较常年同期偏强、欧亚中高纬环流经向度较小以及西太副高偏强、偏西、偏北等主要环流特征,因此准确预测了主要多雨带在我国北方、全国整体以偏暖为主等气候异常特征。对环流预测的不足主要体现在未能准确预判西太副高主体区域附近出现的对流层中、低层环流异常不匹配的现象,进而导致对汛期华南降水的预测与实况出现较大偏差。

1.2 降水

2023年夏季,全国平均降水量为319.9 mm,较常年同期(331.5 mm)偏少3.5%。从空间分布特征来看(图1a),我国中东部降水整体呈“北多南少”型,降水明显偏多的区域主要集中在东北、华北等地,大部地区降水偏多2成以上,局部偏多5成至1倍。中东部其余大部地区降水则较常年同期偏少约2成,部分地区偏少约5成。我国西部地区的降水异常空间分布特征与中东部地区近似相反,整体呈“北少南多”分布,西藏东部及西南南部等地降水较常年同期偏多约2成,新疆及西北地区大部降水则较常年同期明显偏少,部分地区偏少达5～8成[12]。

将降水实况(图1a)和3月底发布的降水预报(图1b)进行对比可以看出,2023年夏季准确预测了我国中东部地区北方降水偏多的特征,并对松花江流域、海河流域可能出现的较重汛情做出准确判断。对西部地区降水“北少南多”的预测也与实况一致。预报不足之处主要有两点,一是对华南、江南等地降水偏多的预测与实况相反;二是对长江流域中游降水偏少的预测与实况不符。

在6月底对盛夏(7—8月)降水的预测中(图2b),将东部主要多雨带向南扩大,主要多雨带经向度有所加大，预测东部沿海更大范围区域降水偏多；此外，南方多雨区向西收缩，主要位于西南地区南部至华南，强度较 3 月底发布的夏季预测（图 1b）有所减弱。对比实况（图 2a），盛夏降水预测的调整与实况更为接近，取得了较好的预报效果。

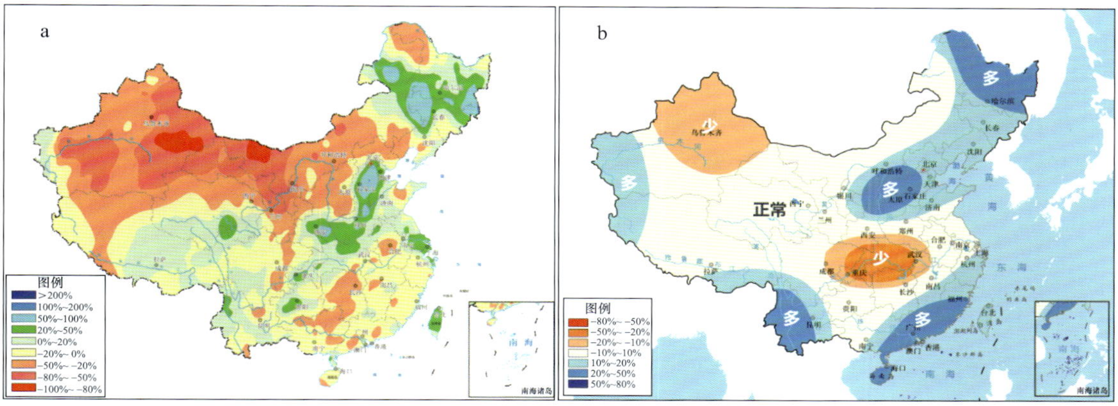

图 1　2023 年夏季全国降水量距平百分率分布实况(a)、3 月底发布预测(b)(%)

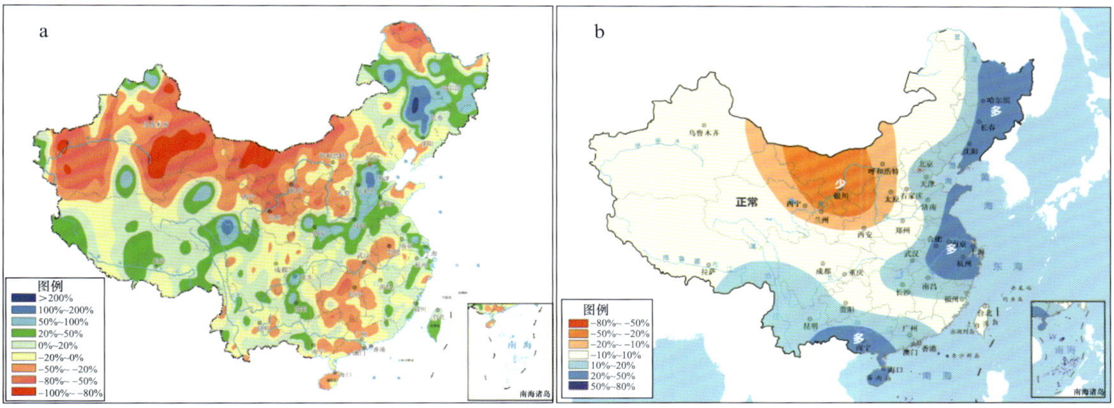

图 2　2023 年盛夏(7—8 月)全国降水量距平百分率分布实况(a)、6 月底发布预测(b)(%)

1.3　我国东部季风和雨季进程

我国东部地区受到季风活动的显著影响，因此汛期东部雨带随着季风活动自南向北推进。针对主要雨季的起止时间、强度等特征的预测是汛期重要预测内容之一。2023 年，对东亚夏季风及我国东部主要雨季进程的预测结果与实况基本相符，具体情况如下：2023 年 5 月初预测南海夏季风于 5 月 16 日暴发，暴发时间接近常年；实况为 5 月 14 日暴发，接近常年同期（5 月第 4 候），略偏早。江南梅雨和长江梅雨于 6 月 16 日同时开始，江淮梅雨于 6 月 25 日开始，均较常年偏晚。在 6 月进行的梅雨预测会商结论为江南梅雨和长江梅雨开始较常年偏晚，江淮梅雨开始时间接近常年，预测与实况基本一致。华北雨季于 7 月 22 日开始，较常年偏晚，在 7 月进行的相关会商中也准确预测了华北雨季开始偏晚的特征。

1.4 热带气旋

2023 年夏季,在西北太平洋和南海地区共有 10 个热带气旋生成,生成数较常年同期略偏少,其中有 2 个热带气旋登陆我国,较常年同期明显偏少。热带气旋的活动路径以西行和西北行为主,主要影响我国华南和华东沿海。其中,台风“杜苏芮”和“卡努”残余环流深入内陆并北上,对我国华北、东北等地降水造成了极为明显的影响。从强度上来看,编号的 10 个热带气旋中,有 8 个达到台风及以上级别,其中有 4 个达到超强台风级别,整体强度偏强(表 1)。

2023 年夏季西北太平洋和南海地区热带气旋生成个数预测接近实况,对热带气旋的强度和主要活动路径预测与实况较为一致,预测主要影响区域为华南东部沿海及华东,与实况也基本相符。但预测登陆的热带气旋个数与实况存在一定偏差,预测登陆个数接近常年,实况则明显偏少。此外,在 3 月底的预测中明确指出“发生北上高影响台风的可能性较常年大”,实况显示 2305 号超强台风“杜苏芮”和 2306 号超强台风“卡努”对我国北方地区降水造成了极大影响[12],预测与实况比较一致,取得了较好的服务效果。

表 1 2023 年夏季西北太平洋热带气旋活动预测评估

预测对象	预测	实况	评估
生成个数/个	10～13	10	趋势一致
登陆个数/个	4～6	2	趋势不一致
路径	西行和西北行	西行和西北行	趋势一致
影响区域	华南东部沿海、华东、北方	华南、华东沿海、华北、东北	趋势一致
强度	偏强	偏强	趋势一致

1.5 气温

2023 年夏季,全国平均气温为 22.0 ℃,较常年同期(21.2 ℃)偏高 0.8 ℃,位列 1961 年以来历史第 2 位,仅次于 2022 年同期。从空间分布特征来看(图 3a),全国大部地区气温接近常年同期或偏高,其中华北东部、内蒙古西部、西北地区北部、新疆大部等地偏高达 1～2 ℃,局部偏高达 2～4 ℃,我国北方地区偏暖幅度较南方地区更为明显。此外,华北、黄淮等地高温日数异常偏多、极端性强。6 月 21 日—7 月 12 日,华北和黄淮出现 1961 年以来最强高温天气过程,持续时间为 22 d,为 1961 年以来最长,35 ℃以上覆盖 400 站(占华北和黄淮总站数 96%),为 1961 年以来历史最多;37 ℃以上覆盖 355 站,为 1961 年以来最多;40 ℃以上覆盖 197 站,为 1961 年以来第二多;有 123 站日最高气温达到极端阈值,北京汤河口(41.8 ℃)、河北井陉(43.3 ℃)等 26 站突破历史纪录。此阶段高温对华北和黄淮影响较大,对电力等多个行业带来不利影响,引起了广泛关注。较之,2023 年夏季我国长江流域的高温干旱现象与 2022 年夏季相比极端性明显下降[12]。

从 3 月底发布的气温预测(图 3b)与实况(图 3a)的对比可以看到,2023 年夏季准确预测了我国大部气温较常年同期偏高的趋势,并正确指出长江流域发生类似 2022 年大范围持续性高温干旱事件的可能性低,上述预测均与实况相符,取得了较好的服务效果。不足之处是对华北、黄淮区域性高温过程的极端程度估计不足。预测华北、黄淮夏季平均气温较常年同期偏高 0.5～1 ℃,实况则是上述区域气温较常年同期偏高达 1～2 ℃,其中 6—7 月,华北、黄淮多个国家气象站日最高气温及高温日数达到或突破历史极值,表现出较强的极端性。

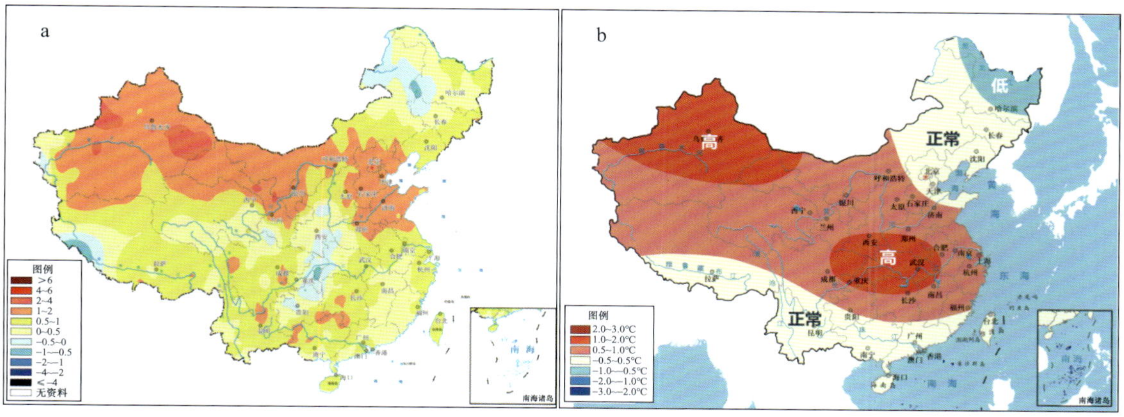

图 3　2023 年夏季全国气温距平分布实况(a)、3 月底发布预测(b)

2　2023 年汛期降水预测先兆信号及应用

我国地处东亚季风区,夏季降水异常与东亚夏季风系统直接相关。年代际尺度上,海温外强迫信号对东亚夏季风系统的影响是造成中国东部汛期主雨带位置存在显著年代际变化的重要原因[8-10,13-14]。年际尺度上,东亚夏季风系统受到三大洋海温异常、欧亚和高原积雪以及北极海冰等诸多外强迫信号的影响[4-7],这些外强迫信号也往往成为汛期降水年际变化最重要的预测信号来源。由于汛期降水异常往往是多尺度、多因子协同作用下的最终表现,因此 2023 年汛期降水预测制作过程中较广泛地讨论了多尺度、多因子外强迫信号的前期异常及对汛期降水的可能影响,其共性特征成为汛期降水预测的重要参考。

2.1　年代际尺度先兆信号

监测显示,自 2020 年以来,太平洋年代际涛动(PDO)处于持续的负位相状态(图 4a)。2023 年 3 月,结合动力气候模式对全球海温的预测,未发现 PDO 有明显的位相转折信号出现,同时海温对大气的影响存在一定的滞后性,因此判断 2023 年夏季东亚气候异常受 PDO 负位相影响概率较大。太平洋年代际海温外强迫信号将有利于东亚夏季风偏强,我国华北等地降水偏多[8],该分析与 2023 年夏季实况相符。此外,大西洋多年代际振荡(AMO)自 2020 年以来基本维持持续的正位相特征(图 4b),同样有利于东亚夏季风偏强,我国东部汛期主要多雨带偏北[9]。根据前人的研究,同时考虑来自太平洋和大西洋的年代际海温异常信号的叠加作用,在 PDO 负位相和 AMO 正位相同时出现的情况下,更加有利于我国北方地区降水偏多[10,13-14]。但需要指出的是,在此情况下,我国东部夏季降水呈现出三极子型结构特征的概率较大,除了华北等地降水偏多外,长江中下游与华南分别呈现降水偏少和偏多的特征,而这一统计特征与2023年夏季实况几乎相反,一方面说明各大洋海温影响叠加的复杂性,另一方面也可能与东亚夏季气候异常受不同尺度外强迫信号的综合影响有关。

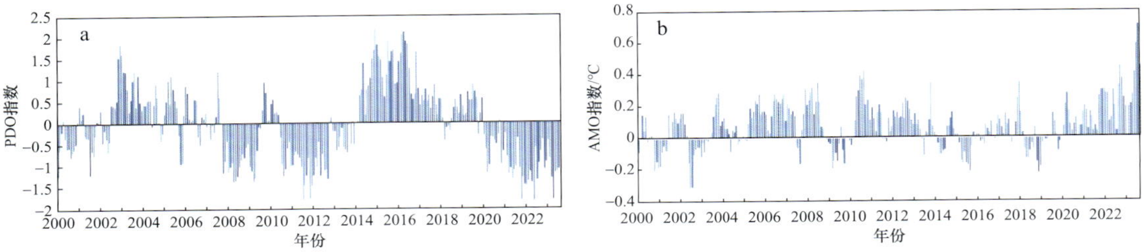

图4　2000年1月—2023年8月PDO指数(a)、AMO指数(b)逐月演变

2.2　年际尺度先兆信号

赤道中东太平洋于2020年8月—2021年3月经历了一次中等强度的拉尼娜事件,此后赤道中东太平洋海温一直维持较常年同期偏冷的状态,并于2021年9月—2023年1月再次发生弱拉尼娜事件。作为年际气候变化中的最强信号,赤道中东太平洋前后延续3年左右的冷水状态引起了广泛关注。多年拉尼娜延续期间,其对东亚每一个夏季气候异常的影响可能存在显著差异,因此需要分别诊断[15-18]。据此,国家气候中心在2023年汛期预测过程中,对持续拉尼娜事件中第一、第二和第三个夏季降水异常空间特征及差异进行了统计分析,从图5a、图5b可以看出,第一个拉尼娜次年夏季,我国中东部降水整体表现出长江及其以北偏多、华南等地偏少的特征,主要降水落区集中在江淮附近;第二个拉尼娜次年夏季,我国东部雨带较第一个拉尼娜次年夏季有较明显的北抬,降水偏多的区域主要位于华北、东北等地。在进行预测的过程中,首先检验了2021年夏季和2022年夏季实况(图5d、图5e)与多年拉尼娜事件相关影响的统计特征之间的一致性,发现二者基本相符。由此认为,多年拉尼娜事件对夏季降水的不同影响确实存在,需要在预测过程中予以充分考虑。因此对历史上类似的第三个拉尼娜次年夏季降水也做了典型年合成分析,并比较了其与第一个、第二个拉尼娜次年夏季降水的区别。对比图5c和图5a、图5b可以发现,第三个拉尼娜次年夏季,我国东部地区降水呈现出较清晰的三极子型特征,华北至东北南部降水易偏多,但其强度较第一个、第二个拉尼娜次年夏季有所减弱。与此同时,华南降水明显加强,其雨带强度甚至有超过北方雨带的可能,这也是将2023年年汛期降水预报图布局为以三极子型空间分布特征为主的重要原因。然而实况(图5f)表明,2023年夏季我国北方地区确实存在一条雨带,且强度弱于2021年和2022年夏季,似乎符合第三个拉尼娜次年夏季的降水典型形态,但华南地区降水却并未表现出明显偏多的特征,造成对华南等地降水预报的失败。使用夏季降水量距平百分率进行合成的结果(图略)与使用夏季降水量正距平频次进行合成的结果相似,图5a～图5c中的极端大/小值区域与使用夏季降水量距平百分率进行合成时的高信度区域基本重合。

实际上,在2023年3月进行汛期预测时,不仅是来自热带太平洋的海温异常信号指示夏季华南等地可能多雨,在对印度洋、大西洋的海温信号以及青藏高原的热力作用信号进行分析时,也得到了类似的结论。热带印度洋偶极子正位相、北大西洋三极子负位相以及前冬青藏高原积雪偏少均倾向于夏季我国东部雨带出现三极子型特征[5,19,20],除了位于华北等地的北方雨带外,在华南也会出现一条比较明显的雨带(图略)。

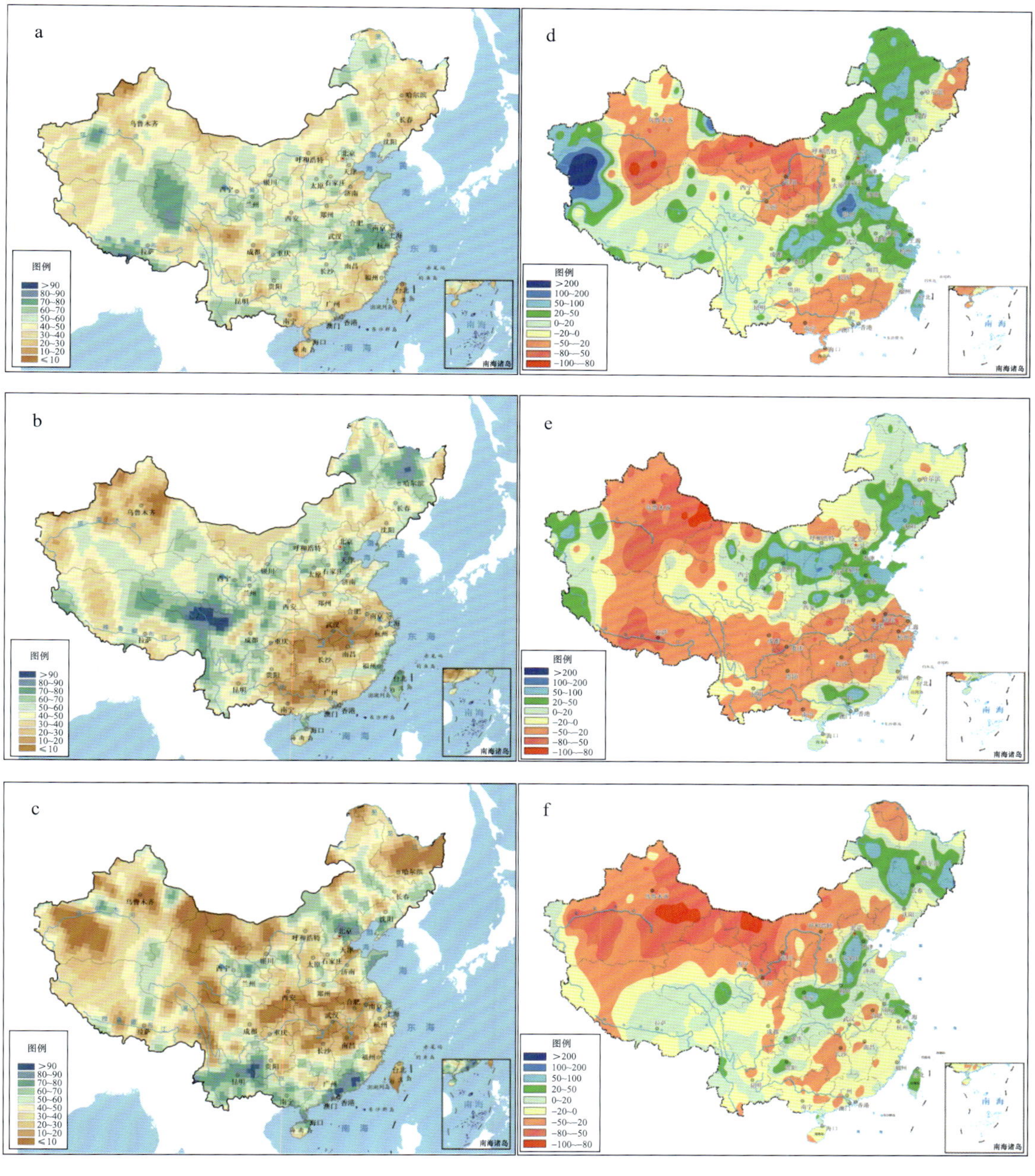

图 5　第一个(a)、第二个(b)、第三个(c)拉尼娜次年夏季降水量正距平频次合成图；
2021 年(d)、2022 年(e)、2023 年(f)夏季降水量距平百分率分布(%)

2.3　华南降水预测失误原因分析

由上述分析可知，在 2023 年的汛期预测中，常用的年代际尺度和年际尺度前兆信号对华南多雨带的指示意义与实况偏差很大。2023 年 3 月底预报汛期“华东南部、华南中东部及西南地区南部降水偏多”，实况为上述区域降水整体较常年同期偏少 1～2 成，尤其是华南降水预测偏差较大;但若考虑9月上旬台风影响,用6月1日—9月10日降水代替夏季降水,则东南沿海降水偏多约1～2成,与预测的趋势基本一致。

造成华南降水预测失误的重要原因之一是大气环流在对流层中层和低层的不匹配[12],这在历史上非常少见。从历史实况对比看,在西太副高偏强、偏西的年份往往低层为反气旋式距平风场,长江以南的华东、华南等地很难同时出现大面积少雨。但在2023年夏季对流层中层西太副高偏强、偏西的情况下,对流层低层却出现了气旋式距平环流,其西侧为北风距平分量,不利于热带水汽向南方沿海地区的输送,是华南等地降水大面积偏少的最直接原因(图6)。在3月底进行汛期预测时,我们预计华南等地降水将受到对流层低层反气旋式距平环流的影响,这与实况相反,也导致我们对华南降水的预测与实况偏差较大,关于对流层低层气旋式距平环流长时间维持的原因还有待于进一步分析。

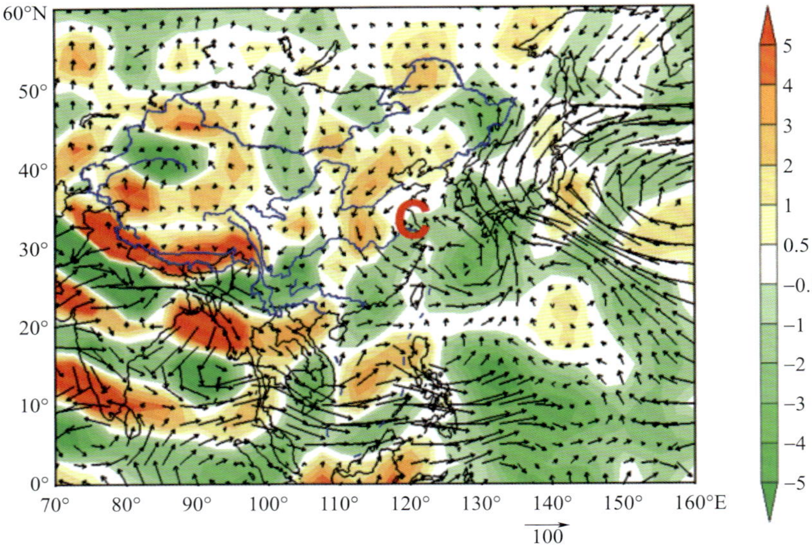

图6　2023年夏季整层水汽通量(矢量,单位:kg·m^{-2}·s^{-1})和水汽通量散度(填色,单位:10^{-5}kg·m^{-2}·s^{-1})距平(图中红色字母C表示气旋式距平环流中心)

3 结论与讨论

2023年汛期预测较好地把握了我国北方多雨的特征,对松花江流域、海河流域可能出现的较重汛情做出了准确的预测预警。在台风方面,准确预测了夏季和盛夏、“七下八上”等重点时段生成和登陆的热带气旋个数偏少、主要路径以西行和西北行为主、同时北上高影响台风可能性大等趋势,取得了较好的服务效果。在气温方面,对夏季全国大部地区气温偏高的特征预测与实况一致,并明确指出,长江流域发生类似2022年大范围持续性高温干旱事件的可能性低。预测过程中,综合考虑了年代际尺度影响因子和年际尺度外强迫信号。从预测效果来看,无论是在年代际尺度还是年际尺度上,各前兆预报因子均能对我国东部地区的北方多雨带有正确的指示意义。

2023年汛期预测依然存在不足之处,尤其是对华南降水偏多的预测与实况出现较大偏差。汛期后的复盘分析表明，所有的因子在华南降水异常的指示意义上给出了一致错误的信息，几个业务预测中技巧相对较高的模式及其多模式集合的预报结果也同样在华南降水预测上给出与诊断预测类似的偏差，最终导致对华南降水形势的判断与实况不符。

通常华南气候预测的技巧要高于北方，但如此多因子的前兆信号和模式均在该地区出现类似的指示意义错误极为少见。2023 年夏季我国中东部地区雨型分布并不典型，与前人研究中提出的几类经典雨型均存在较大差异，这也给预报增加了极大的难度，其潜在原因和物理机制还需在未来进一步深入探讨。此外，西太副高区域附近对流层中、低层环流场出现明显不匹配的原因以及动力模式对华南降水预测出现较大误差的来源等问题也需要在今后深入分析。

参考文献

[1] 黄荣辉，蔡榕硕，陈际龙，等. 我国旱涝气候灾害的年代际变化及其与东亚气候系统变化的关系[J]. 大气科学，2006，30(5)：730-743.
[2] 郑国光. 中国气候[M]. 北京：气象出版社，2019.
[3] 李维京. 现代气候业务[M]. 北京：气象出版社，2012.
[4] ZHANG R H，SUMI A，KOTO M. A diagnostic study of the impact of El Niño on the precipitation in China[J]. Adv Atmos Sci，1999，16(2)：229-241.
[5] 张顺利，陶诗言. 青藏高原积雪对亚洲夏季风影响的诊断及数值研究[J]. 大气科学，2001，25(3)：372-390.
[6] 陈丽娟，袁媛，杨明珠，等. 海温异常对东亚夏季风影响机理的研究进展[J]. 应用气象学报，2013，24(5)：521-532.
[7] HAN T T，ZHANG M H，ZHU J W，et al. Impact of early spring sea ice in Barents Sea on midsummer rainfall distribution at Northeast China[J]. Climate Dyn，2021，57(3)：1023-1037.
[8] 朱益民，杨修群. 太平洋年代际振荡与中国气候变率的联系[J]. 气象学报，2003，61(6)：641-654.
[9] LU R Y，DONG B W，DING H. Impact of the Atlantic multidecadal oscillation on the Asian summer monsoon[J]. Geophys Res Lett，2006，33：L24701.
[10] ZHANG Z Q，SUN X G，YANG X Q. Understanding the interdecadal variability of East Asian Summer monsoon precipitation：Joint influence of three oceanic signals[J]. J Clim，2018，31(14)：5485-5506.
[11] 张庆云，陶诗言，陈烈庭. 东亚夏季风指数的年际变化与东亚大气环流[J]. 气象学报，2003，61(4)：559-568.
[12] 支蓉，高辉，孙冷. 2023 年夏季我国气候异常特征及成因分析[J]. 气象，2024，50(1)：99-109.
[13] ZHU Y L，WANG T，MA J H. Influence of internal decadal variability on the summer rainfall in eastern China as simulated by CCSM4[J]. Adv Atmos Sci，2016，33：706-714.
[14] YANG Q，MA Z G，FAN X G，et al. Decadal modulation of precipitation patterns over east China by sea surface temperature anomalies[J]. J Clim，2017，30：7017-7033.
[15] RAJ DEEPAK S N，CHOWDARY J S，DANDI A R，et al. Impact of multiyear La Niña events on the South and East Asian summer monsoon rainfall in observations and CMIP5 models[J]. Clim Dyn，2019，52(11)：6989-7011.
[16] HUANG G S，WANG R，LIU J P，et al. Seasonally evolving impacts of multiyear La Niña on precipitation in southern China[J]. Front Earth Sci，2022，10：884604.
[17] 赵俊虎，陈丽娟，章大全. 2021 年夏季我国气候异常特征及成因分析[J]. 气象，2022，48(1)：107-121.
[18] 章大全，袁媛，韩荣青. 2022 年夏季我国气候异常特征及成因分析[J]. 气象，2023，49(1)：110-121.
[19] 李崇银，穆明权. 赤道印度洋海温偶极子型振荡及其气候影响[J]. 大气科学，2001，25(4)：433-443.
[20] ZUO J Q，LI W J，SUN S H，et al. Impact of the north atlantic sea surface temperature tripole on the east asian summer monsoon[J]. Adv Atmos Sci，2013，30：1173-1186.

2023 年松辽流域盛夏强降水过程成因分析和预测检验

付冬雪[1]　吴　捷[2]　潘春晓[1]　杨雪艳[1]　石大明[1]
(1. 吉林省气候中心,长春,130062;2. 国家气候中心,北京,100081)

摘　要:采用 ERA5 再分析数据集(欧洲中期天气预报中心第五代)、NCAR/NCEP 再分析数据集(美国国家大气研究中心和美国国家环境预报中心再分析数据集)以及多种模式资料,运用多种统计方法,对 2023 年盛夏松辽流域强降水过程的成因和预测效果进行了分析。结果表明:2023 年盛夏松辽流域降水偏多、强度偏大,强降水中心位于嫩江流域和松花江干流;西太平洋副热带高压(简称副高)位置阶段性偏北以及强度的异常变化是导致降水异常偏多的主要原因之一;高低空急流的周期性建立与耦合是松辽流域盛夏降水异常的一个关键环流因子;7 月下旬—8 月来自高纬的冷空气不断南下导致松辽流域降水偏多偏强。BCC 动力模式(中国气象局短期气候预测动力气候模式)基本能够预测松辽流域降水偏多的整体特征,但对降水异常空间分布的预测能力仍有不足。

关键词:松辽流域,强降水,高低空急流

引言

松辽流域位于我国东北部,涉及辽宁、吉林、黑龙江三省和内蒙古自治区的东四盟,主要河流有辽河、松花江、黑龙江、乌苏里江、绥芬河、图们江、鸭绿江以及独流入海河流等。松辽流域高空盛行西风带,具有西风带天气和气候特色,为温带大陆性季风气候区,降水时空分布不均[1,2],夏季暴雨、强对流天气多发,具有空间分布不均、突发性强、雨强大、降水时间集中等特点[3,4]。松辽流域夏季常出现洪涝灾害[5,6],危害人民群众生命和财产安全。已有学者对该区域降水年际和年代际变化特征进行了研究[7-11],然而松辽流域盛夏降水预测难度大,对其异常机理的认识仍然不够全面深入。此外,针对中国夏季气候要素预测检验分析较多[12-16],但对松辽流域盛夏降水成因及预测检验研究较少。

2023 年盛夏(7—8 月)松辽流域平均降水量为 333.7 mm,较常年同期偏多 24.9%,强降水中心位于嫩江流域,降水为 369.3 mm,较常年多近 60.2%,居历史同期降水偏多第 3 位;松花江流域降水为 363 mm,较常年多 31.1%,松花江干流降水为 379.6 mm,较常年多 44.3%,居历史同期降水偏多第 4 位,使松辽流域出现洪涝灾害。本文采用多种观测及模式资料,对 2023 年盛夏松辽流域强降水过程的成因和预测效果进行总结和讨论。

资助项目:中国气象局创新发展专项(CXFZ2024Q006)、吉林省气象局技术发展专项(202302)和中国气象局青年创新团队(CMA2024QN06)共同资助。

第一作者:付冬雪,正高级工程师,从事气候预测研究,E-mail:dongxue_361@sina.com。
通信作者:吴捷,高级工程师,从事气候预测研究,E-mail:wujie@cma.gov.cn。

1 资料和方法

本文所采用的站点资料来源为中国气象局国家气象信息中心整编的中国国家级地面气象站基本气象要素日值数据集，松辽流域共204个台站。大气环流资料采用NCAR/NCEP再分析逐日格点资料以及欧洲中期天气预报中心（ECMWF）提供的ERA5逐日再分析数据集，使用的变量包括经向风、纬向风、垂直风速、位势高度、散度等，其中NCAR/NCEP再分析资料分辨率为2.5°×2.5°经纬度，ERA5资料分辨率为1°×1°经纬度。文中西太平洋副热带高压各指数采用刘芸芸等[17]定义的指标。

2 2023年盛夏松辽流域降水时空特征

松辽流域盛夏降水整体偏多，其中7月平均降水量为184.3 mm，较常年多30.6%，居历史同期降水偏多第8位，强降水中心位于嫩江以及松花江干流。7月松花江流域降水较常年偏多30%左右；嫩江流域降水较常年偏多近70%，居历史同期降水偏多第2位；辽河流域降水较常年偏多20%。8月松辽流域降水平均降水量为149.4 mm，较常年多18.6%，其中松花江流域降水较常年多20%，松花江干流和嫩江较常年偏多40%～50%。额尔古纳河、鸭绿江、图们江、绥芬河、乌苏里江降水多30%～200%。

表1为2023年松辽流域盛夏各区域暴雨日站数，松辽流域2023年7—8月共216个站出现暴雨，比常年偏多34.7%，其中嫩江流域站数55个，较常年平均偏多205.6%；松花江流域累计51个，较常年平均多9%；而松花江干流为39个，较常年平均偏多48.3%。流域中额尔古纳河与绥芬河出现暴雨的站数增长较多，分别较常年平均偏多462.5%和775%。

表1 2023年松辽流域盛夏各区域暴雨日站数

区域	2023年盛夏暴雨日站数/个	暴雨日站数气候平均/个	2023年暴雨日站数距平百分率
松辽流域	216	160.4	34.7%
松花江流域	51	46.8	9%
嫩江	55	18	205.6%
松花江干流	39	26.3	48.3%
额尔古纳河	9	1.6	462.5%
绥芬河	7	0.8	775%

从1960—2023年松辽流域盛夏（7—8月）降水量年际变化曲线上来看（图1），2023年松辽流域盛夏降水量明显高于常年平均值，并且从2017年开始，松辽流域一直处于多雨态势，位于多雨年代际周期。从降水的时间-纬度剖面图（图2）可以看出，松辽流域盛夏一共发生7次强降水过程，7月上旬强降水中心位置偏北，7月4—10日为多雨时段，累积降水量62.2 mm，较常年平均偏多124%；7月下旬强降水中心偏南；8月2—5日受台风“杜苏芮”影响，松辽流域出现明显降水，较常年偏多了129%；8月中旬松辽流域降水有所减弱，20日前后再次出现强降水，期间主雨带有小幅的南北摆动。

总体来说，2023年盛夏松辽流域降水偏多，强度偏大，嫩江及松花江干流降水明显偏多。

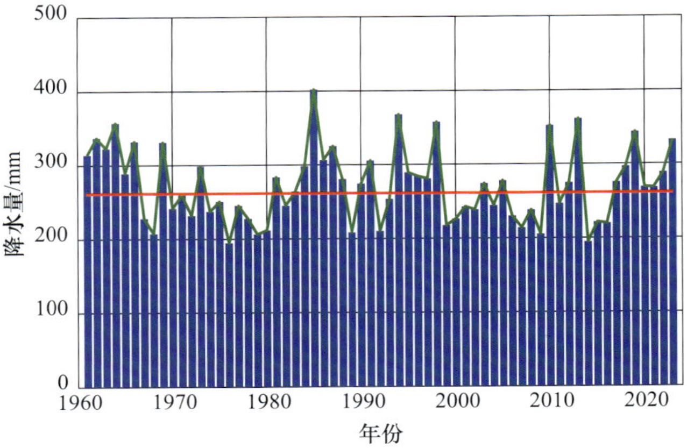

图 1　1960—2023 年松辽流域盛夏(7—8 月)降水量年际变化
(红色直线为 1990—2020 年气候态平均值)

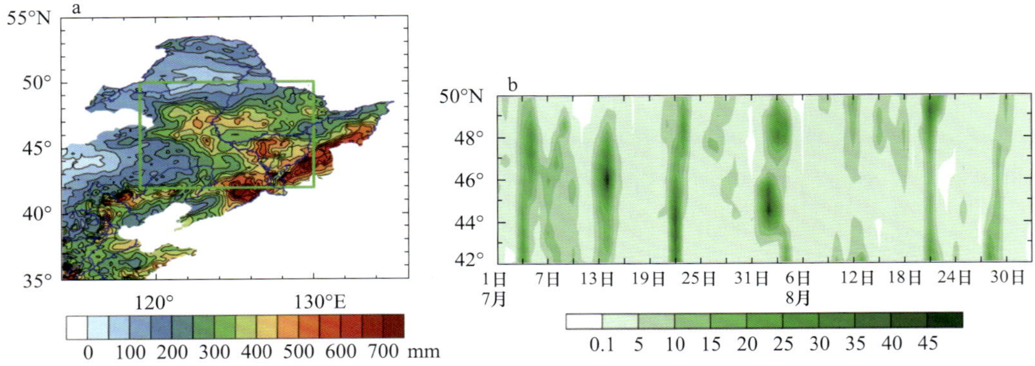

图 2　2023 年松辽流域盛夏(7—8 月)总降水量(a)和沿 119°—130°E
平均逐日降水量的时间-纬度剖面图(b)
(图 a 绿色框内为计算逐日平均降水量区域)

那么,是什么样的大气环流系统配置和变化导致松辽流域 2023 年出现如此强的降水?下面将从大尺度大气环流的演变特征入手,着重分析中高纬环流系统及夏季风环流演变与松辽流域强降水过程的关系,探讨降水异常的可能原因。

3　2023 年盛夏松辽流域降水异常成因分析

3.1　松辽流域降水与大尺度环流异常联系

研究表明,盛夏松辽流域降水异常主要受夏季风环流系统以及中高纬大气环流影响,图 3 为 1961—2023 年松辽流域盛夏降水量年际变化与夏季 500 hPa 位势高度场回归系数分布,可以看出,松辽流域盛夏降水量与 500 hPa 欧亚高纬度位势高度场呈显著正相关,包括乌拉尔山地区,当乌拉尔山高压建立并加强时,有利于松辽流域降水量增强,同时,松辽流域盛夏降水也与日本海区域高压脊的强度呈显著正相关关系,意味着副高在此西伸北抬的位置以及强度,对松辽流域降水有显著影响。

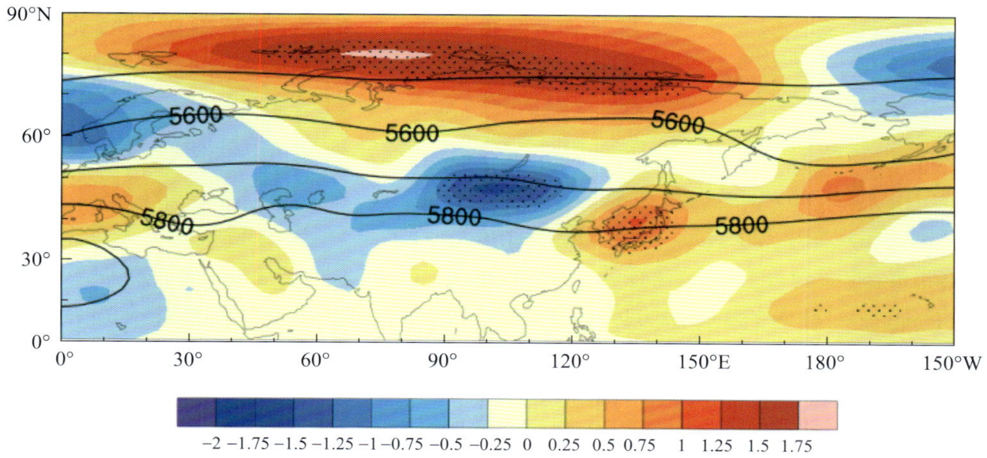

图 3 1961—2023 年松辽流域盛夏降水量(单位:mm)年际变化与夏季 500 hPa 位势高度场(单位:gpm)回归系数分布

(等值线为盛夏平均 500 hPa 位势高度，填色为回归系数场，打点区域通过 90%置信度检验)

3.2 西太平洋副热带高压

根据以上分析以及相关研究表明，西太平洋副热带高压西伸北抬以及其强度的变化对松辽盛夏降水异常有很好的对应关系[15]。本文分别绘制了 2023 年盛夏(7—8 月)119°—130°E 副高脊线位置、副高北界指数、副高强度指数逐日演变图(图 4)。

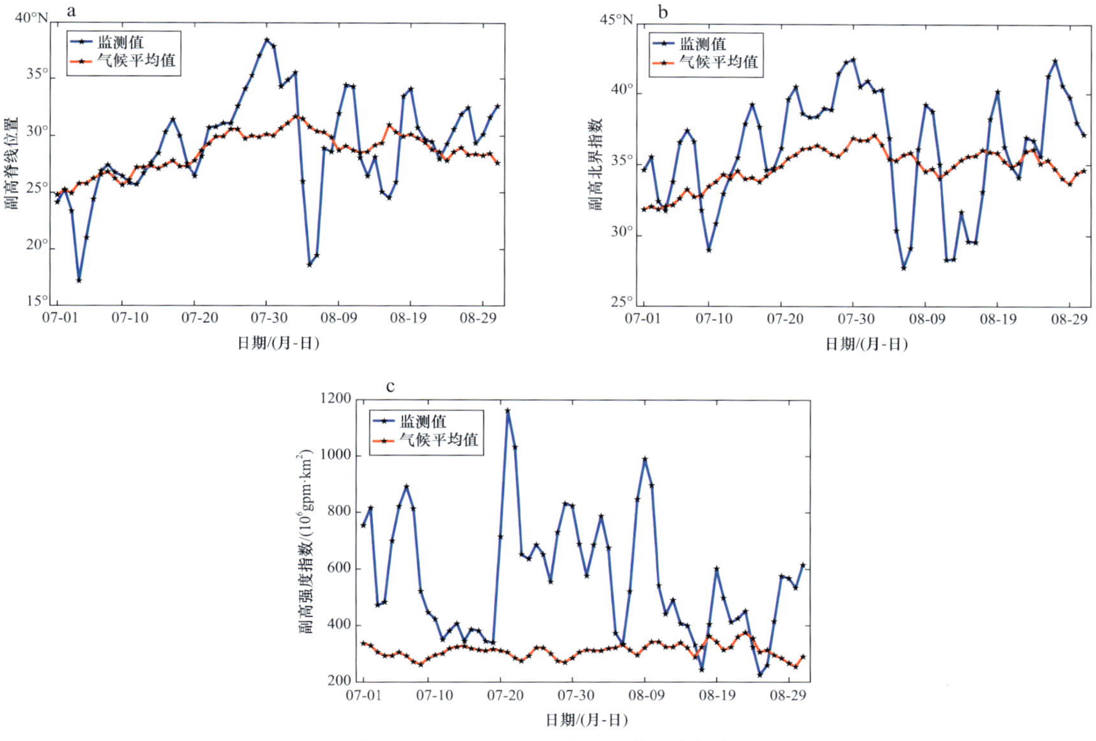

图 4 2023 年盛夏(7—8 月)119°—130°E 副高脊线位置(a)、副高北界指数(b)、副高强度指数(c)逐日演变图

2023年7—8月副高脊线共经历了5次北抬和南落的阶段性变化过程(图4a),而除7月上旬外,松辽流域强降水过程与主雨带位置均与副高脊线的北抬表现出很好的对应关系,副高第一次北抬发生在7月14日前后,17日副高脊线越过30°N,松辽流域7月14—16日发生强降水;副高经过短暂的南落和停留后,7月22日脊线再次迅速北抬并稳定维持,7月30日越过38°N,较常年明显偏北,导致松辽流域在此期间出现两次明显强降水,多条流域出现暴雨。8月初副高脊线稳定偏北维持在35°N附近,期间台风"杜苏芮"沿副高北上导致松辽流域发生区域性强降水,随后副高脊线迅速南撤至20°N附近。8月9日开始,副高开始第三次北抬,与之相对应的是12日前后的强降水过程;8月下旬,副高再次出现两次波动,但是均较常年值偏北,为松辽流域出现持续性强降水提供了非常有利的环流条件,降水过程频繁,出现明显多雨时段。

从副高北界指数逐日演变来看(图4b),大部分时间副高北界振荡周期与副高脊线振荡周期相吻合,在几次强降水时段,副高北界均较常年偏北,7月下旬末越过40°N,有利于副高后部水汽输送,为松辽流域强降水提供水汽条件。值得一提的是,7月上旬副高脊线偏南,但是副高北界异常偏北,已越过35°N,其西北侧西南风可向北输送大量水汽到松辽流域,有利于松辽流域发生持续性强降水过程,这也就解释了在副高脊线偏南的情况下松辽流域发生持续性强降水过程的原因。从副高强度逐日演变图来看(图4c),2023年盛夏副高强度均较常年偏强,阶段性振荡周期与松辽流域强降水时段相对应,副高强度偏强也是导致松辽流域降水偏多的原因之一。

由上述分析可知,副高是松辽流域盛夏降水异常的一个关键环流因子,副高位置阶段性偏北以及强度的异常变化是导致2023年盛夏松辽流域降水异常偏多的主要原因之一。2023年盛夏副高经历的北抬和南撤的阶段性变化与松辽流域强降水过程的开始、结束、停滞以及维持都有很好的对应关系。

3.3 高低空急流与水汽输送

陶诗言等[18]指出,低空急流和大气边界层静力不稳定层结的建立、水汽供应对强降水的触发都起到了重要的作用,有高达80%的低空急流与暴雨相关,暴雨多出现在急流轴的左前方或最大风速中心的前方。2023年盛夏(7—8月)期间低层西南急流活跃,由850 hPa经向风和矢量风及整层水汽通量散度的时间-纬度剖面图(图5)可以看出,与松辽流域强降水过程相对应的,西南风共出现6次明显加强北伸的过程,随着西南急流生成与加强,经向风大值中心也随之向北推进,6次过程偏南风均越过40°N以北,每一次南风大值中心的形成,并在北侧建

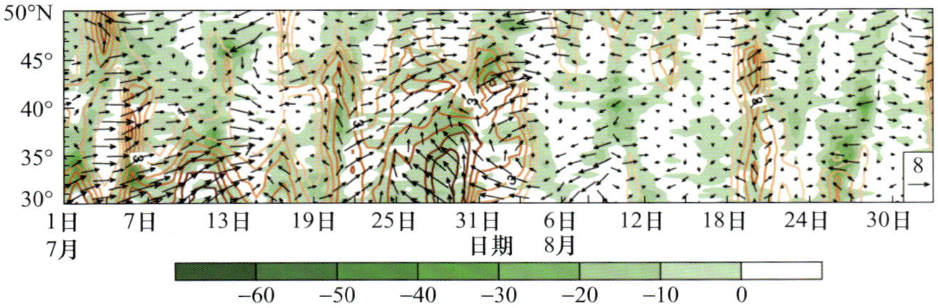

图5 2023年盛夏(7—8月)110°—130°E平均850 hPa经向风(等值线,≥1 m·s⁻¹)和矢量风(箭头,单位:m·s⁻¹)及整层水汽通量散度(填色,单位:10^{-7} kg·m⁻²·s⁻¹)的时间-纬度剖面

立起径向风梯度带，都为松辽流域强降水过程提供了有利的低层动力条件。低层的西南急流也是强的水汽输送带，为松辽流域盛夏降水提供必要的水汽条件。北侧的南风分量径向梯度带使来自南方的水汽在此区域强烈辐合，导致上升运动，为松辽流域降水提供了必要的动力条件。由图5可以看出，位于40°N以北南风经向梯度带均为水汽通量辐合带，水汽条件与动力条件相互配合，辐合上升运动发展，导致2023年松辽流域降水盛夏强降水频发，降水量偏多。

高空急流对强降水的形成有着重要作用，高空急流通过环流场的配置为低层对流系统的发展提供有利的辐合、辐散形势，促使低空急流在高空急流出口区右侧强烈发展[19,20]，使上升运动强烈发展，从而导致强降水的发生。如图6所示，2023年盛夏200 hPa高空急流经历了5次加强北抬至40°N以北，随后又减弱南撤的过程，日期与松辽流域部分强降水过程相对应，与中低层环流系统变化较为一致。除7月上旬降水与台风“杜苏芮”引发的降水过程外，其余强降水过程高空急流都起到了显著作用。高空急流配合明显的高空辐散，低层配合有明显的水汽通量辐合，有利于中低层垂直上升运动的发展，为盛夏松辽流域持续性强降水的形成提供了必要的动力条件。

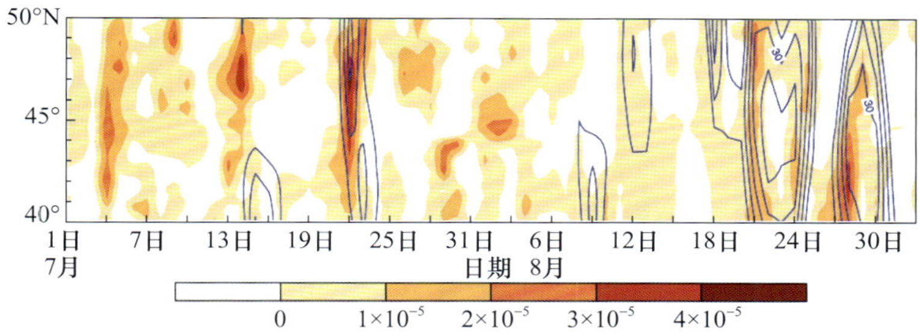

图6　2023年盛夏(7—8月)110°—130°E平均的200 hPa纬向风(蓝色实线，单位：$m\cdot s^{-1}$)和水平散度(填色，单位：s^{-1})的时间-纬度剖面图

由上述分析可知，高低空急流的周期性建立与耦合是松辽流域盛夏降水异常的一个关键环流因子，急流的建立与阶段性北抬是导致2023年盛夏松辽流域降水异常偏多的主要原因之一。在上述环流背景下，松辽流域上空高空急流的加强和动量下传，引起低空扰动加强[21]，促使低空急流的建立、维持并增强，高、低空急流配置产生动力场的耦合作用导致深厚强烈的上升运动，为强降水提供了重要的抬升机制，为松辽流域强降水提供动力条件。两者的相互耦合与次级环流有重要关系且是暴雨强度增强的一个重要因素。

3.4　中高纬冷空气活动

冷空气活动是持续性强降水形成的重要因素之一，它能促进产生强降水所必需的低层辐合抬升条件。张庆云等[22]研究表明，500 hPa位势高度的演变可以表征北方冷空气活动，其中5840 gpm等值线表征我国东部冷空气活动所到达的维度位置。图7为2023年盛夏(7—8月)110°—130°E平均500 hPa位势高度的时间-纬度剖面图，如图所示2023年盛夏北方冷空气活动频繁，7月中上旬冷空气偏南，而从7月下旬开始至8月，冷空气几乎稳定维持在45°N附近，有利于嫩江及松花江流域降水。冷空气南下正好与低层沿副高后部北上的西南暖湿气流对应，并在此交汇，为松辽流域发生持续性强降水提供了有利条件。总体来说，由于来自高纬的冷空气不断南下,冷暖空气在松辽流域,特别是嫩江以及松花江干流频繁交汇,导致 2023 年盛夏松辽流域降水偏多偏强。

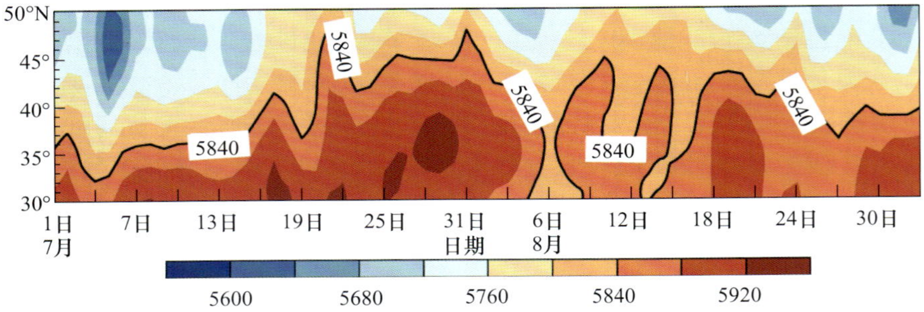

图 7　2023 年盛夏(7—8 月)110°—130°E 平均 500 hPa 位势高度的时间-纬度剖面(单位:gpm)

4　2023 年盛夏松辽流域降水预测检验

2023 年松辽流域盛夏降水预测,对 7 月流域整体降水略多的趋势把握较好,但异常多雨区位置、量级与实况还有一定差距;松花江干流多雨趋势把握较好,对嫩江、额尔古纳河预测量级较实际偏少。对 8 月流域整体降水略多的趋势把握较好,但未预测出少雨区域,没有预测出辽河流域以及松辽流域北部地区少雨趋势;松花江干流多雨趋势预测较准确。

动力模式的预测是松辽流域盛夏降水预测的重要参考依据,而副高是松辽流域盛夏降水异常的一个关键环流因子,如图 8 所示,BCC(北京气候中心)气候预报系统、ECMWF(欧洲中期天气预报中心)、NCEP-CFSv2(美国气象环境预报中心第二代气候预报系统)等动力模式对副高预测并不一致,多模式集合预测显示 6 月起报的模式预测副高盛夏总体偏弱,脊线偏南,副高 7 月偏西,8 月偏东,其强度预测与实况存在较大差异。而对于东亚夏季风的预测(图略),多模式集合动力模式预测 7 月夏季风偏弱,与实况存在较大差异,而 8 月预测较为准确。

针对松辽流域盛夏降水,本文分别对北京气候中心气候预报系统二代模式(BCC-CSM1.1m)以及中国气象局次季节-季节-年际尺度一体化气候模式预测业务系统(第 3 代)(CMA-CPSv3)预测进行 PS 检验,PS 检验是针对气候趋势预测和异常级预测结果设不同权重来综合进行检验评分的方法。

从 BCC 二代模式(BCCCSM1.1m)以及三代模式(CMA-CPSv3)气候模式检验结果(图 9)来看,BCC 模式对 2023 年松辽流域盛夏降水预测效果良好。对于盛夏整体预测,提前一个月起报结果均预测出了多雨趋势,二代模式及三代模式 PS 评分接近 80 分,BCC 模式对松辽流域盛夏降水有较强的可预报性。对于 7 月的降水预测,模式均预测出了多雨的趋势,但是三代模式 CMA-CPSv3 的预测性能明显优于二代模式 BCCCSM1.1m,CMA-CPSv3 提前一个月起报的 7 月松辽流域降水预测评分在 75 分以上,时间越临近预测性能越好,PS 评分最高超过 85 分,提前三个月起报的降水预测三代模式 CMA-CPSv3 的 PS 评分为 74 分,明显高于二代模式 BCCCSM1.1m 的 PS 评分 58 分。而对于 8 月降水预测,二代模式 BCCCSM1.1m 预测评分略高于三代模式 CMA-CPSv3,提前一个月起报 BCCCSM1.1m 模式预测出了松花江干流以及嫩江多雨趋势,但是对少雨区域预测效果不佳,而三代模式 CMA-CPSv3 预测出了少雨区域,但对多雨区域预测效果欠佳。

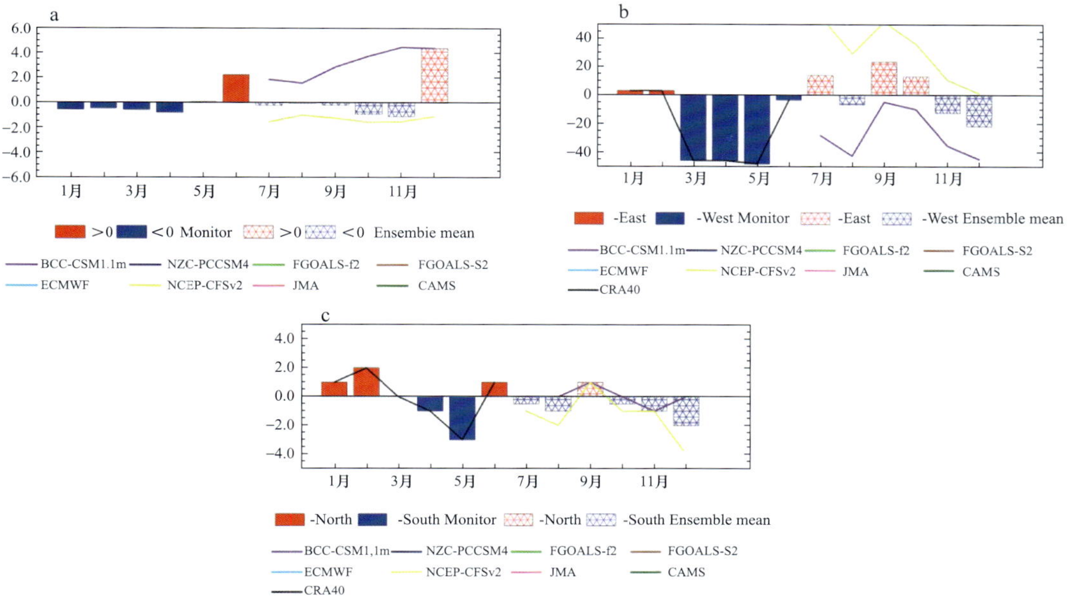

图 8　多模式集合 2023 年 6 月起报逐月副高强度指数(a)、
西伸脊点位置指数(b)、副高脊线位置指数(c)[15]
(实线：单模式结果；填色柱：实况监测；色斑柱：多模式集合平均结果)
(BCC. CSM1. 1m 为北京气候中心气候系统模式、NZC-PCCSM4 为南森国际研究中心系统、FGOALS-f2 为灵活全球海洋-大气-陆地系统模式网格点第 2 版、FGOALS-S2 为灵活全球海洋-大气-陆地系统模型光谱版本 2 代、ECMEF为欧洲中期天气预报中心系统、NCEP-CFSv2 为美国气象环境预报中心第二代气候预报系统、JMA 为日本气象厅模式、CAMS 为中国气象科学院 CAMS 气候系统模型、CRA40 为中国气象局第一代全球大气和地表再分析产品使用全球光谱模型(GSM)/网格点统计插值(GSI)以 6 h 的时间间隔和 TL574 光谱(34 km)分辨率情况)

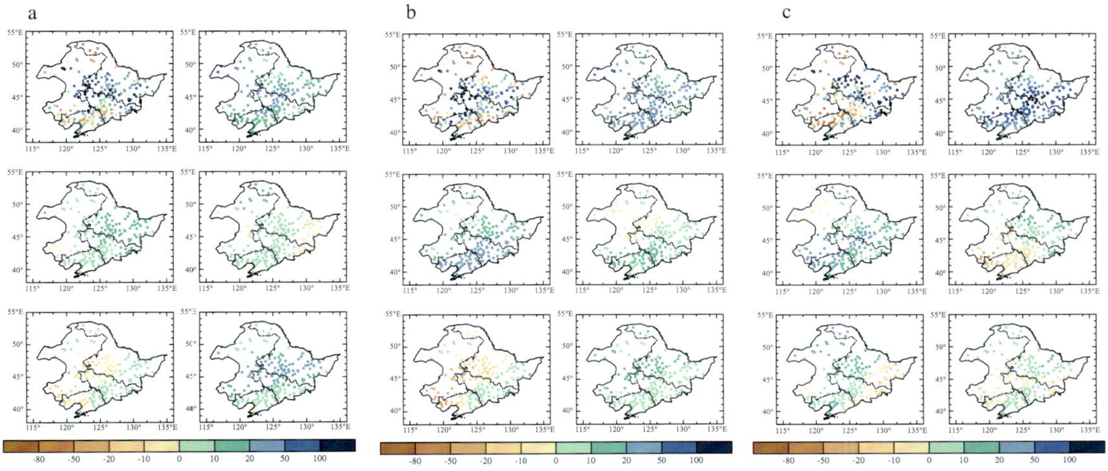

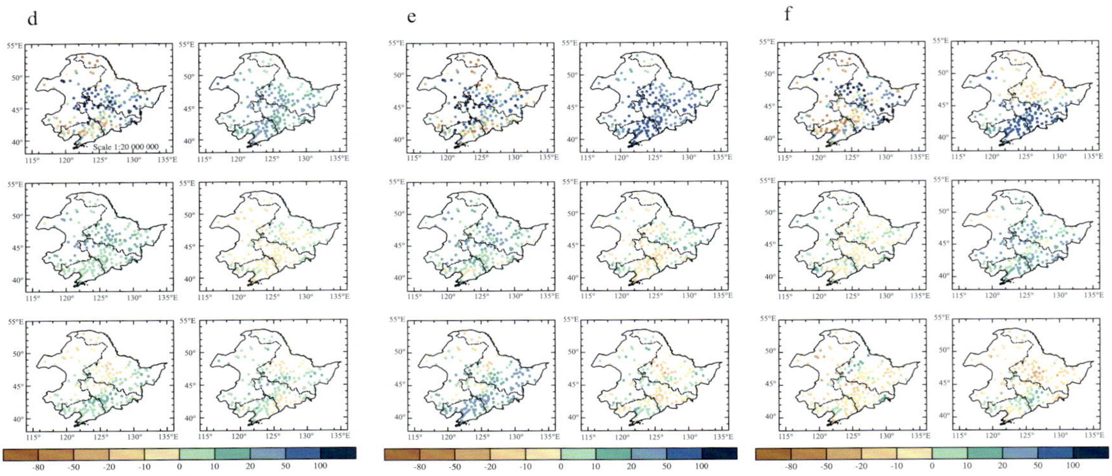

图 9 2023 年盛夏(a、d)、7 月(b、e)、8 月(c、f)降水距平百分率实况与模式预测对比以及 PS 检验
(a、b、c 为二代模式 BCCCSM1.1m 预测结果;d、e、f 为第三代模式 CMA-CPSv3 预测结果)

由于模式对松辽流域盛夏降水和环流的可预报性和偏差,预报员对流域整体降水略多的趋势把握较好,但是对 7 月异常多雨区位置,8 月少雨区位置仍把握不足,体现了对模式订正能力的欠缺,但是在对环流预测的分析订正方面,预报员发挥了重要作用,对流域整体降水把握较准确。

5 结论与讨论

2023 年盛夏松辽流域强降水过程频发,本文利用多种观测及模式资料,对 2023 年松辽流域盛夏降水特征及大尺度关键环流系统的异常成因进行了分析,并检验了 BCC 二代及三代气候模式 2023 年盛夏对松辽流域降水的可预报性,具体结论如下(图 10)。

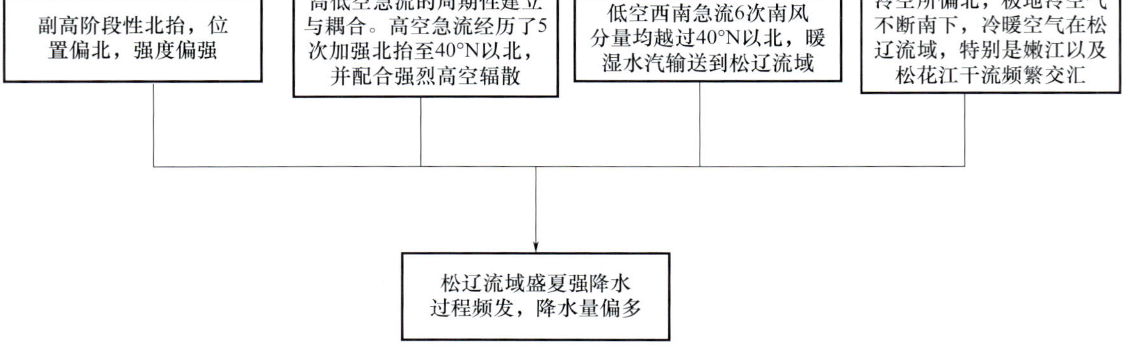

图 10 2023 盛夏松辽流域强降水大气环流条件框图

(1)2023 年盛夏松辽流域降水偏多,强度偏大,强降水中心位于嫩江流域和松花江干流,降水量分别较历史同期降水偏多第 3 位和第 4 位。共发生 7 次强降水过程,暴雨日数明显

偏多。

(2)副高位置阶段性偏北以及强度的异常变化是导致 2023 年盛夏松辽流域降水异常偏多的主要原因之一。2023 年盛夏副高脊线阶段性北抬，副高北界偏北，强度偏强，其经历的北抬和南撤的阶段性变化与松辽流域强降水过程的开始、结束、停滞以及维持都有很好的对应关系。

(3)高低空急流的周期性建立与耦合是松辽流域盛夏降水异常的一个关键环流因子，急流的建立与阶段性北抬是导致 2023 年盛夏松辽流域降水异常偏多的主要原因之一。松辽流域上空高空急流的加强和动量下传，促使低空急流的建立、维持并增强，高、低空急流配置产生动力场的耦合作用导致深厚强烈的上升运动，为强降水提供了重要的抬升机制，为松辽流域强降水提供了动力条件。同时中低层西南急流是强的水汽输送带，其北侧的南风分量径向梯度带使来自南方的水汽在此区域强烈辐合，为松辽流域盛夏降水提供必要的水汽条件。水汽条件与动力条件相互配合，辐合上升运动发展，导致 2023 年松辽流域降水盛夏强降水频发，降水量偏多。

(4)7 月下旬开始到 8 月，冷空气偏北，来自高纬的冷空气不断南下，冷暖空气在松辽流域，特别是嫩江以及松花江干流频繁交汇，导致 2023 年盛夏松辽流域降水偏多偏强。

(5)BCC 二代模式(BCC-CSM1.1m)以及三代模式(CMA-CPSv3)对 2023 年松辽流域盛夏降水预测效果良好。对于盛夏整体而言，BCC 模式对流域降水有较强的可预报性。对于 7 月的降水预测，三代模式 CMA-CPSv3 的预测性能明显优于二代模式 BCC-CSM1.1m，时间越临近预测性能越好；对于 8 月降水预测，提前一个月起报 BCC-CSM1.1m 模式预测出了松花江干流以及嫩江多雨趋势，但是对少雨区域预测效果不佳，而三代模式 CMA-CPSv3 预测出了少雨区域，但对多雨区域预测效果欠佳。

参考文献

[1] 曹铮，松辽流域水资源演变规律分析[D]. 天津：天津大学，2010.

[2] 郭志辉，杨贵羽，王喜风. 松辽流域近 50 年来降水演变规律分析[J]. 人民黄河，2011，33(12)：35-37.

[3] 孙力，安刚，高枫亭，等. 1998 年夏季嫩江和松花江流域东北冷涡暴雨的成因分析[J]. 应用气象学报，2002(2)：156-162.

[4] 孟庆涛，孙建华，乔枫雪. 20 世纪 90 年代以来东北暴雨过程特征分析[J]. 气候与环境研究，2009，14(6)：596-612.

[5] 马铁民，尤晓敏，宁方贵. 松辽流域近年旱情分析[J]. 东北水利水电，2004，22(3)：7-8，12.

[6] LIN X，KAPPAS M，WYSS D，et al. Assessment of climate change and human activities on vegetationdevelopment in Northeast China[J]. Sensors，2022，22(07)：2509.

[7] WANG Y Q，ZHOU L. Observed trends in extreme precipitation events in China during 1961—2001 and the associated changes inlarge-scale circulation [J]. Geophys Res Lett，2005，32(9)：doi：10.1029/2005GLC22.

[8] QIAN W H，LIN X. Regional trends in recent precipitation indicesin China[J]. Meteor Atmos Phys，2005，90(3-4)：193-207.

[9] 宁亮，钱永甫. 中国年和季各等级日降水量的变化趋势分析[J]. 高原气象，2008，27(5)：1010-1020.

[10] 邹立尧，丁一汇. 1961—2005 年东北暴雨气候特征分析[J]. 高原气象，2010，29(5)：1314-1321.

[11] LIANG L Q,LI L J,LIU Q. Precipitation variability in Northeast China from 1961 to 2008[J]. J Hydrology,2011,404(1-2):67-76.
[12] 王永光,郑志海. 2017 年汛期气候预测先兆信的综合分析[J]. 气象,2018,44(4):565-571.
[13] 陈丽娟,顾薇,龚振淞,等. 2018 年汛期气候的先兆信号及预测效果评估 [J]. 气象,2019,45(4):553-564.
[14] 丁婷,韩荣青,高辉. 2019 年汛期气候预测效果评述及降水预测先兆信号分析[J]. 气象,2020,46(4):556-565.
[15] 刘芸芸,王永光,龚振淞. 2020 年汛期气候预测效果评述及先兆信号分析[J]. 气象,2021,47(4):488-498.
[16] 章大全,袁媛,韩荣青. 2022 年夏季我国气候异常特征及成因分析[J]. 气象,2023,49(1):110-121.
[17] 刘芸芸,李维京,艾锐秀,等. 月尺度西太平洋副热带高压指数的重建与应用[J]. 应用气象学报,2012,23(4):414-423.
[18] 陶诗言. 中国之暴雨[M]. 北京:科学出版社,1980.
[19] 斯公望,俞樟孝,李法然,等. 一次梅雨锋低空急流形成的分析[J]. 大气科学,1982,6(2):165-170.
[20] 肖文俊,陈秋士. 高空和低空急流与暴雨关系的实例分析 [J]. 大气科学,1984,8(1):83-88.
[21] 赵娴婷,魏建苏,朱定真. 急流在梅雨期持续暴雨过程中的作用 [J]. 气象科学,2011,31(2):211-216.
[22] 张庆云,陶诗言,张顺利. 夏季长江流域暴雨洪涝灾害的天气气候条件 [J]. 大气科学,2003,27(6):1018-1030.

2023年夏季华北和黄淮地区高温成因及次季节模式预测效果评估

赵俊虎　柯宗建　孙林海
（国家气候中心，北京，100081）

摘　要：本文对2023年6—7月我国华北和黄淮地区的高温异常特征、成因及模式预测效果进行了分析评估。结果表明：(1)2023年6—7月高温主要发生在华北东部和黄淮东部地区，高温日数和平均日最高气温均为1961年以来历史同期最高；(2)6—7月高温有明显的阶段性特征，极端性、连续性高温主要发生在6月下旬—7月上旬，期间华北东部和黄淮东部地区高温过程的综合强度，在1981年以来该区域历次高温过程中排名第1；(3)6月下旬—7月上旬三次连续高温过程的成因存在明显差异，6月21—24日的高温过程主要受大陆高压脊过境影响，6月27日—7月2日的高温过程主要受大陆高压南移和西北太平洋副热带高压北抬的共同影响，而7月5—10日的高温过程主要受华北干槽和热低压的共同影响；(4)三个次季节模式对此次高温的预测能力有差异，其中CMA-CPSv3.0（中国气象局第三代气候模式预测系统）对6月上中旬京津冀的高温过程预测与实况较为接近。

关键词：华北，黄淮，极端高温，特征，成因

引言

高温热浪是我国主要气象灾害之一，它不仅影响人民群众的日常生活，而且还对供水、供电等部门的生产活动造成很大影响。全球变暖背景下中国东部地区极端高温事件具有明显的早发性，20世纪90年代以来，中国东部极端高温平均早发率为7.1 d·$(10a)^{-1}$，高温热浪日数和频次呈现增多、强度呈现增强的趋势[1-5]。2006年，川渝地区发生了百年一遇的高温干旱[6]。2013年夏季，我国中东部出现了罕见的大范围、高强度、持续时间长的高温天气，许多地区连续高温日数和日最高气温突破历史极值，刷新了气象纪录[7]。2022年6月中旬—8月底，长江流域发生大范围持续性极端高温事件，重庆巫溪超过35 ℃的高温日数高达67 d，此次极端高温导致长江流域气象干旱发展严重，并导致四川、重庆等电力供应形势极度紧张[8-10]。因此，不少学者开展了我国极端高温的特征及成因研究，研究发现南方地区和北方地区极端高温成因不同[4,5,11]，南方地区的高温主要受南亚高压、西太平洋副热带高压（简称副高）及对流

资助项目：国家自然科学基金气象联合基金项目（U2342205）、中国气象局气象能力提升联合研究专项（22NLTSZ002）和中国气象局重点创新团队（CMA2023ZD03）共同资助。

第一作者：赵俊虎，正高级工程师，从事短期气候预测研究，E-mail：zhaojh@cma.gov.cn。

通信作者：柯宗建，正高级工程师，从事短期气候预测研究，E-mail：kezj@cma.gov.cn。

层低层反气旋活动异常的影响[6,12];而华北地区的高温则受副热带大陆高压暖脊边缘的下沉气流压缩增温[13,14]、副高北抬控制[15]、气旋性环流边缘北风异常[16]、热低压和弱冷锋(简称华北干槽)[11,17]等多种系统的影响,成因复杂,有别于南方地区的高温。

2023 年夏季,我国多地出现高温天气,其中 6—7 月,华北和黄淮等地的高温尤为突出。6 月华北地区的高温日数达 9.8 d,北京高温日数达 13.2 d,为 1961 年以来历史同期最多,22—24 日北京南郊观象台连续 3 d 气温达到或超过 40 ℃。高温天气造成多起高温中暑、热射病等事件发生,同时给当地电力部门造成了供电压力。7 月,华北和黄淮高温日数较常年同期偏多 5～10 d,华北最高气温达 40 ℃以上,北京、山西、河北、河南等地共有 12 个国家站日最高气温超过历史极大值。2023 年 6 月 21 日—7 月 9 日,华北、黄淮地区高温过程的综合强度,在近 33 年的该区域历次高温过程中排名第 1[18]。此次高温过程强度强、范围广,对交通安全、人民生命健康、能源供应、农业生产造成不利影响,高温天气对河北中南部、山东西北部、河南北部等地夏玉米和棉花生长造成影响;华北、黄淮和山西南部苹果、猕猴桃等果树果实遭受轻度日灼伤;河北、山东、河南等 7 个省级电网以及西北电网用电负荷均创历史新高。

孙林海等[18]对 2023 年 6—7 月我国华北和黄淮地区高温热浪事件气候特征进行了分析。Qian 等[19]对 2023 年端午假期(6 月 22—24 日)华北极端高温事件开展了快速归因研究,结果表明,此次连续 3 d 的破纪录热浪事件受过境的暖高压系统影响,并由干燥的土壤湿度反馈加强,人为气候变化使华北地区类似 2023 年端午假期的极端高温热浪事件的强度显著增强至少 1 ℃。本文重点分析 2023 年 6—7 月华北和黄淮地区极端高温天气的特征及环流背景,探讨极端高温的热动力成因及次季节模式的可预测性,以期提升极端高温异常成因的科学认识,为极端高温事件预报服务提供参考。

1 华北和黄淮高温特征

1.1 平均最高气温

2023 年我国北方高温(日最高气温≥35 ℃)主要发生在 6—7 月,8 月没有明显的高温过程。图 1 给出了 2023 年 6—7 月平均的日最高气温及其距平分布。由图 1a 可见,6—7 月平均的日最高气温高于 30 ℃的区域主要位于北京东南部、天津、河北东部和南部、河南中东部和山东大部,其中天津西南部、河北东南部、河南东北部和山东西部达到 34 ℃,河北南部部分地区达到 35 ℃以上。由图 1b 可见,除河南西部以外,华北和黄淮大部地区 6—7 月平均的日最高气温均为正距平,京津冀大部、山东中西部偏高 2～3 ℃,北京东部、天津西部和河北部分地区偏高 3～4 ℃。2023 年 6—7 月,华北东部和黄淮东部地区(图 1b 中黑色方框区)平均的日最高气温为 33.4 ℃,较常年同期偏高 2.3 ℃,为 1961 年以来历史同期最高(图 1c)。

1.2 高温日数

从 2023 年 6—7 月的高温日数及其距平图可见,高温主要发生在华北东部和黄淮,高温日数普遍在 5 d 以上,其中北京东南部、天津、河北东南部、河南东北部、山东西部高温日数达

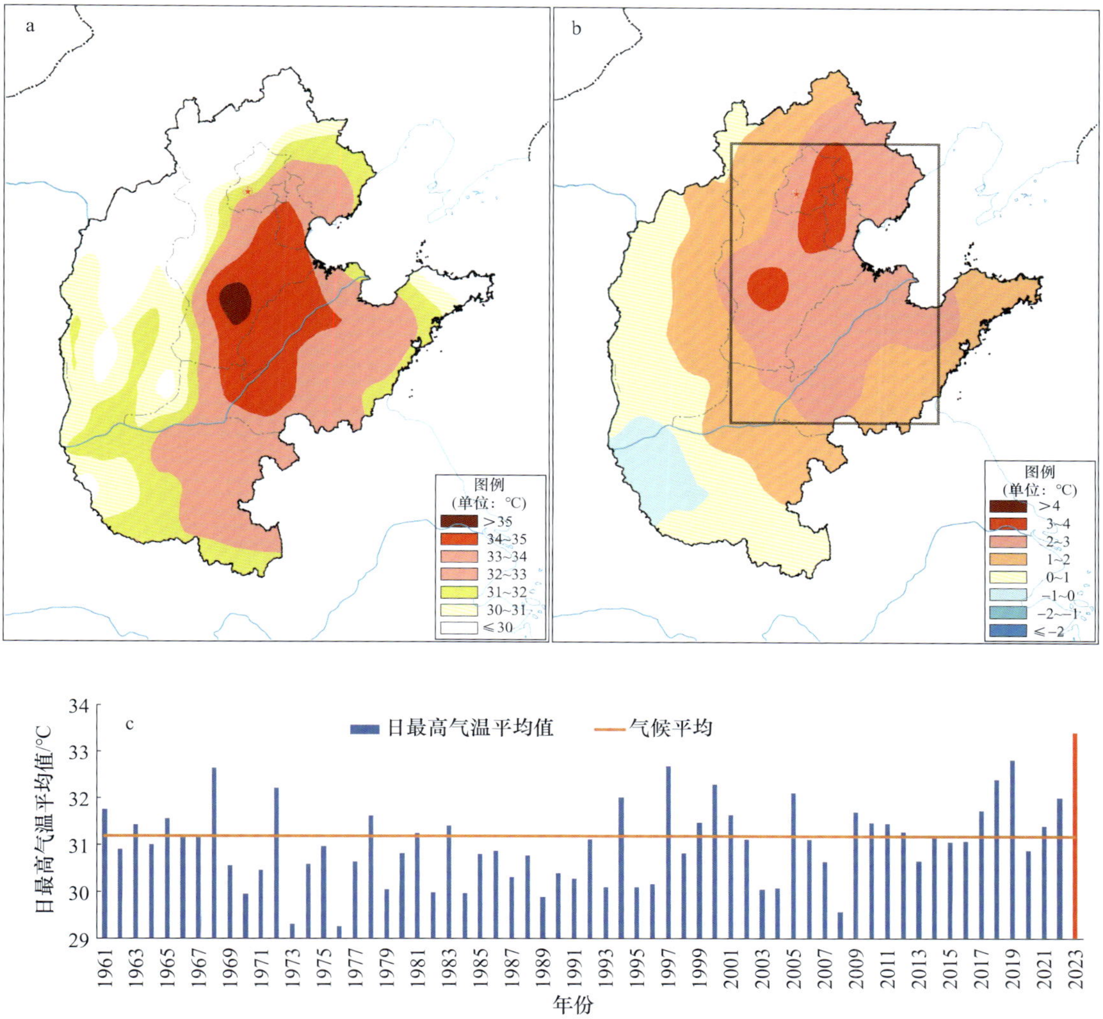

图 1　2023 年 6 月 1 日—7 月 31 日日最高气温平均值分布图(a)和距平分布图(b，单位：℃)；
1961—2023 年 6—7 月华北东部和黄淮东部地区日最高气温平均值(c)
(图 b 中方框区：114°—120°E，34°—41°N，下同)

20～30 d，河北南部石家庄、邢台和衡水等地高达 30 d 以上(图 2a)。从高温日数距平图(图 2b)可见，除山西西部、河南西部和南部以外，华北和黄淮其余大部高温日数较常年同期偏多，其中北京东南部、天津、河北东部、山东西部偏多 15～20 d，石家庄等地偏多 20 d 以上。2023 年 6—7 月，华北东部和黄淮东部地区平均的高温日数为 23.7 d，较常年同期偏多 13.4 d，为 1961 年以来历史同期最高(图 2c)。

1.3　高温极端性

2023 年 6—7 月，华北、黄淮地区有 210 个国家级气象观测站日最高气温达到或超过 40 ℃；有 126 个国家级气象观测站日最高气温达极端事件监测标准，其中河北井陉(43.3 ℃)、河南

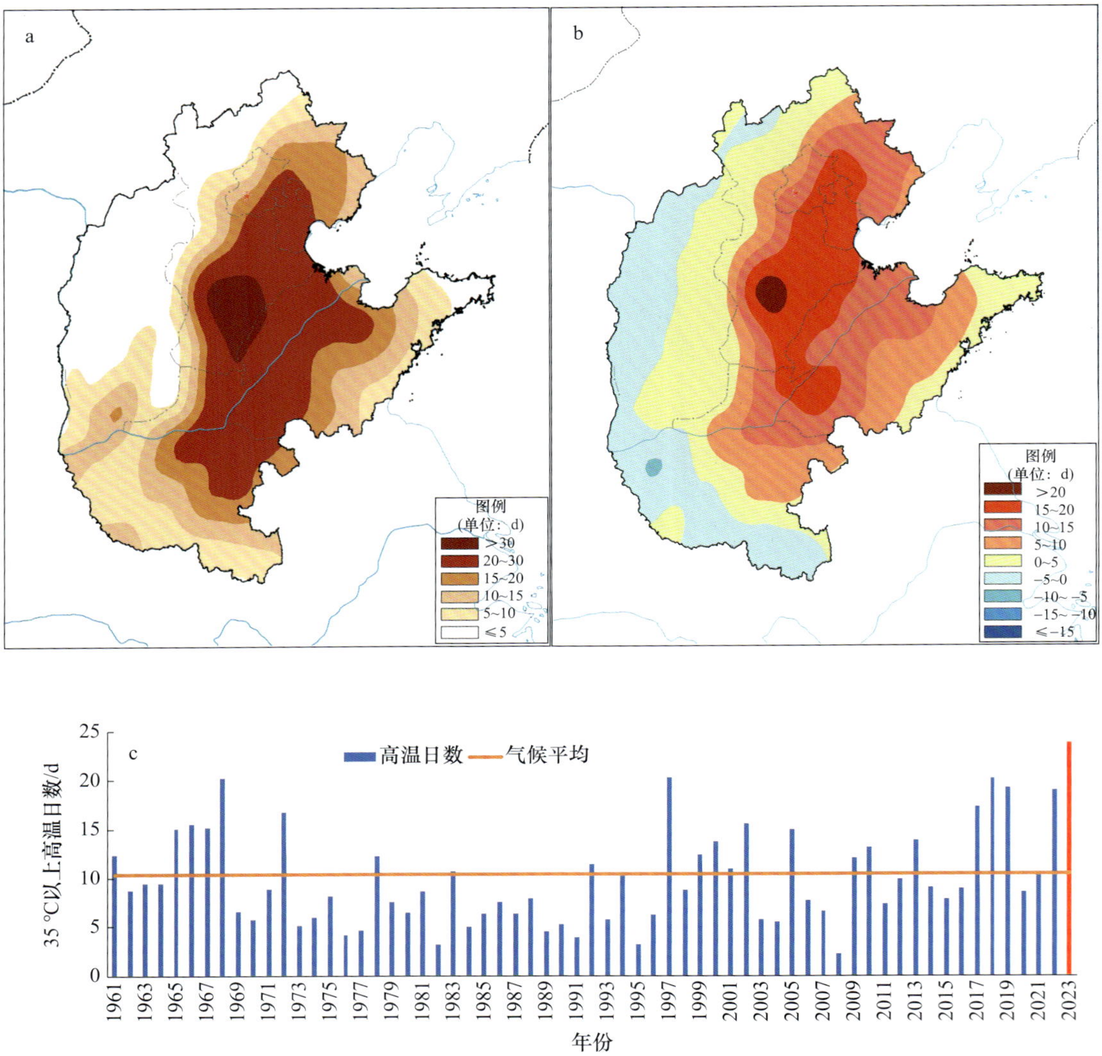

图 2　2023 年 6 月 1 日—7 月 31 日高温日数分布图(a)、距平分布图(b,单位:d);
1961—2023 年 6—7 月华北东部和黄淮东部地区高温日数年变化(c)

林州(43.3 ℃)、北京汤河口(41.8 ℃)等 26 个国家级气象观测站达到或突破历史极值(图 3a),有 144 个国家级气象观测站极端连续高温日数达极端事件监测标准,其中河北井陉(8 d)、河南沁阳(8 d)等 11 站达到或突破历史极值(图 3b)。

从 2023 年 6—7 月华北东部和黄淮东部地区及各省平均的日最高气温逐日变化图(图 4)可见,高温有明显的阶段性特征,6 月上中旬的高温持续性较差,华北和黄淮地区平均的日最高气温大于 35 ℃的日数有 6 月 7 日、9 日、14—16 日;极端连续高温主要发生在 2023 年 6 月 21 日—7 月 10 日,期间日最高气温大于 35 ℃的日数达到 14 d,出现 1981 年以来 6—7 月该区域综合强度最强的区域性高温过程,124 个国家级气象观测站超过 40 ℃;35 ℃及以上高温影响国土面积达 50.8 万 km^2,40 ℃以上达 17.3 万 km^2,影响人口约 2.7 亿人。

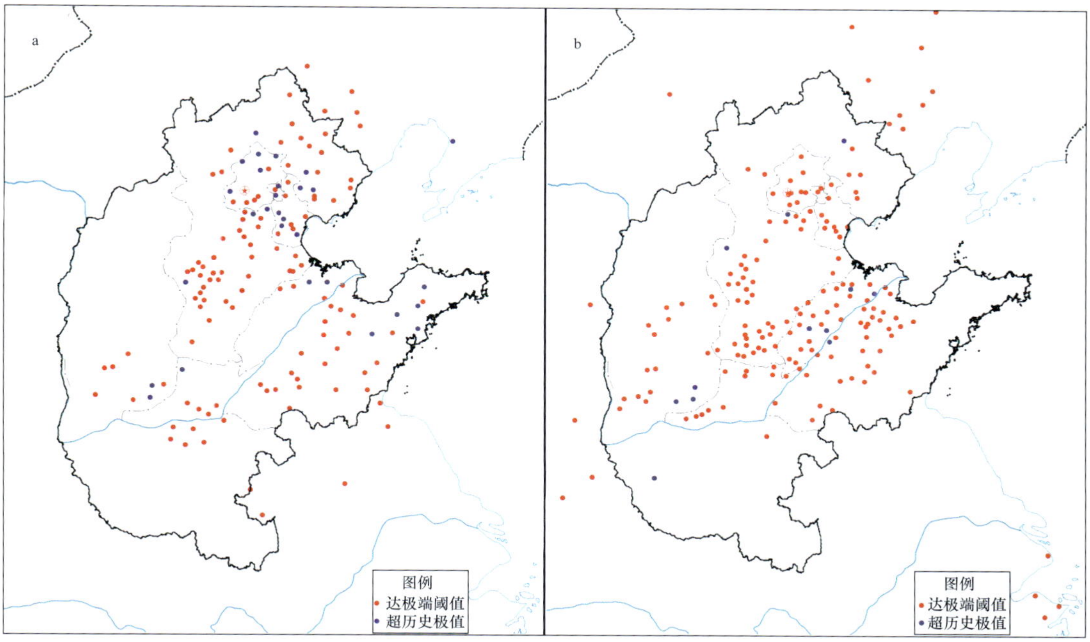

图 3　2023 年 6—7 月华北和黄淮地区极端高温事件分布图(a)、极端连续高温事件分布图(b)

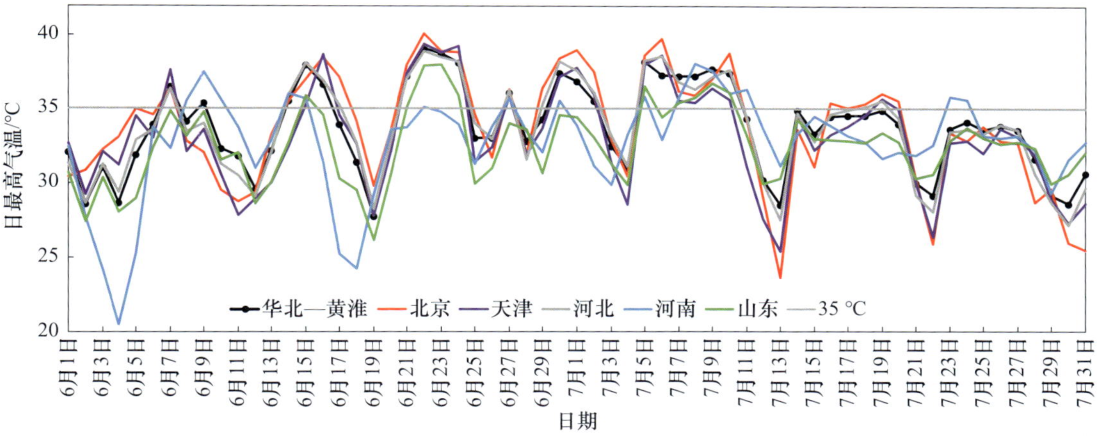

图 4　2023 年 6—7 月华北东部和黄淮东部地区平均的日最高气温逐日变化图

2　高温成因分析

从 2023 年 6—7 月平均的东亚大气环流场(图略)可见，500 hPa 位势高度距平场上有两个正中心，分别位于新疆至贝加尔湖、日本岛及其以东洋面，华北和黄淮地区位于二者中间，对流层低层为西北风异常。即 6—7 月平均的环流特征并不能很好地解释华北和黄淮地区高温的成因(图 3)，因此，需要从高温的阶段性变化角度分析其成因。从图 4 可见，极端连续高温主要发生在 6 月 21 日—7 月 10 日期间，并可以分为三次较强的过程：6 月 21—24 日，6 月 29

日—7 月 2 日，7 月 5—10 日。

6 月 21—24 日这次过程，强度较强，华北东部和黄淮东部平均的日最高气温连续 4 d 大于 37 ℃。从同期环流来看，蒙古国东南部至华北为大尺度的大陆高压脊，内蒙古东部 500 hPa 位势高度距平达到 80 gpm，副高强度偏强、位置偏南，黄淮至内蒙古东部 850 hPa 风场距平为偏强的异常反气旋性环流（图 5a），华北和黄淮地区的海平面气压（SLP）在 1006 hPa 左右，925 hPa为西南风异常，相对湿度偏小（图 5b），云量偏少（图 5c），日照偏多（图 5d）。上述环流反映了华北和黄淮地区受大陆暖高压脊和异常反气旋控制，下沉增温与晴空辐射共同导致这次区域高温过程。Qian 等[19]研究也指出对 2023 年 6 月 22—24 日华北极端高温事件是暖高压系统过境所致。

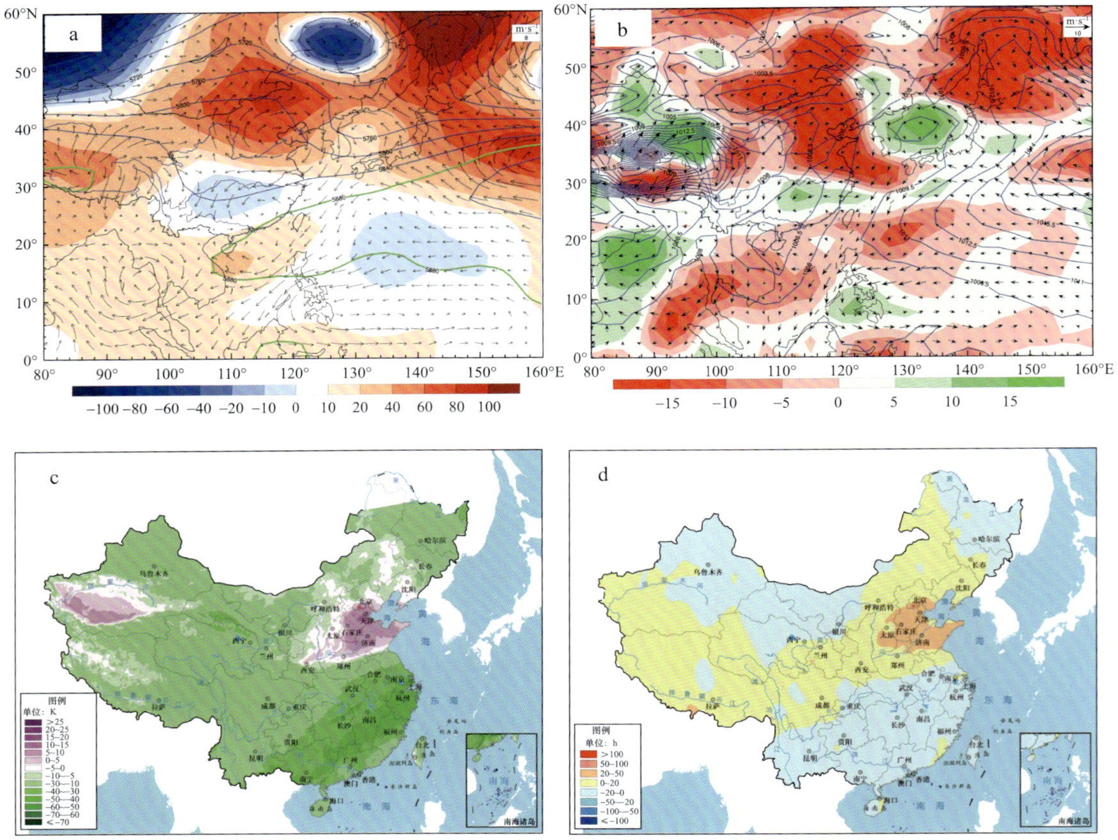

图 5　6 月 21—24 日 500 hPa 位势高度场和距平（单位：gpm）、850 hPa 风场距平（单位：m・s^{-1}）(a)；海平面气压（等值线，单位：hPa）、相对湿度距平（阴影，单位：%）和 925 hPa 风场距平（单位：m・s^{-1}）(b)；黑体辐射温度（c，TBB，单位：K）；日照时数距平空间分布（d，单位：h）

（TBB 资料为卫星数据，范围为 55°S—55°N，故图中有部分地区空白）

6 月 29 日—7 月 2 日的高温过程，强度较前一次偏弱，同期东亚大尺度环流系统与前一次过程也不同：贝加尔湖至内蒙古东部是低压槽和异常气旋环流，而华北及其周边是高压和异常反气旋环流，即大陆高压位置偏南；此外，副高明显加强、西伸和北抬，北界抵达 30°N 附近，华北和黄淮地区位于贝加尔湖异常气旋环流南侧、西北太平洋异常反气旋环流北侧（图 6a），华北和黄淮地区的SLP在1003 hPa左右，925 hPa为西南风异常，相对湿度偏小(图6b)，云量偏少(图6c)，日照略偏多(图6d)。由此可见，此次高温过程受大陆高压南移和副高北抬的共同影响。

靳鑫桐等[20]研究发现，华北重度高温热浪事件发生时，华北地区位于东亚中纬度异常反气旋性环流的东南部，华北地区上空呈现异常下沉运动、云量偏少、大气整体偏干。在异常下沉绝热增温的同时，晴朗干燥的配置有利于更多的太阳辐射到达地表，相应的向上长波辐射和感热通量增加，进一步加热近地表大气。在华北轻度高温热浪事件高发年，华北位于蒙古国异常气旋和西北太平洋异常反气旋环流之间，主要受异常西南风控制，异常西南风向华北输送暖平流加热大气。6月21—24日和6月29日—7月2日华北和黄淮这两次极端高温过程，恰好反映了重度和轻度高温热浪事件的形成机制差异[20]。

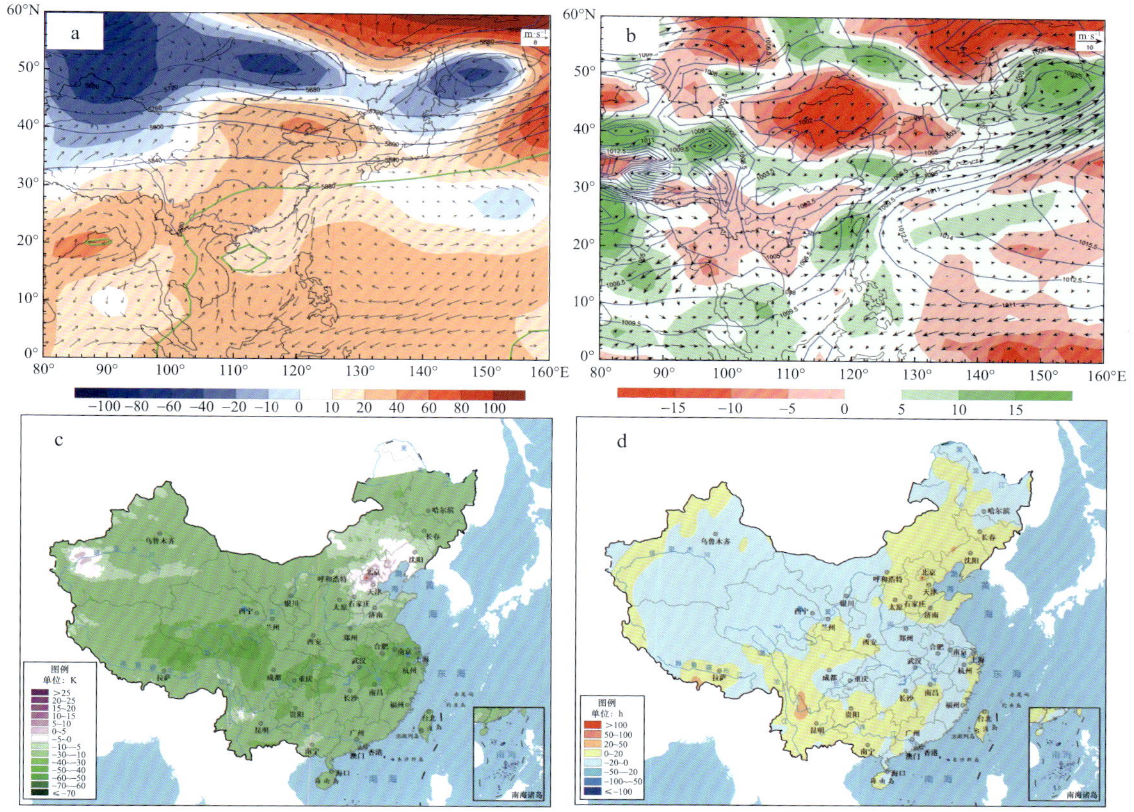

图6　6月29日—7月2日500 hPa位势高度场和距平(单位：gpm)、850 hPa风场距平(单位：m·s^{-1})(a)；海平面气压(等值线，单位：hPa)、相对湿度距平(阴影，单位：%)和925 hPa风场距平(单位：m·s^{-1})(b)；黑体辐射温度(c，TBB，单位：K)；日照时数距平空间分布(d，单位：h)

(TBB资料为卫星数据，范围为55°S—55°N，故图中有部分地区空白)

7月5—10日的高温过程，持续时间长于前两次过程，强度也较强，华北东部和黄淮东部平均的日最高气温连续6 d大于37 ℃。同期东亚大尺度环流系统与前两次过程也明显不同。华北至东北为大尺度的低压槽，500 hPa位势高度负距平中心位于内蒙古中东部，距平达到−80 gpm，副高进一步加强、西伸，北界位于30°N附近；850 hPa风场上，内蒙古东部至黄淮为偏强的异常气旋环流,华北和黄淮地区位于异常气旋南部,受异常偏强的西北风影响(图 7a);华北和黄淮地区的 SLP 在 999 hPa 以下,925 hPa 也为西北风异常,相对湿度明显偏小(图 7b),云量偏少(图 7c),日照明显偏多(图 7d)。由此可见,这次高温天气过程主要是受华北干槽和热低压的共同影响。以往的研究也表明,华北干槽和热低压是华北地区高温的另一种天气形势[11,17]。

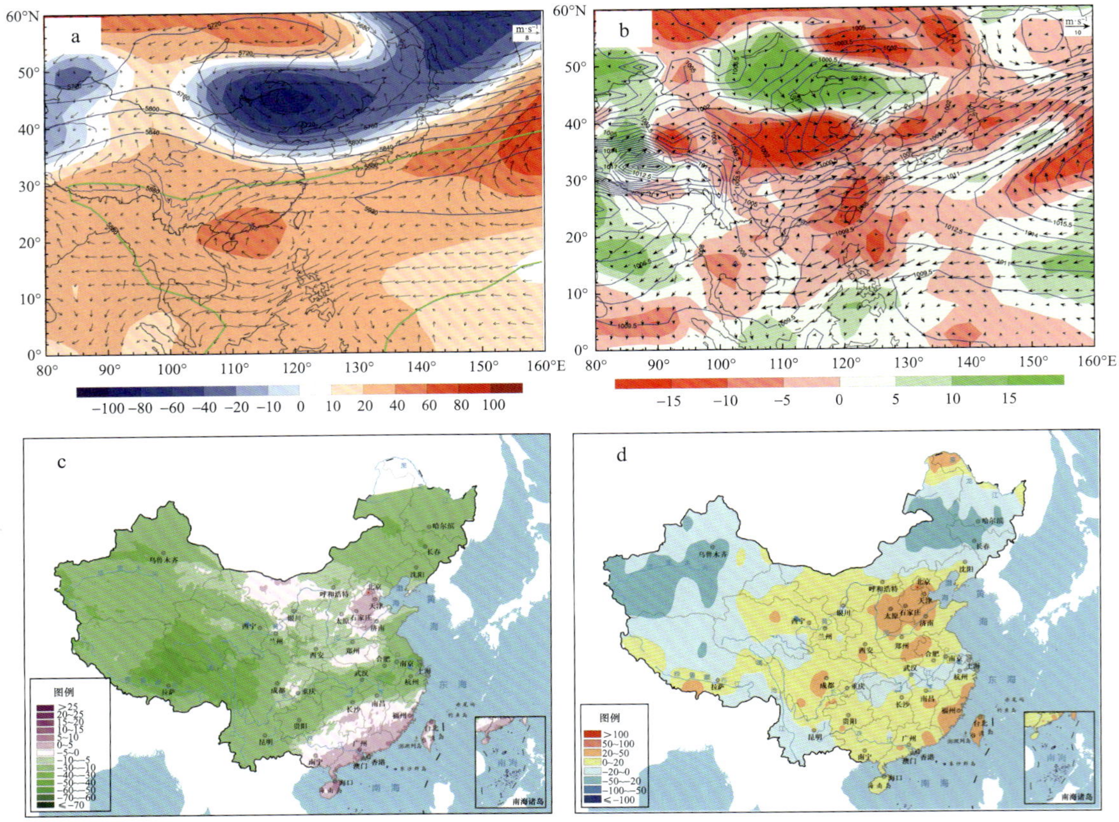

图 7　7 月 5—10 日 500 hPa 位势高度场和距平(单位:gpm)、850 hPa 风场距平(单位:m・s^{-1})(a);海平面气压(等值线,单位:hPa)、相对湿度距平(阴影,%)和 925 hPa 风场距平(单位:m・s^{-1})(b);黑体辐射温度(c,TBB,单位:K);日照时数距平空间分布(d,单位:h)

(TBB 资料为卫星数据,范围为 55°S—55°N,故图中有部分地区空白)

为了进一步对比三次高温过程形成原因,图 8 给出了 2023 年 6 月 1 日—7 月 31 日华北和黄淮地区平均的日最高气温与大陆高压强度距平、华北和黄淮地区经向风距平、海平面气压距平、日照时数距平的逐日变化对比。可以清楚看到,6 月 21—24 日,大陆高压持续偏强,华北和黄淮地区受偏南风影响,SLP 偏高,日照时数明显偏多,即这次高温过程主要是由大陆高压所致;6 月 29 日—7 月 2 日,大陆高压异常程度弱于前一次过程,华北和黄淮地区偏南风异常接近于前一次过程,SLP 异常不明显,日照时数略偏多,反映了此次过程受南移的大陆高压和北抬的副高共同影响;而 7 月 5—10 日,东亚环流系统与前两次差异最大,大陆高压强度距平为持续负异常,华北和黄淮地区为偏北风异常,SLP 距平表现为持续的、较强的负异常,日照时数也明显偏多,体现了此次过程中华北干槽和热低压的重要作用。

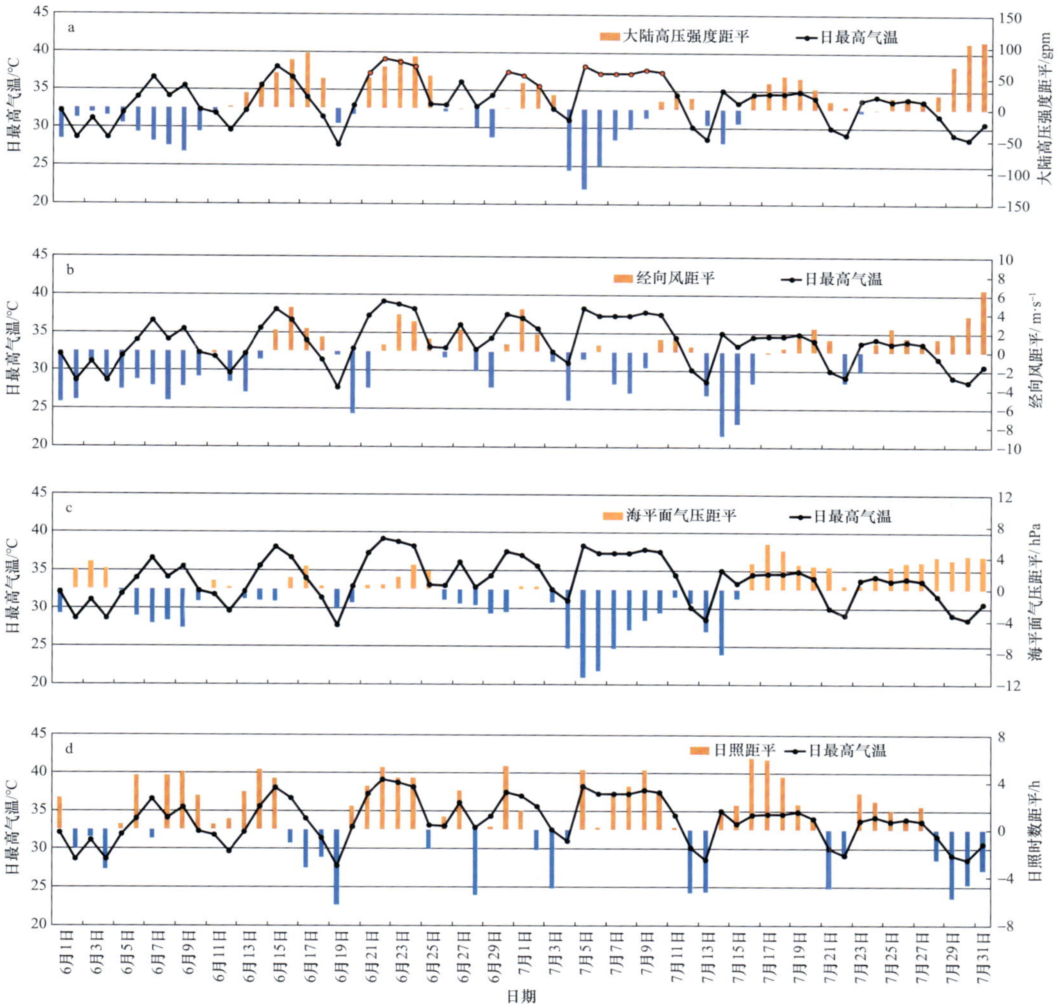

图 8　2023 年 6 月 1 日—7 月 31 日华北和黄淮地区平均的日最高气温(点线)与大陆高压强度距平(a,110°—120°E,37.5°—50°N 范围内区域平均的 500 hPa 位势高度,柱状,单位:gpm)、华北和黄淮地区经向风距平(b,单位:m·s^{-1})、海平面气压距平(c,单位:hPa)和日照时数距平(d,单位:h)的逐日变化

3 气候模式预测效果评估及可能成因

分析了 CMA-CPSv3.0(中国气象局第三代气候模式预测系统)、ECMWF(欧洲中期天气预报中心模式)和 NCEP-CFSv2(美国国家环境预测中心第二代气候预测系统)对 2023 年 6—7 月华北和黄淮地区高温的预测技巧及可能成因。CMA-CPSv3.0 的预测时长为未来 1～60 d,ECMWF 和 NCEP-CFSv2 的预测时长为未来 1～45 d。选取三个模式 5 月 31 日起报结果进行分析。图 9 给出了观测和三个模式预测的未来 45 d(6 月 1 日—7 月 15 日)平均的日最高气温,由图可见,三个模式均较准确地预测出了华北东部和黄淮中东部的高温,预测的高温

影响范围小于观测、强度也较观测偏弱。

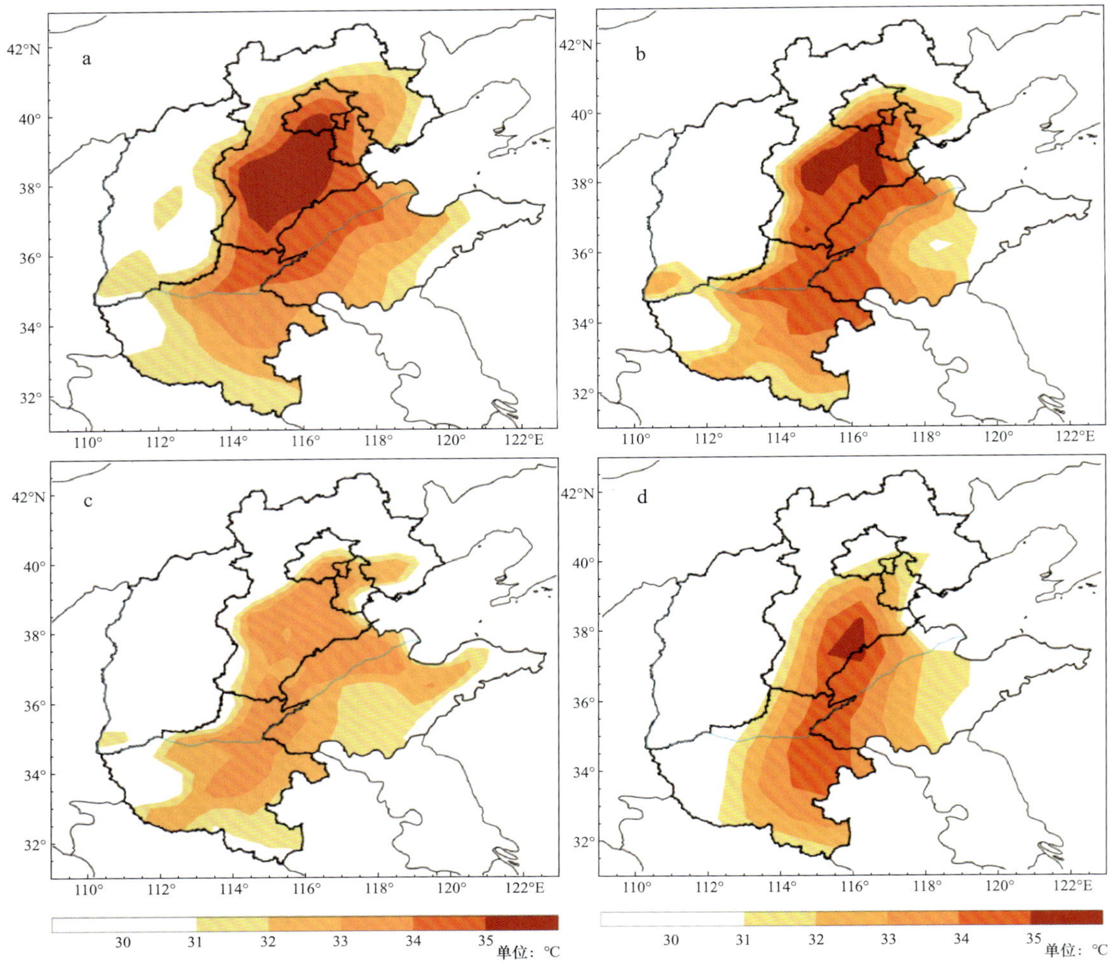

图 9 次季节气候模式 5 月 31 日起报的未来 45 d 平均的日最高气温与实况的空间分布(单位:℃)
(a)实况;(b)CMA-CPSv3.0;(c)ECMWF;(d)NCEP-CFSv2

图 10 进一步给出了观测和三个模式预测的京津冀和黄淮地区(河南和山东)6 月 1 日—7 月15 日日最高气温的逐日变化。由图 10a 可见,CMA-CPSv3.0 模式预测的京津冀 6 月 1 日—23 日日最高气温总体变化与观测最为接近,但对 6 月 11—14 日的预测较观测偏高,对 6 月 22—23 日的预测较观测偏低,6 月 24 日—7 月 6 日预测结果与气候态接近,明显弱于观测,7 月 7—15 日预测结果与观测比较接近。而 ECMWF 和 NCEP-CFSv2 模式对京津冀日最高气温的预测与观测偏差较大,尤其是两周以后的预测基本上与气候态变化一致。京津冀 2023 年 6 月 1 日—7 月 15 日日最高气温观测和三个模式预测的相关系数分别为 0.21、0.19 和 0.03,观测的 45 d 平均的日最高气温为 34.1 ℃,三个模式预测结果分别为 33.3 ℃、32.0 ℃和 31.6 ℃,平均误差分别为−0.8 ℃、−2.1 ℃和−2.5 ℃,可见 CMA-CPSv3.0 模式预测与观测较为接近,优于其他两个模式。

由图 10b 可见,CMA-CPSv3.0 模式预测的黄淮地区 6 月 1 日—7 月 15 日日最高气温日变化与观测有较大差异，例如对6月8—10日的预测明显小于观测，而对6月17—21日的预测明显大于观测，对6月21日之后的预测总体上弱于观测。而ECMWF和NCEP-CFSv2模式对6月1—16日的日最高气温预测与观测接近，对16日以后的预测基本上与气候态变化一致。黄淮地区2023年6月1日—7月15日日最高气温观测和三个模式预测的相关系数分别为0.27、0.58和0.51，观测的45 d平均的日最高气温为32.6 ℃，三个模式预测结果分别为32.3 ℃、31.5 ℃和31.9 ℃，平均误差分别为−0.3 ℃、−1.1 ℃和−0.7 ℃，即CMA-CPSv3.0模式误差相对偏小。

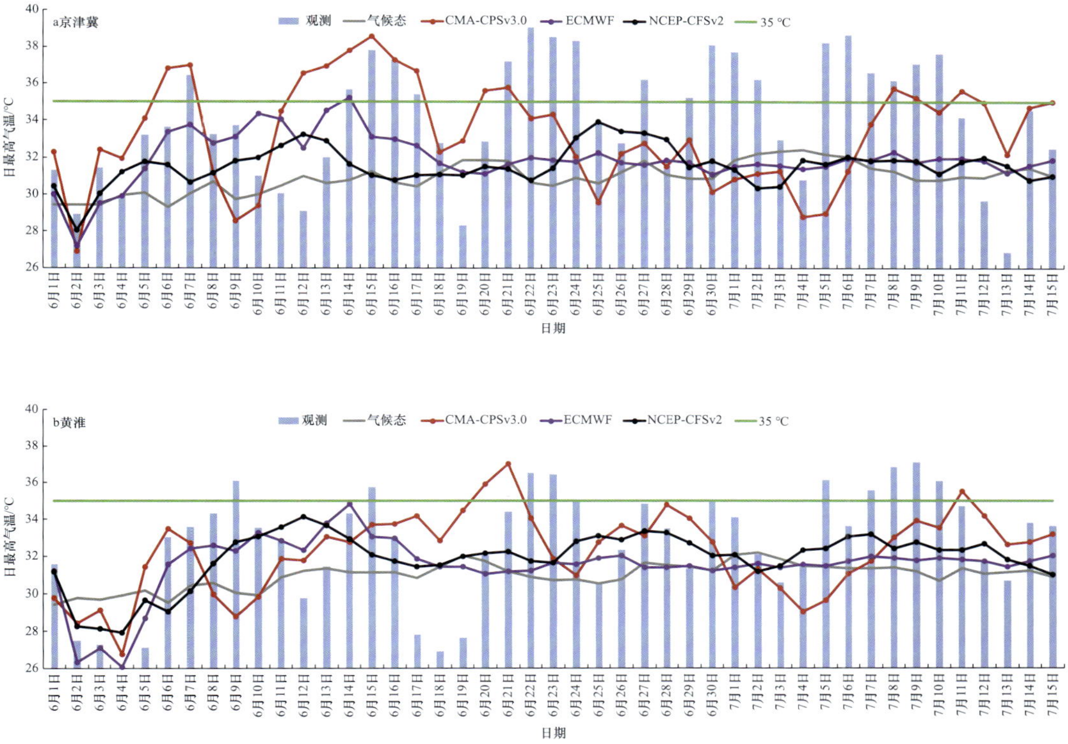

图10　次季节气候模式5月31日起报的6月1日—7月15日日最高气温和实况（单位：℃）
(a)京津冀；(b)黄淮

从上述分析可见，次季节模式对极端高温的预报时效基本在2周左右，2周之后的预测逐步接近于气候平均。按照15 d为一个单元将6月1日—7月15日划分为三个阶段，进一步分析了次季节模式对三个阶段500 hPa位势高度距平的预测效果。结果表明，三个次季节模式均可以较好的预测第一阶段(6月1—15日)东亚中高纬“西高东低”的环流形势；第二阶段(6月16—30日)中国大部分地区位势高度为正距平，中心位于华北至东北地区，CMA-CPSv3.0模式较好地把握了这个特征，但预测中高纬贝加尔湖至鄂霍次克地区“西高东低”的分布特征与实况相反，ECMWF和NCEP-CFSv2对东亚至西北太平洋的预测与实况有较大偏差；第三阶段(7月1—15日)华北至东北地区位势高度为负距平，三个模式预测均与实况有较大偏差。由此可见，次季节模式对东亚地区环流的预报时效也基本在2周左右，这也导致模式很难准确预测2周之后的高温过程演变。这与前人的研究结论“数值模式可预报性上限为2周[21-23]”相一致，见图11。

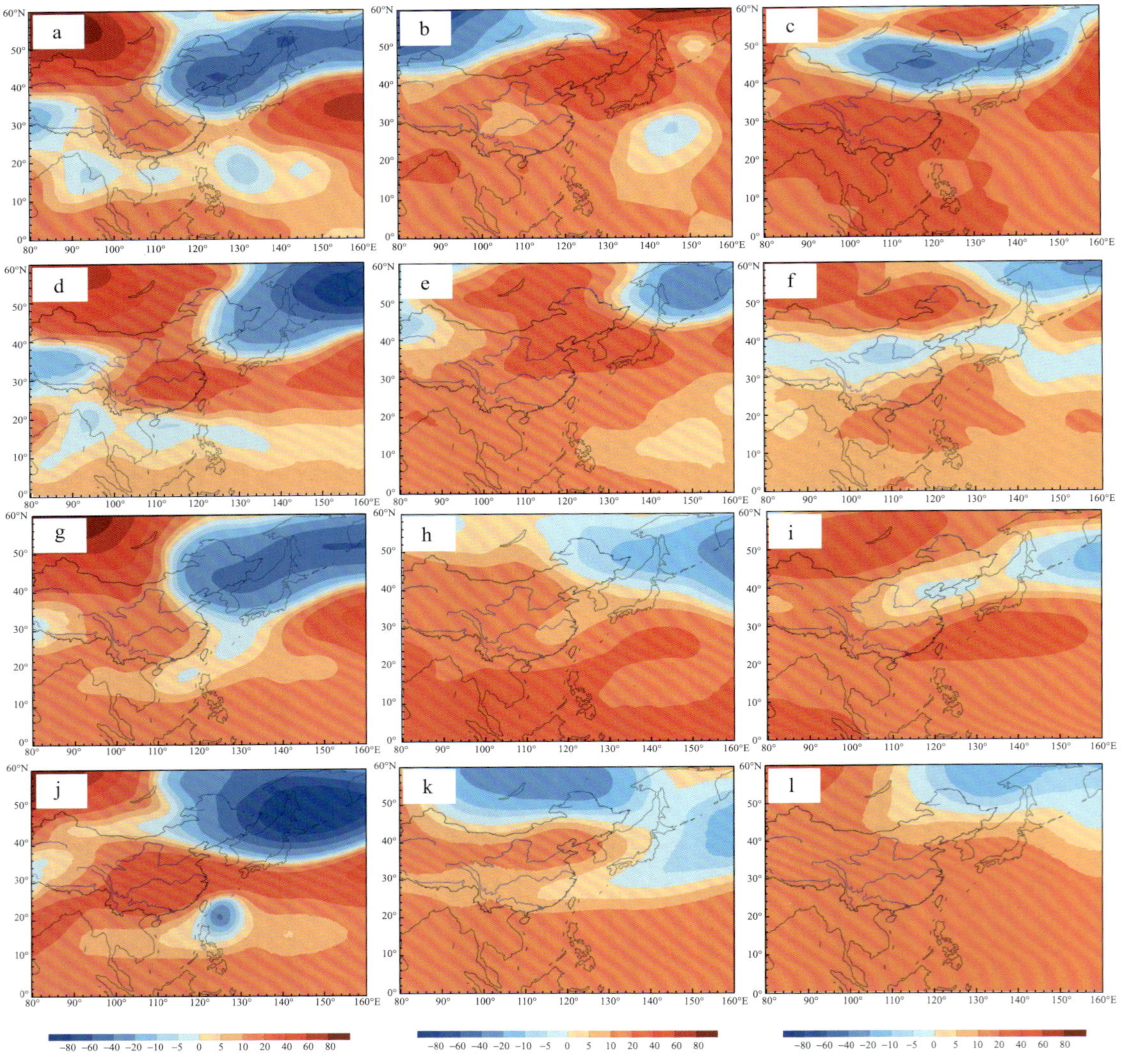

图 11　6 月 1 日—7 月 15 日每 15 d 500 hPa 位势高度距平观测和次季节气候模式预测(单位:gpm)
(a,d,g,j)6 月 1—15 日;(b,e,h,k)6 月 16—30 日;(c,f,i,l)7 月 1—15 日;
(a,b,c)观测;(d,e,f)CMA-CPSv3.0;(g,h,i)ECMWF;(j,k,l)NCEP-CFSv2

4 结论与讨论

2023 年我国高温日数为 1961 年以来历史同期最多,其中 6—7 月,华北和黄淮等地的高温尤为突出,对各行业造成较多不利影响。本文重点分析 6—7 月华北和黄淮高温天气的特征、成因及次季节模式的预测性能,所得结论如下。

(1)2023 年 6—7 月华北、黄淮高温主要发生在华北东部和黄淮东部地区(京津冀、河南东部和山东),高温日数和平均的日最高气温均为 1961 年以来历史同期最高,高温极端性强,过程影响范围广，有 210 个国家级气象观测站日最高气温达到或超过 40 ℃；有 126 个国家级气象观测站日最高气温达极端事件监测标准。

（2）高温有明显的阶段性特征，6 月上中旬高温持续性相对较差，极端连续高温主要发生在 2023 年 6 月 21 日—7 月 10 日，期间华北东部和黄淮东部地区高温过程的综合强度在 1981 年以来的该区域历次高温过程中排名第 1。

（3）6 月下旬—7 月上旬期间三次连续高温过程的成因存在明显的差异，其中 6 月 21—24 日的高温过程主要受大陆高压脊过境的影响；6 月 27 日—7 月 2 日的高温过程主要受大陆高压南移和副高北抬的共同影响；而 7 月 5—10 日的高温过程主要受华北干槽和热低压的共同影响。

（4）三个主流次季节模式对高温的预测能力有较大差异，5 月 31 日起报结果检验表明 CMA-CPSv3.0 对 6 月上中旬京津冀的高温过程预测与观测较为接近，而 ECMWF 和 NCEP-CFSv2 模式的预测与观测偏差较大，尤其是两周以后的预测基本上与气候态变化一致。

本文主要从东亚环流、局地热力和动力条件阶段性变化的角度，对比分析了三次主要高温过程形成机制的差异。近年来不少研究表明，海温、陆面异常和人为强迫对全球和区域性极端高温热浪均有重要的影响或贡献。例如，杨凯等[24]研究了海陆气协同作用对华北地区夏季高温热浪的影响，发现华北地区前期土壤湿度异常与夏季高温热浪的关系受到副高强度的影响；Wang 等[25]研究表明，人为强迫和异常大气环流使 2022 年长江中下游地区的极端高温发生概率分别增加了约 62.0 倍和 2.6 倍。因此，今后还需要从多时间尺度、多因子协同作用等角度进一步探讨此次高温事件的成因，针对次季节模式的预测误差特征和来源开展研究，在此基础上研发高技巧的订正方法，提高预报时效和预测技巧，进而提升高温预报服务能力。

参考文献

[1] ZANG N H，ZHAO J H，YAN P C，et al. The interannual variation of the first regional extreme hot events in southeastern China and the possible mechanism [J]. Atmos Res，2023(283)：106569.

[2] 杨萍，侯威，封国林. 中国极端气候事件的群发性规律研究[J]. 气候与环境研究，2010，15(4)：365-370.

[3] 叶殿秀，尹继福，陈正洪，等. 1961—2010 年我国夏季高温热浪的时空变化特征[J]. 气候变化研究进展，2013，9(1)：15-20.

[4] ZANG N H，ZHAO J H，YAN P C，et al. Interdecadal variations of the temporal and spatial distribution of summer extreme heat in China [J]. Atmosphere-Ocean，2019，57(5)：365-377.

[5] ZANG N H，ZHAO J H，YAN P C，et al. Interdecadal variations of persistent extreme heat events in eastern China under global warming [J]. Theor Appl Climatol，2021(146)：349-364.

[6] 彭京备，刘舸，孙淑清. 2013 年我国南方持续性高温天气及副热带高压异常维持的成因分析[J]. 大气科学，2016，40(5)：897-906.

[7] 邹海波，吴珊珊，单九生，等. 2013 年盛夏中国中东部高温天气的成因分析[J]. 气象学报，2015，73(3)：481-495.

[8] 章大全，袁媛，韩荣青. 2022 年夏季我国气候异常特征及成因分析[J]. 气象，2023，49(1)：110-121.

[9] 齐道日娜，何立富. 2022 年我国夏季极端高温阶段性特征及成因[J]. 应用气象学报，2023，34(4)：385-399.

[10] ZHOU J，ZHAO J H，LI Y H，et al. the Heat Center：Characteristics of High Temperature in Midsummer of 2022 in Chongqing and Its Comparison with 2006[J]. Theor Appl Climatol，2024(155)：151-162.

[11] CHEN R D,LU R Y. Comparisons of the circulation anomalies associated with extreme heat in different regions of Eastern China[J]. J Clim,2015(28):5830-5844.

[12] 孙建华,卫捷,张小玲,等. 2003 年夏季的异常天气及预测试验[J]. 气候与环境研究,2004,9(1):203-217.

[13] 谢庄,崔继良,刘海涛,等. 华北和北京的酷暑天气:历史概况及个例分析[J]. 气候与环境研究,1999,4(4):323-333.

[14] 卫捷,孙建华. 华北地区夏季高温闷热天气特征的分析[J]. 气候与环境研究,2007,12(3):453-463.

[15] 卫捷,杨辉,孙淑清. 西太平洋副热带高压东西位置异常与华北夏季酷暑[J]. 气象学报,2004,62(3):308-316.

[16] CHEN R D,LU R Y. Dry tropical nights and wet extreme heat in Beijing:Atypical configurations between high temperature and humidity [J]. Mon Wea Rev,2014,142(5):1792-1802.

[17] 张迎新,张守保. 2009 年华北平原大范围持续性高温过程的成因分析[J]. 气象,2010,36(10):8-13.

[18] 孙林海,赵琳,李威,等. 2023 年华北、黄淮极端高温热浪事件气候特征及成因初探[J]. 中国防汛抗旱,2023,33(11):8-12.

[19] QIAN C,YE Y B,JIANG J C,et al. Rapid attribution of the record-breaking heatwave event in North China in June 2023 and future risks [J]. Environ Res Lett,2024(19):014028.

[20] 靳鑫桐,周波涛,谢文欣,等. 影响华北重度和轻度高温热浪的大气背景场差异分析[J]. 大气科学学报,2024,47(1):124-135.

[21] MOLTENI F,BUZZIA R,PALMER T N,et al. The ECMWF ensemble prediction system:Methodology and validation[J]. Q J Roy Meteor Soc,1996,122(52):73-119.

[22] 丁瑞强,李建平. 天气可预报性的时空分布 [J]. 气象学报,2009,67(3):343-354.

[23] ROBERTSON A W,VITART F,CAMARGO S J. Subseasonal to seasonal prediction of weather to climate with application to tropical cyclones[J]. J Geophy Res:Atmos,2020,125(6):e2018JD029375.

[24] 杨凯,冯信贤,黄刚. 海陆气协同作用对华北地区夏季高温热浪的影响 [J]. 气候与环境研究,2023,28(6):665-675.

[25] WANG D Q,SUN Y,HU T,et al. The 2022 record-breaking heat event over the middle and lower reaches of the Yangtze River:the role of anthropogenic forcing and atmospheric circulation [J]. Bull Amer Meteor Soc,2024,105(7):200-205.

第二部分

重大天气过程复盘

一、台风和暴雨

"23・7"华北特大暴雨过程天气学成因和预报分析

李晓兰 张芳华 张 博 杨舒楠 胡 艺 符娇兰 陈 涛
(国家气象中心,北京,100081)

摘　要:利用高分辨率多源观测资料和欧洲中期天气预报中心(ECMWF)第5代欧洲再分析数据(ERA5)对"23・7"华北特大暴雨过程的降水特征、天气学成因、预报难点及着眼点等进行分析。结果表明:此次过程的累计降水量、持续时间、雨强等方面在华北均具有显著极端性,500 mm以上的强降水主要分布于太行山东麓。过程发生在台风残涡北上停滞的稳定环流背景下,台风"杜苏芮"和"卡努"提供了持续而充沛的水汽和能量,高空辐散与低层强辐合提供稳定而强大的动力条件,偏东气流在太行山东麓强迫抬升,使降水增幅并持续。EC集合预报系统(EC-EPS)和业务预报模式(EC-HR)对过程累积降水量预报较为稳定,且具有一定的提前时效,中国气象局北京快速更新循环数值预报系统(CMA-BJ)对逐日强降水的落区形态和强度预报等有较高参考价值。中期预报关键点在于500 hPa华北高压坝的位置和持续时间的预报,集合预报产品可提供较好的参考;短期预报需重点分析环境场特征尤其是对流潜势条件,综合参考全球模式的落区和中尺度模式的强度预报,加强模式稳定性和一致性分析,并结合临近实况进行滚动订正预报。

关键词:特大暴雨,华北,台风,地形,预报分析

引言

受东亚夏季风影响,每年7月下半月至8月上半月我国华北地区进入降水集中期,在台风、东北冷涡、锋面、急流和副热带高压(简称副高)等多尺度天气系统相互作用下,常出现严重致灾的极端暴雨[1-4]。陶诗言[5]总结了5类特殊的华北强降水天气形势,其中3类具有典型的"西低东高"天气形势,主要影响系统为锋面、低涡等西风带系统,如2012年7月21日北京暴雨[6-9]、2016年7月19—20日"16・7"华北极端降水[10,11]过程;另外2类华北极端暴雨具有"北高南低"的特殊形势,东亚中高纬地区维持稳定的高压区,北上登陆台风或者热带低值系统受高压阻挡,移动缓慢,在来自东部海区的偏东风和来自南海的西南季风的持续输送下,在燕

资助项目:中国气象局复盘总结专项(FPZJ2024-159)、中国气象局创新发展专项(CXFZ2024J025)、国家重点研发计划项目(2022YFC3003905)、国家自然科学基金项目(42230612)、中国气象局暴雨精细化分析和预报青年创新团队专项(CMA2023QN05)共同资助。

第一作者:李晓兰,高级工程师,从事定量降水预报与中尺度对流系统诊断分析工作,E-mail:lilan224@163.com。
通信作者:张芳华,正高级工程师,从事天气预报业务和技术研究,E-mail:zfhnmc@126.com。

山—太行山前迎风坡一侧形成长历时、持续性的极端降水，历史上华北“63·8”、河南“75·8”[12,13]等极端降水过程均与此类形势相关。丁一汇等[14]也特别指出，在高压坝的影响下北上深入内陆的台风或停滞低涡将产生极端暴雨。

2023年7月29日—8月1日，第5号台风“杜苏芮”减弱后的低压北上，在华北地区停滞，京津冀地区出现历史罕见的持续性特大暴雨过程(简称“23·7”过程)，造成严重的山洪、泥石流、山体滑坡和城市内涝等次生灾害，海河流域出现“96·8”以来的首次流域性大洪水，永定河等6条河流发生有实测记录以来最大洪水，严重威胁人民群众生命财产安全，造成巨大损失和社会影响。国家气象中心第一时间组织开展了“23·7”过程的预报技术复盘，从降水特征和天气学成因[15-16]、水汽特征[17]、模式预报检验[18]等方面开展研究，本文将以此为基础，并且进一步分析其中短期预报难点和着眼点，以期加深对华北特大暴雨过程及其预报的认识，为业务提供参考。

1 数据说明

本文采用国家气象信息中心天擎系统提供的常规地面和高空观测资料、时间分辨率1 h的地面自动站资料。利用ECMWF ERA5逐小时再分析数据(水平分辨率0.25°×0.25°，垂直方向32层)进行形势诊断。检验的数值模式包括中国气象局全球同化预报系统(CMA-GFS)和集合预报系统(CMA-EPS)、欧洲中期天气预报中心集合预报系统(EC-EPS)和业务预报模式(EC-HR)、美国环境预报中心全球预报系统(NCEP-GFS)等全球模式和中国气象局区域台风数值预报系统(CMA-TYM)、中尺度天气数值预报系统(CMA-MESO)和北京快速更新循环数值预报系统(CMA-BJ)等区域中尺度模式。

2 “23·7”过程概况

2023年7月29日08时至8月2日08时(北京时，下同)，河南北部、山东中西部、河北南部和中部、山西东部、北京、天津等地出现持续性暴雨到大暴雨，其中，北京西部、河北中部和西南部等地出现特大暴雨，日降水量达250～500 mm，有19个国家气象观测站日降水量突破历史极值，大部分出现在7月30日08时—31日08时。京津冀大部地区过程累积降水量100～250 mm(图1a)，其中，北京西部、河北中部和西南部等太行山东麓地区累计超过500 mm(图1a，图1b)，最大出现在河北邢台临城梁家庄，达1003.4 mm。其中，26个国家气象观测站7月29日08时—8月1日08时3日累积降雨量突破历史极值，单站累积降水量为“63·8”过程(2051 mm)以来华北地区最强[6,10,19,20]。

过程中华北大部地区最大雨强一般为20～50 $mm \cdot h^{-1}$，北京西部和南部、河北中部等地个别站点超过80 $mm \cdot h^{-1}$，局地达100 $mm \cdot h^{-1}$以上，主要出现在7月31日，国家站有1站超过历史极值。整个过程影响时间达4 d，超过“63·8”过程之后的其他华北极端强降水过程。京津冀地区降水时间一般为40～80 h，北京西部、河北中部和西南部等地达80 h以上[16]。因此,降水持续时间也具有显著的极端性。强降水主要集中在7月29日夜间至31日白天,其中,29日夜间至30日夜间为“杜苏芮”残涡东侧螺旋雨带影响阶段,影响范围最广、持续时间最长、累计降水量最大,约占过程总降水量的一半以上;31日凌晨至白天为切变线影响阶段,影响范围集中在河北中北部、北京和天津北部。

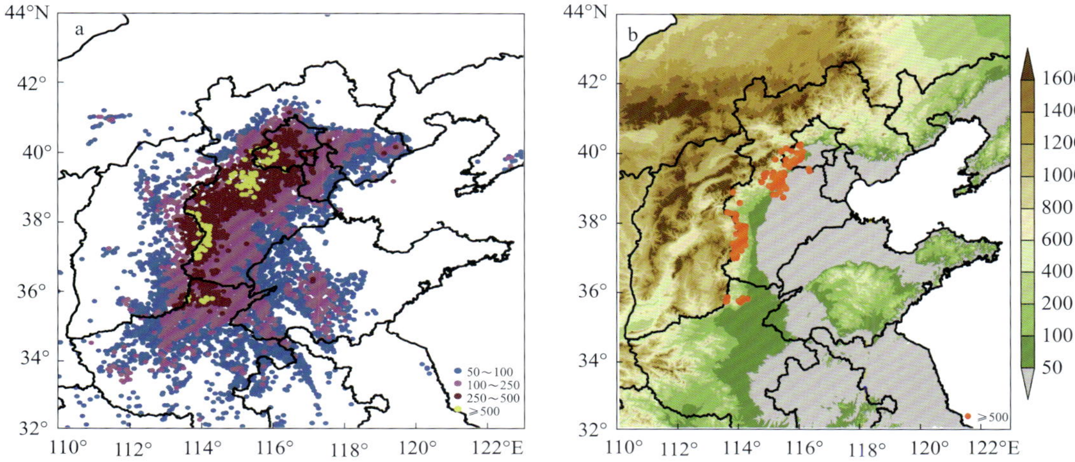

图1 2023年7月29日08时至8月2日08时累积降水量分布(a,≥50 mm,散点,单位:mm)、累积降水量超过500 mm的站点(散点,单位:mm)与地形高度(b,填色,单位:m)

3 环流形势

过程发生在台风“杜苏芮”减弱后的残涡北上,受华北高压阻挡移动停滞,并与台风“卡努”共同持续输送水汽的环流背景下。

29日08时(图2a),500 hPa为“两槽一脊”稳定环流型,其高压脊位于蒙古国中部至我国西北地区东部,西太平洋副高呈块状分布,其西边界位于我国东北地区南部至华东沿海。“杜苏芮”减弱后的残涡中心位于副高西侧,我国华东地区位于残涡与副高之间,在其对流层低层形成强盛的偏南至东南急流,850 hPa风速达24 $m \cdot s^{-1}$以上。此时台风“卡努”位于副高南侧的菲律宾以东洋面,其北侧偏东气流汇入台风“杜苏芮”以东的东南急流中,共同为强降水提供水汽和能量供应。29日夜间开始,副高西伸与大陆高压脊打通,在华北北部形成西北—东南向的高压坝并发展加强,500 hPa位势高度偏离气候态超过2~3个标准差(图略),为台风残涡持续影响华北提供了有利的背景条件。

台风残涡北上过程中(图2b),在河南、山西与河北三省交界处发展加强并维持12 h以上,自东南向西北影响京津冀大部地区,此为京津冀降水最强的阶段。31日早晨开始(图2c),台风残涡及倒槽减弱西移,但台风“卡努”向我国靠近且加强,继续为华北地区输送水汽,北京、天津及河北中部出现第二阶段的强降水。同时,京津冀地区稳定位于200 hPa(图2d)高空槽前以及高空急流入口区右侧的强辐散区,具备了产生区域性特大暴雨的持续而强大的高空辐散条件。

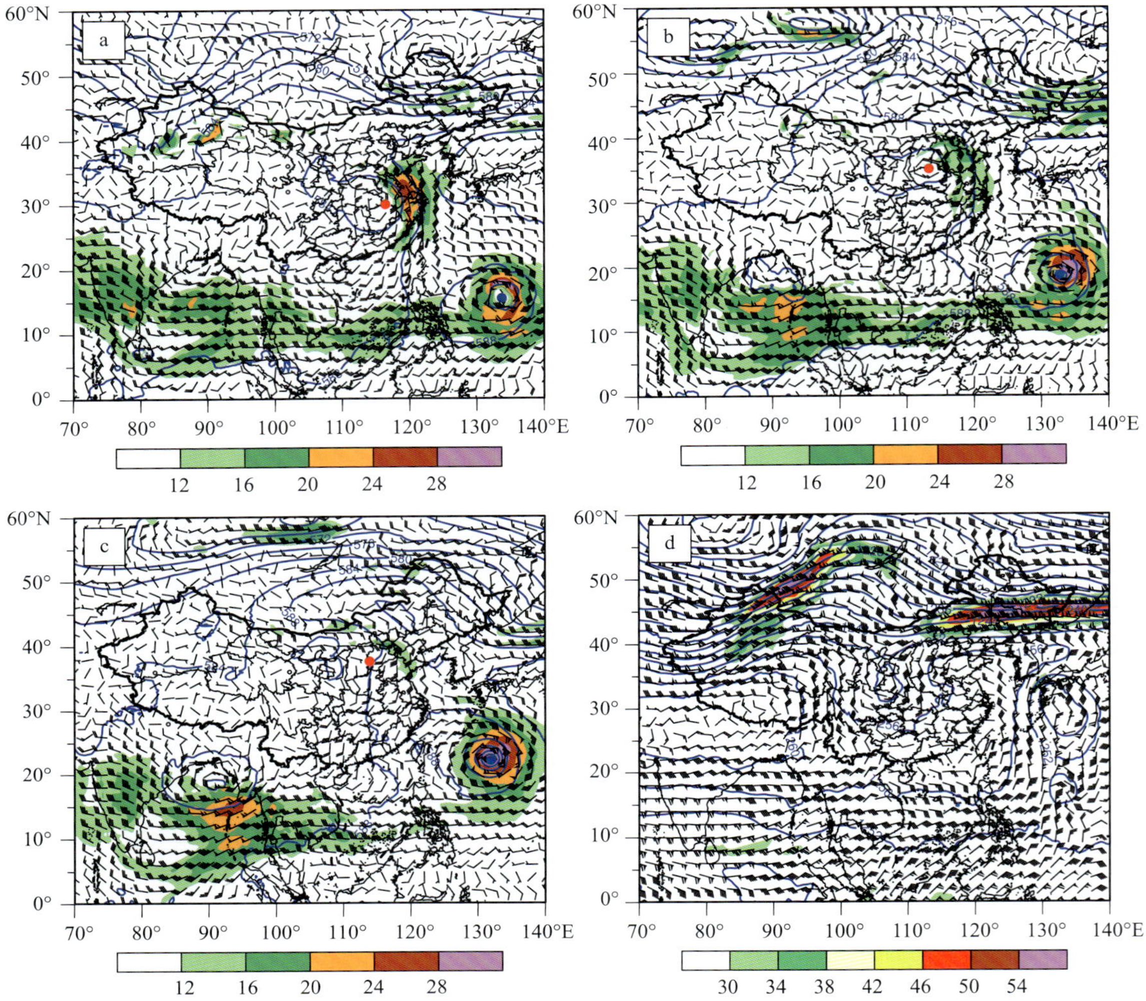

图2　2023年7月29日08时(a)、7月30日08时(b)、7月31日08时(c)500 hPa位势高度(等值线,单位:dagpm)和850 hPa风场(风向杆,填色:≥12 m·s^{-1});(d)2023年7月29日20时200 hPa位势高度场(等值线,单位:dagpm)和风场(风向杆,填色:≥30 m·s^{-1})

(红色及蓝色圆点分别为台风“杜苏芮”及“卡努”的中心位置)

4　特大暴雨的天气学成因

4.1　持续而充沛的水汽与能量条件

此次过程发生在双台风活动背景下,强盛的低空和超低空急流带来持续的水汽和能量输送,有利于强降水的发展和维持。

29日20时(图3a),925 hPa急流加强至22 m·s^{-1}以上,最强水汽通量中心位于河北南部至苏皖北部一带,太行山中段山前最强水汽辐合中心绝对值超过 3×10^{-4} g·cm^{-2}·hPa^{-1}·s^{-1}。30 日,水汽通量中心随倒槽北移,地形作用使太行山前水汽通量辐合显著增强,最强中心位于太行山北段的北京西部—河北中部及太行山中段邢台—石家庄一线。31 日,华北中北部低空急流强度有所减弱,强水汽输送和辐合范围减小,集中在太行山北段山前地区,其中北京西部的水汽通量辐合绝对值达 5×10^{-4} g·cm^{-2}·hPa^{-1}·s^{-1} 以上,此时也是北京地区强降水集中时段之一。垂直方向上(图略),区域最大的水汽辐合主要集中在 800 hPa 及以下,最强在 925 hPa,尤其是 29 日夜间至 31 日白天,绝对值大于 7×10^{-4} g·cm^{-2}·hPa^{-1}·s^{-1}的辐合时间超过 40 h,为极端降水提供了持续而充沛的水汽条件。

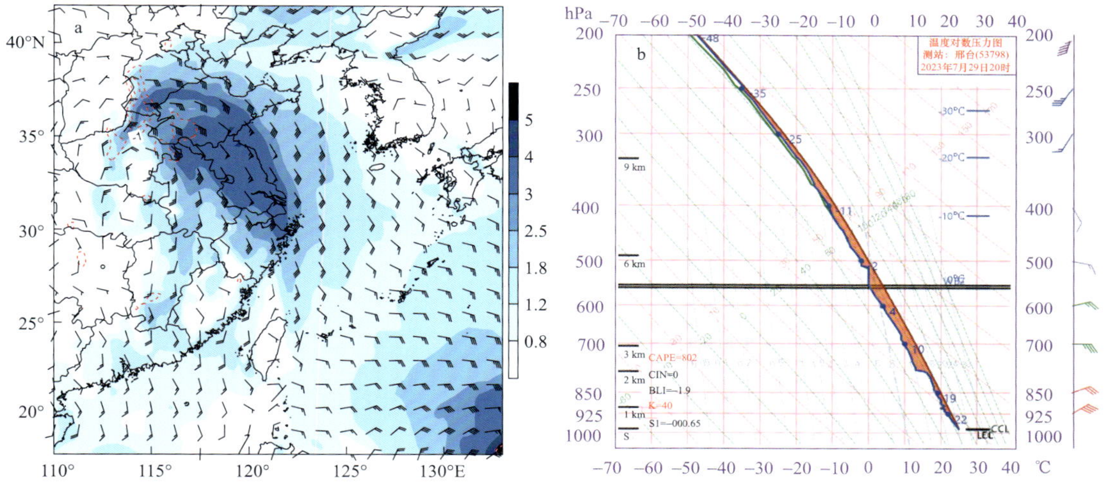

图 3　2023 年 7 月 29 日 20 时 925 hPa 水汽通量(填色,单位:10 g·cm^{-1}·hPa^{-1}·s^{-1})、水汽通量散度(红色虚线,单位:10^{-4}g·cm^{-2}·hPa^{-1}·s^{-1})及风场(a,风向杆)和河北邢台站探空图(b)

持续的水汽输送与辐合使得华北地区长时间保持高湿状态,有利于不稳定层结的建立和维持。对流层低层最大比湿稳定在 18 g·kg^{-1} 以上,整层可降水量(PWAT)一般有 60～75 mm,局地接近 80 mm,高于近年来几次华北极端强降水过程[10,12]。29 日 20 时邢台的探空分析(图 3b)表明,对流有效位能(CAPE)达 802 J·kg^{-1}且呈狭长型分布,湿层非常深厚,抬升凝结高度为 184 m,0 ℃层位于 5 km 上下,有利于产生高效率的暖云降水。虽然 30 日受强降水的影响,区域平均的 CAPE 显著降低,但中低层仍存在对流不稳定层结或湿中性层结(图略),在一定的动力抬升条件下,有利于强降水持续。

4.2　稳定强大的动力抬升条件

从流场辐合辐散的垂直分布及时间演变(图略)来看,台风残涡、倒槽、风场辐合及地形作用等导致低层动力抬升条件维持,其中河北邢台至石家庄以及北京至河北保定一带的低层强辐合维持时间最长。30 日 14 时,受倒槽和东南急流风速扰动影响,在残涡东北象限出现大范围辐合中心,-1.6×10^{-4} s^{-1}以下的强辐合区从太行山北段山前延伸至平原地带(113°—118°E)(图 4a),并随着倒槽和急流的发展不断向太行山山前集中。低空急流中有中尺度急流核发展、倒槽中扰动不断西传,使得沿山地区的辐合得以长时间维持,同时在 600～700 hPa 为强辐散区,最大上升速度值达－4 Pa·s^{-1}以下。从 116°E 剖面(图 4b)看,自南向北有多个辐合辐散对,其中 39.5°N 附近在 600 hPa 以下为强辐合,600 hPa 以上出现了中心值大于 2×10^{-4} s^{-1}的强辐散,并向上延伸至对流层高层,对应河北中部平原地区的强降水。低层辐合、中高层辐散的垂直分布有利于上升运动发展,辐合中心随高度向西、向北倾斜(图 4),倾斜上升运动也有利于降水系统维持。

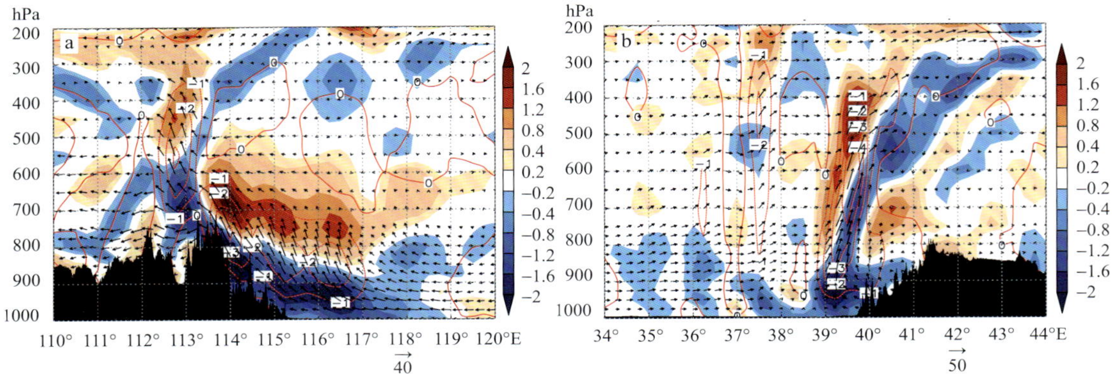

图 4　2023 年 7 月 30 日 14 时水平散度(填色,单位:10^{-4} s^{-1})、垂直速度(红色等值线,单位:Pa·s^{-1})沿 39°N 经对流中心的纬向垂直剖面和经向垂直环流(a,箭头)以及沿 116°E 经对流中心的经向垂直剖面和纬向垂直环流(b,箭头)

4.3　显著的地形增幅作用

太行山地形对此次特大暴雨过程有显著的增幅作用,本文以 7 月 29 日夜间至 30 日上午太行山中段的强降水阶段为例,具体分析地形对水汽辐合及垂直输送的影响。沿 37.5°N 的水平水汽通量散度、垂直水汽通量和垂直环流的经度—垂直剖面(图 5)表明,29 日 23 时(图 5a),“杜苏芮”残涡北侧的低层偏东风在太行山东麓迎风坡受阻抬升,形成随地形高度向西倾斜的水汽辐合中心,上升气流也造成垂直方向的水汽输送,通量中心位于 850 hPa 附近,强度达 50×10^{-1} g·cm^{-1}·hPa^{-1}·s^{-1},较 2 h 前(图略)明显增大。30 日 02 时(图 5b),低层东风持续并在山前形成大梯度区,山前辐合抬升作用快速增强,强大的动力强迫抬升使得低层水汽通量辐合与垂直水汽通量均快速增大,并向高层扩展,强大而深厚的水汽辐合抬升非常有利于在地形附近产生强降水。30 日 05 时(图 5c),900 hPa 及以下的辐合中心仍维持在太行山东麓,而其上层中心已西移进入山西东部,上升运动和垂直水汽输送都明显向西倾斜,但强度弱于河北西南部。

同时,由图 5 可知,114°—114.2°E 附近是偏东风迎风坡地形高度梯度的大值区,对应 37.5°N 附近海拔高度为 600～800 m,与 925 hPa 高度相当,是低层偏东风强烈辐合、首先出现强水汽通量辐合并长时间维持的区域,此次过程累积降水量达 1003.4 mm 的河北邢台临河梁家庄站(测站海拔 681 m)便位于此区域。

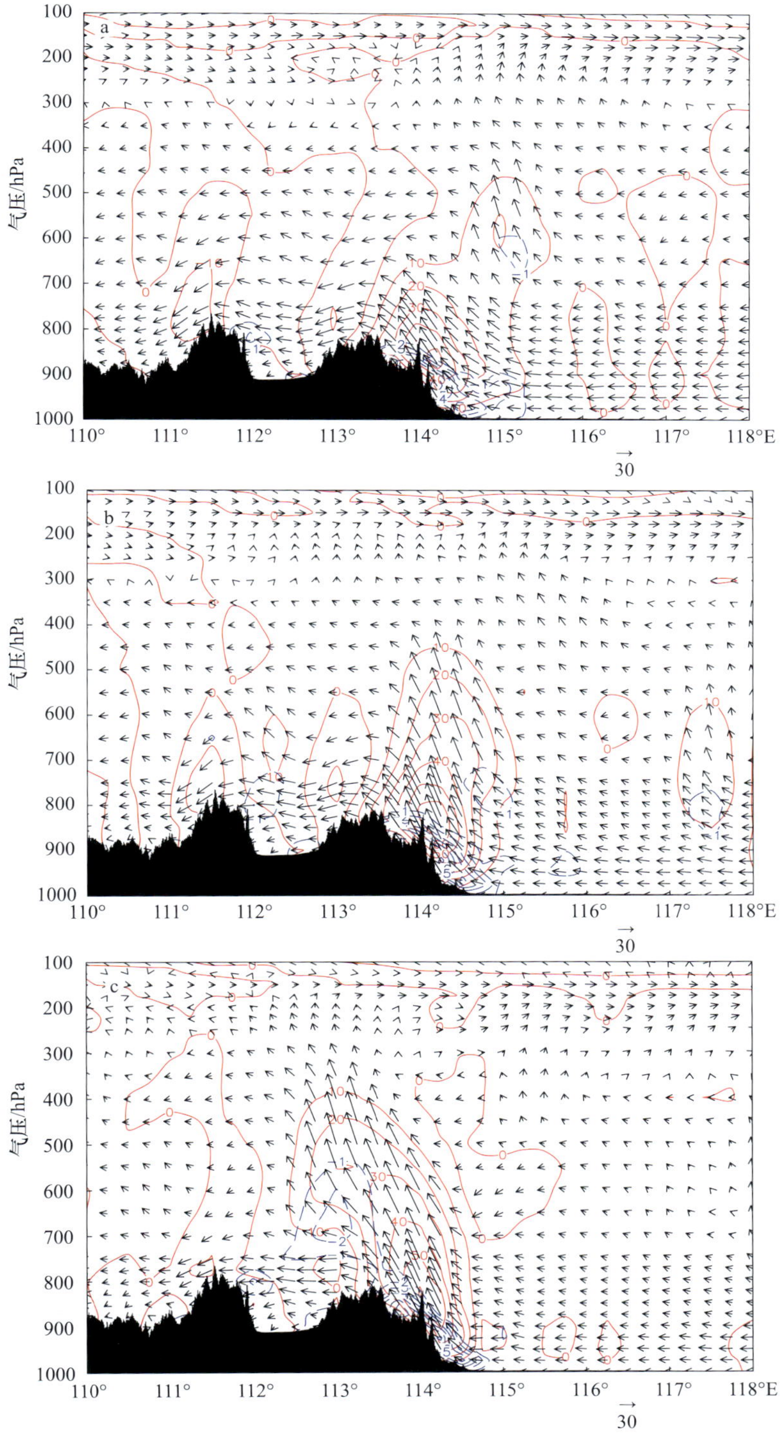

图 5 2023 年 7 月 29 日 23 时(a)、30 日 02 时(b)和 05 时(c)水平水汽通量散度(蓝色等值线，只显示负值，单位：10^{-4} g·cm^{-2}·hPa^{-1}·s^{-1})、垂直水汽通量(红色等值线，单位：10^{-1} g·cm^{-1}·hPa^{-1}·s^{-1})沿 37.5°N 的经度—高度垂直剖面及纬向垂直环流(箭头)

5 数值模式检验及预报分析

5.1 数值模式预报检验

基于集合预报的过程累积降水量检验(图略)表明,EC-EPS 7 月 18 日起预报京津冀一带有超过 100 mm 强降水的概率,26 日起预报过程累积降水量 80%以上的概率预报与实况落区接近。CMA-EPS 7 月 20 日起,预报出 100 mm 以上降水概率,但预报欠稳定,且落区偏东偏南。对于全球确定性模式(图略),EC-HR 7 月 24 日起报的 100 mm 降水落区位置接近实况,但 250 mm 以上的降水落区较实况偏西偏北,26 日起报的降水最强中心(591.4 mm)虽较实况弱,但超过 100 mm 的降水落区形态、位置以及中心强度均最接近实况,对实际预报有较强指示意义。CMA-GFS 累积降水量预报显著偏小、强降水落区明显偏东,可用预报时效短。

短期时效,提前 60 h 全球模式强降水预报偏弱,EC-HR 和 NCEP 落区偏西或偏北,CMA-GFS 明显偏东;中尺度模式落区偏西偏北,强度偏大。提前 36 h,各家模式预报偏差较 60 h 减小,但强降水落区和强度仍有一定偏差。具体来说,对于强降水集中时段 30 日和 31 日,以 EC-HR、CMA-MESO 和 CMA-BJ 为例,大暴雨落区 30 日(图 6a1—图 6a3)EC-HR 预报偏西偏北,CMA-MESO 偏西,CMA-BJ 与实况最为接近;31 日(图 6b1—图 6b3)各家模式均能预报出强降水落区及区域强度的变化趋势,EC-HR 预报略偏东,CMA-MESO 与实况较接近但范围略偏小,CMA-BJ 与实况位置及形态最接近,但强度偏大。由此可见,中尺度模式可以更加精细地刻画强降水落区形态和位置分布,其中尤以 CMA-BJ 为佳,但其存在预报偏强的特征;其余模式不同程度地偏弱。

5.2 预报难点及订正方法

进一步检验(图略)表明,中期时效能否预报出“极端”强降水过程的关键难点在于 500 hPa 华北高压坝的位置及持续时间的预报。EC-HR 自 7 月 24 日起对副高形态预报较为稳定,

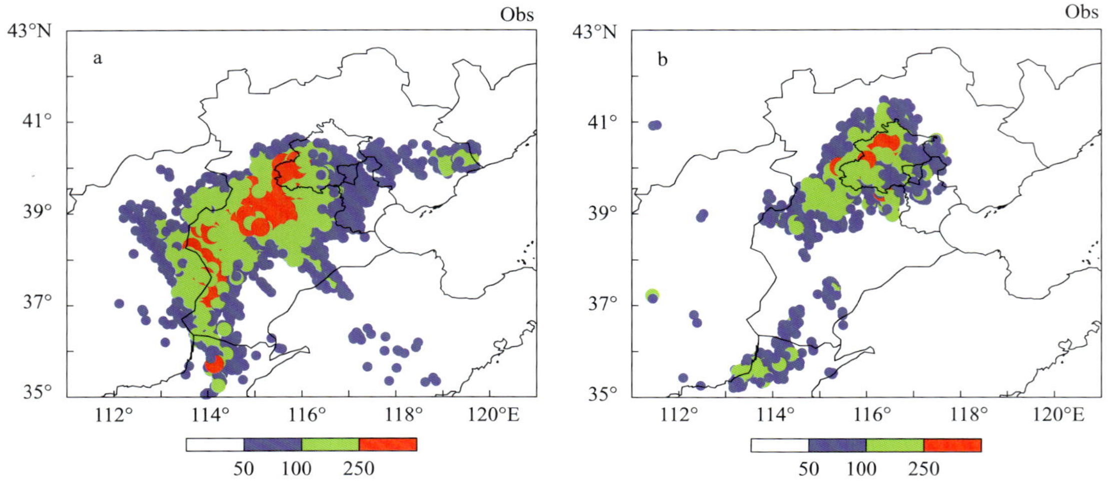

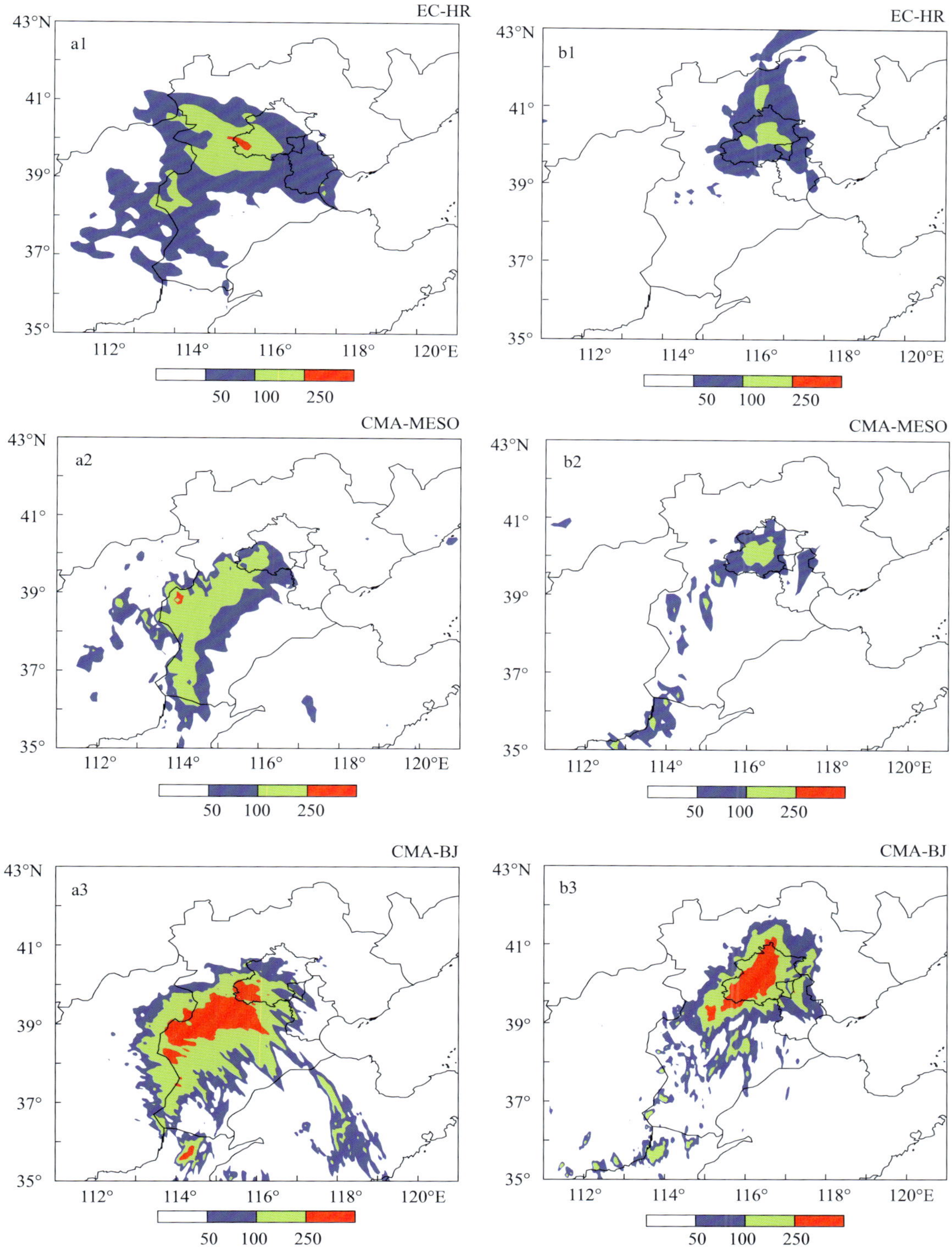

图 6　2023 年 7 月 30—31 日的日降水量(单位：mm)

(a 和 b 分别为 30 日和 31 日实况降水；a1—a3(b1—b3)分别为 EC-HR、CAM-MESO 和 CMA-BJ 29 日(30 日)20 时起报的 36 h 时效预报)

较准确地预报副高西伸北抬与大陆高压脊合并加强的趋势,对华北高压坝的建立、形态和维持预报效果优于 CMA-GFS 和 NCEP-GFS,过程累计降水量的预报及提前时效也优于二者。在实际预报中,可参考集合预报信息,如集合聚类、集合平均和离散度等产品,结合已有实况以及模式预报稳定性和多模式预报一致性等综合判断高压坝的位置及持续时间。篇幅所限,本文不做详细分析。

强降水的短期预报有以下 2 个突出难点,一是逐日强降水落区及强度的预报存在较大不确定性(图 6),二是 31 日天气尺度系统减弱的情况下局地强降水的预报。

针对第一个难点,以 EC-HR 对 30 日降水的 36 h 预报为例进行分析。500 hPa 高度场预报与实况基本一致(图略),但低空急流预报偏差较大。由图 7a 可见,在太行山东麓 850 hPa 为偏东或东北风的区域,模式预报为东南风,相应地倒槽预报略偏西偏北,且在太行山北段迎风坡附近风速预报偏小 4～8 m·s^{-1},导致低层辐合区偏西偏北、山前辐合偏弱,削弱了地形对强降水的增幅作用;925 hPa 也有类似偏差(图略)。同时,从降水性质预报看(图 7b),模式预报 30 日午后河北东部和南部地区对流性降水比例高达 60%～90%,而环境条件预报(图略)也表明,午后华北平原低空暖湿输送持续,水汽和能量条件均有利于出现对流性降水。根据业务实践经验,在这种形势下 EC-HR 对对流性降水预报易偏小,而将强降水主要预报在天气尺度系统动力抬升作用更强的倒槽附近(图 7),也是导致强降水落区预报偏西偏北的原因之一。在实际预报中,对天气系统的位置和强度订正难度较大,预报员可以结合模式环境场特征和降水性质预报,基于模式经常出现的偏差特征对强降水落区做出订正;而在有利的对流条件下,中尺度模式的降水量预报更有参考价值。因此,综合应用多尺度数值模式可对短期强降水预报做出一定程度的有效订正。

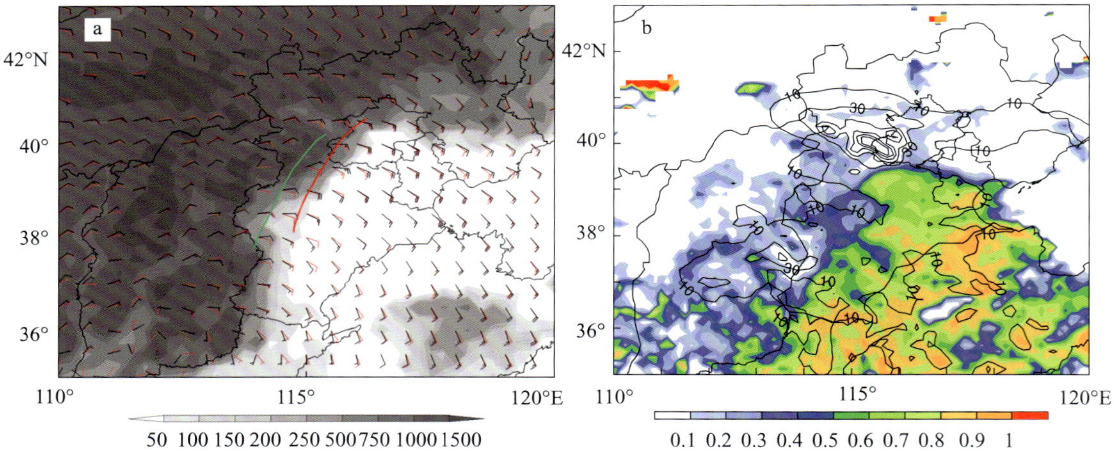

图 7　EC-HR 2023 年 7 月 29 日 20 时起报的 30 日 20 时 850 hPa 风场预报场(红色)与对应模式零场(a,黑色);(b)30 日 14—20 时对流性降水比率(填色)与总降水量(等值线,单位:mm)
(红线为零场倒槽,绿线为 24 h 倒槽预报)

第二个难点则需结合短期和短时临近预报进行订正。图 6 表明,各家模式均预报 31 日降水将有所减小,这与天气尺度低空急流的减弱趋势一致(图 2c)。以 30 日 20 时起报的 CMA-MESO 为例,模式预报 31 日 08 时天津至北京一带有强盛的偏东风低空急流,850 hPa(图 8a)和 925 hPa 风速均达 20 m·s^{-1}以上,偏东风在北京西部山前辐合,6 h 累积降水量超过

100 mm，与实况较吻合。下午环境风速整体减小，而北京南部至河北中部一带偏南风分量增大，存在偏南风与偏东风之间的切变线，虽然模式风向预报与实况存在一定偏差，但对北京中南部一带的切变线预报与实况基本一致（图 8b）；CMA-MESO 预报 14 时北京（图 8c）CAPE 约为 470 J·kg^{-1}，较 08 时明显增强，PWAT 仍维持 75 mm 以上，环境条件有利于产生对流性强降水。结合其他中尺度数值模式如 CMA-BJ 和 CMA-TYM 的预报，有可能提前 24 h 对北京及周边地区的大暴雨预报做出一定程度的订正。同时，由于局地对流性强降水的短期预报难度较大，有必要在短时临近阶段进行滚动订正。进一步分析 CMA-MESO 31 日 08 时的预报场发现，模式对 31 日下午的降水量预报较前 1 个起报时次有增大趋势；临近实况监测（图略）也表明，31 日中午前后在河北保定有西北—东南向强降水带向东北方向移动，逐渐靠近北京；结合低空急流上游即北京东南方向的天津西青站风廓线资料（图 8d）分

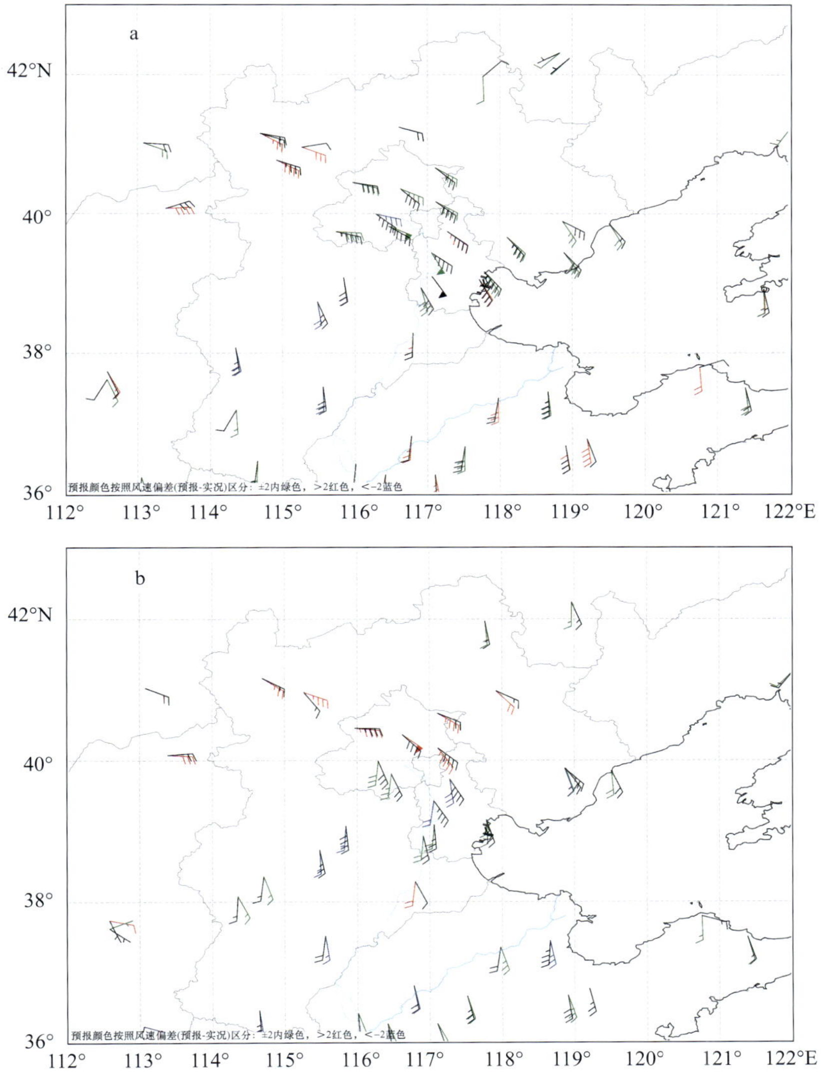

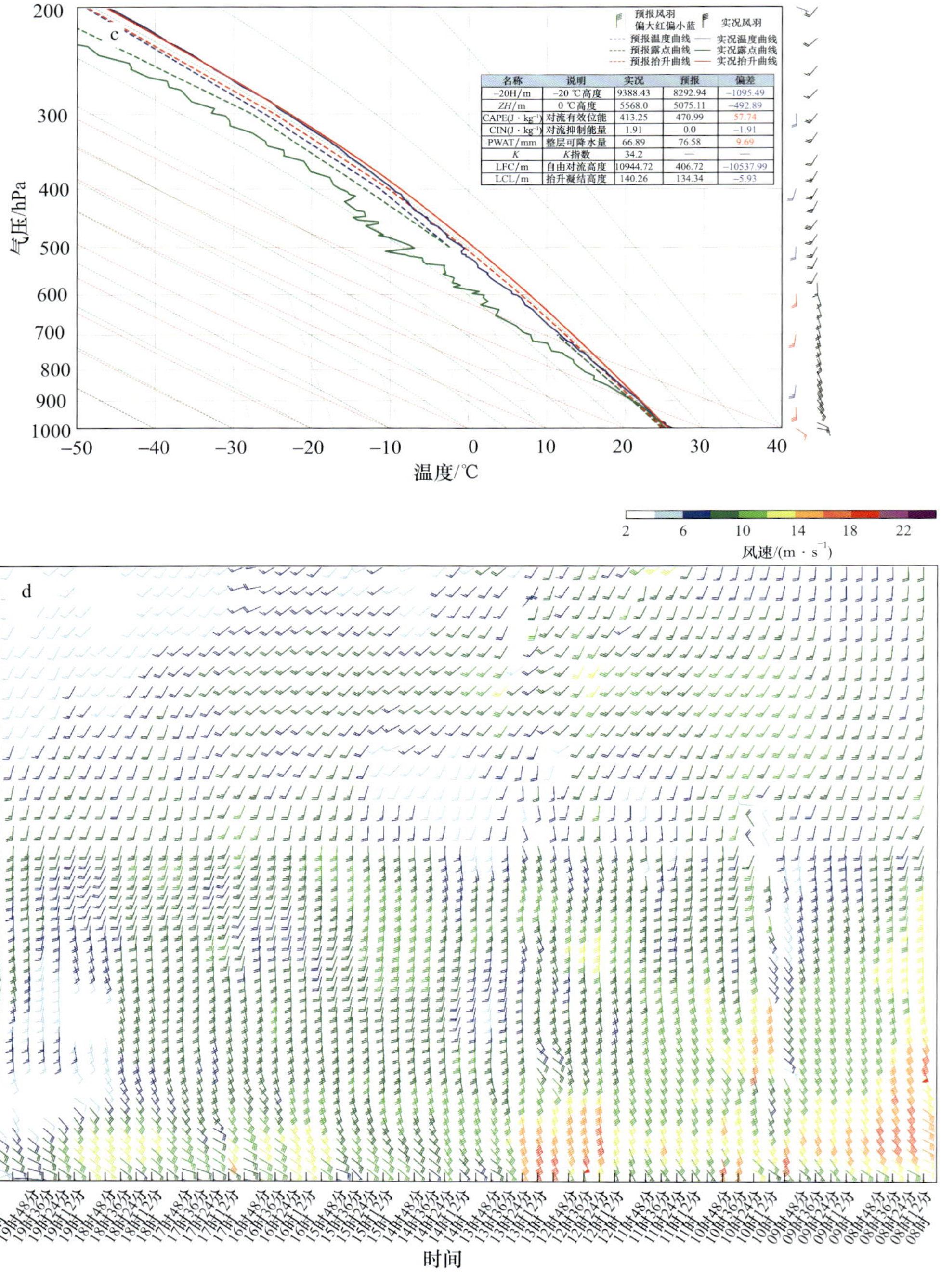

图 8　CMA-MESO 模式 2023 年 7 月 30 日 20 时起报的 31 日 08 时(a)和 14 时(b)850 hPa 风场预报与实况对比(黑色为实况,彩色为预报,其中红色、蓝色和绿色分别表示预报较实况偏大 2 m·s^{-1} 以上、偏小 2 m·s^{-1} 以上和偏差在 2 m·s^{-1} 以内);(c)CMA-MESO 模式 7 月 30 日 20 时起报的 31 日 14 时北京探空图;(d)7 月 31 日 08—20 时天津西青站风廓线雷达观测水平风场(填色,单位:m·s^{-1})

析发现，31 日 13 时，边界层有急流发展，14 时起，中低层偏东风和偏南风出现脉动，中尺度急流的脉动对强降水的触发和维持有利。因此，在模式预报的基础上，结合上游降水发展和风速脉动特征，有可能提前 2 h 左右预报北京南部至廊坊等地将出现对流性强降水，但对于具体的降水强度尤其是极端性的预报仍有很大难度。综上分析，对于环境风场整体减弱情况下的局地对流性强降水预报，要重点分析模式对流条件的预报及其变化趋势，同时要加强模式稳定性和一致性对比以及上游地区的实况分析，进行短期和短时临近订正预报。

6 总结与讨论

本文基于多源观测资料分析，初步总结了“23·7”过程的降水特征、热动力成因、主要预报难点及预报着眼点。主要结论如下。

（1）此次过程的累计降水量、降水持续时间、降水强度等在华北具有显著极端性，是“63·8”特大暴雨过程以来华北最强的降水过程。过程发生在台风残涡北上，受异常偏强的高压坝阻挡而停滞的稳定环流背景下，台风“杜苏芮”和“卡努”提供了持续而充沛的水汽和能量，高空辐散与低层强辐合提供了稳定而强大的动力条件，低层维持暖湿环境，湿中性层结或对流不稳定层结配合强盛的上升运动有利于产生强降水，偏东气流在太行山东麓强迫抬升，使降水增幅并持续。

（2）EC-EPS 7 月 18 日起预报出 100 mm 以上降水概率，EC-HR 7 月 24 日起报的 100 mm 降水落区位置接近实况，有较高的参考价值。各家模式均可提前 36 h 预报出强降水落区和区域强度的变化趋势，中尺度模式可以更加精细地刻画强降水落区形态和位置分布，其中尤以 CMA-BJ 为佳，但其存在预报偏强的特征。

（3）中期预报关键点在于 500 hPa 高压坝的位置及持续时间的预报。在实际预报中，可参考集合预报信息，如集合聚类、集合平均和离散度等产品，结合已有实况以及模式预报稳定性和多模式预报一致性等综合判断高压坝的位置及持续时间。短期预报难点主要是强降水的落区和强度存在较大不确定性以及环境风场减弱情况下的局地对流性强降水预报。在预报中需要重点分析强降水的环境场特征尤其是对流潜势条件，在数值模式系统性偏差特征认识的基础上，综合参考全球模式落区及中尺度模式的强度预报，加强模式稳定性和一致性分析，并结合临近实况滚动订正预报结论。

针对此次过程气象部门提早给出了较准确的预报和预警，但仍有许多值得进一步研究的科学问题和预报难题。例如，此次过程由台风残涡北上受高压坝阻挡而形成，那么，残涡北上的物理机制和预报着眼点是什么，不同模式预报偏差的可能原因是什么，如何进一步提高极端性强降水的定量预报，这些问题均需要开展深入研究和业务应用，以期加深对极端降水规律和机制的认识，为预报预警提供更加可靠的支撑。

参考文献

[1] TAO S Y，CHEN L X. A Review of Recent Research on the East Asian Summer Monsoon in China [M].

Oxford:Oxford University Press,1987:60-92.
[2] 丁一汇,柳俊杰,孙颖,等.东亚梅雨系统的天气—气候学研究[J].大气科学,2007,31(6):1082-1101.
[3] 孙建华,张小玲,卫捷,等.20世纪90年代华北大暴雨过程特征的分析研究[J].气候与环境研究,2005,10(3):492-506.
[4] 孙继松,雷蕾,于波,等.近10年北京地区极端暴雨事件的基本特征[J].气象学报,2015,73(4):609-623.
[5] 陶诗言.中国之暴雨[M].北京:科学出版社,1980:120-125.
[6] 谌芸,孙军,徐珺,等.北京"7·21"特大暴雨极端性分析及思考(一)观测分析及思考[J].气象,2012,38(10):1255-1266.
[7] 孙继松,何娜,王国荣,等."7·21"北京大暴雨系统的结构演变特征及成因初探[J].暴雨灾害,2012,31(3):218-225.
[8] 孙军,谌芸,杨舒楠,等.北京"7·21"特大暴雨极端性分析及思考(二)极端性降水成因初探及思考[J].气象,2012,38(10):1267-1277.
[9] ZHONG L,MU R,ZHANG D,et al. An observational analysis of warm-sectorrainfall characteristics associated with the 21 July 2012 Beijing extreme rainfall event [J]. J Geophys Res Atmos,2015,120:3274-3291.
[10] 符娇兰,马学款,陈涛,等."16·7"华北极端强降水特征及天气学成因分析[J].气象,2017,43(5):528-539.
[11] 陈涛,林建,张芳华,等."16·7"华北极端强降水过程对流尺度集合模拟试验不确定性分析 [J].气象,2017,43(5):513-527.
[12] 李泽椿,谌芸,王新敏,等.从"75·8"到"21·7"的思考[J].气象与环境科学,2022,45(2):1-13.
[13] 丁一汇.论河南"75.8"特大暴雨的研究:回顾与评述 [J].气象学报,2015,73(3):411-424.
[14] 丁一汇,李吉顺,孙淑清,等.影响华北夏季暴雨的几类天气尺度系统分析 [C]//中国科学院大气物理研究所集刊(第9号):暴雨及强对流天气的研究.北京:科学出版社,1980:1-13.
[15] 符娇兰,权婉晴,麦子,等."23·7"华北特大暴雨过程雨强精细化特征及动力和热力条件初探[J].气象,2023,49(12):1435-1450.
[16] 杨舒楠,张芳华,胡艺,等."23·7"华北特大暴雨过程的基本特征与成因初探[J].暴雨灾害,2023,42(5):508-520.
[17] 张芳华,杨舒楠,胡艺,等."23·7"华北特大暴雨过程的水汽特征[J].气象,2023,49(12):1421-1434.
[18] 张博,张芳华,李晓兰,等."23·7"华北特大暴雨数值预报检验评估[J].应用气象学报,2024,35(1):17-32.
[19] 章淹.高压"东阻"对特大暴雨形成的作用[J].气象学报,1990,48(4):469-479.
[20] 江吉喜,项续康."96·8"河北特大暴雨成因初探[J].气象,1997,23(7):19-23.

2305号台风“杜苏芮”引发福建极端强降水特征及预报偏差分析

崔梦雪[1,2]　张晗昀[1,3]　黄　昕[1,2]　苟爱萍[1]　吴启树[4]　陈德花[1,2]　向纯怡[5]
（1. 厦门市海峡气象开放重点实验室，厦门，361012；2. 厦门市气象台，厦门，361012；
3. 海沧区气象局，厦门，361026；4. 福建省气象台，福州，350008；5. 国家气象中心，北京，100081）

摘　要：利用双偏振雷达、风云四号A星（FY-4A）、加密自动站等多源观测资料对台风“杜苏芮”引发福建极端强降水的主要特征及成因进行分析，结果表明：本次降水具有明显的极端性和阶段性，稳定的环流形势及“方头副高”的维持对强降水的发生具有重要作用，西南季风和低空急流提供了主要水汽和能量来源。在台风本体降水阶段，“杜苏芮”登陆后眼壁附近β中尺度对流云团发展，对流云团分裂进入内螺旋雨带并发展为线状对流，产生了极端小时雨强。后部降水阶段，台风移出福建后，外螺旋雨带后部对流组织化，形成带状中尺度对流系统，并维持长达11 h，通过“列车效应”持续影响福建沿海产生极端降水。降水与鹫峰山、戴云山地形密切相关，向东开口的喇叭口地形有利于强降水形成。数值模式对台风后部降水预报能力有限，开展相似个例环流形势分析总结提炼物理量阈值，强化集合预报数据的挖掘和快速更新同化模式的应用，综合考虑对流结构变化、云微物理特征及地形等多种因素影响，将有助于提升台风极端降水预报预警能力。

关键词：台风，杜苏芮，极端降水，预报偏差

引言

2023年第5号台风“杜苏芮”于7月28日上午登陆福建，受其影响，福建连续4 d出现强降水，多地累积雨量超过600 mm，最大小时雨强151.2 mm·h^{-1}，降水持续时间长、累计雨量大、小时雨强具有极端性，出现严重内涝、山洪、泥石流等次生灾害。据福建省人民政府防汛抗旱指挥部不完全统计，台风“杜苏芮”共造成福建266.69万人受灾，紧急避险转移39.95万人，转移安置16.24万人，直接经济损失147.55亿元。

针对此次过程，福建省气象部门提前7 d发布决策服务材料，提前5 d发布台风预警，指出台风“杜苏芮”将严重影响福建，并先后启动重大气象灾害（台风和暴雨）Ⅰ级应急响应，开展

资助项目：中国气象局复盘总结专项（FPZJ2024-062）、福建省自然科学基金项目（2023J05061）、厦门市社会发展领域指导性项目（3502Z20214ZD4011）、福建省气象局新录用研究生基层专项（2021G02）和国家气象中心台风海洋预报创新团队、福建省天气雷达前沿试验与业务应用创新团队共同资助。
第一作者：崔梦雪，工程师，从事天气动力学研究，E-mail：mengxuecui@126.com。
通信作者：陈德花，正高级工程师，从事天气预报业务与技术研究，E-mail：497075676@qq.com。

"1262"递进式预报服务，多部门联动实现科学精准防御。尽管对台风"杜苏芮"路径、强度及登陆前后本体降水预报总体较好，预报过程累计雨量局部达 500 mm 以上，然而还是严重低估了台风"杜苏芮"减弱并移出福建后，在福建沿海产生的台风后部强降水的极端性，各家模式均出现明显低估甚至漏报，给台风降水预报业务带来巨大挑战。

台风后部暴雨是福建台风登陆后暴雨的一种类型，位于台风移动方向的反方向，主要发生在台风中心东侧暖式切变与西南风急流的配合之下[1]。后部暴雨常由中尺度系统造成，其引发的城市内涝、山洪、地质灾害等与台风本体风雨影响相互叠加，危害极大，往往造成更大人员伤亡和财产损失[2-5]。由于台风后部暴雨的局地性、隐蔽性较强，有时会造成漏报，深入分析台风后部降水特点和成因，分析归纳预报模型，探讨数值模式的可预报性，对台风预报服务具有重要意义。本文将从台风"杜苏芮"引发福建极端强降水的实况特征及成因、数值模式检验等角度开展复盘总结，以期加深对台风暴雨的认识，为提高台风暴雨的预报提供参考。

1 强降水极端性和阶段性特征

2023 年 7 月 26—30 日，福建全省共有 12 个站降水量超过 600 mm，122 个站降水量超过 400 mm(图 1a)，主要集中在沿海一线呈东北—西南走向分布，形成一条长约 500 km，宽 40～80 km 的强降水带，自动气象观测站最大累计降水量达 763.1 mm。福建 5 个国家气象观测站日降水量突破当地 1961 年以来历史纪录，其中莆田站日降水量 526.8 mm 破福建国家观测站历史纪录。最大小时雨强达到 151.2 mm·h^{-1}，7 月 28 日 15 时 10 分—16 时 10 分出现在莆田荔城区新度镇下横山村站。日降水量、小时降水强度等均具有明显极端性。

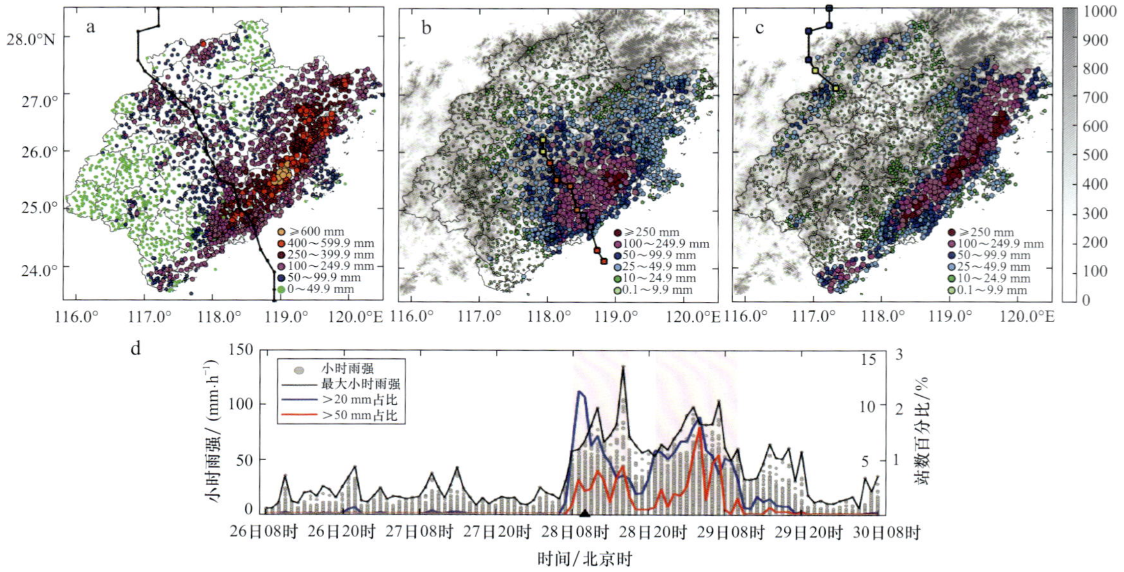

图 1　福建地区 2023 年 7 月 26 日 08 时—7 月 30 日 08 时累计降水(a,单位:mm);7 月 28 日 08—17 时(即台风本体降水阶段)累计降水(b,单位:mm);28 日 21 时—29 日 10 时(即台风后部降水阶段)累计降水(c,单位:mm);加密自动气象观测站要素时间序列(d,灰色散点表示整点小时雨强时序,单位:mm·h^{-1})

(黑线表示最大整点小时雨强,单位:mm·h^{-1};蓝线表示大于 20 mm·h^{-1}站数占比,单位:%;红线表示大于 50 mm·h^{-1}站数占比,单位:%;黑色三角形表示登陆时间)

从强降水的强度和范围来看，存在2个明显的强降水阶段：第一个强降水阶段出现在28日08—17时（图1b），即台风“杜苏芮”登陆前后，为台风本体降水阶段，最大累计降水量达到310.8 mm，强降水中心集中在戴云山的迎风坡一侧向东开口的区域。第二个强降水阶段出现在28日21时—29日10时，此时“杜苏芮”逐渐移入江西境内并减弱为热带风暴级，在福建沿海一带出现明显台风后部降水，在此阶段，福建沿海一带形成大暴雨—特大暴雨带（图1c），最大累计降水量达到441.7 mm。对比两阶段降水可以发现（图1d），台风本体降水阶段小时雨强具有极端性，而台风后部降水阶段在强降水范围、持续时间、累计雨量等方面均明显强于台风本体降水。

2 环流背景

台风“杜苏芮”登陆前，欧亚中高纬维持“两脊一槽”的形势，28日08时（图2a）随着西风槽东移，西北太平洋副热带高压（简称副高）呈现出“方头副高”的特殊环流形势。由于环流形势稳定，

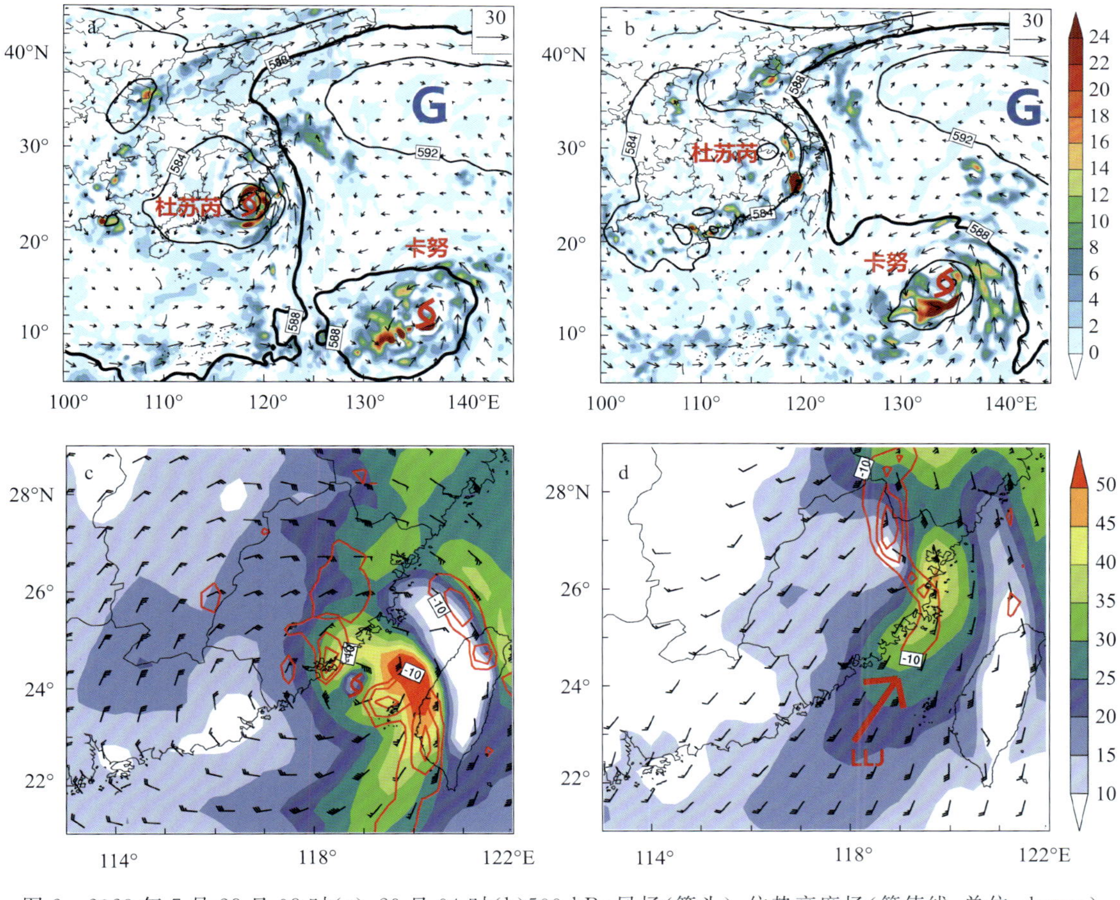

图2　2023年7月28日08时（a）、29日04时（b）500 hPa风场（箭头）、位势高度场（等值线，单位：dagpm）与垂直速度（填色，单位：$cm \cdot s^{-1}$）；28日08时（c）、29日04时（d）850 hPa风场（风向杆）、水汽通量（填色，单位：$g \cdot cm^{-1} \cdot hPa^{-1} \cdot s^{-1}$）、水汽通量散度（红色等值线，从$-10^{-4}$ $g \cdot cm^{-2} \cdot hPa^{-1} \cdot s^{-1}$向下间隔$-10^{-4}$ $g \cdot cm^{-2} \cdot hPa^{-1} \cdot s^{-1}$，单位：$10^{-4}$ $g \cdot cm^{-2} \cdot hPa^{-1} \cdot s^{-1}$）

"方头副高"长时间维持(图 2b),"杜苏芮"沿着副高边缘向偏北方向移动。台风与副高之间始终维持较大的气压梯度,形成低层西南风低空急流,携带海上大量暖湿气流为强降水提供了充分的水汽条件。在"杜苏芮"本体降水阶段,上升运动主要集中在眼壁和内螺旋云带附近,福建沿海存在明显的水汽通量和水汽通量辐合(图 2c),强降水集中在台风中心附近。而随着"杜苏芮"登陆北上并在江西境内减弱为热带风暴级(图 2d),台风"卡努"北上,副高北抬,"方头"形势仍然维持,台风与副高之间的气压梯度仍较大,低空急流进一步发展,强上升运动区并不在"杜苏芮"中心及其附近,而是在福建中北部沿海一带,水汽通量达到 40 g·cm^{-1}·hPa^{-1}·s^{-1}(2023 年第 11 号台风"海葵"影响福建期间产生强降水,其水汽通量为 20～30 g·cm^{-1}·hPa^{-1}·s^{-1}),同时存在明显的水汽通量辐合,有利于在福建沿海一带产生强降水。

2.1 低空急流的强烈发展

低空急流是台风获得水汽和能量的重要通道,程正泉等研究表明,西南气流的水汽输送对台风降水至关重要,造成大范围强降水的台风往往登陆后与持续时间长且深厚的西南急流相连[6]。"杜苏芮"登陆前始终与季风气流相连接,南海夏季风纬向风强度指数达到 9.14 m·s^{-1},较气候平均值(5.05 m·s^{-1})显著偏高。由 850 hPa 风场及标准化异常分布(图 3a)可知,在"杜苏芮"深入内陆后,福建沿海仍维持一支较强的低空急流,风速达到 20 m·s^{-1}以上,风速距平达到 2～4 倍的标准差,表明其强度具有一定的极端性[7],为暴雨的维持和加强起到重要作用。27 日 20 时—29 日 20 时,泉州晋江站风廓线雷达水平风随时间演变可以看出(图 3b),"杜苏芮"登陆后强度减弱,沿海高低空风速逐渐减小,而 29 日 02 时开始,从边界层到距地面 4 km 高度低空急流和边界层急流强烈发展,风速达到 16 m·s^{-1}以上,低空急流向高层发展,对应 29 日 04 时前后强降水范围达到峰值,小时雨强 50 mm·h^{-1}以上的站数占比达到最大(图 1d),表明台风后部强降水与低空急流密切相关。

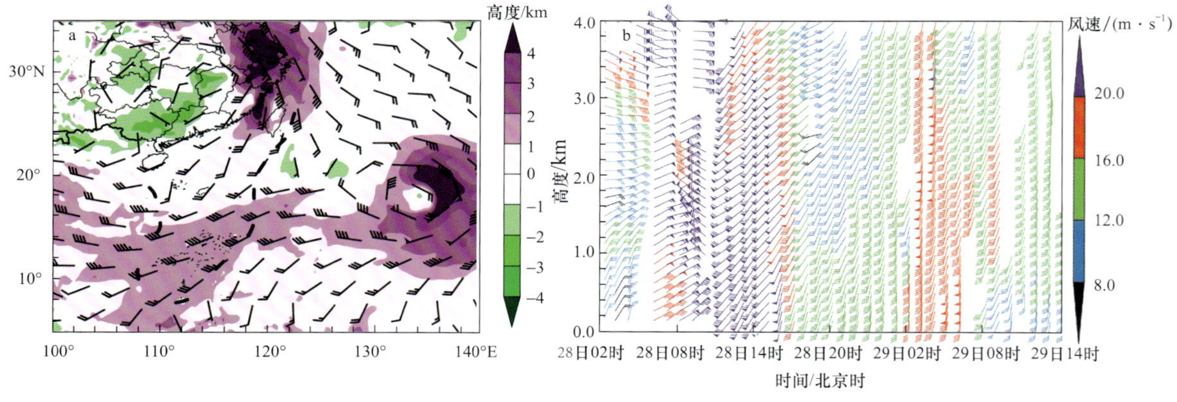

图 3 (a)2023 年 7 月 29 日 02 时 850 hPa 风场及其标准化距平;
(b)2023 年 7 月 28 日 02 时—29 日 14 时泉州晋江风廓线雷达 0～4 km 高度水平风时序图

2.2 明显的地形增幅作用

为了更好地研究复杂地形中不同坡度、坡向的山脉对来自不同方向水平气流的强迫抬升作用的空间分布，利用周学云等所使用的地形抬升速度计算方法[8]，定量研究了台风“杜苏芮”后部降水过程中地形引起的上升速度(图 4)，可以看出 28 日下午开始，随着边界层急流的发展，福建沿海一带从海岸线到中部沿山的过渡带上开始出现地形引起的上升速度，强度达到 0.1 m・s^{-1}以上，远大于大尺度天气系统强迫所产生的上升运动。地形造成的上升速度配合充沛的水汽条件以及低层暖湿平流输送产生的不稳定层结，造成了明显的迎风坡降水增幅。从实况逐小时降水来看，降水落区呈带状且维持在沿海一线，与带状的上升运动区基本吻合，而在鹫峰山、戴云山的迎风坡一侧，地形引起的垂直速度更强，产生的降水强度也更大，过程最大累计降水也基本出现在这一带。这表明在地形、海陆下垫面摩擦差异等作用的共同影响下，更加有利于在福建沿海到鹫峰山、戴云山的迎风坡一侧产生强降水，而在地形“喇叭口”区域，产生的上升运动更强，降水也更为极端。此次暴雨过程中地形作用显著，过程累计降水量≥400 mm 的站点以及日降水量突破历史极值的站点均主要分布在鹫峰山、戴云山的东麓。

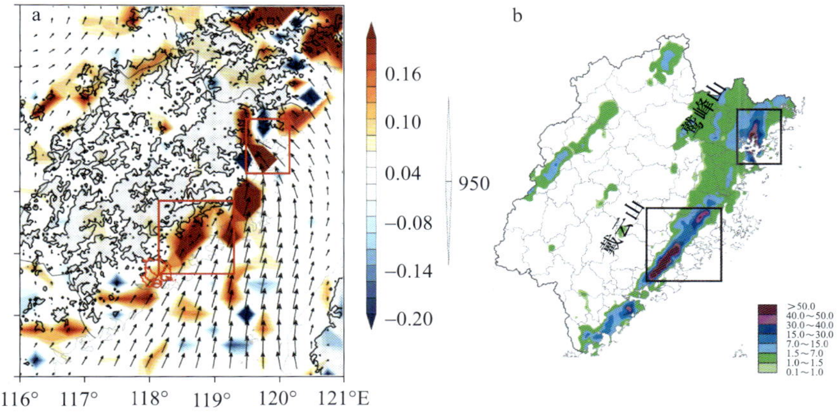

图 4　2023 年 7 月 29 日 05 时 950 hPa 上地形引起垂直速度(a，单位：m・s^{-1})和 29 日 05—06 时降水(b，单位：mm)

3　台风极端降水中尺度特征

3.1　台风本体降水阶段

进一步分析 2 个强降水阶段的对流特征可以发现，28 日 12 时 30 分(图 5a)由于垂直风切变加大，台风高低空环流中心有所分离，在台风“杜苏芮”眼壁附近有 β 中尺度深对流云团发展并逐渐扩大，云顶亮温低至−80 ℃以下。低仰角的雷达图上可见台风眼壁区对流发展强度强(图 5b)，反射率因子达到 50 dBZ 以上，并存在明显不对称性，台风前进方向的右侧对流旺盛。深对流云团原地发展，维持约 3 h 后该 β 中尺度对流云团云顶逐渐坍塌，结构分裂对流减弱，15 时以后，南部内螺旋雨带中的对流云团发展加强并形成线状(图略)，云顶亮温逐渐降低至−70 ℃以下，对流云带长轴与其走向基本平行，该线状对流持续约 2 h，造成莆田、泉州一带强降水。在这一阶段,受台风眼壁和内螺旋雨带影响,强降水主要集中在台风中心附近(图 1b)。

3.2 台风后部降水阶段

随着"杜苏芮"进一步深入内陆,环流逐渐减弱,台风本体降水进一步减弱。28 日 22 时,台风"杜苏芮"中心位于江西境内,但距台风中心 300 km 以外的福建沿海一带,在台风松散的外螺旋雨带后部开始有多个对流云团发展并逐渐组织化。29 日 00 时以后,对流单体排列成线状和台风外螺旋雨带相接,发展成为一条长百余千米、宽几十千米的中尺度对流系统(MCS)。29 日 03 时 30 分(图 5c)卫星云图上该 MCS 云顶亮温低至−70 ℃以下,持续维持在福建沿海一带。雷达图上呈现为一条东北—西南走向的强对流带(图 5d),存在多个强回波中心,反射率因子在 35～50 dBZ,回波移动方向与其长轴方向基本一致,产生明显的"列车效应",影响长达 11 h(29 日 00 时—29 日 10 时)。在此阶段,福建沿海一带形成一条长约 500 km、宽 40～80 km 的大暴雨-特大暴雨带(图 1c)。

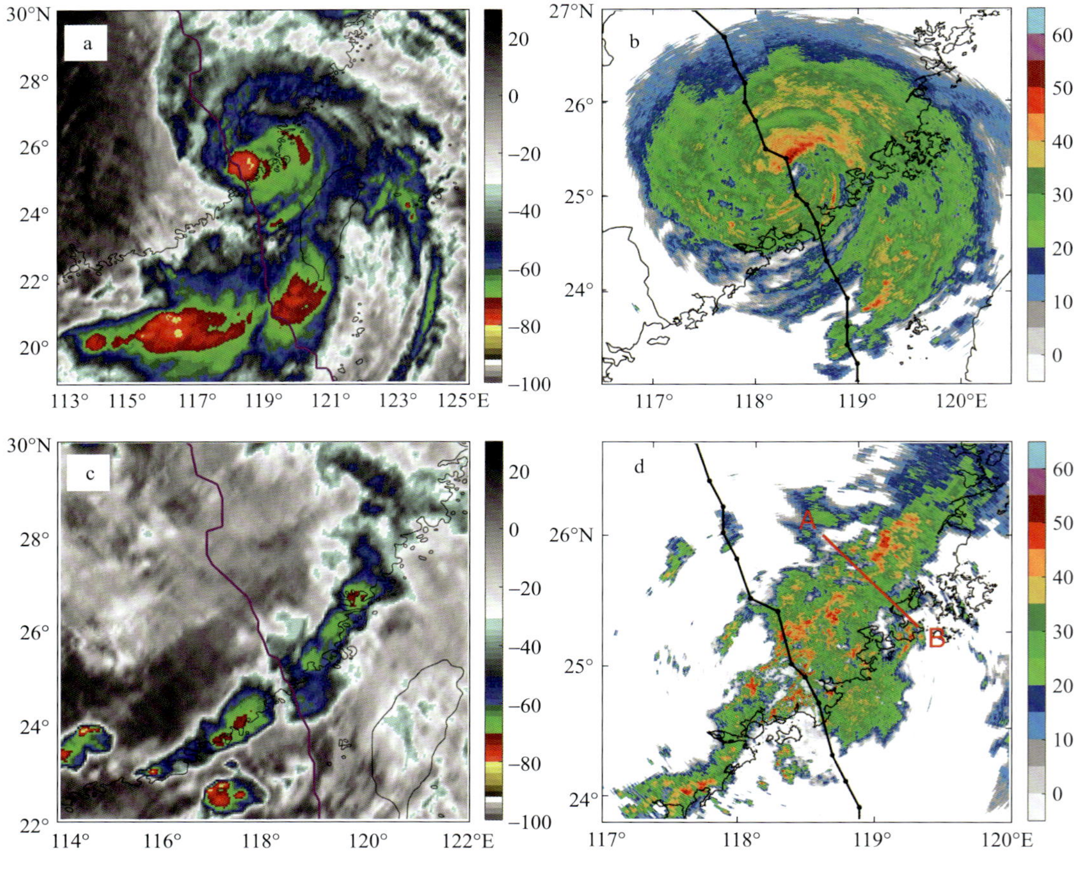

图 5　2023 年 7 月 28 日 12 时 30 分 FY-4A 10.8 μm 红外通道亮温(a,单位:℃),12 时 28 分泉州雷达 1.5°仰角反射率因子(b,单位:dBZ)及"杜苏芮"路径,29 日 03 时 30 分红外通道亮温(c,单位:℃)、03 时 31 分雷达反射率因子(d,单位:dBZ,红色直线 AB 穿过白沙镇站)

“列车效应”是对流系统反复生成并经过同一地区，造成降水时间长、累计雨量大的天气现象[9]。在台风后部强降水阶段，福建沿海形成带状MCS并存在明显的“列车效应”，沿白沙镇站一线做雷达组合反射率因子随时间演变图（图6），可以看出不断有40 dBZ以上的回波影响福建沿海，包含多个中尺度对流单体，回波反射率因子以35～50 dBZ为主，弱于福建沿海一带产生暖区暴雨的回波强度[10]。但MCS影响时间长，强回波影响白沙镇的时间集中在28日21时—29日01时、29日03—06时以及08—10时，与该站出现强降水的时段基本一致。

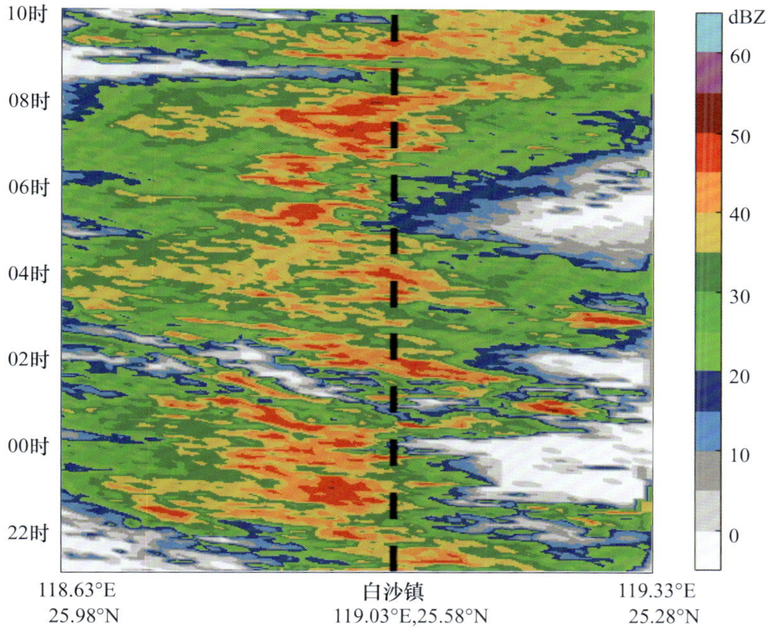

图6 2023年7月28日21时—29日10时沿图5b中直线AB的组合反射率因子时间演变（虚线表示白沙镇站位置；横坐标左边表示A点；横坐标右边表示B点）

3.3 台风登陆后不同阶段云微物理特征

分析不同阶段台风降水的云微物理特征，从雷达垂直剖面（图7）可以看出，在台风本体降水阶段，回波反射率因子强度强，最大反射率因子达到60 dBZ以上，回波结构倾斜，强回波中心位于4～6 km高度，ZDR在3～5 dB，KDP达到3～5 (°)·km^{-1}，表明台风本体降水回波强度强、质心高度高，降水粒子以大雨滴为主。而在台风后部降水阶段，回波反射率因子相对较弱，反射率因子最大45～55 dBZ，随高度呈垂直结构，强回波质心高度在4 km上下，较本体降水阶段低，ZDR以1～2 dB为主，KDP在2～3 (°)·km^{-1}，这一阶段降水的雷达双偏振特征与福建沿海暖区暴雨特征类似[10]，表明高浓度小雨滴是产生台风后部强降水的主要云微物理特征。

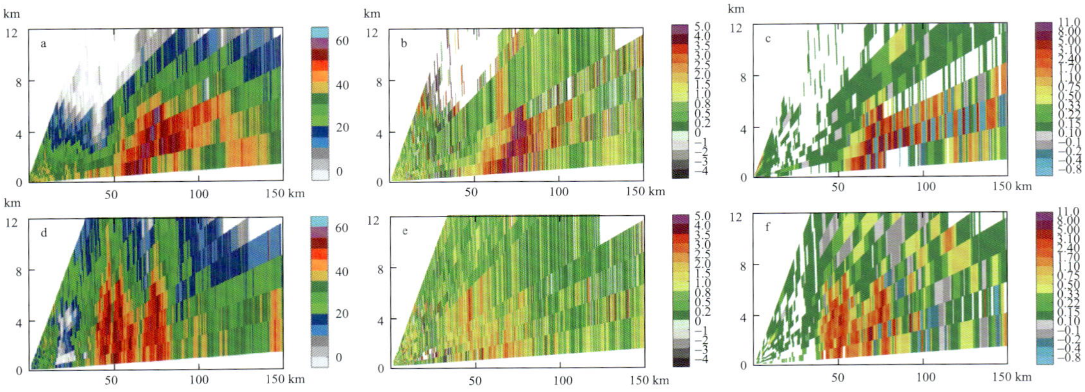

图 7　2023 年 7 月 28 日 10 时 04 分厦门雷达 51°角剖(a—c)、29 日 04 时 48 分厦门雷达 42°角剖(d—f),(a、d 为水平反射率因子 *ZH*,单位:dBZ;b、e 为差分反射率因子 ZDR,单位:dB;c、f 为差分传播相移 KDP,单位:(°)·km^{-1})

4　预报偏差分析及改进思路

4.1　预报偏差及成因分析

基于天气学检验方法,分析中国气象局全球同化预报模式(CMA-GFS)、欧洲中心全球数值预报模式(ECMWF)、中国气象局上海数值预报模式(CMA-SH)以及福建数值预报模式(FJ-WRF)对福建降水最强时段 7 月 28 日 08 时—29 日 08 时 24 h 降水预报分级检验可以看出(图 8),对于暴雨而言,各家模式 TS 评分达到 0.7 以上,均有较好的参考性,对于大暴雨的预报,中尺度模式预报较好,而对于特大暴雨,CMA-SH 预报最优,但其空报率也较大。

尽管数值模式 24 h 降水预报具有一定的参考性,但细节上却与实况偏差明显。分别对本体降水和后部降水进行检验(图略),对于台风本体降水(7 月 28 日 08—20 时),全球模式和中尺度模式均有较好的体现,但是降水强度预报偏弱,CMA-GFS 最大 12 h 降水只报到了 130 mm(实况 379 mm),而中尺度模式最大也只报到了 200 mm 左右。而对于台风后部降水(7 月 28 日 20 时—29 日 08 时),实况沿海出现大范围大暴雨,最大 12 h 降水达到 400 mm 以上,而全球模式均只预报了中到大雨,中尺度模式尽管对于沿海对流有所体现,但落区明显偏海上,较实况偏差了 50 km 左右,且降水量极值预报偏弱 150 mm 以上。总体来看,区域中尺度模式相对全球模式在强降水预报上具有一定优势,但是对于极端降水,尤其是台风后部极端降水的位置和强度预报仍存在较大偏差。

对 ECMWF 预报的形势进行分析,发现在后部降水阶段模式对沿海一带南风预报较实况偏弱,且风向气旋性切变预报不足。加之全球模式固有缺陷,即对中小尺度天气过程预报能力不足,很难对台风后部降水进行准确的预报。由于数值模式对台风后部降水的预报偏差大,因此强化短临监测预警及开展台风后部强降水技术总结具有重要意义。

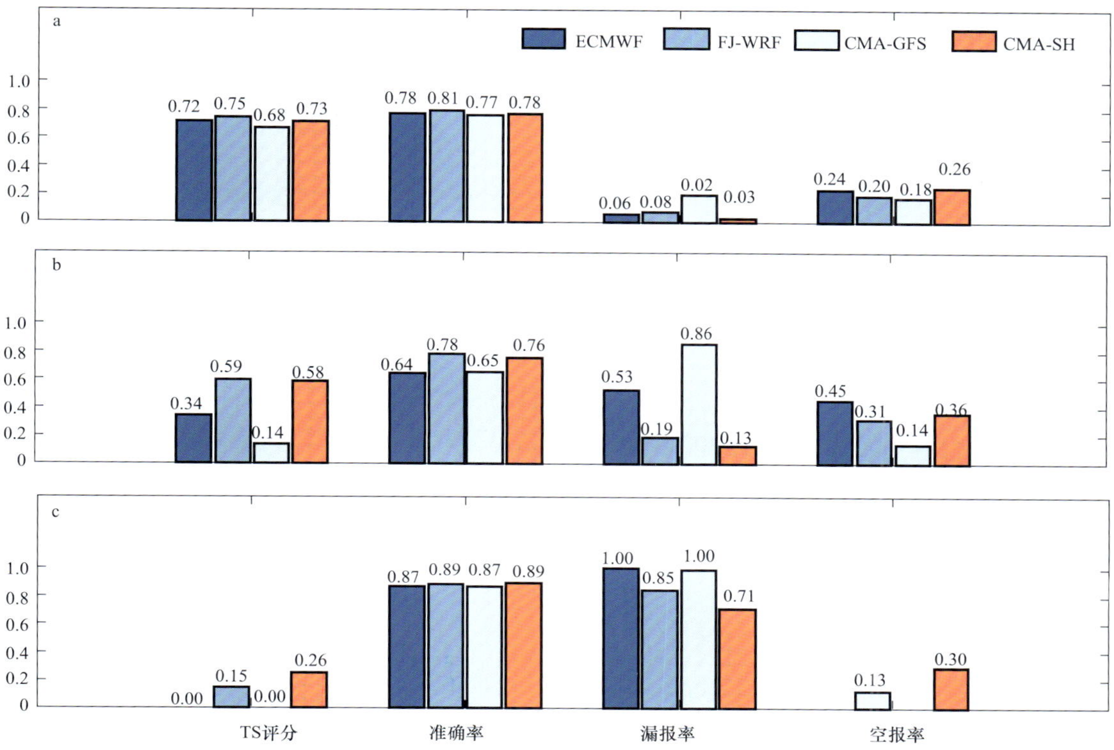

图 8　7 月 28 日 08 时—29 日 08 时 ECMWF、FJ-WRF、CMA-GFS、CMA-SH 模式对福建省 24 h 累计降水量预报的分级定量检验

(a)暴雨；(b)大暴雨；(c)特大暴雨

4.2　台风后部强降水相似个例分析

目前对台风后部强降水鲜有明确的定义，结合自动站降水和雷达回波，将台风登陆 12 h 后其后部对流回波发展并产生暴雨定义为一次台风后部强降水个例，普查近 10 年影响福建台风发现其发生比率在 6%左右，概率极小，但是均对福建产生严重影响。从相似个例环流形势来看(图 9)，在台风登陆前后均有“方头副高”长时间稳定维持的形势，在台风和副高之间存在低空急流的强烈发展，850 hPa 风速达到 16 $m \cdot s^{-1}$以上。巧合的是，在这些个例中，在距台风以东或东南方向 1500～2500 km 的洋面上还有另一台风(以下简称东台风)活动，东台风的存在对“方头副高”的维持及台风登陆后水汽的供应维持或有一定的作用。台风登陆后，福建沿海一带的低层水汽通量达到 35～40 $g \cdot cm^{-1} \cdot hPa^{-1} \cdot s^{-1}$，且具有一定的水汽通量辐合，表明存在充沛的水汽条件。从探空条件来看(表 1)，不同台风个例间对流有效位能差异较大，K 指数在 35 ℃以上，850 hPa、925 hPa 露点普遍达到 17 ℃和 20 ℃以上。部分台风影响期间伴有明显强于气候态的南海夏季风(表 1)。

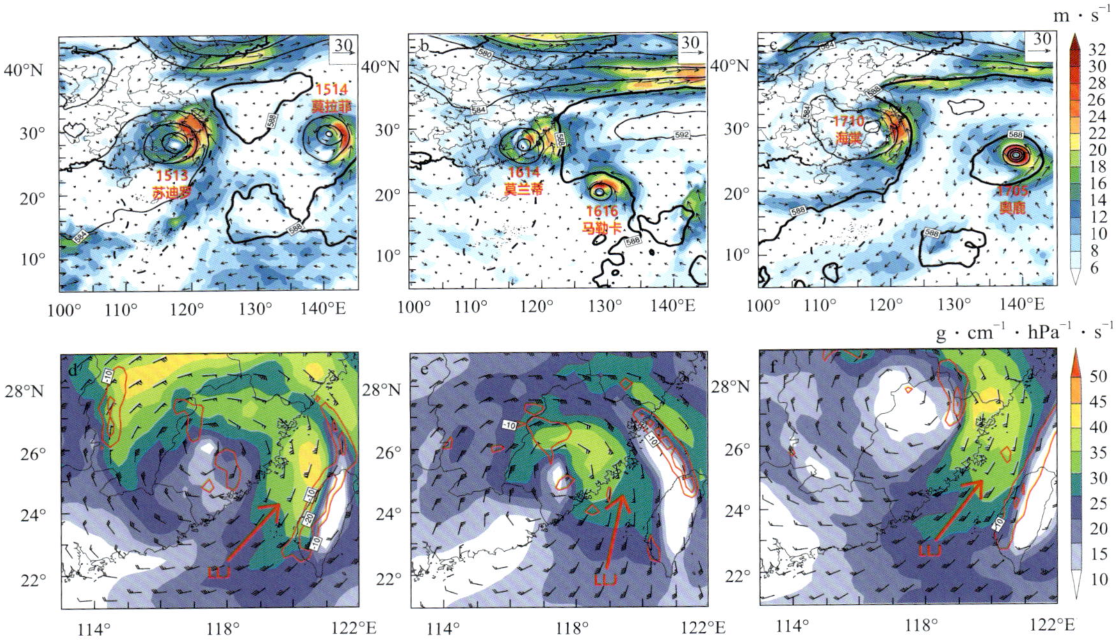

图 9　相似台风个例

(a—c)500 hPa 位势高度场(等值线,单位:dagpm)、风场(箭头)及风速(填色,单位:m·s^{-1});(d—f)850 hPa 风场(风向杆)水汽通量(填色,单位:g·cm^{-1}·hPa·s^{-1})及水汽通量散度(红色等值线,单位:10^{-4} g·cm^{-2}·hPa^{-1}·s)

(a、d 为 2015 年 8 月 9 日 08 时台风“苏迪罗”(1513)影响期间;b、e 为 2016 年 9 月 15 日 08 时台风“莫兰蒂”(1614)影响期间;c、f 为 2017 年 7 月 31 日 20 时台风“海棠”(1710)影响期间)

表 1　台风后部强降水个例探空对流参数及南海夏季风指数

台风	时间	探空站	CAPE/(J·kg^{-1})	K 指数/℃	$T_{850}-T_{500}$/℃	850 hPa T_d/℃	925 hPa T_d/℃	影响期间南海夏季风指数/气候值
苏迪罗(1513)	2015 年 8 月 8 日 20 时	福州	92	36.6	20.7	18.3	22.4	3.95/6.22
莫兰蒂(1614)	2016 年 9 月 15 日 08 时	厦门	112.3	35.4	19.9	17.2	20.7	3.08/2.19
海棠(1710)	2017 年 7 月 31 日 20 时	厦门	1027.5	39.5	22.7	17.4	23	10.89/5.05
杜苏芮(2305)	2023 年 7 月 28 日 20 时	厦门	2196.9	41.1	22.9	19.2	21.6	9.14/5.05

4.3　台风后部强降水预报改进思路

数值模式对台风后部降水预报能力有限,需要总结预报技术并及时开展数值模式的订正,这里我们提出 3 点改进思路:

(1)从相似个例环流形势和对流参数方面,环流形势稳定及“方头副高”维持、双台风的影响对台风后部降水的发生具有重要作用,台风深入内陆后低空急流加强,急流核风速达到 16 m·s^{-1}以上,水汽通量达 35 g·cm^{-1}·hPa^{-1}·s^{-1}以上,并具有水汽通量辐合,低层露点超过 17 ℃,可能会有极端强降水的出现,需要引起高度重视。

(2)从数值模式订正方面,中尺度模式对于台风降水的极值预报偏弱,这与非台风降水有很大的不同,需要敢于打破思维定式,尤其是实况观测到急流的强度明显强于模式预报时,需要上调降水极值。同时强化集合预报数据的挖掘和应用，在台风"杜苏芮"后部强降水过程中，尽管确定性模式和集合平均只报到了中到大雨，但仍有集合成员预报出福建沿海一线的强降水，中部沿海达到特大暴雨以上，具有一定的参考性。如何优选集合成员得到更好的降水预报，还需要深入思考并开展相关研究。

(3)从短临服务角度，当上游有对流开始发展时，更多地参考快速更新同化模式的预报结果，及时订正预报结论。当 MCS 移向与其长轴方向基本一致时，尤其警惕"列车效应"带来的强降水。台风后部降水阶段粒子尺寸比本体降水阶段小，粒子浓度高，回波质心偏低，与福建沿海暖区暴雨特征较为类似，而地形迎风坡一侧易出现降水极值。因此，也需要同时考虑对流的结构变化、云的微物理特征和地形等多种因素的影响。

5 结论与讨论

台风"杜苏芮"登陆强度强、影响范围大、风雨并重、致灾性强。利用双偏振雷达、FY-4A 等多源观测资料分析了台风"杜苏芮"引发福建极端强降水的特征、成因及预报偏差，主要结论如下：

(1)台风"杜苏芮"引发降水过程具有明显的极端性，主要体现在日降水量和小时降水强度。台风本体降水小时雨强具有极端性，而台风后部降水阶段在强降水范围、持续时间、累计雨量等方面均明显强于台风本体降水阶段。

(2)台风环流形势稳定及"方头副高"维持对台风后部降水的发生具有重要作用，台风"杜苏芮"与西南季风相接，水汽条件充沛，登陆后低空急流发展，西南风风速异常达 2～4 倍标准差，台风"卡努"外围偏东气流形成一支水汽输送带，均有利于台风登陆后极端降水的出现。鹫峰山、戴云山向东开口的喇叭口地区利于形成强降水中心。

(3)台风"杜苏芮"移出福建后，台风后部的 MCS 形成并持续影响福建沿海约 11 h，移向与长轴方向一致，通过列车效应产生福建沿海极端强降水。台风本体降水以大雨滴为主，而后部降水云微物理特征以高浓度小雨滴为主，与暖区暴雨类似。

(4)台风后部降水发生概率小，但影响大，数值模式缺乏预报能力，主观订正极为困难。从相似个例环流形势和对流参数提炼了部分预报指标，仍需要进一步完善和检验。不断深入总结研究台风后部降水预报技术，开展人工智能优选集合成员进行台风降水预报，强化快速更新同化模式预报应用，不断提升预报员综合分析和模式订正能力。

还有许多值得进一步研究的科学问题和预报难题，如台风后部强降水过程 MCS 长时间维持的成因，海陆分布对台风降水的影响，台风后部强降水的预报着眼点等还需要更为深入的分析和研究，以期加深对台风极端降水的规律和机制认识，不断提高台风暴雨预报能力。

致谢：特别感谢国家气象中心董林首席、福建省气象台林小红首席在复盘方面给予的指导和帮助，感谢厦门市气象台"杜苏芮"复盘小组的协助和支持，感谢审稿专家宝贵的意见和建议，感谢预报联盟的精心组织。

参考文献

[1] 林新彬，刘爱鸣，林毅，等. 福建省天气预报技术手册[M]. 北京：气象出版社，2013：64-65.

[2] 刘爱鸣，刘铭，林毅. 低空急流对0212号台风“北冕”后部暴雨影响的分析和数值试验[J]. 应用海洋学学报，2004，23(1)：1-7.

[3] 朱艳萍，马昌明，刘爱鸣，等. 福建省台风后部暴雨物理量诊断分析[J]. 气象研究与应用，2007，28(A02)：48-49.

[4] 左平昭，王伟伟，叶冬云，等. 一次台风后部中尺度暴雨的动力机制分析与模拟试验[J]. 气象科技，2016，44(5)：793-799.

[5] 林毅，陈思学，吕思思. 1601号“尼伯特”台风特大暴雨的中尺度系统特征与成因分析[J]. 暴雨灾害，2017，36(5)：542-549.

[6] 程正泉，陈联寿，李英. 登陆台风降水的大尺度环流诊断分析[J]. 气象学报，2009，67(5)：840-850.

[7] 齐道日娜，何立富，王秀明，等. “7.20”河南极端暴雨精细观测及热动力成因[J]. 应用气象学报，2022，33(1)：1-15.

[8] 周学云，高文良，吴亚平，等. 定量研究雅安地形坡向坡度对降水分布的影响[J]. 气象科学，2019，39(3)：322-335.

[9] 高留喜，王彦，万明波，等. 2009-08-17山东特大暴雨雷达回波及地形作用分析[J]. 大气科学学报，2011，34(2)：239-245.

[10] 胡雅君，张伟，赵玉春，等. “5·7”闽南沿海暖区特大暴雨中尺度特征分析[J]. 气象，2020，46(5)：629-642.

2311 号台风“海葵”残涡引发的持续暴雨预报误差和难点分析

杨国杰[1]　程正泉[1]　赖珍权[2]　沙天阳[1]　刘会军[3]　祁丽燕[2]
尹思雨[2]　蔡景就[1]　韦凯华[1]　王　凤[1]
(1. 广东省气象台，广州，510640；2. 广西壮族自治区气象台，南宁，530022；
3. 福建省气象台，福州，350000)

摘　要：本文针对 2311 号台风“海葵”残余环流(残涡)在广东、广西引发的持续强降水过程进行简要的预报误差检验、难点和预报策略分析。发现此次强降水过程有持续时间长、累计雨量大、极端性突出等特征。24 h 主观预报做出了有效的订正，暴雨以上降水 TS 评分达到 0.4，明显高于数值模式预报和较长时效的主观预报。该过程难点在于对残涡移动缓慢的判断，充沛的水汽是否与热、动力条件有效配合，中尺度系统作用是否显著，而数值模式在这几方面预报效果均欠佳。为此提出改进策略，一是根据对大尺度深厚高压系统较稳定的特征，来判断残涡的移动趋势，二是关注实况信息的变化来分析强降水的热力条件，三是通过分析大尺度环流背景来研判中尺度系统的变化特征。

关键词：“海葵”，残涡，持续强降水，检验，预报难点

引言

2023 年 11 号台风“海葵”于 8 月 28 日 08 时在西北太平洋洋面生成，并向西偏北方向移动，先后在我国台湾、福建、广东等省登陆，于 9 月 6 日 17 时在广东省河源市境内停止编号，其残余环流(下文简称残涡)在停止编号后仍长期维持，在华南地区及近海缓慢移动，至 9 月 15 日才减弱消散，残涡维持时间长达 9 d。台风本体及其残涡给途经地区带来了大范围强降水，持续时间长、极端性强，给多地造成严重灾害影响，诱发了多处中小河流洪水、城乡渍涝、地质灾害、海陆空交通受阻、通信电力中断、房屋倒塌、树木倒伏、水利工程损毁、农作物受损等灾情险情。

台风“海葵”致灾严重，原因在于其残涡长时间在陆地上活动，引发持续大范围强降水。关于台风减弱后环流发展的研究，主要关注外部环流条件、非绝热加热及下垫面特征等作用。李紫甜等[1]对 2018 年 9 号台风“山神”残涡维持并重新加强进行了分析，得出季风、海温、垂直风切变、第二类条件性不稳定(CISK)机制对其维持起主要作用；朱男男等[2]分析了 2018 年 14 号台风“摩羯”残涡入海增强的原因，发现温度平流、涡度平流、非绝热加热以及合适的下垫面条件相互配合时，残涡能重新增强；于玉斌等[3]对 2006 年 8 号台风“桑美”在近海的突然增强

资助项目：中国气象局复盘总结专项(FPZJ2024-092)和广东省气象局科研基金(GRMC2022LM01)共同资助。
第一作者：杨国杰，高级工程师，主要从事台风相关的机理和预报技术研究，E-mail：gjyang@gd121.cn。

过程进行模拟,发现其西侧的台风“宝霞”残涡对其提供的涡度平流,是其中的重要因子。在台风减弱后低值系统引发的强降水研究方面,多尺度天气系统相互作用下,异常充足的水汽供应和热力条件的维持是值得关注的要点。陈联寿等[4]指出登陆台风残涡复苏的暴雨往往会超过强台风的暴雨,总结出几种陆上极端暴雨的台风特征;陈见等[5,6]先后分析台风“尤特”“白鹿”残涡在广西造成大范围强降水的成因,发现有利的环流条件和天气系统相互配合,加上充沛的水汽和能量输送,是强降水发生的必要条件;沈安云等[7]分析 2015 年 13 号台风“苏迪罗”的残涡暴雨分布特征,发现多层涡散度动力因子和水汽的叠加是强降水的直接原因,环境风垂直切变的指向对落区有指示意义;柳龙生等[8]分析 2022 年 3 号台风“暹芭”残涡在陆地维持并引发大范围降水的原因,指出异常充沛的水汽和能量是其中的关键因素。

本文通过检验欧洲中期天气预报中心模式(ECMWF)、中国气象局南海台风数值预报系统(CMA-TRAMS),评估 ECMWF 模式和 CMA-TRAMS 模式在“海葵”残涡引发强降水过程中的表现及其对主观预报的影响,利用地面站点、探空等实况资料,结合 ERA5(第 5 代欧洲再分析)资料,与模式资料对比分析,主要从“海葵”残涡的移动、降水强度异常强两个角度研究该强降水过程的预报难点,并提出可能的改进策略。

1 实况特征概况

2311 号台风“海葵”于 8 月 28 日 08 时在菲律宾以东约 2200 km 的西北太平洋洋面生成,向西偏北方向移动,强度缓慢加强。9 月 3 日 10 时加强为超强台风级,先后在台湾地区台东、福建省东山和广东省饶平三次登陆,随后西行深入广东内陆,强度逐渐减弱。于 6 日 17 时在广东河源紫金境内停编,从 6 日夜间—15 日,其残涡在广东、广西和北部湾海面缓慢移动。图 1a 是台风“海葵”及其残涡的实况和预报路径(实况路径是实际预报业务的台风路径,“海葵”停编后利用自动站 10 m 平均风定位得到残涡路径;预报路径是 4 日 20 时(北京时,下文都采用北京时)ECMWF 和 CMA-TRAMS 的预报路径,残涡预报路径利用模式的 10 m 风场确定),实况路径显示残涡维持时间长达 9 d。有研究指出登陆台风降水增强现象通常发生在其登陆后 3~5 d,5 d 后仍能维持的台风数量极少[9],相比近 20 年在华南地区登陆后仍维持热带低压强度或残涡结构,并产生强降水的台风(0604“碧利斯”约 4 d,1012“凡亚比”约 3 d,1311“尤特”约 5 d,1805“艾云尼”约 1 d,2203“暹芭”约 4 d),“海葵”残涡维持时间最长。

台风“海葵”引发的强降水分成两个阶段,一是停编前在台湾、福建两地产生强降水,二是停编后,其残涡在广东、广西造成持续强降水。本文主要对第二阶段进行分析和复盘,此阶段强降水过程具有持续时间长、累计雨量大、极端性突出等特征。9 月 6 日“海葵”停编后,在其残涡和季风共同影响下,广东、广西两省(区)自东向西先后出现了大范围持续性强降水,至 12 日强降水过程趋于结束。9 月 6 日 20 时—12 日 20 时,广东中南部、广西南部部分地区累计雨量达到 100 mm 以上,其中,珠三角、广东西南部和广西东南部出现大范围 250 mm 以上累计降水,阳江阳西县沙扒镇录得过程最大雨量 844.5 mm(图 1b),6—9 日连续四天广东都有站点录得特大暴雨以上降水。此次降水过程多地不同历时的雨量打破当地纪录,其中 7 日傍晚—8 日,深圳、佛山、肇庆的 24 h 雨量为 560 mm、435.1 mm、429.6 mm,12 h 雨量为 465.5 mm、343.8 mm、339.4 mm,均突破当地历史极值,香港天文台录得最大 1 h 雨量 158.1 mm,为

1884 年有记录以来香港最高纪录。

残涡在广东引发的强降水从 6 日夜间—11 日长达 5 d，在广西造成的降水从 10 日白天—12 日约维持了 2.5 d，且广西的降雨量极值总体比广东小，因此本文主要分析残涡在广东引发的强降水。

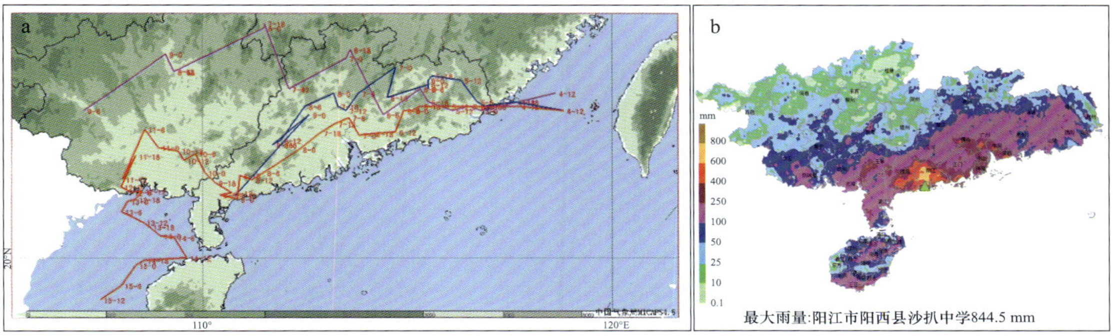

图 1　地形叠加台风“海葵”及其残涡实况和预报路径(a，红色为实况路径，2023 年 9 月 4 日 20 时—15 日 20 时；粉色为 ECMWF 预报路径，4 日 20 时起报；蓝色为 CMA-TRAMS 预报路径，4 日 20 时起报)；2023 年 9 月 6 日 20 时—12 日 20 时累计雨量(b，绿色三角是最大雨量站点位置，本图对海南省的研究范围仅包含海南岛)

2　预报误差检验

图 2 给出了 7 日 20 时—12 日 20 时(实况时间)24 h 累计雨量广东暴雨以上降水的主客观预报评分。图 2a 是总体 TS 评分，省级和国家级预报的 TS 评分超过 0.4，以 ECMWF 为代表的全球模式 TS 评分低于 0.1，以 CMA-TRAMS 为代表的区域模式 TS 评分为 0.1～0.15，呈现出主观预报>区域模式>全球模式的特征。图 2b 是逐日 TS 评分，虽然个别时次模式预报 TS 评分能超过 0.1(10 日和 11 日 ECMWF、10 日 CMA-TRAMS)，但主观预报评分仍远高于模式，反映主观预报订正效果显著。从图 2c 多个起报时次 TS 评分来看，48 h 以上的较长时效主观预报评分很低，快速下降到 0.05 以下，说明主观预报对过程的把握欠佳，在 24 h 预报中做出了较好的订正。

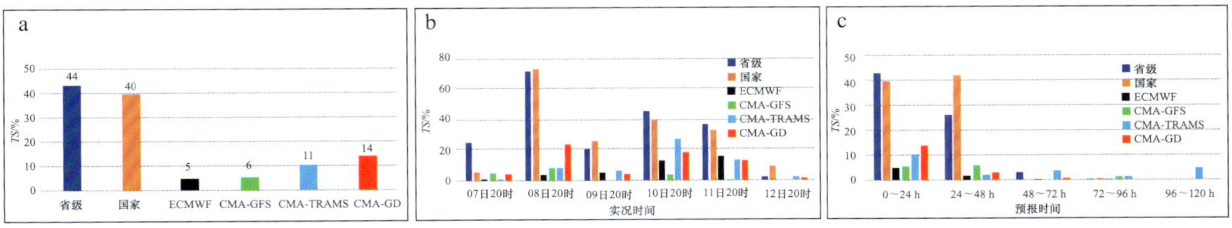

图 2　2023 年 9 月 7 日 20 时—12 日 20 时主观 24 h 和模式 48 h 暴雨以上降水预报总体 TS 评分(a)；主观 24 h 和模式 48 h 暴雨以上降水预报逐日 TS 评分(b)；多个起报时次的 TS 评分(c)

从逐日降水预报来看，主观预报的落区和量级更接近实况，普遍优于数值模式，但依然有量级偏弱、落区偏移的情况。以对 7 日 20 时—8 日 20 时的降水预报为例(图 3)，主观预报珠三角地区有大范围暴雨到大暴雨,强降水范围较实况偏大(实况强降水在珠三角中南部),雨量极大值较小,而 ECMWF 和 CMA-TRAMS 的落区偏差明显,前者落区集中在广东西北部、后者落区集中在雷州半岛和珠三角以东地区,降水量级以大到暴雨为主,弱于主观预报,也远小于实况。

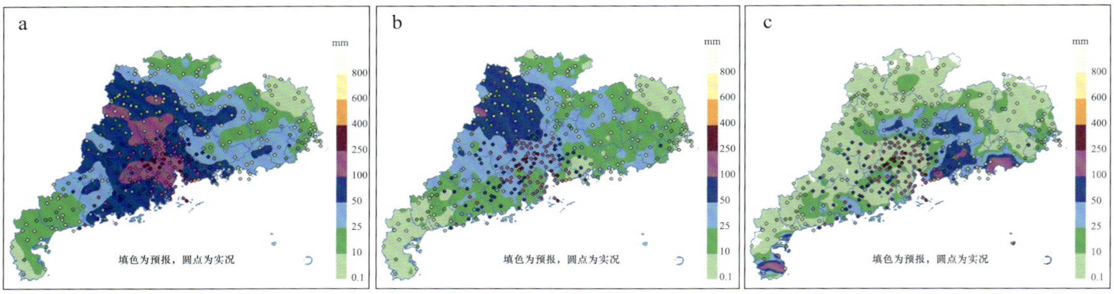

图 3　2023 年 9 月 7 日 20 时起报的主观(a)、6 日 20 时起报的 ECMWF(b)、CMA-TRAMS(c)对 7 日 20 时—8 日 20 时累计降水预报(填色是预报、圆点是实况)

3　主观预报调整及依据

据第 2 节分析,该过程 24 h 降水主观预报订正效果较好,故将预报分为台风“海葵”停编前、后两阶段。6 日 20 时停编前的预报以大到暴雨为主,落区集中在广东中北部;6 日 20 时停编后的预报以暴雨到大暴雨、局部特大暴雨为主,落区集中在广东南部。以 5 日 20 时和 7 日 20 时分别对 8 日的 24 h 降水主观预报为例(图 4),5 日 20 时预报广东西北部有大到暴雨、局部大暴雨,7 日 20 时则预报珠三角地区有暴雨到大暴雨、局部特大暴雨,范围向南大幅扩展,降水量级明显上调。

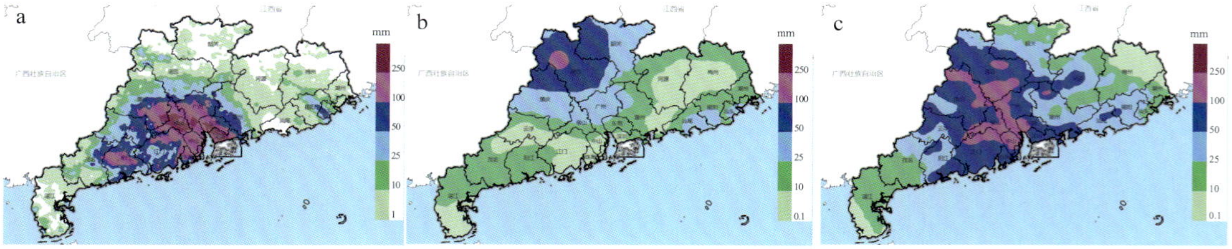

图 4　2023 年 9 月 7 日 20 时—8 日 20 时累计降水实况(a);5 日 20 时起报的 48 h 降水主观预报(b);7 日 20 时起报的 24 h 降水主观预报(c)

预报调整的依据主要有两方面:一是台风“海葵”停编前,参考了模式中“海葵”减弱后经广东北部向偏西方向移动、移速快的主流预报意见(图 1a),认为降水集中在残涡附近、持续时间不长,故强降水集中在广东北部,量级以大到暴雨、局部大暴雨为主;二是“海葵”停编后,虽然模式分歧仍很大,但残涡表现出在广东南部缓慢移动的特征(图 1a),预报员根据残涡实况移动特征,将降水预报落区调整到广东南部,与实况基本相符,同时考虑到高低层环流特征、水汽和热力条件都有利的背景,提高降水预报量级至“暴雨到大暴雨、局部特大暴雨”,但对极值估计有所不足。

4 预报难点分析

通过预报检验和主观预报调整的分析，可知该过程有两个预报难点：一是为何降水时间长，二是为何降水量大、具有极端性。

4.1 降水与残涡的关系

图5是7日20时—11日20时每天过去24 h暴雨以上降水的站点、日平均大气可降水量PWV，叠加1000～500 hPa平均风的日平均场，发现强降水落区与残涡密切相关，主要出现在残涡东半圆象限，并随着残涡向西移动，残涡附近始终有PWV的大值区，与强降水区对应，且强降水区的PWV普遍大于70 mm。可见此次强降水过程与"海葵"残涡密切相关，还与充足的水汽有关。

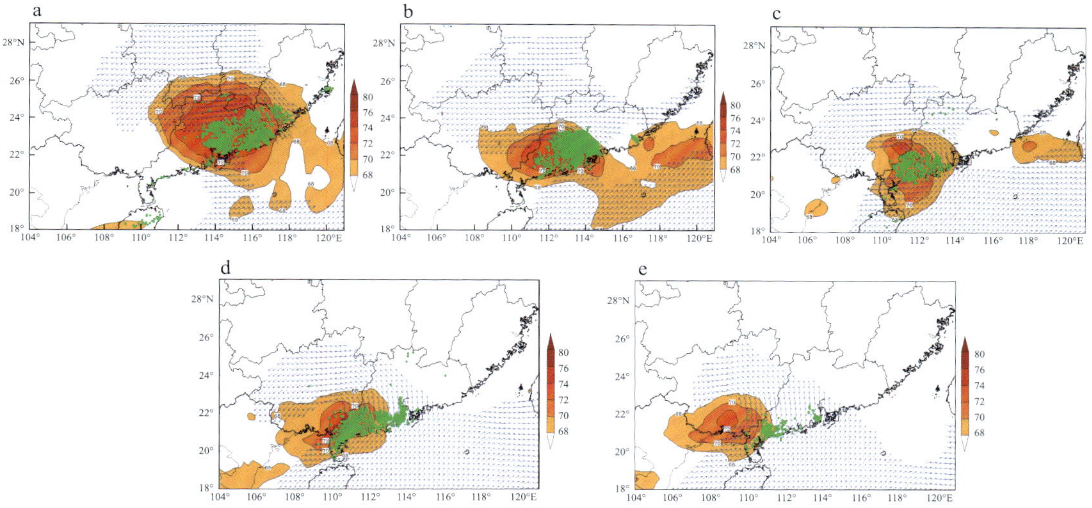

图5 2023年9月7月20时(a)、8日20时(b)、9日20时(c)、10日20时(d)、11日20时(e)过去24 h暴雨以上降水的站点(绿色圆点)、日平均大气可降水量PWV(填色，单位mm)、1000～500 hPa平均风的日平均场(风，m·s^{-1})

4.2 降水时间长的原因和预报难点

强降水中心位置受到残涡影响，因此残涡移速慢是引发持续多日出现强降水的主要原因。图1a显示残涡在华南地区缓慢长期滞留，其中6日17时停编后至12日在广东和广西中南部缓慢移动，图6a是950～200 hPa平均风场和位势高度从6日20时—11日20时的平均场，残涡的北侧至西北侧是大陆高压环流、东南侧是副热带高压，台湾以东的西太平洋洋面是深厚的高空槽，残涡处于两个高压系统之间的鞍型场，其移速因此变缓。

从图6b"海葵"停编前后的引导气流(850 hPa、500 hPa、200 hPa三层环境平均风作为引导气流)、环境东西风和南北风时间变化来看，停编后残涡的移速明显减小，基本在时速10 km以下，这主要在于引导气流的明显减弱，这段时间v风以弱的偏南风为主且变化不大，u风以偏东风为主,停编前风速大致介于 2～4 m·s^{-1},停编后快速降低至 2 m·s^{-1}以下,9 日还短暂出现偏西风,说明 u 风的降低导致引导气流的减弱。另外,残涡路径可能还跟地形有关,图 1显示其路径基本处于广东、广西平原地区,残涡相比停编前强度减弱,当遇到丘陵山地时可能受阻转向,从而出现路径曲折的现象。

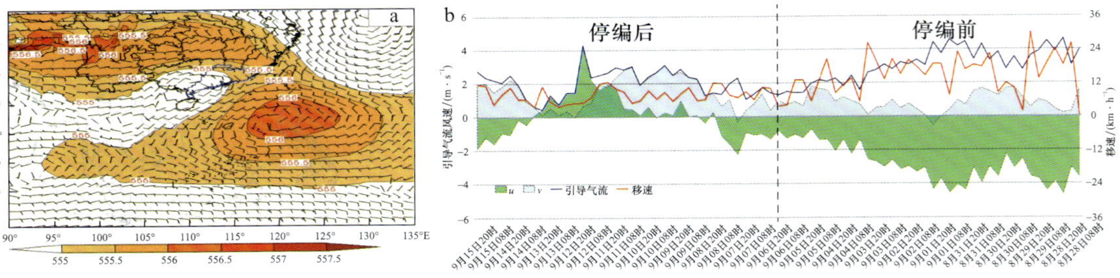

图 6 (a)2023 年 9 月 6 日 20 时—11 日 20 时 950～200 hPa 风场(m·s^{-1})和位势高度(dagpm)的平均场;(b)2023 年 8 月 28 日 08 时—9 月 15 日 20 时 850～200 hPa 的引导气流(蓝,m·s^{-1})、u 风(绿,m·s^{-1})、v 风(灰)、"海葵"及其残涡移速(红,km·h^{-1}),计算区域是距台风中心半径 500 km 范围

4.3 强降水成因及预报难点

为分析水汽来源,图 7 给出了 7 日 23 时—10 日 23 时 850～400 hPa 平均位势高度的 24 h 变高、975～850 hPa 的平均水汽通量和风场,9 日前水汽来自两支气流,一支由较强的偏东气流经台湾海峡进入残涡,一支源自孟加拉湾的西南季风气流经过南海加强输送至残涡,两支气流在残涡东半圆象限交汇,期间南海东北部有正变高,残涡缓慢西行,因此水汽辐合区逐渐从广东东南部移至西南部。9 日夜间—10 日,残涡移出广东进入广西,经台湾海峡的偏东风减弱,广东东部正变高加强,阻挡了偏东气流向残涡输送,西南季风气流变成以偏南风为主,此时经北部湾的西南风加强输送至残涡东半圆象限,西南风和偏南风辐合,继续为强降水提供充足的水汽。

前文已指出强降水落区与 PWV 大值区吻合。图 8 是 6 日 08 时—12 日 02 时残涡东半圆象限 PWV 极大值随时间的变化,可看出 PWV 极值都超过了 70 mm,6—10 日最大,11 日起逐渐减少,有研究统计指出我国东部地区极端强降水的 PWV 通常大于 60 mm[10],本次过程已超过该阈值。图 8 还将 PWV 极值和南边界的偏南风水汽通量、东边界的偏东风水汽通量对比,发现 6—9 日早晨偏东风水汽通量大,与偏南风水汽通量相当,在 8 日凌晨达到 8 g·(cm·hPa·s)$^{-1}$的峰值,这与 7 日夜间—8 日凌晨珠三角地区出现强降水的时间一致,偏南风水汽通量则在 7、9、10、11 日 4 天凌晨出现峰值,其中 9 日出现了极大值,但此时偏东风水汽通量减少,因此残涡东半圆象限的 PWV 开始逐渐下降。说明西南季风始终带来充足的水汽,在偏东风强盛时,两股气流共同为强降水提供更多水汽。

强降水的发生还需要强烈上升运动,上升运动也是残涡维持的重要原因之一。根据垂直运动方程可知垂直速度 ω 主要由绝对涡度平流随高度变化项、温度平流项、非绝热项构成:

$$\omega \sim \left\{ -f\frac{\partial}{\partial p}[v_g \cdot \nabla(f+\zeta_g)], \left(\frac{R}{p}V_g \cdot \nabla T\right), -\frac{\mathrm{d}Q}{\mathrm{d}t} \right\} \tag{1}$$

这三项分别反映了大气环流中的动力作用、热力平流作用和非绝热加热作用,其中 f 是地转参数、p 是气压、V_g 是水平风、ζ_g 是涡度、T 是气温、R 是气体常数、Q 是热量。

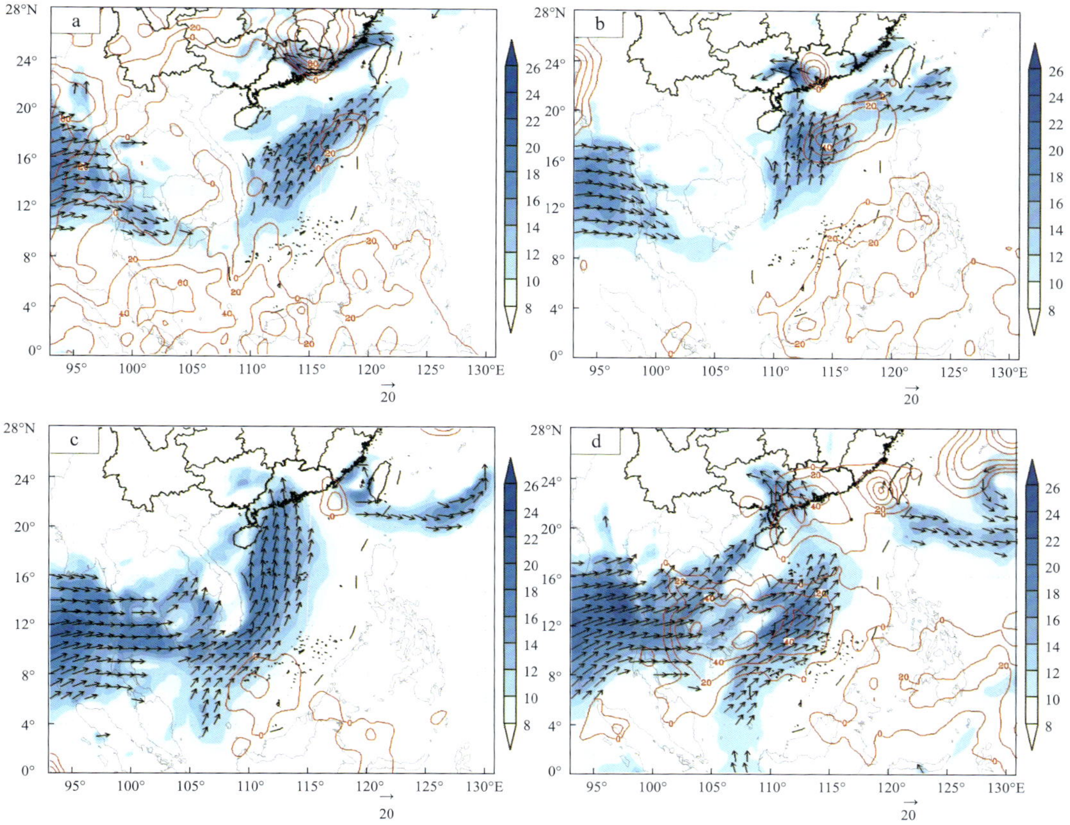

图 7　2023 年 9 月 7 日 23 时(a)、8 日 15 时(b)、9 日 15 时(c)、10 日 15 时(d)850～400 hPa 平均位势高度的 24 h 变高(大于 0 的等值线，gpm)、975～850 hPa 的平均水汽通量(填色，单位：g·cm^{-1}·hPa^{-1}·s^{-1})和风场(单位：m·s^{-1})

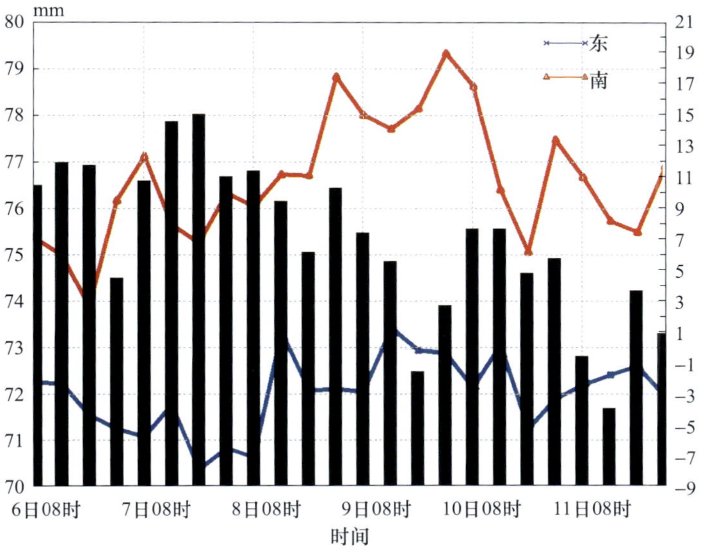

图 8　2023 年 9 月 6 日 08 时—12 日 02 时残涡东半圆象限中 PWV 极大值(黑色，mm)、南边界偏南风水汽通量(红色实线，单位：g·cm^{-1}·hPa^{-1}·s^{-1})、东边界偏东风水汽通量(蓝色实线)逐 6 h 时间演变(残涡半径取 250 km)

不同高度层的涡度平流之差能近似反映涡度平流随气压(高度)变化,通过分析 6—11 日 850～1000 hPa 涡度平流之差(图略),发现残涡的涡度平流随气压减小而增大,说明残涡持续得到正涡度输入,涡度平流输送主要来自两股气流,与水汽来源相同,分别是西南季风气流和偏东气流,两支气流的交汇产生显著的动力抬升作用。

图 9 是 975～700 hPa 平均风场和温度场、1000～850 hPa 平均垂直速度,能反映大气低层的温度平流和垂直速度关系,6 日 20 时南海海域是高温区,既与经过南海的西南季风有关,也与滇、黔、桂三省(区)陆地的高温区相连,至 10 日 20 时,南海的高温区随着季风环流向西大幅收缩,北部湾高温区仍与陆地相连,说明陆地上的暖空气受残涡外围环流影响进入南海北部,加热海洋大气,在西南季风作用下形成从海洋到陆地的暖平流,向残涡东半圆象限输送,在该区域形成上升运动。

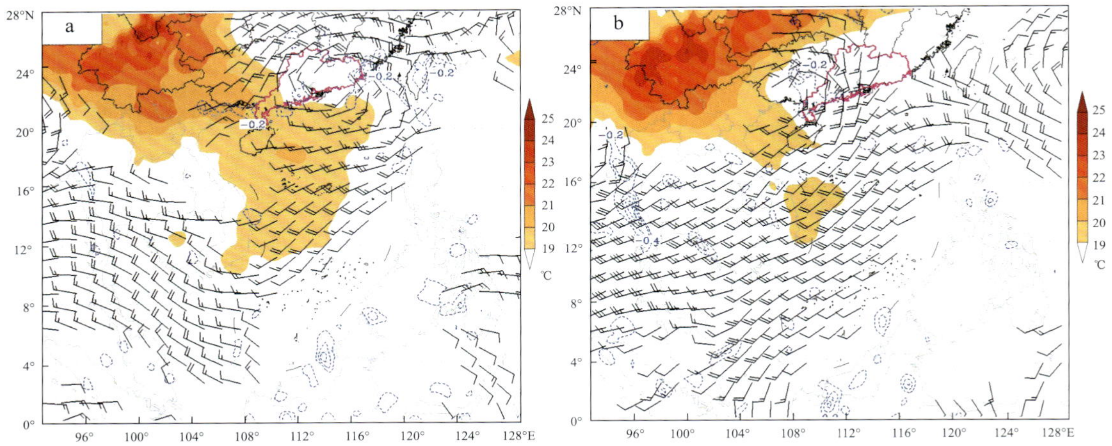

图 9　2023 年 9 月 6 日 20 时(a)、10 日 20 时(b)975～700 hPa 平均风(m・s^{-1})和温度场(填色,℃)、1000～850 hPa 平均垂直速度(等值线,单位:Pa・s^{-1})

大气的非绝热加热主要由感热和凝结潜热构成,其中凝结潜热作用在降水过程中更显著,图 10 是 6 日夜间至 10 日夜间 925 hPa 风场和凝结潜热。可见 6—9 日残涡东半圆象限的风场辐合区有潜热大值区,达到 800 J・kg^{-1}以上,有助于强上升运动的维持,至 10 日逐渐降低到 800 J・kg^{-1}以下。由此可知,大气环流中的动力、热力平流和凝结潜热作用,从 6—10 日共同促使残涡东半圆象限出现上升运动,导致该区域的水汽能持续辐合抬升,并引发强降水。

除了有利的大尺度环流条件外,中尺度天气系统也起到重要作用。图 11a、图 11b 是 7 日 20 时和 8 日 23 时的 10 m 风场,7 日夜间在珠江口东侧即残涡东半圆象限风场明显辐合形成辐合线,8 日夜间在广东西南部即残涡东半圆象限也出现了辐合线,中尺度辐合线有助强降水的触发和维持。将图中两个矩形方框区域各自分成东西两个半区,将东半区的 u 风减去西半区的 u 风,分析其 6 日 08 时—11 日 08 时的时间演变,结果如图 11c,在 7 日夜间—8 日凌晨、8 日夜间—9 日凌晨,矩形框 1、矩形框 2 内的偏东风显著增强,说明这两个时段中尺度辐合线的形成与偏东风的增强直接相关,这支增强偏东风是前文提到经台湾海峡而来,因此中尺度辐合线能促使水汽快速辐合抬升。

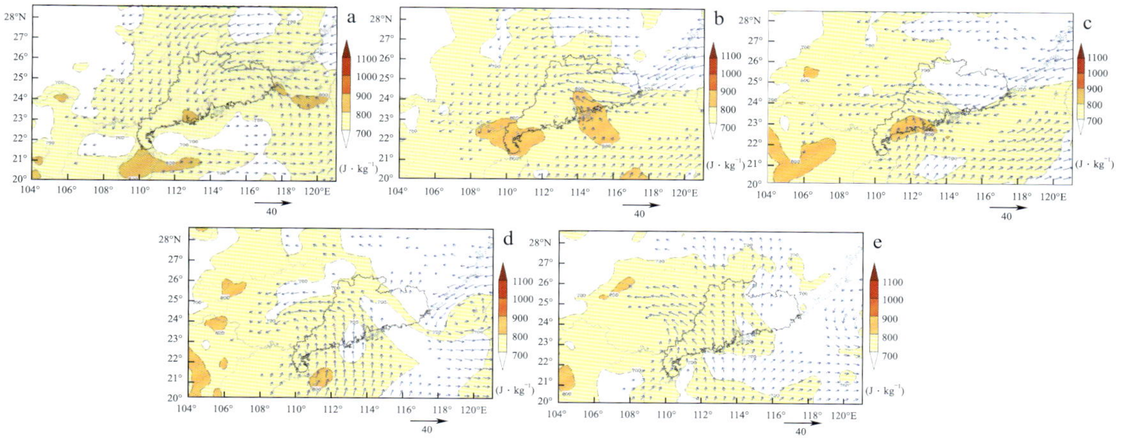

图 10　2023 年 9 月 6 日 20 时(a)、7 日 20 时(b)、8 日 20 时(c)、9 日 20 时(d)、10 日 20 时(e)925 hPa 潜热(填色，单位：J・kg^{-1})和风场(单位：m・s^{-1})

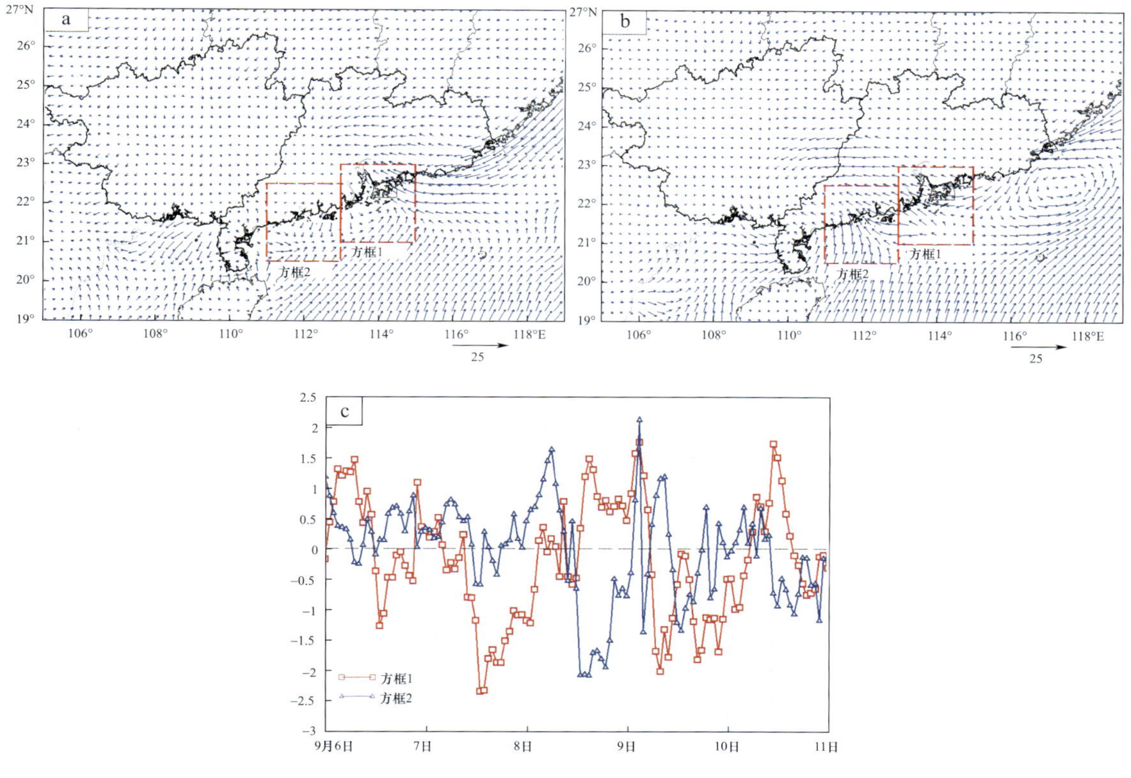

图 11　2023 年 9 月 7 日 20 时(a)、8 日 23 时(b)的 10 m 风场(单位：m・s^{-1})；(c)2023 年 9 月 6—11 日矩形框内右半区平均 u 风减去左半区平均 u 风之差(单位：m・s^{-1})
(红、蓝对应方框 1、方框 2)

5 模式不足之处和预报服务改进思路

5.1 模式不足之处

数值模式未能对台风“海葵”残涡路径做出准确预报,表现出两种趋势:一是残涡以较快的速度向西行,穿过广东后进入广西,在广东境内为 48～60 h;二是残涡在广东向南移动重新入海,与南海东北部的云团合并重新发展加强。ECMWF 多个起报时次对残涡移动预报偏快,从图 1a 的 4 日 20 时起报 ECMWF 路径能看出,7 日凌晨 02 时预报“海葵”中心位置在广东北部的韶关市,至 7 日 20 时后已从广东的西北部移出进入广西,实际此时残涡在珠三角中南部缓慢移动,预报位置距离实况位置偏西北方向约 200 km,此后移速预报依然很快,与实际位置的距离继续扩大。CMA-TRAMS 在 4 日 20 时起报的移速预报比 ECMWF 慢,路径从广东向南移动,此后起报有重新入海、再向东折的趋势(图略)。数值模式的路径分歧,对降水预报造成了很大困难。

以 5 日 20 时预报 8 日 02 时为例(此时珠三角中南部出现了强降水),图 12a 是 ECMWF 对 925 hPa 散度和流场预报,辐合中心在残涡东北象限,因残涡路径预报误差较大,导致辐合区偏离了实际强降水区。图 12b 是 ECMWF 预报的大气可降水量(PWV),珠三角中北部的 PWV 大值区达到 70 mm,说明模式能反映充足的水汽,但由于残涡路径的误差,水汽汇聚区域偏离了实况。图 12c是 850 hPa 假相当位温及风场预报,广西、云南等地有高温区,但南海北部和广东的假相当位温基本一致,未能反映海洋向陆地的暖平流输送特征,因此模式对动力、热力条件的预报不足,影响了垂直上升运动,以致影响降水预报。

随着分辨率的提高,模式预报能反映一些中尺度系统特征,通过分析 6 日 08 时 ECMWF 和 CMA-TRAMS 对 8 日 02 时的 10 m 风场预报(图略),发现 ECMWF 能预报西南和东南风在珠江口汇合,但因经台湾海峡来的偏东风场整体预报偏弱,导致珠江口的中尺度辐合线预报并不明显,CMA-TRAMS 虽然能较清晰地报出偏东风场,但又在广东东部近海预报了一个涡旋次中心,使中尺度辐合区集中在广东东部近海区域。两家模式对环流场尤其偏东风预报不足,以致未能有效捕捉中尺度系统。

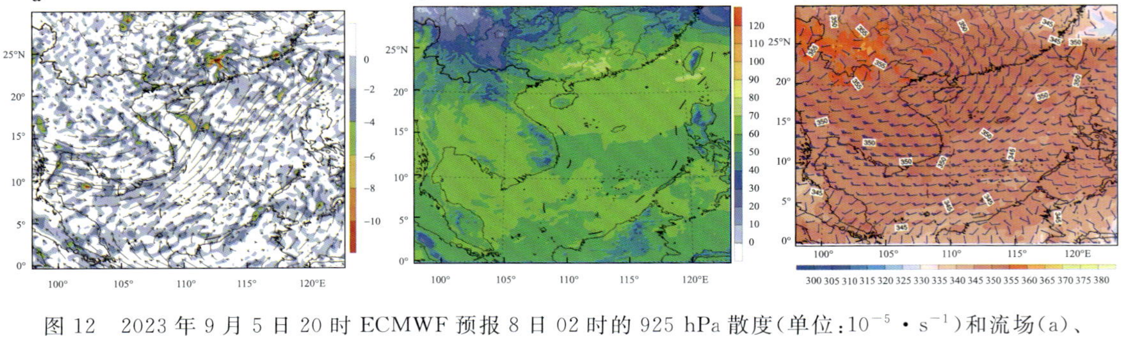

图 12　2023 年 9 月 5 日 20 时 ECMWF 预报 8 日 02 时的 925 hPa 散度(单位:10^{-5} · s^{-1})和流场(a)、PWV(b,单位:mm)、850 hPa 假相当位温(单位:K)和风场(c,单位:m · s^{-1})

5.2 预报改进思路

根据以上分析,数值模式对台风"海葵"残涡强降水预报误差较大的原因:一是对残涡路径、移速的预报偏差较大,既影响了降水持续时间,也影响了动力辐合抬升和水汽聚集区,造成降水落区误差;二是对大气热力条件的预报不足,故难以反映降水量大的结果;三是对中尺度系统特征的捕捉能力欠佳。

针对这三点问题,从技术上可尝试以下几种方式解决。

(1)模式对于"海葵"残涡处于大陆高压和海上副热带高压之间的鞍型场这种形势很明确,当低压系统在这种环流中,其移速通常相对较慢,但是ECMWF快速西行的预报路径与其形势场的预报是不自洽的,而CMA-TRAMS预报残涡从广东南下入海再东折的路径虽然未必准确,但反映出残涡移速慢的特征。在天气分析中抓住以上两个要点,是预报员有可能对模式偏差做出正确订正的基础。另外,集合预报对"海葵"的路径一直有向南调整的趋势,而且在"海葵"登陆后在广东西行的路径依然有较大的发散度(图略),当出现这种情形时,应对热带系统的路径预报保持谨慎。因此在24 h的主观预报中,注意到对残涡移动的调整,进而订正了降水落区。

(2)模式对热力条件的预报较容易出现误差,应该结合大气环流场和实况来判断其可信度,重点关注环流场的源头和原因。在此次强降水过程中,西南季风加强及维持趋势值得相信,其带来的暖湿空气能输送到陆地,通过地面、探空观测和实况云图(图略)可知,滇、黔、桂等地的热空气在环流场作用下能与西南季风汇合,由此可判断此次过程的热力条件得以维持。

(3)利用模式对大尺度系统预报较稳定的特性,来判断中尺度系统的演变可能。5日20时ECMWF预报的7日08时500 hPa环流场显示大陆高压、副热带高压很稳定(图略),日本附近有深厚的高空槽,槽底接近台湾北部25°—26°N附近地区,这种高空槽背景必然会带来冷空气,冷空气在均匀的海洋下垫面扩散南下,受台湾海峡"狭管效应"影响风速增大,可判断当高空槽仍在此活动时所产生的偏东风影响始终存在,据此有可能分析中尺度辐合线等系统的演变和位置。

6 结论与讨论

针对2311号台风"海葵"残余环流(残涡)在广东、广西引发的持续强降水过程进行预报误差检验、强降水成因和难点分析,归纳总结预报改进思路,得出以下结论。

(1)2311号台风"海葵"残涡在广东和广西等地引发了连续强降水,具有持续时间长、累计雨量大、极端性突出等特征,多地录得不同时效破纪录的雨量。

(2)24 h主观预报TS评分达到0.4,对数值模式有明显的订正效果,相对更长时效的预报也有正技巧,这是通过对实况变化特征,尤其残涡移动情况做出较准确分析实现的。

(3)此次强降水过程预报难点主要在于:①残涡移动缓慢导致降水持续时间长;②水汽充沛,动力、热力条件配合导致强降水;③中尺度系统作用是极端降水发生的因素之一。数值模式对残涡移动的预报误差大,对热力条件的预报结果不佳,捕捉中尺度系统特征的能力欠佳。

(4)针对此次强降水过程预报的难点，提出三方面建议：①大尺度深厚高压系统稳定，据此来判断残涡这类弱环流系统的移动发展趋势；②关注实况大气的变化特征，分析海陆之间的热力差异，判断降水过程中的热力条件；③通过对高空槽等大尺度系统的分析，研判其在中尺度系统发展作用。

参考文献

[1] 李紫甜，古明悦，黄莉，等. 台风“山神”(1809)残涡再度入海加强成因分析[J]. 气象研究与应用，2021，42(3)：94-98.

[2] 朱男男，王彦，苏杭，等. 台风“摩羯”(1814)残涡经渤海突然增强成因分析[J]. 海洋通报，2020，39(4)：464-474.

[3] 于玉斌，陈联寿，赵大军. 超强台风“桑美”(0608)在残涡卷入后突然增强的数值模拟[J]. 海洋学报，2014，36(1)：98-108.

[4] 陈联寿，许映龙. 中国台风特大暴雨综述[J]. 气象与环境科学，2017，40(1)：3-10.

[5] 陈见，赖珍权，罗小莉，等.“尤特”超强台风残留低涡引发的广西特大暴雨成因分析[J]. 暴雨灾害，2014，33(1)：19-25.

[6] 陈见，覃月凤，翟舒楠，等.“白鹿”台风(1911)残涡造成广西大范围暴雨成因分析[J]. 气象研究与应用，2020，41(1)：65-69.

[7] 沈安云，唐晓东，吴海英，等. 1513 号“苏迪罗”台风残涡强降水分布特征研究[J]. 气象科学，2018，38(4)：453-463.

[8] 柳龙生，许映龙. 台风“暹芭”(2203)残涡陆上维持并引发大范围降水过程的成因[J]. 高原气象. 网络首发.

[9] DONG M，CHEN L，LI Y，et al. Rainfall reinforcement associated with landfalling tropical cyclones[J]. J Atmos Sci，2010(67)：3541-3558.

[10] 田付友，郑永光，张涛，等. 我国中东部不同级别短时强降水天气的环境物理量分布特征[J]. 暴雨灾害，2017，36(6)：518-526.

2309号超强台风"苏拉"路径预报误差分析及预报难点思考

刘　达[1]　郭春迓[2]　陈柏纬[3]　向纯怡[1]　瓦力江·瓦黑提[2]
（1. 国家气象中心，北京，100081；2. 广东省气象台，广州，510640；3. 香港天文台，香港，999077）

摘　要：本文分析了2023年第9号台风"苏拉"的主要特点，深入研究了主观预报误差的来源，并探讨了长时效（72—120 h）路径预报的难点问题，得出以下主要结论：（1）"苏拉"具有超强台风级维持时间长、极值强度强、大风影响范围广等特点；（2）"苏拉"是近10年来登陆华南的台风中，长时效路径预报和登陆点预报偏差较大的台风，其预报难点体现在"苏拉"能否移入南海东北部海域及其长时间在广东沿海移动后能否登陆及登陆点位置的判断；（3）造成"苏拉"长时效路径移向预报误差大的主要原因是模式对大尺度环流调整的预报偏差，由于对台风东侧新生扰动（后期发展为第11号台风"海葵"）预报持续偏强，副热带高压东退，导致长时效预报路径较实况明显偏北。复杂引导气流下长时效路径预报和登陆台风沿海岸线移动不仅是业务预报中的难点问题，也为沿海地区防台决策增加了难度。通过开展关键环流场动态检验可以提醒预报员关注环流系统持续的预报偏差，从而提升长时效路径预报准确性。

关键词：台风"苏拉"，预报误差，预报难点，副热带高压

引言

台风是影响我国的重要灾害性天气之一，随着观测手段的丰富和数值预报模式的发展，台风路径预报水平取得了长足进步[1]，随着我国海洋经济的快速发展和政府防灾减灾需求的提升，对登陆台风预报的时效性和精细化程度均提出了更高的要求。与此同时，在复杂的天气和气候背景下，西北太平洋和南海的疑难路径台风和多台风共存等现象发生频率增加[2,3]，台风路径预报也面临更大的挑战[4]。通过深入分析典型台风个例的预报偏差，总结预报难点问题，有助于预报员积累预报经验从而提升主观预报水平。

夏季是西北太平洋和南海台风相对活跃的时期[5]，2023年第9号台风"苏拉"于8月24日14时（北京时，下同）在菲律宾以东洋面生成，30日以超强台风级（17级以上，风速62 m·s^{-1}）进入南海东北部海域，是继超强台风"威马逊"（2014）后进入南海的第二强台风。随着"苏拉"逐渐向偏西方向移动，向华南沿海趋近，香港开始出现强烈的风雨影响，香港天文台在2018年超

资助项目：国家重点研发计划（2023YFC3008005、2023YFC3107900）、国家自然科学基金青年科学基金项目（42205068）、中国气象局创新发展专项（CXFZ2024J006）和国家气象中心台风与海洋气象预报团队共同资助。
第一作者：刘达，高级工程师，从事台风和海洋气象预报研究，E-mail：liuda@cma.gov.cn。
通信作者：陈柏纬，教授，从事台风观测及预报研究，E-mail：pwchan@hko.gov.hk。

强台风“山竹”后第一次发布十号飓风信号。“苏拉”在华南近海长时间维持超强台风级，且与南下的冷空气结合，给华南地区带来严重的风雨影响，据国家减灾中心初步统计，台风“苏拉”造成广东78.7万人受灾，67.5万人紧急避险转移；福建漳州、泉州15.8万人受灾，11万人紧急避险转移。

“苏拉”生成后路径复杂，主观预报多次调整，登陆点从最初的福建逐渐调整到粤西，给灾害防御和决策服务增加了难度。因此，本文利用中国气象局、香港天文台等官方机构的高空、地面以及雷达等多源观测资料，结合中国气象局数值预报系统、欧洲中期天气预报中心(ECMWF)以及美国国家环境预报中心(NCEP)数值模式产品和再分析数据，梳理和总结“苏拉”的路径预报偏差，分析偏差产生的原因和其中的难点问题，探寻可能的预报着眼点，期望能为未来台风预报提供参考，进而提升台风预报精细化水平。

1 台风“苏拉”概况和特点

2023年8月24日，菲律宾以东洋面有热带低压发展，14时加强为第9号台风“苏拉”。“苏拉”生成后在菲律宾吕宋岛以东洋面回旋，于8月26日第一次达到超强台风级，而后逐渐减弱。8月29日“苏拉”停止回旋，并再次加强为超强台风级后，转向西北方向移动，穿过巴士海峡，于30日上午进入南海东北部海域。“苏拉”进入南海后继续向偏西方向移动，逐渐向广东东部一带沿海靠近，在广东中部近岸海面转向西偏南方向移动，强度逐渐减弱，并于9月2日13时50分前后以强热带风暴级(10级，28 $m \cdot s^{-1}$)在广东省阳江市江城区登陆，登陆后继续向偏西方向移动，穿过雷州半岛后，在北部湾减弱为热带低压，9月3日中央气象台对其停止编号(图1a)。

“苏拉”是2023年登陆广东的第二个台风，与冷空气的结合导致华东东部和华南大部地区先后出现了6～7级阵风，福建沿海、广东中东部沿海、广西东部及台湾北部等地出现8～10级阵风，广东中东部沿海局地阵风达到12级以上，惠州、珠海、汕尾、江门沿海局地16级以上(图1b)。此外，受其影响广西东部、广东大部、福建东南部及台湾中部和东部累计降雨量达到60～120 mm，福建泉州和漳州，广东揭阳、汕尾、惠州、深圳、珠海、江门、云浮、阳江、肇庆、茂名和东莞，香港，广西玉林、梧州和贵港以及台湾东部部分地区150～280 mm，福建漳州，广东汕尾、惠州、珠海、江门、云浮、茂名及台湾台东等局地300～457 mm(图1c)。

“苏拉”进入南海北部海域后维持超强台风级并持续向偏西方向移动，于9月1日开始影响我国香港地区，地面观测站持续观测到70 knots(1 knots约为0.5144 $m \cdot s^{-1}$)以上阵风，其中较接近台风中心的站点最大阵风达到100 knots，因此尽管“苏拉”在接近我国华南沿海地区的过程中强度从17级以上减弱到16级，但在9月1日白天影响香港期间仍然维持超强台风级。香港机场沙螺湾、深水埗的雷达风廓线仪也捕捉到“苏拉”影响香港期间边界层风场的垂直分布情况(图略)，从深水埗的风廓线仪观测可以看到，随着“苏拉”的靠近，风向由东北风逐渐转向偏东风，风速逐渐增强到65 knots以上，并且大风首先出现在2～4 km高度上，而后逐渐延伸到高层(图略)。在香港机场沙螺湾的观测中可以发现风速的垂直分布特征呈现随高度倾斜的特征，表明台风的强风是从边界层内逐渐向下传播。风廓线仪的观测对于及时预报“苏拉”的大风影响具有重要的指示作用，同时，前人的研究指出，风廓线仪上出现风力加强则可能意味着台风正在远离测站，但是在此次“苏拉”的观测中没有上述明显特征[6,7]。

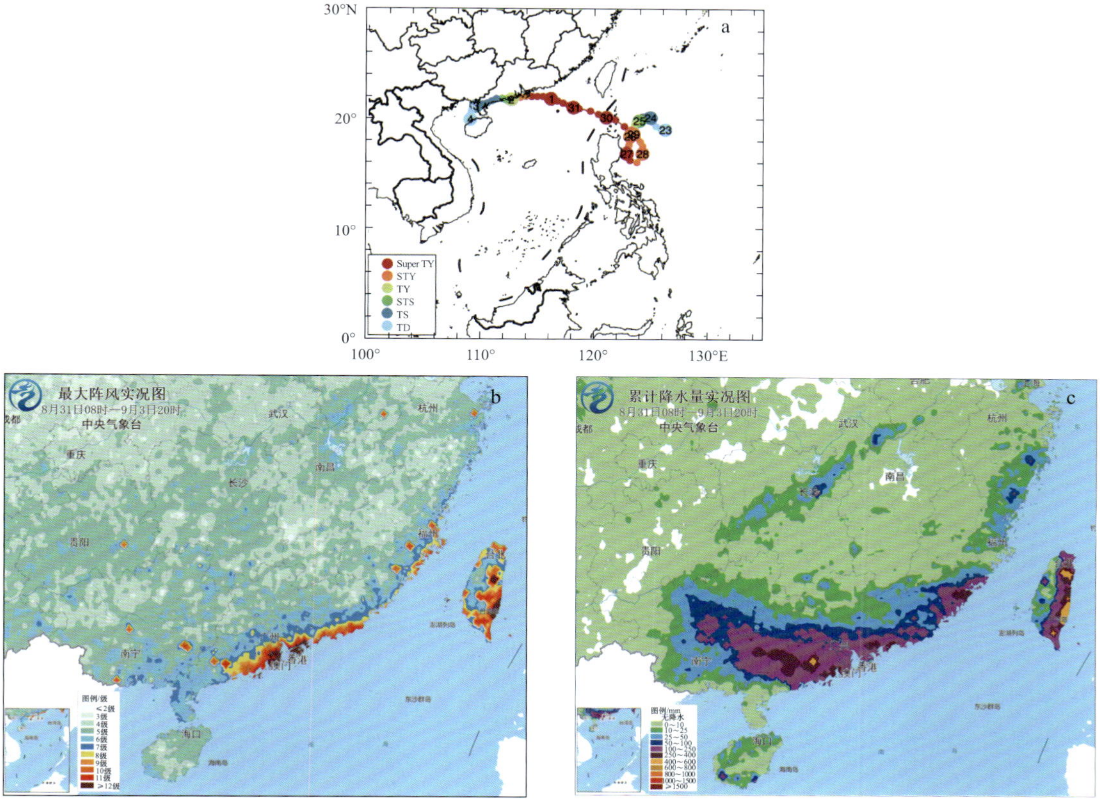

图 1 (a)2309 号台风“苏拉”全路径(图中数字为当天 08 时台风中心位置)；
(b)8 月 31 日 08 时—9 月 3 日 08 时过程最大阵风实况(单位：$m \cdot s^{-1}$)；
(c)8 月 31 日 08 时—9 月 3 日 20 时过程降雨量实况(单位：mm)

回顾“苏拉”的生命史及其影响，主要有以下特点：(1)维持超强台风级时间长，“苏拉”在 8 月 29 日 17 时进入巴士海峡后强度再次达到超强台风级，而后维持长达 82 h(9 月 2 日 00 时)，于登陆前强度出现缓慢减弱；(2)极值强度强，“苏拉”是 1949 年后有记录的台风中进入南海强度第二强的台风；(3)台风大风影响强烈，受“苏拉”与冷空气的共同影响，8 月 30 日—9 月 3 日期间，福建沿海、广东中东部沿海、广西东部及台湾北部等地出现 8～10 级阵风，受“苏拉”影响，香港天文台继 2018 年台风“山竹”后再次发布十号风球信号。

2 台风“苏拉”路径预报误差分析

根据最新整编的热带气旋最佳路径数据集[8]，台风“苏拉”全生命史共计 288 h(包含其编号前和减弱后的热带低压阶段)，下文针对中国气象局中央气象台(CMA)、日本气象厅(JMA)及美国联合台风预警中心(JTWC)(以上 3 个预警中心发布的台风官方预报为主观预报)的预报进行 24～120 h 逐 24 h 的路径误差统计分析。广东是我国海岸线最长的省份，在实际防台中需要预估台风登陆或严重影响造成的人员撤离情况。如果登陆点或者登陆后的路径预报误差较大,将给决策服务和灾害防御部署增加难度。从中、日、美三家机构发布的主观预报及ECMWF模式发布的客观路径预报来看(图2),主、客观预报均准确预报了“苏拉”进入南海前的回旋打转路径,明显的差异表现在其进入南海后路径趋向,多个起报时次登陆点不断向西南方向调整,说明路径预报误差较大。8月31日08时之前,所有时次的路径预报都处于实际路径的右侧,其中中央气象台路径预报相对更偏北,导致移向和登陆点预报偏差均较历史登陆台风明显偏大(图略)。此外,在“苏拉”登陆广东后,部分时次预报路径偏向实际路径左侧。

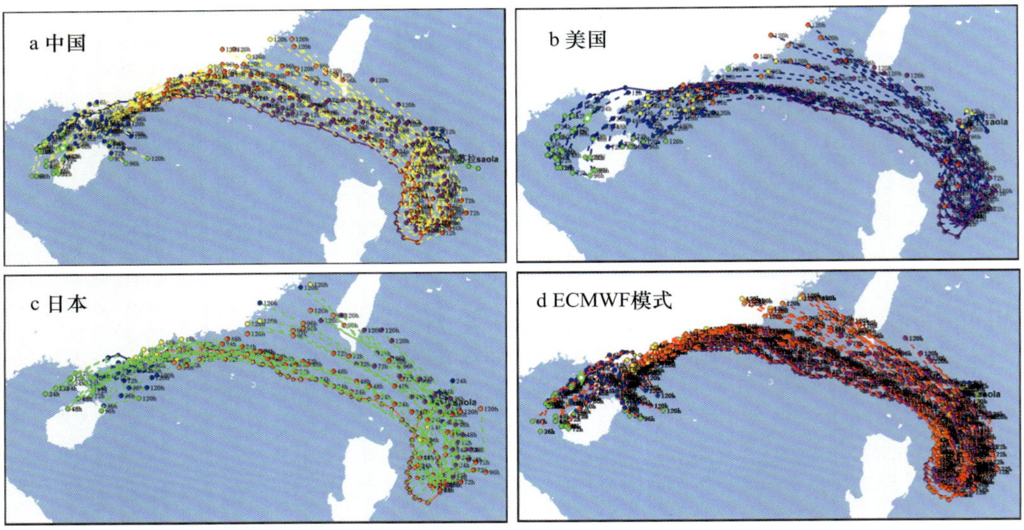

图2　2023年8月24日08时—9月3日08时“苏拉”路径预报
(a)中国(预报时段8月24日08时—9月3日17时);(b)美国
(预报时段8月24日08时—9月3日20时;(c)日本(预报时段8月24日08时—
9月2日23时);(d)ECWMF模式确定性预报(预报时段8月24日08时—9月4日08时)

总结主观预报及ECMWF数值预报路径预报误差可以分为4个阶段:阶段1(8月24日08时—28日14时),主观预报“苏拉”在菲律宾以东洋面打转后转向西北方向,登陆或擦过台湾岛后,在福建或粤闽交界附近登陆;阶段2(8月28日17时—8月30日23时)主观预报“苏拉”将在珠江口以东沿海登陆,随后沿海岸线向西南方向移动;阶段3(8月31日02时—9月1日14时)前期预报路径同阶段2,但96 h和120 h预报转向东南方向;阶段4(9月1日17时—9月3日14时)前期预报向偏西、西北方向,后期预报转向西南方向。

以热带气旋最佳路径[9]数据作为实况检验标准,各家主观路径预报误差显示如图3所示,8月25日“苏拉”处于南偏西移动的路径,预报误差较大的时效主要为24 h和48 h预报,72 h及以上时效的预报误差相对较小;8月26日夜间开始至27日,主观预报台风登陆点从台湾南部调整到闽粤交界附近,实际台风移向了珠江口以西的沿海地区,此时CMA和JMA各时效路径误差均逐渐增大,将路径误差分解为移向和移速误差(图略)可以看到,这一阶段各家预报移向误差的绝对值明显大于移速误差,JTWC相比另外两家移向更偏西北,因此48 h时效以上的误差相对较小;8月28日02时开始,此时“苏拉”已逐渐结束向南的回旋,转向西北移动,各家主观路径预报误差均明显增大,特别是96 h和120 h预报误差连续多个时次超过了2023

年平均值。

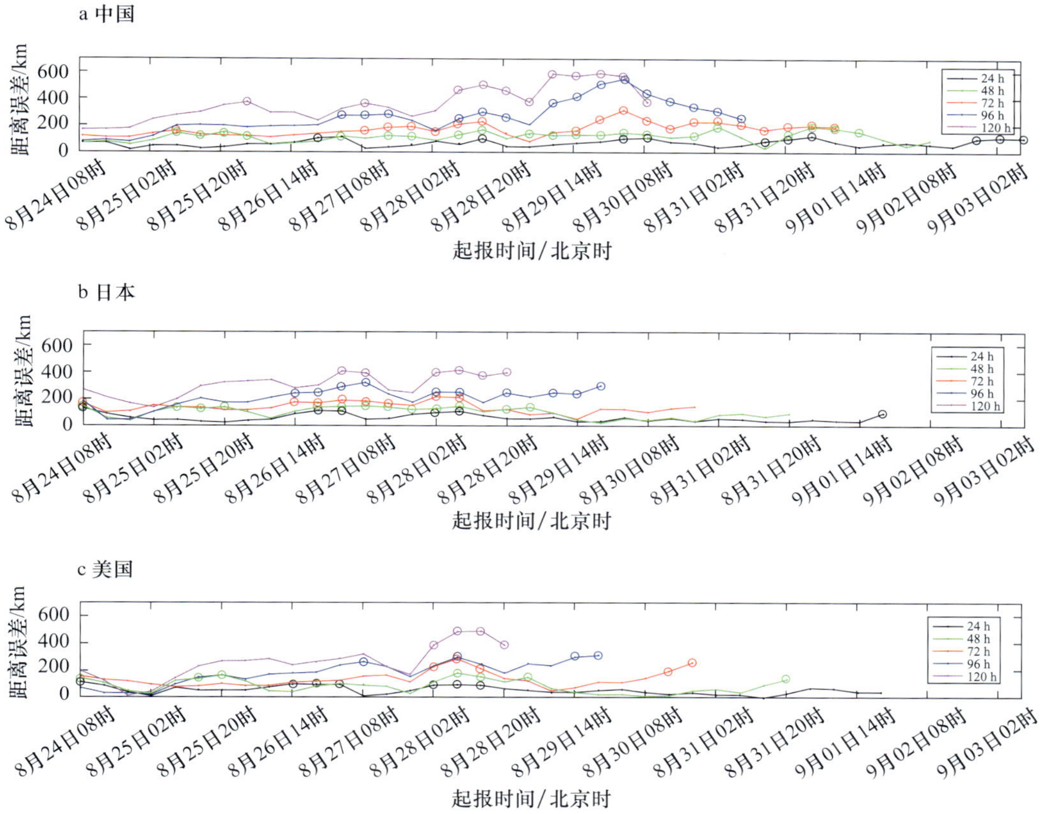

图 3　CMA(a)、JMA(b)、JTWC(c)主观预报路径预报误差(单位:km)
(图中圆圈为误差大于年平均值时刻,24 h、48 h、72 h、96 h、120 h 时效下,2023 年 CMA 平均误差分别为 89 km、122 km、161 km、245 km、369 km)

在长预报时效上台风移向偏差对台风登陆点的预报和服务有很大影响,涉及登陆与否及登陆时段、地点调整等关键问题。以 8 月 26 日 72 h 预报为例,若将预报的移向向西调整 1°,则预报的登陆点将向西调整约 45 km,防台部署将涉及跨省(市)调整,为防台决策工作提出了极大的挑战,下文进一步分析"苏拉"登陆的时空误差。取预报路径与海岸线交点作为登陆点预报,实际登陆点作为实况检验,上述两点的经纬度精确到 0.1°,考虑到广东海岸线主要为东西走向,则将预报和实际登陆点之间的距离误差分解为经向和纬向误差,这里取后者作为空间误差,其中正(负)值表示偏东(西)。相邻登陆点前后两个预报时次在登陆点的线性插值作为预报的登陆时间(精确到小时),它与实际登陆时间的差值称为登陆时间误差,其中正(负)值表示偏晚(早)。

图 4 给出了不同起报时次下"苏拉"登陆点的时空预报误差。在"苏拉"生命史中共有 40 次登陆点预报。所有预报的台风登陆点均处于实际登陆点东侧,其中 120 h 预报的最大距离误差为 735 km,登陆前最小空间误差为 162 km(图 4a),为近 10 年登陆华南台风登陆点偏差最大的台风。从时间误差来看,24～120 h 各预报时效登陆时间均较实况提前,且存在明显摆动,其中最大误差为 96～120 h 预报时效下提前 30 h 登陆(图 4b)。值得注意的是,多数登陆

台风在登陆前 48 h 的登陆时间与实况相差不大,而“苏拉”登陆前 24 h 最接近实况的登陆时间仍然偏早了 5 h。

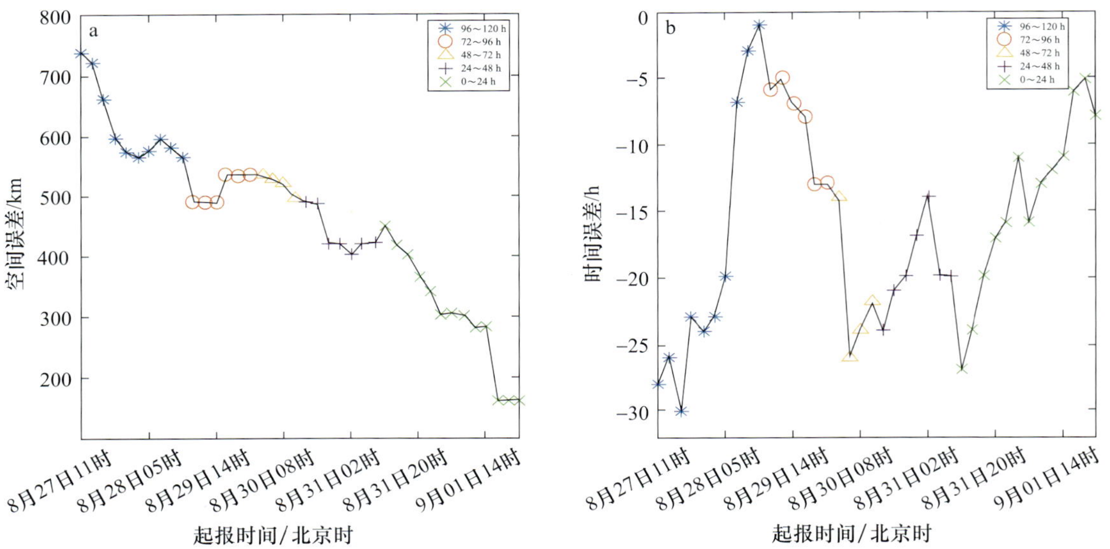

图 4 “苏拉”登陆点的空间误差(a,单位:km)、时间误差(b,单位:h)
(“＊、O、△、＋、×”分别表示 96～120 h、72～96 h、48～72 h、24～48 h、0～24 h 的预报时效)

3 长时效路径预报难点分析

台风“苏拉”是 2023 年影响我国的台风中路径预报偏差较大的个例,尤其是 72 h 后的路径预报偏差已经远高于 2023 年平均主观路径预报偏差。“苏拉”生成初期西太平洋副热带高压(以下简称“副高”)强度偏强,台风处于副高的内部,因此移动缓慢出现回旋打转路径,在此阶段主观预报较好地把握了台风生成初期的回旋特征。随着“苏拉”和东侧新生热带扰动(后期发展为第 11 号台风“海葵”)的发展,以及南下冷空气的影响下,副高强度和形态的调整受到多个周边系统的影响。确定性模式对于“苏拉”移向预报分歧较大,同时集合预报的路径预报发散度大,增加了主观判断的难度,因此“苏拉”长时效路径预报成为主观预报面临的主要挑战。

通过上文的分析,“苏拉”路径预报偏差主要可以分为 4 个阶段,主观预报在台风登陆前的预报均呈现逐渐向南调整的趋势,“苏拉”生命史的第一阶段长时效路径移向偏差不仅对 2023 年台风路径预报平均水平做出了负贡献,同时也影响登陆点和登陆时间预报偏差,因此下文主要针对上述这一时段路径预报难点问题进行分析。

8 月 24 日 08 时—28 日 14 时,长时效主观预报台风“苏拉”将结束在菲律宾以东的回旋路径开始向西北方向移动,此时数值模式预报“苏拉”强度较强,并且其东侧台风“海葵”强度逐渐发展,伴随中纬度地区冷空气的东移南下,模式预计副高将开始东退(图 5a),但对于副高东退的时间和程度还存在很大分歧,此时路径预报发散度较大。主观预报考虑到随着副高的东退,“苏拉”移动过程中始终处于副高的西南侧,在东南风气流的引导作用下,有利于“苏拉”向西北方向移动，影响我国台湾地区后登陆闽粤交界地带。在后期预报中，副高东退的程度较"苏拉"生成阶段预报逐渐减小(图 5b)，因此主观预报出现了逐渐向南调整的过程，直至 8 月 28 日 17 时，调整为"苏拉"进入南海东北部海域后逐渐向偏西方向移动。

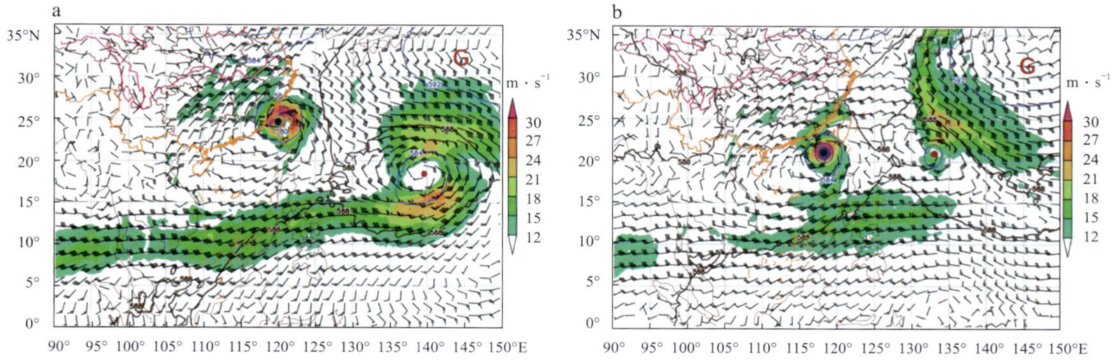

图 5 2023 年 8 月 31 日 08 时 ECMWF 预报的 500 hPa 高度场(单位：dagpm)和 850 hPa 风场(单位：$m \cdot s^{-1}$)，起报时间为 8 月 24 日 08 时(a)、8 月 31 日 08 时零场(b)
(图中"G"标识副热带高压，蓝色和红色圆点分别代表 2309 号"苏拉"和 2311 号"海葵"预报位置)

通过模式后期对环流系统预报的调整发现，副高的变化对"苏拉"路径预报具有重要的影响，但在实时预报中，新生热带扰动未来的极值强度、西风槽移动方向和强度变化等周边系统对副高的影响非常复杂。因此，预报员对"苏拉"长时效路径的准确预报不仅需要明确副高是否是影响"苏拉"路径的关键系统，同时还要判断新生热带扰动能否影响副高变化以及准确预判新生热带扰动的变化趋势。当集合预报的发散度较大时，各成员之间环流形势预报有巨大差异。对比分析这些差异，可以为预报员正确预判关键系统的演变趋势提供一些线索。因此，本文分析了"苏拉"生成初期(8 月 24 日)的集合预报结果，发现虽然大部分成员预报"苏拉"持续向西北方向移动，但是仍然有成员预报台风将穿过巴士海峡，维持超强台风级并逐渐向广东沿岸靠近。详细分析该成员对应的环流形势预报与实况和路径预报偏差最大的成员之间的差异，也许可以为未来的主观预报提供有价值的参考。

从 8 月 24 日 08 时起报的 ECMWF 集合成员中选取了路径和强度较为接近实况的成员(编号 17)和路径预报偏差最大的成员(编号 4)。通过对比这两个集合成员长时效的形势场预报差异可以验证，副高的准确预报对"苏拉"路径预报具有重要影响(图 6)。17 号成员长时效预报"苏拉"逐渐向广东东部沿岸靠近，它所预报的副高减弱程度明显弱于预报偏差较大的 4 号成员。同时可以发现，两个成员对副高的预报差异有可能与它们对"海葵"强度的预报差异有关，即"海葵"的强度越强，副高减弱东退越快。"海葵"的强度影响了副高东退的程度，进而影响了副高与"苏拉"之间的梯度风的强度和方向。如果副高东退的程度较大或者东退的时间较早，如 4 号成员预报的形势场，此时"苏拉"与副高之间的梯度大值区将出现在台风的东北侧，因此在东南引导气流的作用下，台风将持续向西北方向移动。实际上形势场的演变更接近 17 号成员的预报，副高东退的程度较小，"苏拉"与副高之间的梯度大值区主要集中在台风的北侧，台风受偏东风的影响逐渐向西移动。

通过上文的分析不难发现，由于模式对"海葵"强度预报的偏差导致副高预报较实况明显偏东，"苏拉"生命史第一阶段主观路径预报持续向南调整，出现了较大移向偏差。这提示预报员在双台风活跃期间,需要关注东侧系统预报调整对西侧台风路径预报的影响。如果模式在不断调整预报或者集合发散度大,预报员需要通过分析对比,找出关键的天气系统实际的演变趋势正在接近哪一个成员的预报,及时对当前的预报进行订正,从而降低长时效的预报偏差。通过对比 8 月 26 日 08 时及 27 日 20 时 500 hPa 高度场(以 588 dagpm 等值线指示副高位置和强度[9])长时效预报偏差,发现移向偏差较大的时刻伴随路径右侧出现持续的高度场负异常(图 7),这意味着副高预报较实况偏东,可能会导致预报路径较实际路径偏北,那么在实时的预报中,研发关键形势场的实时检验产品有助于预报员及时关注持续的预报偏差,从而做出相应的预报调整。

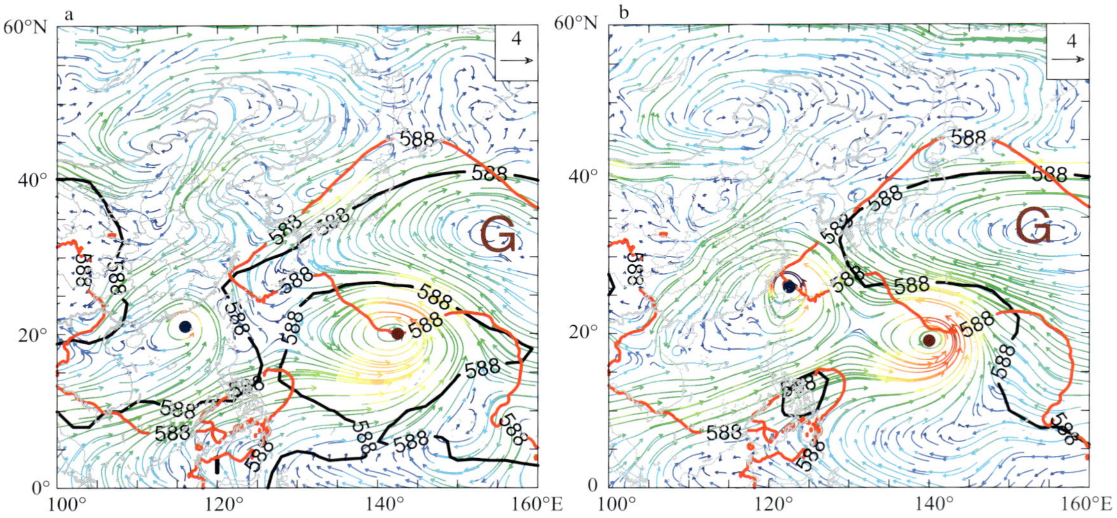

图 6　2023 年 8 月 24 日 08 时起报 ECMWF 集合预报成员 17(a)、成员 4(b)8 月 31 日 02 时 588 dagpm 等值线(黑色实线)和 850 hPa 风场(矢量,单位:m・s^{-1})

(图中红色实线为第 5 代欧洲再分析 588 dagpm 等值线,图中"G"标识为副热带高压,蓝色和红色圆点分别代表 2309 号"苏拉"和 2311 号"海葵"预报位置)

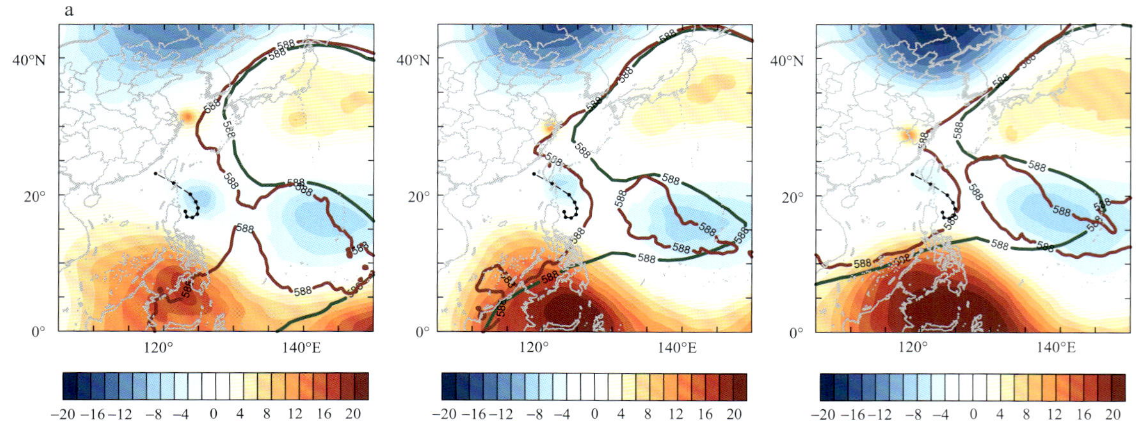

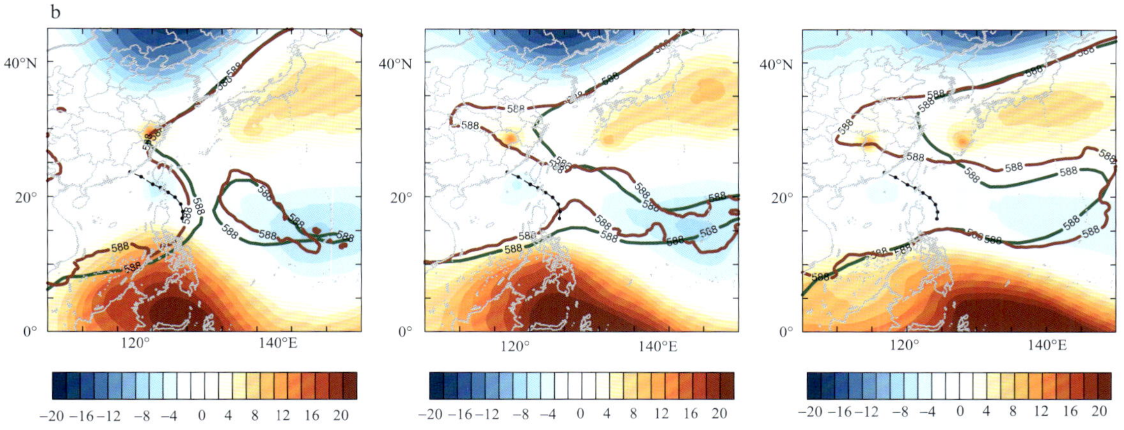

图 7　2023 年 8 月 26 日 08 时起报(a)、8 月 27 日 20 时起报(b)72～120 h 时效 500 hPa 高度场预报偏差(单位：dagpm)
(红色和绿色实线分别为第 5 代欧洲再分析和 ECMWF 数值预报 588 dagpm 等值线，黑色虚线为对应起报时次 CMA 主观台风路径预报)

4 结论与讨论

本文总结了 2309 号台风“苏拉”的主要特点，并深入分析了中央气象台主观预报误差的来源，利用数值预报、再分析数据对预报难点问题进行了研究，得到主要结论如下。

(1)台风“苏拉”具有维持超强台风级时间长、极值强度强以及大风影响范围广的特点，受其影响，我国华东东部和华南大部地区先后出现大风天气，香港天文台继 2018 年台风“山竹”后再次发布十号风球信号。

(2)“苏拉”是近 10 年来登陆华南的台风中，长时效(72～120 h)路径预报和登陆点预报偏差最大的台风，预报误差分别来源于“苏拉”结束回旋路径后能否进入南海东北部海域以及长时间在近海移动后能否登陆这两个阶段的预报。

(3)“苏拉”结束在菲律宾以东洋面回旋后，随着其东侧新生的热带扰动生成和发展(后续发展成为 2311 号台风“海葵”)，副热带高压东退，由于数值模式对于“海葵”强度发展预报偏强，因此模式预报的副高东退程度较实况偏东，导致“苏拉”长时效路径预报偏北。通过对 500 hPa高度场检验分析发现，这一阶段预报路径北侧持续出现高度场负异常，意味着高度场预报偏弱，路径可能较实况偏北。未来通过开展关键形势场的动态检验，提示预报员尽早关注持续的预报偏差，从而提升长时效路径预报的准确性。此外，“苏拉”的路径还有可能受到低层南下冷空气以及高层东侧的南亚高压南部偏东气流的影响；副高的东退除了与“海葵”的强度有关，也可能与西风槽移速和强弱程度相关，这些系统之间的复杂关系及对“苏拉”路径预报的影响，我们将在未来进行深入分析。

由于“苏拉”长时间在广东近海移动并维持超强台风级，给我国华南沿海地区带来强烈的风雨影响。目前业务预报中，长时间近海移动而后登陆的台风长时效路径及登陆点预报仍是巨大的挑战，尤其是对于登陆台风来讲，登陆点和登陆时间的预报对于在适宜的时间采取措施及时疏散人群、停工停业等具有指导作用,而对于长时间在近岸活动的台风带来的持续风雨影响可能会带来更大的危害。登陆华南台风平均生命史为175 h,登陆后台风受地形等影响显著减弱,"苏拉"生命史长达288 h,长时间的近海活动使得风雨影响持续时间长,灾害影响范围更广,并且造成洪水等严重的次生灾害。那么,对于"苏拉"这类强度强且生命史长的台风,当主观预报结论不确定性大或者持续调整时,更需要提醒公众和决策服务关注持续的风雨以及次生灾害造成的不利影响。

通过分析"苏拉"预报难点发现,在台风活跃时期,双(多)台风活动期间主观预报往往面临更大的挑战,台风之间的相互作用、双(多)台风对环流系统的影响增加了预报的难度,业务中需要关注东侧系统的发展及其预报调整对环流背景场产生的可能影响,从而及时地调整预报结论。同时,加强集合预报多要素的展示和应用,开展副热带高压、西风槽、低涡、南亚高压等关键形势场的实时动态检验,可以为预报员提供更多的参考,有助于全面地分析台风可能的发展和移动趋势,提升台风长时效预报的准确性。此外,如何在台风预报不确定性大且调整频繁的情况下更好地支持决策和公众服务也是预报业务和服务中仍然需要思考的问题。

致谢:在论文的撰写过程中,特别感谢国家气象中心台风海洋预报团队的协助和资助,感谢国家气象中心董林首席对于本文的完成提供的帮助。

参考文献

[1] 许映龙,张玲,高拴柱. 我国台风预报业务的现状及思考[J]. 气象,2010,36(7):43-49.

[2] 雷小途,徐明,任福民. 全球变暖对台风活动影响的研究进展[J]. 气象学报,2009,67(5):679-688.

[3] 向纯怡,高拴柱,刘达. 2021年西北太平洋和南海台风活动概述[J]. 海洋气象学报,2022,42(1):39-49.

[4] 李泽椿,张玲,钱奇峰,等. 中央气象台台风预报业务的发展及思考[J]. 大气科学学报,2020,43(1):10-19.

[5] 陈联寿,丁一汇. 西太平洋台风概论[M]. 北京:科学出版社,1979.

[6] 何运成,傅继阳,李秋胜,等. 华南地区台风全局化结构及风场特征实测研究[J]. 空气动力学学报,2021,39(4):129-146.

[7] CHAN P,CHOY C W,CHIU Y,et al. Observational study of super typhoon Saola in 2023 when it was close to Hong Kong[J]. Weather,2024(99):1-8.

[8] LU X Q,YU H,YING M,et al. Western North Pacific tropical cyclone database created by the China Meteorological Administration[J]. Adv Atmos Sci,2021,38(4):690-699.

[9] 刘芸芸,李维京,艾涚秀,等. 月尺度西太平洋副热带高压指数的重建及应用[J]. 应用气象学报,2012,23(4):414-423.

2023年8月1—4日东北地区极端降水过程成因及预报难点分析

张桂华[1]　云　天[2]　孟莹莹[1]　王　宁[2]　刘子琪[2]　云天雨[3]
(1. 黑龙江省气象台，哈尔滨，150030；2. 吉林省气象台，长春，130062；
3. 南京信息工程大学大气环境科学与工程学院，南京，210044)

摘　要：基于常规地面、雷达、卫星及ERA5(第5代欧洲再分析)资料，对"23·8"东北地区极端降水过程成因、预报偏差和预报难点进行分析表明：极端强降水主要发生在黑吉交界区域，阶段性特征明显，局地小时、分钟雨强具有极端性。96 h累计流域面雨量高达60～150 mm，致洪性强。90 mm·h^{-1}以上的极强降水区与雷达图50 dBZ以上反射率及云图的MCS梯度大值带相对应。华北到东北中部有显著的水汽通道，850 hPa比湿异常高达3～4倍标准差，大气整层可降水量大且维持时间长。高、低空急流耦合为大暴雨提供动力、热力和水汽条件，极端降水区位于强度相当的高空辐散和低空辐合的叠置区域，且与垂直积分的水汽散度通量(Γ)正值中心和水汽螺旋度(H)负值区南侧梯度最大的区域相对应。张广才岭的地形强迫抬升作用使对流进一步加强。模式预报偏差分析表明，暖区大范围暖湿环境容易使对流性降水预报范围偏大，导致极端降水时空分布及强度预报难度加大。上述结论可作为东北地区极端降水及其次生灾害预报的参考。

关键词：极端降水，分析评估，水汽散度通量，水汽垂直螺旋度，预报难点

引言

2023年8月1—4日，东北地区出现了历史罕见的大暴雨(以下简称"23·8"过程)，强降雨中心位于黑龙江和吉林(简称黑吉)交界区域。黑吉两省部分农田受淹，道路交通、通信电力等基础设施损毁，直接经济损失170.9亿元。7日20时(北京时，下同)，受上游来水影响，松花江下游干流佳木斯水文站水位已涨至警戒水位(79.30 m)，且仍在上涨，编号"松花江2023年第1号洪水"。8日08时，松花江水位与警戒水位相比，佳木斯、依兰高0.11～0.18 m。10日08时，松花江等8条河流超警0.13～1.82 m(引自国家减灾网)。黑吉两省1—6日统计结果显示：356538人受灾，紧急转移安置134886人，农作物受灾

资助项目：国家重点研发计划项目(2018YFC1507303)、中国气象局复盘总结专项(FPZJ2024-036、FPZJ2024-031)、黑龙江省自然科学基金项目(JJ2022LH1330)共同资助。

第一作者：张桂华，正高级工程师，从事灾害性天气预报研究，E-mail：39295767@qq.com。

162 万亩①,桥梁损坏 150 座。

在全球气候变暖背景下,极端降水事件发生频次增加,影响地域增多且程度加重[1-2]。极端降水事件虽然发生概率小,但它具有突发性强、致灾风险高、预报难度大等特征[3],东北地区“23·8”极端降水过程也同样具备上述特点,给气象预报、服务和防灾减灾带来较大的困难。

黑龙江吉林两省提前 4 d 预报出了此次大暴雨过程,并在暴雨过程中滚动发布监测预报预警信息,为省委省政府、松辽水利委员会、有关部门防汛救灾和社会公众避险自救提供了高频次、递进式的气象预报服务,但仍然存在降雨预报的时空分布不够精准等问题。本文将从降水实况特征及成因、数值模式检验评估及预报难点分析等方面开展复盘总结,并针对本次大暴雨过程预报预警服务中存在的问题等提出思考建议。

1 降水实况特征

“23·8”极端降水过程持续近 4 d 时间,在东北四省(区)均出现了雨强大、累计降水量大、暴雨区域集中等特征。强降水集中出现在 2—3 日黑吉交界区域,与 7 月份 3 次暴雨落区重合,其致灾性强,累计降水量、小时及分钟雨强等具有显著的极端性,为历史罕见的持续性强降水过程。

1.1 影响范围广、累计降水量大

基于国家和区域气象观测站点资料分析,东北地区暴雨有四个暴雨集中区域(图 1a),东北地区累计降水量>50 mm 覆盖面积约为 360000 km²。其中黑吉交界区域强度最强,大范围累计降水量为 100～250 mm,250 mm 以上的站点(图 1b)也主要集中在该区域。累计降水量最大的气象观测在吉林省舒兰永胜林场,为 501.1 mm,其次是黑龙江省磨盘山水库站(水文站),为 471.4 mm。2 日黑吉交界区域最大日降水量出现在榆树长发站,3 日出现在舒兰永胜林场站,均为 270.2 mm。降水量突破历史极值,较常年同期多 200%～627%,有 5 站突破 8 月极值,3 站突破历史极值。

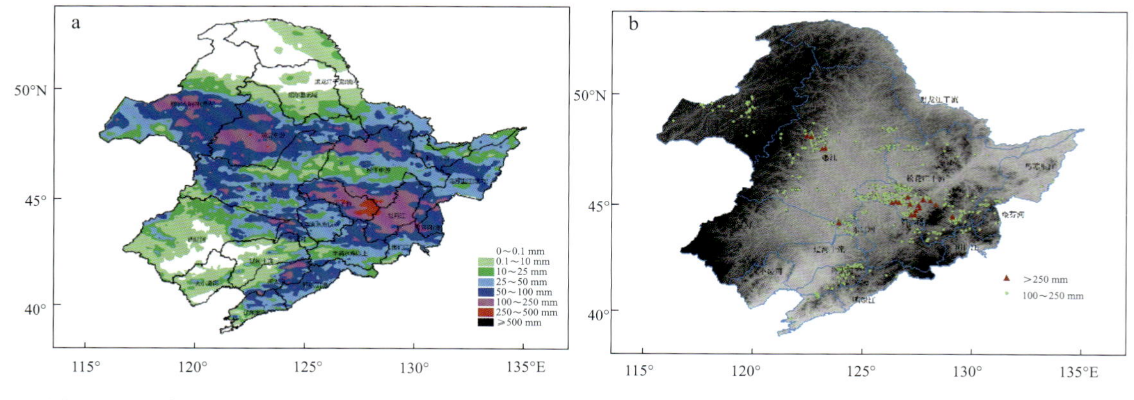

图 1 2023 年 8 月 1 日 08 时—5 日 08 时累计降水量(a)和降水量≥100 mm 站点空间分布(b,单位:mm)
(100～250 mm 站点为绿色圆点;>250 mm 站点为棕色三角)

① 1 亩≈666.67 m²。

1.2 阶段性特点明显,小时、分钟雨强大

从典型站点逐小时降水演变特征(图 2)可见,强降水具有明显的阶段性特征,主要分为两个集中时段:2 日 14 时—3 日 02 时和 3 日 16 时—4 日 02 时,表明强降水多出现在午后到前半夜。据统计,2 日 14 时—3 日 02 时(12 h)累计降水量超过 100 mm 的站点有 17 个,最大为长春榆树长发 250.4 mm;3 日 16 时—4 日 02 时(10 个小时),累计降水量超过 100 mm 的站点有 14 个,最大为吉林舒兰永胜林场 252.0 mm。

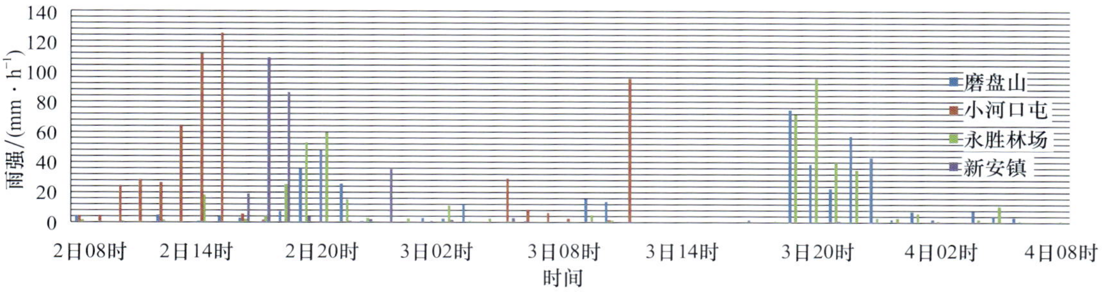

图 2　2023 年 8 月 2 日 08 时—4 日 08 时典型站点小时降水演变(单位:$mm \cdot h^{-1}$)

降水具有显著的对流特点,小时雨强和分钟雨强均表现出明显的极端性。如图 2 所示,最大小时雨强出现在 2 日 14—15 时黑龙江阿城小河口屯,为 125.0 $mm \cdot h^{-1}$(超历史极值),其次是 2 日 17 时松原长岭新安镇,为 108.8 $mm \cdot h^{-1}$。累计雨量最大的两个站点两个时段均出现短时强降水,第一个时段两站均连续 3 h 出现短时强降水,最大雨强均出现在 2 日 20 时,分别为 59.3 $mm \cdot h^{-1}$和 47.4 $mm \cdot h^{-1}$,第二个时段永胜林场连续 4 h、磨盘山水库连续5 h 出现短时强降水,最大雨强均出现在 3 日 19 时,分别为 94.8 $mm \cdot h^{-1}$和 74.4 $mm \cdot h^{-1}$。选取雨强>90 $mm \cdot h^{-1}$的站点进一步分析分钟雨强演变特征(图 3),分钟雨强表现出明显的波动特征,图中所示 6 个站点均出现了持续 1～2.5 mm 的分钟降水量,其中 4 个站点最大分钟雨强>3.0 $mm \cdot min^{-1}$(其中 1 站达到 6.5 $mm \cdot min^{-1}$),且各站次累计出现时间可达 4～12 min。有研究表明,分钟降水量>1 mm 可以较好地反映出对流系统引发的降水在雨强上的极端性,>3.0 mm 则具有强极端性[4],可见,此次过程分钟雨强具有明显的极端性。

1.3 流域面雨量偏大、致洪性强

8 月 1 日 08 时—5 日 08 时面雨量实况显示(图略):松花江干流中上游、嫩江中游、牡丹江、绥芬河累计面雨量 60～150 mm。最大面雨量为松花江干流上游流域 148.9 mm(拉林河子流域 187.3 mm,比常年偏多近 85%);其次为牡丹江流域 121.3 mm。8 月 5 日 17 时和 7 月 21 日 17 时高分三号雷达卫星数据对比分析可见:拉林河及其支流水体面积共增加 318.26 km^2。强降水导致松花江流域多地(五常、舒兰、尚志等地)遭受洪涝灾害,6 日 22 时,松花江干流开始超警,持续至 18 日 01 时 24 分,洪水历时 11 d。预报降水的致洪性需要综合考虑前期降水、本次过程降水极端性和集中性以及地形地貌、河流形状和集水面积等多种因素。

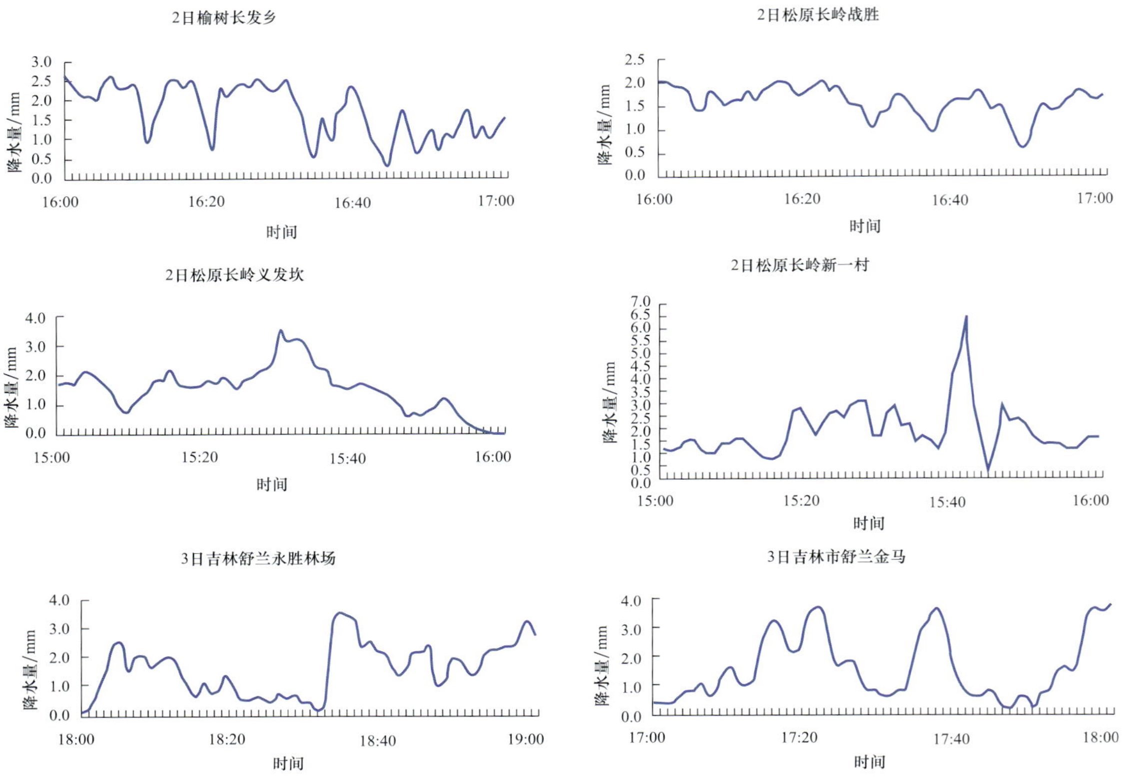

图 3　2023 年 8 月 2—3 日 6 个站点分钟级降水量时间序列(雨强>90 mm · h^{-1}的站点)

2 极端降水成因

2.1 环流形势演变特征

此次极端降水过程发生在 5 号台风“杜苏芮”减弱后的残涡北上，西太平洋副热带高压(简称副高)稳定维持和西风带短波槽共同作用，以及 6 号台风“卡努”远距离持续输送水汽的环流背景下。2 日 08 时(图 4a)，500 hPa 上副高位置偏西偏北，588 dagpm 线西伸到青海东部，北界位于 40°N 附近，利于台风“杜苏芮”和“卡努”携带的水汽在低空急流的引导下源源不断的输送到华北、东北地区，中纬度锋区上 105°E 处有高空槽引导冷空气东移，位置和移速均超前于温度槽。20 时(图 4b)，副高北界越过 40°N，向北扩展到辽东半岛中部；高空槽东移至 113°E 与副高的距离变得更近，冷空气与副高北侧的偏西南暖湿气流交汇且继续东移，形成大范围的强降水天气。850 hPa 上，2 日 20 时(图 4c)，副高北侧的西南风在吉林中部增大到 22 m · s^{-1}，与北侧的偏东风在黑吉交界区域形成暖式切变，同时锋区在切变线附近加强。副高外围的暖湿空气在切变处辐合抬升，黑吉交界区域低层水汽辐合中心为-16×10^{-5}g · cm^{-2} · hPa^{-1} · s^{-1}。3 日 20 时(图 4d)，副高维持少动，最大风速依然保持在 22 m · s^{-1}，与前侧的 8 m · s^{-1}以下西南风形成强风速辐合。副高外围暖湿空气辐合抬升加强，黑吉交界区域辐合达最强，中心值为-20×10^{-5} g·cm^{-2}·hPa^{-1}·s^{-1}。之后，西南低空急流及强锋区稳定少动，同一区域强降水维持时间较长，造成洪涝灾害。

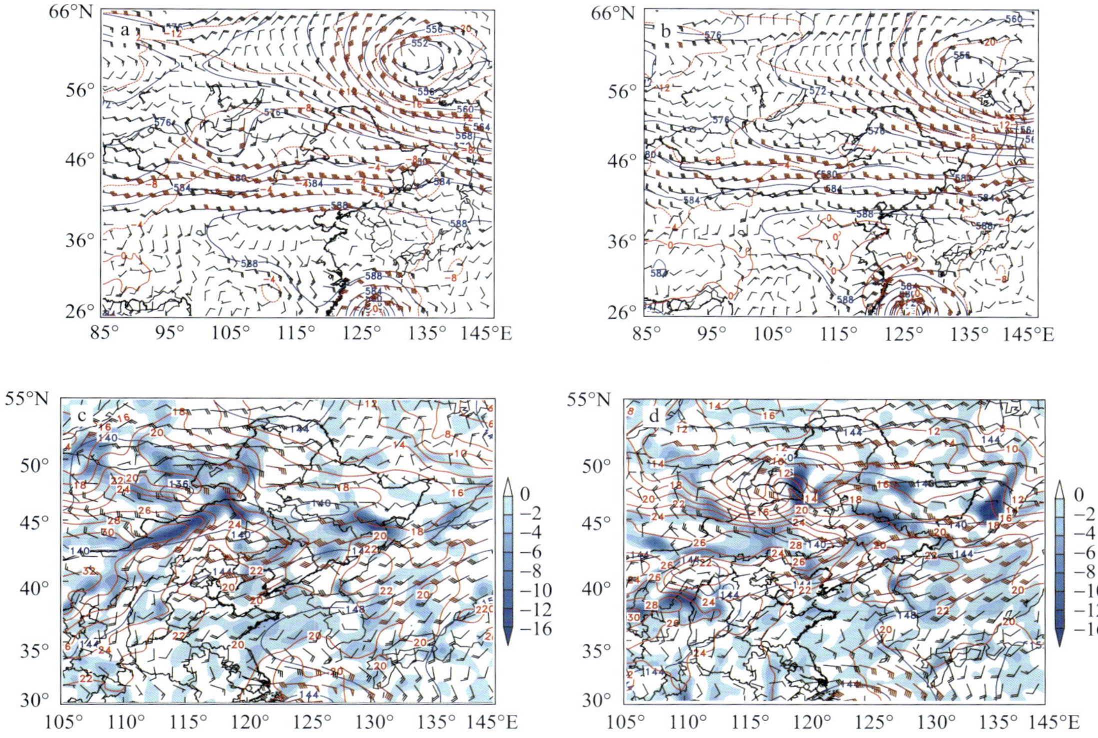

图4 2023年8月2日08时500 hPa(a)、2日20时500 hPa(b)、2日20时850 hPa(c)、3日20时(d)850 hPa高度场(蓝色实线，单位：dagpm)、风场(风羽，单位：m·s^{-1})、温度场(红色线，单位：℃)、水汽通量散度(阴影，单位：$\times10^{-5}$ g·cm^{-2}·hPa^{-1}·s^{-1})

2.2 组合反射率、红外云顶亮温 TBB 特征

2日上午，黑吉交界区域多条西北—东南向降水回波带合并，最大反射率强度在45 dBZ左右，整体向东南方向移动；降水回波呈积层混合型，质心较低，降水效率高，最大雨强20～30 mm·h^{-1}；随着带状回波的合并，降水回波变得密实。14时之后，该降水回波向南移动时，在其前进方向上降水回波前沿回波强度加强，并在其后向方向上触发出多条新的线状对流回波带，最大反射率强度在50 dBZ左右，降水强度增大，16—17时松原、榆树多站小时雨量超过90 mm。3日午后，黑吉交界区域有一较强的中尺度多单体回波带，呈东西向分布，并向东移动；而在内蒙古东北部多个强降水超级单体回波发展，并逐渐移向吉林西部。两者之间不断有新的对流单体回波触发生成，与强回波主体合并发展，最大反射率强度为55～60 dBZ，强回波中心最高达7～8 km，强回波带向东南方向移动，形成列车效应。18—21时，两部分回波逐渐连通并发展，对流单体连接成线状对流系统，回波范围加大，降水效率提高，18—19时，黑吉交界区域多站小时雨量超过90 mm。22时之后，后侧拖曳雨带与前侧带状回波合并，降水回波

整体呈片状，回波强度减小，降水强度也随之减弱。

风云二号G星(FY-2G卫星)红外云顶亮温TBB显示(图5)，2日午后自内蒙古东北部有2个块状中尺度对流系统(MCS)产生并发展东移，16—19时发展演变为带状，影响黑吉交界区域及吉林中部地区，造成>50 mm·h^{-1}的短时强降水，短时强降水位于亮温<−52 ℃(最低亮温<−68 ℃)的MCS南侧梯度大值带上。3日17时内蒙古与吉林交界处及黑龙江东南部有中尺度对流系统生成，之后快速发展并东移，19—21时，吉林和黑龙江南部受结构紧凑的α带状MCS影响，短时强降水位于亮温<−52 ℃的MCS北侧梯度大值带上，最大小时雨强达94.8 mm。

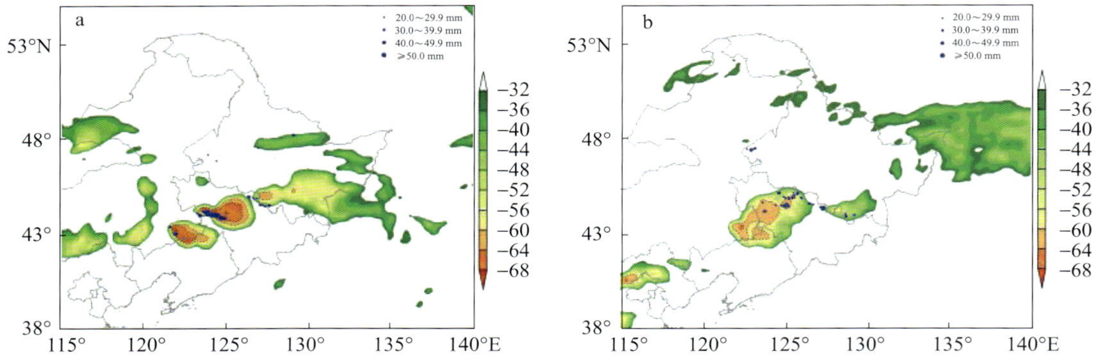

图5　2日17时(a)和3日20时(b)FY-2G卫星红外云顶亮温TBB(单位:℃)及其后1 h雨强≥20 mm·h^{-1}站点的空间分布(蓝色圆点)

2.3　水汽条件异常性

“23·8”极端降水过程伴有充沛的水汽输送，水汽通道为源自东海、黄渤海的西南气流。850 hPa水汽通量显示，吉林中部为水汽通量大值区，中心值达40 g·cm^{-1}·hPa^{-1}·s^{-1}以上。整层水汽通量同样显示(图略)华北到东北中部为一条显著的水汽通道，其强度为70～100 kg·m^{-1}·s^{-1}，其中心位于黑吉交界区域，中心值>100 kg·m^{-1}·s^{-1}(2日14时)。随着低层西南风增强，该水汽输送大值中心略东北移，稳定维持在大青山和张广才岭迎风坡处。2日00时—4日20时850 hPa比湿一般有15～17 g·kg^{-1}，局地达18 g·kg^{-1}以上，比湿异常达3～4倍标准差(图6a)，高湿区影响范围大、持续时间长。由大气可降水量分布可知，副高外围水汽通道上有较大的可降水量，大值区从华北到东北中部呈西南—东北向的带状分布，有两个高值中心，其中心强度值均>70 mm。由2日20时(图6b)位于东北地区西部的偏北中心可知，可降水量>60 mm，局地达到65～75 mm，由于水汽的持续输送和副高的稳定少动，该强度的可降水量维持时长达60 h以上。充沛的水汽输送是黑吉交界区域水汽含量异常高的关键因素。

2.4　高低空急流耦合、地形影响及动力因子诊断分析

高、低空急流与暴雨关系密切，为暴雨提供了有利的动力、热力和水汽条件[5-7]。2日20

时(图 7a)55°N 附近有西北风高空急流，急流核位于俄罗斯远东地区，最大风速＞50 m · s^{-1}，标准化距平达到 3～4 倍标准差，东北地区南部有低空西南急流，风速 12～22 m · s^{-1}。3 日 02 时(图 7b)，高空西北风急流核强度维持、位置东移，大暴雨区位于急流核右后侧的高空辐散区和高空正涡度平流区，有利于低层上升运动的加强。850 hPa 上，低空西南急流向东北扩展到黑龙江南部，与其北部的偏东风形成切变线，暖湿空气在此处辐合抬升形成大暴雨。4 日 00 时，高空急流核位置继续东移，低空西南急流继续维持在东北地区中部，黑吉交界区域雨带强度稍减弱。强降水时段垂直于偏西南低空急流(大风速带)做剖面，可以看出高低空急流发生耦合是产生极端降水天气的重要原因。

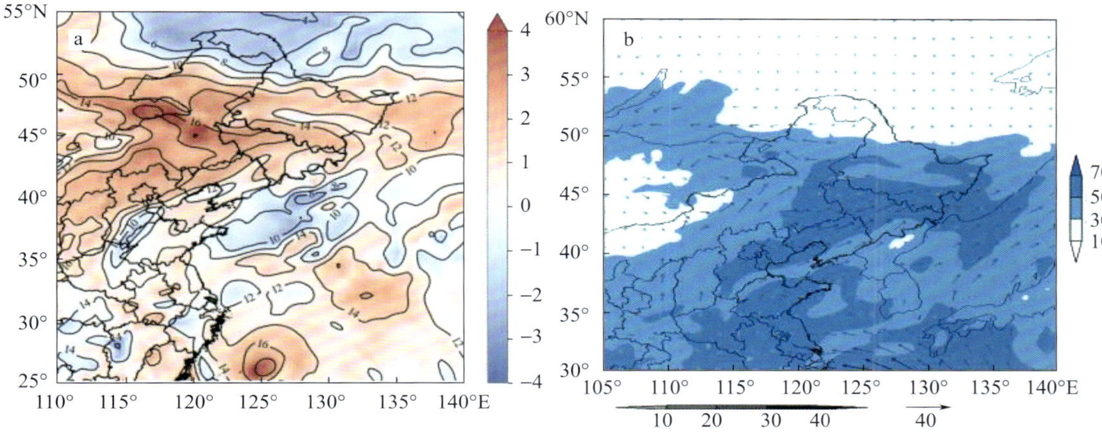

图 6　2023 年 8 月 2 日 20 时 850 hPa 比湿(a，黑实线，单位：g · kg^{-1})及其标准差(阴影，单位：σ)；(b)水汽通量(风矢，单位：g · cm^{-1} · hPa^{-1} · s^{-1})和大气可降水量(阴影，单位：mm)

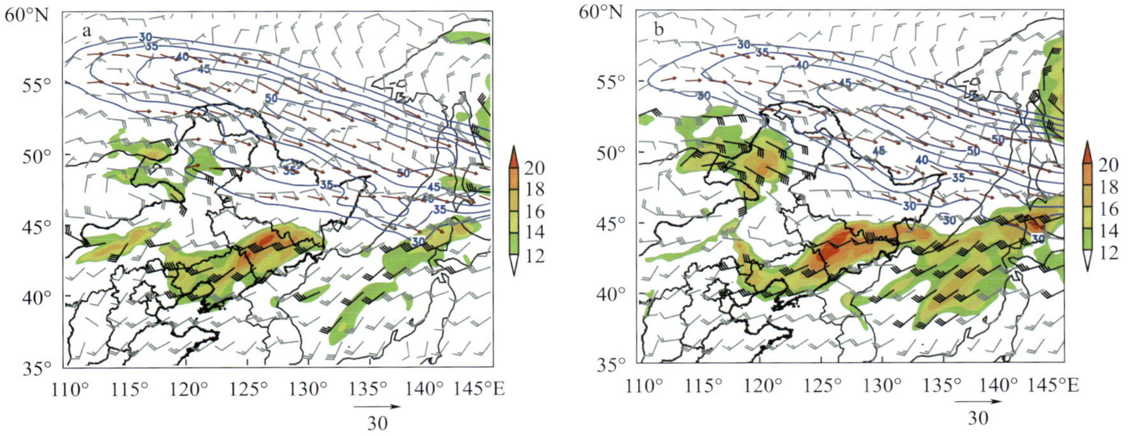

图 7　2023 年 8 月 2 日 20 时(a)、3 日 02 时(b)高低空急流演变
(风矢量和风羽分别为 200 hPa 和 850 hPa 风场，等值线和阴影分别为 200 hPa 和 850 hPa 风速，单位：m · s^{-1})

分析高低空急流演变特征可以发现，稳定的高空西北风急流的急流核自西向东移动，强降水时段急流核强度最大，大暴雨区位于高空急流核右后侧的高空辐散区和高空正涡度平流区，有利于低空西南风的加强及上升运动的发展。副高西伸加强与内蒙古东北部低槽之间的气压梯度增大，形成西南低空急流，有利于向北输送大量的水汽和热量。暖湿空气在低层急流前部

暖切变线附近辐合抬升，大量的水汽辐合是产生大暴雨的直接原因，低空急流和切变线为极端降水提供了动力来源。

从高低空的散度配置来看，2 日 06 时（图 8），200 hPa 高空强辐散区位于黑吉交界区域，中心强度>$10\times10^{-5}\,s^{-1}$。东北地区的低空辐合区主要位于低空大风速带左前侧，辐合中心强度<$-9\times10^{-5}\,s^{-1}$。黑吉交界区域位于高空辐散和低空辐合的叠置区域，低层辐合与高层辐散的强度相当，有持续的水汽输送和强水汽辐合，低层水汽辐合中心值为$-20\times10^{-5}\,g\cdot cm^{-1}\cdot hPa^{-1}\cdot s^{-1}$，有利于大暴雨天气的发生，强降水区与低层水汽强辐合区对应。

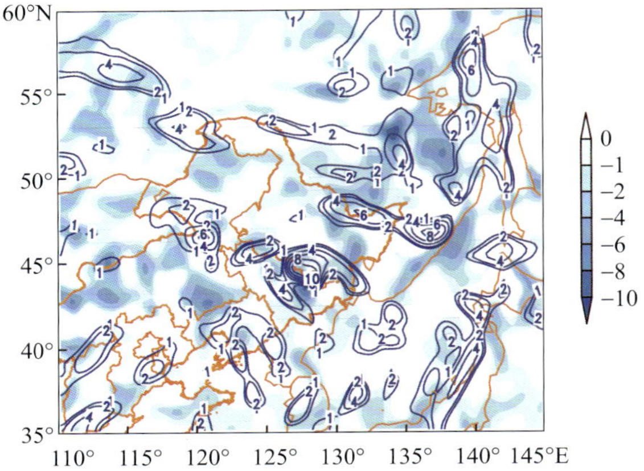

图 8　2023 年 8 月 2 日 06 时高低空散度

（等值线为 200 hPa 散度，仅显示>0；阴影为 850 hPa 散度，仅显示<0，单位：$\times10^{-5}\,s^{-1}$）

张广才岭位于黑龙江省的中南部至吉林省东部地区一线，平均海拔800 m多，主峰老秃顶子海拔高达 1686.9 m。2 日 08 时—3 日 20 时长春和哈尔滨探空资料显示，925 hPa 高度为 645～710 m，低于张广才岭的平均海拔高度。综合分析超低空急流和地形高度可知，地形的阻挡引起气流抬升，利于低层水汽辐合上升，并致对流加强。

使用再分析资料计算强降水时段 6 h 平均垂直积分的水汽散度通量（Γ）和垂直积分的水汽垂直螺旋度（H）及其对应时段内的 6 h 站点累计降水量（图 9）发现，黑吉交界区域强降水雨带与 Γ 正值区（中心值>$1.5\times10^{-3}\,m^3\cdot Pa^2\cdot kg^{-1}\cdot s^{-2}$ 和 H 负值区（中心值<$-3.0\times10\,m^3\cdot Pa^2\cdot kg^{-1}\cdot s^{-2}$相对应，位置略向南偏移。降水中心与 Γ 正值中心对应，在 H 负值区南侧梯度最大的区域。

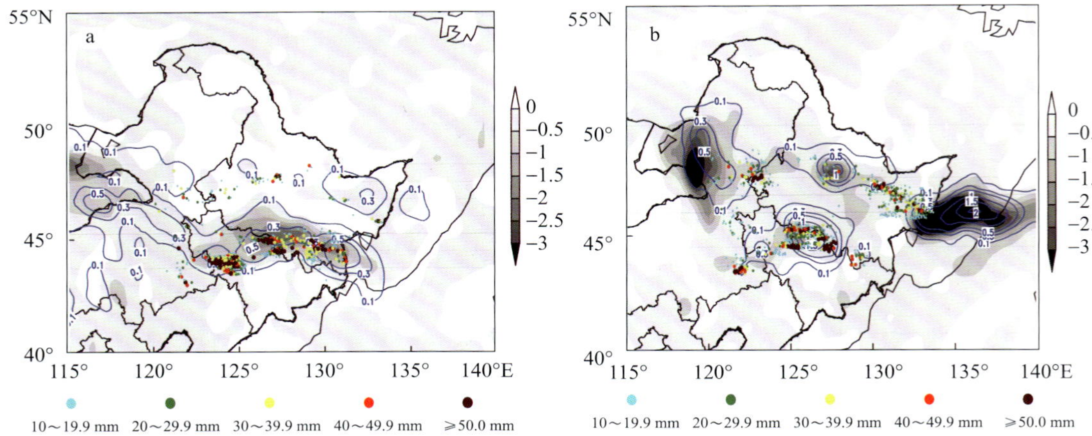

图 9　2023 年 8 月 2 日 15—21 时(a)、3 月 17—21 时(b)平均的水汽散度通量垂直积分正值区（蓝色实线，单位：$\times10^{-3}\,m^3\cdot Pa^2\cdot kg^{-1}\cdot s^{-2}$）；平均的水汽螺旋积分负值区

（阴影，单位：$\times10\,m^3\cdot Pa^2\cdot kg^{-1}\cdot s^{-2}$）和 6 h 累计降水量（散点，单位：mm）

3 预报偏差和难点分析

3.1 预报偏差分析

3.1.1 面雨量预报检验及东北地区站点 TS 评分

8 月 1 日 08 时—8 月 5 日 08 时松辽流域综合面雨量预报与实况对比可见，综合面雨量预报 30 mm 以上量级落区基本准确，60～150 mm 实况比预报略偏大且偏北偏西。具体到各分支流域（图 10a），预报误差最大的区域为丰满水库以下，偏多 81.7 mm，丰满水库以上、松花江干流上游流域误差为 31.3～32.9 mm，较大偏差的原因是极端降水预报落区不准、强度不足。松花江其他流域预报误差为－2.5～25.5 mm，其中嫩江下游预报误差最小为 3.8 mm。东北地区站点 TS 评分（图 10b），24 h、48 h 大雨预报为 0.258～0.454，暴雨为 0.06～0.291；24 h 大暴雨为 0.04～0.161，48 h 为 0.022（突破黑龙江、吉林历史纪录）。

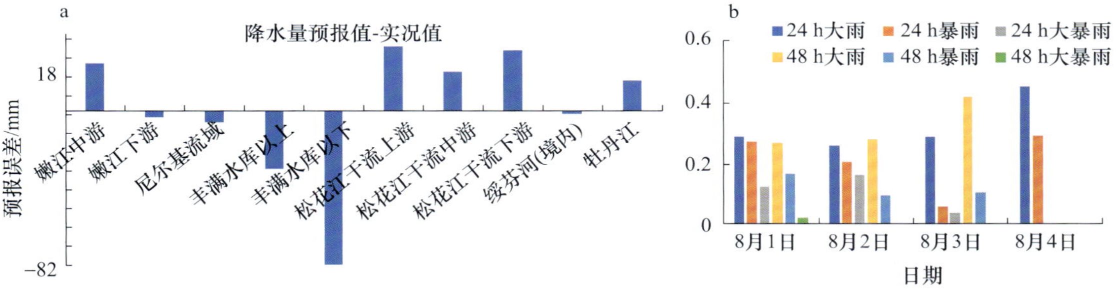

图 10　2023 年 8 月 1 日 08 时—8 月 5 日 08 时松花江流域
各支流面雨量预报误差（a）、东北地区站点 TS 评分（b）

3.1.2 模式预报偏差分析

针对 ECWMF（欧洲中心天气预报模型）、CMA-GFS（中国气象局全球同化预报系统）、CMA-MESO（中国气象局中尺度天气数值预报系统）、NCEP（美国国家环境预报中心）等数值模式的降水预报开展检验评估，分析数值模式对此类暴雨过程的预报能力。结果表明：中期时效内 CMA-GFS、ECWMF、NCEP 模式提前 5～6 d 预报这次强降水过程，NCEP 预报强降水落区主体偏北，ECWMF 预报强降水落区主体偏南，CMA-GFS 预报强降水落区与实况最为接近。对于过程累计降水量极值的预报，ECWMF 29 日 20 时预报最大，约为 400 mm，CMA-GFS 预报最大值约为 300 mm，NCEP 预报最大值约为 200 mm，ECWMF 强降水落区偏南，温湿条件较好，累计降水量极值预报最大，接近实况（图 11）。短期时效各模式预报的降水空间分布情况与实况相比有较高的一致性，但各模式对吉林省北部地区大雨以上量级降水预报范围较实况偏大，造成一定范围的暴雨空报，特别是 ECMWF、CMA-GFS 和 NCEP 在丰满水库以上和以下大雨以上量级的降水均有明显的空报，24 h 暴雨空报率在 90%左右。CMA-MESO 预报的副高位置较实况偏南，而台风“卡努”中心的位置略偏北，造成强降水中心偏东偏南。其他各模式在吉林东南部地区的预报场低空西南急流强度和范围偏大，大范围异常暖湿环境，利于强对流发生。例如 ECWMF 暴雨空报区域与低空急流区（≥12 m・s⁻¹）大范围重合，分析大尺度降水和对流性降水预报与低空急流的水平分布发现，大尺度降水与相应的影响系统紧密联系，分布在沿切变线区域，或低空急流与切变之间，对流性降水预报在暖区范围显著大于大尺度降水，由此可见中小尺度对流系统预报偏差是造成吉林南部地区出现较多空报的重要原因之一。短期时效模式预报累计降水量极值多集中在 300 mm 左右。总体来讲，各模式均对本次降水过程有一定的指示意义，ECMWF 整体的降水预报结果更为稳定，CMA-MESO 对本次过程强降水中心预报接近实况。

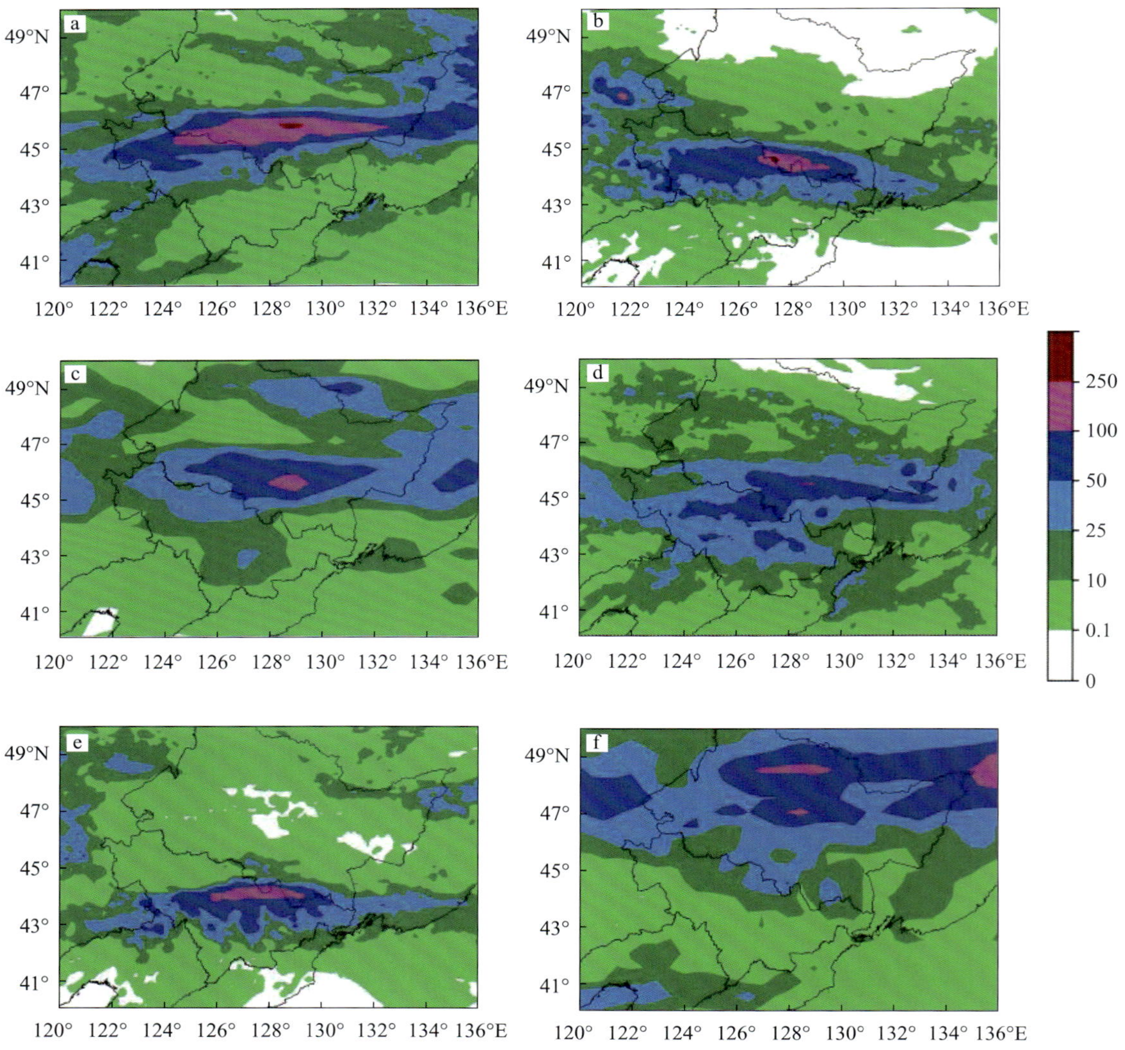

图 11　2023 年 7 月 CMA-GFS 29 日 20 时起报 108 时效(a)、ECWMF 29 日 20 时起报 108 时效(b)、NCEP 29 日 20 时起报 108 时效(c)、CMA-GFS 30 日 20 时起报 108 时效(d)、ECWMF 30 日 20 时起报 108 时效(e)、NCEP 30 日 20 时起报 108 时效(f)降水预报(单位：mm)

3.2 预报难点及订正思路

降水检验结果表明，暴雨可预报性较高，但降水极值及落区可预报性较低。中期时效各家模式对暖切变南侧暖区强降水在一定程度上有体现，但落区预报差异较大，给确定降水预报带来一定困难，因此，在预报服务工作中需根据实况观测资料和数值模式预报结果加强滚动订正和递进式服务。

在短期时段主要影响天气系统低槽、副高位置及强度均存在小幅调整，不同起报时次模式预报的大尺度环流场也有调整，导致强降水过程的开始、结束及持续时间把握不够精准，进而影响过程极端性降水落区的准确估计。加强主要影响天气系统移动路径、强度和速度的监测和分析，结合多种观测资料和数值模式预报结果进行综合判断，提高其预报精度。

在暖区对流性质的降水预报范围偏大，云团分析可见强降水主要由中尺度对流云团产生，积层混合云较少，充分利用 CMA-MESO 等模式在临近强对流预报上的优势，适当向下订正对流性强降水的范围。同时应发展短历时极端强降水物理概念模型，提升中尺度数值模式的预报性能。在关键区域增设气象观测站点，特别是雷达、自动气象站等设备的布局，以提高对极端降水事件的监测能力，同时确保观测数据的准确性和可靠性。结合快速同化系统和人工智能技术提升短临预警能力。

历史统计发现短波槽与副高相结合就可能出现极端降水，但在同时伴有台风水汽持续输送的情况下产生的极端降水估计不足。在预报过程中，充分参考历史极端降水实况和水汽分布及输送的异常等情况，同时加强对水汽分布和输送的监测和分析，结合数值模式预报结果，判断水汽输送对极端降水的影响。

在高温高湿环境背景下，中尺度对流系统发展演变、超低空急流发展、地形抬升和阻挡作用等因素，导致该过程不同阶段降水极值及落区难以把握。结合地形、近地层环境场、地形降水增幅估算模型等，对复杂地形区域的降水预报进行精细化订正。考虑地形抬升和阻挡作用对降水过程的影响，优化模式中的地形处理方案。

4 结论与讨论

对“23·8”东北地区极端降水过程中的雨强精细化特征、环流形势、雷达回波、云图 TBB 特征、水汽和动力条件，预报偏差和预报难点等进行了分析，得到如下结论。

(1)极端强降水主要发生在黑吉交界区域，强降水阶段性特征明显，局地小时、分钟雨强具有显著的极端性，且 96 h 累计流域面雨量高达 60～150 mm，致洪性强。本次过程由 5 号台风“杜苏芮”减弱后的残涡北上、稳定少动的副高以及西风带短波槽共同作用下产生，其中副高外围的西南低空急流及其前侧暖式切变提供有利的水汽和动力条件。另有 6 号台风“卡努”远距离输送水汽，为降水提供了持续的水汽来源。

(2)短时强降水时段内对流活动旺盛，50 dBZ 以上强回波带反复经过同一区域。云图上短时强降水位于 MCS 梯度大值带上，对应降水强度极大，最大小时雨强超过 90 $mm \cdot h^{-1}$。

(3)过程水汽异常充沛，华北到东北中部存在一条显著的水汽通道，其中心位于黑吉交界区域,强度>10000 g·cm^{-1}·hPa^{-1}·s^{-1},850 hPa 比湿异常达 3~4 倍标准差,大气整层可降水量大(最大值为 65~75 mm)且维持时间长。

(4)低空暖湿急流一方面向大暴雨区输送大量水汽和热量,另一方面与异常强的高空急流耦合,高层辐散、低层辐合,提供有利的动力、热力和水汽条件。散度场可见,黑吉交界区域位于高空辐散和低空辐合的叠置区域。而张广才岭的地形强迫抬升作用进一步导致对流的加强。

(5)垂直积分的水汽散度通量(Γ)正值区和水汽垂直螺旋度(H)负值区南侧梯度最大区域与极端降水区有较好的对应,显示了水汽辐合和动力上升运动对降水的重要性。可见这两个物理量指标能够较好地描述本次极端降水过程。

(6)模式评估表明,当前的中尺度模式在描述低空急流发展、中小尺度地形抬升和阻挡作用等方面存在不足。暖区里大范围暖湿环境容易使对流性降水预报范围偏大,需要发展更精细的预报模型和方法。建议研发异常强降水气象因子的客观预报方法,如利用大数据和人工智能技术,提高预报的准确性和可靠性。科学布设综合气象观测体系,结合快速同化系统,对复杂地形下的降水预报进行修正,以提升中尺度数值模式的预报性能。

对于极端降水事件中的多个科学问题。包括 MCS 活动的微物理特征、热动力机制、多地 90 mm·h^{-1}以上极强降水的可能原因以及不同数值模式预报偏差的可能原因等,均需要进行深入研究以加深对极端降水规律和机制的认识。

致谢:在论文的撰写过程中,特别感谢国家气象中心张恒德、林建的帮助和指导,感谢黑龙江省气象局智能网格预报及数值模式释用创新团队的协助和资助。

还要感谢本论文的其他贡献作者:姚帅、栾晨、任丽、胡中明、卞文惠、赵美玲、孙悦、欧娜音、秦玉琳、霍也。

参考文献

[1] 翟盘茂,任福民,张强.中国降水极值变化趋势检测[J].气象学,1999,57(2):208-216.

[2] 丁一汇.中国暴雨理论的发展历程与重要进展[J].暴雨灾害,2019(38):395-406.

[3] 李泽椿,谌芸,张芳华,等.由河南"75·8"特大暴雨引发的思考[J].气象与环境科学,2015(38):1-12.

[4] 孙虎林,黄焕卿,于庆龙,等.2012—2017 年珠江口海区短时强对流天气灾害的统计分析[J].海洋预报,2019,36(4):35-43.

[5] 刘奕辰,周伟灿,常煜,等.山东半岛东海岸一次台风暴雨的成因研究[J].高原气象,2018,37(6):1684-1695.

[6] 任丽,赵玲,马国忠,等.台风残涡北上引发东北地区北部大暴雨的中尺度特征分析[J].高原气象,2018,37(6):1671-1683.

[7] 任丽,赵柠,赵美玲,等.两次副热带高压北侧暖锋暴雨动力热力诊断[J].高原气象,2021,40(1):61-73.

2023年6月8—9日广西北海热带低压极端暴雨成因及预报偏差分析

覃　皓　农孟松　翟丽萍　李佳颖　黄　晴　蓝　盈　张惠景　邱　滋　黄明华
（广西壮族自治区气象台，南宁，530022）

摘　要：受热带低压环流影响，2023年6月8日夜间—9日凌晨广西沿海极端暴雨过程中多项降雨量突破历史极值。利用多源实况观测以及ERA5（第5代欧洲再分析）资料，对极端暴雨成因以及预报偏差成因进行了初步分析。结果表明：受大尺度环流调整以及弱引导气流影响，热带低压北上进入广西一带后保持稳定少动。对流层低层水平风场的辐合效应以及强降水造成的中层潜热加热分别为低压维持提供了有利的动、热力条件。夜间，低压东侧边界层急流发展，一方面通过低层辐合、锋生强迫以及陆面摩擦为对流及强降水发生发展提供动力条件，另一方面使强降水中心低层保持高温高湿。破纪录降水站点附近水汽条件具有较显著的极端性。夜间发展的准静止中尺度对流系统以及“列车效应”使降水不断在局地累积。主客观预报对低压的强度、位置和移速预报不准确，对暴雨极端性考虑不足。数值模式预报偏差较大且不稳定，参考性欠佳，需要加强在弱天气尺度背景下数值模式对热带低压暴雨的预报性能和偏差的检验评估，提升模式预报订正能力。

关键词：极端暴雨，热带低压，边界层急流，列车效应

引言

华南地区每年汛期频繁遭受热带天气系统影响，其中登陆台风是预报业务中关注的重点。然而，有部分热带系统，由于环境条件或在洋面生成发展时间等因素限制，其结构松散，发展强度较弱，达不到台风级别，学界关注度远不及登陆台风。这种热带低压系统由于移动缓慢，影响时间长，同样可能造成极端暴雨。已有研究表明，此类低压系统主要通过中尺度涡旋环流与地形相互作用[1,2]，或者借助边界层急流形成能量锋，同时输送充沛的水汽[3,4]，这些物理过程共同酝酿并触发了极端暴雨的发生。总体而言，此类热带低压暴雨过程的预报难度较大，相关研究仍相对较少，其中的热、动力过程值得深入探讨。

2023年广西北海出现3次极端降水事件均是由热带低压造成的，分别是6月7—9日热带低压、9月8—14日台风“海葵”残涡以及2316号台风“三巴”造成的极端降水事件，刷新了广西多个降水历史纪录，入选了2023年国内外十大天气气候事件。其中，6月7—9日热带低

资助项目：中国气象局复盘总结专项（FPZJ2024-100）和广西自然科学基金项目（2023GXNSFBA026340、2023GXNSFBA026349）共同资助。

第一作者：覃皓，工程师，从事天气、气候诊断及机理研究，E-mail：289055112@qq.com。

通信作者：农孟松，正高级工程师，从事灾害性天气预报和研究工作，E-mail：nmsong1997@163.com。

压极端暴雨过程最大累计雨量达 820.5 mm(北海市铁山港区兴港镇),其多个降雨量突破当地或广西历史极值,强降水时段主要集中于 8 日夜间—9 日凌晨。据统计,此次过程多个市县出现洪涝灾害,部分河流涨水超警,各项直接经济损失达到 14 亿元,强降雨造成广泛的社会影响。此次暴雨过程中期漏报,短期时效内广西气象台准确预报出此次暴雨过程,24 h 暴雨 *TS* 评分(技巧评分)0.286,较国家级智能网格预报产品(*TS* 评分为 0.237)有正技巧,但均存在预报明显偏弱、对极端性考虑不足的问题。此次暴雨过程的预报难点在于低压的强度、位置和移速以及暴雨的极端性。模式预报不稳定,在量级和落区上均存在较大偏差,各家模式对暴雨落区预报偏小,强度偏弱,对 250 mm 以上降水无体现,预报员订正难度大。因此,本文通过多源实况观测资料以及 ERA5(第 5 代欧洲再分析)资料,对此次热带低压极端暴雨过程的大尺度环流演变、热带低压环流维持的可能原因、环境条件及其异常程度以及卫星云图和雷达回波图像上中小尺度系统特征进行初步分析,并讨论模式强降水预报偏差成因、预报改进思路及对策,以期为此类热带低压暴雨天气的理解和预报提供参考。

1 极端暴雨过程概况

受稳定维持的弱热带低压(以下简称低压)环流影响,2023 年 6 月 7—9 日广西沿海出现一次极端暴雨过程,过程持续时间长、强度强、累积雨量大,最强降雨为 8 日夜间—9 日凌晨,落区位于桂南沿海一带(图 1a),最大过程累积(8 日 20 时—9 日 20 时,北京时,下同)雨量出现在北海市铁山港石头埠气象观测站,为 553.6 mm。由累积雨量最大站点以及破纪录站点的逐小时雨量序列可以看出,降水具有明显的日变化(日间减弱,夜间加强)特点,夜间 20 点之后降水逐渐增强(图 1b),最大 1 h、3 h 以及 6 h 累积雨量分别达到 119 mm(9 日 03 时),284.5 mm(9 日 02—04 时,突破北海市历史极值)以及 440.5 mm(8 日 23 时—9 日 04 时,突破广西历史极值),均出现在广西北海市铁山港一带。

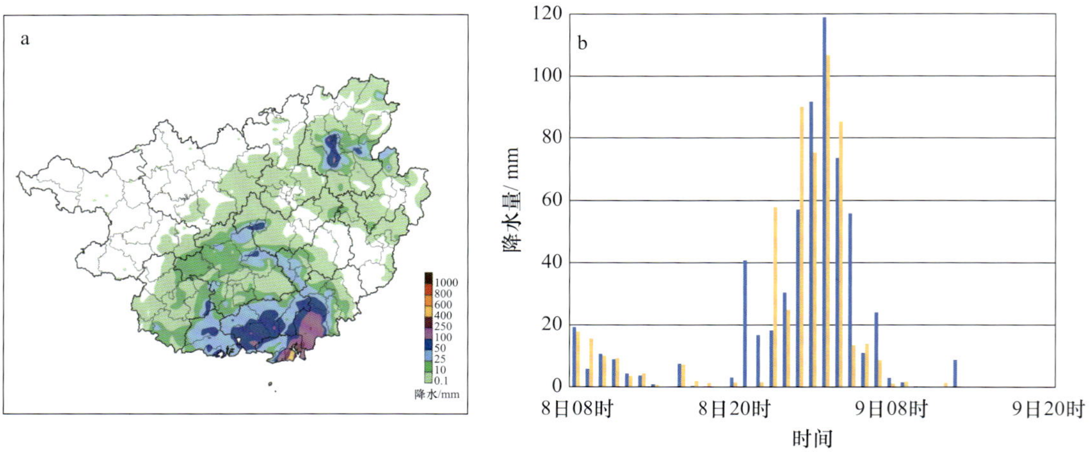

图 1　2023 年 6 月 8 日 20 时—9 日 08 时过程累计雨量(a,单位:mm)和代表站(蓝、黄色柱分别为累计雨量最大站点、破纪录站点)的小时雨量(b,单位:mm)

2 极端暴雨成因

2.1 大尺度环流形势

2.1.1 环流配置导致低压少动

200 hPa 上南亚高压控制印度半岛东北部至青藏高原南侧，其东伸脊点在 115°E 附近东西振荡(图 2)，6—7 日东进，8—9 日西退。广西始终位于南亚高压东侧分流区，维持高层辐散形势，有利于降水以及低层低值系统发展。500 hPa 上，过程期间低纬度地区孟加拉湾一带的印缅季风槽稳定维持，有利于引导低层水汽向下游我国南海输送。6—7 日，西太平洋副热带高压(以下简称副高)588 dagpm 线西边界呈方头型，控制 110°E 以东(图 2a)，有利于引导南海水汽以及低压系统北上进入广西。7—8 日副高略有西伸并在广西一带断裂为东西两环，西环大陆高压位于云南一带。9 日，随着东北冷涡东移南压、台风“古超”北上，东环副高受上述环流影响东退至 130°E 以东(图 2b)。除上述中层天气系统相互作用外，南亚高压与副高“相向而行，相背而去”的纬向摆动关系也有利于副高先西伸而后东退。8—10 日，由于大陆高压与副高对峙，低压处于两高之间，受弱引导气流影响，稳定少动。低层 850 hPa，阿拉伯海—孟加拉湾—我国南海一带存在明显的水汽输送带，强盛西南季风将低纬度暖湿气流源源不断向我国华南沿海输送，有利于沿海暴雨以及低压的发展。

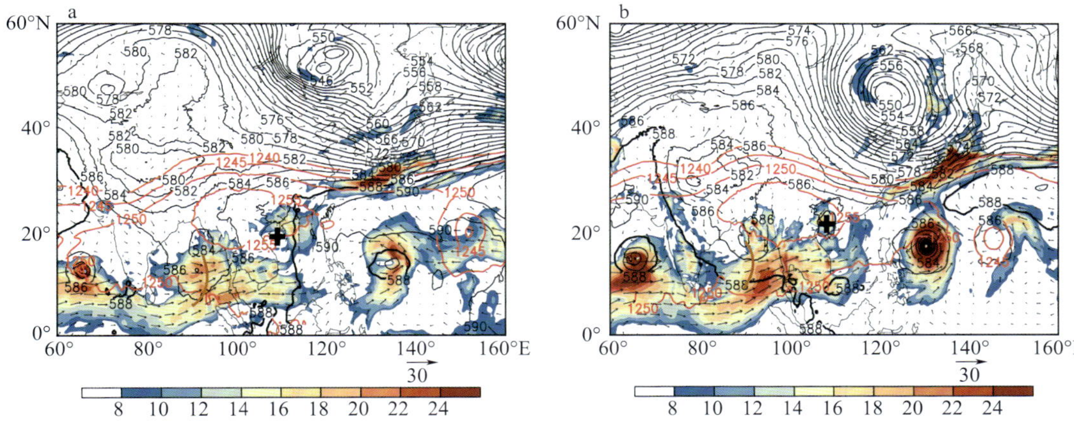

图 2 2023 年 6 月 6 日 20 时(a)、2023 年 6 月 9 日 02 时(b)的 200 hPa 和 500 hPa 高度场(红色、黑色等值线分别为 200 hPa 和 500 hPa，单位：dagpm；粗黑实线为 588 dagpm 等值线)、850 hPa 风场(矢量，单位：m·s^{-1})及水汽通量(填色，单位：g·cm^{-1}·hPa^{-1}·s^{-1})(棕色曲线代表印缅季风槽，黑色粗“+”为低压中心位置)

图 3 给出了此次过程高低层天气系统配置综合分析图，与以往相似环流背景的概念模型相比，相同点在于广西均处于高层南压高压东侧辐散区，同时低层孟加拉湾—我国南海一带维持强盛的西南季风气流；不同之处主要在于以往此类过程副高脊线平均位于 30°N 附近，且高压强盛、形态完整，使得低压系统进入内陆后西移并减弱消散，而此次过程副高减弱东退，导致低压少动，造成局地极端暴雨。

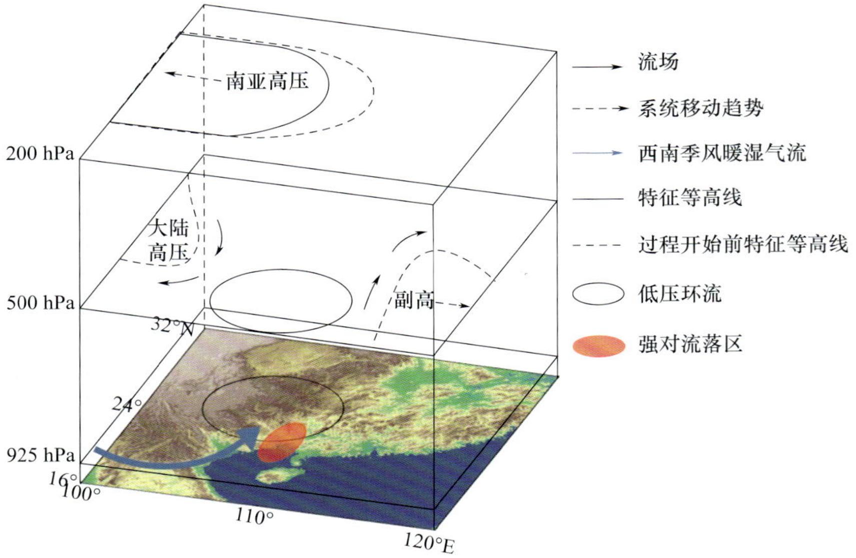

图 3　过程系统配置综合分析图

2.1.2　风场结构导致低压维持

热带低压在广西沿海长时间维持对于暴雨的发生发展具有重要影响，以下通过涡度方程分析低压的动力维持机制，表达式如下：

$$\frac{\partial \zeta}{\partial t}=-\left(u\frac{\partial \zeta}{\partial x}+v\frac{\partial \zeta}{\partial y}\right)-\left(u\frac{\partial f}{\partial x}+v\frac{\partial f}{\partial y}\right)-\omega\frac{\partial \zeta}{\partial p}+\left(\frac{\partial \omega}{\partial y}\frac{\partial u}{\partial p}-\frac{\partial \omega}{\partial x}\frac{\partial v}{\partial p}\right)-(f+\zeta)\left(\frac{\partial u}{\partial x}+\frac{\partial v}{\partial y}\right)+F \tag{1}$$

方程(1)等号左侧为涡度趋势项，等号右侧第一至第六项分别为涡度平流项、地转涡度项、垂直输送项、扭转项、水平散度项以及残差项。残差项由其余项作差得到。

图 4a 给出低压维持阶段(2023 年 6 月 8 日 20 时—9 日 20 时)其中心附近(107°—110.5°E，20°—23.5°N，下同)的涡度方程各贡献项平均垂直分布。结果显示，低压的发展维持主要由 500 hPa 以下水平散度项贡献，其中最大值位于 925 hPa，表明低层水平风场的辐合有利于低压维持。涡度平流项在对流层中、下层均为负贡献，表明水平风场对涡度的平流输送使得局地涡度减小，不利于低压维持。相较而言，扭转项和地转涡度项贡献较小，垂直输送项则通过上升运动将低层制造的涡度向高层输送。

以上从动力角度讨论了低压的维持机制，由于低压南侧对流降水活跃，以下分析凝结潜热反馈的热力作用。计算大气视水汽汇表征水汽凝结释放潜热引起的大气加热，其表达式如下[5]：

$$Q_2=-L\left(\frac{\partial q}{\partial t}+\mathbf{V}\cdot\nabla q+\omega\frac{\partial q}{\partial p}\right) \tag{2}$$

式中，q 为比湿，L 为相变潜热，$\mathbf{V}$ 为水平风矢量，ω 为 p 坐标系下的垂直速度。由大气视水汽汇垂直廓线可以看到，随着 7 日 20 时—8 日 03 时、8 日 20 时—9 日 03 时降水不断增强，垂直方向上潜热加热明显增强，加热最强层次主要位于 700～500 hPa(图 4b)。对流层中层附近的潜热加热使得加热率随高度增强，有利于对流层低层涡度的增强或维持，对于低压系统具有正反馈作用。9 日 03 时—9 日 20 时，随着降水减弱潜热加热也明显减弱，925 hPa 以下主要为水汽蒸发带来的潜热冷却为主。

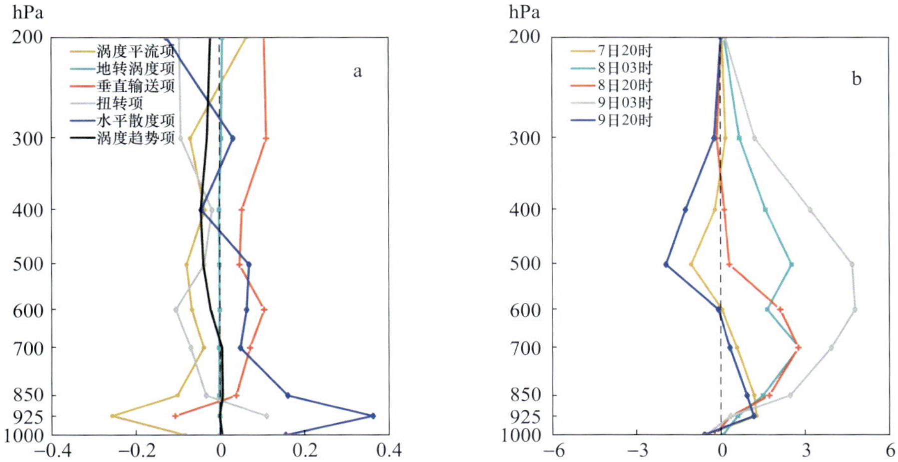

图 4　低压维持阶段其中心附近涡度方程各项（a，单位：10^{-8} s^{-2}）和低压中心附近视水汽汇的垂直廓线（b，单位：10^{-3} J · kg^{-1} · s^{-1}）

2.2　中尺度对流系统稳定少动及“列车效应”导致降雨局地累积

6 月 8 日夜间—9 日凌晨，受边界层偏南气流增强影响，低压东南侧有对流系统强烈发展。风云 2G 卫星的相当黑体温度显示，8 日 22 时—9 日 00 时（图 5a、图 5b），北海市南部海域有对流云团发展，随后对流云团逐渐向东北方向扩展，尺度逐渐增大为 β 中尺度对流系统（M_βCS）。9 日 02—04 时，M_βCS 的面积和强度进一步发展至最强，−72 ℃的 TBB 面积超过 31000 km^2，中心强度达到−82 ℃（图 5c、图 5d）。M_βCS 结构圆润密实，对流发展旺盛，对强降雨有指示意义，此时在 TBB 强中心附近多个站点观测到超过 50 mm · h^{-1} 的小时雨强。在此期间 M_βCS 稳定少动，造成沿海地区 440.5 mm 最大 6 h 累积雨量（8 日 23 时—9 日 04 时），打破广西历史极值。9 日白天对流云团逐渐向东向南移动并逐渐消亡。

雷达组合反射率图上，破纪录站点附近的降水回波呈西南—东北向带状分布，强度为50～60 dBZ。降水回波自西南向东北移动，沿其移动路径不断有回波在上游生成后并入对流系统中，形成后向传播和列车效应（图 5a～图 5d），造成破纪录站点持续强降水。在垂直方向上，回波结构密实，大于 30 dBZ 回波顶高大多在 10 km 以下，45 dBZ 回波质心高度小于 5 km（图略），低于 0 ℃层高层（8 日 20 点北海探空显示约为 5.4 km），降水效率高，属于典型的暖云对流降水。

2.3　强降水触发机制

2.3.1　异常环境条件

低压系统稳定维持所带来的持续暖湿输送使得大气环境在破纪录降雨发生前就具有一定

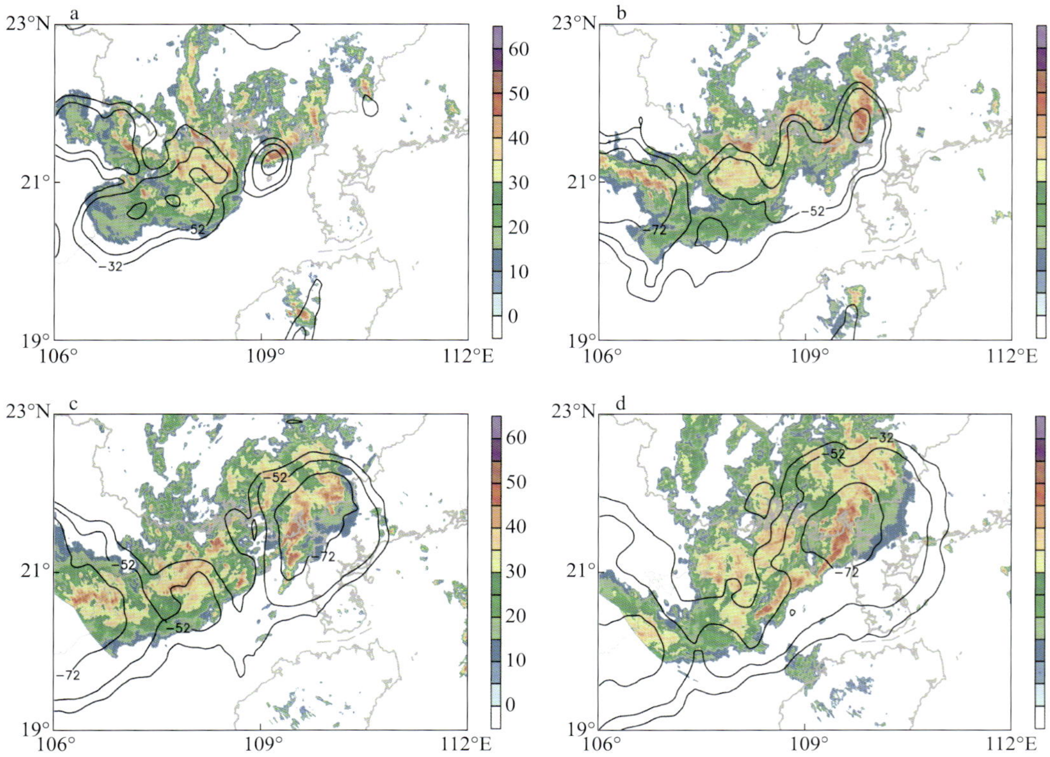

图 5　TBB(等值线,仅显示小于−32 ℃)及雷达组合反射率(填色,单位:dBZ)演变

(a)8 日 22 时;(b)9 日 00 时;(c)9 日 02 时;(d)9 日 04 时

的异常性。此次过程中北海铁山港营盘社区气象站观测到 440.5 mm 的 6 h 累积雨量,打破了广西雨量历史纪录。以下通过计算标准化异常讨论破纪录降雨时段大气环境条件的异常程度:

$$N=\frac{X-\mu}{\sigma} \tag{3}$$

式中,X 为某一时刻物理量值,μ 为该变量同时刻 30 年(1991—2020 年)的 21 d 滑动平均,σ 为气候标准差,一般认为物理量偏离 $2.5\sigma\sim3\sigma$ 以上时小概率事件易出现,大气环境具有较显著的极端性[6]。结果由表 1 可见,受低压环流持续水汽输送的影响,在破纪录降雨发生前(8 日 22 时)大气环境已具有较强的极端性,破纪录站点附近的整层水汽通量散度和大气可降水量分别达到 -1.1×10^{-3} kg·m^{-2}·s^{-1} 和 70.7 kg·m^{-2},标准化异常分别超过 -5.5σ 和 3.2σ,为后续极端降雨的出现提供了充足水汽。除此之外,在层结条件方面,K 指数达到 38 ℃,大气层结不稳定度高,其标准化异常为 1.3σ,表明在暖湿气流的输送下大气热力不稳定条件也具有一定的异常性,但相对于水汽条件的异常度较弱。

表 1　2023 年 6 月 8 日 22 时破纪录站点的物理量及其标准化异常

物理量	整层水汽通量散度	大气可降水量	K 指数
数值	-1.1×10^{-3} kg·m^{-2}·s^{-1}	70.7 kg·m^{-2}	38 ℃
标准化异常	-5.5σ	3.2σ	1.3σ

2.3.2 边界层急流发展提供动、热力作用

边界层急流是导致此次极端暴雨发生发展的关键影响系统。8 日夜间—9 日凌晨,北海市位于低压中心东南侧,随着低压发展增强,边界层 925 hPa 上大于 2×10^{-5} s^{-1} 的涡度区域不断扩展,低压东侧偏南气流发展为急流,出现 11 $m\cdot s^{-1}$ 强中心(图 6a、图 6b)。图 7 给出了沿降水关键区 108°—110°E 平均的垂直剖面,可以看到,随着边界层急流的发展,21°—22°N 一带辐合明显增强,气流在急流顶端辐合上升,边界层急流辐合以及地形的摩擦作用有利于对流系统发生发展,降水增强。强上升运动配合发展的气旋式涡度,形成垂直螺旋度大值区($H_z=-\xi\cdot\omega$),强度超过 3×10^{-4} $Pa\cdot s^{-2}$,垂直伸展超过 500 hPa(图 7a、图 7b),为强降水的发展提供有利动力条件。此外,边界层急流带来的强盛暖湿气流辐合形成较强的锋生强迫,水平锋生函数[7]显示明显的锋生强迫位于边界层辐合区内,强锋生中心主要位于近地面层到 800 hPa,极值中心强度超过 3.5×10^{-9} $K\cdot m^{-1}\cdot s^{-1}$(图 7a、图 7b),有利于暴雨的加强维持。

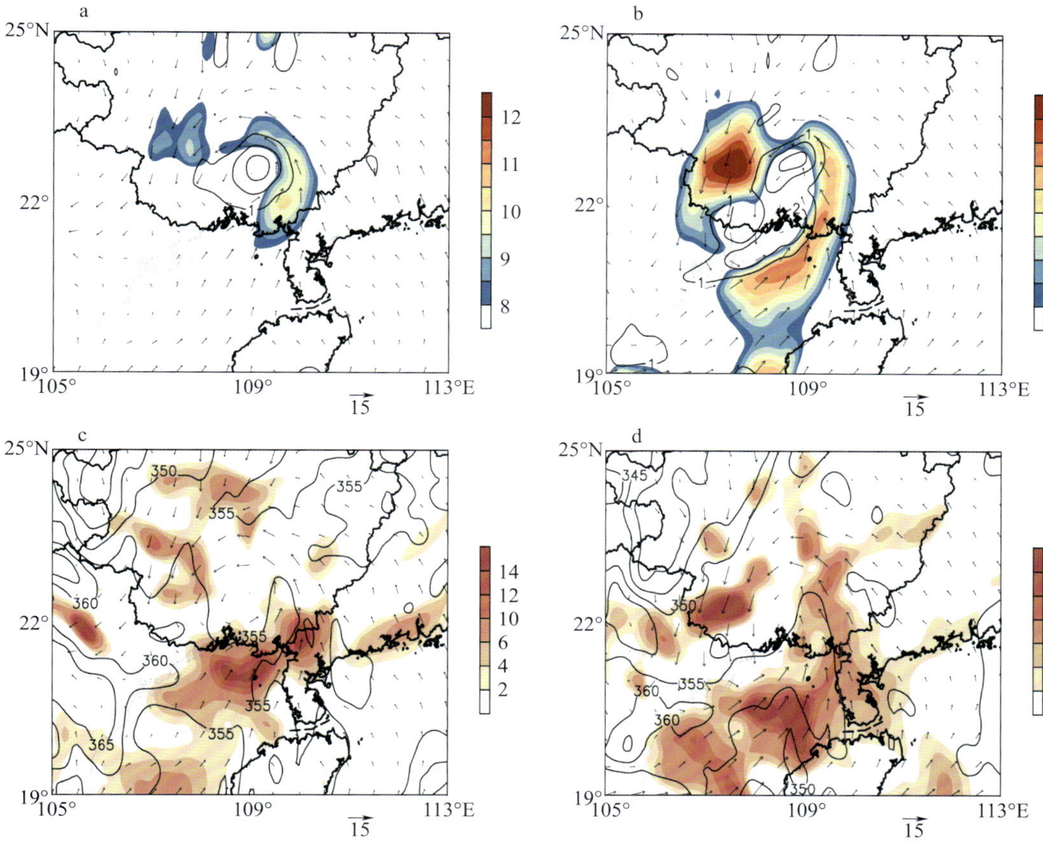

图 6 (a,b)925 hPa 涡度(等值线为大于 1×10^{-5} s^{-1})和风场(矢量和填色,单位:$m\cdot s^{-1}$);(c,d)925 hPa 温度平流(填色,单位:10^{-4} $K\cdot s^{-1}$)、θ_{se}(等值线,单位:K)和风场(矢量,单位:$m\cdot s^{-1}$)
(a,c)2023 年 6 月 8 日 20 时;(b,d)2023 年 6 月 9 日 02 时

热力作用方面,低压环流带来的持续暖湿输送有利于大气层结不稳定增强及维持。8 日 20 时,北部湾东侧及雷州半岛为假相当位温(θ_{se})大于 355 K 的高温高湿区,在低压环流偏

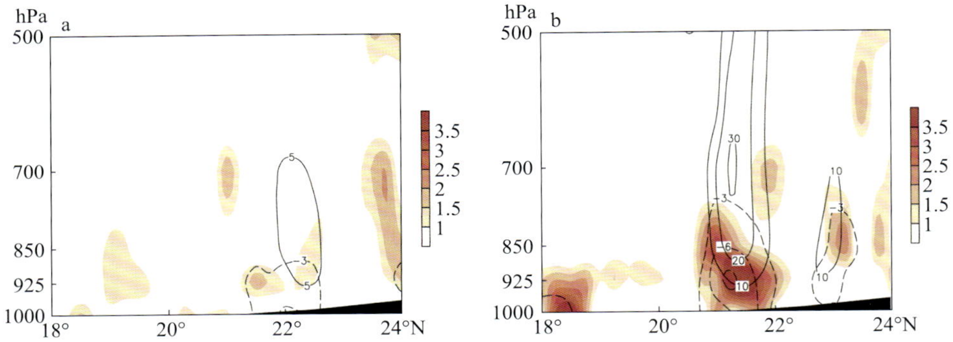

图 7 沿 108°—110°E 平均的水平散度(虚线,单位:10^{-5} s^{-1})、垂直螺旋度(实线,单位:-1×10^{-5} Pa·s^{-2})以及水平锋生函数(填色,单位:10^{-9} K·m^{-1}·s^{-1})的经度-高度剖面

(a)2023 年 6 月 8 日 20 时;(b)2023 年 6 月 9 日 02 时

南风的平流作用下向北扩展,表现为桂南沿海一带强度维持在 1.2×10^{-3} K·s^{-1}左右的暖平流(图 6c)。此时北海站探空层结曲线呈"瘦高型",整层温度露点差小,湿层深厚,对流有效位能(CAPE)值在 1100 J·kg^{-1}以上,0～6 km 风速差很小(图略),表明已具有很强的短时强降水潜势。9 日 0—03 时,随着边界层急流不断增强,暖平流进一步增强,北部湾大部都维持1.2×10^{-3} K·s^{-1}以上的暖平流,使得强降水中心保持低层高温高湿,θ_{se}始终维持在 355 K 以上(图 6d)。

在上述有利动、热力作用下,边界层急流辐合、地形摩擦以及锋生强迫将气块抬升到自由对流高度(8 日 20 时北海站探空显示为 970.9 hPa)以上,触发对流。之后随着边界层急流动力强迫增强以及暖湿输送维持,对流系统以及强降水不断发生发展。

3 暴雨预报偏差分析

本次极端暴雨过程主客观预报均存在明显偏差,主要在于低压发展强度较弱,弱天气尺度背景下各家模式预报不稳定,不同时次起报的低压路径和强度调整大,导致暴雨落区和强度预报偏差较大。

3.1 低压路径和强度偏差分析

实况低压 8 日 02 时从北海北上进入广西,8 日上午至 9 日上午在钦州北部滞留,之后南掉入海转向东移。对此低压预报,各家模式分歧大,中国气象局全球同化预报系统(CMA-GFS)没有预报出此低压;欧洲中期天气预报中心(ECMWF)5 日之前的预报没有预报出低压进入广西,5 日 20 时预报低压进入广西后向西移动进入越南,6 日预报低压缓慢北上至来宾北部,7 日预报与实况较为接近,北上至钦州北部徘徊但之后转向偏西方向移动,整体对低压移动路径预报不稳定;区域模式最近时效均准确预报出低压北上进入广西,但中国气象局上海数值预报模式(CMA-SH9)预报低压中心位置偏北;中国气象局中尺度天气数值预报系统(CMA-MESO)预报偏南。强度方面,ECMWF 预报强度偏弱,预报强度 6 级,实况最大风速达 8 级；区域模式预报的强度与实况较为一致。

3.2 暴雨偏差分析

低压位置和强度预报偏差导致暴雨预报落区和强度偏差较大。ECMWF 和 CMA-GFS 模式 96 h—48 h 预报强降雨落区不断南调，96 h 预报落区在桂西、桂北，48 h 预报在桂南（图略）。全球模式对于暴雨的范围和强度预报偏小，7 日 20 时起报 ECMWF 模式仅预报桂西南出现局地暴雨（图 8b），较实况（图 8a）范围偏小落区偏西，CMA-GFS 仅预报沿海地区出现局地大雨（图 8c）；中尺度模式中（图 8d～图 8f）中国气象局广东快速更新同化数值预报系统（CMA-GD）和 CMA-SH9 表现较好，可参考性大，均预报出桂东南出现暴雨到大暴雨量级的强降水（图 8e、图 8f），其中 CMA-SH9 预报强度和落区与实况最为接近，表现最优。分析预报偏差原因，发现主要与低压的位置和移速以及边界层急流有关，ECMWF 模式对低压位置的预报较实况偏西且移动偏快，未预报出低压东侧边界层急流的发展增强，从而导致强降水落区和强度偏小；中尺度模式尤其 CMA-SH9 中尺度模式预报低压位置与实况更为接近，且能较好捕捉到边界层急流的细节特征，与实况对应较好。CMA-MESO 由于预报低压位置偏南导致大暴雨量级降水漏报。

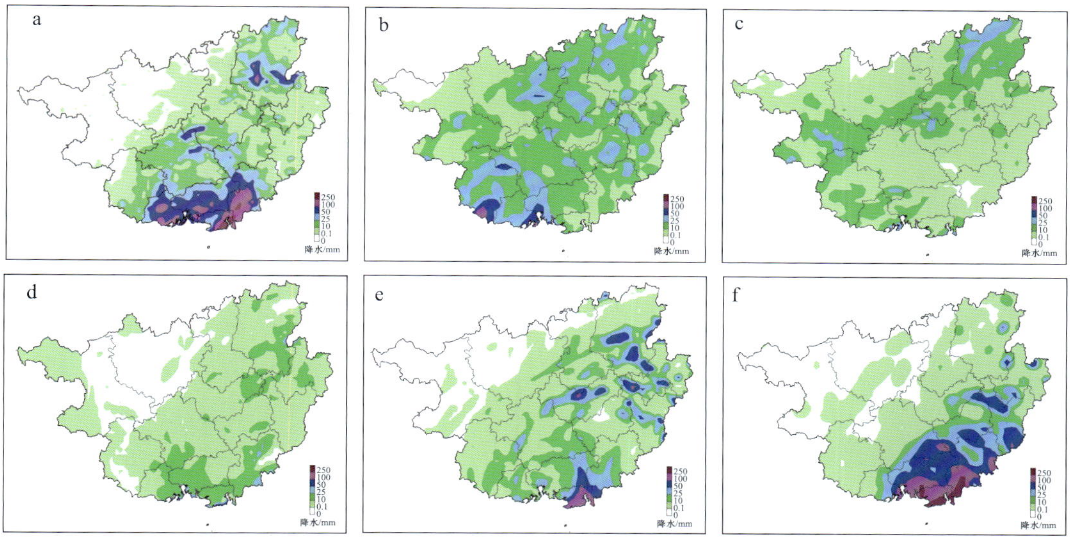

图 8　2023 年 6 月 8 日 20 时—9 日 20 时实况及各家模式预报的累积雨量（单位：mm）
（a）实况；（b）ECMWF；（c）CMA-GFS；（d）CMA-MESO；（e）CMA-GD；（f）CMA-SH9

3.3 主观预报偏差分析

在模式预报的基础上，预报员根据本地地形特点和业务经验扩大了暴雨落区，增强了降水强度，订正预报准确把握了此次暴雨过程，预报沿海地区有暴雨，局地大暴雨，但较实况暴雨范围仍然偏小，强度偏弱，对降雨的极端性考虑不足。主要原因在于预报员对弱低压暴雨预报中的偏差特征认识不足，在各家模式预报不稳定性差、分歧较大的情况下，未能较好地把握住低压的发展和移动,预报员对低压位置考虑偏南、强度偏弱;另外,对低压的中尺度降雨特征和地形影响认知不足,导致对中尺度雨团造成的极端暴雨估计不足。虽然 CMA-SH9 模式有较好的参考性,但前期预报该模式空漏报问题较多、强度偏强,因此,主观订正预报与实况仍然存在差距。

4 预报改进思路及对策

热带低压是造成广西暴雨的重要影响系统之一,其强度较弱,影响因子多,路径和强度预报不稳定性显著,造成的强降雨落区不确定性大。改进此类降雨预报思路可以从以下几方面着手。

(1)加强对弱天气尺度背景下低压的强度、位置及移速的研究。从大尺度环流背景上看,低压处于大陆高压与副热带高压之间,引导气流弱、低压发展不强、移动缓慢,在水汽和边界层系统的作用下极易导致极端暴雨发生。然而,低压位置偏北或偏南决定了暴雨落区的北界,暴雨预报不准确源于预报员对于弱引导气流背景下弱低压的移动和强度的关键影响系统及低压发展的机制认识不全。因此,后续要加强此类天气背景下影响低压移动和暴雨落区相对低压中心位置的关键影响系统的研究。

(2)继续开展极端暴雨机理研究。此次过程夜间低压从海面进入内陆后加强,与边界层南风强度加强密切相关,配合北部湾海岸线的地形增幅作用,导致最大小时雨量达到 119 mm,需加强对边界层急流变化与海岸线地形相互作用的机理研究,加深预报员对边界层急流和地形造成的降水增幅作用的认识,提高降水预报订正能力。

(3)开展热带低压影响广西的精细化数值模式主客观预报检验。此次过程模式预报不稳定,参考性欠缺,有必要开展模式对此类低压的移动路径和降水预报性能评估,深化数值模式对热带低压预报性能的认识,从而提升对模式预报性能的把握和偏差订正能力。

5 结论与讨论

对 2023 年 6 月 9 日广西北海热带低压背景下破纪录暴雨的成因及预报偏差进行分析,得出以下结论。

(1)在高层南亚高压辐散形势维持、东伸脊点东西振荡,以及中层中高纬与低纬天气系统相互作用的背景下,热带低压受弱引导气流影响,在广西一带稳定少动。印缅季风槽稳定维持促进暖湿气流不断向华南沿海输送,为沿海暴雨以及热带低压的发展提供充足水汽条件,导致此次强降水过程的发生。在上述背景下破纪录降水站点附近的整层水汽通量辐合及大气可降水量均异常偏多,具有较显著的极端性。

(2)热带低压系统的维持在动力上主要受水平风场的辐合效应支撑,而水平风场对涡度的平流输送使得局地涡度减小,不利于热带低压维持。在热力条件上,强降水带来的凝结潜热加热主要位于 700～500 hPa,对流层中层附近的潜热加热正反馈有利于低层 925 hPa 热带低压的发展维持。

(3)强降水主要由β中尺度对流系统造成，落区主要位于TBB强中心附近。准静止的中尺度对流云团以及对流系统“列车效应”使降水不断在局地累积，造成破纪录累积雨量。

(4)夜间热带低压东侧边界层急流发展一方面通过低层辐合、锋生强迫以及陆面摩擦为对流系统以及强降水的发生发展提供动力条件，另一方面由其带来的偏南风暖湿输送有利于不稳定层结维持，使得强降水中心保持低层高温高湿，为后续强降水蓄能。

(5)此次极端暴雨过程主客观预报均存在较大落区和强度偏差，主要在于对低压的强度、位置和移速预报不准确以及暴雨极端性考虑不足。数值模式对此过程预报不稳定、偏差较大，参考性欠佳，需要加强预报员对数值模式在弱天气尺度背景下热带低压暴雨的预报性能和偏差的检验评估，以提升对模式预报的订正能力。

参考文献

[1] 赵玉春，李泽椿，肖子牛，等. 一次热带系统北上引发华南大暴雨的诊断分析和数值研究[J]. 气象学报，2007(4)：561-577.

[2] 蔡景就，伍志方，陈晓庆，等. “18·8”广东季风低压持续性特大暴雨成因分析[J]. 暴雨灾害，2019，38(6)：576-586.

[3] 曾智琳，谌芸，王东海. 2018年8月华南超历史极值降水事件的观测分析与机理研究[J]. 大气科学，2020，44(4)：695-715.

[4] 陈芳丽，姜帅，李明华，等. 边界层急流在粤东暴雨中心两次极端强降水过程中的作用[J]. 气象，2021，47(3)：290-302.

[5] YANG S，GAO S T，LU C G. A generalized frontogenesis function and its application[J]. Adv Atmos Sci，2014，31(5)：1065-1078.

[6] HART R E，GRUMM R H. Using normalized climatological anomalies to rank synoptic-scale events objectively[J]. Mon Wea Rev，2001，129(9)：2426-2442.

[7] YANAI M，LI C F，SONG Z S. Seasonal heating of the Tibetan Plateau and its effects on the evolution of the Asian summer monsoon[J]. J Meteorol Soc Jpn，1992，70(1B)：319-350.

2023年7月4日重庆万州特大暴雨中尺度对流特征和地形作用分析

李 强[1] 夏 虁[1] 周盈颖[1] 刘伯骏[1] 王志毅[1]
蔡 博[1] 朱 岩[1] 庞 玥[1] 何兴潼[2] 李东川[3]
(1. 重庆市气象台,重庆,401147;2. 泸州市气象局,泸州,646000;
3. 重庆市万州区气象局,重庆,404100)

摘 要:基于地面观测实况、风云4号A星(FY-4A)、多普勒天气雷达等多源观测和ERA5(第5代欧洲再分析)资料,分析了2023年7月4日凌晨重庆市万州区长滩镇局地特大暴雨的中尺度对流特征和成因以及地形作用。结果表明:(1)副高东退过程中,其外围的暖湿气流与高空冷槽交汇,形成稳定维持的低涡切变线,为中小尺度对流系统发生、发展提供了有利的动力($\leqslant -0.8\ Pa \cdot s^{-1}$)和水汽辐合条件,同时假相当位温($\theta_{se}$)高不稳定能量舌(中心强度$\geqslant$360 K)为降水提供了必要的热力条件。(2)万州区西部小尺度对流云团和重庆西南部对流云团合并,形成了造成万州区长滩地区强降水的中尺度对流系统(MCS);重庆中西部"西南—东北"向带状回波东移与万州区西部对流单体合并增强,形成影响万州长滩的强回波"列车效应",导致万州长滩局地特大暴雨发生。(3)万州区东部七曜山地形有利于锋区动力抬升,增强了垂直上升运动($\leqslant -1.6\ Pa \cdot s^{-1}$)和水汽聚集(水汽通量散度$\leqslant -10 \times 10^{-5} g \cdot s^{-1} \cdot hPa^{-1} \cdot cm^{-2}$),与方斗山地形作用下形成的中尺度地形辐合线叠加,进一步促使MCS稳定维持和增强。(4)主观预报对数值模式具有较好的订正能力,但对暴雨的极端性预报能力不足,后续预报中需要加强复杂地形的动力抬升和水汽聚集作用的分析,以及对极端异常关键因子的定量分析。

关键词:特大暴雨,中尺度对流系统,列车效应,地形作用

引言

川渝地区由于其特殊地理位置,深受热带季风、副热带季风以及青藏高原环流系统的共同影响。亚洲夏季风带来的充沛水汽、中高纬冷空气南侵、夏季副热带高压(简称副高)等行星尺度系统北上,这些行星尺度和天气尺度环流系统相互作用,为暴雨的中小尺度天气系统的生成与发展提供了极为有利的背景条件。很多学者借助观测诊断和数值模拟,从地形效应[1-3]、多尺度环流相互作用[4-5]等角度,对川渝暴雨过程发生机制进行了深入讨论。此外,还有很多工作者从统计分析角度,研究川渝盆地降水的日变化机制:Bao 等[6]和 Zhang 等[7]分别从山地平

资助项目:中国自然科学基金联合基金项目(U2242202)、重庆市自然科学基金项目(cstc2021jcyj-msxmX0057)、中国气象局复盘总结专项项目(FPZJ2024-107),中国气象局西南区域气象中心创新团队基金项目(XNQYCXTD-202202)和中国气象局创新发展专项(CXFZ2022J011)共同资助。

第一作者:李强,正高级工程师,主要从事灾害性天气预报和研究,E-mail:cqlqlq@163.com。

原热力环流日变化和边界层风场惯性振荡等角度揭示了川渝盆地夜雨机理；Li 等[8]揭示了重庆复杂地形作用下，降水精细化日变化特征以及降水日变化过程与地形高度关系特征。

2023 年 7 月 4 日凌晨(以下简称“7·4”)，重庆市万州区发生局地特大暴雨，由暴雨引发的山体浅层滑坡、泥石流等地质灾害造成重庆市 9.4 万人受灾，在万州区长滩镇、长岭镇、白羊镇、龙驹镇、走马镇等 5 个乡镇 10 个村庄因灾死亡 19 人，农作物受灾面积 4943.0 hm^2(其中绝收面积 769.2 hm^2)，倒塌房屋 244 间，损坏房屋 366 间，直接经济损失近 1.1 亿元。

重庆万州区地处四川盆地东部边缘，长江自南向北穿越而过，下垫面地形复杂，主要以山地地形为主，由长江河谷开始，地势逐步向东西两侧升高，海拔从 255 m 到 1768 m，西侧有铁峰山，东侧有七曜山和方斗山(图 1c)。万州区长滩镇位于万州区东部，附近地势东高西低、南高北低，地形高低起伏沿河发展，周边地形具有明显的多尺度特征。Li 等[8]研究发现，重庆地区降水量和降水频次大值区多分布在复杂地形地区，万州东部地区降水峰值主要为上午至午后，而“7·4”暴雨发生在凌晨时段。本文采用自动站观测降水资料、FY-4A 红外辐射亮温(TBB)、雷达组网反射率因子、ERA5 资料以及高分辨率地形资料分析此次暴雨过程的中尺度对流系统特征和局部地形作用，揭示该地区地形影响强降水强迫机制，为提高重庆复杂地形强降水的预报能力和发展地形暴雨预报订正技术提供参考。

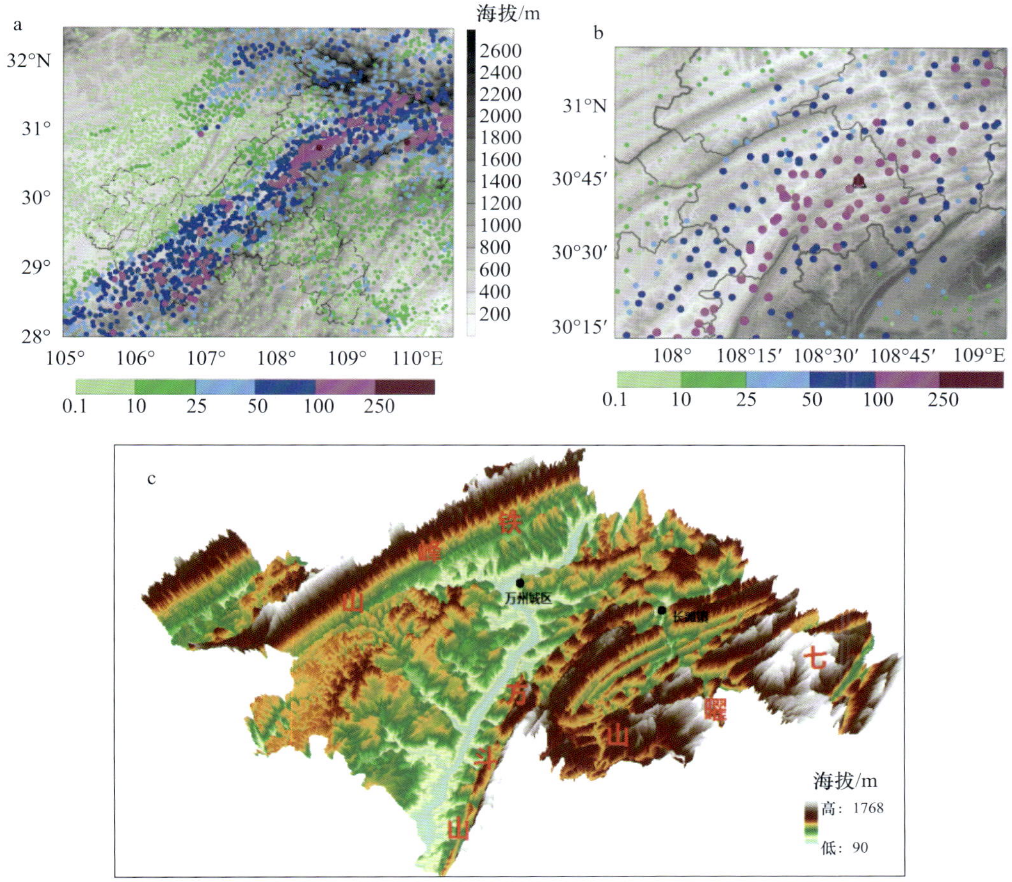

图 1　2023 年 7 月 3 日 14 时—4 日 14 时重庆市(a)、
万州地区(b，三角形表示长滩镇)降水量分布(单位：mm)和万州区地形高清分布图(c，单位：m)

1 暴雨过程实况特征

2023 年 7 月 2 日 20 时—4 日 14 时(北京时,下同)重庆出现区域暴雨过程,2 日 20 时—3 日 08 时强降雨主要集中在重庆西北部潼南、合川地区,3 日 14 时—4 日 14 时(图 1a)强降雨主要集中在重庆长江沿线地区,大部地区 24 h 累计雨量为大雨到暴雨,长江沿线部分乡镇出现大暴雨到特大暴雨,16 个区县及万盛经开区的 136 个雨量站超过 100 mm,万州区长滩站雨量站超过 250 mm(261.2 mm,图 1b)。

7 月 3 日 14 时—4 日 14 时,万州区 1 个雨量站降水量超过 250 mm,37 个雨量站超过 100 mm,29 个雨量站超过 50 mm,最大雨量 261.2 mm(长滩镇),最大小时雨量 65.6 mm(梨树乡,4 日 06 时)。人员伤亡发生地累积雨量分别为:走马镇 173.6 mm、白羊镇 138.4 mm、龙驹镇 118.4 mm、长岭镇 144.9 mm、长滩镇 261.2 mm。强降雨集中在 7 月 4 日凌晨,其中 4 日 04—07 时,长滩镇连续出现 43.5 mm、57.6 mm、50.5 mm、49.2 mm 的小时强降雨,4 h 累积雨量达 200.8 mm(图 2a)。万州区长滩 3 h、6 h、12 h 和 24 h 降水量均为 2009 年 2 月建站以来第 1 位(图 2b)。同时,7 月 4 日 04—07 时万州区 3 h 雨量 7 站历史排第 1 位,10 站历史排第 2 位。可见,此次暴雨过程短时雨强强、累积雨量大、局地极端性和突发性强、灾害重,有必要对其特点和成因展开深入分析。

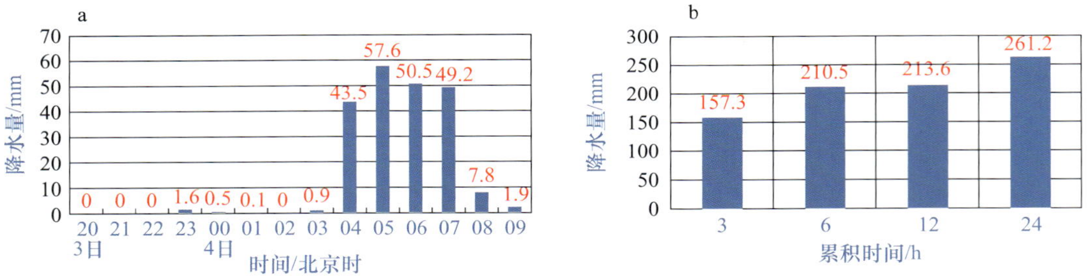

图 2 2023 年 7 月 3 日 20 时—4 日 09 时万州长滩逐小时降水(a)及 3 h、6 h、12 h、24 h 累计最大降水量(b,单位:mm)

2 大气环流背景和关键天气系统演变

基于 ERA5 资料的分析显示,7 月 3 日 20 时(图 3a),200 hPa 西北地区东部至内蒙古中东部地区为明显高空急流,四川盆地中东部处于高空急流右侧。500 hPa 高空受蒙古国冷涡影响,内蒙古至四川盆地为高空阶梯槽,副热带高压(简称副高)588 dagpm 西伸至云南中部至四川南部地区,北界扩至安徽中部至江苏中部地区,且控制重庆中西部及东南地区;700 hPa 高空槽后偏北风引导下冷空气进入四川盆地,同时副高外围西南暖湿气流经盆地东部与盆地中西部偏北气流交汇,形成了位于盆地东部的低涡切变线,切变线呈现“西南—东北”走向,万州长滩镇位于切变线的暖区一侧,同时万州整层可降水量达到 70 mm。7 月 4 日 04 时以后,低涡切变东移南压,位于重庆东北部,切变线前侧西南风增强 2～4 $m \cdot s^{-1}$,低涡强度明显加强,同时长滩镇位于暖切变前侧，为明显的暖湿舌控制；06 时，随着低涡切变进一步向东南移动，低涡强度达到最强，长滩镇位于暖切变线附近，而后低涡强度减弱。4 日 08 时（图 3b），500 hPa冷涡东移至蒙古国东部，高空槽东移至内蒙古中东部至重庆北部地区，副高南压至重庆东南边缘地区，700 hPa 低涡切变线东移至重庆东部地区，降水过程趋于结束。下面将从影响此次暴雨过程的中尺度对流活动特征和机制进行分析。

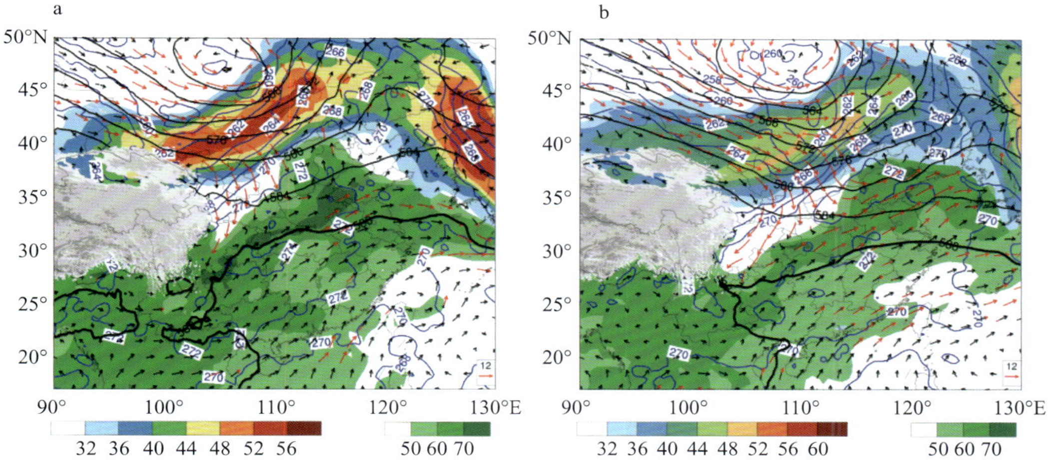

图 3　2023 年 7 月 3 日 20 时(a)和 4 日 08 时(b)500 hPa 位势高度和温度（黑色等值线，单位：dagpm；蓝色等值线，单位：K）、700 hPa 风（箭头，红色箭头表示≥12 m·s^{-1}，单位：m·s^{-1}）、整层可降水量 PWAT（绿色填色≥50 mm，单位：mm）、200 hPa 风速（彩色填色≥32 m·s^{-1}，单位：m·s^{-1}）和超过 3000 m 高原地形（灰色阴影，单位：m）

3　中尺度对流系统（MCS）活动特征和机制

3.1　卫星云图特征分析

为了分析影响万州地区强降水的 MCS 演变过程，下面利用 FY-4A 的 TBB 进行分析。7 月 3 日夜间至 4 日凌晨造成重庆万州东部地区强降水的 MCS（图 4a 箭头所指位置）发生、发展过程分为 4 个阶段：(1)局地对流维持阶段（3 日 23 时—4 日 02 时）；(2)MCS 形成与快速发展阶段（4 日02—04 时）；(3)MCS 成熟阶段（4 日 04—06 时）；(4)MCS 减弱阶段（4 日 06—08 时）。

第 1 阶段，3 日 23 时，盆地南部对流云系向重庆西南逐渐扩大并加强，4 日 00 时（图 4a），受切变系统影响重庆西南部对流云团 A 发展扩大影响重庆西部大部地区，同时在重庆万州地区受局地对流系统影响生成云团 B，此云团是万州东部地区大暴雨过程的初始对流系统。01 时（图 4b），云团 B 分裂成两个较小对流云团，云团 A 在切变系统影响下，进一步向东北方向扩大影响重庆中部地区，TBB 最强中心为－72 ℃以下。02 时（图 4c），万州东部分散对流云团稳定维持，且有所发展。第 2 阶段，03 时（图 4d），伴随着切变系统的维持和增强，云团 A 继续向东北方向发展，与云团 B 合并且快速发展成云团 C，此时影响万州地区强降水的 MCS 形成。

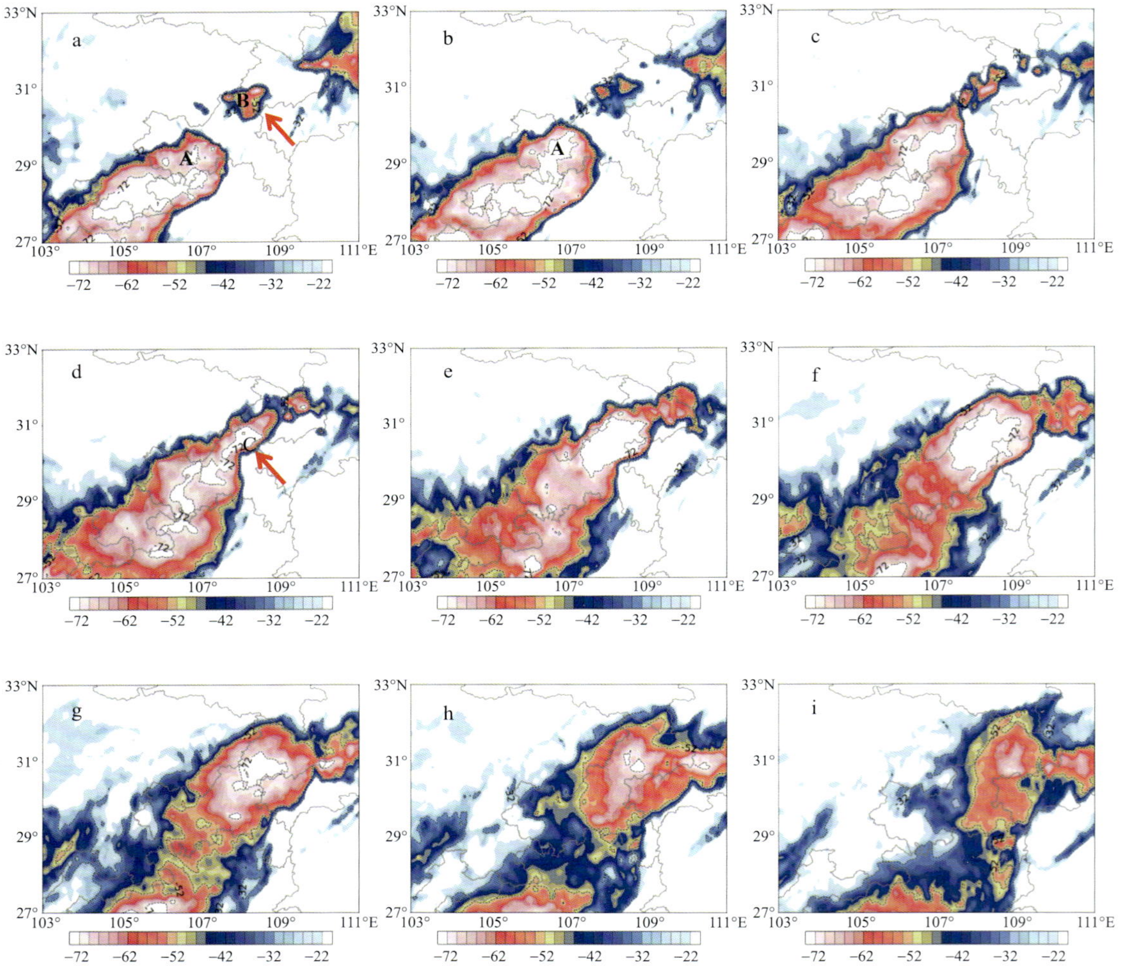

图 4　2023 年 7 月 4 日 00—08 时 TBB(填色,间隔:1 h,单位:℃;
箭头指示为影响重庆万州的中尺度对流系统(MCS),图中字母 A、B、C 表示云团编号)
(a)00 时;(b)01 时;(c)02 时;(d)03 时;(e)04 时;(f)05 时;(g)06 时;(h)07 时;(i)08 时

−72 ℃以下 TBB 范围呈“西南—东北”走向,并北扩逐渐影响重庆东北部部分地区。第 3 阶段,04 时(图 4e),万州地区−72 ℃以下 TBB 范围明显增大,云顶接近圆形的中尺度云团(较大范围冷云罩),且一直维持至 06 时,同时云图−72 ℃以下大值中心区域也出现明显的短时强降水,并持续到 06 时(图 4g)。第 4 阶段,07 时(图 4h),对流云团仍主要影响重庆东北部地区,但−72 ℃以下范围明显减小,万州地区对流云团呈片状分布,08 时(图 4i),对流云团进一步减弱,MCS 快速减弱。

3.2　雷达回波特征分析

为了进一步分析导致万州局地强降水的对流活动,下面利用雷达反射率因子进行细节分析。7 月 4 日 02 时 54 分(图 5a),低涡切变作用下形成的“西南—东北”走向带状回波增强,位于万州长滩镇上游，30 dBZ 以上回波控制着重庆中部和东北部长江沿线地区，影响范围相对较窄，但中心强度超过 50 dBZ，此时万州区中部已有≥20 mm・h^{-1}的短时强降水，此后“西南—东北”走向带状回波东移南压，范围扩大，影响万州区东部大部分地区；03 时 54 分（图 5b），强回波中心东移停滞在长滩镇附近，同时在万州中西部地区有对流单体新生，并向东移动加强，形成“列车效应”，使得长滩镇附近对流维持，但万州区强回波分散呈块状。04 时 54 分（图 5c）万州区南部回波不断向东北方向移动，与万州中西部的回波合并增强，“列车效应”导致“西南—东北”走向强回波带持续影响长滩镇，50 dBZ 以上强回波中心在长滩镇维持到 07 时（图 5d，图 5e），与 MCS 发展成熟阶段的－72 ℃以下 TBB 控制时间一致，使得长滩地区 04—07 时连续 4 h 降雨强度超过 40 mm・h^{-1}。07 时 54 分（图 5f），带状回波逐渐减弱消散，并逐渐东移出重庆，重庆东北部的强降水趋于减弱。

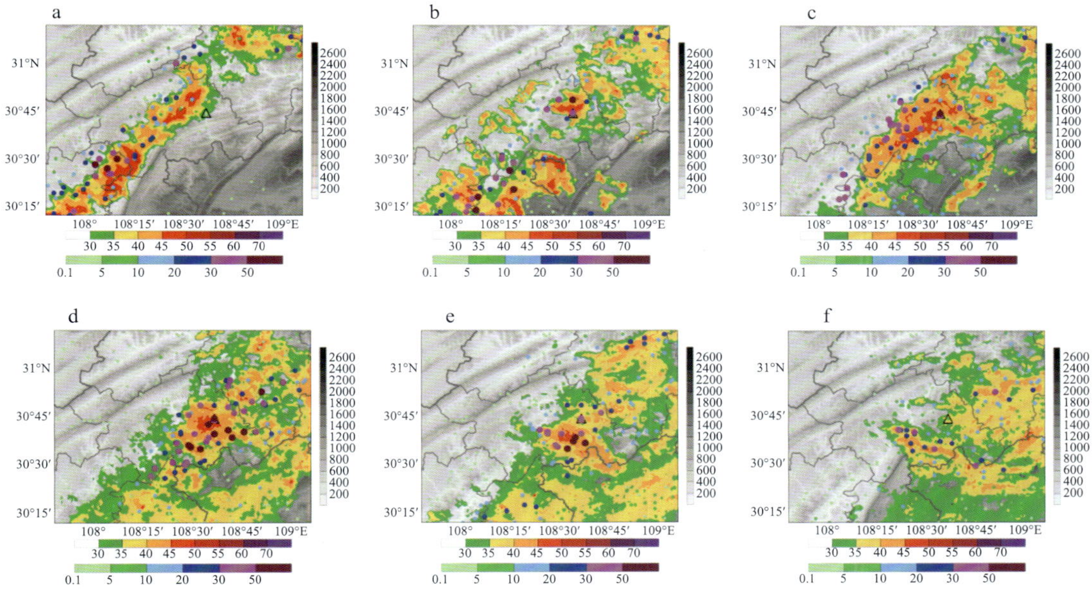

图 5　2023 年 7 月 4 日 02 时 54 分—07 时 54 分万州雷达最大反射率因子（彩色阴影≥30 dBZ，单位：dBZ），整点小时降水分布（圆点，单位：mm）和地形叠加（灰色阴影表示地形高度，单位：m，黑色三角形表示长滩镇站位置）

（a）02 时 54 分；（b）03 时 54 分；（c）04 时 54 分；（d）05 时 54 分；（e）06 时 54 分；（f）07 时 54 分

3.3　MCS 形成机制

对比卫星和雷达演变过程可以发现，在 700 hPa“西南—东北”走向的切变线影响下，重庆西南部形成的 MCS 向东北方向移动，同时在 850 hPa 低涡切变影响下，万州区西部也有小尺度对流系统生成。图 6a 是 7 月 4 日 04 时，850 hPa 风场和散度场叠加，可以发现重庆万州长滩镇附近（30.8°N，108.5°E）维持低涡切变线，切变线位于 31°N 附近，随着偏北气流入侵，切变线缓慢南移，06 时位于 30.5°N 附近地区（图 6b）；同时散度场上，在切变线附近为明显的散度负值区，中心最大值低于-1.2×10^{-4} s^{-1}，在低涡切变线动力作用下，重庆西南部向东北方向移动的 MCS 与万州区西部东移的小尺度对流系统合并且发展，表明在低涡切变线影响下该地区

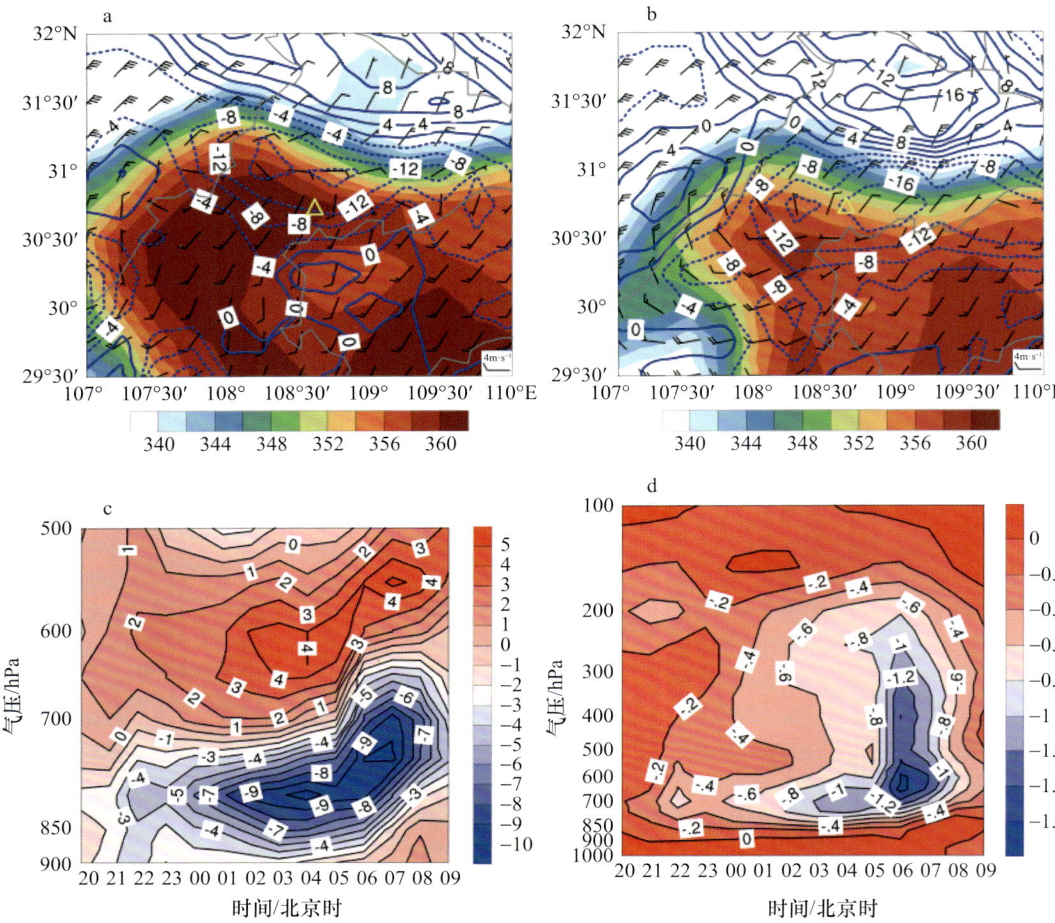

图 6　2023 年 7 月 4 日 04 时(a)和 06 时(b)850 hPa 风场(风羽,单位:m · s^{-1})、散度(等值线,单位:10^{-5} s^{-1})和假相当位温(θ_{se},阴影,单位:K;黄色三角形表示长滩镇位置);7 月 3 日 20 时—4 日 09 时区域平均散度垂直剖面(c,30.5°—31.5°N,108.15°—109°E,单位:10^{-5} s^{-1}),区域平均垂直速度垂直剖面(d,30°—31°N,108°—109°E,单位:Pa · s^{-1})

存在明显的低层辐合,为万州地区 MCS 的生成和发展提供有利的动力条件。结合万州区东部散度垂直剖面时间变化上(图 6c),4 日 04 时,800 hPa 散度负值最大值中心(-1×10^{-4} s^{-1}),05 时之后,低于-8×10^{-5} s^{-1}的大值区迅速向上伸展,到 07 时已经伸展至 700 hPa,中心最大负值也达到-1×10^{-4} s^{-1}。同时,700 hPa 以上为散度正值区,且在 05 时之后正值区也向上扩展,达到 600 hPa 以上。在万州地区强降水发生时段(4 日 04—07 时),600～800 hPa 散度梯度明显加强,即低层辐合、高层辐散的耦合进一步加强。另外,从垂直速度空间剖面分布图(图 6d)可以看到,04 时,700 hPa 垂直速度不断增大,06 时整层垂直速度达到最大(中心达-1.6 Pa · s^{-1}),-0.8 Pa · s^{-1}上升运动区向上扩展到 200 hPa,其中,较强垂直速度(<-1.2 Pa · s^{-1})位于 300～700 hPa,即整个强降水区域上空具有强烈的上升垂直运动。在暴雨发展过程中,不断加强的低层辐合、高层辐散的耦合配置有利于垂直方向上形成大气抽吸效应,从而加强垂直上升运动。从假相当位温空间分布上,04 时(图 6a)在低涡切变东侧和南侧为明显 θ_{se} 大值区(高能

舌)，中心最大值超过 360 K，为中尺度对流系统的发生和发展提供了热力条件。在低涡切变线动力和热力作用下，造成万州区的强降水 MCS 稳定维持并增强，万州地区 TBB 的−72 ℃以下范围明显增大(图 4e，图 4f)。06 时(图 6b)，随着低涡切变线缓慢南移和强降水发生，θ_{se}大值区范围逐渐缩小，重庆万州地区 θ_{se} 中心最大值下降至 254 K 以下，此后−72 ℃以下范围迅速减小，降水也减弱。下面将从局地复杂地形作用做分析。

4 地形作用

4.1 地形作用下锋面抬升作用

经过长滩镇(30.8°N，108.5°E)做"西北—东南"向垂直环流剖面，随着冷空气入侵重庆东北部地区(31.2°N，108.0°E)，7 月 4 日 00 时(图 7a)其西北侧存在向冷区倾斜的 θ_{se} 等值线的密集区，表明大尺度冷锋锋区逐渐影响该地区，其东南侧为锋区前的高不稳定区(360 K)，中低层为弱的垂直上升运动区。04 时(图 7b)，随着大尺度锋区向东南方向推进，锋区移近长滩镇附近，但长滩镇仍位于冷锋前的暖区里。副高西侧、低涡切变前部西南气流进一步加强，在高温高湿不稳定层结下，加上七曜山迎风坡地形作用，锋前暖气团抬升，垂直上升运动明显加强，其向上伸展至 700 hPa 以上。04—05 时，垂直速度大值中心位于 700 hPa(图 6b)，对应 04—05 时暖区对流性的短时强降水(图 2a)，同时在山后形成弱的次级环流，导致假相当位温线(360 K)断裂。06 时(图 7c)，随着冷空气向东向南移动，冷锋移至长滩镇，锋面抬升和地形抬升的共同作用造成垂直上升运动进一步加剧，强烈的垂直上升运动伸展至 200 hPa 附近，此时上升运动速度达最强，大值中心(<−1.6 Pa·s^{-1})仍位于 700 hPa 附近(图 6d)。07 时(图略)，锋区东移位于七曜山山顶，其上空依然维持强烈的上升运动(<−1.4 Pa·s^{-1}中心位于 700 hPa)，而后逐渐减弱。

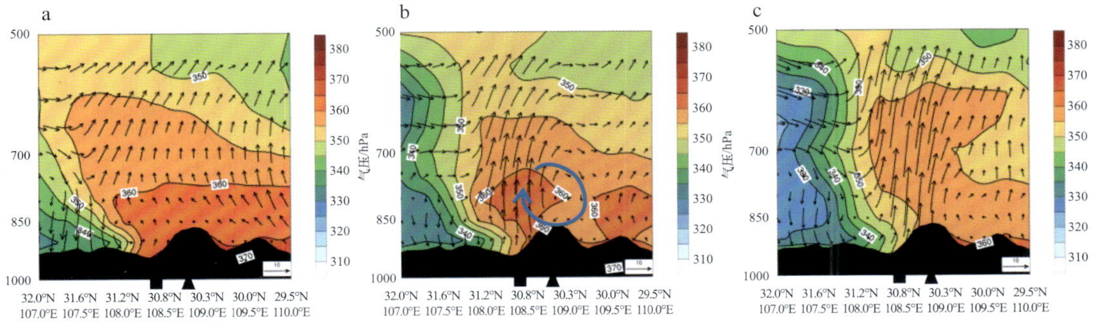

图 7　2023 年 7 月 4 日 00 时(a)、04 时(b)和 06 时(c)沿长滩镇西北—东南向经纬向风与垂直速度 ω 合成的垂直环流(u,v 单位：m·s^{-1}，垂直速度 ω，单位：10^{-1} Pa·s^{-1}；假相当位温，等值线和填色，单位：K；黑色阴影为地形，单位：m，黑色正方形为长滩镇位置，黑色三角形为七曜山位置，蓝色箭头为次级环流)

综上所述，冷锋过境前(04 时、05 时)局地强降水(图 2a)主要是锋区前暖区对流和地形辐合抬升共同作用造成的。冷锋在过山时(06 时、07 时)受到七曜山抬升作用，在迎风坡爬山时上升运动明显加强，同时触发锋前强不稳定能量释放，造成对流性和稳定性混合的短时强降水

(图 2a)。总之,在有利的动力和热力不稳定条件下,局部地形抬升作用导致了万州局地强降水的发生。

考虑到万州东部地区的方斗山和七曜山地形作用,对复杂地形地面要素进一步分析。4 日 00 时(图 8a),冷空气影响四川东北部和重庆东北部,在重庆东北部 31°N 以北和 108°E 以西地区有等温线的密集区,形成了“西南—东北”走向的冷锋锋区,锋后有强的偏北气流,锋前偏北气流较弱。同时,东侧方斗山以东湖北西南部地区为明显的冷区,对应的地面辐散气流与冷锋前的西北气流形成了与方斗山走向一致的“西南—东北”向中尺度辐合线,同时冷锋前侧暖区温度≥25 ℃,在锋区附近及暖区有零散的对流单体生成。随着冷锋锋区向东南方向移动,04 时(图 8b)锋区前侧移近长滩镇附近,锋前地形辐合抬升作用加强,辐合线附近对流明显加强,暖区 25 ℃线控制范围明显减小。同时受七曜山迎风坡抬升作用,在山后形成弱的次级环流(图 8b),增强了地面辐散气流,导致到 05 时中尺度辐合线仍维持。06 时(图 8c)冷锋东移与中尺度辐合线叠加,长滩镇正好位于辐合中心,上升运动达最强(图 6d)。07 时(图略),锋区进一步东移,移出万州地区,地面中尺度辐合线消失,回波强度减弱,降水逐渐减弱结束。

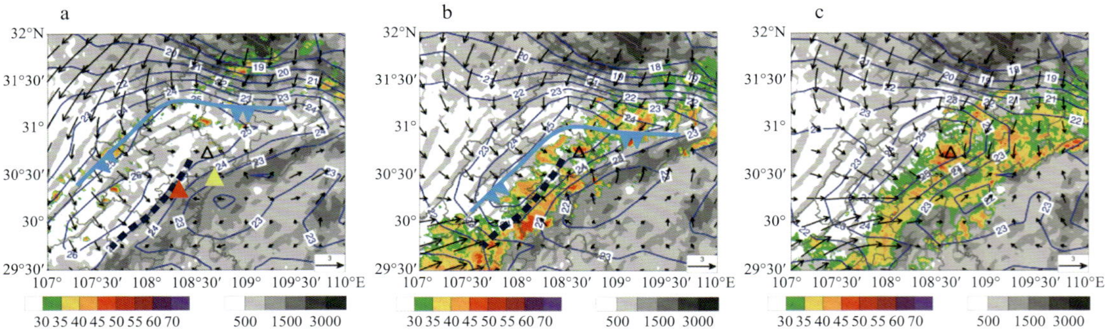

图 8　2023 年 7 月 4 日 00 时(a)、04 时(b)和 06 时(c)地面风场(单位:m · s^{-1}),温度场(单位:℃)、最大反射率因子(彩色阴影≥30 dBZ,单位:dBZ)和地形叠加(灰色阴影表示地形高度,单位:m;黑色三角形表示长滩镇站位置,深蓝色虚线为辐合线,图 a 中红色三角形表示方斗山位置,黄色三角形表示七曜山位置)

在冷锋向东南方向推进过程中,局地的热力不稳定作用触发了万州中西部地区冷锋前暖气团中对流单体的新生,同时在方斗山峡谷地形作用形成的中尺度辐合线及锋面的抬升作用下,重庆中西部“西南—东北”走向的对流加强并向东北方向移动,与万州中西部东移加强的对流单体合并,导致万州长滩镇局地的对流发展(回波最大强度达到 50 dBZ)以及强降水的发生。

4.2　地形作用下水汽聚集作用

7 月 4 日 00 时(图 9a),锋区位于重庆东北部地区(31.2°N,108.0°E)附近,锋区上空存在向冷区倾斜的水汽辐合区(中心值达-1.5×10^{-4} g · cm^{-2} · hPa^{-1} · s^{-1})。04 时(图 9b),锋区位于长滩镇附近,在七曜山迎风坡和长滩镇上空存在明显水汽强辐合(-1×10^{-4} g · cm^{-2} · hPa^{-1} · s^{-1}),最强中心低于-2.25×10^{-4} g · cm^{-2} · hPa^{-1} · s^{-1},且 850 hPa 水汽通量散度大值区与七曜山迎风坡地形高度分布重叠,这表明在七曜山地形阻挡作用下,垂直水汽输送明显增强,地形对水汽具有显著的聚集作用。06 时(图 9c)，锋区继续向七曜山推进，山顶及靠近迎风坡一侧上空为明显水汽辐合大值区，且大值区向上扩展到 850 hPa 以上。04—07 时暴雨区上空水汽主要来源于 850 hPa 附近的水汽辐合，地形作用导致水汽聚集抬升，使得湿空气处于饱和状态，有助于降水效率提高；水汽通量散度大值区位于万州区长滩地区暴雨上空，水汽强辐合中心则位于地形迎风坡附近大暴雨区，且水汽聚集时段与暴雨发生时段一致。

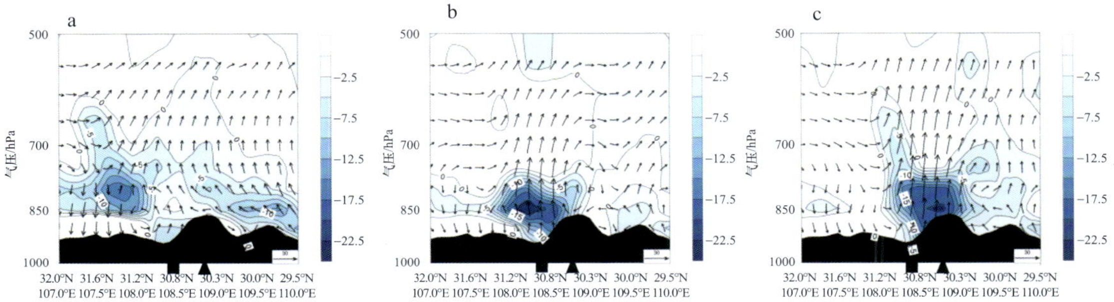

图 9　2023 年 7 月 4 日 00 时(a)、04 时(b)和 06 时(c)沿长滩镇西北—东南向经纬向水平水汽通量与铅直水汽通量合成的垂直环流(箭头，水平水汽通量单位：10^1 g・cm^{-1}・hPa^{-1}・s^{-1}；垂直水汽通量扩大了 10 倍，单位：10^{-5}g・cm^{-2}・s^{-1})，各层水汽通量散度(等值线和填色，单位：10^{-5}g・cm^{-2}・hPa^{-1}・s^{-1})和地形叠加(黑色阴影为地形，单位：m，黑色正方形为长滩镇位置，黑色三角形为七曜山位置)

5　预报检验与预报难点分析

5.1　预报检验

对比预报员主客观预报和不同数值预报 24 h 暴雨(≥50 mm)TS 评分发现，市气象台 24 h预报 TS 评分(0.56)最优，模式 CMA-MESO 评分(0.50)次之，CMA-GFS 和 ECMWF 数值预报评分相对较低，市台主观预报相对中央台主观和客观预报有一定正技巧，但对万州长滩镇极端降水量的预报仍然偏小。

图 10 给出了 7 月 4 日 00—07 时实况累计≥20 mm 的小时降水和 CMA-MESO 预报的小时降水分布，02 时，重庆东北部出现≥20 mm 的小时强降水，03 时，长滩镇东部地区出现≥20 mm 小时强降水，04—07 时，在万州区长滩附近地区均出现小时强降水。从 CMA-MESO 小时降水预报可以看到，00 时开始预报长滩附近地区出现≥20 mm 降水，且在 01 时强度增大，最大降水达 50 mm 以上，与 06 时实况小时最大降水较为一致；02—03 时均预报出现≥20 mm・h^{-1}降水，但强降水向东北方向移动，距离万州长滩地区强降水中心 50～100 km；04—07 时，CMA-MESO 仍预报了东北部强降水，但对长滩地区的强度明显较小，表明 CMA-MESO 对长滩地区地形作用下的极端降水具有一定的预报能力，但强降水发生时间明显提前，对强降水维持机制不能准确描述。

对比不同数值模式形势场可以看到，4 日 05 时，ERA5 资料预报 700 hPa 和 850 hPa 重庆上空为低涡切变线，ECMWF 预报 700 hPa 重庆西部至四川东北部为切变线，并没有预报出低

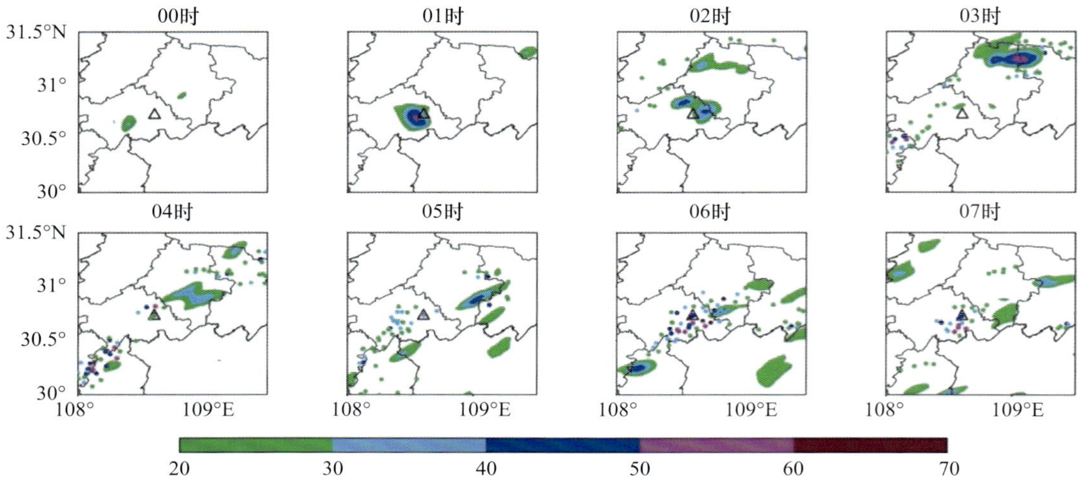

图 10　2023 年 7 月 4 日 00—07 时 CMA-MESO 小时预报(≥20 mm,阴影,单位:mm)和实况降水(散点;黑色三角形表示长滩镇站位置)叠加

涡结构,且预报切变线相对实况偏西偏北,850 hPa 为低涡切变线,但低涡结构明显松散,低涡强度明显偏弱,导致暴雨以上雨带明显偏西,对长滩地区的极端降水预报明显偏弱。CMA-GFS 预报 700 hPa 重庆上空为切变线,在切变线北侧四川盆地东部和南侧贵州至重庆南部地区风速相对于 ERA5 偏小 2～4 $m \cdot s^{-1}$,850 hPa 重庆上空为弱切变影响,切变线北侧四川盆地东部地区偏北风相对于 ERA5 偏大 2～4 $m \cdot s^{-1}$,而南侧贵州东部至湖南西部偏南风偏小 2～4 $m \cdot s^{-1}$,导致切变线位置相对于 ERA5 偏南。以上风场偏差导致了 700 hPa 切变线偏弱和 850 hPa 切变线偏南,形成了相对偏弱的动力条件,这导致 CMA-GFS 降水较实况明显偏弱。

综上所述,CMA-MESO 对长滩地区极端降水具有一定的预报能力,但相对实况强降水发生时间明显提前,对局部地形作用下的强降水具有一定指示意义,预报员可以参考中尺度模式最大降水量对降水量级进行订正。同时在低涡切变线东移过程中,考虑万州区东部地形对中尺度对流系统的动力抬升和水汽聚集作用,对该地区累积降水量级进行订正。

5.2　预报难点和关键问题

综合上述诊断分析和预报检验发现,该次暴雨过程为复杂地形下的多尺度系统相互作用,局地降水极端性强,降水量级难以把握。

(1)复杂地形下的多尺度系统相互作用机制。此次暴雨过程发生在重庆东北部复杂地形地区,中小尺度系统与复杂地形相互作用机制以及中小尺度系统与天气系统多尺度系统的相互作用认识还不够深入,因此,需要加强复杂地形下暴雨的边界层抬升触发和维持机制的研究,同时进一步改进模式的物理机制。

(2)暴雨过程降水极端性难以准确预报。由于此次降水过程主要是受低涡切变线系统影响,全球尺度模式对低涡切变系统预报强度明显偏弱,中尺度模式最大降水量预报整体上相对实况偏小,预报员对极端降水的订正能力有限,对低涡切变线影响下的局地极端降水预报量级存在挑战，后续应加强四川盆地低涡切变线暴雨特征分析和形成机制研究，尤其是对极端异常关键因子极端信号强度的分析，例如垂直速度、水汽、不稳定能量等关键因子极端信号强度；短时临近时效内，通过多源资料综合分析和短临预报技术，对极端降水的中尺度过程做出更加精细的研判。

6 结论与讨论

基于多源观测和再分析资料对2023年万州“7·4”局地特大暴雨特征及成因进行分析，主要结论如下：

(1)2023年7月4日凌晨重庆万州区长滩镇发生了特大暴雨，具有局地累计雨量大、短时雨强强和极端性特征，由此引发局地洪涝导致山体浅层滑坡、泥石流等地质灾害，造成了突发并发、多点散发灾害。

(2)分析强降水的影响关键环流系统表明，高空冷槽引导入侵四川盆地的冷气流与缓慢东退的副高外围暖湿气流交汇，形成了稳定维持“西南—东北”走向的低涡切变线，其为暴雨提供了有利的动力条件(垂直速度$\leqslant -0.8\ \mathrm{Pa \cdot s^{-1}}$)，同时暴雨区万州东部地区为高湿、高不稳定能量锋区(θ_{se}中心强度$\geqslant$360 K)。

(3)在稳定维持的中尺度低涡切变线动力作用下，中小尺度对流系统得以发生、发展且成熟维持，促使“西南—东北”向带状回波不断东移至万州长滩地区，同时在万州区中西部多个对流单体生成并东移与南部带状强回波合并，导致带状回波进一步增强，形成了04—07时万州长滩地区强回波“列车效应”，导致连续4 h出现超过40 $\mathrm{mm \cdot h^{-1}}$短时强降水。

(4)万州东部的复杂地形具有明显作用，锋区经过长滩地区过程中，在七曜山地形抬升作用下，进一步增强垂直上升运动(垂直速度$\leqslant -1.6\ \mathrm{Pa \cdot s^{-1}}$)和局地水汽聚集效应(水汽通量散度$\leqslant -10\times10^{-5}\ \mathrm{g \cdot cm^{-2} \cdot hPa^{-1} \cdot s^{-1}}$)；在方斗山地形作用下形成的中尺度地形辐合线，与锋区的叠加，进一步维持和增强了MCS，即复杂地形的叠加效应共同导致万州长滩局地极端强降水发生。

(5)预报员主观预报较好地预报了此次暴雨落区，对暴雨的雨带和强度具有一定订正能力，但对暴雨的极端性预报能力仍不足。后续预报中需加强中尺度模式最大降水量和复杂地形的动力抬升和水汽作用的分析，以及对极端异常关键因子(垂直速度、水汽、不稳定能量等)极端信号强度的预报以及与降水强度关系的定量分析。

本文针对“7·4”局地特大暴雨特征和形成机制，以及局部地形作用进行了初步分析，但对复杂地形下中小尺度天气系统发生发展机理的科学认识还存在不足，对极端天气形势和主要影响系统的可预报性以及引发极端降水的关键因子异常信号分析还不够深入。另外，万州雷达尚未升级改造，仍为单偏振雷达，复杂地形区定量降水估测产品质量较双偏振雷达有一定差距。

致谢：在论文的撰写过程中，特别感谢国家气象中心林建首席的帮助和指导。

参考文献

[1] 何光碧. 高原东侧陡峭地形对一次盆地中尺度涡旋及暴雨的数值试验[J]. 高原气象,2006,25(3):430-441.

[2] 赵玉春,许小峰,崔春光. 川西高原东坡地形对流暴雨的研究[J]. 气候与环境研究,2012,17(5):607-616.

[3] 孙建华,李娟,沈新勇,等. 2013 年 7 月四川盆地一次特大暴雨的中尺度系统演变特征[J]. 气象,2015,41(5):533-543.

[4] 李琴,崔晓鹏,曹洁. 四川地区一次暴雨过程的观测分析与数值模拟[J]. 大气科学,2014,38(6):1095-1108.

[5] 宋雯雯,李国平,王皓. 四川盆地一次强降水过程水汽特征[J]. 气象科技,2018,46(1):129-138.

[6] BAO X H,ZHANG F Q,SUN J H. Diurnal variations of warm-season precipitation east of the Tibetan Plateau over China[J]. Mon Wea Rev,2011,139(9):2790-2810.

[7] ZHANG Y H,XUE M,ZHU K F,et al. What is the main cause of diurnal variation and nocturnal peak of summer precipitation in Sichuan Basin,China? The key role of boundary layer low-level jet inertial oscillations[J]. J Geophys Res,2019(124):2463-2664.

[8] LI Q,ZHENG Y G,ZHOU G B,et al. Diurnal variations of rainfall affected by complex topography based on high-density observation in Chongqing over southwest China[J]. Theor Appl Climatol,2022(148):1373-1394.

2023年7月21—22日杭州富阳致灾极端强对流暴雨过程分析

周　淼[1]　郭巧红[2]　沈杭锋[1]　周　娟[1]　李文娟[2]
(1. 杭州市气象台，杭州，310051；2. 浙江省气象台，杭州，310051)

摘　要：2023年7月21日和22日，杭州富阳连续2 d出现小时雨强≥100 mm的局地极端强降水，并于22日傍晚发生小流域山洪导致8人死亡。利用常规观测和区域自动站分钟资料、S波段和X波段双偏振天气雷达资料、ERA5(第5代欧洲再分析)资料以及高分辨率地形资料，对此次极端暴雨过程的环流背景、中尺度对流演变和发展机制进行分析。结果表明：两天的极端强降水均发生在副热带高压边缘的高温高湿环境中，缓慢东移的西风槽为极端强降水提供动力条件。在弱风场环境下，两天都存在由局地热对流产生的后向冷池出流，与高温高湿的环境场之间形成的阵风锋和中尺度地面辐合线引发的风暴后向传播机制；22日，由于山脉地形包围阻挡，阵风锋得以较长时间维持，同时局地热对流产生的冷池与周边区域的雷暴冷池出流相向而行，在两者之间触发新生对流，此外边界层水汽辐合有利于中尺度对流长时间维持。对于此类弱风场环境下的强对流极端暴雨，在短临预报中需加强地面温度场的分析，重视冷池后向出流与环境场的相互作用；中尺度区域模式对于极端降水具有一定的预报能力，其上游区域的降水极值预报在预警信号发布时可作参考。

关键词：极端强降水，冷池，阵风锋，后向传播

引言

长江中下游地区在汛期饱受暴雨灾害影响，特别是盛夏季节暖区中的极端短时暴雨，因其突发性强，留给短临预警的时间非常有限。又因其尺度小、强度大，往往导致严重的局地小流域山洪、泥石流及城市内涝等次生灾害。暖区暴雨具有降水集中、强度大、对流性明显的特点，众多学者已开展广泛的研究[1-3]。暖区暴雨往往发生在锋前西南暖湿气流中[4]，长江中下游暖区暴雨多发生于距离地面冷锋或850 hPa暖切变以南100～300 km的暖区范围内，甚至是副热带高压(简称副高)边缘或内部等[5]。陈涛等[6]、孙晶等[7]从数值可预报性、对流系统触发维持机制等不同视角分析，指出现有的业务数值预报模式对于副高背景下极端短时强降水的预报能力仍较为有限。随着全球变暖进一步加剧，长江中下游、东南地区极端降水有增加趋势[8]，但江南地区暖区极端强对流暴雨的成因及触发维持机制还有待进一步研究。

资助项目：浙江省自然科学基金联合基金资助项目(LZJMD23D050001)和杭州城市气象联合实验室重点项目(SYSZD202402)共同资助。
第一作者：周淼，工程师，从事天气预报预警研究，E-mail：zhoumiao_atmos@163.com。
通信作者：郭巧红，正高级工程师，从事天气预报预警研究，E-mail：qxtgqh@sina.com。

2023 年 7 月 21 日和 22 日连续 2 d 浙江北部均出现较大范围强对流暴雨天气，其中杭州市富阳区 2 d 均出现小时雨强≥100 mm 的极端短时暴雨，且局地强降水落区高度重叠，两日最大累积雨量达 320.6 mm。由于强降水时段集中、强度强，导致 22 日傍晚富阳南部的大源镇、上官乡、常绿镇 3 个乡镇突发局地小流域山洪造成 8 人死亡，直接经济损失 1.8 亿元，社会影响大。对于此次极端暴雨过程，气象服务总体及时、预警叫应果断，但在高级别预警信号发布提前量方面仍存在很大挑战。连续 2 d 发生在同一局地的极端暴雨事件，其环流背景、触发和维持机制以及中小尺度特征是否相同？本文将针对这一系列问题展开分析。

本文分析使用的资料主要包括：(1)常规高空、地面观测资料；(2)浙江省区域自动站分钟观测资料；(3)杭州下沙 S 波段双偏振天气雷达资料、桐庐和富阳 X 波段双偏振雷达资料；(4)0.25°分辨率的 ERA5 高空资料；(5)高分辨率(50 m)的地形高程资料。

1 天气实况概述

2023 年 7 月 21 日和 22 日连续 2 d 午后到夜里，浙江北部均出现了较大范围短时强降水，局地达到大暴雨量级(图 1a，图 1b)。此次暴雨过程共有 125 站累积降水超过 100 mm，最大为富阳史家村达 320.6 mm。100 mm 以上站点主要集中在富阳区大源镇、上官乡、常绿镇和萧山区楼塔镇附近(图 1c，图 1d)。其中，21 日单站最大降雨量为富阳长佳村(223.7 mm)，最大小时雨强为 126.2 mm(17 时 26 分—18 时 25 分)，也出现在该站；22 日单站最大降雨量为富阳史家村(209.1 mm)，最大小时雨强 102 mm(17 时 19 分—18 时 18 分)，出现在富阳双溪村；上述几个站点之间的距离在 5～8 km。不论是小时雨强还是 3 h、6 h 累积降水均打破当地短时强降水历史纪录。从 21 日长佳村(KA303)和 22 日史家村(K1690)的逐 5 min 降水时序图中(图 1e)可见，2 站最强降水时段均出现在傍晚 17—19 时，最大 5 min 降水均接近或超过 15 mm。此次连续强对流过程具有累积雨量大、雨强极端、局地性强等特点，且两天的强降雨落区高度重叠，导致 22 日 18 时左右富阳区南部乡镇突发局地小流域山洪。

2 环流背景及对流潜势

从 500 hPa 高空图上可见(图 2a，图 2b)，7 月 21 日、22 日浙江北部均处于副高边缘。副高北侧有西风带低槽缓慢东移，槽底伸至 30°N 附近。21 日 08 时江西到浙江一带 850 hPa 的西南气流较弱，风速只有 4～6 $m \cdot s^{-1}$(图 2c)，切变线位于安徽北部到江苏中部。22 日 08 时江南东部 850 hPa 西南气流显著加强(图 2d)，风速增强到 8～12 $m \cdot s^{-1}$，浙北地区存在一定的风速辐合，地面处于大范围均压场中(图略)。

受副高和西南气流共同影响，21 日、22 日连续 2 d 浙北地区最高气温均在 35～37 ℃。从杭州站的探空曲线可见(图 2e，图 2f)，21 日 08 时和 22 日 08 时整层大气都接近饱和，湿层深厚；K 指数分别为 40.8 ℃和 39.5 ℃，环境场具有显著的高温高湿特征。俞小鼎等[9]研究表明，暖云层厚度越大降水效率越高，当露点温度很高时，即使对流有效位能不太大，也能产生很高的降水效率。21 日和 22 日的 0 ℃层高度都较高(5.24 km 和 5.18 km)，抬升凝结高度(CLC)都较低，深厚的暖云层有利于形成高效率的强降水。

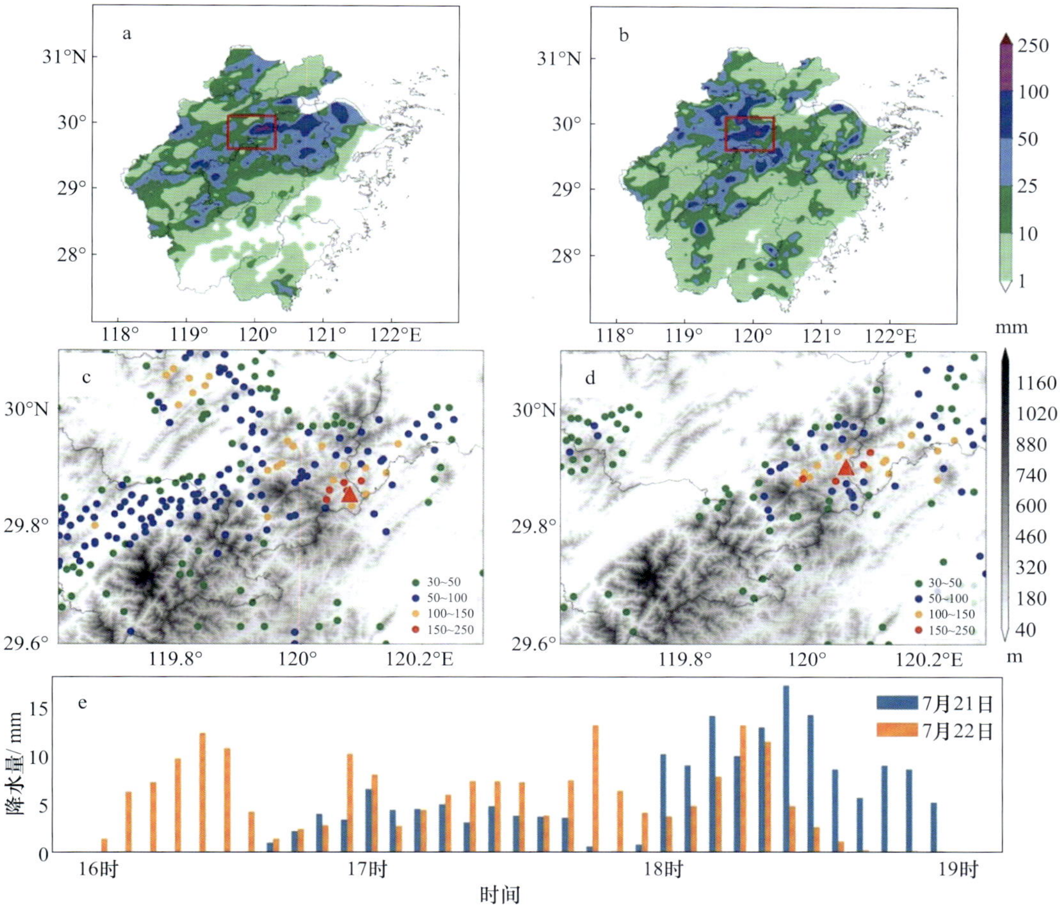

图 1　2023 年 7 月 21 日(a)、22 日(b)累积雨量(08—次日 08 时)，(c)和(d)分别为(a)和(b)中红色方框部分的雨量(散点，单位：mm)和地形高度(阴影，单位：m)图，(e)为 21 日长佳村、22 日史家村关键降水时段内逐 5 min 降雨量时序图
(红色三角分别为 21 日、22 日降水最大站点长佳村和史家村位置)

21 日 08 时 CAPE 值 1385 $J \cdot kg^{-1}$，其形态呈狭长的条状分布，有利于强降水[10]，午后地面气温升至 35 ℃以上时，订正后的 CAPE 达 3500 $J \cdot kg^{-1}$以上。0～6 km 垂直风切变偏弱，只有 6 $m \cdot s^{-1}$，不利于风暴组织化[11]。22 日 08 时 CAPE 值为 536 $J \cdot kg^{-1}$，将地面气温订正到 35 ℃后的 CAPE 达 2700 $J \cdot kg^{-1}$以上，0～6 km 垂直风切变也较小，为 7 $m \cdot s^{-1}$。

总体而言，这两次极端降水环流背景相似，均发生在副高边缘和低层西南气流中，环境场高温高湿，热力条件都很好。相比之下，21 日的热力条件更好，而 22 日随着西风槽逼近，动力条件更好。

3　对流演变及触发机制

此次极端强降水发生在副高边缘高温高湿和垂直风切变较小的环境背景下，以下对极端暴雨过程的中尺度对流系统的发展演变机制进行进一步分析探讨。

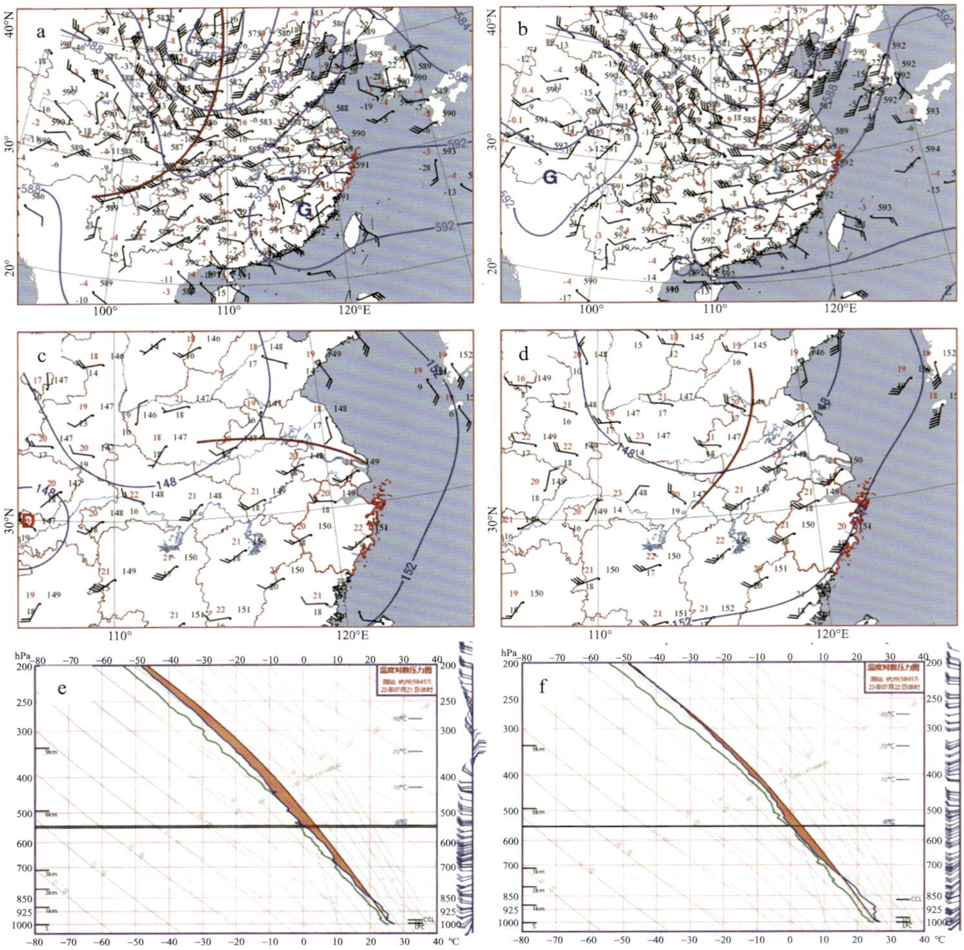

图 2　2023 年 7 月 21 日(a、c、e)、22 日(b、d、f)08 时 500 hPa(a、b)和 850 hPa(c、d)天气图、杭州站(58457)探空图(e、f)

3.1　21 日极端强降水过程

3.1.1　雷达回波演变

7 月 21 日的富阳极端暴雨过程主要出现在 17—19 时。从杭州下沙 S 波段雷达 0.5°仰角基本反射率回波演变(图 3)可见,16 时 33 分,长佳村附近开始出现孤立的热对流回波(图中标记为 A);16 时 57 分,在热对流回波四周出现阵风锋回波。17 时 03 分—17 时 09 分,长佳村北侧的阵风锋上有新生对流触发;17 时 27 分—17 时 34 分,长佳村南侧的阵风锋上也有热对流回波触发(标记为 B)。17 时 40 分—17 时 52 分,由阵风锋触发的对流回波 B 缓慢北抬,与长佳村附近的回波 A 合并,形成一个 β 中尺度对流系统(MCS)。两块对流回波合并之后稳定少动,从 17 时 26 分—18 时 25 分,出现小时雨强 126.2 mm 的极端强降水。从 18 时 34 分开始,MCS 回波缓慢东移,强度减弱(图略)。此外,20—21 时,受镶嵌在层状云中的对流回波影响,长佳村还出现了 1 h 25.1 mm 的混合型降水。

3.1.2 对流触发及维持机制

已有研究表明，对流云内因降水粒子蒸发或冰粒子融化的冷却效应及负载拖曳作用造成云内空气变冷并加速下沉，强下沉气流至近地面形成冷池密度流向外辐散，在冷池前沿可触发新生对流[12]，边界层辐合线和局地山脉地形的抬升也可触发新生对流[13,14]。16 时 33 分，长佳村出现孤立热对流回波，16 时 50 分，长佳村附近形成雷暴冷池（图 4a）。冷池密度流向四周辐散，与外围高温高湿环境之间形成了强烈的温度梯度，并触发或加强了周围的强对流回波（图 4b、图 4c）。从地面风场资料（图 4d、图 4e）可见，17 时和 18 时与阵风锋相对应，在长佳村南侧维持着一条东西向的中尺度辐合线，有利于中尺度对流系统的发展和维持。图 3 中的对流回波 B 正是在此辐合线上发展起来，并北抬影响长佳村。

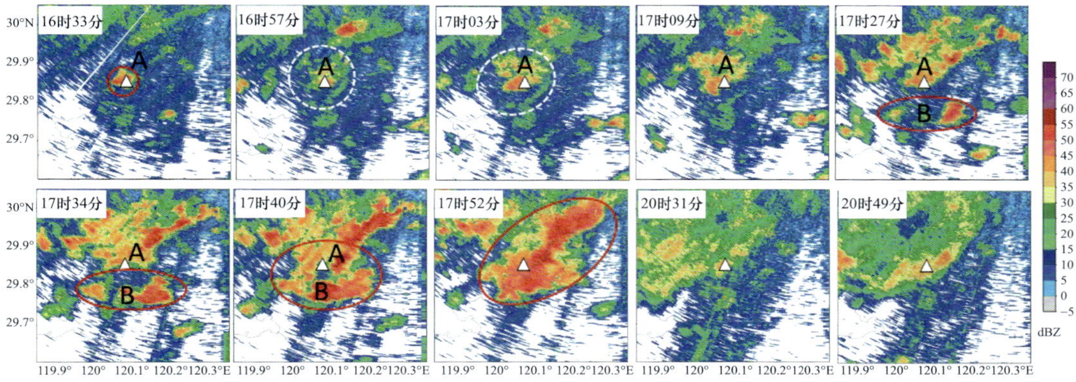

图 3　2023 年 7 月 21 日午后到夜里杭州 S 波段双偏振雷达 0.5°仰角基本反射率回波（单位：dBZ）
（红色圆圈表示对流单体或对流复合体，白色虚线表示环状阵风锋，三角形为长佳村位置）

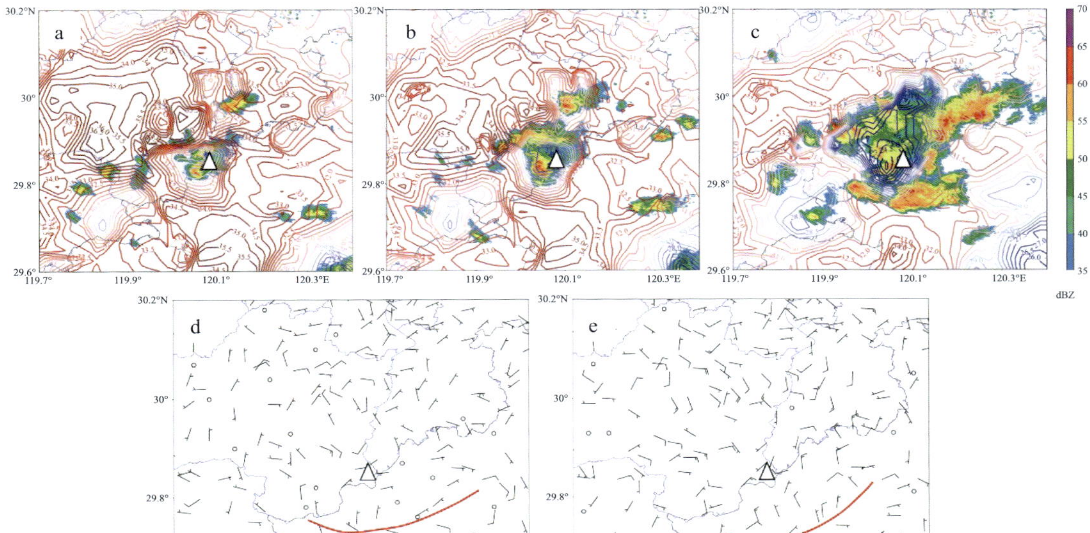

图 4　2023 年 7 月 21 日 16 时 50 分（a）、17 时 05 分（b）、17 时 35 分（c）地面自动站气温（等值线，单位：℃）和组合反射率回波（填色≥35 dBZ）以及 17 时（d）、18 时（e）地面风场（三角形为长佳村位置，红线为地面辐合线）

由此可见，长佳村附近的局地热对流产生的冷池出流，与高温高湿环境之间形成阵风锋和中尺度地面辐合线触发了新生对流发展并形成 MCS。同时，由于环境风场引导气流较弱，导致 MCS 稳定少动，从而造成富阳长佳村的极端暴雨。

3.2 22 日极端强降水过程

3.2.1 雷达回波演变

22 日午后到傍晚的极端暴雨回波演变可分为两个阶段。第一阶段 14—17 时，由局地热对流向中尺度对流系统(MCS)组织化的过程；第二阶段为 17—19 时，由多个不同尺度的 MCS 合并产生较大范围的短时强降水，并导致富阳局地山洪暴发。

从第一阶段的雷达组合反射率回波演变可见(图 5)，这一阶段的回波具有明显的后向传播特征。14 时 12 分，在史家村附近就有分散的热对流单体发展，14 时 31 分，热对流单体合并东移，位于史家村东侧(图中标记为 A)。15—16 时，热对流单体 A 后部先后有 4 个尺度≤10 km 的新生热对流单体触发并入主回波 A；16 时 02 分，在史家村附近形成长约 25 km、宽约 8 km 的东西带状 MCS 回波。16 时 02 分—16 时 38 分，在带状回波的西南侧又有 3 个新生对流单体发展并入回波 A。16—17 时，史家村出现 1 h 达 77.4 mm 的强降水。

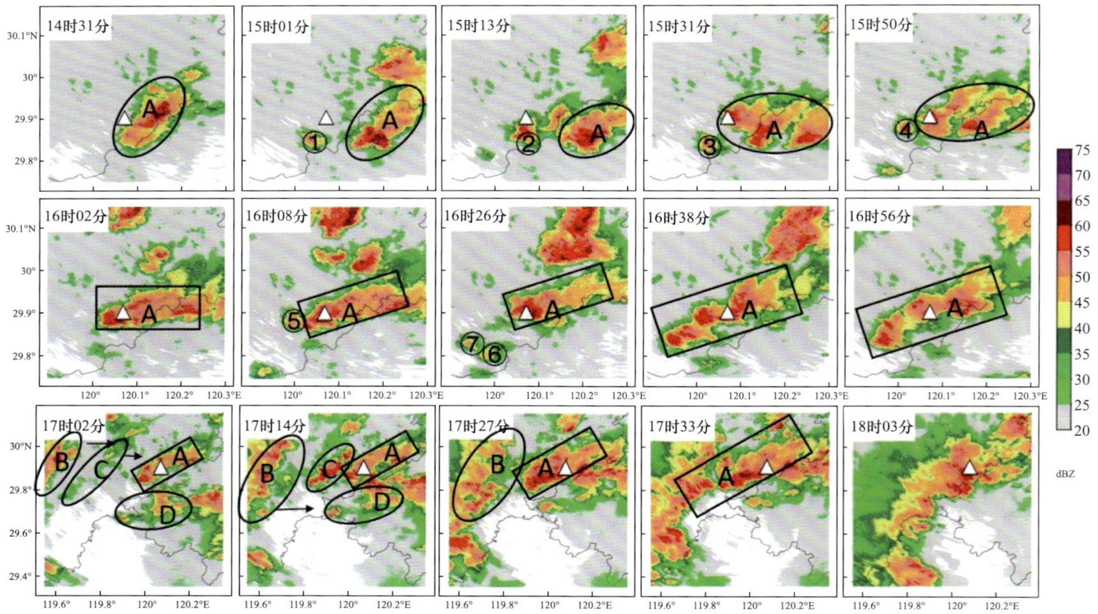

图 5　2023 年 7 月 22 日午后杭州 S 波段双偏振雷达组合反射率回波演变(填色≥20 dBZ)
(黑色圆圈表示多单体对流，黑色矩形框表示主回波对流复合体，三角形为史家村位置)

回波演变的第二阶段，受 500 hPa 副高北侧的低槽东移影响，22 日午后在安徽东南部有一条东北—西南向系统性的对流回波发展东移进入浙西地区。17 时 02 分，系统性对流回波 B 进入富阳西部。17 时 02 分—17 时 14 分，在富阳本地发展主回波 A 和回波 B 之间还有对流回波 C 发展。另外，在 A 回波南侧还有一个多单体风暴 D 往偏北方向移动。17 时 27 分，回波 C、D 和主回波 A 合并，而随低槽东移的系统性回波 B 逐渐逼近主回波 A。17 时 33 分，回波 B 与主回波 A 合并，形成一个更大尺度的 MCS，造成史家村新一轮强降水。17—19 时，富阳南部乡镇出现了较大范围的短时强降水，导致局地小流域山洪暴发。

3.2.2 对流触发及维持机制

22 日午后热对流发展，由于其降水粒子蒸发冷却效应及拖曳作用，在史家村附近形成雷暴冷池（图 6 中黑色圆圈）。冷池的东北侧由于以平原为主，对流回波随冷池密度流快速向外推进，冷池强度逐渐减弱。而在冷池西南侧，由于受山脉地形半包围阻挡，冷池密度流向外辐散速度减慢，导致史家村西南侧强烈的温度梯度得以较长时间维持。新生对流单体在梯度大值区边缘触发，造成第一阶段的回波后向传播特征。

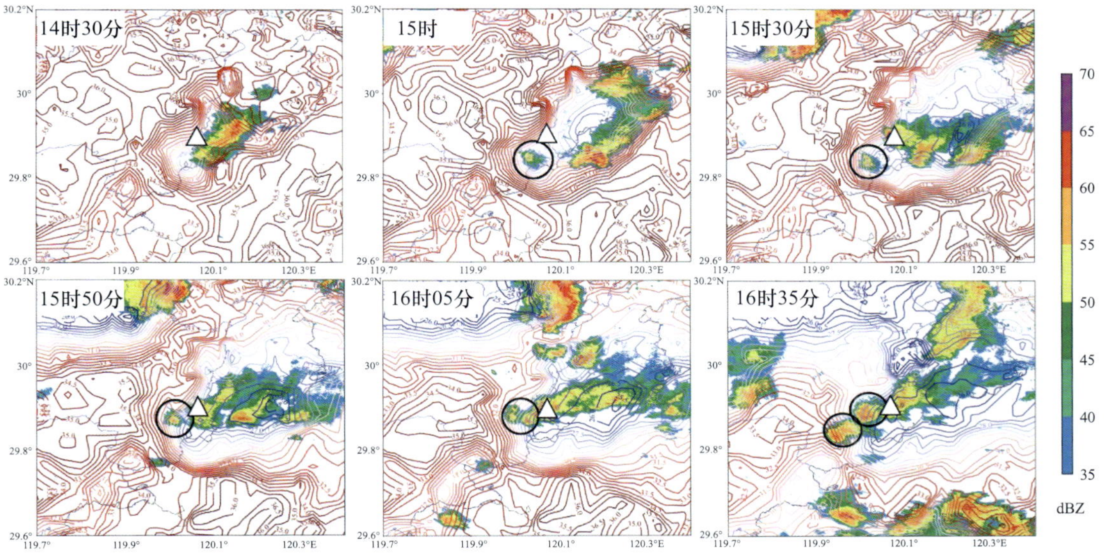

图 6　2023 年 7 月 22 日午后地面自动站气温（等值线，单位：℃）和同时间组合反射率回波（填色≥35 dBZ，三角形为史家村位置）

在强降水的第二阶段，从区域自动站风场可见（图 7a），17 时，在史家村西侧存在一条东西向的地面中尺度辐合线。17 时 08 分，图 5 中的回波 C 在此切变线上开始发展。此外，对流回波 B 随低槽东移，其外围冷池出流边界和主回波 A 的冷池出流边界相向而行，两者的强迫抬升作用，使得回波 C 进一步发展，形成东北—西南向的对流回波带（图 7b），并逐渐东移影响史家村。

为进一步讨论第二阶段回波组织化过程的机制，利用 ERA5 资料，对强降水发生过程的物理量进行诊断。由 22 日 16 时的边界层 950 hPa 水汽通量散度场可见（图 8a），在史家村西侧存在一条南北向的水汽辐合带，其与图 5 中的槽前系统性对流回波带 B 相对应。另外，在史家村附近还存在一条偏南风和东南风的中尺度辐合线，并形成一条东西向的水汽通量辐合带，其与图 5 中的多单体对流回波 D 相对应。17 时（图 8b），史家村附近的中尺度辐合带有所加强；而史家村西侧南北向的水汽通量辐合带逐渐东移，与史家村附近东西向的水汽辐合带交汇，造成史家村强降水长时间维持。

从经过史家村附近纬向（沿 30°N）垂直剖面图（图 8c，图 8d）来看，16 时，在史家村西侧

118.5°E 附近有低槽东移,槽前有明显的水汽辐合和上升运动;而在史家村东侧,925 hPa 以下的边界层存在偏东风和偏南风的水汽辐合。17 时,东、西 2 个水汽辐合区相向而行,在史家村附近形成水汽辐合中心和上升运动。

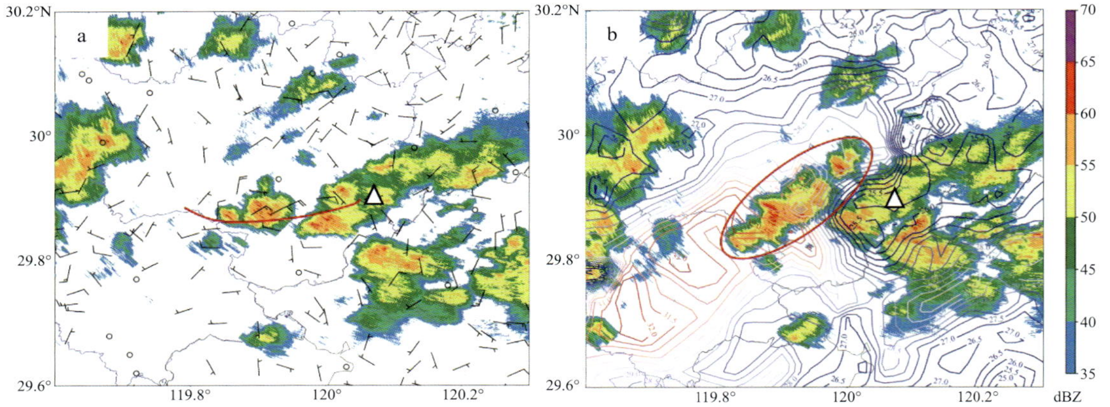

图 7　2023 年 7 月 21 日 17 时风场叠加 17 时 08 分组合反射率回波(a,填色≥35 dBZ)、地面气温(等值线,单位:℃)和 17 时 14 分组合反射率回波(b,填色≥35 dBZ)(三角形表示史家村位置,红线为地面辐合线,红圈指示图 5 中的回波 C)

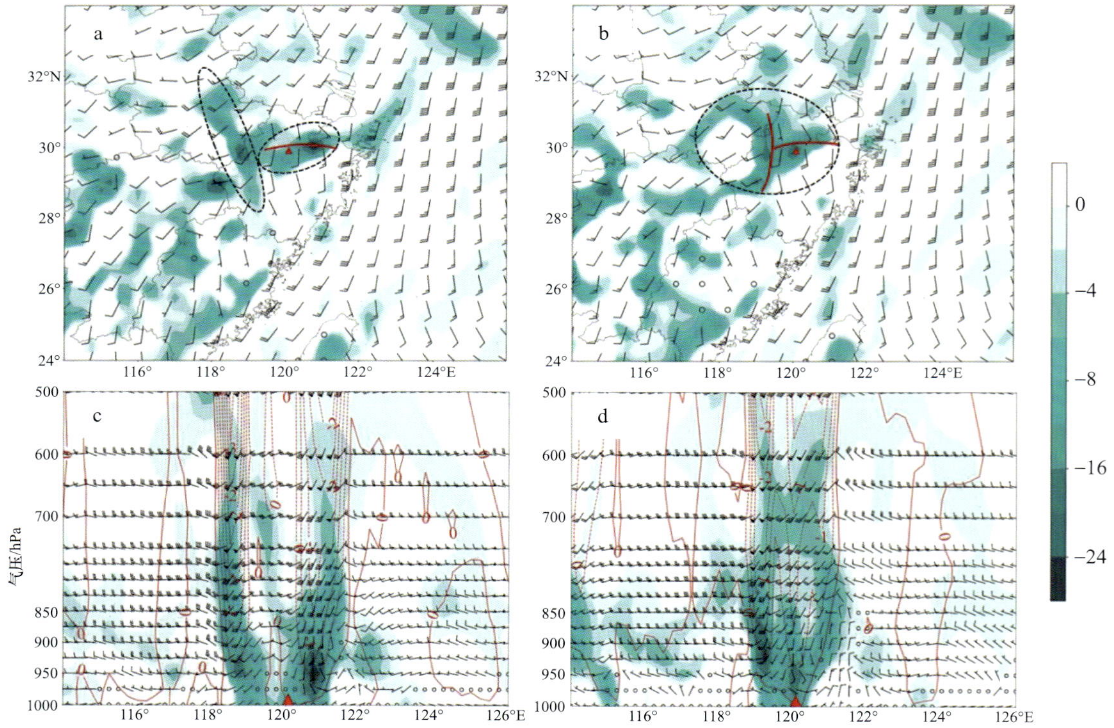

图 8　2023 年 7 月 22 日 16 时(a、c)、17 时(b、d)950 hPa 风场(风羽,单位:m·s⁻¹)和水汽通量散度(a、b,阴影,单位:kg·m⁻²·hPa⁻¹·s⁻¹),经过史家村沿纬向垂直速度(等值线,单位:Pa·s⁻¹)、水平风、水汽通量散度(填色,单位:kg·m⁻²·hPa⁻¹·s⁻¹)垂直剖面图(c、d,三角形表示史家村位置,红色实线表示辐合线,黑色虚线圆圈表示水汽通量辐合带)

4 X 波段双偏振回波特征

在 21 日降水最强时段，17 时 50 分，杭州桐庐 X 波段双偏振雷达进行了距离高度剖面扫描（图 9），该单体水平反射率因子 *ZH* 回波顶高达 14 km 以上，强回波高度为 6～8 km，最大强度达 60 dBZ，表明对流发展高度高，但回波平均质心偏低，集中在 4～6 km。同时，其差分反射率因子 ZDR 在 8 km 附近有超过 5 dB 的正值区，接地的对流降水回波差分反射率在 2～5 dB，差分相移率 KDP 最强达到 8° km^{-1} 以上，表明此时对应的雨滴粒子直径大、浓度高，可能还伴有融化的冰雹或霰粒子混合物，此阶段对应的分钟雨强在 1.5 mm 以上。*ZH*、ZDR 和 KDP 在 4 km 到近地面层都有大值分布，表明高浓度的大尺寸暖雨水凝物占据主导地位。

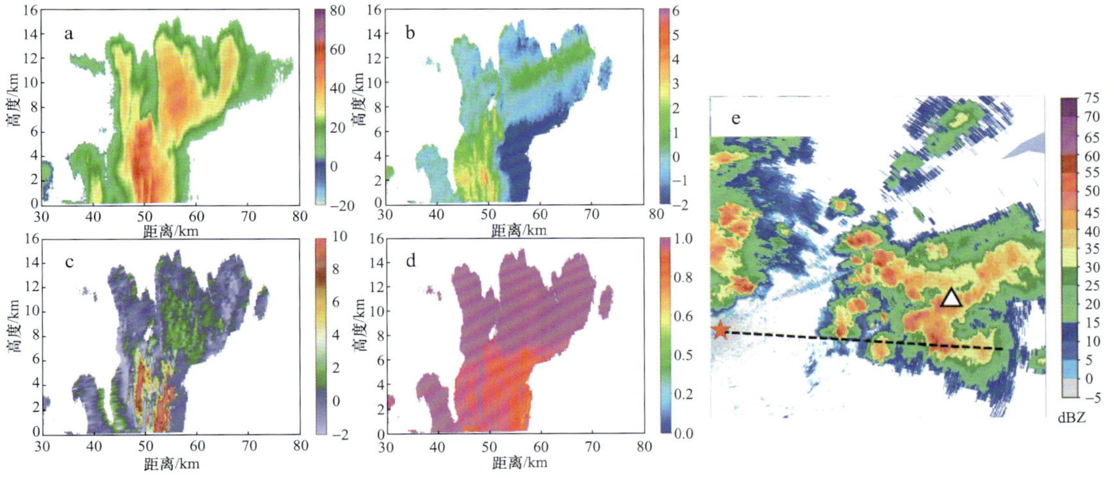

图 9　2023 年 7 月 21 日 17 时 50 分桐庐 X 波段双偏振雷达 0.5°反射率因子（e，单位：dBZ），
沿黑色虚线距离高度剖面扫描反射率因子（a，单位：dBZ）、差分反射率（b，单位：dB）、
差分相移率（c，单位：(°) · km^{-1}）、相关系数（d）
（五角星表示雷达站，三角形为史家村位置）

在 22 日强降水时段，17 时 15 分，杭州富阳 X 波段双偏振雷达对回波 A 旺盛期进行了距离高度剖面扫描（图 10），可以看到对流回波顶高不太高，约 12 km，回波强质心高度为 3～4 km，最强回波 *ZH* 达到 65 dBZ 以上，表明对流的发展高度和平均质心偏低。ZDR 和 KDP 极大值分布在 3～4 km。此外，在 5 km 以下，*ZH*、ZDR 和 KDP 随高度都有不同程度的减小，表明在该高度下有明显的暖云内的雨滴增长。高于 0 ℃层位置以上，ZDR 和 KDP 则略有增加，则说明此时伴随有部分因凇附过程形成的霰粒子[15]。结合前述的暖云过程及 0 ℃层附近的冰相粒子融化导致的 *ZH*、ZDR 和 KDP 极大值分布，表明该阶段对流发展旺盛，降水粒子大、粒子浓度和液态含水量都很高，冰相粒子的聚合及融化和暖云内的雨滴碰并都对雨强增加起到了重要作用。

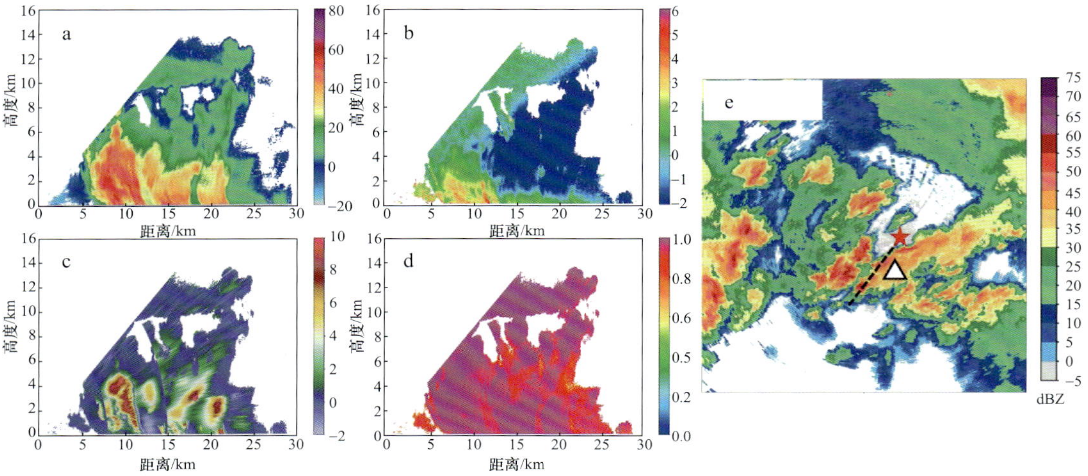

图 10　2023 年 7 月 22 日 17 时 15 分富阳 X 波段双偏振雷达 0.5°反射率因子(e,单位:dBZ),沿黑色虚线距离高度剖面扫描水平反射率因子 ZH(a,单位:dBZ)、差分反射率因子 ZDR(b,单位:dB)、差分相移率 KDP(c,(°)·km^{-1})、相关系数 ρ_{HV}(d)

(五角星表示雷达站,三角形为史家村位置)

5 预报检验及预报订正思路

图 11 给出了各模式 7 月 20 日、21 日 20 时起报的 12～36 h 雨量预报。由图 11 可见,ECMWF对强降水落区预报有所体现,但降雨量级明显偏小,只报出了局地大雨,对于降水极端性很难体现;CMA-GFS 对强降水落区预报误差较大。此外,中尺度区域模式 CMA-MESO 在 21 日 20 时起报场,报出了浙中北地区东北—西南向的强降雨带;CMA-SH9 也预报了浙中北地区有分散的强降水。在量级上,两家中尺度模式均报出了极值>100 mm 的局地大暴雨。值得注意的是,CMA-SH9 虽然在杭州地区没有报出强降水,但在上游地区的江西上饶与浙江衢州交界处报出了 250 mm 以上的极端降水,这对短临预警信号发布等级具有一定的参考作用。

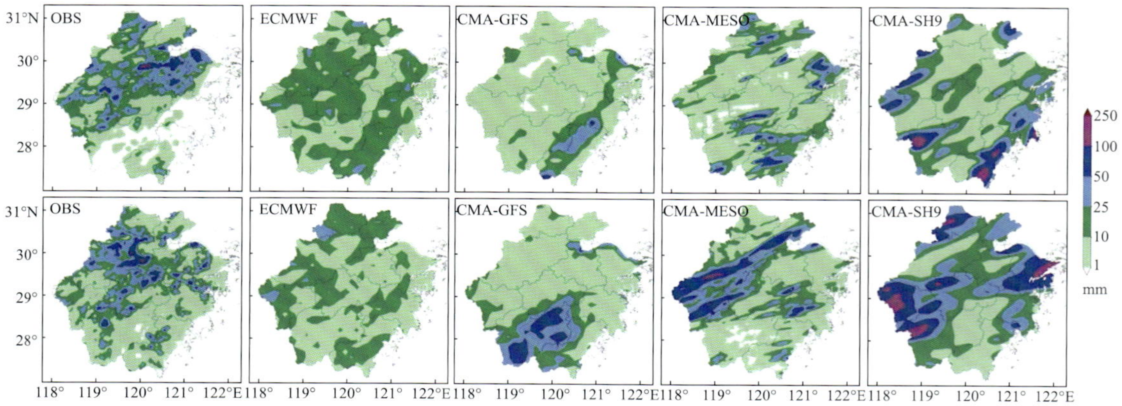

图 11　各模式 2023 年 7 月 20 日(上)、21 日(下)20 时起报的 12～36 h 的累积降水(单位:mm)预报检验

对于此类副高边缘的局地极端强降水，全球模式无论是 ECMWF 还是 CMA-GFS 对强降水的量级预报能力都非常有限，但其可以提供较为稳定的环流背景场，可用于对流潜势的判断；而对于中尺度区域模式，虽然强降水落区预报可能存在较大偏差，但对极端降水有一定的预报能力，上游区域的降水极值可以在预警信号发布时作参考。

6 结论与讨论

本文对 2023 年 7 月 21 日、22 日连续 2 d 在富阳产生极端暴雨过程的环流背景、对流潜势、中尺度对流发展维持机制、S 波段和 X 波段双偏振雷达特征进行分析，得出如下主要结论：

(1)此次连续极端短时暴雨均发生在盛夏副热带高压边缘高温高湿环境场中，缓慢东移的西风槽为极端强降水提供了有利的动力条件。

(2)在弱的环境风场背景下，局地热对流产生的冷池出流，在风暴后侧与高温高湿环境场之间形成后向阵风锋和中尺度地面辐合线是 2 d 连续极端强对流风暴后向传播共同的动力机制。

(3)22 日，由于山脉地形包围阻挡，冷池密度流向外辐散速度减慢，阵风锋得以较长时间维持，有利于多个新生对流单体触发；局地热对流产生的冷池与周边区域的雷暴冷池出流相向而行，可以在两者之间触发新生对流。

(4)22 日傍晚小流域山洪暴发前，边界层东西两个水汽辐合带分别随低层风场相向而行，在暴雨中心汇合，有利于中尺度对流长时间维持。

(5)热对流阶段的暖雨碰并和对流伸展到 0 ℃层以上的冰相粒子的融化聚合均对极端暴雨的雨强增加有所贡献。

对于此类盛夏季节极端强降水，热对流冷池的后向出流与环境风场形成阵风锋和辐合线，容易导致中尺度对流的后向传播从而产生列车效应，在短临预报中应当重视地面温度场的分析。中尺度区域模式对极端降水具有一定的预报能力，其上游区域的降水极值可以在预警信号发布时作参考。

参考文献

[1] JIANG Z，ZHANG D L，XIA R，et al. Diurnal variations of presummer rainfall over southern China [J]. Journal of Climate，2017，30(2)：755-773.

[2] YANG S；ZUO Q J；GAO S T，et al. Revisit to frozen-in property of vorticity [J]. Chinese Physics B，2017，26(8)：089201.

[3] 丁治英，王爽，高松. 一次华南双雨带暴雨中的位涡演变与雨带间的相互作用 [J]. 大气科学学报，2017，40(5)：653-662.

[4] 田莹，叶成志，姚蓉. 2008—2018 年江南暖区暴雨特征 [J]. 大气科学学报，2022，45(1)：51-64.

[5] 陈玥，谌芸，陈涛，等. 长江中下游地区暖区暴雨特征分析 [J]. 气象，2016，42(6)：724-731.

[6] 陈涛，孙军，谌芸，等. 广州"5・7"局地突发特大暴雨过程的数值可预报性分析 [J]. 气象，2019，45(9)：1199-1212.

[7] 孙晶，楼小凤，史月琴. 不同微物理方案对一次梅雨锋暴雨过程模拟的影响 [J]. 气象学报，2011，69(5)：

799-809.

[8] 吴燕娟. 气候变化背景下我国极端降水的时空分布特征和未来预估 [D]. 上海：上海师范大学，2016.

[9] 俞小鼎，周小刚，王秀明. 雷暴与强对流临近天气预报技术进展 [J]. 气象学报，2012，70(3)：311-337.

[10] DAVIS R S. Flash flood forecast and detection methods [J]. Meteorological Monographs，2001，28(50)：481-526.

[11] 俞小鼎，王秀明，李万莉，等. 雷暴与强对流临近预报 [M]. 北京：气象出版社，2020.

[12] 孙继松. 强对流天气预报的基本原理与技术方法 [M]. 北京：气象出版社，2014.

[13] 傅佩玲，胡东明，张羽，等. 2017 年 5 月 7 日广州特大暴雨微物理特征及其触发维持机制分析 [J]. 气象，2018，44(4)：500-510.

[14] 丁青兰，王令，卞素芬. 北京局地降水中地形和边界层辐合线的作用 [J]. 气象科技，2009，37(2)：152-155，261.

[15] BARNES H C，HOUZE JR. R A. Precipitation hydrometeor type relative to the mesoscale airflow in mature oceanic deep convection of the Madden-Julian Oscillation [J]. Journal of Geophysical Research：Atmospheres，2014，119(24)：13990-14014.

2023年8月26日湖北暴雨过程成因及预报偏差分析

王艳杰　章翠红　张文言　祝　赢
（武汉中心气象台，武汉，430074）

摘　要：2023年8月26日湖北西部和北部出现区域性暴雨到大暴雨、局部特大暴雨的极端降水过程。暴雨预报准确率高，但大暴雨预报范围偏小，特大暴雨漏报。利用高空、地面观测、ERA5（第5代欧洲再分析）资料、雷达等资料进行分析，结果显示：西南涡东移过程中，叠加强高空辐散和冷空气南下等有利天气形势，高低空耦合明显，动力抬升条件好，上升运动强；伴有西南风和东南风两条水汽输送通道，降水效率高；强降水位于切变线南侧急流顶端，山区地形对暖湿气流辐合抬升作用显著。模式间降水落区和量级差异大，暴雨以上范围均偏小、强度偏弱。造成模式强降水预报落区偏西偏北、极值明显偏弱的主要原因有三个，一是模式预报低涡中心偏西、移速偏慢，且中心附近降水偏北偏强；二是冷空气和暖湿气流预报偏弱，造成对流性降水低估；三是地形对暖湿气流的抬升导致的降水增幅预报偏弱。业务工作中，应综合地形影响，仔细分析影响系统，判断暴雨落区；参考前期模式检验及本地客观预报，订正降雨强度；同时基于雷达、卫星、高空观测等资料订正模式偏差，确认极值中心。

关键词：大暴雨，西南涡，地形，模式偏差

引言

湖北省地处华中区域和长江中游，每年暴雨频发，极端暴雨可造成严重的洪涝灾害和巨大的社会经济损失。近年来研究表明，在影响湖北省极端降水的主要天气系统中低涡占据重要地位。

湖北省强降水次数较多地区主要有宜昌、孝感和黄冈北部[1]。西南涡东移发展、西南涡与东北气旋的相互作用、江汉平原或湘鄂交界处暖切变附近的新生低涡、大别山地区低涡发展等是造成湖北极端降水的重要天气形势[2-7]。湖北省强降水中尺度对流系统演变过程的雷达回波特征中，涡旋状中尺度对流系统（MCS）是主要形态之一，其形成与中尺度低涡的触发和组织作用有密切关系，而中尺度涡旋系统的形成和发展与锋面上中尺度气旋波扰动、川东低涡系统的发展、西南低涡前侧降水和特殊地形作用等紧密相关[8-10]。造成湖北极端降水的局地中尺度涡旋的形成和发展与西南涡及长江中游特殊地形关系密切[11-13]。

2023年8月25日夜间—27日，湖北省自西向东出现一次强降水过程，过程累计雨量50～328 mm，其中8月26日为最强时段，西部和北部达暴雨到大暴雨，局部特大暴雨，造成部分地区出现严重的洪涝灾害。强降雨造成十堰市、宜昌市、襄阳市、孝感市、荆州市、恩施州、仙桃市和神农架林区等8个市（区）20个县共计11.76万人受灾，紧急避险3859人，转移安置996人；

资助项目：湖北省自然科学联合基金项目（2023AFD091）和湖北省气象局科技发展基金项目（2021Z02）共同资助。
第一作者：王艳杰，高级工程师，从事短中期天气预报与灾害性天气机理研究，E-mail：582620525@qq.com。

农作物受灾面积 1.175 万 hm^2,损坏房屋 86 间,直接经济损失 1.31 亿元。

预报员对本次过程的暴雨准确率高于所有数值模式,24 h 暴雨的空报和漏报率仅 20%左右,且明确指出了降水最强时段和中心落区,但大暴雨及以上范围预报仍明显偏小,降水中心强度预报偏弱,特别是对宜昌地区的特大暴雨漏报。因此有必要对此次强降水过程进行深入分析,探讨暴雨成因、预报偏差以及订正思路,总结预报经验,为今后精准预报提供启示。

1 降水实况

2023 年 8 月 26 日,湖北西部和北部出现区域性暴雨到大暴雨的降水过程,区域自动站的统计结果显示,305 站出现大暴雨,6 站出现特大暴雨,最大达 315.3 mm,位于宜昌王家畈(图 1a);上述地区小时最大降水量 20～50 mm,局部 60～82 mm(图 1b)。从图 1c 降水中心的小时雨量演变来看,鄂西北牛首较强降水出现在 26 日 18—23 时,鄂西南王家畈 27 日 01 时和 05—08 时的小时雨强均超过 30 mm。

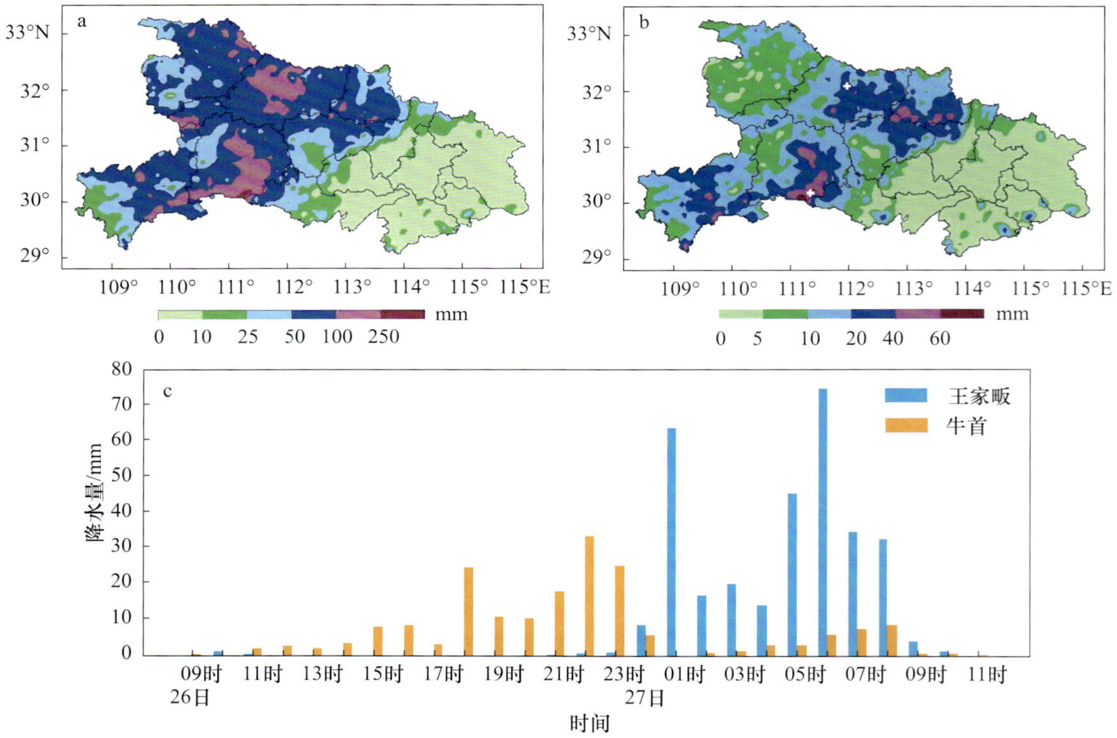

图 1 2023 年 8 月 26 日 08 时—27 日 08 时湖北省累计降水量(a)、小时最大降水量(b,图中上侧+表示牛首位置,下侧+表示王家畈位置)和 26 日 09 时—27 日 11 时王家畈和牛首逐小时降水量(c)

本次过程的降水特点:一是降水范围广、强度大,暴雨范围占全省面积近一半。二是夜雨强,26 日夜间宜都市和五峰县有 6 站特大暴雨。三是极端性明显,谷城和宜都两站日雨量均突破 8 月历史极值。

2 强降水天气成因分析

2.1 环流形势和主要天气系统演变

8 月 24—25 日白天，西太平洋副热带高压（简称副高）北抬控制江南华南地区，其外围偏南暖湿气流增强，在青海、甘肃和四川三省交界处有西北涡生成并向东南方向移动（图略）。25 日夜间，川东西南涡生成后向东北方向移动。26 日 08 时，西北涡与西南涡合并加强，移至重庆北部后，于 26 日夜间东移南压至鄂西南，27 日 08 时低涡减弱填塞，暖切顶部的江汉平原处有低涡新生，后向苏皖方向移动（图 2a、图 2b）。过程期间湖北处于 200 hPa 南亚高压脊线北侧西北气流与西风带偏西急流形成的分流辐散区内，配合低层低涡辐合有利于强降水区上空上升运动的发展和维持。地面冷空气从西路和东路共同南下，于 26 日夜间在湖北省冷锋入暖倒槽，为强降水的发生发展提供有利的触发和动力抬升条件。

从鄂西南强降水上空物理量垂直剖面和时间演变来看（图 2c、图 2d），26 日 20 时后，低层 800～925 hPa 偏南急流发展加强，925 hPa 以下维持偏东气流，高能舌向北伸展，对流不稳定显著，偏东偏南气流内存在弱的风速辐合，上升运动较弱。27 日 02—05 时，整层风速增加，低层辐合和高层辐散同时增强，垂直上升运动增强。27 日 05 时后冷空气南下，800 hPa 以下锋面陡直锋生发展，使得辐合上升达到最强，其后逐渐减弱。

2.2 水汽和热力条件

从 850 hPa 水汽通量分布来看（图 3a），本次过程有西南风和东南风两条水汽输送通道，湖北整层大气可降水量 50～80 mm（图 3b）。湖北西部 CAPE（对流有效位能）≤500 J·kg^{-1}。26 日 20 时宜恩探空显示（图 3c），湿层伸展高度接近 300 hPa，抬升凝结高度位于 925 hPa 附近，整层高湿且云底较低；0～3 km 和 0～6 km 的垂直风切变分别为 14 m·s^{-1}和 19 m·s^{-1}，利于对流的组织和发展。宜昌站 CAPE 达 265 J·kg^{-1}，500 和 850 hPa 温差 22 ℃（图 3d）。

综合水汽和热力条件来看，均有利于湖北省内短时强降水的发生。

2.3 中小尺度系统演变

从雷达组合反射率因子和地面降水来看（图 4、图 5），26 日白天湖北西部处于西南涡外围偏南风控制下，回波强度＜45 dBZ，以稳定性降水为主，较强降水位于风速辐合处。当回波移至十堰东部至襄阳一带后，强度增强至 50～60 dBZ，这与鄂西北向东开口的喇叭口地形对低层偏东风的辐合抬升有关。鄂西北另一个降水中心位于神农架神农顶，与西北—东南向地形对偏南风的辐合抬升相关，降水持续时间长，累计雨量大。

26 日傍晚地面冷空气自襄阳南下，与西南涡外围东侧低层偏东风急流辐合增强，在襄阳形成西南—东北向的带状对流性回波，最大小时雨强 40～60 mm。同时西南涡中心东移南压至鄂西南地区，强回波位于其南侧冷切及东北侧暖切顶部，同时在峡谷地形迎风坡产生回波合并和旋转式列车效应，最大小时雨强 50～70 mm。27 日 03 时后冷空气沿江汉河谷进入鄂西南，回波强度进一步增强，宜昌南部最大雨强达 81.8 mm。27 日 08 时之后强回波东移，影响湖北中东部地区。

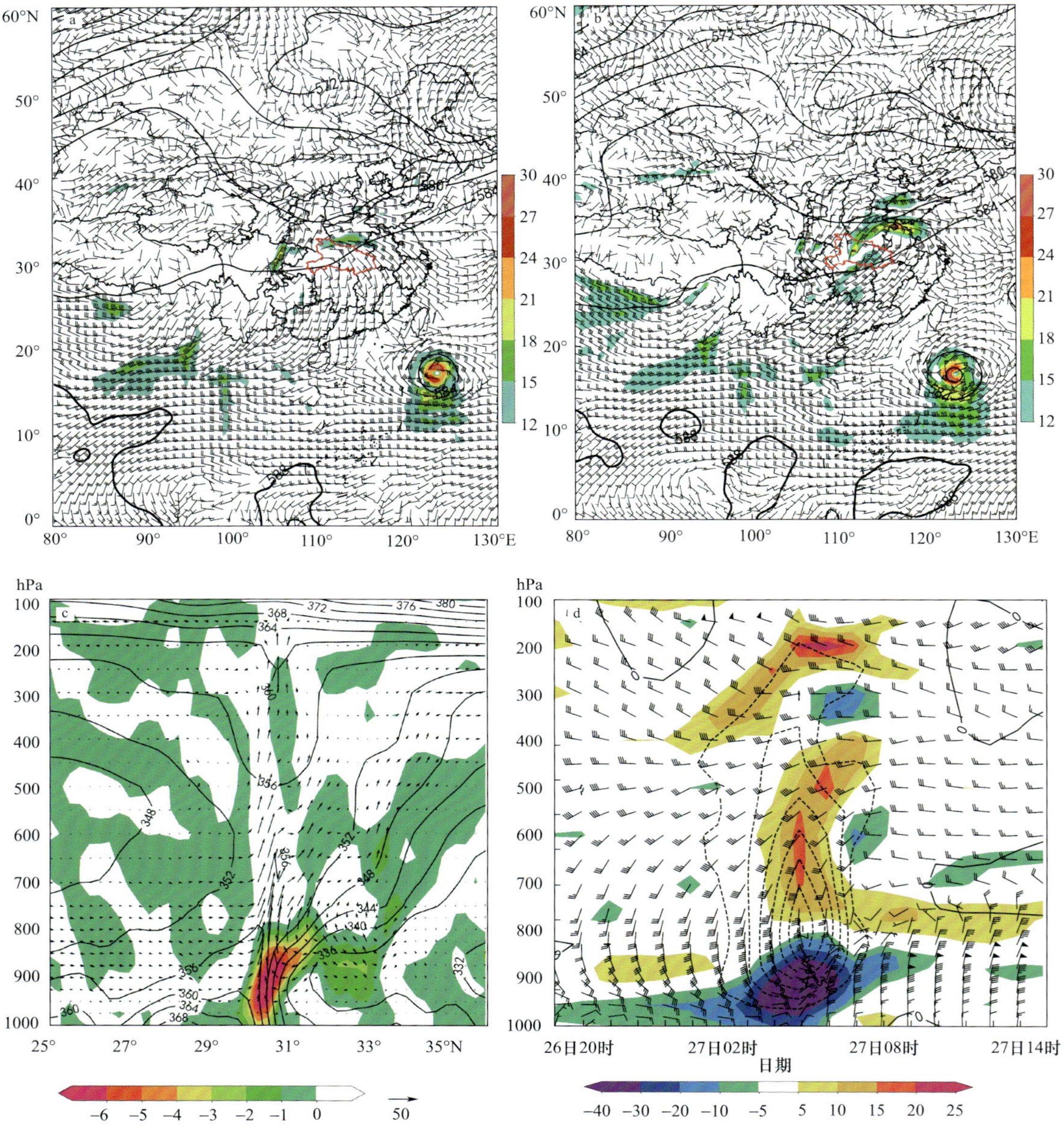

图 2　2023 年 8 月 26 日 20 时(a)、27 日 08 时(b)500 hPa 高度场与 850 hPa 风场；27 日 05 时沿 111.5°E 的剖面、vw 风矢量场(单位：10^{-1} Pa·s^{-1})、假相当位温(等值线，单位：K)和水汽通量散度(阴影，单位：10^{-6} g·cm^{-2}·hPa^{-1}·s^{-1})(c)；强降水上空(111.5°E，30.5°N)26 日 20 时—27 日 14 时 uv 风场(单位：m·s^{-1})、散度(阴影，单位：10^{-5} s^{-1})和垂直速度(等值线，单位：Pa·s^{-1})逐小时演变(d)

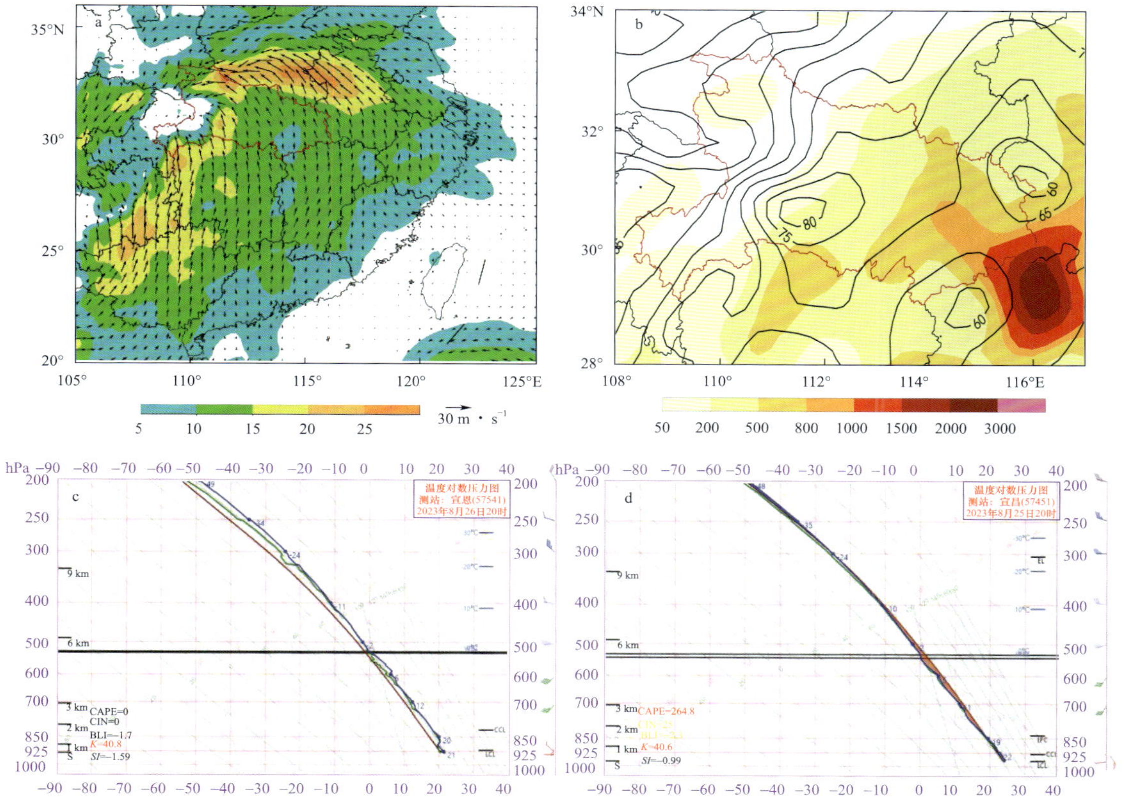

图 3　2023 年 8 月 26 日 23 时 850 hPa 水汽通量(a)、27 日 04 时整层可降水量(等值线，mm)和 CAPE(阴影，$J \cdot kg^{-1}$)(b)、26 日 20 时宣恩探空曲线(c)和宜昌探空曲线(d)

3　预报偏差成因及预报难点分析

3.1　主客观预报检验评估

对比多模式 25 日 20 时起报的 26 日 08 时—27 日 08 时 24 h 降水量来看(图 6)，降水落区和量级存在较大差异，暴雨以上范围均偏小，中心强度偏弱。全球模式中 ECMWF(欧洲中期天气预报中心)和 NCEP(美国国家环境预报中心)暴雨范围明显偏小，落区偏西，大暴雨及以上漏报；CMA-GFS(中国气象局全球同化预报系统)和 GERMAN(德国数值模式)对大暴雨有指示意义，但落区与实况差异较大。中尺度模式中 CMA-GD(中国气象局广东快速更新同化数值预报系统)预报效果最好，准确反映出鄂西北的大暴雨，CMA-SH9(中国气象局上海数值预报模式系统)次之，CMA-MESO(中国气象局中尺度天气数值预报系统)暴雨漏报最多，但均未报出鄂西南的特大暴雨。本地客观算法[14](根据湖北特殊地形、降水气候特征和雨型分布将多模式降水初始场优化后获得)和 NCEP 阈值法(结合预报员经验和集合预报对 NCEP 的降水选取最优阈值和系数后得到)对数值模式有较好的订正效果，减少了暴雨的空报和漏报，但大暴雨落区仍然偏小。从不同起报时次的模式预报效果来看(图略)，随着时效的临近，

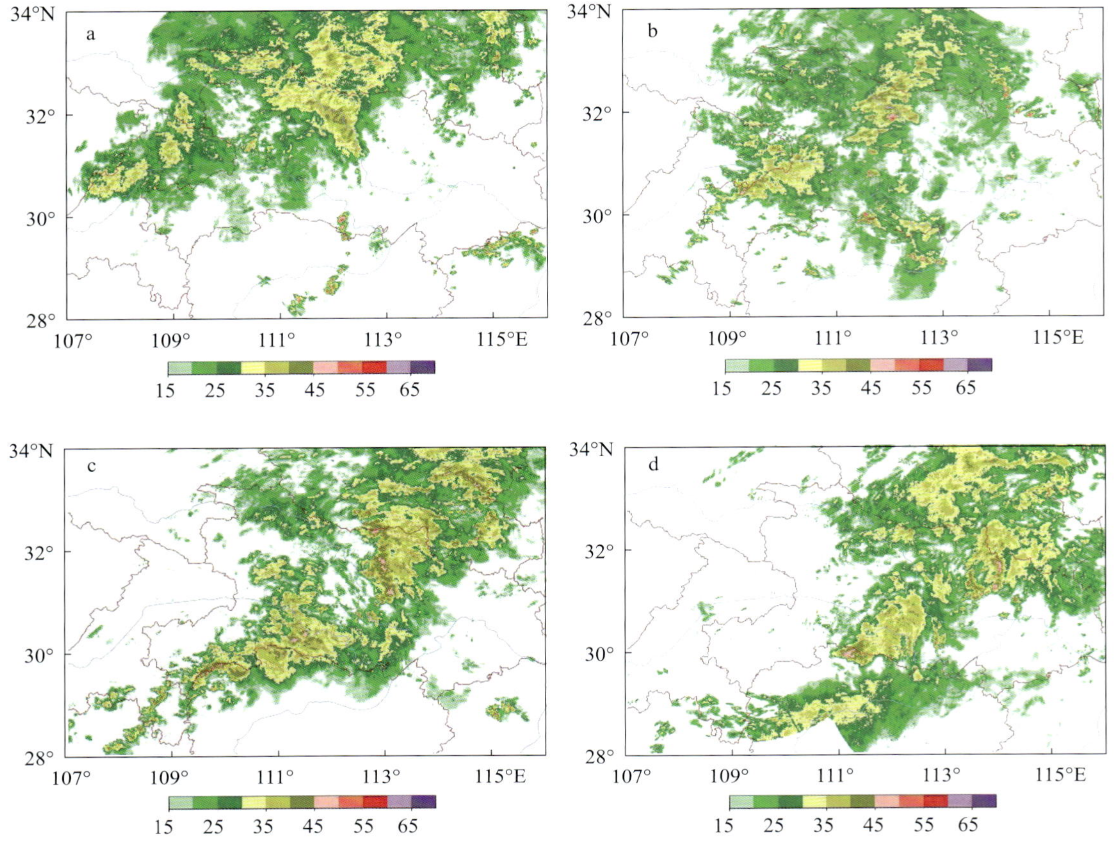

图4　2023年8月26日14时(a)、26日20时(b)、27日02时(c)、27日08时(d)雷达组合反射率因子(单位:dBZ)

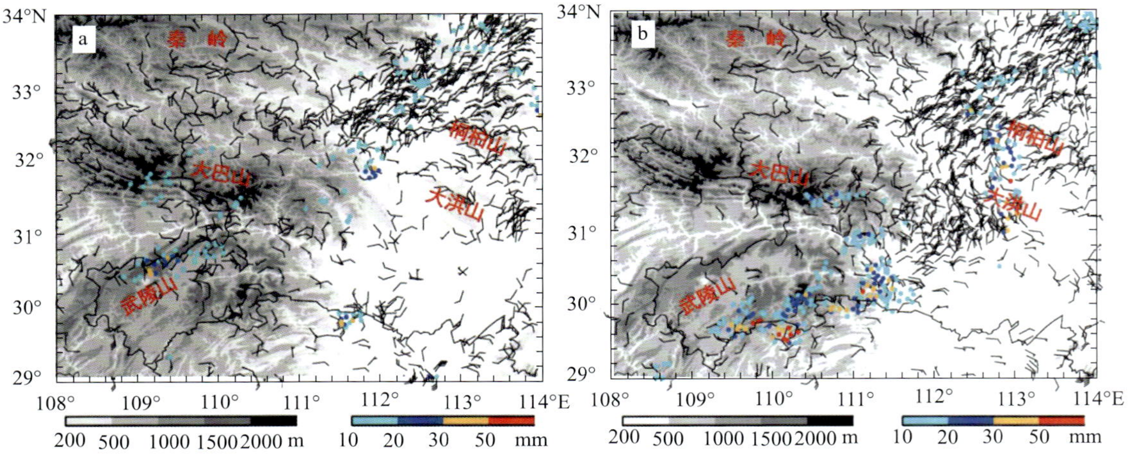

图5　2023年8月26日20时(a)、27日02时(b)地面风场(风速≥3级,单位:m·s^{-1})、小时降水量(圆点,单位:mm)、海拔高度(阴影,单位:m)

对湖北暴雨及以上落区虽向东向南扩展,但范围较实况仍明显偏西偏北、强度偏弱。中尺度模式的调整趋势优于全球模式。

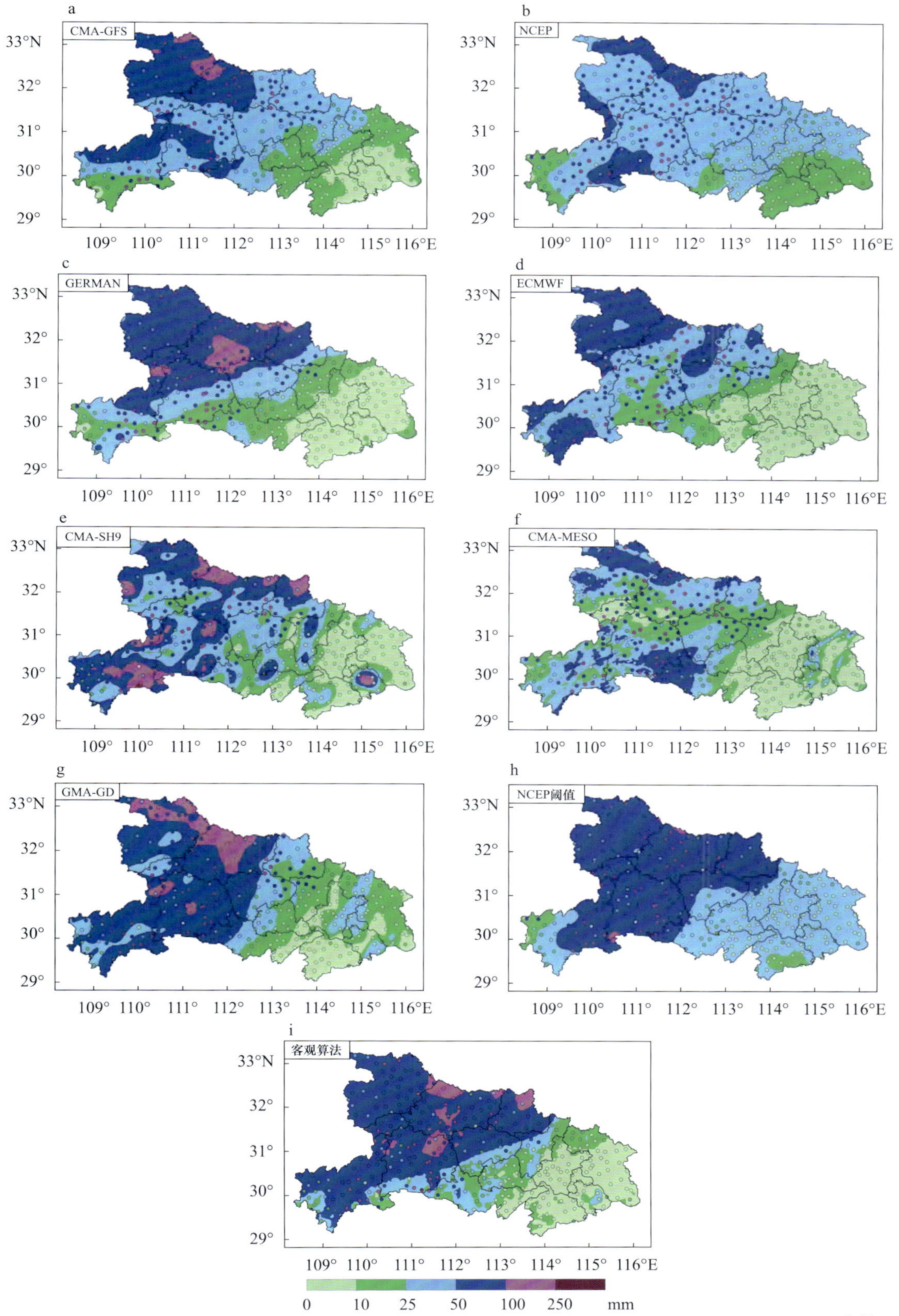
a
CMA-GFS
b
NCEP
c
GERMAN
d
ECMWF
e
CMA-SH9
f
CMA-MESO
g
GMA-GD
h
NCEP阈值
i
客观算法
33°N
32°
31°
30°
29°
109° 110° 111° 112° 113° 114° 115° 116°E
0
10
25
50
100
250
mm

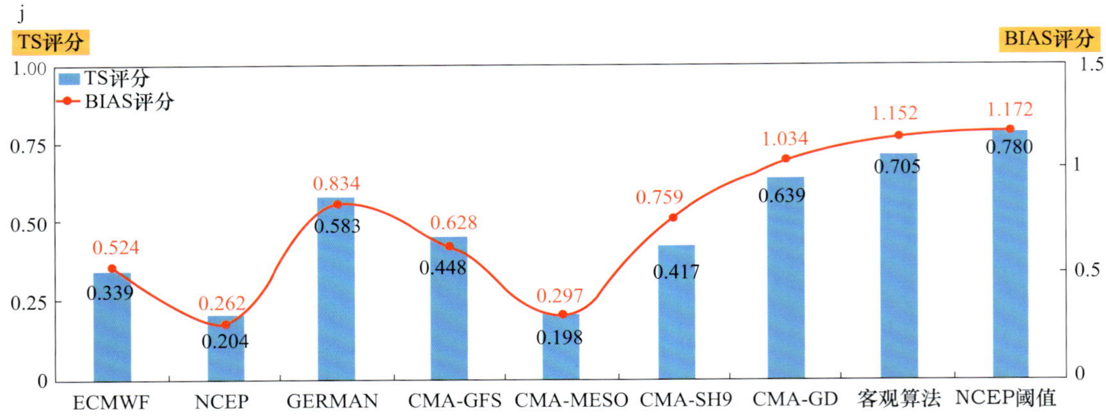

图 6　(a)CMA-GFS 模式、(b)NCEP 模式、(c)GERMAN 模式、(d)ECMWF 模式、(e)CMA-SH9 模式、(f)CMA-MESO 模式、(g)GMA-GD 模式等多模式和本地客观模式、(h)NCEP 阈值、(i)客观算法 25 日 20 时起报的 26 日 08 时—27 日 08 时 24 h 降水量(圆点为考核站实况降水);(j)24 h 暴雨 TS 和 BIAS 评分

从图 6b 中多模式 25 日 20 时起报的 26 日 08 时—27 日 08 时 24 h 暴雨预报质量检验来看,*TS* 评分 CMA-GD 最优,GERMAN 次之,NCEP 的预报偏差最大,BIAS 评分为 0.262。NCEP 阈值法减少了 NCEP 的暴雨漏报,将 *TS* 评分从 0.204 提升至 0.780。本地降水客观算法的暴雨 *TS* 评分也达 0.705,BIAS 评分仅次于 CMA-GD。

从主观预报检验来看(图 7),暴雨范围随时效临近逐渐接近实况。大暴雨方面,48 h 和 72 h对鄂西北大暴雨预报效果较好,鄂西南大暴雨漏报;24 h 内虽确认宜昌、襄阳、恩施将是大暴雨重点区域,但大暴雨漏报范围仍较大。

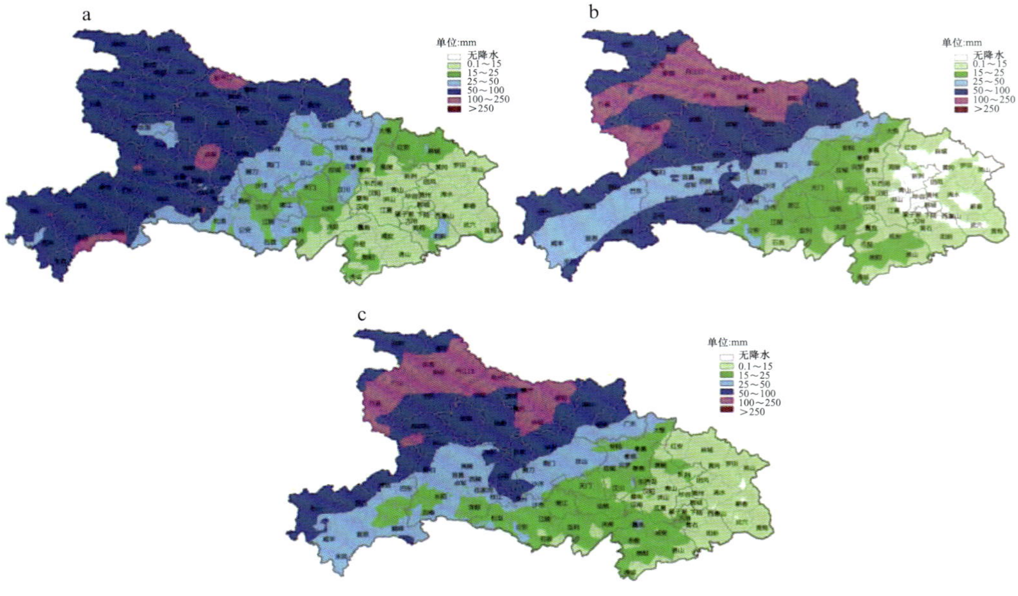

图 7　主观提前 24 h(a)、48 h(b)、72 h(c)预报的 26 日 08 时—27 日 08 时智能网格降水

3.2 预报偏差成因分析

3.2.1 低涡路径偏差大，中心附近降水偏北偏强

由3.1检验可知，ECMWF模式趋势稳定，预报效果较好。ECMWF模式24日20时和25日08时起报的26日西南涡将东移北上，移经鄂西北地区，路径逐渐南调（图8a）。25日20时起报显示有两个低涡系统，一是26日夜间西南涡加强后东移南压移至鄂西南，二是西南涡暖切变上27日02时在鄂西北有低涡新生，后东移北抬。实况显示（图8b），26日夜间西南涡移动趋势与预报相似，但移速偏快，路径偏东，27日08时中心移至宜昌南部，而预报仍位于恩施东部，27日白天西南涡减弱消失后在江汉平原有低涡新生，后向东北方向移出湖北，比预报的新生低涡时间偏晚，路径偏东。

多家数值模式对低涡的移动路径偏差较大（图8c～图8g），CMA-GD模式与实况最接近，其他模式均表现出西南涡偏西、新生低涡生成偏早和位置偏西偏北的特点。从模式降水来看，西南涡中心附近辐合切变处降水过报，实况的强降水主要位于低涡切变线南侧急流顶端处，较预报偏东、偏南，强度偏弱。

3.2.2 冷空气和暖湿气流预报偏弱，对流性降水低估

冷空气自26日傍晚自襄阳地区开始影响湖北省，沿西部山区东侧和江汉河谷快速南下，27日03时到达鄂西南地区，阵风6～8级，东扩速度稍慢，在地面上形成西南—东北向的辐合线。与实况相比（图5a、图5b），ECMWF模式预报的冷空气路径和开始影响时间与实况一致，但强度偏弱，南下速度慢（图9a、图9b）。27日02时前仍位于襄阳地区，27日05时到达鄂西南，最大阵风6级左右，西部地面2 m温度降至21～23 ℃，比实况偏高2 ℃。同时实况具有更强的地面暖低压和暖倒槽，在冷空气到来之前，地面的偏东和偏南气流更强，模式对中东部近地面长时间维持的东风漏报。

从26日20时850 hPa风场对比来看（图9c），模式预报的偏东和偏南气流弱于实况，南阳站的偏东风和宣恩站的偏南风比预报偏强2 $m \cdot s^{-1}$。宜昌地区上空26日夜间模式维持南风气流，风速12～15 $m \cdot s^{-1}$，从风廓线雷达来看，冷空气影响前为整层的东南风，最大风速达16～20 $m \cdot s^{-1}$。

冷空气偏弱和南下速度慢导致触发、不稳定层结和锋面抬升作用弱，不利于对流发展和强降水发生，全球模式（图8c～图8e）湖北西部和北部的3 h降水量不足25 mm，实况1 h降水量部分地区可达30 mm以上，中尺度模式略好（图8f～图8g），但强降水落区仍偏西偏北。更强的暖湿气流输送，也为强降水的产生提供有利的水汽和热力条件。

3.2.3 地形辐合抬升作用预报偏弱

湖北省地形复杂，河谷纵横，西部有秦巴山脉和武陵山脉，对偏东和偏南气流辐合抬升作用明显。26日白天十堰西部和神农架局部12 h累计降水量超100 mm，分别位于汉江河谷和神农顶南坡（图略）。26日夜间西南涡加强移至鄂西南，低空急流增强，特大暴雨位于武陵山脉东缘，回波遇地形抬升强度增强并向偏北方向移动形成带状回波，列车效应明显，降水强度强（图10）。数值模式对此预报均偏弱。

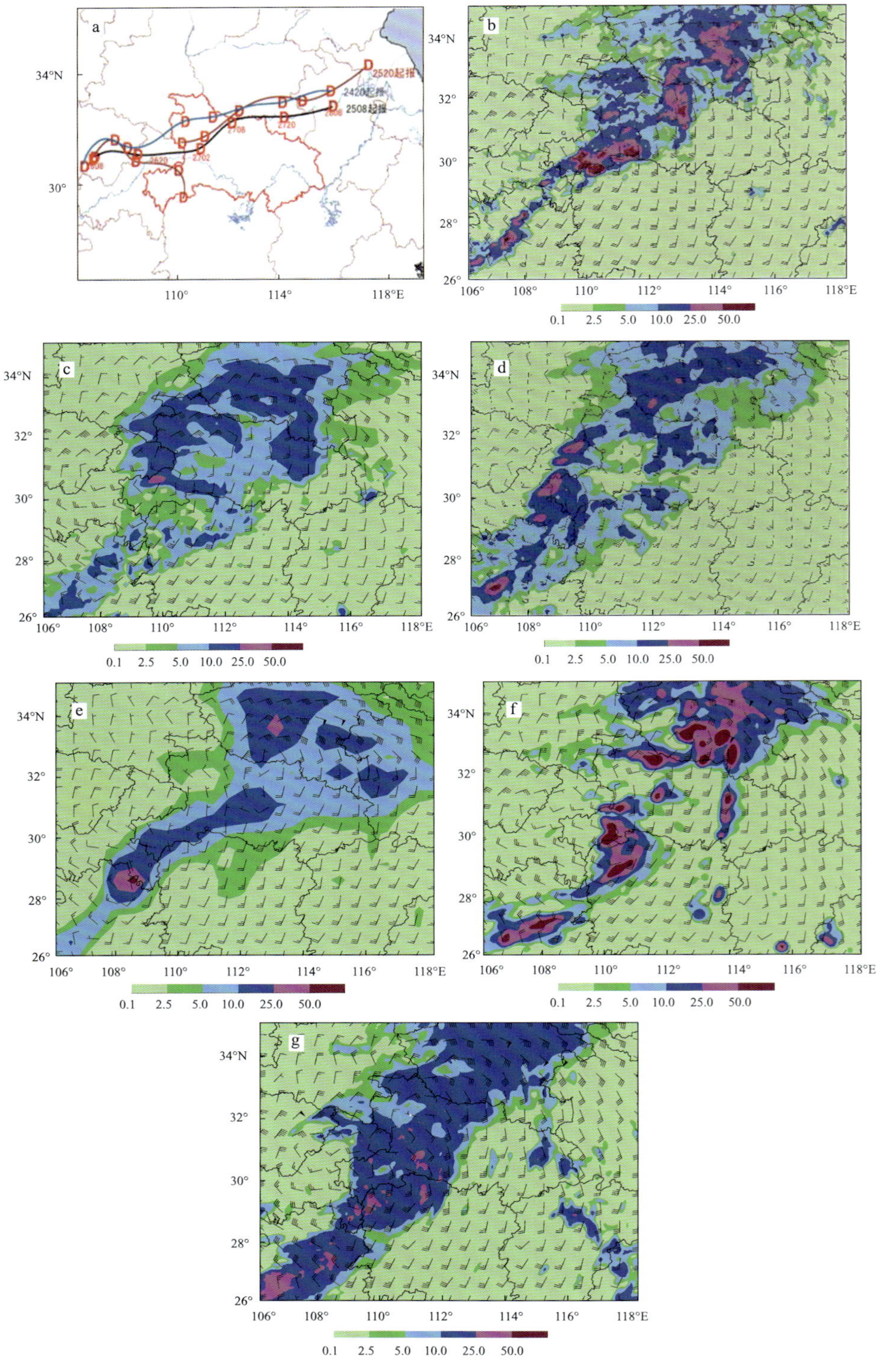

图 8 ECMWF 8 月 24 日 20 时(蓝色)、25 日 08 时(黑色)、25 日 20 时(棕色)起报的低涡路径(a);实况(b)、CMA-GFS(c)、ECMWF(d)、NCEP(e)、CMA-SH9(f)、CMA-GD(g)模式预报的 27 日 02 时 850 hPa 风场和前 3 h 累计降水量(单位:mm)

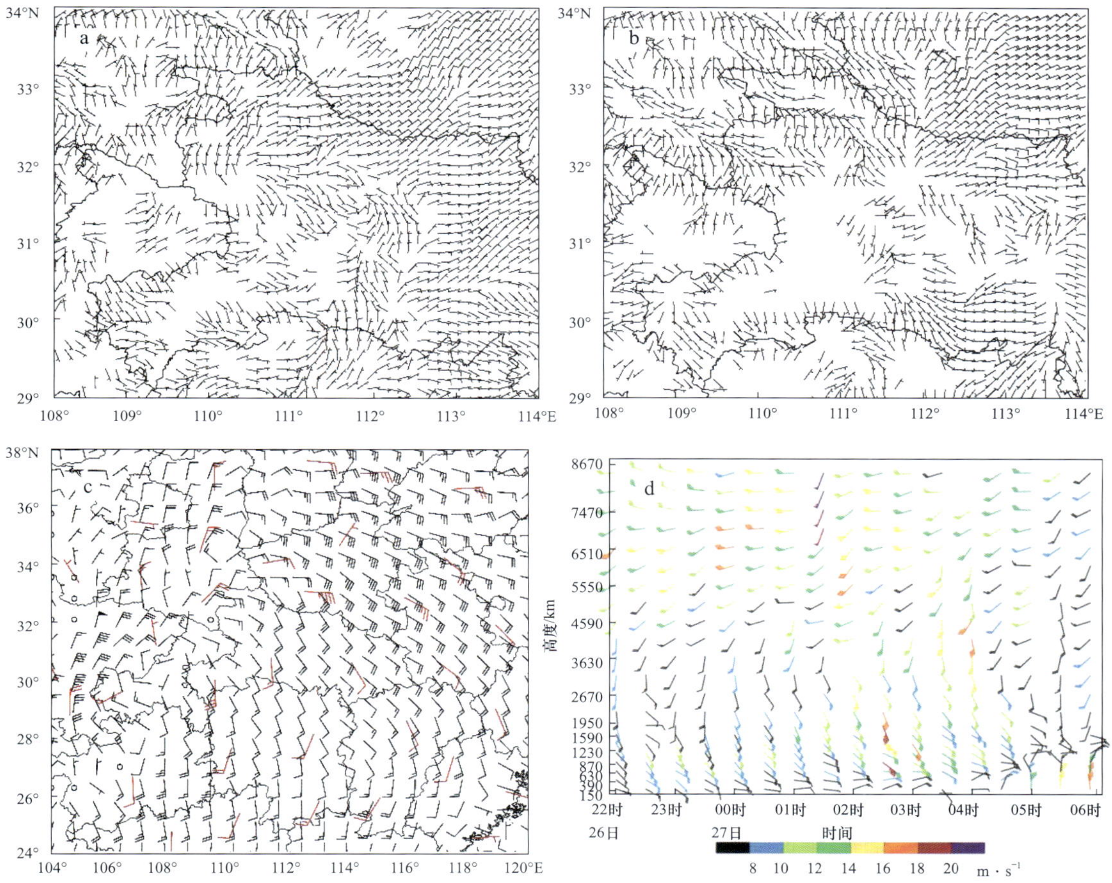

图 9　8 月 25 日 20 时 ECMWF 起报的 26 日 20 时(a)、27 日 02 时(b)地面 10 m 风场；26 日 20 时 850 hPa 风场(黑色)和实况(红色)对比(c)；26 日 22 时—27 日 06 时宜昌风廓线雷达风羽图(d)

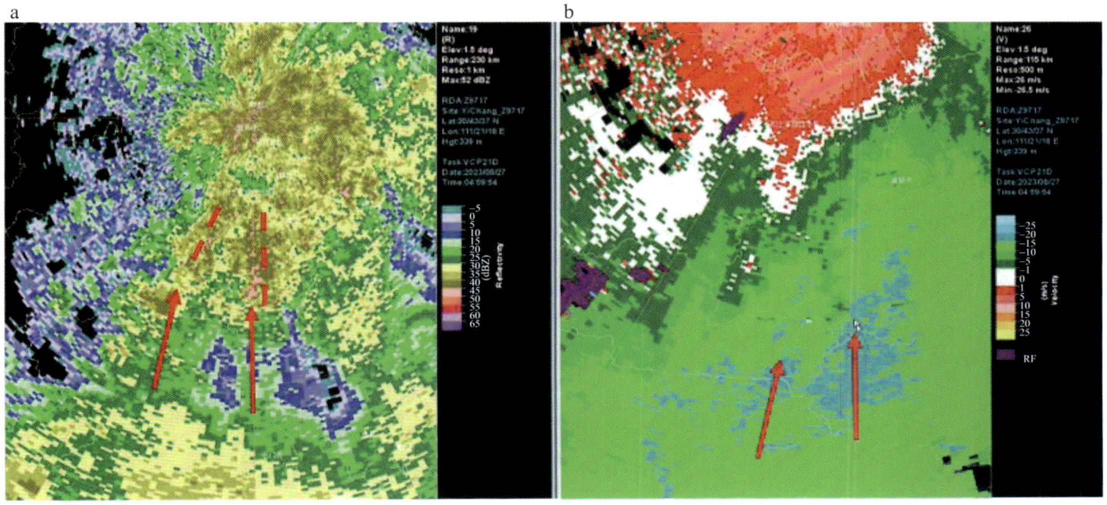

图 10　27 日 04 时 59 分宜昌站雷达 1.5°仰角组合反射率因子(a，单位：dBZ)、径向速度(b，单位：$m \cdot s^{-1}$)

(箭头指示回波加强位置，虚线表征降水回波向偏北方向移动并呈带状排列)

3.3 预报难点

此次降水过程,强降水持续时间长、累计雨量大、极端性强。多家数值模式由于低涡的移动路径、切变线位置、急流强度、冷空气强度和南下速度、地形作用等带来的偏差,使降水落区和降水强度差异大,漏报较多大暴雨及以上降水,给精细精准定量预报带来一定难度。对于暖区降水,全球模式预报能力较差,强度偏弱,中尺度模式有较好表现,但经常过报。提前决策时,综合全球模式和中尺度模式预报效果,考虑到了冷空气触发带来的降水强度增强和低涡东侧暖区内分散性降水叠加低涡附近系统性降水,同时鄂西南地形对风速的辐合抬升带来的降水增幅影响,以及模式低涡移动速度偏慢等因素,预报西部有大到暴雨,局部大暴雨,降水中心150～200 mm,最大小时雨强 50～80 mm,实际降水中心达 315.3 mm。

3.4 预报着眼点和分析思路

通过本次个例复盘总结,此类降水预报着眼点和分析思路主要有以下几个。

(1)低涡的移动路径、强度变化及降水分布特点。本次过程为多尺度系统相互作用下低涡东移南压造成的强降水。模式降水多报在低涡附近切变线辐合最强处,实况则位于切变线南侧急流顶端。业务中关注卫星、雷达、风廓线、区域自动站等高时空分辨率观测资料订正模式误差。

(2)冷空气强度变化及锋生触发作用。本次过程冷空气相对深厚,为西路加东路的南下路径,但强度不强。西路冷空气进入四川盆地西南涡后部,使西南涡加强并向东南方向移动。东路冷空气自华北平原南下,如果冷空气强度不强,均沿二级地形东侧从襄阳地区进入湖北。同时注意到西北地区东部至华北平原均出现大片稳定性降水,形成冷空气堆,有利于冷空气强度的增强,边界层锋生和对流不稳定能量的触发作用较数值模式预报明显,对流性降水强度强。应关注地面气压场、2 m 气温和 10 m 风场的变化和与模式间的差异,订正数值模式冷空气强度和移动速度的预报偏差。

(3)热力背景和暖湿气流变化。此过程发生于 8 月底,副高较盛夏强度偏弱,冷空气强度不强,配合强的水汽输送条件非常有利于短时强降水的出现,降水持续性长。另外关注急流具有夜间加强和白天减弱的日变化特征。

(4)地形辐合抬升作用。湖北西部地形复杂,有利于水汽在迎风坡辐合形成较强的动力强迫抬升,从而改变降水强度和分布,而模式对于地形的精度反应不够,造成降水强度的改变和中心的偏移。冷空气过江汉平原时移速加快,进入宜昌“喇叭口”后放缓,冷暖空气对峙时间长,强降水多发生在峡谷地形内和迎风坡处。

(5)多模式检验评估及综合应用。基于当前影响系统、雷达回波、降水等的检验结果,分析模式预报性能及预报偏差,结合模式间的差异性和模式稳定性,订正强降水预报落区。关注整层可降水量、对流有效位能、风场等的异常概率和降水 EFI 指数,分析降水的极端性。

4 结论与讨论

2023 年 8 月 26 日,湖北西部和北部出现区域性暴雨到大暴雨、局地特大暴雨天气。暴雨预报准确率较高，但大暴雨范围预报偏小，特大暴雨漏报。利用高空、地面观测、ERA5 再分析、雷达等资料对本次过程进行复盘总结，分析过程成因、预报偏差和偏差原因，提炼预报难点，归纳预报着眼点和分析思路，得出以下主要结论。

（1）本次强降水过程发生在有利的天气形势和环境背景场下。高空辐散、西南涡东移、冷空气南下，有明显的高低空耦合，动力抬升条件好，上升运动强。存在西南和东南风两条水汽输送通道，水汽供应充足，大气整层高湿，具有暖云降水性质，降水效率高，小时雨量强，累计雨量大。

（2）强降水位于切变线南侧急流顶端处，山区地形对暖湿气流辐合抬升作用显著。鄂西南峡谷地形和迎风坡上产生降水回波合并和旋转式列车效应，降水强度大。冷空气南下使低层锋生增强，为强降水的发生发展提供有利的触发和动力抬升条件。

（3）本次过程多模式间降水落区和量级差异大，暴雨以上范围均偏小，中心强度偏弱。对于暖区降水，全球模式预报能力较差，强度偏弱，中尺度模式中 CMA-GD 模式 24 h 预报最好。本地客观方法对数值模式有较好的订正效果，减少了暴雨的空报和漏报，但大暴雨落区仍然偏小。

（4）造成数值模式强降水预报落区均偏西偏北，降水极值明显偏弱的主要原因为低涡移速偏慢，路径偏西，且中心附近降水偏北偏强；冷空气和暖湿气流预报偏弱，对对流性降水低估；地形对暖湿气流的辐合抬升作用预报偏弱，短期时效内对强降水中心位置和强度预报难度大。

（5）预报中应关注低涡的移动路径、降水分布和与其他系统的相互作用，冷空气强度变化，上游降水对冷空气的补充作用，强降水天气的热力背景和水汽条件的极端性，地形对降水的增幅以及多模式的综合应用和检验评估。在短期时效内应分析多模式间的差异性和可预报性，临近时段关注卫星、雷达、风廓线、区域自动站等高时空分辨率观测资料对强降水提前预警的指示性，做好模式偏差订正。

目前，在大范围暴雨监测、预警方面已经有了成熟的技术体系和经验，但准确预报暴雨落区、过程极值量等仍是天气预报业务工作中的难题，对此类大暴雨或特大暴雨，监测和临近预报预警至关重要。需加强对天气系统、复杂地形对中尺度天气系统的影响研究，多源观测资料的应用，相似个例数据库的创建，以及模式的可预报性评估，来提升模式订正效果，滚动发布强降水落区。针对此类极端暴雨个例，仍存在一些技术难题，如低涡的结构特征及与降水的精细化配置关系有待更深入研究；当预报与实况出现较大偏差时，如何有效地订正模式预报等仍是亟待研究解决的科学问题。

参考文献

[1] 吴翠红，王晓玲，龙利民，等. 近 10 a 湖北省强降水时空分布特征与主要天气概念模型[J]. 暴雨灾害，2013，32(2)：113-119.

[2] 徐双柱，吴涛，王艳. 2010 年 7 月 7—15 日湖北省持续性暴雨分析[J]. 暴雨灾害，2012，31(1)：35-43.

[3] 苗春生，刘维鑫，王坚红，等. 梅雨期经大别山两侧暴雨中尺度低涡对比分析[J]. 高原气象，2014，33(2)：394-406.

[4] 刘晓波，储海. 一次西南低涡东移引发长江中下游暴雨的诊断研究[J]. 气象，2015，41(7)：825-832.

[5] 张家国，王珏，吴涛，等. 长江中游地区极端降水主要天气系统类型分析[J]. 暴雨灾害，2018，37(1)：14-23.

[6] 钟敏，车钦，张蒙蒙，等. 华中区域极端降水天气形势及物理量异常度特征[J]. 气象，2020，46(4)：503-516.

[7] 孙建华，周玉淑，傅慎明，等. 近十年我国涡旋系统的研究进展[J]. 大气科学，2022，48(1)：228-260.

[8] 张家国，王珏，黄志勇，等. 几类区域性暴雨雷达回波模型[J]. 气象，2011，37(3)：285-290.

[9] 吴涛,张家国,牛奔.一次强降水过程涡旋状 MCS 结构特征及成因初步分析[J].气象,2017,43(5):540-551.

[10] 王珏,张家国,吴涛,等.湖北省极端短时强降水 MCS 类型及特征分析[J].气象,2019,45(7):931-944.

[11] 廖移山,冯新,石燕,等.2008 年“7・22”襄樊特大暴雨的天气学机理分析及地形的影响[J].气象学报,2011,69(6):945-955.

[12] 黄小彦,孙继松,刘文婷.地形作用下低空急流的演变与强降水对流风暴系统的相互作用[J].气象学报,2020,78(4):551-567.

[13] 周金莲,张家国,吴涛,等.长江中游梅雨锋极端暴雨过程中的边界层中尺度系统主要特征[J].气象,2022,48(8):1007-1019.

[14] 王海燕,孟英杰,程昌玉,等.长江流域多模式动态集成降水预报方法及应用评估[J].气象,2022,48(8):1043-1052.

2023年7月23—24日双西南涡与青藏高原切变线共存下的暴雨过程分析及启示

高国路[1] 蒋兴文[1] 高志博[1] 冯 勇[1] 董元昌[1] 肖递祥[2] 张佩文[1] 李嘉琪[3]
(1. 中国气象局成都高原气象研究所/高原与盆地暴雨旱涝灾害四川省重点实验室，成都，610072；2. 四川省气象台，成都，610072；3. 乐山市气象局，乐山，614000)

摘　要：西南涡和高原切变线是导致西南地区暴雨灾害的重要天气系统，由于高分辨率观测数据的匮乏，一直以来对西南涡和高原切变线的多尺度特征缺乏足够的认识。针对2023年7月23—24日成都大运会开幕式前的一次四川盆地区域性暴雨过程，西南涡加密观测试验发现了双西南涡和双高原切变线共存的现象。结合高分辨区域数值模式分析发现高原边坡的高原切变线与2个西南涡的耦合是造成此次暴雨的主要机制，并且2个耦合过程存在明显差异。盆地西部西南涡的生成时间滞后于对流，对流潜热加热和高原切变线诱发了低层涡度的增长，导致西南涡的形成并影响了对流系统的组织化和移动；而盆地东部西南涡的生成时间早于对流，低涡生成后低层浅薄的气旋性涡度并未造成明显降雨，直到高原切变线东移并与低层涡度耦合后才导致对流系统发展。全球模式无法再现盆地西部边坡的降水，也无法揭示该低涡的存在，因此不可能预报盆地西侧的强降水，而对盆地东部低涡强度预报偏弱，也必然造成由该低涡诱发的强降水预报偏弱。需结合区域对流分辨率模式，充分考虑对流潜热作用和西南涡的正反馈过程，对全球模式预报做出订正。

关键词：西南涡，高原切变线，多尺度特征，雨生涡，涡生雨

引言

西南涡是我国西南地区最重要的天气系统之一[1,2]，其影响下的极端降雨也是导致四川盆地多种地质灾害发生的重要原因[3]。西南涡移出盆地以后甚至给长江中下游地区，乃至华北平原带来更大范围的极端降雨[4,5]。前人已经从生成源地、移动路径、天气动力诊断、生成机制等方面对西南涡有了较为系统的研究[6-10]，但是受高原东侧高时空分辨率观测数据匮乏的影响，大量的研究主要关注了α中尺度和天气尺度的西南涡个例。对于西南涡完整生命周期内的尺度变化过程，以及不同尺度西南涡共存等多尺度问题还存在非常大的研究空白[11,12]。

资助项目：国家重点研发计划(2023YFC3007501)，中国气象局西南区域气象中心创新团队基金(XNQYCXTD-202202)，中国气象局重点创新团队(CMA2023ZD02)，中国气象局创新发展专项(CXFZ2023J016)和四川省重点研发项目(2023YES0430)共同资助。
第一作者：高国路，工程师，从事高原与盆地天气研究，E-mail：gaoguolu123@outlook.com。
通信作者：蒋兴文，研究员，从事高原与盆地天气与气候研究，E-mail：jiangxingwen@cma.gov.cn。

对流释放的凝结潜热有利于低层位涡增长、抑制高层位涡增长,对西南涡的生成、发展有着重要作用[13],但陈鹏等[14]和 Chen 等[15]对个例的敏感性试验发现潜热加热并不是西南涡形成的主要原因。由于观测的限制,"雨生涡"和"涡生雨"的先后关系事实上并不清楚。只有当西南涡发展到 α 中尺度时,常规探空观测才能发现西南涡的存在,但此时对流云可能已发展为具有较大范围的中尺度对流系统。正确认识凝结潜热和西南涡的相互作用可能需要厘清对流云和低涡生成的先后关系。

高原切变线也是影响青藏高原和四川盆地降水的重要天气系统,过去更多地关注了高原横切变线对降雨的影响[16-18],对高原竖切变线的研究相对较少,这可能和高原竖切变线主要位于高原边坡地区有关[19]。稀疏的台站观测和较小的空间尺度可能使得高原竖切变线被发现的概率较低,因此研究个例较少。但是,高原竖切变线引发的降雨强度却比横切变线更为明显,并且主要以对流性降雨为主[20]。高原竖切变线引发暴雨的机制可能和盆地西南涡的多尺度相互作用有关。

为了获取西南涡和高原切变线更精细的观测数据,2023 年 7 月下旬到 8 月上旬中国气象局成都高原气象研究所在青藏高原东侧边坡这一关键区域开展观测试验。期间,2023 年 7 月 23—24 日四川盆地出现了一次区域性暴雨天气过程。包括欧洲数值预报中心在内的许多模式都完全漏报了此次过程,时值成都大运会开幕前的关键时期,这为预报服务带来了巨大的挑战,此次暴雨过程对赛事活动筹备以及防汛救灾造成了重要影响。加密观测试验和高分辨的区域数值模式揭示了影响此次过程的多尺度天气系统,可以为四川盆地暖区的西南涡暴雨预报提供一些新的思路。

1 数据说明

1.1 加密探空观测试验

此次西南涡加密观测试验分别在九龙、泸定、雷波、乐山布设了 4 个无线电气球探空观测站,这 4 个站点位于青藏高原到四川盆地的过渡区域(如图 1 所示),其海拔分别为 2993.7 m、1403.2 m、1255.8 m、424.2 m。观测的时间频次加密到 1 d 4 次,同时,周边区域的常规观测站点也从 1 d 2 次加密到同步的 4 次观测。此次观测试验重点观测九龙地区到四川盆地西南部的低涡生成和移动,因为该区域生成的西南涡占到了西南涡总数的 60%以上[10,21,22]。这些加密观测站有效填补了青藏高原边坡这一地形复杂区域的数据空白。

1.2 多模式数据

本文使用了 3 种在西南区域已业务化运行和应用的数值模拟数据,包括西南区域数值预报模式(SWC-3KM),中国气象局全球中期数值预报系统(CMA-GFS)和欧洲中期天气预报中心中短期预报(ECMWF-HRES)3 种模式的起报时间均为 2023 年 7 月 23 日 08 时,预报时效为 12～36 h。

SWC-3KM 模式根据西南区域的天气特点对数值预报 3.9 模式进行了本地化改进[23,24]。SWC-3KM 模式水平分辨率为 3 km,模式中心位于(30°N,98°E),水平格点数为 1260×810。

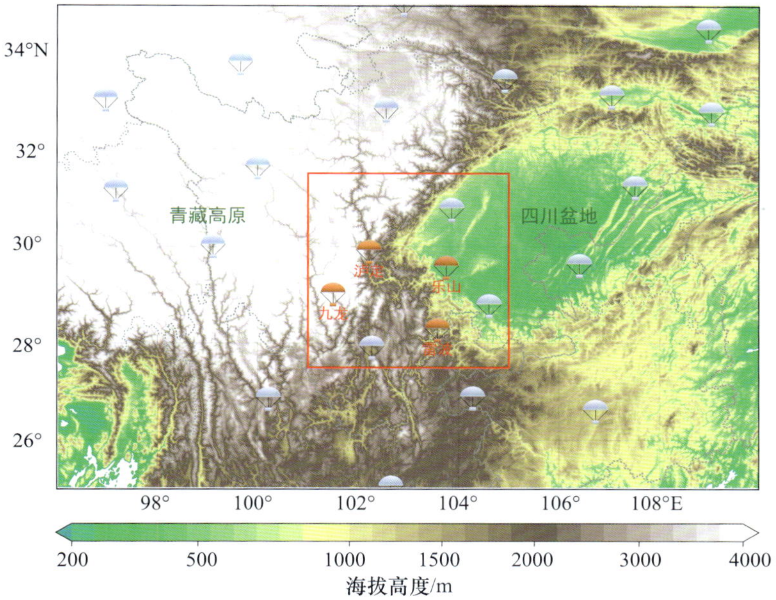

图 1　青藏高原边坡区域地形和加密探空观测站点分布

（白色站点为常规探空站点，红色站点为观测试验所设加密探空站点，红色方框为西南涡生成关键区）

模式垂直方向共 51 层，微物理方案采用 Morrison 方案[25]，陆面过程采用 Noah 方案[26]，边界层方案采用 YSU 方案[27]，长波和短波辐射方案采用 RRTMG 方案[28]。该模式目前已普遍应用在西南区域的数值预报业务和研究中[29]。

CMA-GFS 模式水平分辨率为 0.125°，垂直分层 87 层，在 0～120 h 时效内时间分辨率为逐 3 h。ECMWF-HRES 模式水平分辨率为 0.1°，垂直分层 137 层，时间分辨率为逐 6 h。以上模式数据获取自天擎气象大数据云平台。

1.3　雷达组网和地面观测数据

多普勒天气雷达组网反射率数据获取自中国气象科学研究院[30]。图 1 研究区域内组网雷达数量为 87 部，数据水平空间分辨率约为 500 m，时间分辨率为 6 min。地面降水站点观测数据获取自天擎气象大数据云平台。研究区域内约有 16000 余个自动降水观测站，其中国家站 486 个。

2　暴雨实况和多模式预报

2023 年 7 月 23 日 20 时—24 日 20 时，青藏高原东部到四川盆地发生了一次暖区暴雨天气过程。此次暴雨过程充分展现了高原边坡区域强降雨的时空复杂性。从图 2a、图 2b 可以看出，在 1 d 的时间内，高原边坡区域存在有 3 条主要的雨带。3 条雨带分别是高原东部横向的带状雨带、四川盆地西部的团状雨带、四川盆地东部的弧状雨带。此外，在四川盆地到高原边坡的区域还存在数个分散的局地暴雨中心。其中，盆地西部的强降雨主要出现在 23 日夜间，盆地东部的强降雨主要出现在 24 日白天。SWC-3KM 模式在降雨发生的空间位置、时间顺序、累积降雨量等方面都较为准确地预报了此次暴雨过程（图 2c，图 2d）。CMA-GFS 和

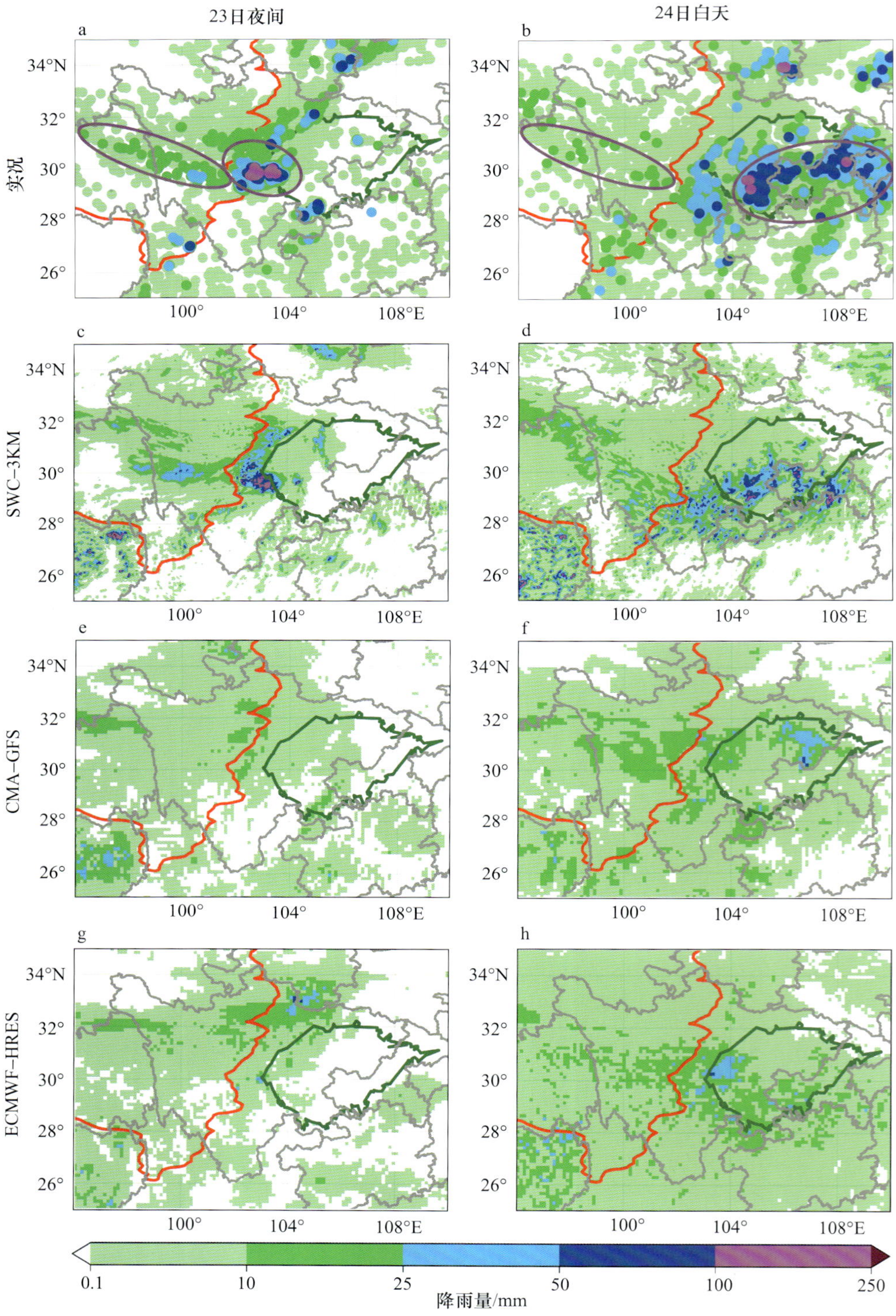

图 2　2023 年 7 月 23 日夜间和 7 月 24 日白天站点降雨实况(a、b),
SWC-3KM(c、d),CMA-GFS(e、f)和 ECMWF-HRES(g、h)的模式预报结果
(图中红色实线表示海拔 3000 m 的高原地形线,绿色实线表示海拔 750 m 的四川盆地边界线)

ECMWF-HRES 模式准确预报了高原东部东西向的带状雨带，但是漏报了四川盆地的区域性暴雨过程（图 2e～图 2h）。

3 西南涡和高原切变线的多尺度共存和演变特征

3.1 环流背景

此次降雨过程未受到冷空气和锋面系统的影响，东北半球未见明显冷性气团堆积。暴雨发生前后南亚高压和西太平洋副热带高压有明显的东西进动。根据实况探空分析（图略），7 月 23 日降雨前，南亚高压整体位于印度洋到青藏高原东南部的位置，呈东北—西南走向，脊线位于攀西地区到四川盆地西南部，到 24 日向盆地东部延伸。副热带高压在 23 日西伸至高原东部，四川完全处于副热带高压控制下，到 24 日副高东退至盆地东部边缘。北半球中高纬度总体以纬向西风气流为主，经向风分量较小，无大型长波槽脊活动，仅在乌拉尔山和中国东部的海岸线附近有一些浅槽。受副热带高压的动力下沉增温影响，盆地中高层为 1 个干暖盖，23 日白天相比 22 日盆地地面有 2～4 ℃的升温。同时，低层 700 hPa 为西南气流，有来自孟加拉湾的水汽输送，850 hPa 为东南气流，有来自南海的水汽输送。到降雨前 23 日 20 时，盆地内成都温江站 CAPE 值达到 3601.6 $J \cdot kg^{-1}$，K 指数为 40.8 ℃。在这种高低层大尺度环流的配置下，盆地西部处于 1 个上干下湿的大气层结，极易受局地中尺度系统的扰动而触发对流。

3.2 双高原切变线

加密观测发现在青藏高原东部到四川盆地边缘同时存在 1 条横切变线和 1 条竖切变线，而常规观测在 24 日 08 时以前仅能发现高原横切变线。如图 3 所示，天气尺度的横切变线在 23 日 20 时为东北—西南走向，到 24 日 02 时逐渐转为西北—东南走向。次天气尺度的竖切变线位于高原到四川盆地的边坡地区，从 23 日 20 时到 24 日 02 时逐渐向南加深。

SWC-3KM 模式正确预报了 2 个切变线的位置和形态。从 23 日夜间到 24 日白天，高原横切线缓慢地自北向南移动，这和高原东部东西向的带状雨带一致。高原竖切变线则在高原边坡先加深，然后自西向东移动，这和盆地西部和盆地东部两个雨带产生的先后顺序一致。两条高原切变线的移动主导了此次暴雨过程雨带的传播方向。

3.3 双西南涡

加密观测发现在四川盆地同时存在 1 个 β 中尺度的西南涡（SWV1）和 1 个 α 中尺度的西南涡（SWV2）。本文参考 Feng 等[8]对西南涡客观识别的方法定义了 SWV1 和 SWV2 的生成，并估计了西南涡的范围。主要的标准有两条，一是在风场上出现完整的气旋性环流；二是位势高度场中有闭合的低值中心。最外围的位势高度闭合等值线被用来估计西南涡的范围。

依据此定义，去除加密观测（图 4 中的红色风杆）后，只能发现盆地东部的 SWV2。SWC-3KM 模式的风场预报与加密观测几乎一致，并且补充了双 SWV 演变的细节特征。从图 4 可以

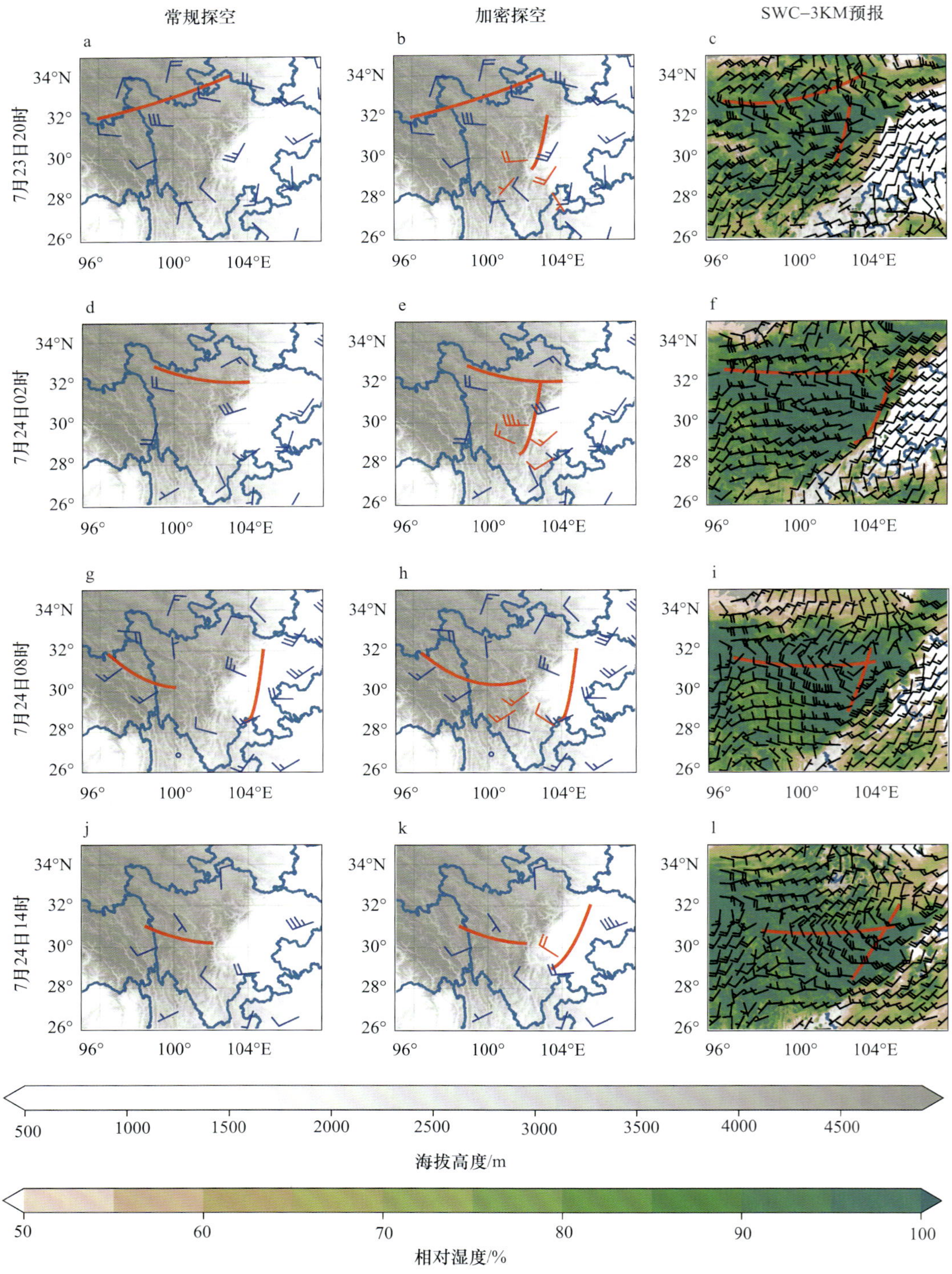

图3　2023年7月23日20时—24日14时500 hPa常规探空(左列)、加密探空观测(中间列)和SWC-3KM预报(右列)的高原切变线
(红色曲线表示切变线的位置,蓝色风羽表示常规探空站点,红色风羽表示加密探空观测,黑色风羽表示SWC-3KM模式预报风场)

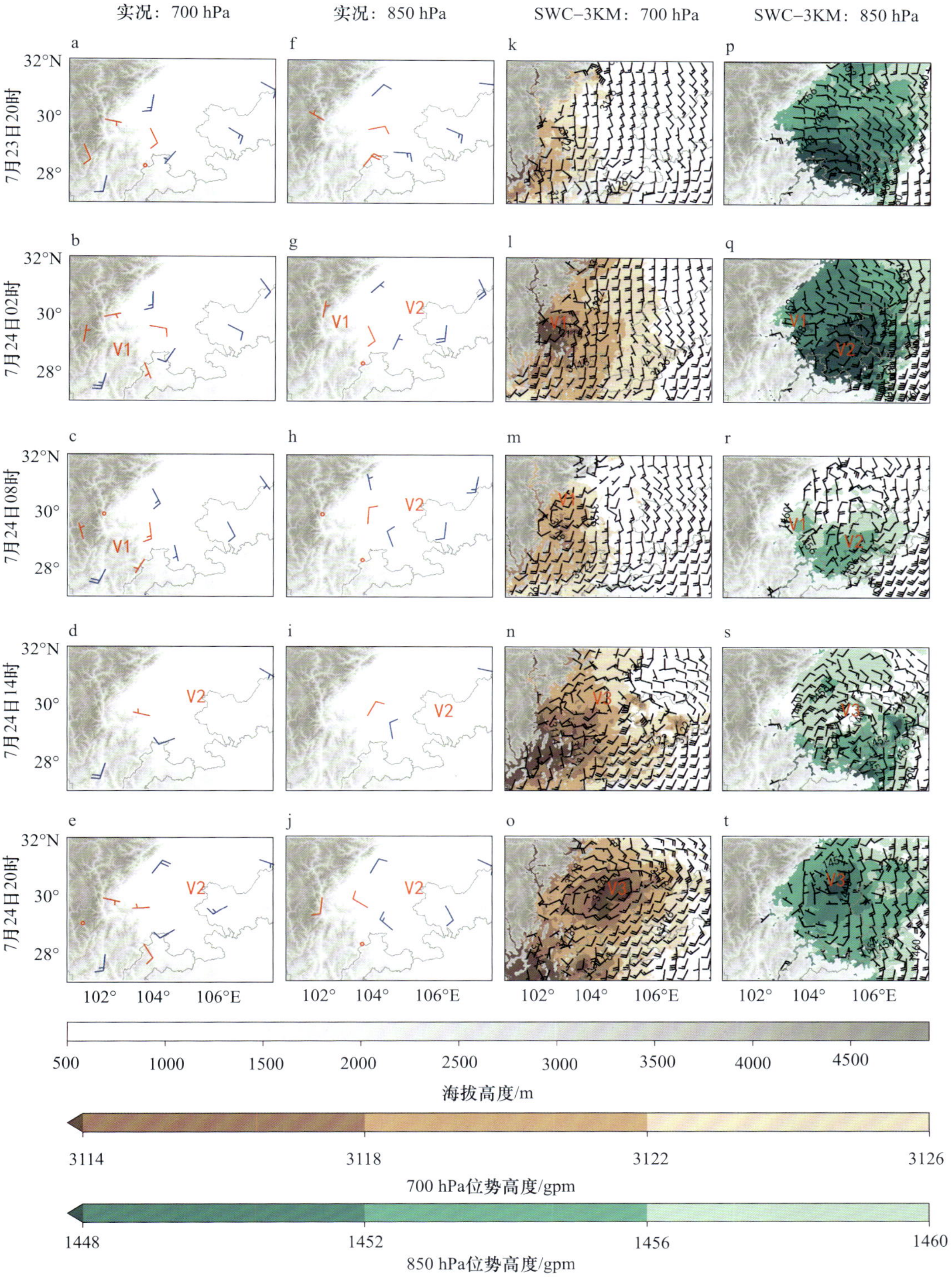

图 4　2023 年 7 月 23 日 20 时—24 日 20 时加密探空观测(第 1～2 列)和 SWC-3KM 预报(第 3～4 列)的西南涡演变
(蓝色风羽表示常规探空站点观测，红色风羽表示加密探空站点观测，黑色风羽表示 SWC-3KM 模式预报风场。红色字体的"V1""V2"和"V3"表示西南涡的涡心位置。填色部分表示位势高度)

看出,23 日 20 时,盆地低涡尚未生成;24 日 02 时,四川盆地西部和盆地东部在位势高度上分别出现两个低压中心,在风场上出现闭合的气旋性涡旋,这标志着双 SWV 的生成。SWV1 在 700 hPa 上 3118 gpm 闭合等值线的范围为 100～200 km。SWV2 在 850 hPa 上1448 gpm闭合等值线的范围为 300～500 km。24 日 08 时,双 SWV 在位势高度场和风场上同时减弱,双涡结构向单涡结构转变,到 24 日 20 时四川盆地仅有 1 个 SWV3 存在。

3.4 全球模式对多尺度系统的预报缺失

图 5 显示了 2 个全球模式在 24 日 02 时的环流场,加密观测试验发现这一时刻共存有 2 个高原切变线和 2 个西南涡。CMA-GFS 和 ECMWF-HRES 较为清楚地表现了高原横切变线的位置,但是前者预报高原边坡竖切变线的位置比实况偏北,且范围偏小,后者则完全漏报了高原竖切变线。在 700 hPa 和 850 hPa,2 个全球模式均漏报了盆地西部的西南涡,同时低估了盆地东部西南涡的强度。

结合图 2 中多模式的降水预报结果来看,在盆地西部,由于缺少了高原竖切变线的动力抬升作用,2 个全球模式只考虑了小到中雨的降雨,相应的对流潜热加热作用较弱,所以未能预报出盆地西部的西南涡。在盆地东部,两个模式都预报出了西南涡的存在,这说明全球模式对动力作用下生成的西南涡还是有一定的预报能力。但是由于预报的涡旋和切变线强度较弱,使得降水的预报也较弱。

4 “雨生涡”和“涡生雨”的两类过程

结合雷达组网数据发现,四川盆地 2 个西南涡和对流系统产生的先后顺序存在相反的关系。盆地西部 SWV1 的生成滞后于对流系统,而盆地东部 SWV2 生成约 4 h 后才有对流触发。

4.1 盆地西部滞后于对流生成的西南涡

四川盆地西部的对流系统先于 SWV1 生成。如图 6 所示,23 日 20 时盆地西部边缘雅安境内有分散的对流云生成,850 hPa 仍然以较为平直的东南风气流为主,到 23 时逐渐演变为多单体的中尺度对流系统,并向东南方向移动,此时局地有较强的气旋性涡度产生。24 日 02 时,气旋性风场进一步闭合,涡度也进一步增强。SWC-3KM 模式的最大反射率空间分布和实况的组合反射率分布基本一致。

在 SWV1 的生成过程中,气旋性涡度的发展表现为由高层向低层传播的过程。沿图 6e 中的对角虚线做垂直剖面可以得到低涡演变过程的三维结构。图 7 显示了盆地西部对流初生(23 日 20 时)、多单体对流发展(23 日 23 时)、有组织化的中尺度对流系统(24 日 02 时)三个阶段的环流和物理量剖面,结果发现,23 日 20 时受地形和高原切变线的影响,盆地边缘有对流初生。23 日 23 时,随着高原切变线的东移,切变线后部的正涡度在下山过程中从 500 hPa 向下伸展至 600 hPa,并且假相当位温有 6～10 K 的增加,此时已有多单体对流系统生成,高低

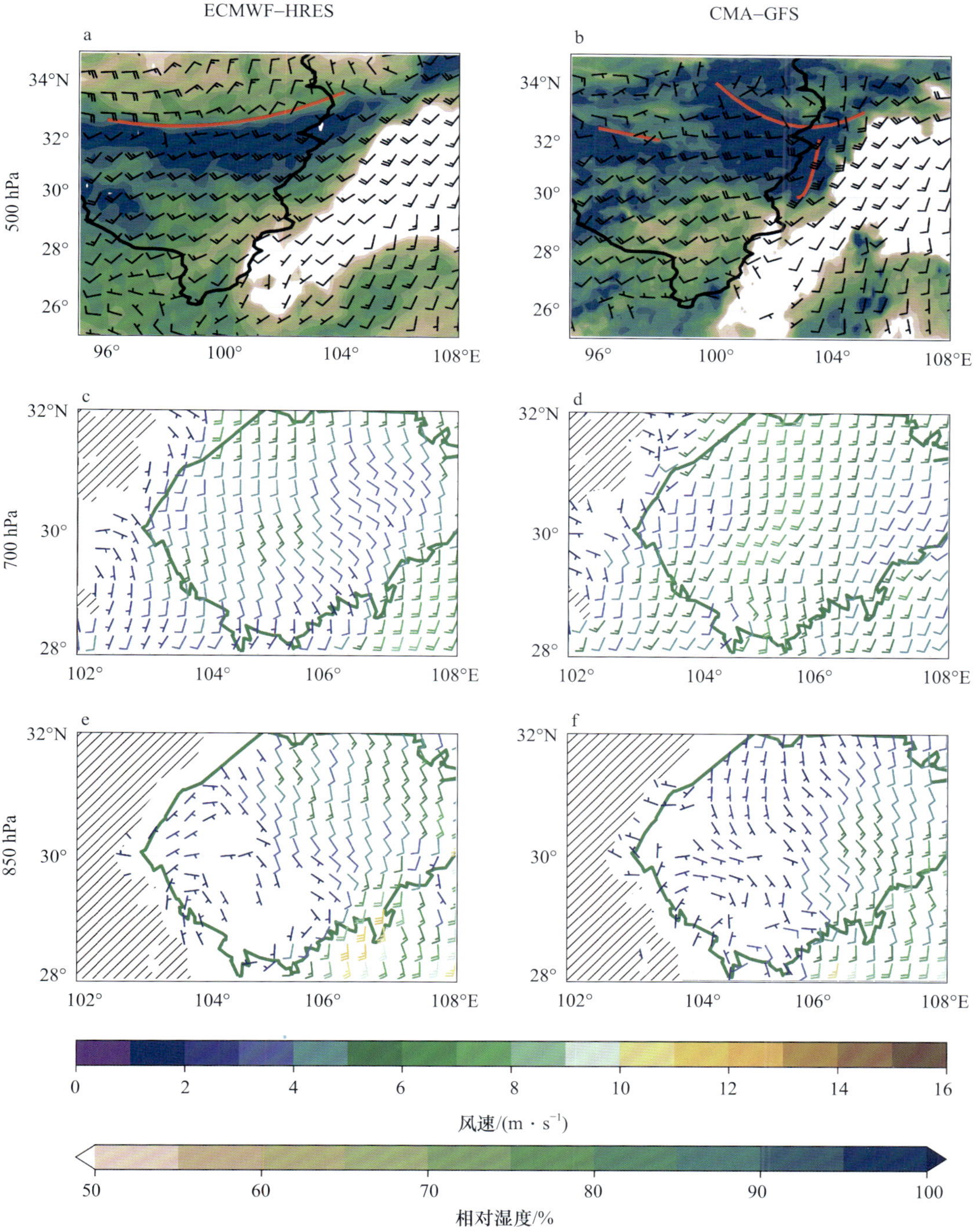

图 5　CMA-GFS 和 ECMWF-HRES 预报的 2023 年 7 月 24 日 02 时 500 hPa(a、b)、700 hPa(c、d)、850 hPa(e、f)环流场

（a、b 中的红色曲线表示切变线位置；风羽表示 SWC-3KM 模式预报风场）

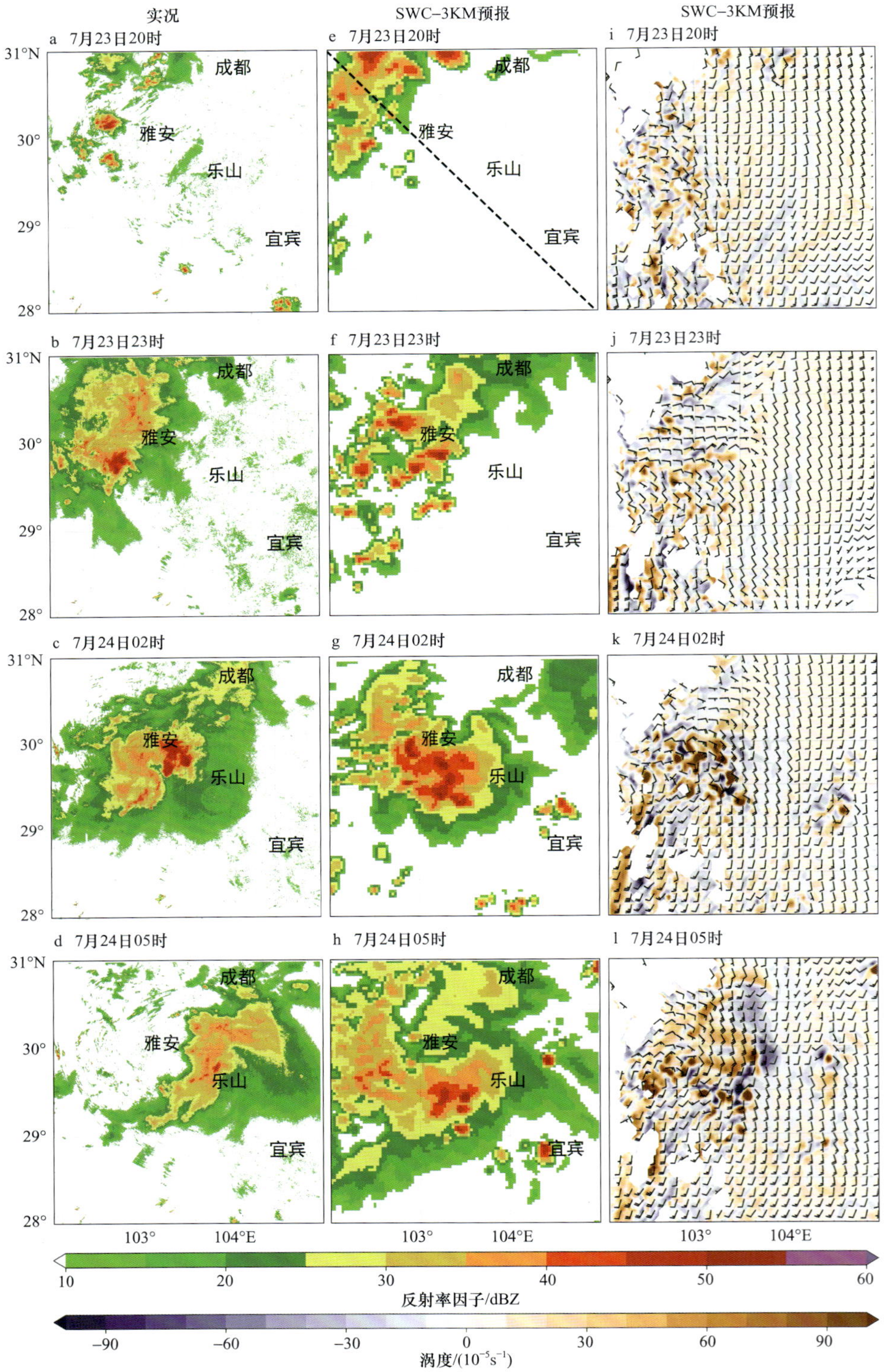

图 6　2023 年 7 月 23 日 20 时—24 日 05 时四川盆地西部的雷达组网观测(左列)和 SWC-3KM 预报(中间列)的对流演变过程以及 SWC-3KM 预报的 700 hPa 风场(风羽)和涡度场(右列,填色值为涡度;e 中黑色虚线表示垂直剖面的空间位置)

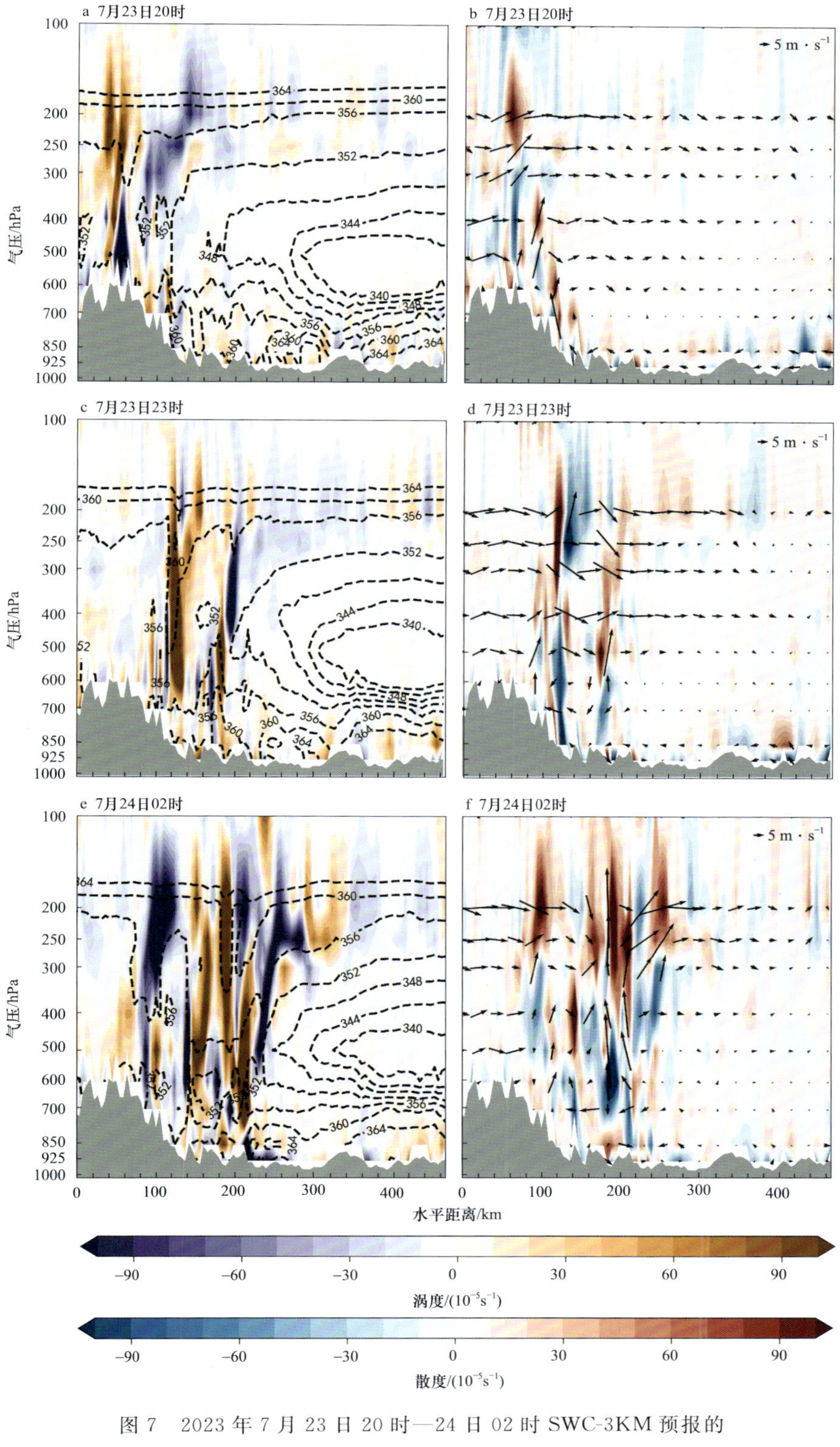

图 7　2023 年 7 月 23 日 20 时—24 日 02 时 SWC-3KM 预报的
盆地西部对流系统不同发展阶段的物理量场和环流场演变
（左列填色值为涡度，虚线为假相当位温，右列填色值为散度，箭头表示水平风和垂直风的合成，其中垂直速度被放大 10 倍）

空形成低层辐合高层辐散的环流配置。24 日 02 时，正涡度进一步向下伸展至 850 hPa，此时水平风场中 700 hPa 和 850 hPa 均有明显气旋性闭合风场出现，高低空的辐合辐散范围也明显增加，形成有组织的中尺度对流系统。在西南涡的生成过程中，对流潜热加热可能起主导作用。高原切变线和盆地边坡地形抬升增强了局地的上升气流；增强的上升气流导致了对流系统发展并释放大量凝结潜热；凝结潜热促使了涡旋的生成和发展。CMA-GFS 的预报结果可以印证这一猜想(图 5)。在 CMA-GFS 模式中，同样预报了高原边坡的竖切变线，低层的风场也几乎一致，但是却没有出现西南涡。这可能是因为对强对流的漏报，使得模式低估了潜热加热的影响。

4.2 盆地东部先于对流生成的西南涡

四川盆地东部对流系统的生成滞后于 SWV2 的产生。24 日 02 时，SWV2 已经生成(见图 4)，但直到 24 日 06 时，在宜宾南部才有分散的对流产生(见图 8)。在 850 hPa 东南风气流的影响下，不断有水汽和能量向盆地输送，并在盆地边缘形成气旋性涡度，然后逐渐形成 1 个闭合的气旋性涡旋，即西南涡。气旋性涡度的产生一方面是由于气流在从云贵高原向盆地下滑的过程中，空气柱拉长，根据位涡守恒理论，气旋性涡度将增加。另一方面，700 hPa 西南风和 850 hPa 东南风产生的垂直风切变也有利于水平涡度向垂直涡度的转换。陈鹏等[14]在盆地东部的一次西南涡生成个例中也发现了类似的过程。

图 9 为盆地东部对流初生(24 日 06 时)、对流系统发展(24 日 10 时)、对流系统组织化(24 日 13 时)3 个阶段的环流和物理量剖面。剖面的位置为图 8i—图 8k 中涡度最大值(图中红色虚线所示)所在的纬度。对流初生时刻，高低空 2 个涡度对之间有明显的水平位置偏差，且强度较弱。24 日 10 时，2 个涡度对的水平和垂直位置偏差相比初始时刻明显减小，但此时高低空的辐合辐散配置仍然存在错位，上升气流以中层的斜升气流为主，中层辐合的下部对应为辐散的下沉气流。24 日 13 时，高低空进一步耦合为垂直的涡度场结构，气旋性涡度从近地面垂直延伸到约 100 hPa，从低层到高层的垂直上升通道被打通，上升区伴有明显的非绝热加热。

高低层涡度的耦合有效解释了强对流产生于低涡左侧的原因。西南涡涡旋内低层的局地涡度增长会触发对流云的产生，但是对流触发后并不会得到明显的发展，只形成一些小尺度的浅对流。当高原切变线东移，并且与西南涡内局地暴发的正涡度耦合后，对流得到明显的组织化，并形成中尺度对流系统。此次个例说明在“涡生雨”过程中，西南涡内对流性降雨触发的时间和空间位置取决于高原切变线和西南涡内局地涡度的耦合。

5 结论与讨论

针对 2023 年 7 月 23—24 日成都大运会开幕式前的一次四川盆地区域性暴雨过程，西南涡加密观测试验发现了 2 个不同尺度的西南涡与双高原切变线在四川盆地东、西部共存的现象。这种现象尽管在高分辨的再分析数据中有所表现[31]，但是从已有的文献来看，并没有被基于实况观测数据的研究所揭示。加密观测试验和高分辨区域数值模式揭示了影响此次过程的多尺度天气系统，进一步改变了过去西南涡在四川盆地表现为单一涡旋结构的固有印象，扩宽了对西南涡三维结构的认识和理解。

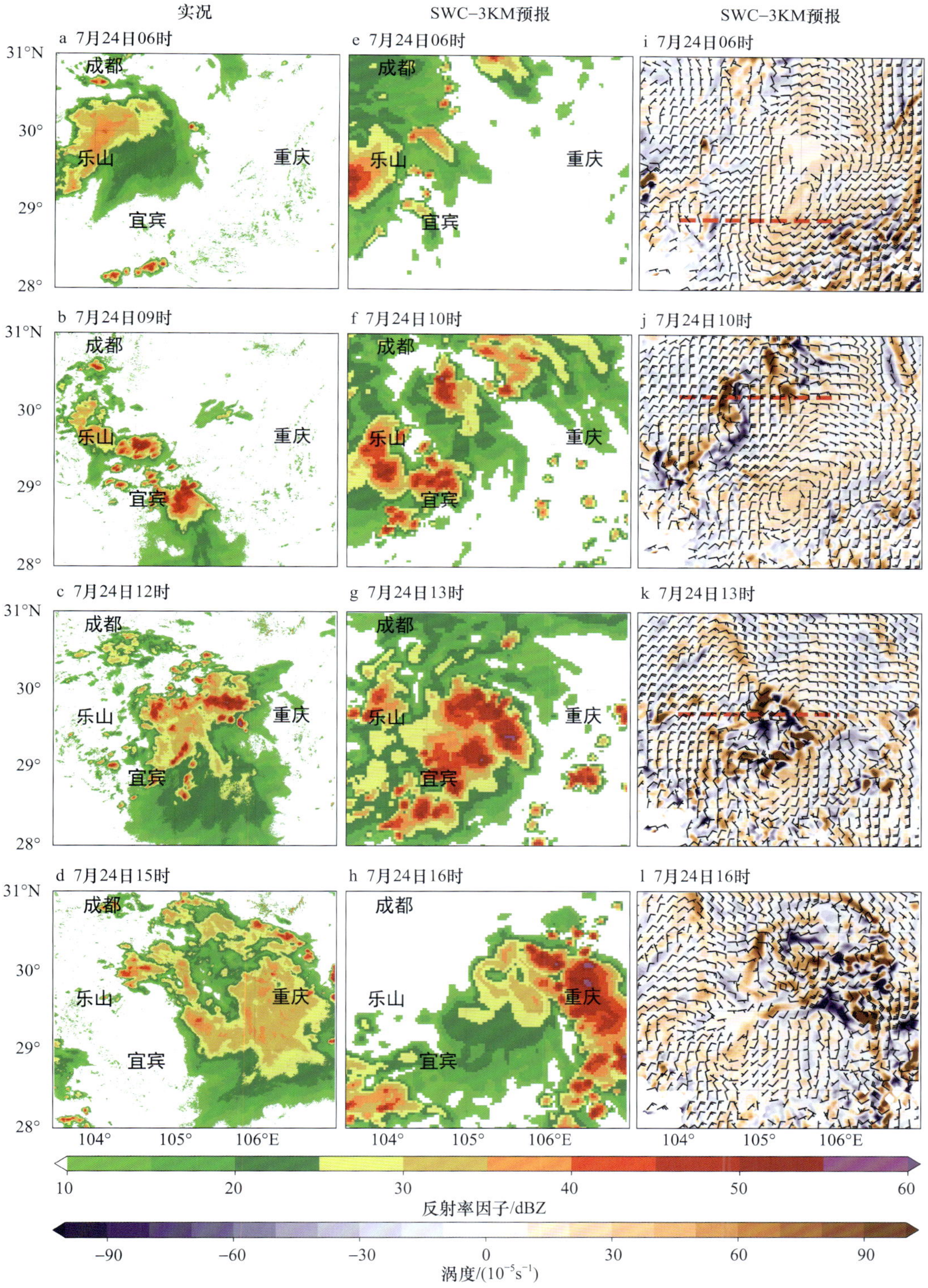

图8　2023年7月24日06—16时四川盆地东部的雷达组网观测（左列）和SWC-3KM预报（中间列）的对流演变过程以及SWC-3KM预报的850 hPa风场（风羽）和涡度场（右列，填色值为涡度，红色虚线表示垂直剖面的空间位置）

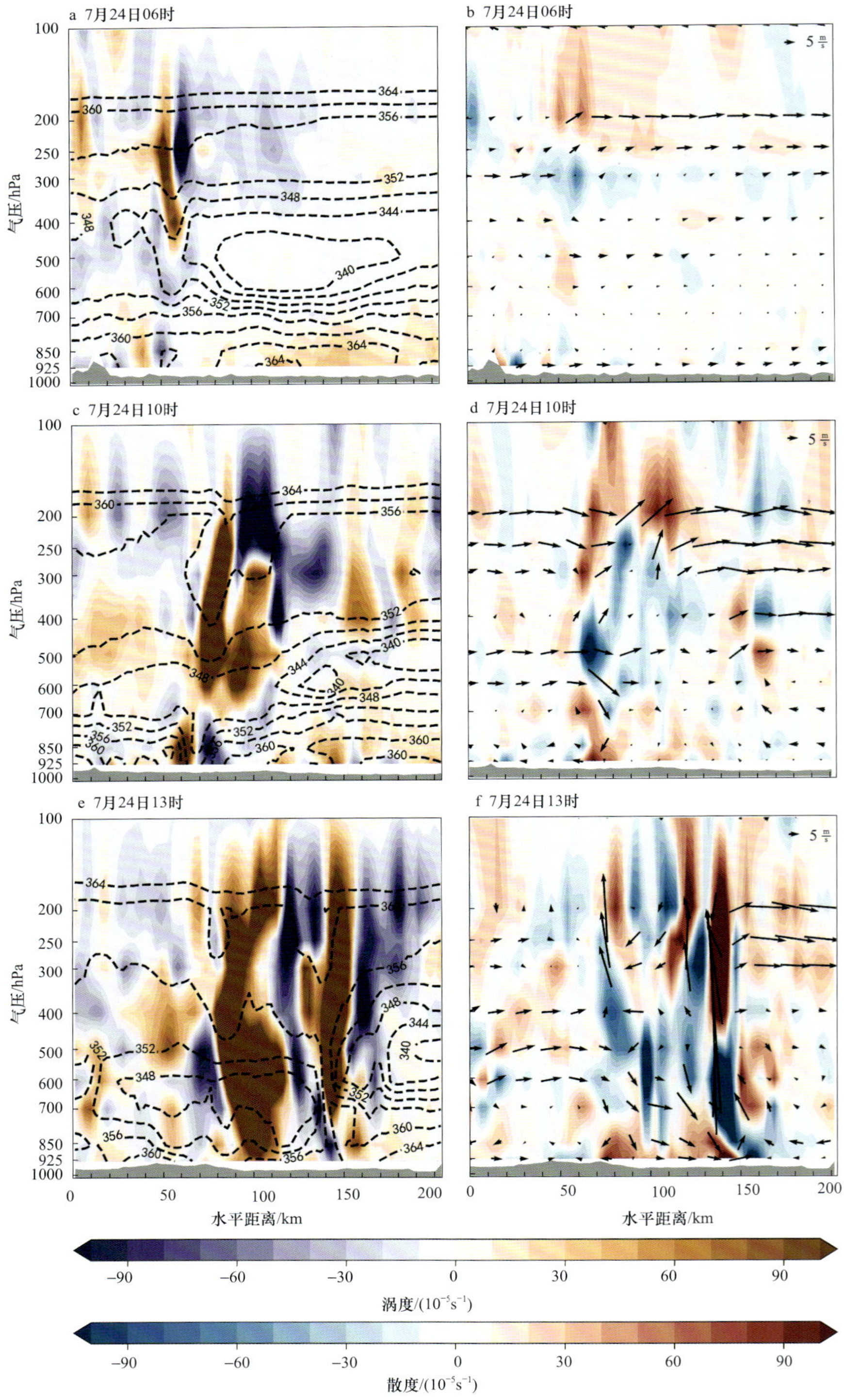

图9 2023年7月24日06—13时SWC-3KM预报的盆地东部对流系统不同发展阶段的物理量场和环流场演变

(左列填色值为涡度,虚线为假相当位温,右列填色值为散度,箭头表示水平风和垂直风的合成,其中垂直速度被放大10倍)

从两个西南涡的演变过程来看，高原边坡的竖切变线和对流潜热加热诱发了盆地西部的西南涡生成，西南涡生成以后又反过来影响了对流系统的发展和移动；而盆地东部的西南涡先于对流生成，西南涡生成以后只产生了一些局地的正涡度和浅对流，直到高原切变线东移，高低空的涡度垂直耦合贯通了垂直上升气流的通道，才使得局地的浅对流得以发展。一直以来，西南涡暴雨中先有涡还是先有雨的问题受到广泛关注，从这次个例来看，“雨生涡”和“涡生雨”这两种过程也是共存的。

两种主流的全球模式完全漏报了此次盆地暴雨过程，这为模式预报订正和预报服务带来了巨大的挑战。对于盆地西部暴雨漏报的主要原因在于全球模式无法再现盆地西部边坡的局地对流性降水，进而也就无法反映潜热加热对西南涡的生成作用，以及随后西南涡生成后又加强了对流系统的过程。而对盆地东部低涡强度预报偏弱，也必然造成由该低涡诱发的强降水预报偏弱。在西南涡的暴雨预报和主观订正中，需要结合区域对流分辨率模式，充分考虑对流潜热作用和西南涡的正反馈过程，对全球模式结果做出积极的订正。

参考文献

[1] 陶诗言. 中国之暴雨 [M]. 北京：科学出版社，1980：196-199.

[2] 卢敬华. 西南低涡概论 [M]. 北京：气象出版社，1986：276.

[3] LIU H，HUANG X，FEI J，et al. Spatiotemporal features and associated synoptic patterns of extremely persistent heavy rainfall over China [J]. J Geophys Res-Atmos，2022，127(15)：e2022JD036604.

[4] WANG X，LIU Y. Causes of extreme rainfall in May 2013 over Henan Province：the role of the southwest vortex and low-level jet [J]. Theor Appl Climatol，2017，129(1)：701-709.

[5] XIA R，ZHANG D-L，FU S，et al. On the anomalous development of a series of heavy rainfall events from central to north China during 19-21 July 2016 [J]. Quarterly Journal of the Royal Meteorological Society，2022，148(742)：272-293.

[6] KUO Y H，CHENG L，BAO J W. Numerical simulation of the 1981 Sichuan flood. Part I：Evolution of a mesoscale southwest vortex [J]. Monthly Weather Review，1988，116(12)：2481-2504.

[7] ZHONG R，ZHONG L H，HUA L J，et al. A climatology of the southwest vortex during 1979—2008 [J]. Atmos Oceanic Sci Lett，2014，7(6)：577-583.

[8] FENG X，LIU C，FAN G，et al. Climatology and structures of southwest vortices in the NCEP climate forecast system reanalysis [J]. J Climate，2016，29(21)：7675-7701.

[9] FU S M，MAI Z，SUN J H，et al. Impacts of convective activity over the Tibetan plateau on plateau vortex，southwest vortex，and downstream precipitation [J]. Journal of the Atmospheric Sciences，2019，76(12)：3803-3830.

[10] 赖欣，王庆语，皇甫静亮，等. 西南涡的气候学研究进展 [J]. 大气科学，2023，47(6)：1983-2000.

[11] 何光碧. 西南低涡研究综述 [J]. 气象，2012，38(2)：155-163.

[12] 李跃清，徐祥德. 西南涡研究和观测试验回顾及进展 [J]. 气象科技进展，2016，6(3)：134-140.

[13] 韩林君，白爱娟. 2004—2017 年夏半年西南涡在四川盆地形成降水的特征分析 [J]. 高原气象，2019，38(3)：552-562.

[14] 陈鹏，徐海明，林永辉. 涡度收支与潜热释放对西南低涡形成的作用 [J]. 大气科学学报，2014，37(5)：575-584.

[15] CHEN G，WANG B，LIU J. Study on the sensitivity of initial perturbations to the development of a vortex

observed in Southwest China [J]. J Geophys Res-Atmos,2021,126(21):e2021JD034715.
[16] 何光碧,师锐. 三次高原切变线过程演变特征及其对降水的影响 [J]. 高原气象,2014,33(3):615-625.
[17] 罗雄,李国平. 一次高原切变线过程的数值模拟与阶段性结构特征 [J]. 高原气象,2018,37(2):406-419.
[18] 杜梅,李国平,李山山. 高原横切变线与高原低涡关系的初步研究 [J]. 大气科学,2020,44(2):269-281.
[19] YAO X,ZHANG X,MA J. Characteristics of the meridionally oriented shear lines over the Tibetan Plateau and its relationship with rainstorms in the boreal summer half-year [J]. Journal of Tropical Meteorology(in Chinese),2020,26(1):93-102.
[20] 刘新伟,叶培龙,伏晶,等. 高原切变线形态演变对高原边坡一次降水过程的影响分析 [J]. 高原气象,2020,39(2):245-253.
[21] 李跃清. 西南涡涡源研究的有关新进展 [J]. 高原气象,2021,40(6):1394-1406.
[22] 屈顶,李跃清. 西南涡之九龙涡的三维环流和动力结构特征 [J]. 高原气象,2021,40(6):1497-1512.
[23] SKAMAROCK W C,KLEMP J B,DUDHIA J,et al. A Description of the Advanced Research WRF Version 3(No. NCAR/TN-475+STR)[J]. University Corporation for Atmospheric Research,2008:475.
[24] 衡志炜,程晓龙. 西南涡加密资料同化对西南区域模式降水预报的影响 [J]. 高原山地气象研究,2018,38(2):1-8.
[25] MORRISON H,THOMPSON G,TATARSKII V. Impact of cloud microphysics on the development of trailing stratiform precipitation in a simulated squall line:Comparison of one-and two-moment schemes [J]. Monthly Weather Review,2009,137(3):991-1007.
[26] NIU G Y,YANG Z L,MITCHELL K E,et al. The community Noah land surface model with multiparameterization options(Noah-MP):1. Model description and evaluation with local-scale measurements [J]. J Geophys Res-Atmos,2011,116(D12):1-19.
[27] HONG S Y,NOH Y,DUDHIA J. A New vertical diffusion package with an explicit treatment of entrainment processes [J]. Monthly Weather Review,2006,134(9):2318-2341.
[28] IACONO M J,DELAMERE J S,MLAWER E J,et al. Radiative forcing by long-lived greenhouse gases:Calculations with the AER radiative transfer models [J]. J Geophys Res-Atmos,2008,113.
[29] 程晓龙,李跃清,徐祥德,等. 汛期西南涡暴雨的数值模拟研究 [J]. 高原气象,2019,38(2):359-367.
[30] 吴翀,刘黎平,仰美霖,等. X 波段双偏振雷达相态识别与拼图的关键技术 [J]. 应用气象学报,2021,32(2):200-216.
[31] WU Z,LIU H,CHAN K T F,et al. Effects of topography and latent heat on the evolution of a mesoscale dual-core Southwest vortex over Sichuan Basin,China [J]. Frontiers in Earth Science,2022,10.

二、强对流

2023年9月19日江苏秋季强龙卷过程特征及预报预警分析

赵素蓉[1]　王　易[2]　蓝　渝[1]　郑永光[1]
王啸华[2]　周晓敏[1]　喜　度[2]　韩旭卿[1]　李泽宇[2]
（1. 国家气象中心，北京，100081；2. 江苏省气象台，南京，210019）

摘　要：2023年9月19日江苏北部宿迁市南蔡乡、大兴镇以及盐城市阜宁县发生强龙卷。这是2006年以来江苏首次记录到的发生在9月的龙卷。利用多源资料分析发现，该过程发生在副热带高压北侧，500 hPa短波槽配合低层江淮气旋的天气背景下。苏北地区对流有效位能、0～1 km垂直风切变均具有一定的极端性。西南急流形成的低层较强的风切变及较低的抬升凝结高度有利于龙卷的形成。锋面是对流风暴的主要触发机制。3个龙卷源自同一个中尺度对流复合体，其中宿迁的2个龙卷源自同一个β中尺度对流风暴母体。阜宁和大兴镇龙卷属于超级单体龙卷。X波段雷达针对强对流风暴开展的高时空分辨率探测补充了对流风暴母体的特征信息。龙卷的影响路径长短与龙卷所对应的中气旋及龙卷涡旋特征（TVS）厚度增加相对应，龙卷碎片特征（TDS）的水平和垂直尺度变化趋势与龙卷灾害范围的大小有较好的对应关系。全球、中尺度数值预报在短期时效内难以准确预报，但受益于雷达、卫星快扫等非常规资料，预报员可在短临时效内对龙卷进行较为准确的预报预警。

关键词：龙卷，环境条件，超级单体，TVS，X波段雷达

引言

龙卷是地球上最剧烈的风暴天气，极易产生严重危害。如2016年6月23日，江苏盐城阜宁龙卷造成99人死亡、864人受伤的重大灾害[1,2]。美国龙卷最多，平均每年超过1000个[2]。据不完全统计，我国龙卷主要发生在江苏、广东、湖北、安徽等省，以春、夏季多发[3]。近年来，我国已开展了大量与龙卷相关的工作。对龙卷的研究主要集中在环境条件，雷达特征，灾害调查3个方面。龙卷雷达特征围绕中气旋，钩状回波，低层暖湿入流缺口，龙卷涡旋特征及其演

资助项目：国家重点研发专项（2022YFC3004104）、国家自然科学基金气象联合基金（U2342204）、中国气象局2024年复盘总结专项（FPZJ2024-163）、中国气象科学研究院基本科研业务费专项资金（2021Z003）和中国气象局重点创新团队项目（CMA2022ZD07）共同资助。

第一作者：赵素蓉，高级工程师，从事强对流天气预报研究，E-mail：149435976@qq.com。
通信作者：郑永光，研究员，从事天气预报研究，E-mail：zhengyg@cma.gov.cn。

变特点等开展[4-11]。随着双偏振雷达的增多，对龙卷细致结构特征的研究更加深入。龙卷环境条件的研究集中在天气学分型、环境参数特征等方面[12-14]。龙卷的研究推动了龙卷预报业务的发展，但成功预报预警龙卷仍然是世界级难题。

2023 年 9 月 19 日，华北南部、黄淮、江淮北部出现大范围强对流天气(简称“9·19”秋季强龙卷)，江苏宿迁经开区南蔡乡、宿豫区大兴镇分别出现强龙卷(对应 EF2 级)[15-18]，盐城阜宁县芦蒲镇出现强龙卷(对应 EF3 级)。这是江苏历史上经确认的首次发生在 9 月的龙卷，具有一定的气候极端性[19]。本文利用地面加密自动站、探空、卫星快扫、S 波段和 X 波段新一代多普勒天气雷达、ERA5 等资料对龙卷过程发生的环流背景、对流参数、龙卷及其母体风暴的形态特征分析，形成对此次龙卷系统性认识，为龙卷的监测、预报、预警业务及服务提供参考。

1 龙卷基本信息

2023 年 9 月 19 日午后，华北南部、黄淮、江淮北部出现大范围强对流天气(图 1a)。江苏宿迁市经开区南蔡乡、宿豫区大兴镇、盐城市阜宁县芦蒲镇出现强龙卷，造成 10 人死亡、65 人受伤。在阜宁龙卷路径附近的芦浦镇童营村，地面气象站监测到风速 41.8 m·s^{-1}(14 级)的极端大风。

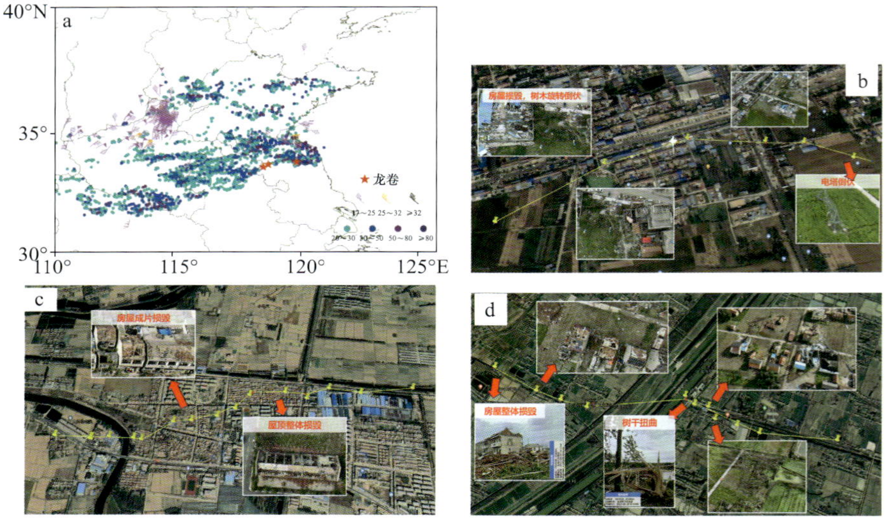

图 1　2023 年 9 月 19 日 11—23 时强对流实况图(a)，江苏省龙卷路径
(b)宿迁市经开区南蔡乡、(c)宿迁市宿豫区大兴镇、
(d)盐城阜宁(来自江苏省气象局、中央气象台、宿迁市气象局联合灾害调研)

9 月 20 日江苏省气象局联合中央气象台、宿迁市气象局组成龙卷灾害调查专家组，确认江苏北部出现 3 个强龙卷：19 日 17 时 20 分—17 时 32 分，江苏省宿迁市经开区南蔡乡出现强龙卷(图 1b，相当于 EF2 级，最强风力 15 级以上)。龙卷首先在南蔡乡西侧及地，随后向东穿过小镇居民聚集区，造成房屋损毁，电塔、树木呈旋转状倒伏。龙卷影响路径长约0.7 km，宽 50～100 m。17 时 50 分—18 时，宿迁市宿豫区大兴镇发生强龙卷(EF2 级，图 1c)。龙卷在罗庄首先出现灾情，向东经周庄、高坂头，穿越大兴镇居民聚集区，造成大量的砖混房屋和钢制厂房棚户损毁，人员伤亡。大兴镇受灾长度约 2.5 km，影响宽度 50～150 m。20 时 20 分—20 时

36分，盐城市阜宁县芦蒲镇和板湖镇出现强龙卷（EF3级，17级，即60.5～74 $m \cdot s^{-1}$，图1d）。龙卷依次影响芦浦镇长北村、潮河村、路庄村、尹陈村，所经之处部分屋顶整体掀翻，树干扭曲、倒伏。龙卷影响长度约6.5 km，宽度为100～150 m。

2 天气背景分析

2.1 龙卷发生的环流背景

此次龙卷过程发生在副热带高压北侧边缘，高空西风急流强盛，500 hPa短波槽过境伴随江淮气旋发展（图2a）。该环流背景与2022年7月20日江苏龙卷过程相似。9月19日中午前后，随着500 hPa短波槽快速东移，苏北地区上空形成了较为深厚的正涡度区。其上200 hPa为分流区，高空辐散显著；其下850 hPa东北急流与西南急流形成切变线，切变线暖区侧存在着西南急流与偏南风的辐合；地面至925 hPa间锋面的坡度较大（图2b）。如此高低层配置有利于深厚对流的发展。低空暖平流强迫和斜压锋生强迫是对流形成和发展的重要机制。

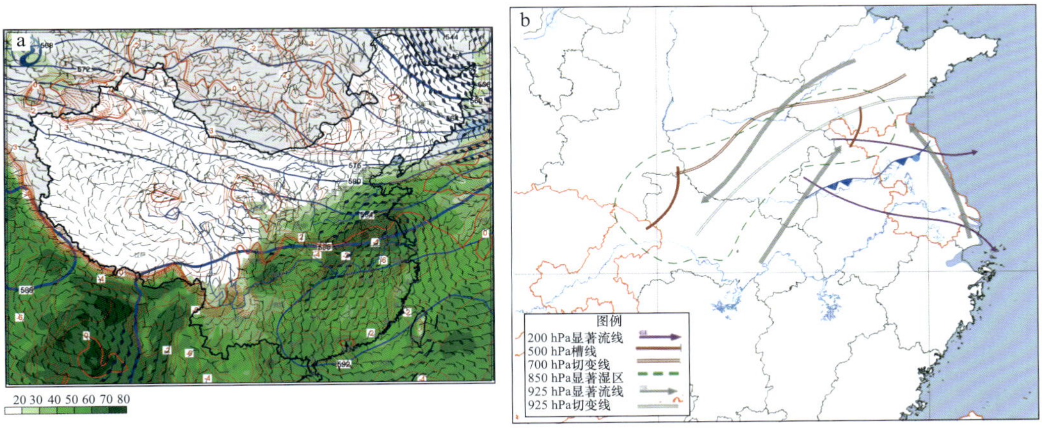

图2 2023年9月19日20时环流形势场（a，蓝线表示500 hPa位势高度，单位：dagpm；红线表示BLI等值线，单位：K；阴影表示PWAT，单位：mm；风羽表示925 hPa风场，单位：$m \cdot s^{-1}$）和中尺度分析（b）

2.2 环境条件特征及其变化

17时，江苏中北部处于人字形中尺度冷暖锋区之间。β中尺度强对流系统沿东西向暖锋前沿分布，在西侧中尺度冷锋推动下自西向东移动传播，先后影响江苏宿迁和盐城等地。基于ERA5资料和射阳20时探空分别计算宿迁及阜宁对流参数，结果表明：17时，宿迁CAPE维持在1000 $J \cdot kg^{-1}$左右，但对流抑制能量只有19 $J \cdot kg^{-1}$；20时，阜宁CAPE值高达2144 $J \cdot kg^{-1}$，CIN则为0 $J \cdot kg^{-1}$，有利于对流的发展。研究[20,21]指出，0～1 km较大的垂直风切变及较低的抬升凝结高度有利于龙卷的发生。17时，宿迁整层可降水量（PWAT）为67 mm，尤其是低层环境接近饱和，抬升凝结高度仅有0.252 km。20时的阜宁PWAT高达66 mm，边界层相对湿度达到94%，抬升凝结高度只有25 m。动力场上，17时，宿迁0～1 km及0～3 km的风矢量差从08时的2 $m \cdot s^{-1}$和6 $m \cdot s^{-1}$分别达到了10 $m \cdot s^{-1}$和26 $m \cdot s^{-1}$；阜宁20时

0～1 km风矢量差为11 m·s^{-1},0～3 km达到19 m·s^{-1},STP(龙卷指数)达到2.7,有利于EF3级龙卷。这样的环境场非常有利于龙卷的发生。与2021年7月20日苏北群发龙卷过程相比,两次过程CAPE相当,720过程0～1 km风切更强,抬升凝结高度也略高于"9·19"秋季强龙卷过程。

对比9月19日与同期宿迁、阜宁对流参数气候态(2011—2020年)发现(表1),"9·19"秋季强龙卷过程水汽条件,CAPE超历史极值;0～1 km风矢量差远超气候均值,接近气候极值。江苏北部对流条件的历史极端性是形成此次罕见的龙卷过程的基础。

表1 宿迁、阜宁对流参量气候均值与2023年9月19日对比

	CAPE/(J·kg^{-1})	PWAT/mm	0～1 km 风矢量/(m·s^{-1})	0～1 km 风矢量/(m·s^{-1})
气候平均值	50	30	4	4
气候极大值	1000	63	12.5	14.5
9月19日17时宿迁	786.3	67	10	—
9月19日20时阜宁	2144	66	—	11

注:—表示没有数据。

2.3 地面中尺度系统分析

9月19日,地面系统的演变可以分为3个阶段:①冷暖锋分别影响阶段。08时,地面冷锋压到燕山一线,暖锋沿长江中游分布,随后冷锋缓慢向东南方向移动,暖锋向东北方向移动。②冷暖交汇阶段。13时,冷锋南端与暖锋西端相遇造成短时强降水天气,江苏北部形成人字形中尺度锋面。17时,沿锋前暖区一侧形成了β中尺度的低压辐合中心,17时20分—17时32分和17时50分—18时龙卷出现锋前低压辐合中。③冷锋南下阶段(图3a,图3b)。20时,冷空气主体南下,东西向锋区压至江苏盐城以北,锋区南侧出现一个较窄的低压辐合带,阜宁龙卷就出现在此。

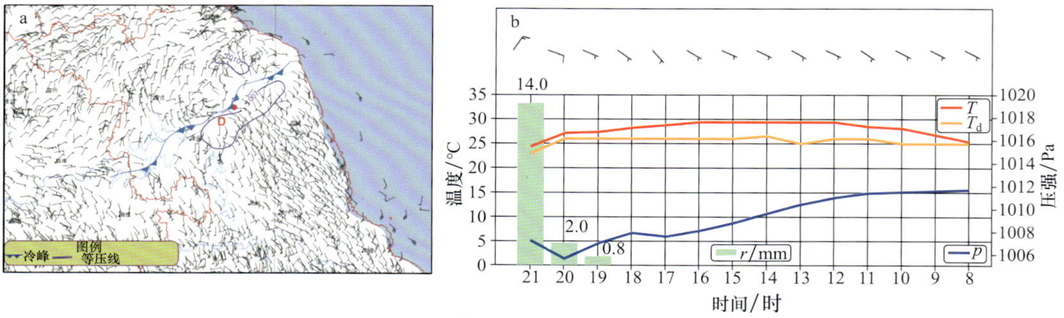

图3 黄淮区域9月19日20时地面分析图(a)及9月19日08—21时阜阳地面要素图(b)

3 对流风暴特征分析

对应于地面系统发展的3个阶段,雷达组合反射率因子分布特征为:第一阶段,回波分为南北两条较强带状回波,随着两条回波带靠近,合并为大片混合型的降水回波。第二阶段,位于河南、山东的中尺度对流复合体与北侧的锋面云系结合，加强形成3个对流云团，锋前新生多单体雷暴，不断合并加强，形成多个β中尺度对流簇，宿迁上空对流泡隆起，云顶阴影显著，对流系统缓慢东移。第三阶段，对流簇逐渐组织化，形成线状对流，向东偏南方向移动。龙卷发生在第二阶段和第三阶段初期。

3.1 宿迁南蔡乡龙卷对流风暴演变特征分析

19日午后宿州、淮北多个对流单体新生，在向东北方向移动的过程中不断合并加强。16时35分，宿迁西南部形成一条弓形回波(图4a)。头部可见速度对出现(图4b)，识别到龙卷涡旋特征(TVS)(本文采用TVS判定标准为相邻像素径向速度差超过10 m·s^{-1}，下同)。沿速度对中心与雷达站点连线的径向剖面(图4c)可见回波悬垂和有界弱回波区，强回波的发展高度约5 km，低层存在弱的辐合。此后1个体扫也识别到TVS特征。17时05分，宿迁雷达识别到1.3～2.2 km的中气旋，这与王易等[11]统计的江苏中气旋的气候均值相比偏低。17时11分，该对流单体与弓形回波带分离加强形成龙卷母体风暴，向东北移动。龙卷母体风暴(图4e)具有钩状回波、回波悬垂、回波墙、穹隆结构及低层速度对等特征(图4f，图4g)。前侧入流伸展到大约3 km的高度(图4h)，最大旋转速度出现在1 km高度为13.75 m·s^{-1}。此时的TVS处于钩状回波的前沿，回波强度较低，底高只有0.4 km，顶高为2.2 km。17时16分，龙卷母体风暴前侧入流进一步加强出现V型缺口，但宿迁雷达产品并没有识别到TVS及中气旋。17时22分，龙卷母体风暴的东部强度增加，西部的钩状结构减弱。0.5°仰角的径向速度图上，龙卷母体风暴所对应的速度对沿径向排列，成为γ中尺度的辐合区。此时宿迁南蔡乡的龙卷已造成灾害。17时28分，龙卷母体风暴回波强度减弱、速度对范围减小，结构趋于松散。

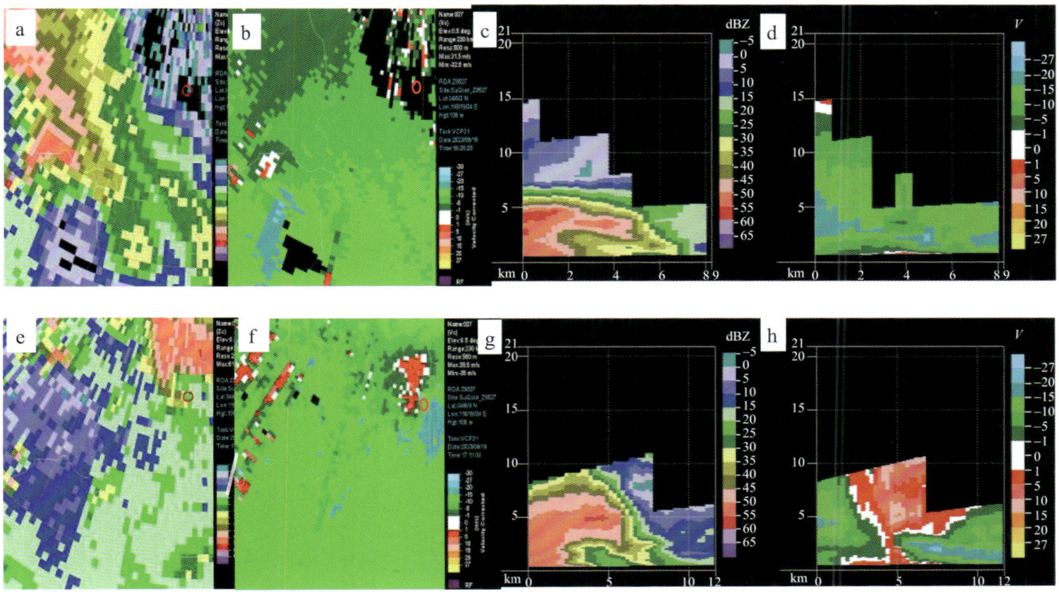

图4 宿迁16时35分(a)、17时11分(e)0.5°仰角雷达基本反射率(单位：dBZ)；16时35分(b)、17时11分(f)径向速度(单位：m·s^{-1})；16时35分(c)、17时11分(g)基本反射率剖面(单位：dBZ)；16时35分(d)、17时11分(h)径向速度剖面(单位：m·s^{-1})

(红圈为龙卷发生的位置)

3.2 宿迁大兴镇龙卷对流风暴演变特征分析

造成宿迁南蔡乡龙卷的母体风暴继续向东偏北方向移动进入大兴镇,强度再度增强。17时42分,龙卷母体风暴与北侧对流簇靠近,西部再次出现钩状回波结构(图5a,图5b),后侧入流达到约2.5 km。识别到中气旋,底高1.1 km,顶高3.8 km,同时识别到TVS,1.1 km高度上对应的相邻像素径向速度切变为48.5 m·s^{-1},TVS在1.1～6.5 km。对应时刻可见有界弱回波区的外侧出现ZDR柱,ZDR柱伸展到6 km,标志着强烈的上升气流。钩状回波内1.1 km处可见负的ZDR,*CC*只有0.25,这些TDS的特征表征可能在17时42分—17时48分已出现龙卷(图5c,图5d)。距离TVS移动路径最近的自动站在17时48分监测到极大风为26.1 m·s^{-1}。17时49分(图5e,图5f),速度对减弱,与ZDR及*CC*低值对应的高基本反射率范围减小(图5g,图5h),TDS特征减弱。17时53分,超级单体中气旋减弱。此后,该母体风暴结构逐渐松散,强度减弱。

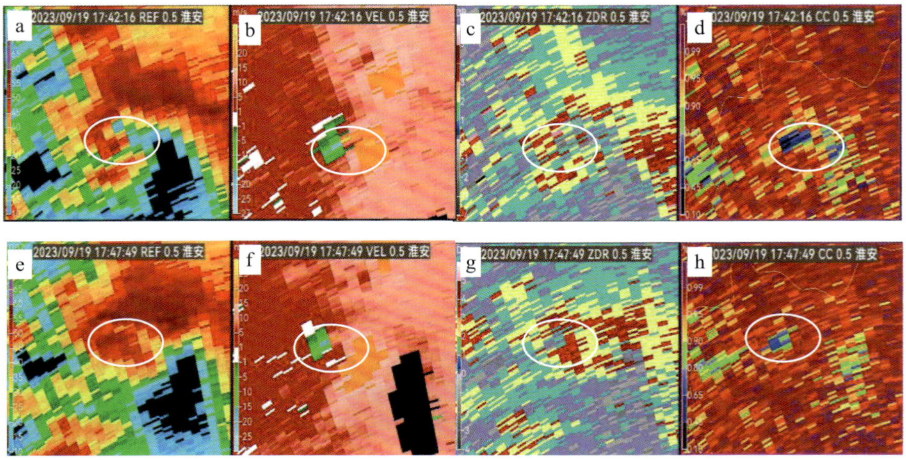

图5 淮安S波段雷达0.5°仰角17时42分基本反射率(a)、径向速度(b)、ZDR(c)、*CC*(d);17时49分基本反射率(e)、径向速度(f)、ZDR(g)、*CC*(h)
(白色椭圆为龙卷出现的位置)

3.3 阜宁龙卷对流风暴演变特征分析

3.3.1 基于S波段雷达龙卷特征分析

造成宿迁龙卷的母体风暴继续东移,先后与连云港灌云、响水、滨海对流复合体合并迅速发展加强,20时,形成东西向带状弓形回波。20时17分(图6a,图6b),盐城雷达监测到阜宁县芦浦镇境内有中气旋和TVS特征,中气旋此时在1.0～6.7 km,TVS底高1.0 km,顶高5.9 km,风切变达到75 s^{-1}·km^{-1}。在TVS右侧出现ZDR弧(图6c,图6d),对应的ZDR柱伸展到了6 km高度。而TVS强回波区对应ZDR及*CC*低值区,出现TDS特征。20时23分(图略),芦浦镇境内最大回波强度已经超过60 dBZ,对流单体风暴几乎完全被强降水回波所包裹，且钩状回波特征不明显，中气旋的正负速度对分布范围较小，但强度分别达到$+17\ m \cdot s^{-1}$和$-20\ m \cdot s^{-1}$以上。20时23分，从阜宁芦浦镇自动站监测到$41.8\ m \cdot s^{-1}$的极大风，表明龙卷已经发生。20时29分(图6e—图6h)，中气旋和TVS特征维持，而TDS特征范围减小。从20时10分—20时41分连续6个体扫，盐城雷达均可见明显的TDS特征。20时56分，中气旋的结构开始分散，龙卷母体风暴开始消亡，同时20时50分—21时的盐城10 min雨量为24.6 mm，该龙卷母体具有强降水型超级单体的特征。

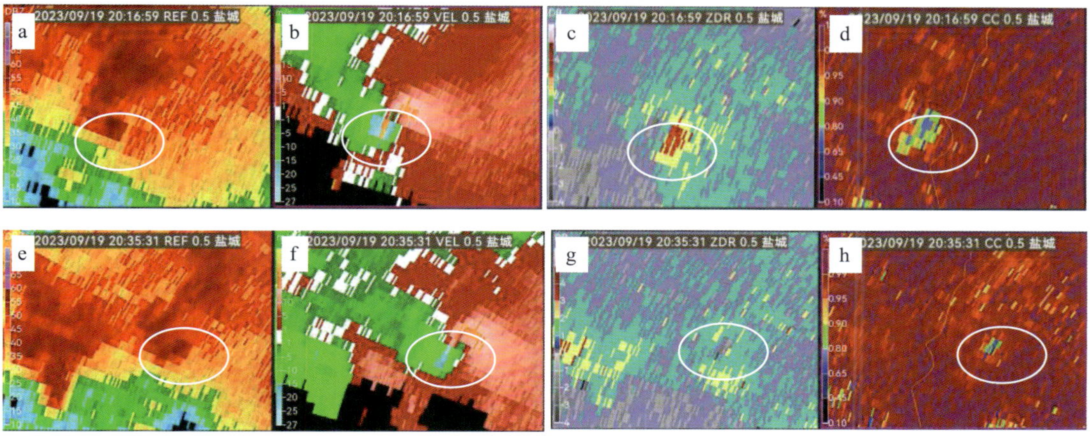

图6　20时17分盐城S波段雷达0.5°仰角基本反射率因子(a)、径向速度(b)、ZDR(c)、CC(d)；20时29分盐城S波段雷达0.5°仰角基本反射率因子(e)、径向速度(f)、ZDR(g)、CC(h)

3.3.2　基于X波段雷达龙卷特征分析

江苏宝应X波段雷达在龙卷发生前后对阜宁龙卷母体风暴及附近进行了3次VPPI+RHI扫描(图7)。20时15分，龙卷母体入流导致弯曲弧度，30 dBZ区域最高达到10 km高度，最大回波强度高度在1～3 km。此时龙卷母体已经有不对称的速度对形成，速度对东侧附近4 km高度以下径向辐合，5 km以上辐散，上升运动明显[22-25]。0 ℃层高度以上偏振参量差分反射率大于2 dBZ的ZDR柱，说明龙卷母体风暴有较强的上升气流。20时21分，龙卷母体反射率大于30 dBZ区域达到13 km附近，1～4 km高度回波倾斜，说明垂直风切变加大，有利于龙卷的发生。4 km以下弱辐合，4 km以上均为辐散区域，中高层上升气流较强。20时27分，RHI扫描区域为龙卷发生地东侧，风暴母体强反射率达到15 km高度以上，回波倾斜增高达到5 km(图7c)。不对称型速度对正位于龙卷发生地附近，强度不变(图7e)。20时21分—20时33分，0 ℃层以上ZDR柱消失，而0 ℃层以下ZDR值有明显范围和强度同步增大的趋势(图7g)。

对比X波段与S波段相近时次同一位置的雷达产品，可以看到X波段雷达产品对风暴单体的垂直结构细节展示得更清晰。20时29分盐城S波段雷达和20时27分宝应X波段雷达从同样的方向和位置做剖面。通过对比发现(图7b，图7c)，X波段雷达能够更加详细地展示0～5 km高度由于垂直风切大值区引起的回波倾斜，但S波段对于回波强度更有参考性(X波段衰减问题)。从速度场剖面看，X波段雷达能更好地描述倾斜的上升气流(图7d，图7e)，而且能看到1 km以下速度对的剖面，S波段较难观测到低层的速度剖面情况。而从偏振分量ZDR来看(图7f，图7g)，X波段雷达ZDR值相对S波段要更强一些，并且也能看出倾斜的

ZDR 柱结构,S 波段雷达也能反映出 ZDR 柱的特征,但没有倾斜的结构。从上述对比可以看出:X 波段雷达具有较高的空间分辨率,且具备 RHI 快速扫描等功能,在强对流天气监测中能够观测到更加精细的风暴结构特征,为强对流天气预警提供精细化观测支撑。同时,X 波段雷达与 S 波段雷达时间的不一致性为更加连续地监测龙卷等小尺度的强天气系统提供了可能,但受到降水衰减等影响,在不同天气条件下可能影响监测效果。

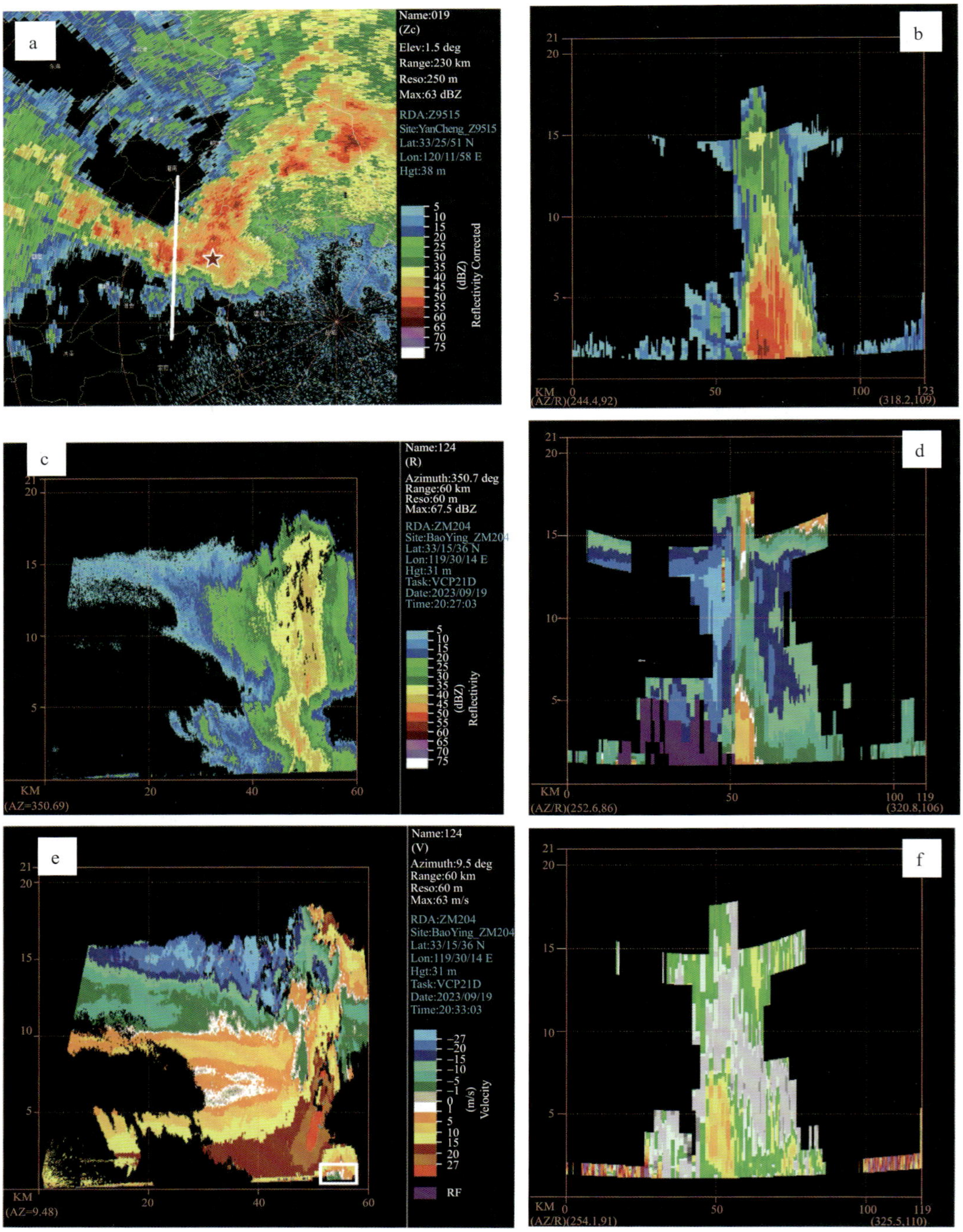

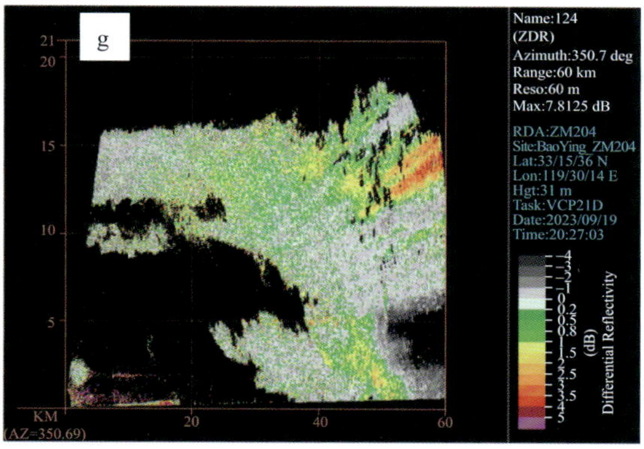

图 7　20 时 29 分盐城 S 波段雷达 1.5°仰角反射率因子图(a)、沿图(a)白线的反射率因子剖面图(b)、径向速度剖面图(d)、ZDR 剖面图(f)、沿图(a)白线的 20 时 27 分宝应 X 波段雷达反射率因子剖面图(c)、径向速度剖面图(e)、ZDR 剖面图(g)

(反射率因子单位：dBZ；径向速度单位：m·s⁻¹；ZDR 单位：dB)

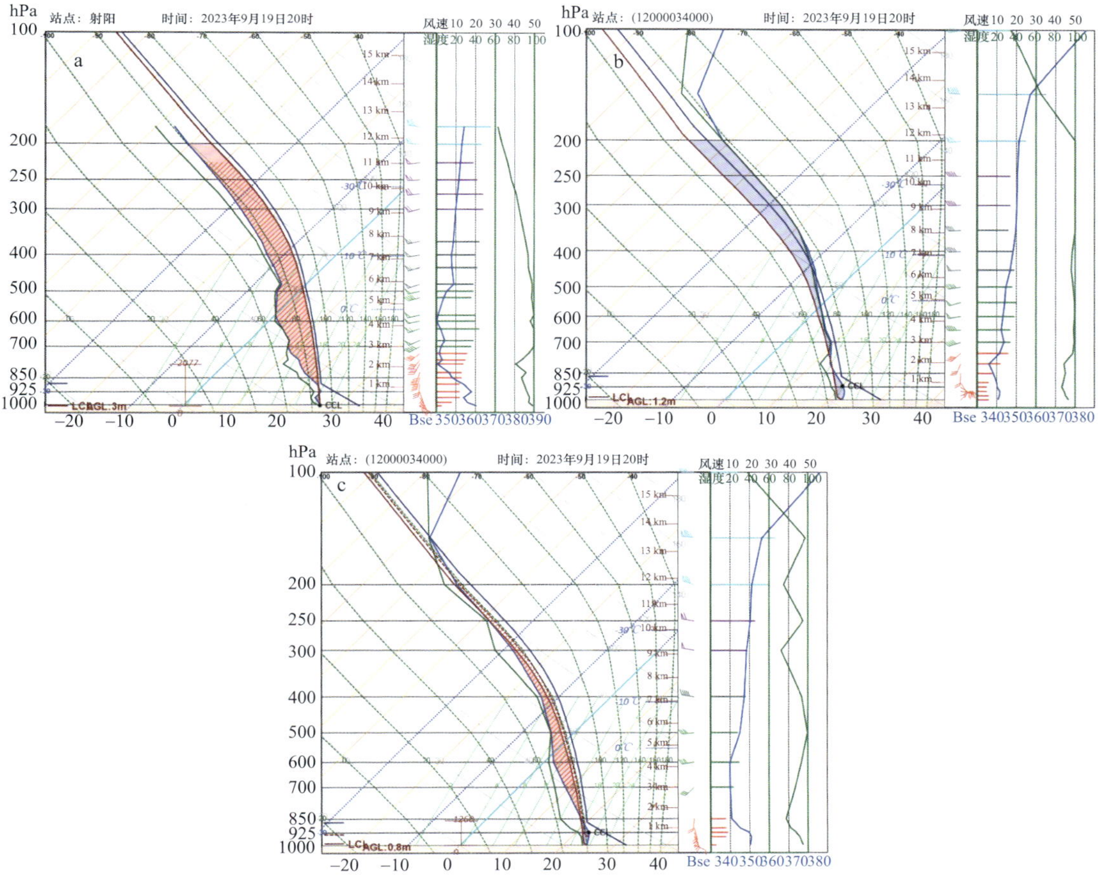

图 8　(a)9 月 19 日 20 时江苏射阳实况探空；
(b)20 时射阳附近 NCEP 全球模式探空；(c)20 时射阳附近 ECMWF 细网格全球模式探空

4 龙卷预报难点及可能的突破点

此次龙卷过程，气象部门通过国、省、市、县四级联动，践行“3161”服务模式。在短期潜势预报阶段，各级气象部门都对该区域的短时强降水及雷暴大风进行了预警；在短时临近阶段，中央气象台提前 34 min 预报首个龙卷，通过与下级气象业务单位联动，省市县业务单位对该次龙卷过程进行了及时准确的预警服务。但在各个时效“9·19”秋季强龙卷过程均存在预报难点：此次龙卷过程具有一定的气候极端性，短期预报难以预测龙卷；鉴于雷达监测产品的局限性，如宿迁雷达没有有效识别南蔡乡龙卷，龙卷临近预报阶段存在一定难度。

全球数值预报模式对此次强对流过程的环境条件背景进行了较为准确的预报，对流以短时强降水为主。但对影响河北、山东、河南的东北急流预报偏强，西南急流偏西偏弱，造成锋前对流动力触发条件偏弱。对比 NCEP(图 8b)、ECMWF 细网格(图 8c)24 h 预报射阳地区模式探空和实况(图 8a)探空发现，NCEP 虽然报出了 142 m 的抬升凝结高度，0～1 km 风矢量差为 10 $m \cdot s^{-1}$，但由于对 700 hPa 的冷空气预报偏强，导致其预报结论指向降水，无强对流天气；ECMWF 探空预报与 NCEP 的环境配置类似，但由于对风场的预报比 NCEP 弱，垂直风切变较小，CAPE 值比 NCEP 大，但仍然不利于龙卷的出现。CMA-MESO 及 CMA-SH9 模式 18 日 20 时起报的组合反射率因子与实况相比，在强对流的大致落区上有较好的参考价值，但具体的时段、落区、移速、形态、结构上表现出了较大的差异，给龙卷短时临近预报带来干扰。

针对此次龙卷过程的预报、预警可能的突破点包括：

(1)在全球气候总体变暖的情况下，强对流可能出现得更早、结束得更晚，所以在春秋季节注意强对流气候态特征的分析，以便预判短期时效内可能出现的极端天气。0～1 km 风矢量差，抬升凝结高度以及 STP 指数的综合应用，这些预报员的 SA 对准确预报预警龙卷很重要。

(2)大兴和阜宁龙卷，短临时效内非常规资料的分析具有一定的指示性。在多普勒天气雷达常规观测的基础上，关键区域加强 X 波段协同观测，能够及时捕捉到龙卷的精细化垂直结构特征，并快速识别、辅助分析和判断其演变发展趋势，对龙卷预警有一定的指示意义。

5 结论与讨论

针对 2023 年 9 月 19 日发生在江苏龙卷过程的环流背景、环境条件特征以及 S 波段及 X 波段雷达观测特征进行了详细分析，结论如下：

(1)这次江苏龙卷发生在副热带高压北侧边缘，500 hPa 短波槽配合低层黄淮气旋发展的天气背景下。苏北地区对流有效位能、0～1 km 垂直风切变均远高于历史同期平均值，此次苏北龙卷过程具有一定的气候极端性。因此，全球、中尺度数值预报与实况相比存在一定偏差，在短期时效内难以准确预报。但受益于雷达、卫星快扫等非常规资料，预报员在短临时效内对龙卷进行了较为准确的短时临近预报及预警。

(2)西南急流形成了低层较强的风切变，同时受降水影响，低空锋区大气接近饱和，形成较低的抬升凝结高度，均有利于龙卷的形成。锋面是对流风暴的主要触发机制。

(3)3个龙卷源自同一个中尺度对流复合体，其中宿迁的2个龙卷源自同一个β中尺度对流风暴。阜宁和大兴镇龙卷属于超级单体龙卷。X波段雷达针对强对流风暴开展的高时空分辨率探测有效补充了产生龙卷对流风暴的特征信息。

(4)宿迁市南蔡乡、大兴镇、盐城阜宁龙卷的影响路径依次增长，与这3个龙卷所对应的中气旋及TVS厚度增加相对应。大兴镇、盐城阜宁龙卷TDS特征的水平和垂直尺度与对应龙卷灾害范围有较好的对应关系。

苏北3个龙卷均出现在锋前β中尺度的低压辐合区，有利于龙卷风暴的形成、并可能对龙卷形成所需的初始垂直涡度有重要作用。在这次龙卷过程中，基于实况计算的STP对龙卷的发生及强度有较好的指导作用。该次龙卷过程虽然发生在9月中下旬，但其环流配置和关键环境参数与江苏7月梅雨期间龙卷典型过程(例如2022年7月20日江苏龙卷)存在一定的相似性，值得进一步研究。

参考文献

[1] 张小玲，杨波，朱文剑，等. 2016年6月23日江苏阜宁EF4级龙卷天气分析[J]. 气象，2016，42(11)：1304-1314.

[2] 郑永光，朱文剑，姚聃，等. 风速等级标准与2016年6月23日阜宁龙卷强度估计[J]. 气象，2016，42(11)：1289-1303.

[3] 范雯杰，俞晓鼎. 中国龙卷的时空分布特征[J]. 气象，2015，41(7)：793-805.

[4] 唐佳佳，唐晓文，徐芬，等. "0612"高邮龙卷母体风暴演变特征分析及龙卷形成机理初探[J]. 热带气象学报，2021，37(Z1)：824-835.

[5] 郑媛媛，俞小鼎，方翀，等. 2003年7月8日安徽系列龙卷的新一代天气雷达分析[J]. 气象，2004(1)：38-40.

[6] 俞小鼎，郑媛媛，张爱民，等. 安徽一次强烈龙卷的多普勒天气雷达分析[J]. 高原气象，2006(5)：914-924.

[7] 郑媛媛，俞小鼎，方翀，等. 一次典型超级单体风暴的多普勒天气雷达观测分析[J]. 气象学报，2004(3)：317-328.

[8] 王易，郑媛媛，孙康远，等. 南京雷达中气旋产品特征值统计分析[J]. 气象学报，2018，76(2)：266-278.

[9] 方翀，郑媛媛. 新一代天气雷达中气旋产品特征值统计和个例分析[J]. 气象，2007(11)：16-20

[10] 俞小鼎，郑媛媛，廖玉芳，等. 一次伴随强烈龙卷的强降水超级单体风暴研究[J]. 大气科学，2008(3)：508-522.

[11] 管理，戴建华，袁招洪，等. 双偏振雷达KDP足及ZDR弧的自动识别及应用研究[J]. 气象学报，2022，80(4)：578-591.

[12] 袁潮，杨文艳，李得勤，等. 1971—2020年辽宁龙卷的气候特征及环境条件分析[J]. 气象，2023，49(11)：1285-1298.

[13] 才奎志，姚秀萍，孙晓巍，等. 冷涡背景下辽宁龙卷气候特征和环境条件[J]. 气象学报，2022，80(1)：82-92.

[14] 王毅，郑媛媛，张晓美，等. 夏季安徽槽前形势下龙卷和非龙卷对流天气的环境条件对比研究[J]. 气象，2012，38(12)：1473-1481.

[15] EDWARDS R，LADUE J G，FERREE J T，et al. Tornado Intensity Estimation：Past，Present，and Future[J]. Bull Amer Meteor Soc，2013，94(5)：641-653.

[16] 李彩玲，黄先香，蔡康龙，等. 2019年中国龙卷等对流大风过程及灾情特征[J]. 气象科技进展，2020，10(1)：7-14.

[17] WEISMAN M L，KLEMP J B. The dependence of numerically simulated convective storms on vertical

wind shear and buoyancy[J]. Mon Wea Rev,1982,110(6):504-520.

[18] MCCAUL E W. Buoyancy and shear characteristics of hurricane-tornado environments[J]. Mon Wea Rev, 1991,119(8):1954-1978.

[19] 徐芬,郑媛媛,孙康远.江苏龙卷时空分布及风暴形态特征[J].气象,2021,47(5):517-528.

[20] DOSWELL III C A,EVANS J S. Proximity sounding analysis for derechos and supercells:An assessment of similarities and differences[J]. Atmos Res,2003,67-68:117-133.

[21] 郑永光,刘菲凡,张恒进,中国龙卷研究进展[J].气象,2021,47(11):1319-1335.

[22] Browning K A. Cellular structures of convective storms[J]. Meteor Mag,1962,91:341-350.

[23] MOLLER A R,DOSWELL C A III,FOSTER M P,et al. The operational recognition of supercell thunderstorm environments and storm structures[J]. Wea. Forecasting,1994,9:327-347.

[24] 黎立页,孟智勇,白兰强,等.2017-08-11 内蒙古赤峰 EF4 级山地多发龙卷灾调与成因分析[J].热带气象学报,2023,39(4):507-521.

[25] 王磊,王啸华,李杨,等.2020 年江苏高邮 EF2 级龙卷多尺度特征分析和预警思考[J].气象,2023,49(3):291-303.

2023年6月1日辽宁多龙卷天气的观测特征及形成原因

谭政华[1,4] 陆忠艳[1] 阎 琦[1] 杨 磊[2] 袁 潮[3] 孙艺搏[1] 田付友[4] 冯冬蕾[1]
杨瑞雯[1] 于亚鑫[1] 陆井龙[1] 滕方达[1] 曲荣强[1] 李 萍[1] 李 爽[1] 姜 红[5]
(1. 辽宁省气象台，沈阳，110166；2. 辽宁省气象灾害监测预警中心，沈阳，110166；
3. 盘锦市气象台，盘锦，124010；4. 国家气象中心，北京，100081；
5. 朝阳市人工影响天气办公室，朝阳，122000)

摘 要：针对2023年6月1日发生在辽宁的一次罕见多龙卷天气，基于观测资料和数值模拟方法，分析了龙卷的对流风暴特征及其形成原因。结论如下：阜新龙卷为超级单体龙卷，造成龙卷的母体风暴由干线触发，对流层低层环境偏干、抬升凝结高度较高；龙卷形成于2个对流风暴合并加强过程中，龙卷发生时母体风暴具有强回波中心迅速下降特征。辽宁北部出现的4个龙卷属于非超级单体龙卷，发生在线状对流系统前沿的辐合线上，与辐合线上的低层γ中尺度涡旋有关；冷池出流与环境气流相互作用造成的辐合及其对垂直涡度的拉伸作用是γ中尺度涡旋形成的主要原因，雷达低仰角速度场中的中尺度涡旋、地面冷池强度、冷池出流与环境气流的相互作用可为辽宁北部非超级单体龙卷的临近预警提供参考信息。

关键词：多龙卷天气，非超级单体龙卷，观测特征，数值模拟

引言

东北地区是中国龙卷的相对多发区之一[1]，常造成重大人员伤亡和财产损失。根据产生龙卷的风暴特征将其划分为超级单体龙卷（中气旋龙卷）和非超级单体龙卷（非中气旋龙卷）两类，超级单体龙卷在一定程度上可进行有效预警[2,3]，非超级单体龙卷预警难度很大。

超级单体风暴通常出现在较强的垂直风切变环境中[4]，其中低层（0～1 km）风切变与龙卷的形成直接相关。Lemon 等[5]基于雷达特征建立了经典超级单体龙卷的风暴结构概念模型，并指出超级单体中气旋的发展机制与水平涡度倾侧作用有关；郑媛媛等[6]、戴建华等[7]分别总结了台风和梅雨锋背景下微型超级单体龙卷的形成机制，另外还有学者[8]统计了龙卷发生时的环境指标。

非超级单体龙卷（NST）对应的天气尺度强迫相对较弱，常发生在被认为不利于龙卷的环境中[9]，其雷达特征也与超级单体龙卷明显不同[10]。研究指出，对流层低层的中尺度边界对NST有关键作用[11]，NST可能由辐合切变线上积云对流中强上升气流造成的垂直涡度拉伸

资助项目：中国气象局沈阳大气环境研究所联合开放基金（2024SYIAEKFMS04）和中国气象局暴雨精细化分析和预报青年创新团队（CMA2023QN05）共同资助。
第一作者：谭政华，高级工程师，从事天气动力学和灾害性天气预报技术研究，E-mail：Ln-tanzhenghua@outlook.com。
通信作者：陆忠艳，正高级工程师，从事灾害性天气形成机理和预报技术研究，E-mail：luzhongyan1025@163.com。

作用产生[12],也可能出现在准线状对流系统的中尺度涡旋中[13]。

目前,业务、科研领域对超级单体龙卷的研究很多,但对 NST 的关注较少。NST 的持续时间较短,往往与雷达探测到的典型特征(如中尺度涡旋)同时出现;另外,一些基于超级单体龙卷建立的概念模型和统计指标并不适用于 NST 的预报。上述问题限制了对 NST 的预报预警水平。2023 年 6 月 1 日,辽宁西部、北部在 1 d 中先后出现 5 个龙卷,与统计[14]对比发现,1951 年以来辽宁首次在 1 d 内出现如此多的龙卷,有一定极端性。据不完全统计,出现在辽宁北部(开原市金钩子镇)的 EF2 级龙卷造成当地 70 多户村民受灾、200 多人受到影响,途经当地的京哈高铁因龙卷停驶,造成了较大的社会影响。

本文采用地面自动站资料、风云 4 号 A 星(FY-4A)资料(红外云顶亮温 TBB,可见光云图和对流初生产品)、雷达(沈阳、朝阳、营口)产品、中国气象局短临预报业务系统(SWAN)输出的三维反射率拼图产品及 ERA5(第 5 代欧洲再分析)资料(空间分辨率 0.25°×0.25°,时间分辨率 1 h),结合物理诊断和数值模拟方法,对本次多龙卷天气进行复盘,揭示造成龙卷天气的对流风暴观测特征和形成机制,分析预报误差、总结预报难点和着眼点。

1 天气实况及雷达探测特征

1.1 龙卷及强对流天气实况

2023 年 6 月 1 日辽宁出现了不同类型的强对流天气(图 1),西部、北部以雷暴大风为主,北部地区雷暴大风范围较大,最大瞬时风速 31.2 $m \cdot s^{-1}$(抚顺清原);西部地区雷暴大风较分散,强度相对稍弱。1 日 13—15 时,在辽宁西部阜新市和北部康平县、法库县、开原市共出现 5 个龙卷,其中法库县出现双龙卷。

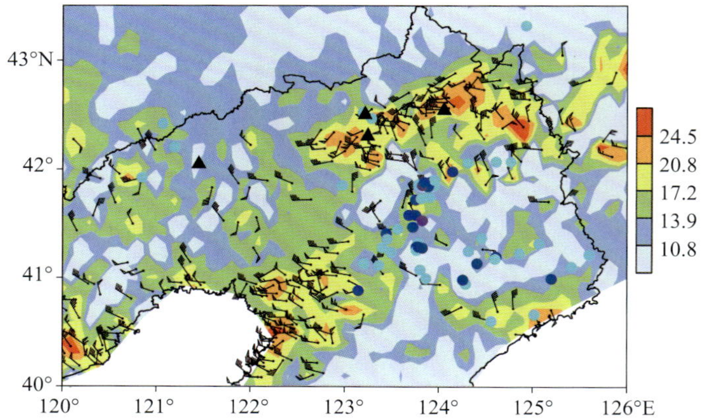

图 1 2023 年 6 月 1 日 08 时—2 日 08 时辽宁地区强对流天气分布
(填色为 10 m 极大风速,单位:$m \cdot s^{-1}$;风杆为阵风风速≥17.2 $m \cdot s^{-1}$站点;圆点为 1 h 降水量≥20 mm 站点;▲为阜新、康平、法库、开原龙卷发生地)

1.2 灾情调查及龙卷风暴的雷达探测特征

据辽宁省气象局与佛山市龙卷风研究中心的灾情调查,第 1 个龙卷出现在阜新市海州区

(13 时 20 分—13 时 50 分)，路径长度 3 km，基于现场金属杆体(路灯杆)弯曲特征定为 EF1 级。从 13 时 38 分营口雷达产品(图 2)可以看到，阜新龙卷有相对典型的超级单体龙卷特征：反射率因子(*ZH*)产品呈钩状回波特征，回波强度 65 dBZ；径向速度(*V*)场有气旋式旋转特征(距地面高度 3.2 km)，但由于风暴与雷达的距离达 160 km，径向速度出现距离折叠，未能探测到完整的中气旋。钩状回波的尖端、风暴入流与下沉气流出流之间的反射率因子梯度区，差分反射率(ZDR)产品有 ZDR 弧、ZDR 最大值 6 dB；ZDR 弧右侧(3 km 范围)相关系数(*CC*)产品为异常低值区(*CC*＜0.5)，但需说明的是，该 *CC* 低值区距地面高度≥3 km，并非龙卷碎屑特征，可能与非均匀波束充塞等因素有关。结合灾调结果，13 时 30 分，龙卷经过区域(阜新市机辆小区)位于 ZDR 弧右侧、*CC* 低值区附近。

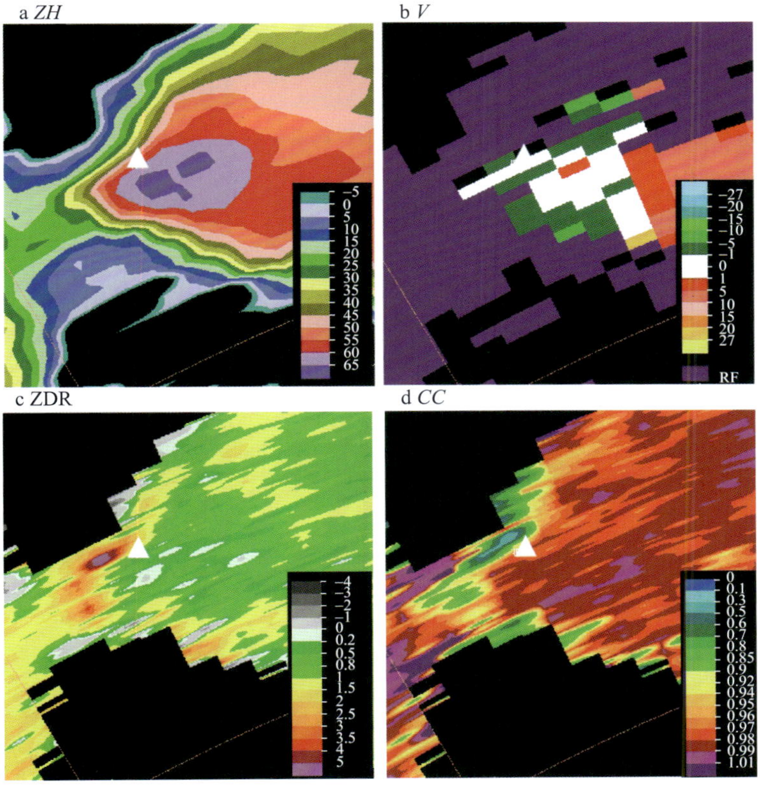

图 2　2023 年 6 月 1 日 13 时 38 分营口双偏振雷达 0.5°仰角(白色三角形为龙卷发生位置)
(a)反射率因子(*ZH*，单位：dBZ)；(b)径向速度(*V*，单位：m・s^{-1}；RF 表示该处速度值不确定)；
(c)差分反射率(ZDR，单位：dB)；(d)相关系数(*CC*)

辽宁北部的 4 个龙卷中，法库县孟家镇、康平县赵家窝堡龙卷相对较弱，分别出现在 13 时 40 分和 14 时 14 分，现场指标物特征主要为树枝折断(EF0 级)，路径长度均≤1 km。开原市金钩子镇龙卷 13 时 55 分起始于北山村，途经和气堡子、新安堡村、田家村后，14 时 20 分在马千台村消散，路径长度约 11 km；根据现场出现的墙体倒塌特征定为 EF2 级，是 5 个龙卷中强度最强、路径最长的 1 个。从代表时刻沈阳雷达探测特征(图 3)可以看到：13 时 15 分，法库县西部有对流风暴触发，随后 30 min 内，风暴加强并排列成线状；13 时 46 分—14 时 02 分，线状对流风暴东移过程中，在其附近先后出现 3 个龙卷，分别影响了开原和法库(康平龙卷强度较弱,图 3 中未展示该龙卷发生时的雷达回波)。上述特征表明,辽宁北部 4 个龙卷是发生在准线状对流系统中的一次由 NST 造成的多龙卷事件,与阜新龙卷明显不同。

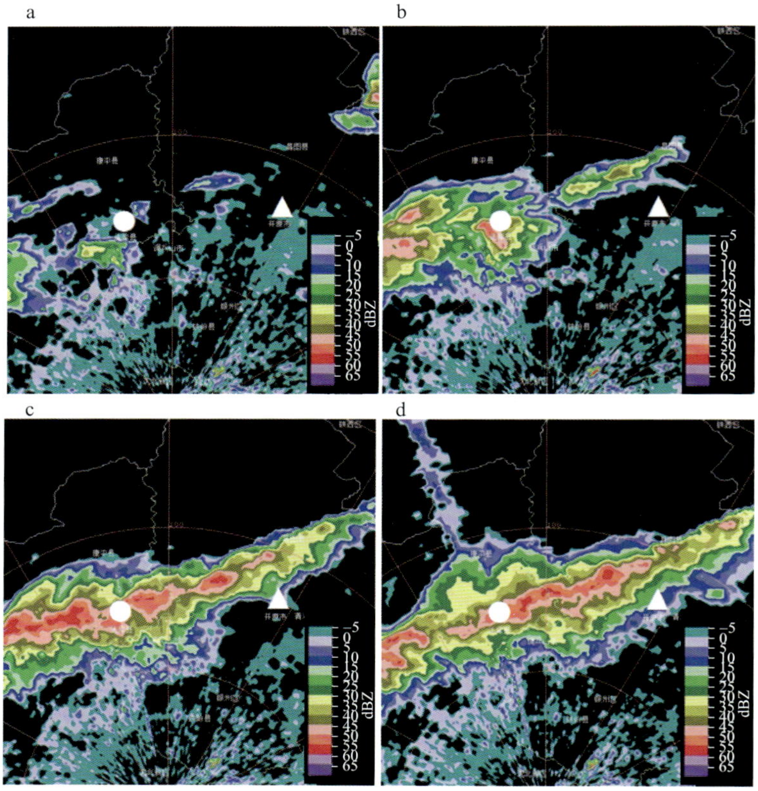

图 3　2023 年 6 月 1 日沈阳雷达 0.5°仰角反射率因子(白色实心三角形和圆点分别表示开原、法库龙卷位置)
(a)13 时 15 分;(b)13 时 30 分;(c)13 时 46 分;(d)14 时 02 分

2　天气形势及环境条件

6 月 1 日 12 时,东北地区受 500 hPa 南北两支高空槽影响(图 4a):黑龙江北部横槽槽后有冷空气向南输送;华北北部有短波槽东移,高空锋区位于短波槽南侧,并与 500 hPa 急流、对流层中层干层(相对湿度≤50%)配合。辽宁位于短波槽前,南部和中东部地区受短波槽南侧锋区影响。850 hPa 低层内蒙古赤峰地区有切变线(图 4b),辽宁大部受切变线前的偏南气流控制,存在低层暖湿、高层干冷条件不稳定层结,其中西部、北部的 500～850 hPa 温差为 28～31 ℃,对龙卷形成较为有利;辽宁东部有低空急流向北输送水汽,急流及其左侧区域的整层大气可降水量(PW)≥20 mm,满足对流风暴发生所需的水汽条件。从 5 个龙卷发生区的环境条件来看,辽宁北部的条件不稳定层结和水汽条件相对较好,辽宁西部的条件不稳定层结条件较北部更好、但水汽条件相对较差(PW<20 mm)。

采用 ERA5 资料,选取距阜新站、开原站最近格点,利用 2 站地面观测资料对近地层温度、露点进行订正后,得到龙卷发生前的探空曲线(图 5)。可以看到 2 站周边均存在明显的条件性对流不稳定层结（最有利抬升指数 BLI＜－7 ℃）和较好的能量条件（对流有效位能 CAPE＞1300 J·kg^{-1}），有利于龙卷的形成。两站上空对流层低层相对湿度小、存在明显干层，抬升凝结高度（LCL）均在 1400 m 以上、相对偏高。阜新站上空 0～6 km 风矢量差相对较大（18.1 m·s^{-1}），与 2019 年 7 月 3 日开原 EF4 级龙卷的环境指标[15]（21 m·s^{-1}）接近，有超级单体风暴形成的环境潜势，但其低层 0～1 km 风矢量差较小（2 m·s^{-1}）；开原站上空的 0～6 km风矢量差略小，但其低层 0～1 km 风矢量差（6.1 m·s^{-1}）相对明显，与阜新站周边有利于超级单体风暴的环境潜势存在差异。

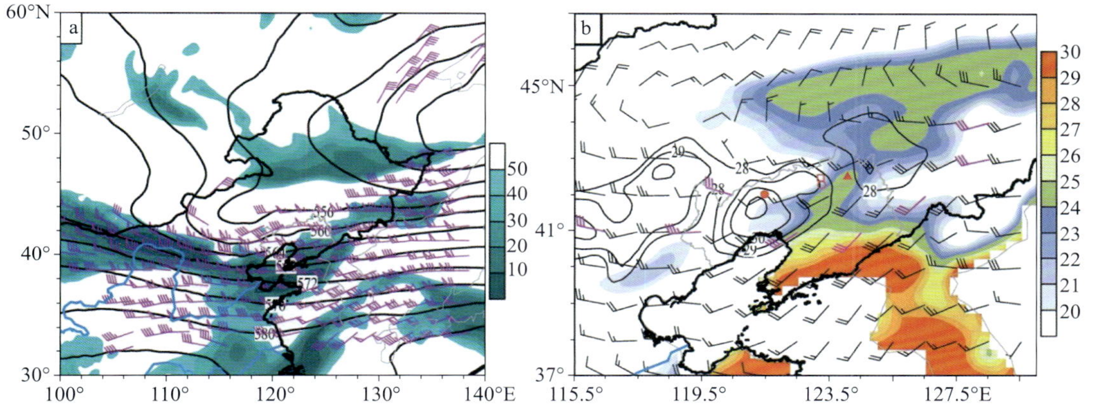

图 4　基于 ERA5 资料的 2023 年 6 月 1 日 12 时大尺度环境背景

（a）500 hPa 高度场（等值线，单位：dagpm）、相对湿度（填色，单位：%）、风场（紫色风杆，风速≥15 m·s^{-1}）；（b）850 hPa 风场（风杆，紫色为风速≥12 m·s^{-1}低空急流）、500～850 hPa 温差（等值线，单位：℃，仅给出≥28 ℃区域）、*PW*（填色，单位：mm，红色实心圆点、实心三角形、空心方形和空心圆圈分别表示阜新、开原、康平、法库龙卷位置）

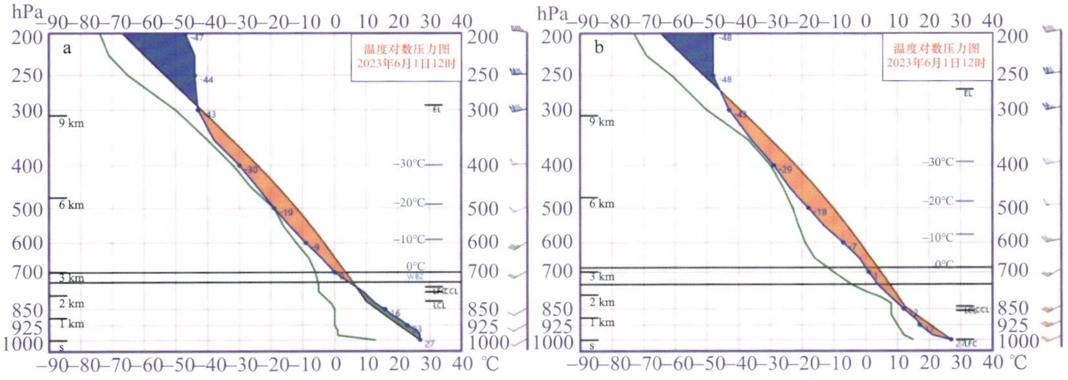

图 5　基于 ERA5 资料和地面观测资料构建的 2023 年 6 月 1 日 12 时阜新站（a）、开原站（b）周边格点（经纬度见表 1）探空曲线

表 1　图 5 阜新站、开原站周边格点探空曲线对应的环境参数

站名（经纬度）	BLI/℃	CAPE/（J·kg^{-1}）	LCL/m	0～6 km 风矢量差/（m·s^{-1}）	0～1 km 风矢量差/（m·s^{-1}）
阜新（121.5°E，42°N）	－7.1	1381	1747.8	18.1	2.0
开原（124°E，42.5°N）	－7.9	1865	1489.7	15.7	6.1

3 对流风暴的触发和演变过程

6 月 1 日 12 时,辽宁西部有地面干线发展(图 6a):干线东侧受偏南气流控制,地面露点为 18 ℃;干线西侧的最小地面露点仅为−2 ℃,干线两侧露点梯度达 20 ℃。结合 FY-4A 和雷达拼图产品可以看到,12 时,干线东侧有对流触发(图 6a 蓝色圆点区)、对流云团西侧为分散的强回波区(反射率 40 dBZ)。13 时,干线两侧露点梯度加大、地面风场出现辐合线,干线附近的对流云团进一步发展(图 6b 红色圆点区)、强回波区的雷达反射率增强至 55 dBZ。阜新龙卷与干线触发的上述对流风暴密切相关。

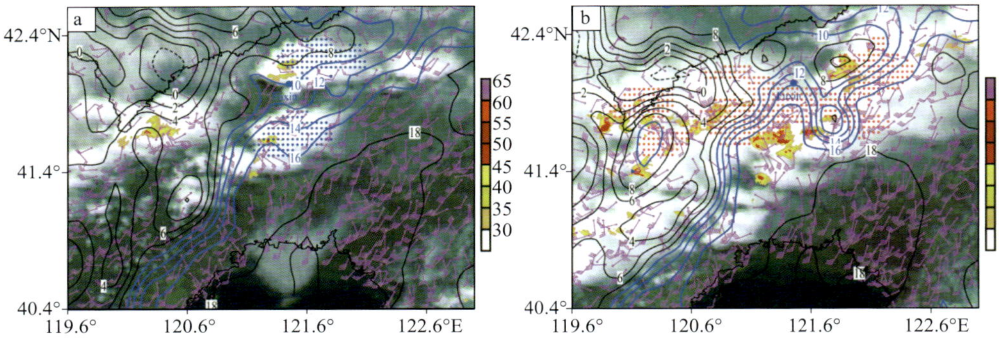

图 6 2023 年 6 月 1 日 12 时(a)、13 时(b)FY-4A 可见光云图、对流初生识别(蓝色圆点为对流初生,红色圆点为对流发展)、地面露点温度(等值线,单位:℃)、过去 1 h 10 m 极大风(风杆)及 3 km 高度雷达反射率拼图(填色,单位:dBZ;蓝色等值线表示露点梯度区)

造成辽宁北部 4 个龙卷的对流触发、演变过程与阜新龙卷明显不同。辽宁北部没有明显的地面干线(图略),但从 1 h 地面变温(图 7)看到,13 时,辽宁西部发展中的对流风暴(图 7a 红色圆点区)造成近地面气温下降(负变温强度 2 ℃ · h^{-1}),形成冷池,冷池前沿有对流回波发展、雷达反射率 40 dBZ,康平、法库位于冷池前沿。14 时,辽宁北部有对流风暴强烈发展(图 7b 红色圆点区),地面冷池明显加强,最大 1 h 负变温达 6 ℃,冷池前沿的地面风场出现辐合线,有线状对流回波沿辐合线发展、雷达反射率 55 dBZ;开原位于冷池前沿,受冷池出流影响,该站风速明显加大,阵风风速达 22 m · s^{-1}。

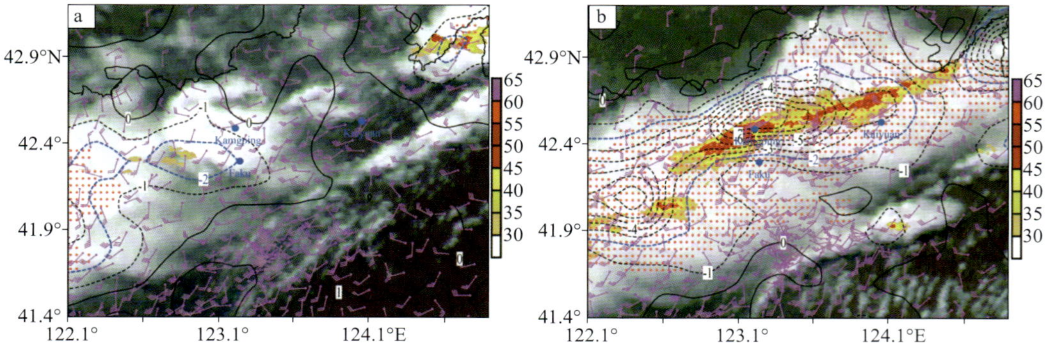

图 7 同图 6,但等值线为 2 m 气温 1 h 变温(单位:℃),蓝色虚线表示冷池范围

(a)13 时;(b)14 时

分析沿开原站纬度的 FY-4A 红外 TBB 经度—时间演变（图 8）。12 时，FY-4A 对流初生识别产品显示辽宁西部（121.5°E 附近）有对流触发，12—13 时，该对流云团 TBB 下降、强度加强；13 时—14 时 30 分，对流云团强度减弱并向东传播，14 时，在辽宁东北部（123.5°E 附近）再次加强。结合图 7 地面冷池演变过程发现，对流云团传播至辽宁东北部再次加强过程与地面冷池的加强过程相对应，说明冷池加强对辽宁北部造成多个龙卷的对流云团发展有一定作用。

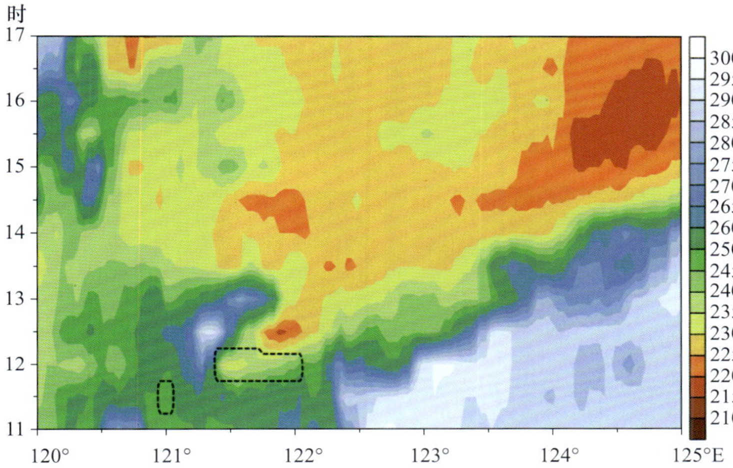

图 8　2023 年 6 月 1 日 11—17 时沿 42.3°N 的 FY-4A 红外 TBB（单位：K）经度—时间剖面
（黑色虚线区为 FY-4A 对流初生识别产品给出的对流触发区）

4　龙卷天气成因

4.1　阜新龙卷

朝阳雷达 0.5°仰角反射率特征（图 9）显示：13 时 17 分，龙卷发生地东、西两侧分别有对流风暴发展，东侧的风暴 B 发展更旺盛、出现钩状回波特征。结合风暴顶高产品判断，此时风暴 A、B 相对独立，风暴顶高均≥11 km。13 时 17 分—13 时 29 分，风暴 A 向东南方向移动、强度逐渐加强；风暴 B 向北偏东方向移动、强度逐渐减弱；13 时 23 分—13 时 29 分，风暴 A、B 逐渐合并，径向速度场出现气旋式旋转特征。结合图 2 营口雷达 13 时 38 分观测特征，合并后的风暴加强为超级单体风暴。根据龙卷出现的时间、位置判断，合并加强的风暴 A 是造成阜新龙卷的母体风暴。

利用朝阳雷达风暴结构产品分析风暴 A 的演变趋势（图 10a）。风暴初始（13 时 12 分）回波底高度（6.8 km）和强回波中心高度（8.9 km）较高，强回波中心接近风暴顶。13 时 12 分—13 时 29 分，风暴强度加强（垂直累积液态含水量 VIL 升高），回波底高下降，强回波中心高度逐渐降低。13 时 29 分，风暴 A、B 合并后，风暴强度明显加强，VIL 较上一体扫升高 16 kg · m^{-2}，风暴顶也有所升高。13 时 29 分—13 时 46 分，强回波中心快速下降（2 个体扫内的下降幅度达 4 km）、接近风暴底高（需要说明的是 13 时 35 分后，风暴底高为雷达最低仰角的探测高度）；

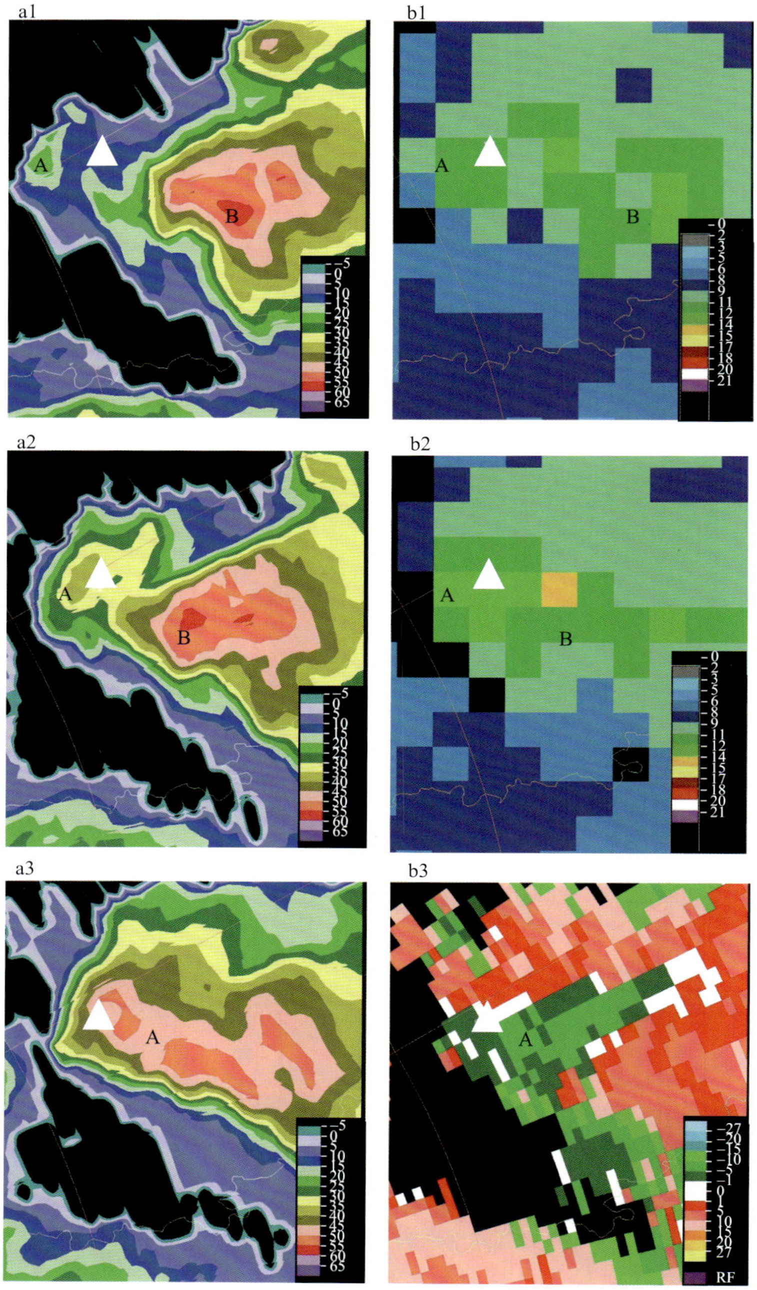

图 9 13 时 17 分(a1、b1)、13 时 23 分(a2、b2)、13 时 29 分(a3、b3)朝阳雷达 0.5°仰角反射率因子(a1—a3,单位:dBZ)、回波顶高(b1、b2,单位:km)及径向速度(b3,单位:$m \cdot s^{-1}$;RF 表示该处速度值不确定)
(白色实心三角形为龙卷发生位置)

风暴顶高和 VIL 明显下降、风暴强度减弱。分析朝阳雷达产品生成子系统(RPG)识别的中气旋特征演变(图 10b):风暴 A 初生后始终配合有中气旋,中气旋底高在 2 km 以上;13 时 12 分—13 时 35 分,中气旋最大切变在 $10\times10^{-3}\sim13\times10^{-3}\ s^{-1}$ 波动;13 时 29 分,风暴强度加强后,中气旋顶高升高;13 时 40 分后,中气旋强度减弱。

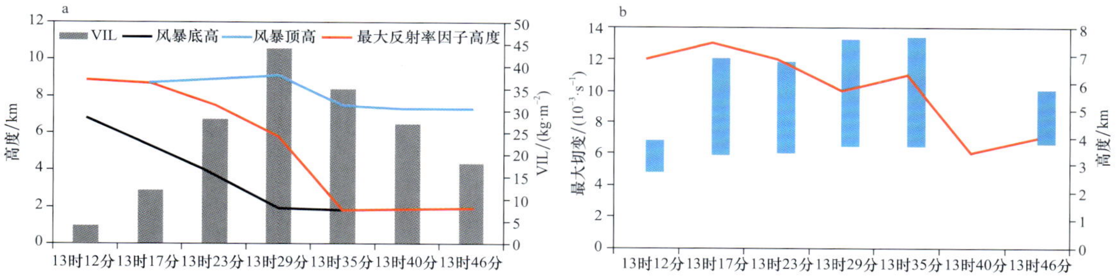

图 10　2023 年 6 月 1 日 13 时 12 分—13 时 46 分风暴 A 参数(a)及中气旋参数(b，蓝色柱体为中气旋底高和顶高，红色折线为中气旋最大切变)

综上分析，阜新龙卷发生在 2 个对流风暴的合并加强过程中，虽然龙卷周边的 2 部雷达均未探测到合并后超级单体风暴的低层中气旋演变特征，但风暴合并加强及其对应的强回波中心快速下降特征能为阜新龙卷预警提供参考信息。

4.2　辽宁北部开原龙卷

灾调显示，辽宁北部 4 个龙卷中，开原龙卷持续时间最长且强度最强(EF2 级)，为此重点分析其形成原因。

沈阳雷达 0.5°仰角探测产品显示(图 11)，13 时 51 分，龙卷发生地西侧的带状回波上有强风暴发展，回波强度 58 dBZ，速度场为一条辐合线；13 时 56 分，带状回波东移、镶嵌其中的强风暴没有明显发展(强度 59 dBZ)，但速度场的辐合线前沿出现气旋式旋转的 γ 中尺度涡旋(距地面高度 1.4 km)，切变速度 25 $m \cdot s^{-1}$、达到 TVS 判别标准[16]，此时为灾调给出的龙卷出现时间；14 时 02 分，带状回波进一步东移(图略)，特征与上一体扫相似，γ 中尺度涡旋(距地面高度 1.5 km)切变速度 21 $m \cdot s^{-1}$；14 时 07 分带状回波上的强单体明显发展，强度达 62 dBZ，γ 中尺度涡旋(距地面高度 1.5 km)切变速度 20 $m \cdot s^{-1}$；14 时 12 分，带状回波中的强风暴减弱(图略)，γ 中尺度涡旋(距地面高度 1.5 km)切变速度 13 $m \cdot s^{-1}$。从上述特征可以看到，辐合线前沿的 γ 中尺度涡旋形成、演变与开原龙卷的形成过程相对应，是造成龙卷的关键因子，也是开原龙卷临近预警的重要指标。

进一步寻求雷达速度场中发现的 γ 中尺度涡旋形成机制。采用 WRF 模式对其进行了数值模拟(NCEP FNL 资料驱动)，起始时间 2023 年 6 月 1 日 08 时，模拟时长 24 h，采用 4 层嵌套，最内层(d04)空间分辨率 1 km×1 km。

图 12 给出模拟的低层正涡度中心演变过程。13 时，正涡度中心于开原南侧形成；13 时 10 分—14 时，正涡度中心分裂为 2～3 个、呈南北线状排列并逐渐东移；14 时 10 分后，正涡度中心强度减弱。上述演变过程与前文基于雷达特征揭示的、与开原龙卷密切相关的 γ 中尺度涡旋演变过程相似，即模拟结果虽有一定误差(正涡度中心出现时间较实况偏早、位置偏南、持续时间偏长且 124.5°E 附近出现正涡度中心的空报)，但基本再现了 γ 中尺度涡旋的主要特征。

利用模拟结果诊断涡度水平平流(HADV)、涡度垂直输送(VADV)、水平涡度倾侧(TILT)和拉伸作用(CONV)对垂直涡度产生、加强的贡献(图 13)。12 时 50 分—13 时 10 分，

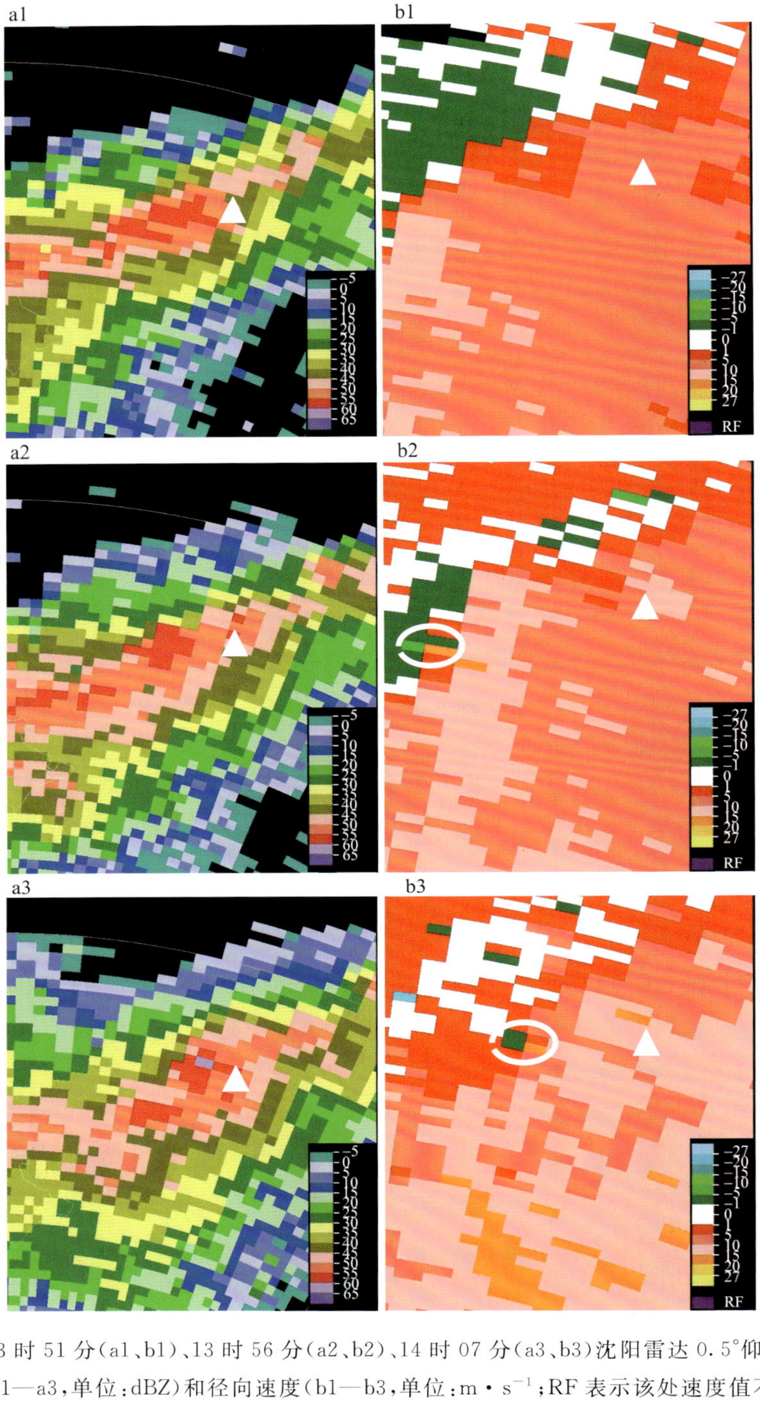

图 11　13 时 51 分(a1、b1)、13 时 56 分(a2、b2)、14 时 07 分(a3、b3)沈阳雷达 0.5°仰角反射率因子(a1—a3,单位:dBZ)和径向速度(b1—b3,单位:m·s^{-1};RF 表示该处速度值不确定)

(白色实心三角形为龙卷发生位置,白色圆圈为 γ 中尺度涡旋)

正涡度中心西侧有线状对流系统发展,组合反射率≥60 dBZ;线状对流系统的出流与环境西南气流之间形成辐合线,13 时,正涡度中心首先在辐合线附近出现。正涡度中心出现前(12 时 50 分),辐合线上的 HADV 和 CONV 均≥4×10^{-5} s^{-1},TILT 和 VADV 相对较小。正涡度中

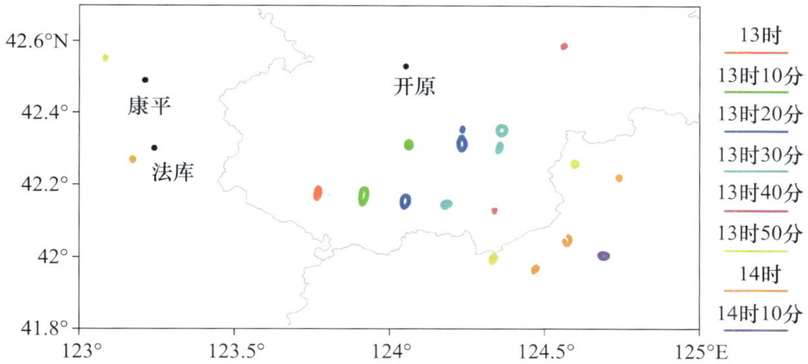

图 12　基于模拟结果的 500 m 高度正涡度中心逐 10 min 演变

（等值线的相对涡度值为 $10\times10^{-3}s^{-1}$，不同颜色代表 13 时—14 时 10 分不同时刻）

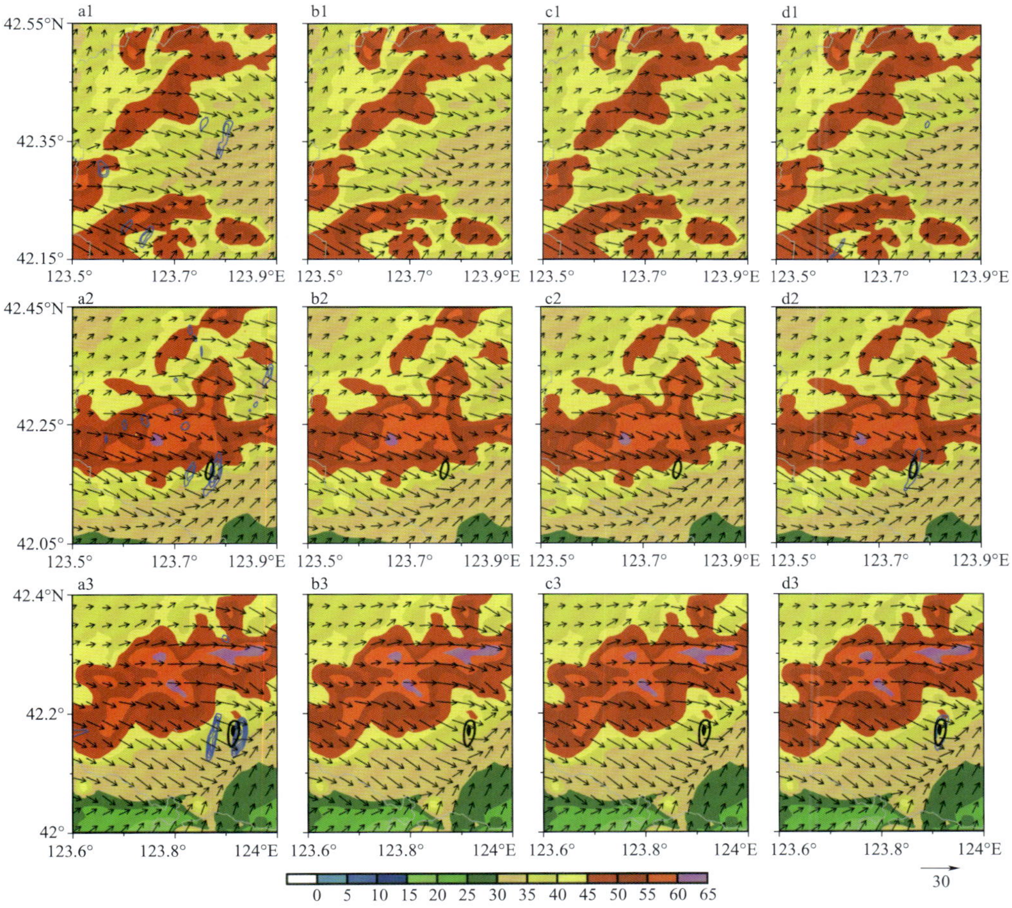

图 13　基于模拟结果的组合反射率（填色，单位：dBZ）、10 m 风场（矢量箭头，单位：$m\cdot s^{-1}$）、500 m 高度正涡度中心（黑色等值线，最外圈数值为 $10\times10^{-3}s^{-1}$，间隔 $5\times10^{-3}s^{-1}$）及 HADV（a1—a3）、VADV（b1—b3）、TILT（c1—c3）、CONV（d1—d3，蓝色等值线，最外圈数值为 $4\times10^{-5}s^{-2}$，间隔 $2\times10^{-5}s^{-2}$；a1—d1 为 12 时 50 分，a2—d2 为 13 时，a3—d3 为 13 时 10 分）

心出现时刻(13 时),HADV 和 CONV 明显增大,TILT 和 VADV 仍较小。对比正涡度中心出现前后 HADV、CONV 正值区与正涡度中心的位置发现:CONV 正值区与正涡度中心相对应,说明拉伸作用是造成正涡度中心垂直涡度发展的主要因子;HADV 正值区分别位于正涡度中心的前侧附近和后侧,说明涡度水平平流是造成正涡度中心向前移动的主要因子,并且对正涡度中心的垂直涡度发展也有作用;位于后侧的涡度水平平流对正涡度中心作用不大。13 时 10 分与上述特征相似,但 CONV 强度减弱、HADV 强度加强。

进一步分析模拟正涡度中心的涡度局地变化$\left(\frac{\partial \xi}{\partial t}\right)$和水平散度垂直结构演变(图 14)。12

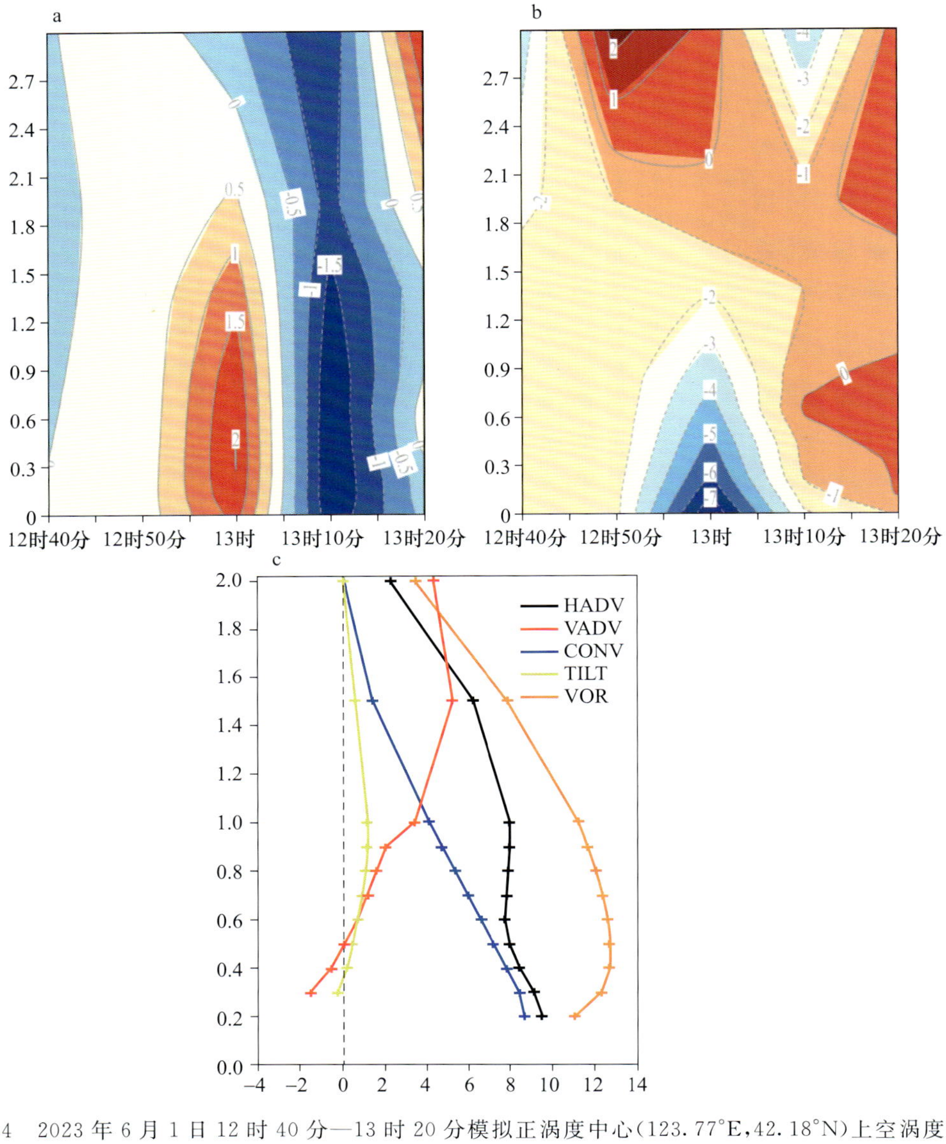

图 14　2023 年 6 月 1 日 12 时 40 分—13 时 20 分模拟正涡度中心(123.77°E,42.18°N)上空涡度局地变化(a,单位:10^{-5} s^{-2})、水平散度(b,单位:10^{-3} s^{-1})垂直结构演变及 13 时正涡度中心上空垂直涡度(VOR)、HADV、VADV、TILT、CONV 随高度变化(c,VOR 单位为:10^{-3} s^{-1},其他 4 项单位为:10^{-5} s^{-2})

时50分，正涡度中心上空地面至2 km高度的垂直涡度同时增大，其中1 km以下低层的涡度增长速度最快；13时（正涡度中心出现时刻），500 m高度上出现$\frac{\partial \xi}{\partial t}$正值中心、强度$2\times10^{-5}\ s^{-2}$。正涡度中心出现前后，地面至1.5 km低层存在水平辐合，辐合中心位于500 m以下、强度$-7\times10^{-3}\ s^{-1}$。分析13时正涡度中心上空的垂直涡度（VOR）及HADV、VADV、TILT、CONV结构：地面至2 km高度均为正垂直涡度，1 km以下的VOR更大、1 km以上的VOR随高度升高逐渐减小，正涡度中心位于500 m附近、强度$12\times10^{-3}\ s^{-1}$；HADV和CONV对1 km以下的垂直涡度增长贡献最大，500 m以下低层二者大小基本相当，但CONV随高度升高迅速减小，HADV随高度变化不大、1.5 km开始随高度升高逐渐减小；VADV对低层垂直涡度增长贡献很小，但其大小随高度升高逐渐增大，1 km以上超过CONV、1.6 km以上超过HADV成为垂直涡度增大的主要影响因子；TILT相对较小，仅对1 km附近的垂直涡度增长有一定贡献。

综上所述，与开原龙卷密切相关的、线状对流前沿γ中尺度涡旋厚度约2 km，涡旋中心位于500 m附近低层，形成机制与低层辐合造成的垂直涡度拉伸作用有关，与涡度水平输送作用也有一定关系，水平涡度倾侧和涡度垂直输送的贡献很小。另外，γ中尺度涡旋形成与线状对流系统的加强过程有关，而线状对流系统及其对应的出流气流加强与地面冷池的加强过程相对应，说明在开原龙卷天气中，冷池不仅是线状对流系统触发和传播过程的影响因子，冷池出流与环境气流相互作用产生的辐合作用也是造成γ中尺度涡旋发展的影响因子，对龙卷的形成有一定作用。

5 预报难点

分析5月31日08时起报的短期时效（龙卷发生前30 h）国家级分类强对流天气客观预报产品和龙卷指数预报产品（图略），大多产品给出的龙卷潜势区位于辽宁东部，与实况位于辽宁西部、北部的龙卷和强对流天气落区有明显偏差。其原因与加工预报产品所使用的数值预报存在偏差有关，也与上述客观预报产品大多基于超级单体龙卷的形成机制来设计[17,18]有关。检验发现，ECMWF模式对辽宁北部的CAPE预报较再分析资料偏小，但对其他地区及其他环境指标的预报与再分析资料接近。进一步诊断数值模式的环境场预报可以发现，客观预报产品给出的龙卷潜势区位于0～6 km垂直风切变较大（≥30 m·s^{-1}）的高空锋区附近（参考图4a中的锋区位置），其中辽宁东部的局地0～1 km垂直风切变也可达10 m·s^{-1}，且东部地区位于低空急流轴附近，水汽条件较好、LCL较低（≤1000 m）。上述条件构成了有利于超级单体龙卷的环境潜势，因此客观预报产品在辽宁东部预报了龙卷潜势（空报）。6月1日12时阜新站、开原站周边格点探空曲线对应的环境参数（表1）显示，辽宁西部、北部的垂直风切变（尤其是0～1 km垂直风切变）条件较超级单体龙卷的统计指标[1]偏小，且对流层低层偏干、LCL偏高，上述环境条件不利于超级单体龙卷的形成；另外，辽宁西部、北部地区经过地面观测资料订正后的CAPE对龙卷形成有利，但数值模式在辽宁北部CAPE预报偏小的误差也对龙卷的形成不利。上述原因共同造成客观预报产品漏报了辽宁西部和北部地区的龙卷潜势。

分析显示，6月1日发生的5个龙卷中，辽宁北部4个龙卷为非超级单体龙卷，与上述不利于超级单体龙卷形成的环境条件有关，但也造成了基于超级单体龙卷设计的客观预报产品在辽宁北部出现偏差(漏报);阜新龙卷虽为超级单体龙卷,但其发生在风暴合并加强过程中,龙卷发生前的环境 0～1 km 低层垂直风切变条件也不利于龙卷的产生,有利于超级单体风暴产生龙卷的条件由风暴合并等中尺度过程造成,在数值预报中很难体现。这些问题是本次龙卷天气在短期时效的预报难点。

在临近时效,由于阜新龙卷距离雷达较远,营口雷达出现距离折叠无法识别速度场中的中气旋,朝阳雷达的最低仰角探测高度也已超过 2 km,虽然识别到与超级单体风暴相配合的中气旋,但无法捕捉造成龙卷的风暴低层信息,难以判断低层中气旋的旋转强度和结构演变特征,给阜新龙卷的临近预警造成很大困难;另外,由于最低仰角的探测高度过高,超级单体龙卷的一些双偏振产品特征(如龙卷碎屑等)也未能被营口雷达探测到。辽宁北部多龙卷天气出现在线状对流系统前沿的辐合线上,属于非超级单体龙卷,虽然上述龙卷与沈阳雷达的距离在 80～125 km,能够被雷达最低仰角探测到 γ 中尺度涡旋等典型特征,但从前文对开原龙卷形成原因的分析发现,龙卷几乎与雷达探测到的 γ 中尺度涡旋特征同时出现,预警提前量很短。另外,非超级单体龙卷的雷达特征和形成机制与超级单体龙卷明显不同,受制于业务领域对非超级单体龙卷的关注和认识存在不足,也给本次过程中辽宁北部出现的非超级单体龙卷预警造成了一定困难。

6 结论与讨论

(1)2023 年 6 月 1 日辽宁多龙卷天气中,阜新龙卷属于超级单体龙卷,其母体风暴由干线触发,环境特征为低层相对湿度小、抬升凝结高度高。龙卷形成于对流风暴合并加强过程中,龙卷发生时母体风暴的强回波中心快速下降特征可为临近时效的龙卷预警提供参考信息。

(2)辽宁北部的 4 个龙卷属于非超级单体龙卷,发生在线状对流系统前沿的辐合线中。与辐合线中的 γ 中尺度涡旋有关。γ 中尺度涡旋的中心位于 500 m 附近低层,其产生机制主要为垂直涡度拉伸作用,涡度水平平流对涡旋的形成也有贡献。地面冷池对线状对流系统的触发和传播有一定作用,冷池加强造成的出流气流与环境西南气流之间形成强辐合、γ 中尺度涡旋和龙卷的形成密切相关。在临近时效,雷达径向速度场中线状对流系统附近的低层 γ 中尺度涡旋可为开原龙卷预警提供有效信息,但预警提前量较小;地面冷池的强度演变以及冷池出流与环境气流的相互作用过程不仅是对流风暴触发、演变预报的重要因子,也可为造成龙卷的 γ 中尺度涡旋强度演变预报提供着眼点。

另外,本文讨论发现本次多龙卷天气中,龙卷发生前的抬升凝结高度较大多数学者给出的统计结果偏高,即干环境背景下的龙卷形成机制、环境指标及其与现有认识的差异还需进一步关注。另外,有关辽宁北部线状对流系统中 γ 中尺度涡旋的垂直结构特征及其形成机制问题还需深入讨论,建立适用于非超级单体龙卷形成机制的概念模型和预报方法。

致谢:感谢几位匿名编审专家对本文的细心指导和修改,对我们的后续研究,以及龙卷天气预报方法的业务应用有很大启发!感谢中国气象局暴雨精细化分析和预报青年创新团队对本文的资助。

参考文献

[1] 王秀明，俞小鼎，周小刚. 中国东北龙卷研究：环境特征分析[J]. 气象学报，2015，73(3)：425-441.

[2] 俞小鼎，周小刚，王秀明. 雷暴与强对流临近天气预报技术进展[J]. 气象学报，2012，70(3)：311-337.

[3] 郑永光，田付友，周康辉，等. 雷暴大风与龙卷的预报预警和灾害现场调查[J]. 气象科技进展，2018，8(2)：55-61.

[4] THOMPSON R L，EDWARDS R，HART J A，et al. Close proximity soundings within supercell environments obtained from the Rapid Update Cycle[J]. Weather and Forecasting，2003，18(6)：1243-1261.

[5] LEMON L R，DOSWELL III C A. Severe thunderstorm evolution and mesocyclone structure as related to tornadogenesis[J]. Monthly Weather Review，1979，107(9)：1184-1197.

[6] 郑媛媛，张备，王啸华，等. 台风龙卷的环境背景和雷达回波结构分析[J]. 气象，2015，41(8)：942-952.

[7] 戴建华，王国荣，龚剑，等. 梅雨锋中尺度涡旋内微型超级单体龙卷的形成研究[J]. 热带气象学报，2021，37(Z1)，693-709.

[8] 才奎志，姚秀萍，孙晓巍，等. 冷涡背景下辽宁龙卷气候特征和环境条件[J]. 气象学报，2022，80(1)：82-92.

[9] MONTERDE D，CARBAJAL N，PINEDA-MARTÍNEZ，L. F. ，et al. Analysis of a multiple non-supercell tornado event in Mexico[J]. Atmospheric Research，2023，293：106916.

[10] BURGESS D W，DAVIES-JONES R P. Unusual tornadic storms in eastern Oklahoma on 5 December 1975[J]. Monthly Weather Review，1979，107(4)：451-457.

[11] LEE B D，WILHELMSON R B. The numerical simulation of non-supercell tornadogenesis. Part I：Initiation and evolution of pretornadic misocyclone circulations along a dry outflow boundary[J]. Journal of the Atmospheric Sciences，1997，54(1)：32-60.

[12] 俞小鼎，王秀明，李万莉，等. 雷暴与强对流临近预报[M]. 北京：气象出版社，2020：268-273.

[13] AGEE，E. M. A revised tornado definition and changes in tornado taxonomy[J]. Weather and Forecasting，2014，29(5)：1256-1258.

[14] 陈传雷，吴晓峰，孙晓巍，等. 辽宁省强对流性天气的气候特征分析[J]. 气象与环境学报，2010，26(3)：27-33.

[15] 郑永光，蓝渝，曹艳察，等. 2019 年 7 月 3 日辽宁开原 EF4 级强龙卷形成条件、演变特征和机理[J]. 气象，2020，46(5)：589-602.

[16] BAI L，MENG Z，HUANG L，et al. An integrated damage，visual，and radar analysis of the 2015 Foshan，Guangdong，EF3 tornado in China produced by the landfalling Typhoon Mujigae (2015)[J]. Bulletin of the American Meteorological Society，2017，98(12)：2619-2640.

[17] 杨波，郑永光，蓝渝，等. 国家级强对流天气综合业务支撑体系建设[J]. 气象，2017，43(7)：845-855.

[18] 张涛，蓝渝，毛冬艳，等. 国家级中尺度天气分析业务技术进展 I：对流天气环境场分析业务技术规范的改进与产品集成系统支撑技术[J]. 气象，2013，39(7)：894-900.

2304号台风"泰利"海南儋州龙卷预报过程分析

郑 艳 吴 俞 宾 昕 段懿轩 麦楚莹
(海南省气象台,海口,570203)

摘 要:2304"泰利"儋州龙卷位于台风路径左侧,产生这类龙卷的台风是从海南岛东北部向西北移动的。利用0.25°×0.25°经纬度分辨率ERA5(第5代欧洲再分析)资料,对比"泰利"与其相似路径的台风龙卷(0814"黑格比"、1415"海鸥")环境场发现,此类龙卷发生在强偏北急流和偏西气流的辐合区附近,位于假相当位温梯度大值区暖湿气流一侧,具有充足的水汽和强的上升运动,LCL(抬升凝结高度)和$SHEAR_{0\text{-}1\ km}$(0～1 km垂直切变)2个环境参数可以作为台风路径左侧海南岛西北部龙卷的短期预报指标;龙卷发生前12 h,CMA-TRAMS(中国气象局-南海台风数值预报系统)模式预报较实况LCL更低、$SHEAR_{0\text{-}1\ km}$更大,这两个环境参数对"泰利"龙卷短期预报有较好的指示意义;海口多普勒天气雷达显示"泰利"台风龙卷风暴母体属于低质心的微型超级单体风暴,雷达首次识别出TVS(龙卷涡旋特征)特征至龙卷触地时间,至少有6～12 min预警提前量,龙卷发生地位于雷达低仰角钩状回波的顶端或TVS(类TVS)附近。

关键词:台风龙卷,相似路径台风,CMA-TRAMS模式,TVS

引言

龙卷是最强烈的强对流天气,最大地面风速可达140 m·s^{-1}[1],因其具有突发性强、生命史短等特点,实际业务预报和预警难度较大。近年来,许多学者对我国台风龙卷进行了研究[2-6]。白兰强等[7]统计了2006—2008年中国台风龙卷的发生情况,这些台风龙卷主要生成于台风中心东北象限,集中于距离台风中心500 km范围内;中国的台风龙卷倾向于在具有较大低层风暴相对螺旋度和较大对流有效位能的环境中产生。慕瑞琪等[8]分析了江苏2007—2018年的台风龙卷产生的环境条件及多普勒天气雷达关键特征,指出江苏台风龙卷位于台风中心的东北象限,多集中于江淮中部以及西北部地区;低空急流输送充足的水汽和不稳定能量,为龙卷的发生提供了有利的环境条件,地面辐合线是龙卷发生发展的重要系统;江苏台风龙卷单体约有2/3伴随龙卷涡旋特征(TVS),产生强龙卷的雷暴单体生命期同时伴随有中气旋和TVS特征,当TVS的最低仰角速度差超过23 m·s^{-1}时,更易产生强龙卷。黄先香等[9]分析珠江三角洲台风龙卷的活动特征,结果表明:多数龙卷位于台风中心的东北象限,台风中心在广东湛江—广西东南部或北部湾附近时是珠江三角洲龙卷发生的高风险期。

基金项目:中国气象局2024年复盘总结专项(FPZJ2024-102)、海南省南海气象防灾减灾重点实验室开放基金项目(SCSF202202)共同资助。

第一作者:郑艳,正高级工程师,从事台风和强对流天气预报服务,E-mail:hnzyan@126.com。

海南省属于热带海洋性气候，是我国受台风影响最多的省份之一，也常常会出现台风龙卷[10]。吴俞等[11]对1223"山神"引发的万宁龙卷环境场进行数值模拟发现，龙卷发生前中层有干冷空气侵入，增加了大气不稳定度，同时低层具备较强的垂直风切变和低的抬升凝结高度的有利条件；除地形摩擦辐合抬升有利于垂直涡度增加外，局地的三角洲地形也有利于局地垂直涡度增加，大大增加发生龙卷的概率。郑媛媛等[12]对包括海南在内的10次台风龙卷过程的环境背景进行统计分析，结果表明，台风龙卷所处环境基本为弱对流有效位能和风随高度强烈顺转的强低空风的垂直切变环境；台风龙卷往往产生前地面已存在风向切变和风速辐合，但温度梯度不大。上述研究仅限于出现在台风前进方向右侧的龙卷，而对台风前进方向左侧的龙卷则鲜有研究。郑艳等[13]对2004—2019年海南台风龙卷进行了分类，发现台风在海南岛东北部西北行的过程中龙卷出现在台风前进方向的左侧，而2304"泰利"儋州龙卷也具有这一特征。本文将统计台风前进方向左侧的海南岛西北部3个台风龙卷环境场特征，同时对比CMA-TRAMS模式预报场，探讨在业务预报中2304"泰利"儋州龙卷过程是否具有可预报性，归纳这类台风龙卷的预报预警指标，以期为台风前进方向左侧的海南岛西北部台风龙卷预报预警提供依据和参考。

1 "泰利"儋州龙卷灾调情况

台风"泰利"（热带低压）于2023年7月14日11时在菲律宾群岛北部陆地生成，傍晚进入南海东部海面，之后向西北方向移动过程中强度不断加强，17日早晨在南海北部海面加强为台风级。"泰利"于17日22时20分前后在广东省湛江市南三岛沿海登陆，登陆时中心附近最大风力13级（风速38 $m \cdot s^{-1}$，台风级），登陆后强度迅速减弱，18日05时45分前后在广西壮族自治区北海市再次登陆，登陆时中心附近最大风力10级（25 $m \cdot s^{-1}$，强热带风暴级），18日20时在广西壮族自治区崇左市龙州县境内减弱为热带低压，20时20分前后移入越南北部，逐渐减弱消散。

2023年7月17日，海南省儋州市和庆镇人民政府向儋州市三防指挥部报告：据村民反映，2023年7月17日08时18分左右，罗便村委会美灵村东北角局部遭受"不明强风"袭击，持续时间约20余秒，袭击路线呈曲线型，路径长度约300 m，沿线房屋、高（低）压电力线路、照明路灯、胶林等不同程度受到破坏，无人员伤亡。经初步统计，该村常住户数65户，受损房屋29户约2287 m^2，环村路灯损坏10盏，不同程度倒断橡胶林面积约30亩。

7月18日上午，海南省气象局联合儋州市气象局、儋州市应急管理局、和庆镇罗便村委会进行现场调查。走访当地受灾的居民了解天气实况，收集居民拍摄的手机视频资料，利用无人机确认灾情及受灾路径。经过灾情调查分析确认：2023年7月17日08时16分—08时18分，儋州市和庆镇美灵村发生了龙卷天气，龙卷在美灵村西北侧触地后，自北偏西向到南偏东方向移动至美灵村村尾，龙卷移动路径约为800 m，宽度约为150 m；龙卷路径上成片的民房屋顶瓦片被掀走、所剩无几（图1a），房屋周围几十棵菠萝蜜树（材质坚硬）被扭断（图1b），村尾的橡胶树林中绝大部分橡胶树被扭断、倒伏，其中树林外围的橡胶树仅剩光秃秃的枝干（图1c），根据上述灾情可确认此次龙卷为龙卷国标二级强度，属于中等强度龙卷。

图1　2023年7月17日海南省儋州市和庆镇美灵村部分灾情

(a)房屋;(b)菠萝蜜树;(c)橡胶树

2 "泰利"相似路径台风龙卷特征

从图2a可以看出,7月17日08时,"泰利"西北行至南海北部海面时海南省儋州市和庆镇出现了EF1级龙卷,此时"泰利"中心位于20.1°N,113.2°E,中心附近最大风力12级(风速33 m·s^{-1}),龙卷发生地距离台风中心西偏南方向约370 km。

郑艳等[13]对2004—2019年海南台风龙卷统计发现,海南岛西北部龙卷与台风路径、强度、位置等特征有很好相关性。台风路径左侧龙卷:8—9月台风自海南岛东部西北行时在海南岛西北部沿海可出现龙卷,此类龙卷占海南岛台风龙卷的40%,龙卷强度为EF1级或EF0级,龙卷发生时台风强度为12～15级(台风或强台风级)、台风中心位于111°—114°E、19°—21°N,龙卷发生地距离台风中心西南或西偏北方向220～440 km(图2b);台风路径右侧龙卷:8—9月台风自海南岛南部海面或中部山区偏西行时在海南岛西北部地区可出现龙卷,龙卷强度达EF2级,龙卷发生时台风强度为台风级或热带风暴级,龙卷发生地距离台风中心东北或西北方向200～400 km(图2c,图2d)。

"泰利"儋州龙卷与台风路径左侧龙卷的季节、龙卷强度、龙卷发生时台风的路径、位置和强度等特征具有较好的一致性。

图2b中0814"黑格比"和1415"海鸥"龙卷均出现在澄迈桥头镇,位于海南岛西北部地区,与"泰利"儋州龙卷地理位置更相似,影响系统也可能更相似。下面利用0.25°×0.25°经纬度分辨率ERA5资料,对比2304"泰利"与0814"黑格比"、1415"海鸥"3个台风龙卷发生前一时刻2023年7月17日08时、2008年9月24日05时、2014年9月15日20时的环境背景及环境参数,总结这类台风龙卷的预报指标。

图3、图4分别为0814"黑格比"、1415"海鸥"台风龙卷发生前925 hPa风场及850 hPa水汽通量散度、涡度和假相当位温分布。龙卷发生地中低层均处于台风中心左侧的强偏北急流中,这与0809"北冕"广东省湛江市的龙卷环流背景相近[14]。"黑格比"最大风速850 hPa为14～16 m·s^{-1},925 hPa为18～20 m·s^{-1},同时处于西北偏西风和西南风的风向切变辐合区附近,辐合区水汽通量散度小于-6×10^{-5} g·cm^{-2}·hPa^{-1}·s^{-1}(图3a,图3b);"海鸥"850 hPa和925 hPa最大风速均为20 m·s^{-1},并处于东北风和偏北风的风向切变辐合区附近,

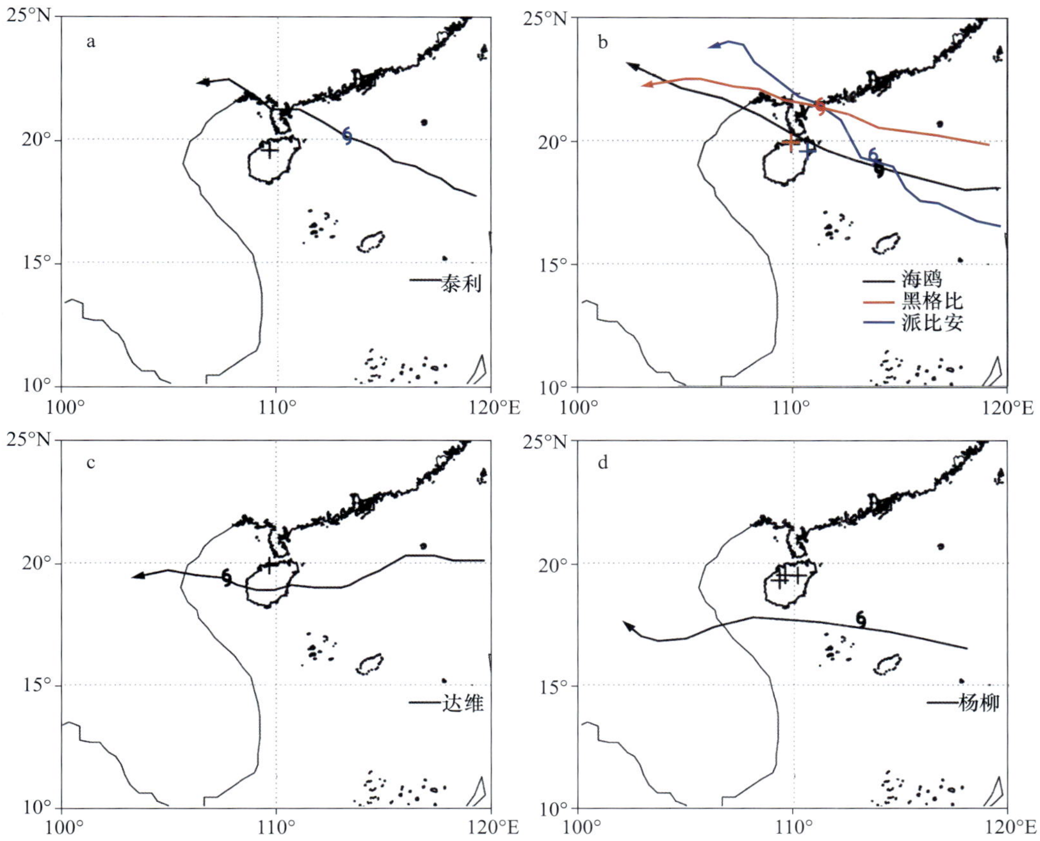

图 2　台风路径及龙卷落区、龙卷发生时台风位置

(a) 2304“泰利”；(b) 1415“海鸥”、0814“黑格比”和 0606“派比安”；(c) 051“达维”；(d) 1912“杨柳”

辐合区水汽通量散度为 -4×10^{-5} g·cm^{-2}·hPa^{-1}·s^{-1}（图 4a，图 4b）。强盛的低空急流输送充足的水汽和不稳定能量，促使层结不稳定性增强，为龙卷的发生提供了有利的环境条件[8]。另外，“黑格比”和“海鸥”龙卷发生地附近，850 hPa 的涡度均为 $2\times10^{-5}\sim4\times10^{-5}$ s^{-1}（图 3c，图 4c），假相当位温分别为 334 K 和 348 K（图 3d，图 4d），龙卷发生在假相当位温梯度大值区暖湿气流一侧，但涡度和假相当位温较江苏龙卷偏小。

图 5 是 2304“泰利”台风龙卷发生前 925 hPa 风场及 850 hPa 水汽通量散度、涡度和假相当位温分布。龙卷发生地中低层也处于台风中心左侧的强偏北急流中，850 hPa 和 925 hPa 最大风速均为 16～18 m·s^{-1}，且位于偏北风和西北风的风向切变辐合区附近，辐合区水汽通量散度约为 -4×10^{-5} g·cm^{-2}·hPa^{-1}·s^{-1}；850 hPa 的涡度均为 $6\times10^{-5}\sim8\times10^{-5}$ s^{-1}，假相当位温大于 344 K。

台风路径左侧海南岛西北侧龙卷发生在强偏北急流和偏西气流的辐合区附近、位于假相当位温梯度大值区暖湿气流一侧，具有充足的水汽和强的上升运动。

2304“泰利”台风龙卷发生前对流有效位能 CAPE 值约为 750 J·kg^{-1}；风暴相对螺旋度 SRH 约为 25 m^{2}·s^{-2}；1000～500 hPa 垂直风切变 $SHEAR_{0\text{-}6km}$ 约为 1.9×10^{-3} s^{-1}；1000～925 hPa垂直风切变 $SHEAR_{0\text{-}1km}$ 约为 17.2×10^{-3} s^{-1}；抬升凝结高度 LCL 约为 250 m（表 1）。

"泰利"0～1 km低层垂直风切变较海南非热带气旋龙卷明显偏大，而抬升凝结高度较后者明显偏小[15]。

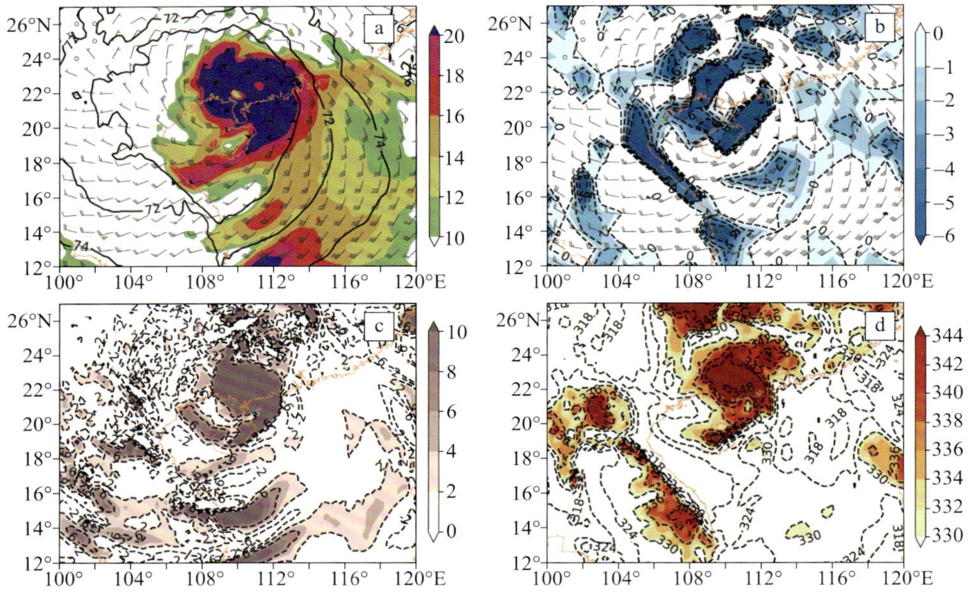

图3　2008年9月24日05时0814"黑格比"龙卷过程

(a)925 hPa风场(实线:等高线，单位:dagpm;

(b)850 hPa水汽通量散度(单位:10^{-5}g·hPa^{-1}·cm^{-2}·s^{-1});

(c)850 hPa涡度(单位:$10^{-5}s^{-1}$);(d)850 hPa假相当位温(单位:K)

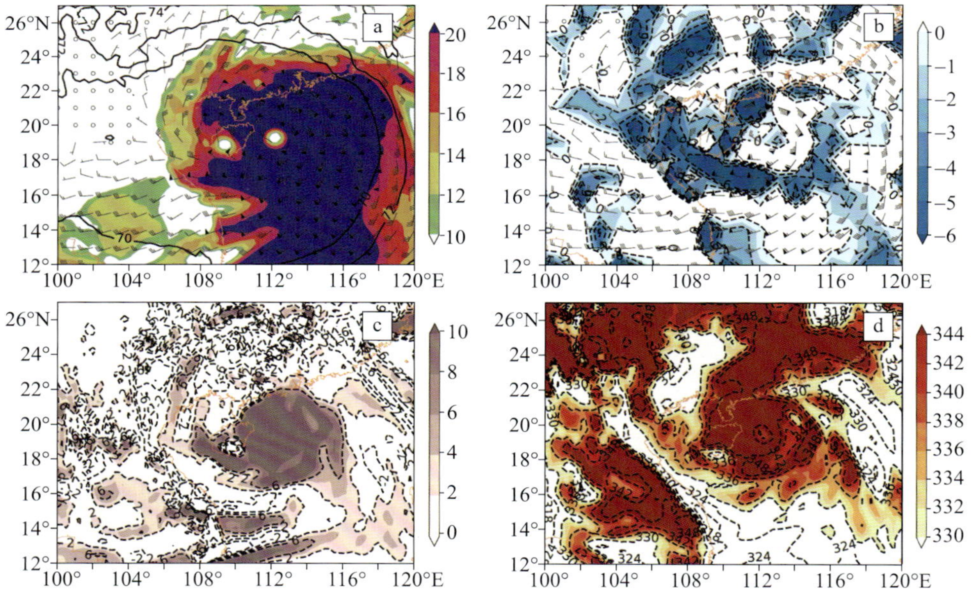

图4　2014年9月15日20时1415"海鸥"龙卷过程

(a)925 hPa风场(实线:等高线，单位:dagpm;填色和风羽:风速，单位:m·s^{-1});

(b)850 hPa水汽通量散度(单位:10^{-5}g·hPa^{-1}·cm^{-2}·s^{-1});

(c)850 hPa涡度(单位:$10^{-5}s^{-1}$);(d)850 hPa假相当位温(单位:K)

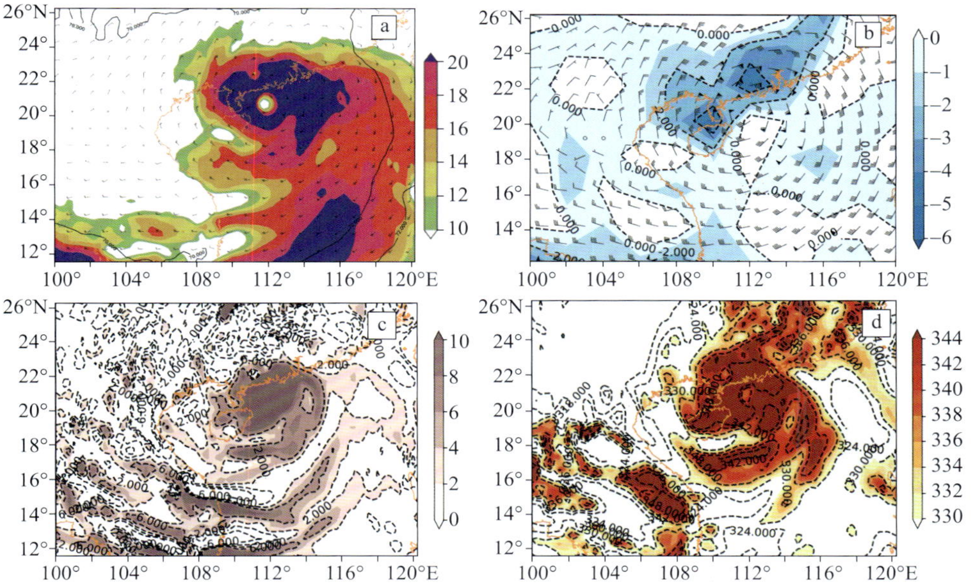

图 5　2023 年 7 月 17 日 08 时 2304“泰利”龙卷过程

(a)925 hPa 风场(实线：等高线，单位：dagpm；填色和风羽：风速，单位：$m \cdot s^{-1}$)；

(b)850 hPa 水汽通量散度(单位：$10^{-5} g \cdot hPa^{-1} \cdot cm^{-2} \cdot s^{-1}$)；

(c)850 hPa 涡度(单位：$10^{-5} s^{-1}$)；(d)850 hPa 假相当位温(单位：K)

参考文献[8]和文献[9]计算得到台风路径左侧与台风路径右侧的海南岛西北部龙卷的相关环境参数，和江苏、广东珠江三角洲的台风龙卷环境参数平均值对比(表 1)可以看出，海南的 SRH 较江苏、广东明显偏小，CAPE 值和 $SHEAR_{0\text{-}6\ km}$ 介于江苏、广东之间；而海南的 LCL 较江苏、广东更低，且台风路径左侧龙卷较右侧更低，更低的 LCL 有利于水汽快速凝结，释放不稳定能量；海南的 $SHEAR_{0\text{-}1\ km}$ 较江苏、广东明显偏大且台风路径左侧龙卷较右侧更大，这可能是由于海南台风路径左侧龙卷发生时台风强度更强(台风级或强台风级)。

LCL 和 $SHEAR_{0\text{-}1\ km}$ 2 个环境参数可以作为台风路径左侧海南岛西北部龙卷的预报预警指标，而 SRH、CAPE 和 $SHEAR_{0\text{-}6\ km}$ 等 3 个环境参数则指示意义不大。

表 1　台风路径左侧(右侧)海南岛西北部龙卷及江苏、广东台风龙卷环境参数

台风编号(名称)及龙卷相对台风路径位置	时间/(年-月-日-时)	地点	CAPE/($J \cdot kg^{-1}$)	LCL/m	$SHEAR_{0\text{-}6\ km}$/($10^{-3} s^{-1}$)	$SHEAR_{0\text{-}1\ km}$/($10^{-3} s^{-1}$)	SRH/($m^2 \cdot s^{-2}$)
0814“黑格比”(左侧)	2008-09-24-05	澄迈桥头镇	1250	150	1.8	18.3	100
1415“海鸥”(左侧)	2014-09-15-20	澄迈桥头镇	750	250	2.6	22.1	190
2304“泰利”(左侧)	2023-07-17-08	儋州和庆镇	750	250	1.9	17.2	130
台风路径左侧海南岛西北部龙卷各环境参数均值			916.7	216.7	2.1	19.2	140
0518“达维”(右侧)	2005-09-26-23	临高临城镇	500	250	2.8	14.5	180
1912“杨柳”(右侧)	2019-08-29-02	儋州那大镇	700	250	2.7	18.6	60
台风路径右侧海南岛西北部龙卷各环境参数均值			600	250	2.75	16.6	120
江苏台风龙卷各环境参数均值			1255.5	428.3	1.7	10.2	309.1
广东珠江三角洲台风龙卷各环境参数均值			314.4	306.6	3.9	15.3	221.1

3 “泰利”儋州龙卷短期时效(CMA-TRAMS)可预报性

CMA-TRAMS 模式 2023 年 7 月 16 日 20 时预报 17 日 08 时环境场(图 6)显示，高原东侧弱冷空气模式预报较实况略偏强，“泰利”移速较实况偏慢，17 日 08 时台风位置更偏向东南方向，龙卷发生地位于偏北急流和西北气流的风向切变辐合区附近，最大风速 850 hPa 为 14～16 $m \cdot s^{-1}$、925 hPa 为 12～14 $m \cdot s^{-1}$，预报的偏北急流风速较实况(16～18 $m \cdot s^{-1}$)偏小；模式预报龙卷发生地附近假相当位温约 355 K，与实况较一致，但其附近假相当位温梯度偏小。

下面对比“泰利”CMA-TRAMS 模式预报和实况的 LCL 和 $SHEAR_{0\text{-}1\ km}$ 2 个龙卷预警指标。CMA-TRAMS 模式 2023 年 7 月 16 日 20 时预报 17 日 08 时龙卷发生地的抬升凝结高度 LCL 约为 150 m，1000～925 hPa 垂直风切变 $SHEAR_{0\text{-}1\ km}$ 约为 $23.4\times10^{-3}\ s^{-1}$；CMA-TRAMS 模式预报的 LCL 较实况明显偏低，而预报的 $SHEAR_{0\text{-}1\ km}$ 较实况明显偏大。“泰利”龙卷发生前 12 h，CMA-TRAMS 模式预报的 LCL 和 $SHEAR_{0\text{-}1\ km}$ 两个环境参数对龙卷短期预报有较好的指示意义。

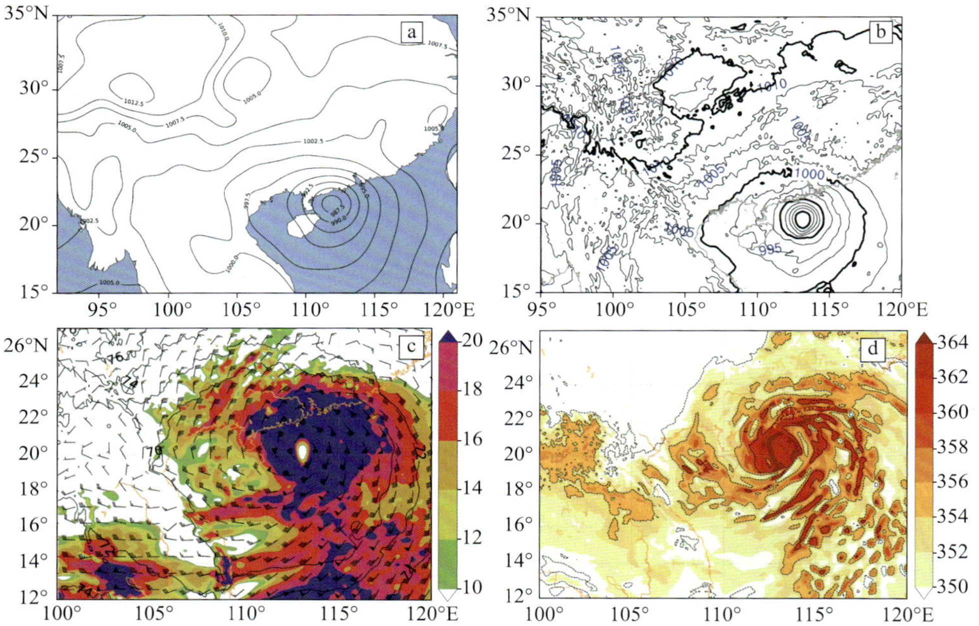

图 6　2023 年 7 月 17 日 08 时地面气压场(a，单位：hPa)和 CMA-TRAMS 模式 16 日 20 时预报 17 日 08 时的地面气压场(b，单位：hPa)、925 hPa 风场(c，实线：等高线，单位：dagpm；填色和风羽：风速，单位：$m \cdot s^{-1}$)、850 hPa 假相当位温(d，单位：K)

4 “泰利”儋州龙卷短临时效可预报性

图 7 是 2023 年 7 月 17 日“泰利”儋州龙卷过程海口多普勒天气雷达 0.5°仰角反射率因子、沿着低层钩状回波附近的反射率因子垂直剖面和 0.5°仰角平均径向速度。从反射率因子

(图 7a)可以看出,台风龙卷风暴母体属于微型超级单体风暴,该风暴单体呈现出向北开口的低层钩状回波和入流缺口回波等特征;反射率因子垂直剖面(图 7b)显示,台风龙卷母风暴 50 dBZ 以上的强回波主要在 5 km 以下,呈现出低质心的特点。相对应的同时刻平均径向速度(图 7c)可见,08 时 05 分、08 时 11 分和 08 时 16 分连续 3 个体扫在钩状回波附近雷达识别出 TVS 特征,在其附近存在 γ 中尺度的中涡旋;08 时 05 分和 08 时 11 分,中涡旋零速度线附近存在类 TVS,其中 08 时 05 分最大切变速度达到 $26.1\times10^{-3}\,s^{-1}$,位于 1.2 km 的高度,08 时 11 分,强旋转继续维持,风切变加大到 $29.7\times10^{-3}\,s^{-1}$,位于 2.6 km 的高度;08 时 16 分,中涡旋强度达到最强,风切变明显跃增,达到 $52.9\times10^{-3}\,s^{-1}$ 并伴有明显的 TVS 特征,高度下降到 1.2 km 的高度(图 8),这种强旋转使得龙卷触地的概率极大。

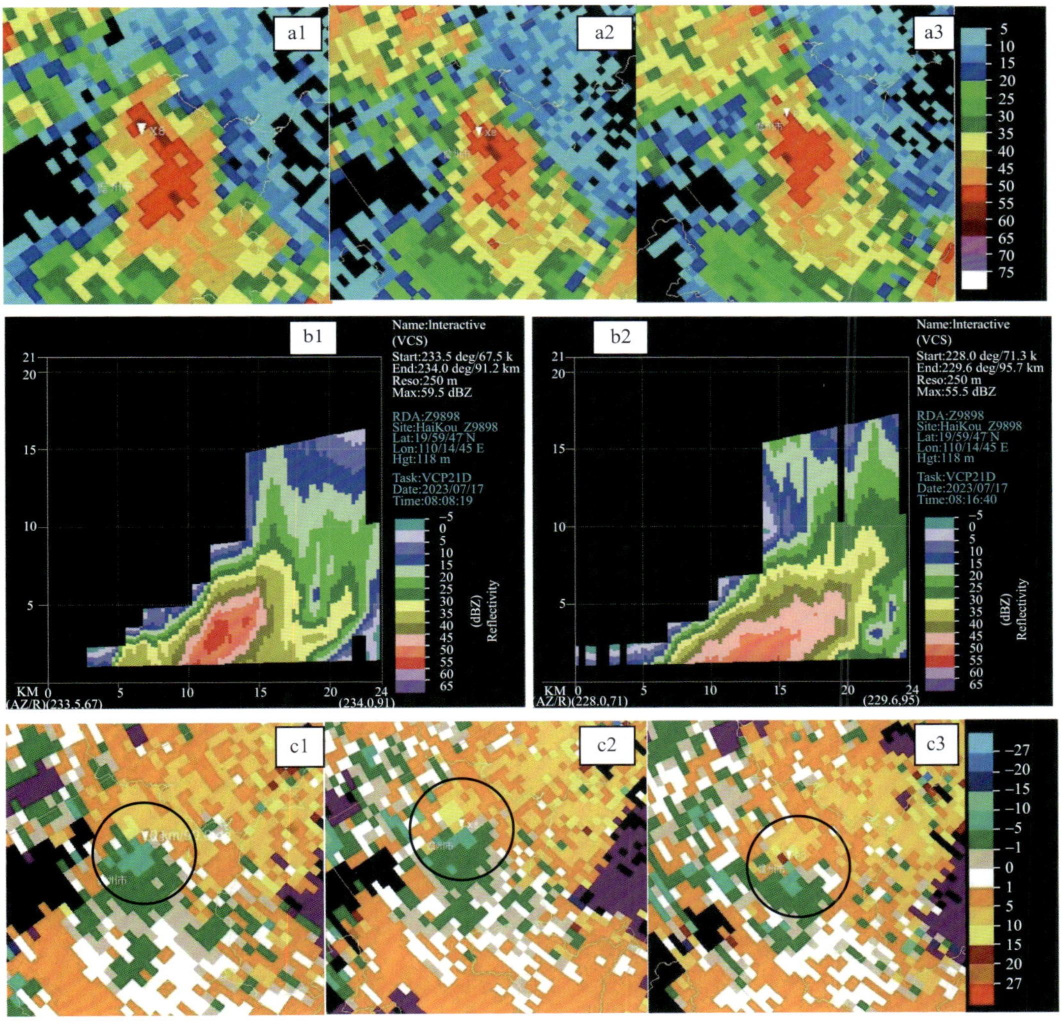

图 7　2023 年 7 月 17 日"泰利"儋州龙卷海口多普勒天气雷达 0.5°仰角反射率因子(a,单位:dBZ)、沿着低层钩状回波附近的反射率因子垂直剖面(b,单位:dBZ)和 0.5°仰角平均径向速度(c,单位:m · s^{-1})

(a1,b1,c1:08 时 05 分;a2,c2:08 时 11 分;a3,b2,c3:08 时 16 分;白色三角形:雷达识别的 TVS;黑色圆圈:中气旋或 TVS)

从以上分析可知,台风龙卷因其尺度小、时间短而短临预警存在较大的难度,但仍有迹可循:潜势预报在预判台风外围有龙卷发生可能性的条件下,一旦在雷达低仰角的径向速度图上有小尺度的气旋性旋转,就要时刻关注其演变,当雷达识别出 TVS 特征,可以发布雷雨大风橙色预警信号,并提示有龙卷发生的可能。此次台风“泰利”过程雷达首次识别出 TVS 特征至龙卷触地时间,至少有 6~12 min 预警提前量,另外龙卷发生地位于雷达低仰角钩状回波的顶端或 TVS(类 TVS)附近。

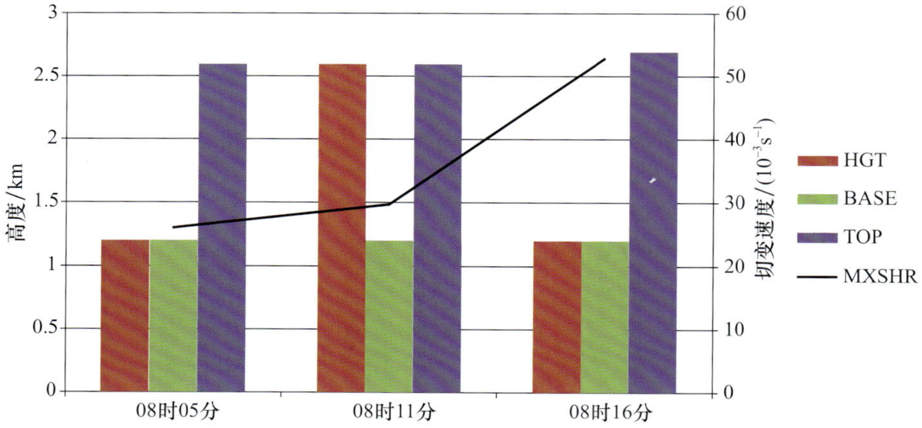

图 8　2023 年 7 月 17 日 08 时 05 分、08 时 11 分、08 时 16 分的最大切变速度(黑色折线,单位:$10^{-3}s^{-1}$)、最大切变所在的高度(红色柱,单位:km)、TVS 特征的底部(绿色柱,单位:km)、TVS 特征的顶部(紫色柱,单位:km)

5 结论与讨论

对比“泰利”与其相似路径台风龙卷(0814“黑格比”、1415“海鸥”)环境场、CMA-TRAMS 模式预报场以及海口多普勒天气雷达回波特征发现,“泰利”儋州龙卷有一定的可预报性。

(1)“泰利”儋州龙卷与统计的相似路径台风龙卷的季节、龙卷强度、龙卷发生时台风的位置和强度等特征具有较好的一致性。此类龙卷出现在夏秋季,龙卷强度为 EF1 级或 EF0 级,龙卷发生时台风强度为 12~15 级(台风或强台风级)、台风中心位于 111°—114°E、19°—21°N,龙卷发生地位于台风路径左侧 220~440 km。

(2)台风路径左侧海南岛西北侧龙卷(包括“泰利”)发生在强偏北急流和偏西气流的辐合区附近、位于假相当位温梯度大值区暖湿气流一侧,具有充足的水汽、强的上升运动;此类龙卷发生地具有较台风路径右侧海南岛西北侧龙卷、海南非热带气旋龙卷以及江苏、广东珠江三角洲台风龙卷更低的抬升凝结高度和更强的 0~1 km 低层垂直风切变。

(3)“泰利”儋州龙卷发生前 12 h,CMA-TRAMS 模式预报“泰利”移速较实况偏慢,龙卷发生地中低层位于偏北急流和西北气流的风向切变辐合区附近,但偏北急流风速较实况偏小;假相当位温与实况相当,但梯度偏小;LCL 较实况更低、$SHEAR_{0-1\ km}$ 也明显偏大,这两个环境参数对“泰利”龙卷短期预报有较好的指示意义。LCL 和 $SHEAR_{0-1\ km}$ 两个环境参数有利于台风龙卷发生的情况下,在中低层偏北急流和偏西气流的风向切变辐合区附近、假相当位温梯度大值区暖湿气流一侧出现龙卷的概率更大。

(4)潜势预报在预判台风外围有龙卷发生可能性的条件下，一旦在雷达低仰角的径向速度图上有小尺度的气旋性旋转，就要时刻关注其演变，当雷达识别出 TVS 特征，可以发布雷雨大风橙色预警信号，并提示有龙卷发生的可能。“泰利”台风龙卷风暴母体属于微型超级单体风暴，雷达首次探测到 TVS 特征至龙卷触地时间，至少有 6～12 min 预警提前量，且龙卷发生地位于雷达低仰角钩状回波的顶端或 TVS(类 TVS)附近。

白兰强等[7]统计 2006—2018 年中国热带气旋龙卷特征，指出中国的热带气旋龙卷主要生成于热带气旋中心的东北象限，且大多数热带气旋龙卷生成于强度相对较弱的热带气旋(如热带低压、热带风暴)，而海南岛 90%的热带气旋龙卷是由台风或强台风引发的，其中约 40%龙卷出现在热带气旋路径左侧。由此可见，海南岛热带气旋龙卷具有其独特性。下一步将对比分析海南岛热带气旋路径左侧和路径右侧龙卷的环境等特征，并且与中国其他地区热带气旋龙卷进行对比，提炼海南岛热带气旋龙卷预报预警指标。

参考文献

[1] 俞小鼎，郑媛媛，张爱民，等. 安徽一次强烈龙卷的多普勒天气雷达分析[J]. 高原气象，2006，25(5)：914-924.

[2] 朱文剑，盛杰，郑永光，等. 1522 号“彩虹”台风龙卷现场调查与中尺度特征分析[J]. 暴雨灾害，2016，35(5)：403-414.

[3] 赵海军，潘玲，曹张驰，等. “温比亚”引发 3 次龙卷的环境特征分析[J]. 热带气象学报，2021，37(5/6)：748-758.

[4] 刁秀广，孟宪贵，张立，等. 台风“摩羯“与”温比亚”环流中龙卷小尺度涡旋特征及可预警性分析[J]. 海洋气象学报，2019，39(3)：19-28.

[5] 朱君鉴，蔡康龙，龚佃利，等. 登陆台风“摩羯“(1814)在山东引发龙卷的灾情调查与天气雷达识别[J]. 海洋气象学报，2019，39(4)：21-34.

[6] 张建云，张持岸，葛元，等. 1522 台风外围佛山强龙卷 X 波段双偏振多普勒雷达反射率因子特征[J]. 气象科技，2018，46(1)：163-169.

[7] 白兰强，孟智勇，SUEKI K，等. 中国热带气旋龙卷的气候统计特征(2006—2018)[J]. 中国科学：地球科学，2020，50(5)：619-634.

[8] 慕瑞琪，徐芬，孙康远，等. 江苏台风龙卷环境条件与雷达关键特征分析[J]. 气象，2022，48(2)：190-202.

[9] 黄先香，俞小鼎，炎利军，等. 珠江三角洲台风龙卷的活动特征及环境条件分析[J]. 气象，2019，45(6)：777-790.

[10] 郑永光，刘菲凡，张恒进. 中国龙卷研究进展[J]. 气象，2021，47(11)：1319-1335.

[11] 吴俞，薛谌彬，郝丽清，等. 强台风“山神”外围超级单体引发的龙卷分析[J]. 热带气象学报，2015，31(2)：213-222.

[12] 郑媛媛，张备，王啸华，等. 台风龙卷的环境背景和雷达回波结构分析[J]. 气象，2015，41(8)：942-952.

[13] 郑艳，林正扬，蒋贤玲. 海南龙卷统计特征[J]. 气象科技进展，2020，10(6)：76-79，89.

[14] 张晶晶，黄先香，蔡康龙，等. 一次罕见台风前侧偏北气流中的系列龙卷天气分析[J]. 热带气象学报，2021，37(5/6)：781-791.

[15] 郑艳，俞小鼎，任福民，等. 海南一次超级单体引发的强烈龙卷过程观测分析[J]. 气象，2017，43(6)：675-685.

2023年5月5日贵州混合型强对流成因及预报偏差分析

杨秀庄　李　力　吴古会　杜小玲　吴　磊
(贵州省气象台,贵阳,550002)

摘　要:2023年5月5日下午至夜间,贵州中北部出现一次混合型强对流天气,本文利用多源观测资料、ERA5(第5代欧洲再分析)0.25°×0.25°资料、数值模式资料对该过程开展天气学诊断分析,结果表明:(1)本次过程是地面中尺度辐合线和低层切变辐合抬升形成的一次混合型强对流,具有极端性特征,大气层结上干下湿,存在热力不稳定,强垂直风切变加强了对流风暴组织化程度。(2)中尺度对流系统为多个孤立对流单体,结构密实,回波强度高。播州大冰雹和余庆极端大风由一个超级单体导致,呈现弱回波区、回波悬垂、中气旋、高垂直累积液态水(VIL)等回波特征,偏振雷达可观测到空中冰雹粒子下落及地,降水粒子拖曳及雨滴蒸发、冰雹融化作用导致地面大风。(3)用连续方程诊断对流触发,发现水平辐合在垂直方向随高度的积分 M 项大值中心和对流单体初生位置对应较好,天气系统为地面中尺度辐合线和850 hPa切变耦合。(4)主客观预报存在明显偏差,充分利用实况开展热力条件订正及定量化分析,可提高预报精准度。

关键词:贵州,强对流,极端大风,冰雹,触发机制,预报偏差

引言

我国强对流天气通常指由深厚湿对流产生的包括冰雹、大于8级(风速17.2 m·s^{-1})雷暴大风、雨强大于20 mm·h^{-1}短时强降水以及任意级别龙卷等灾害性天气现象。近年来,各地强对流事件频发,由于其突发性和局地性强,破坏力大,造成的灾害严重,受到社会广泛关注。孙继松等[1]和许爱华等[2]从强对流的不稳定条件和主要触发条件的角度,提出中国强对流天气5种基本类别:冷平流强迫类、暖平流强迫类、斜压锋生类、准正压类和高架对流类。Doswell[3,4],俞小鼎等[5,6]总结了各类强对流天气发生的有利环境条件,并对冷锋、干线、阵风锋、海风锋辐合线以及地形触发对流系统的机理进行了讨论。郑永光等[7]、张小玲等[8]根据强对流天气产生的几个要素阐述了强对流天气分析的一些基本问题和具体做法。此外,许多预报业务人员开展了本地区强对流天气环境条件分析和典型个例研究[9-13]。

贵州地处西南山区,春、夏季节冷暖气流交汇,强对流事件频发[14-17],以冰雹、雷暴大风、短时强降水都出现的混合型强对流为主,强对流一般常发生在下午到上半夜,下半夜对流常以短

资助项目:贵州省气象局创新团队(黔气科合TD〔2024〕01号)和国家自然科学基金项目(42265001)共同资助。
第一作者:杨秀庄,高级工程师,主要从事中短期天气预报及研究,E-mail:115196063@qq.com。
通信作者:杜小玲,正高级工程师,主要从事中短期天气预报及研究,E-mail:13985141480@163.com。

时强降水为主。2023 年 5 月 5 日下午至夜间，贵州中北部先后出现大冰雹、雷暴大风、短时强降水、暴雨等强天气，致使 2 人死亡，灾害损失严重。各家数值模式对本次过程预报存在偏差，强对流落区偏南，强度预报偏弱，导致预报服务存在不足。因此，本文利用多源观测资料、ERA5 0.25°×0.25°再分析资料、数值模式资料，采用天气学诊断和对比检验方法来分析本次强对流过程，探索贵州强对流天气系统及环境条件、中小尺度系统特征、对流触发机制、模式预报偏差，以促进该类型强天气预报能力的提高。

1 天气实况

1.1 过程概况及预报服务

2023 年 5 月 5 日 14 时—6 日 08 时，贵州中北部出现强风雹及强降雨天气。16 个县境内出现冰雹，最大直径为播州区铁厂镇及仁怀市茅台镇的 40 mm，是 2023 年收集到的冰雹最大直径。26 个观测站出现 8 级以上雷暴大风，最大风速为余庆花山 32.9 m·s^{-1}(风力十二级)。8 个观测站出现≥50 mm·h^{-1}以上短时强降水，最大雨强为湄潭石莲 66.1 mm·h^{-1}(图 1a)。此外 23 个观测站出现大暴雨，164 个观测站出现暴雨，最大降水量为玉屏安坪的 173.8 mm(图 1b)。

针对此次强天气过程，贵州省气象局 5 月 5 日 12 时发布暴雨及雷雨冰雹大风消息预报，15 时发布强对流黄色预警。各市(区、县)气象局发布雷雨强风、冰雹、暴雨、地质灾害、城镇内涝预警合计 239 期，通过“12379”短信、微信、微博发布信息 299 条，服务 734303 人次。

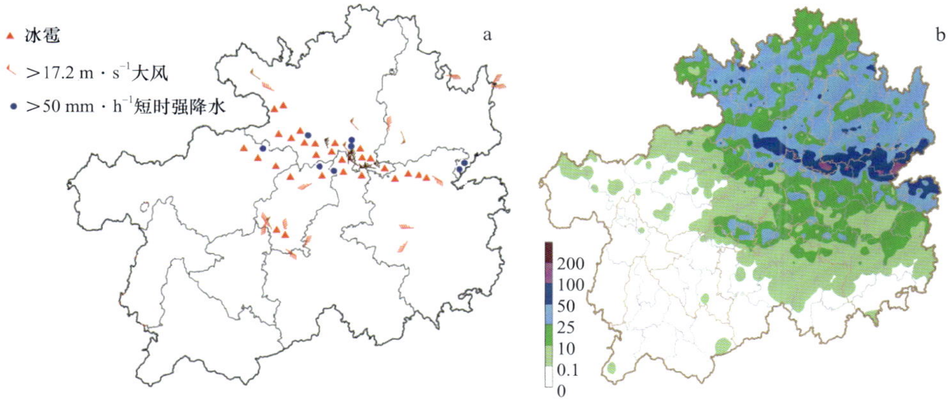

图 1　2023 年 5 月 5 日 14 时—6 日 08 时的贵州强对流分布(a)、降雨量分布(b，单位：mm)

1.2 强对流极端性和灾情

极端强对流天气是指直径 5 cm 或以上冰雹、风速 32 m·s^{-1}或以上对流性直线阵风以及雨强80 mm·h^{-1}或 180 mm·(3 h)$^{-1}$以上短时强降水[3]，本次强对流最大风速为余庆花山 32.9 m·s^{-1}，达上述标准。据统计，贵州冰雹直径多为 5～10 mm，北部及东北部最大冰雹直径多为 30 mm 左右[18,19]，本次强对流出现在遵义市播州区铁厂镇及仁怀市茅台镇的 40 mm 直径的冰雹较为少见，造成的灾害严重，具有极端性特征。据遵义市应急管理局统计，本次强对流导致余庆因灾死亡 2 人，房屋损坏 1127 户 1621 间，直接经济损失 5181 万元，播州区农房受损 1200 余户。

2 天气系统及环境条件

5 月 5 日 08 时(北京时,下同)500 hPa 亚欧地区中高纬环流呈两槽一脊型(图略),中低纬在青藏高原东部 95°E 附近有西风槽东移,20 时西风槽移至四川中部(图 2a),槽底延伸到 27°N,5 日 20 时—6 日 08 时,西风槽南段东移影响贵州中北部,为中小尺度对流发生发展提供了较好的环境场。700 hPa 上(图 2b),5 日 20 时—6 日 08 时,四川东南部的切变线向东南方向移动,影响贵州中北部和东部地区。850 hPa 上,5 日 08 时,贵州西北部有一偏北风和偏南风形成的弱切变,贵州大部为偏南气流影响,5 日 15 时,偏东南气流和偏南气流形成的暖切变位于黔南州北部、黔东南州北部,触发了 5 日下午该地区的对流风暴。5 日 20 时,贵州遵义西部、毕节东部形成一西北风和东北风的切变(图 2c),切变造成的水汽通量辐合为 -15×10^{-8} g · cm^{-2} · hPa^{-1} · s^{-1},强的水汽辐合利于该地区触发对流,20—22 时,该地区生成多个对流单体。从 5 日 20 时地面海平面气压场(图 2d)也可以看到,西北部有地面辐合线,地面辐合线和850 hPa切变耦合形成的动力强迫触发了对流风暴。

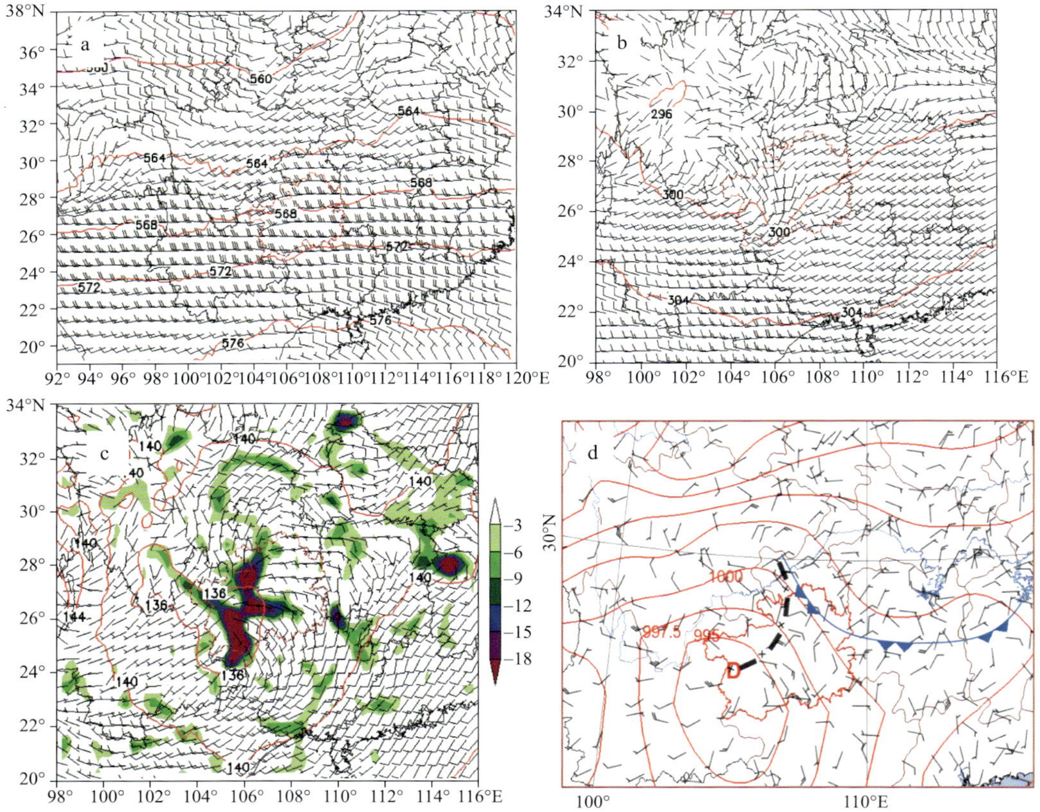

图 2 2023 年 5 月 5 日 20 时 500 hPa(a)、700 hPa(b)、850 hPa(c)(填色为水汽通量散度,单位:10^{-8} g · cm^{-2} · hPa^{-1} · s^{-1})高度场(实线,单位:gpm)和风场(风向杆,单位:m · s^{-1});(d)地面气压场(红实线,单位:hPa)和风场(风向杆,单位:m · s^{-1})

(蓝线为冷锋,黑线为地面辐合线)

5 日 08—20 时，贵州中北部和东部低层水汽充沛，850 hPa 比湿达 13 g · kg^{-1} 以上（图略），达到贵州暴雨及强对流预报指标，叠加偏南气流从南海带来的水汽输送，为强对流的发生提供了较好的水汽条件。5 日 20 时，贵州中北部地面露点温度都在 17 ℃以上（图略），有利于对流触发，西部地区由于受热抵压控制，地面露点低，六盘水南部盘州站地面露点为 3.9 ℃，这也是贵州西部尽管存在辐合但没有对流触发的主要原因。贵阳 20 时温度-对数压力图（T-ln$P$）显示（图 3a），850 hPa 与 500 hPa 的温差（ΔT85）为 31 ℃，K 指数达 42 ℃，对流有效位能（CAPE）为 544 J · kg^{-1}，19 时遵义播州站 FY-4B（风云四号 B 星）反演的 CAPE 为 334 J · kg^{-1}（图 3b），近地层露点为 18～20 ℃，中北部地区热力不稳定较强，对流抑制能量（CIN）和抬升凝结高度（LCL）较低，形成了较高的对流风暴发生潜势。

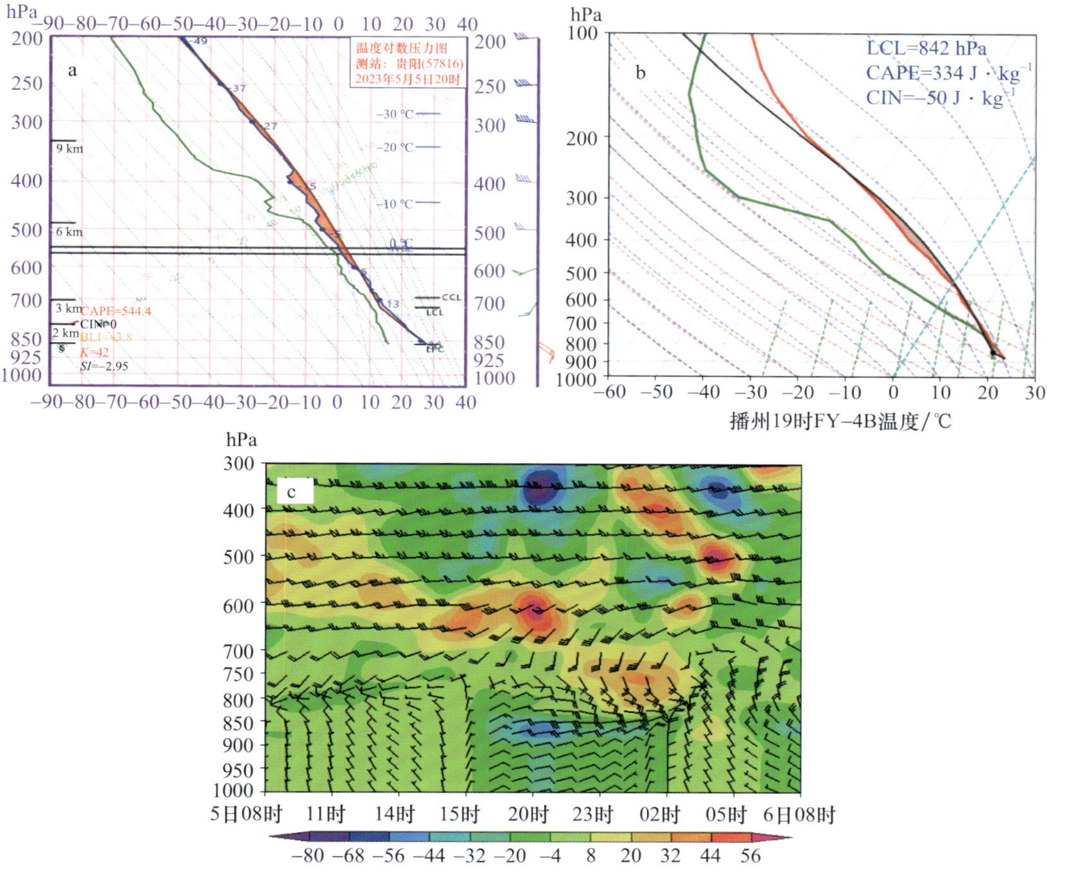

图 3　2023 年 5 月 5 日 20 时贵阳站探空（a）；FY-4B 反演 19 时遵义播州站温湿廓线（b）；
5 日 08 时—6 日 08 时播州站附近点的温度平流（阴影，单位：10^{-5} K · s^{-1}）和风场的时间-高度剖面（c）

T-ln$P$ 显示 0～6 km 垂直风切变 33 m · s^{-1}，0～3 km 垂直风切变 20 m · s^{-1}，对流发生时风雹组织化程度高，深厚湿对流发展旺盛，强回波伸展高度高，叠加较低的湿球 0 ℃层高度 3.8 km（减去地形高度约 1 km），极易形成大冰雹。贵阳下沉对流有效位能（DCAPE）为 566 J · kg^{-1}，温湿廓线分布上干下湿，特别是 19 时遵义播州站 FY-4B 反演的温湿廓线干层更明显，600 hPa、500 hPa 和 400 hPa 三层温度露点差之和达 33 ℃，大量干空气卷入对流风暴，利于下沉气流加速，叠加冰雹融化和降水粒子拖曳作用，极端大风发生概率较大。遵义播州站附近的温度平流分布显示(图 3c),5 日 17 时—6 日 02 时,遵义南部 800 hPa 以下吹东北风,有冷平流,不利于对流发生,但 800 hPa 以上暖平流强盛,特别是对流风暴触发后的 20 时—02 时,中空暖湿平流输送源源不断的水汽和不稳定能量,对流风暴得以长时间维持。

3 中小尺度对流系统

3.1 多单体风暴演变

5 日 20 时(图 4a),贵州西北部地面 10 m 风场存在西北风和东北风的中尺度辐合线,辐合线南端有对流单体生成,该单体向东偏南方向移动并逐渐加强,21 时(图 4b)移至播州区,最强组合反射率达 65 dBZ,21 时 40 分单体影响余庆县,该单体造成了播州铁厂 40 mm 大冰雹及余庆花山 32.9 $m \cdot s^{-1}$ 极端大风。21 时中尺度辐合线仍维持在贵州西北部,辐合线北端和南端有新生对流单体,从 21—23 时(图 4c),中尺度辐合线移动缓慢,贵州西北部辐合上升运动一直存在,诱发多个对流单体生成并向东移动,对流风暴呈准后向传播,“列车效应”让播州、余庆等区县多次受到冰雹、大风影响。对流风暴呈现为多个孤立状的单体,结构密实,中心回波强度高,最强达 65 dBZ。此外,22 时贵州中部偏北风和偏南风的辐合抬升也触发了对流单体,造成贵阳南部的强对流天气。风雹天气一直持续到 6 日 02 时(图 4d),此时西北风和东北风的中尺度辐合线移到了贵州中部,除中部附近有对流单体新生外,大部分对流单体强度减弱,

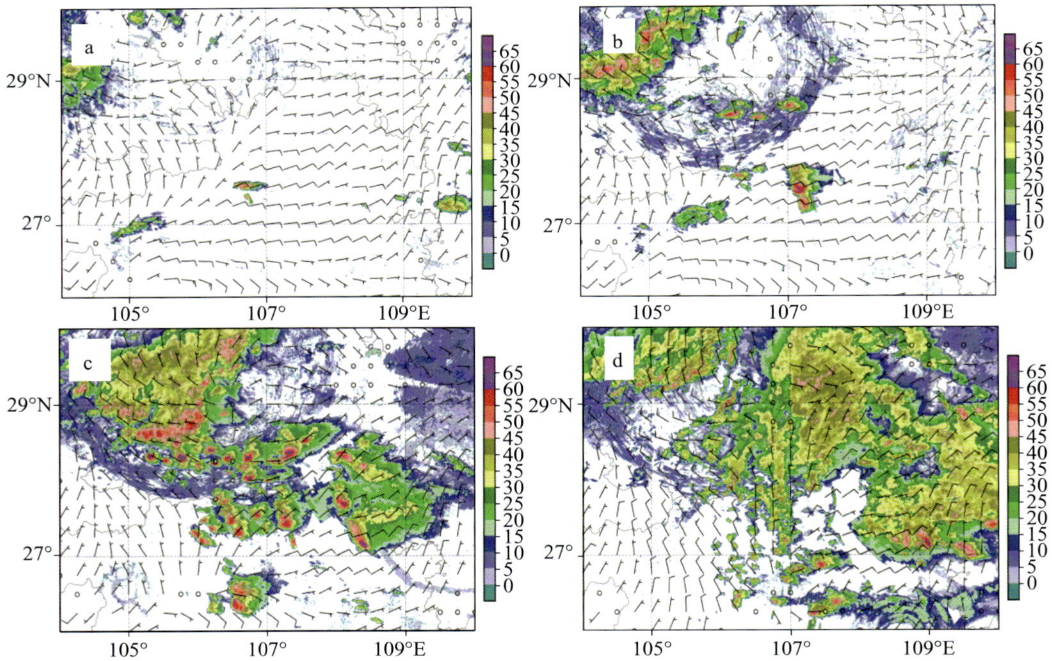

图 4　2023 年 5 月 5 日 20 时(a)、21 时(b)、23 时(c)
6 日 02 时(d)ERA5 的地面 10 m 风场(单位:$m \cdot s^{-1}$)和雷达组合反射率因子 *CR*(单位:dBZ)演变图

组合反射率上表现为对流云-层云混合性片状或块状回波，对流以短时强降水为主。雷达回波影响一直从 02 时持续至 06 时，之后移出贵州，天气过程结束。

3.2 播州大冰雹和余庆极端大风的雷达回波特征

5 月 5 日 20 时 56 分—21 时 06 分，播州区铁厂出现 40 mm 大冰雹，21 时 43 分余庆花山出现 32.9 $m \cdot s^{-1}$ 极端大风。从播州铁厂附近加密站团溪站和余庆花山附近加密站永兴站的 5 min 气象要素变化分布来看(图 5)，超级单体经过时两站时气压均出现了先降后陡升，再略微下降的变化，团溪站 20 时 50 分—21 时 05 分气压升高 5.2 hPa，永兴站 21 时 30 分—21 时 45 分气压升高 3.8 hPa，反映出了雷暴前低压、雷暴高压的雷暴结构特征，之后气温骤降、相对湿度增大到接近饱和，伴随冰雹、雷暴大风、短时强降水等强对流天气。

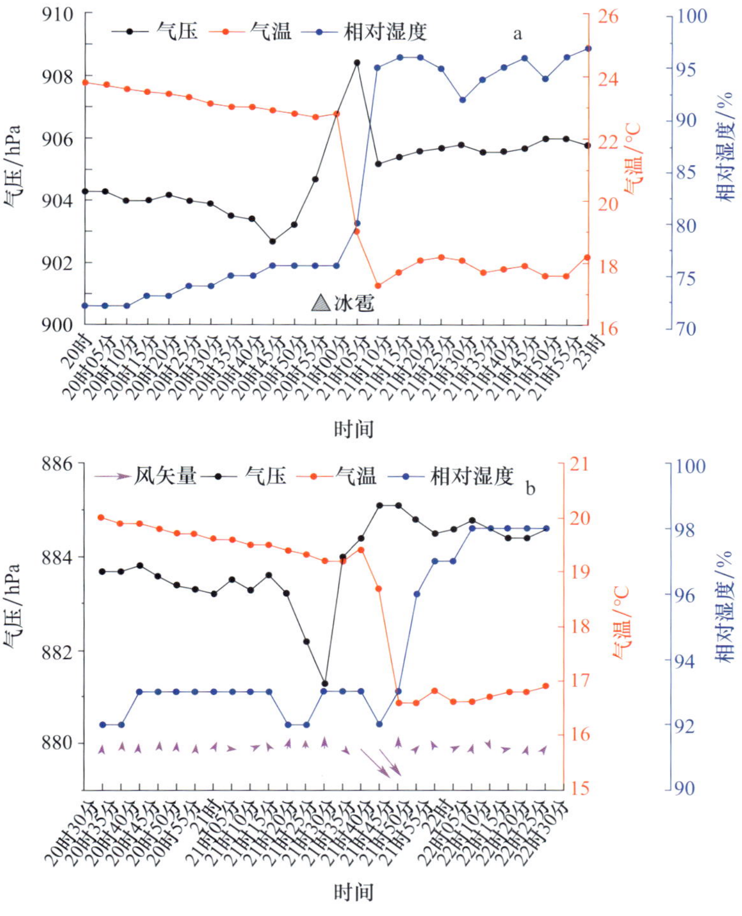

图 5　播州团溪站(a)和余庆永兴站(b)逐 5 min 气象要素变化图

图 6a 为 20 时 59 分遵义雷达组合反射率(*CR*)，图中显示，播州铁厂镇上游对流单体 *CR* 大于 50 dBZ，中心强度达 62.5 dBZ，识别出 3 个中气旋。沿图 6a 所画白线做垂直剖面可以看到(图 6b)，低层存在弱回波区，中高层有强的回波悬垂，50 dBZ 的强回波高度伸展高度接近 10 km，垂直液态水含量(VIL)也达到了 41 $kg \cdot m^{-2}$(图 6c)，这些都是大冰雹典型回波特征。

冰雹指数产品(图 6d)识别出最大冰雹直径为 3 cm 和 5 cm,预示着播州铁厂镇大冰雹概率较大,导致出现了 4 cm 的大冰雹。

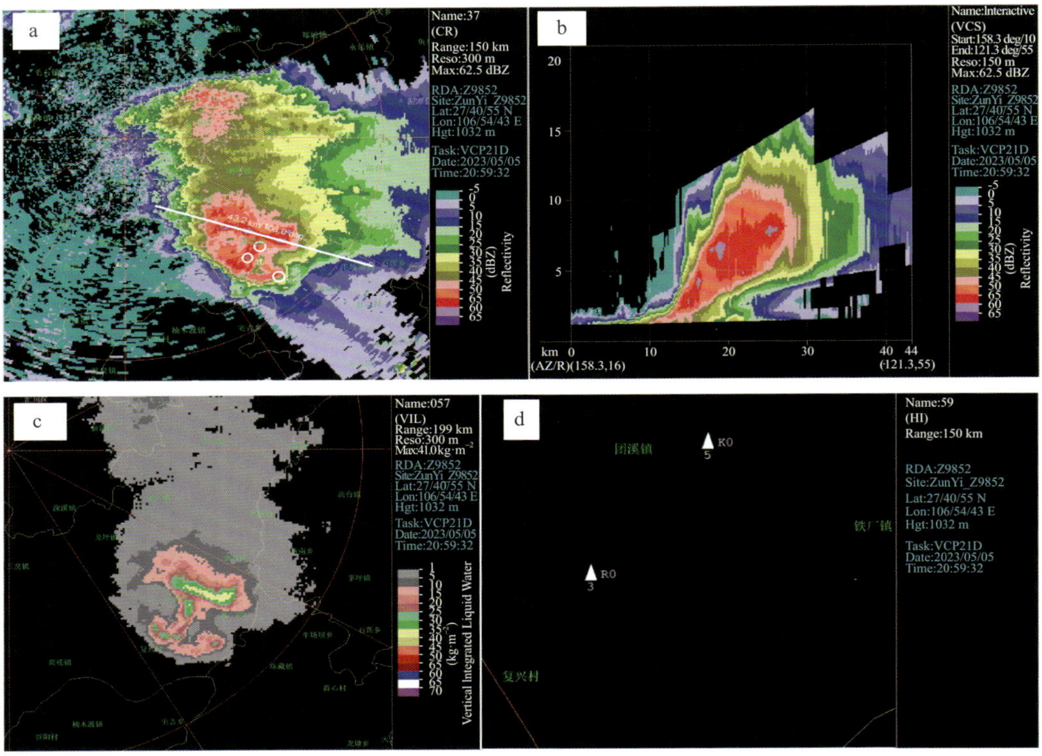

图 6 2023 年 5 月 5 日 20 时 59 分遵义雷达组合反射率(a,单位:dBZ)、组合反射率垂直剖面(b)、垂直液态水含量(c,单位:kg · m^{-2})、冰雹指数(d,单位:cm)

5 日 20 时 59 分务川偏振雷达 1.5°仰角 7.5 km 高度上(图略),风暴强回波中心水平反射率因子(Z_h)最大为 73 dBZ,有明显的三体散射色长钉和旁瓣回波,对应微差反射率因子(ZDR)在 0 dB 附近,相关系数(*CC*)存在明显小于 0.75 的低值区,预示播州上空存在超大的、带有“尖刺”的冰雹粒子。利用遵义雷达 21 时 05 分回波沿播州铁厂作径向剖面(图 7),图中显示,大于 50 dBZ 回波向上伸展高度达 10 km,向下已经及地,低空和及地附近区域既存在 ZDR<1 的干冰雹粒子,也存在 ZDR>1 的雨滴和融化后包裹水膜的冰雹粒子,ZDR<1 区域更广,降雹显著。强回波对应的 *CC* 都小于 0.95,特别是低空和及地附近出现了 0.7 左右的 *CC*,预示着水凝物为混合相态,存在大冰雹和大小雨滴,导致播州铁厂出现 40 mm 冰雹和短时强降水。从相态识别(HCL)的分布也可以看到,大于 50 dBZ 强回波都识别为冰雹。

5 日 21 时 34 分—21 时 45 分(图 8),余庆花山上空 50 dBZ 以上的强反射率因子快速下降及地,对流风暴中降水粒子拖曳作用以及雨滴蒸发、冰雹融化导致的负浮力使得下沉气流加速,到达地面形成大风。遵义雷达 21 时 40 分 2.4°仰角上可以看到(图 8d),余庆花山上空 4 km 高度存在强度为 20 m · s^{-1}左右的中气旋,维持时间达到 2 个体扫以上,说明该单体为超级单体,上升和下沉气流都强盛,同时中空伴有强的中层径向辐合,预示着花山上空可能存在强下沉气流,地面极端大风是强下沉气流到达地面辐散所致。

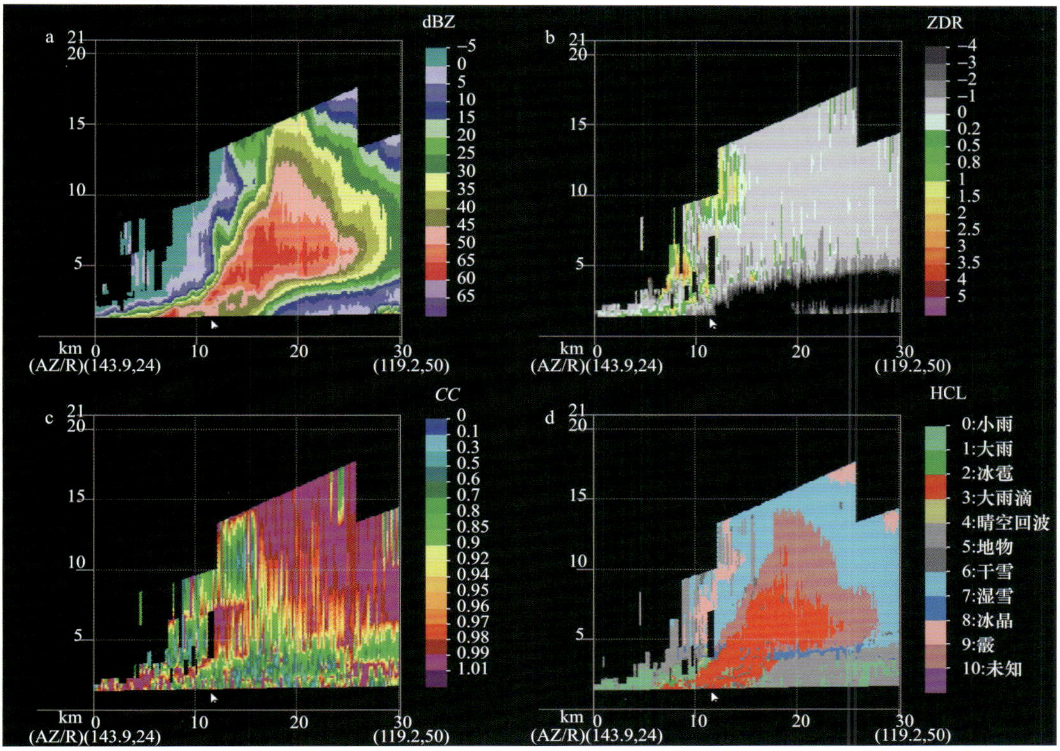

图 7　2023 年 5 月 5 日 21 时 05 分遵义雷达沿播州铁厂径向垂直剖面

(a)水平反射率因子(单位:dBZ);(b)差分反射率因子(单位:dB);(c)相关系数;(d)相态识别产品

4 对流风暴触发机制探讨

用连续方程诊断对流触发前大气垂直运动变化，进而探讨对流风暴触发机制。对流发生前，大气运动满足静力平衡，低层气块受动力强迫上升的高度 H 可用如下公式表示[20]。

P 坐标系中，连续方程可以写为：

$$\frac{\partial u}{\partial x}+\frac{\partial v}{\partial y}+\frac{\partial \omega}{\partial p}=0 \tag{1}$$

变换得：

$$\frac{\partial \omega}{\partial p}=-\left(\frac{\partial u}{\partial x}+\frac{\partial v}{\partial y}\right) \tag{2}$$

气块高度 H 可以用垂直速度对时间的积分来计算，如公式(3)：

$$H=\int \omega \mathrm{d}t \tag{3}$$

把公式(2)代入(3)，可得：

$$H=\int \omega \mathrm{d}t=\iint\left(\frac{\partial \omega}{\partial p}\right)\mathrm{d}p\mathrm{d}t=\iint-\left(\frac{\partial u}{\partial x}+\frac{\partial v}{\partial y}\right)\mathrm{d}p\mathrm{d}t \tag{4}$$

公式(1)～(4)中，u、v、ω 分别为 P 坐标系中沿 x 方向风分量、沿 y 方向风分量、垂直方向速度，p 为气压，t 为气块上升运动时间。从公式(4)可以看到，气块上升高度 H 与空气水平辐

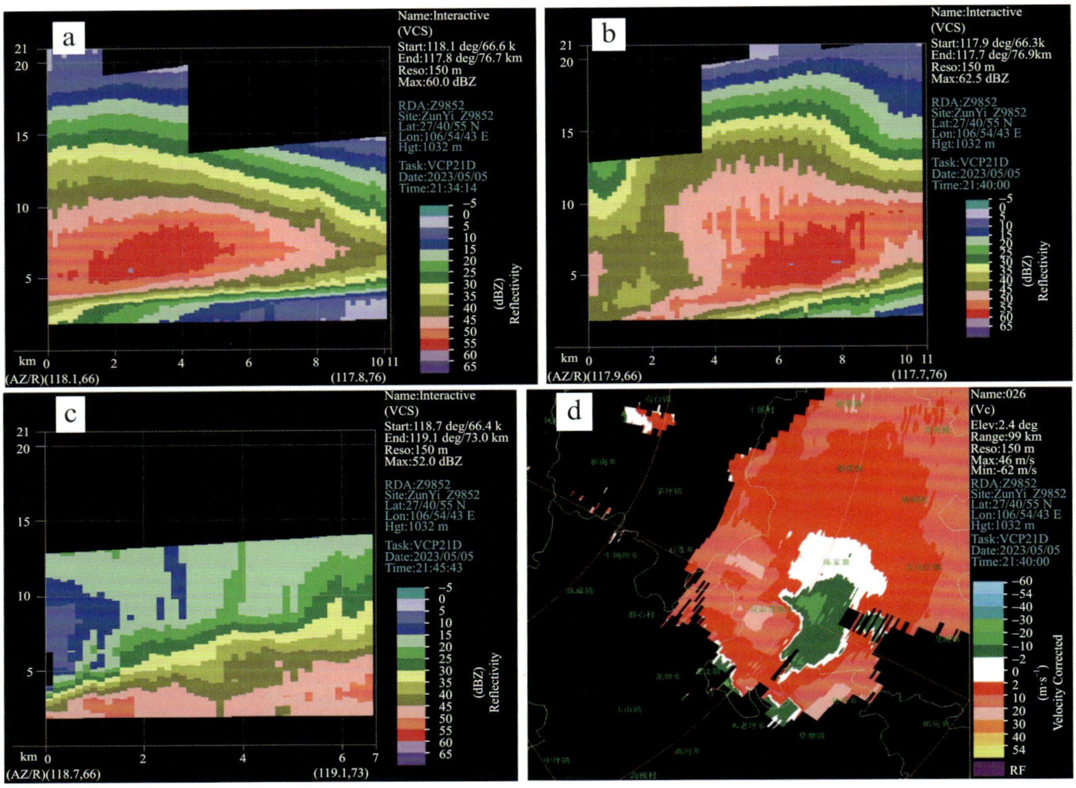

图 8　2023 年 5 月 5 日 21 时 34 分(a)、21 时 40 分(b)、21 时 45 分(c)余庆花山上空遵义雷达反射率因子垂直剖面(单位:dBZ);2023 年 5 月 5 日 21 时 40 分遵义雷达 2.4°仰角上径向速度分布图(d,单位:$m \cdot s^{-1}$)

合强度、垂直方向辐合高度、辐合持续时间有关,由于辐合持续时间计算较为复杂,这里重点讨论辐合强度和辐合高度,定义 $M=\int -\left(\frac{\partial u}{\partial x}+\frac{\partial v}{\partial y}\right)\mathrm{d}p$ 。M 值的空间分布高值区对应气块上升高度 H 大于自由对流高度 LFC,对流容易在该地区触发。

利用 ERA5 资料逐层分析 5 日 20 时贵州西北部散度值,从地面到 825 hPa 存在辐合,从 800 hPa 开始(图 9a)转为辐散,对流触发为地面到 825 hPa 辐合抬升所致,公式(4)dp 的取值为地面到 825 hPa。图 9b、图 9c 为 5 月 5 日不同时刻 M 项值空间分布图,图中显示,5 日 14 时(图 9b),贵州西北部有弱的 M 项负值,贵州中部偏东一带存在辐合,对应的 M 项值为正值,中心最大值为 15×10^{-1} Pa · s^{-1},此后的 15 时 30 分,该地区触发对流风暴。5 日 18 时(图略),贵州西北部 M 项值开始出现正值,最大为 6×10^{-1} Pa · s^{-1},到 5 日 20 时(图 9c),贵州西北部 M 项值逐渐增大,中心位于毕节东部—遵义西南部,最大值为 12×10^{-1} Pa · s^{-1},此时对流单体触发,对流单体初生位置和 M 项正值中心对应较好。从风场上看此时地面存在中尺度辐合线(图 2d),850 hPa 存在西北风和东北风切变(图 3c),二者耦合使得辐合抬升加强,触发对流风暴。5 日 23 时(图 9d),贵州西北部 M 项正值区一直存在,中心最大为 15×10^{-1} Pa · s^{-1},大于 12×10^{-1} Pa · s^{-1} 的 M 项值范围扩大,影响遵义西部到毕节东部,此时多个对流单体从该地区生成。上述分析表明 M 项大值中心和对流单体初生位置对应较好,对流触发主要为低层辐合抬升所致，天气系统为地面中尺度辐合线和 850 hPa 切变的耦合。

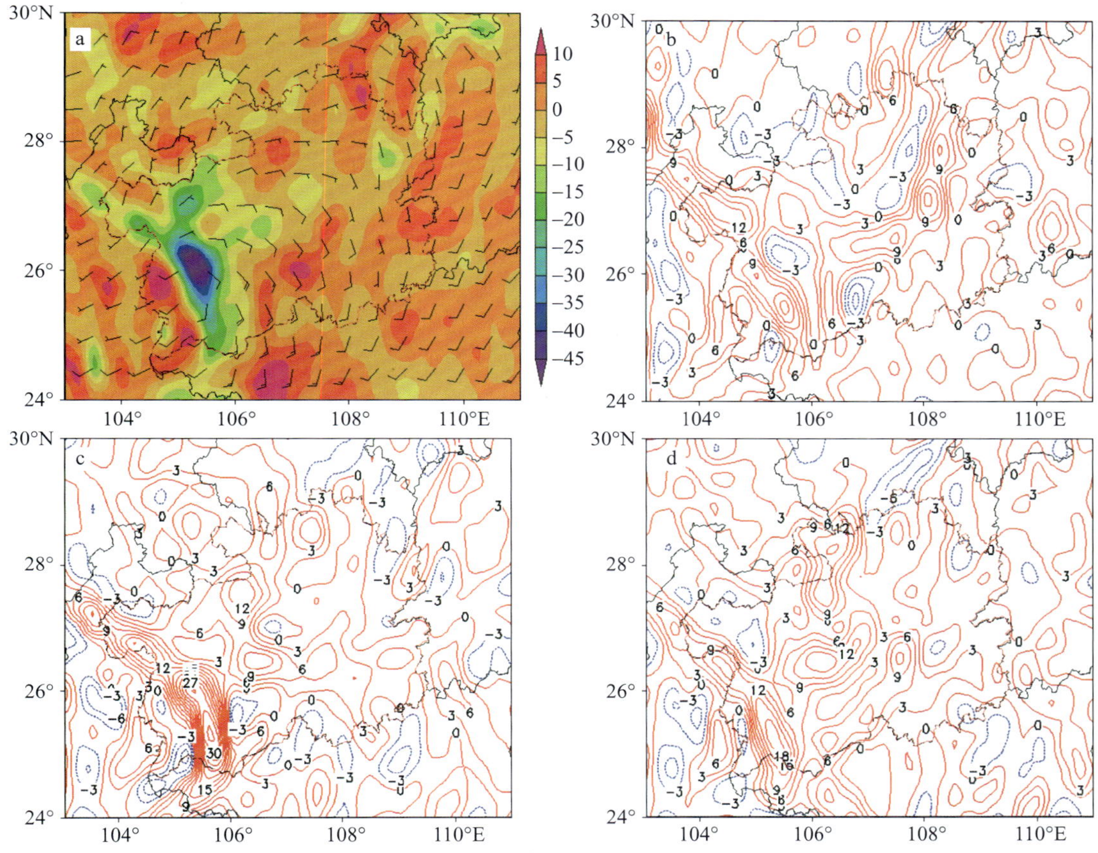

图 9　2023 年 5 月 5 日 20 时 800 hPa 风场(单位：m・s^{-1})和
散度场(阴影，单位：10^{-5} s^{-1})(a)；14 时(b)、20 时(c)、23 时(d)的 M 项值分布(单位：Pa・s^{-1})

5　预报偏差分析及改进思路

5.1　主客观预报偏差分析

数值模式对此次过程有一定的预报能力，但对流和降水落区存在明显偏差，强度也存在不同程度的低估，本文以欧洲中期天气预报中心(ECMWF)细网格、中国气象局 3 km 中尺度模式(CMA-MESO)、中国气象局广东中尺度模式(CMA-GD)为例来分析模式客观预报偏差。5 日 08 时起报 24 h 降水预报显示，ECMWF 细网格(图 10a)、CMA-GD(图 10c)模式的强降水落区位于贵州中东部，范围较实况(图 1b)偏大，遵义南部预报强度偏弱，CMA-MESO(图 10b)预报落区偏北。CMA-MESO(图 10d)、CMA-GD(图 10e)5 日 23 时组合反射率显示，强回波初生位置位于贵州中部，CMA-MESO 在四川东南部预报出了强回波，但与 23 时回波实况

(图 4c)比较,遵义市的多单体风暴回波没有体现。

从 850 hPa 和地面 10 m 风场来看,ECMWF 细网格预报基本正确,但对贵州北部的热力不稳定预报偏弱,CAPE 明显偏低(图 10g),导致模式对北部切变造成对流性降水预报偏弱,而对中部弱暖式切变配合高 CAPE 的对流预报偏强。CMA-GD(图 10g)20 时的 850 hPa 风场预报在贵州中部较实况(图 2c)偏强,导致对流从中部触发,而对西北部的切变预报偏弱,导致该地区强对流漏报。CMA-MESO 的风场特征和 CMA-GD 相似,这里不再赘述。

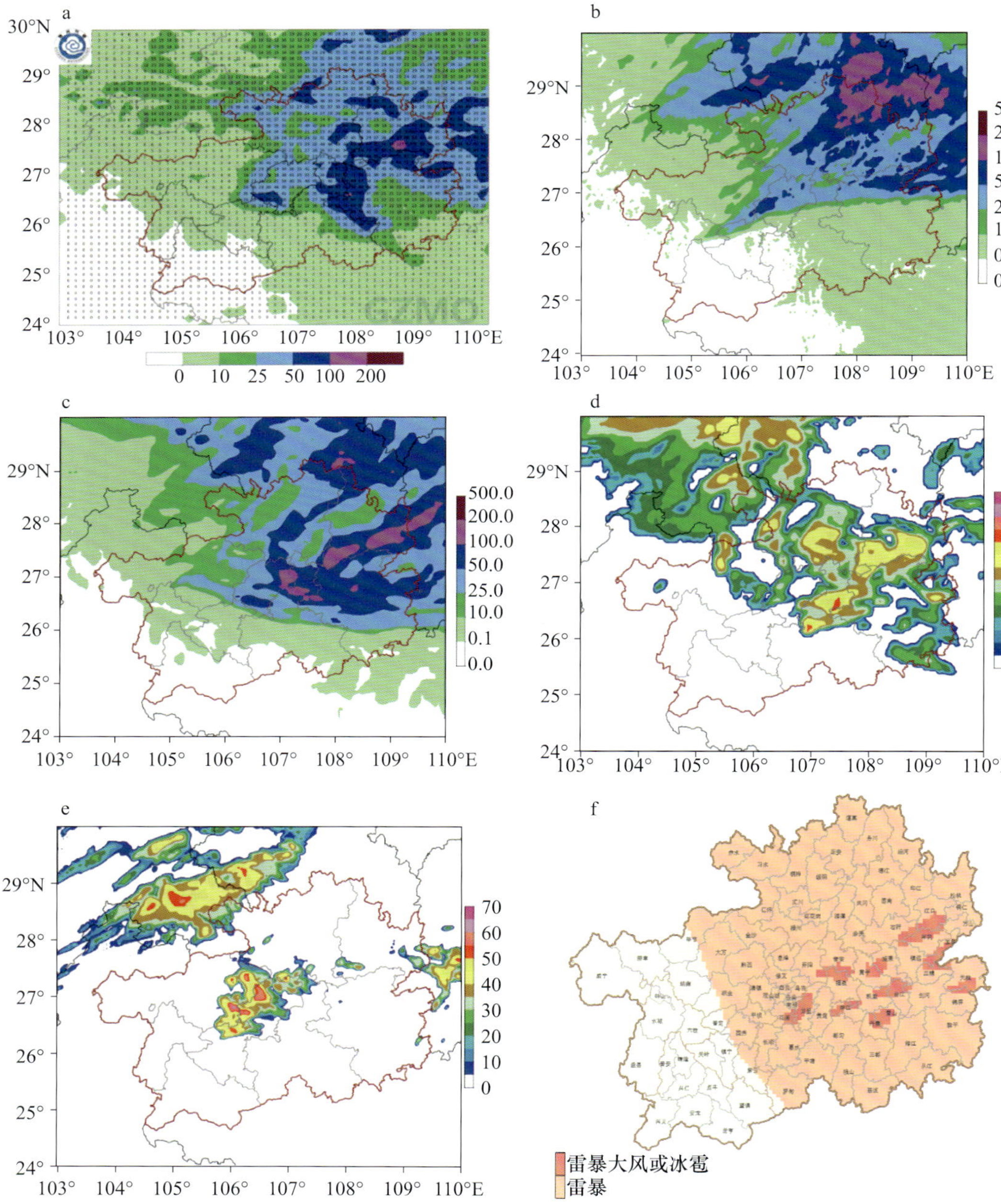

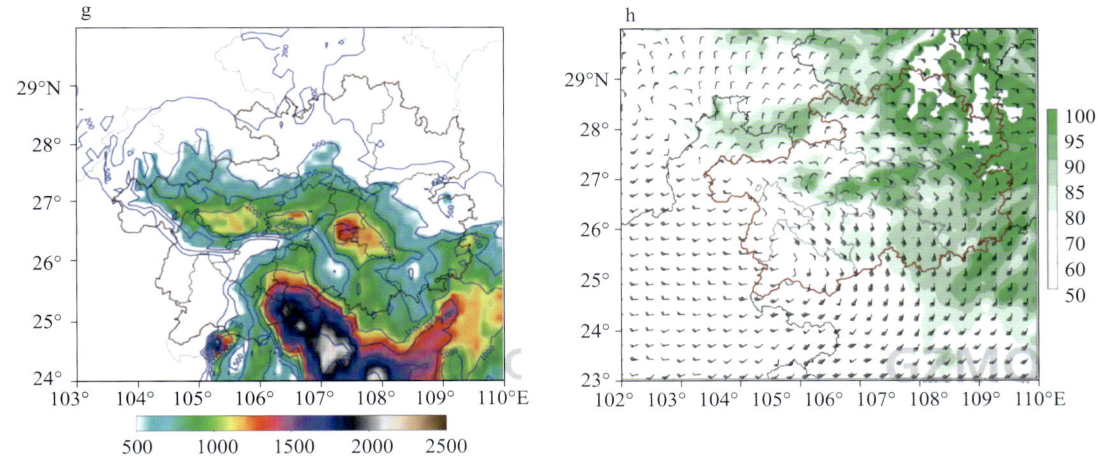

图 10　2023 年 5 月 5 日 08 时起报的 5 日 08 时—6 日 08 时的 ECMWF 细网格(a)、CMA-MESO(b)、CMA-GD(c)24 h 降水预报(单位：mm)；CMA-MESO(d，单位：dBZ)、CMA-GD(e)5 日 23 时组合反射率预报；5 日主观强对流预报(f)；5 日 20 时 ECMWF 细网格 CAPE 预报(g，单位：J·kg^{-1})；CMA-GD 850 hPa 风场预报(h，单位：m·s^{-1})

图 10f 为 5 月 5 日下午的强对流主观预报，主要考虑中部暖切在傍晚前后触发对流，之后向东移动影响中东部地区，对西北部弱切变在弱 CAPE 下仅考虑弱对流和中到大雨，导致预报出现偏差。中尺度模式初生强回波预报位于贵州中部，动力、热力条件配合较好，也加强了主观预报强对流出现在中东部。天气诊断分析低层辐合不能仅看某一层辐合强度，本文通过定量计算 M 项值来看，5 日 20 时西北部计算得到的 M 值比中部贵阳附近的 M 值大，范围更广，低层辐合更强，所以大范围强对流回波从该地区生成。

5.2　潜势预报着眼点及改进思路

本文通过一次强对流个例分析和思考，认为强对流潜势预报着眼点和改进思路主要包含以下几个方面。

(1)贵州强对流局地性强，强度大，预报中要仔细分析强对流发生的几个要素：天气尺度背景、热力不稳定、水汽及垂直分布、动力触发及垂直风切变，要充分掌握各家数值模式的性能和局限性，如 ECMWF 模式常常对贵州北部和西北部 CAPE 预报偏弱，CMA-MESO 模式回波和降水预报偏强，落区偏北等，要充分对比检验各家数值模式预报和实况偏差，并开展对天气系统、环境条件的订正，从而确定强对流落区和强度。

(2)强对流精准化预报不仅要落区和强度准确，还包括对流单体初生位置和移动路径的预报，以便更加科学有效开展监测预警和人工防雹作业，要结合各种天气要素分析对流风暴触发，结合各种监测手段开展对流风暴的追踪和演变分析，提高预报精准度。

(3)贵州强对流多由锋面抬升、地面中尺度辐合线和低层切变动力强迫形成，春季大气斜压性强，要分析各层天气系统，建立一个三维立体的天气系统概念，对低层辐合、高层辐散强度利用某些物理量开展定量化分析，如本文中的 M 值、地面加密自动站对吹风强度、高层涡度平流等，有助于更精准判断对流触发。

(4)针对典型强对流个例,数值模式预报较为准确,但贵州下垫面复杂,数值模式对非典型的强对流,如西北气流下的强对流、偏南风里的暖区强对流、本次西北风和东北风辐合形成的强对流,数值模式预报效果较差,今后应该强化非典型天气形势强对流个例的分析和总结,开展中尺度环境场和机理研究,提高对此类强对流天气的预报能力。

6 结论与讨论

本文利用多源观测资料、ERA5 0.25°×0.25°再分析资料、数值模式资料对2023年5月5日贵州强对流天气开展天气学诊断分析,重点分析了天气系统及环境条件、中小尺度天气特征、对流触发机制以及模式预报偏差。主要结论如下。

(1)本次过程是在500 hPa弱西风槽影响下,地面中尺度辐合线和低层切变辐合抬升形成的一次混合型强对流,具有极端性特征,大气层结呈上干下湿,干空气明显,存在热力不稳定,中空暖湿平流强盛,强的垂直风切变加强了对流风暴的组织化程度。

(2)中尺度对流系统为多个孤立的对流单体在贵州西北部生成并向东南移动,结构密实,回波强度高。播州大冰雹和余庆极端大风由一个超级单体导致,呈现弱回波区、中高层回波悬垂、中气旋、高VIL等回波特征,偏振雷达可观测到空中冰雹粒子下落及地,降水粒子拖曳作用及雨滴蒸发、冰雹融化导致的负浮力使得下沉气流加速,到达地面形成大风。

(3)用连续方程诊断分析对流风暴触发,发现水平辐合在垂直方向随高度的积分M项大值中心和对流单体初生位置对应较好,对流触发主要为低层辐合抬升所致,天气系统为地面中尺度辐合线和850 hPa切变的耦合。

(4)主客观预报对此次强对流天气过程预报存在明显偏差,全球模式对贵州北部的热力不稳定预报偏弱,中尺度模式在贵州中部的切变偏强,西北部切变预报偏弱,主观预报热力条件订正和定量化分析不足。

(5)强对流预报思路改进主要在于强化数值模式检验和评估,利用实况开展订正和定量化分析,开展中小尺度天气系统触发和演变机制研究,加强非典型强对流天气个例总结,提高不同类型强对流预报精准度。

参考文献

[1] 孙继松. 强对流天气预报的基本原理与技术方法:中国强对流天气预报手册[M]. 北京:气象出版社,2014.

[2] 许爱华,孙继松,许东蓓,等. 中国中东部强对流天气的天气形势分类和基本要素配置特征[J]. 气象,2014,40(4):400-411.

[3] DOSWELL Ⅲ C A. The distinction between large-scale and mesoscale contribution to severe convection:A case study example[J]. Wea Forecasting,1987,2(1):3-16.

[4] DOSWELL Ⅲ C A. Severe convective storms[J]. Boston MA:American Meteorological Society,2001(1):1-26.

[5] 俞小鼎,王秀明,李万莉,等. 雷暴与强对流临近预报[M]. 北京:气象出版社,2020.

[6] 俞小鼎，郑永光. 中国当代强对流天气研究与业务进展[J]. 气象学报，2020，78(3)：391-418.

[7] 郑永光，陶祖钰，俞小鼎. 强对流天气预报的一些基本问题[J]. 气象，2017，43(6)：641-652.

[8] 张小玲. 强对流天气研究和预报技术[M]. 北京：气象出版社，2019.

[9] 张晓茹，陈豫英，姚姗姗，等. 贺兰山东麓一次局地强对流暴雨的中尺度特征[J]. 气象，2022，48(7)：801-812.

[10] 许冠宇，黄龙飞，吴涛，等. 华中地区春季一次强对流触发的多尺度影响机制分析[J]. 气象，2022，48(8)：979-992.

[11] 马志敏，王将，连钰，等. 云南一次强对流暴雨天气学成因分析[J]. 干旱气象，2023，41(4)：629-638.

[12] 吕晓娜. 河南一次强对流天气潜势、触发与演变分析[J]. 高原气象，2017，36(1)：195-206.

[13] 侯淑梅，朱晓清，史茜，等. 冷涡背景下山东省“5・17”极端强对流天气环境条件分析[J]. 气象，2023，49(11)：1328-1342.

[14] 周明飞，杜小玲，罗敬，等. 贵州“5.15”极端风雹天气过程的环境场和雷达回波特征[J]. 暴雨灾害，2022，41(2)：158-166.

[15] 杨静，姚秀萍，李彦霖，等. 云贵高原东北部一次罕见冰雹超级单体结构特征与发展分析[J]. 高原气象，2023，42(2)：374-385.

[16] 聂云. 贵州一次暖区飑线过程的环境条件和结构特征[J]. 干旱气象，2020，38(5)：782-793.

[17] 蒋瑛，朱克云，张杰. 贵州地区冰雹云微物理过程及发展机制数值模拟研究[J]. 气象，2016，42(8)：920-933.

[18] 邹书平. 贵州冰雹云雷达回波图集：2006—2015 年[M]. 北京：气象出版社，2017.

[19] 吴和俐，周博洋，张艳梅，等. 2021 年 5 月 3 日贵州省中东部一次强对流天气过程综合分析[J]. 气候变化研究快报，2022，11(2)：136-144.

[20] 杨秀庄，杜小玲，吴古会，等. 云贵高原东段初夏辐合线锋生型暴雨研究[J]. 高原气象，2016，35(4)：920-933.

2023 年 8 月 8 日成都大运会闭幕式强对流天气分析与预报服务

张　涛[1]　韦　玮[1]　张　驹[1]　青　泉[2]　张成宏[3]　关　良[4]　牛金龙[1]　陈　贝[5]

(1. 成都市气象局,成都,611131;2. 四川省气象台,成都,610072;
3. 中国气象局成都高原气象研究所,成都,610072;
4. 国家气象中心,北京,100081;5. 乐山市气象局,乐山,614000)

摘　要:利用激光测风雷达等多源实况和 ERA5(第 5 代欧洲再分析)资料,对成都大运会闭幕式强对流天气进行分析与预报服务复盘总结。临近预报难点在于预测初生对流的时间和地点,闭幕式时主城区边缘生成 γ 中尺度对流系统 C 向场馆逼近时是否影响场馆。分析发现,此次强对流是在副高边缘高能高湿环境中,由近地面风速扰动或辐合线与弱干线共同作用触发形成。对流 C 在对流出流和地面偏东风形成的辐合区被触发,在向东传播和偏南风引导下沿北偏东方向逐渐靠近场馆。场馆附近处于地面假相当位温和露点温度低值区,且动力辐合弱,不利于对流 C 面积明显增大,故强对流中心与场馆“擦肩而过”。针对此类强对流天气开展定点定时定量预报,数值模式和人工智能模型效果一般,现阶段还需要强有力的短临预报和决策服务专家团队支撑,利用决策服务技巧弥补天气预报的不确定性。

关键词:成都大运会,强对流,触发条件,预报服务

引言

成都第 31 届世界大学生夏季运动会(简称大运会)于 2023 年 7 月 28 日至 8 月 8 日在成都圆满举行,这是中国西部第一次举办世界性综合运动会。赛事举办恰逢成都天气气候背景最复杂、强对流天气最频发,预报不确定性极大的时段,加之高标准保障要求,为成都有史以来气象保障难度最大的一次活动,尤其是开幕式、闭幕式。在副热带高压(简称副高)边缘的高能高湿环境中,闭幕式暖场活动时多个孤立 γ 中尺度对流单体在场馆以西以南生成发展并向场馆靠近,产生短时强降水(20 mm · h^{-1} 以上)10 站次,最大小时雨强 45.2 mm/h,闭幕式尾声对流系统“擦肩而过”,场馆马路对面大雨如注,现场仅活动结束 2 min 时出现阵雨(微量)。步步逼近的强对流让组委会极为担忧,成为当时影响活动举行的最大的不确定因素,给预报员带来了巨大压力和服务节奏困扰。最终国、省、市三级专家团队共同努力,克服困难,圆满完成闭幕式气象保障任务。活动结束时组委会表示:“闭幕式演出精彩纷呈,现场天气惊险刺激。”

资助项目:高原与盆地暴雨旱涝灾害四川省重点实验室科技发展基金项目(SCQXKJYJX2D202308)资助。

第一作者:张涛,高级工程师,从事强对流天气预报研究,E-mail:radar_zt@163.com。

通信作者:韦玮,高级工程师,从事天气预报研究,E-mail:weiwei_eawm@163.com。

大运会闭幕式天气与2008年8月8日北京奥运会开幕式期间对流天气有一定的相似度[1,2]，但大运会闭幕式短时强降水更明显，与2016年"G20杭州峰会"[3]、2019年北京世园会[4]和2023年杭州亚运会三次开幕式的典型"弱强度、高影响"天气存在明显差异。此次强对流天气，当前数值模式短期时效内对降雨范围和时间的预报可参考性差，短临时效内对流初生位置和移动方向也极难预报。因此，对大运会闭幕式强对流天气进行复盘分析十分必要，可为成都乃至全国重大活动气象保障提供有益参考。本文主要针对以下3个问题开展分析总结：(1)初生对流的触发原因；(2)逐渐向场馆靠近的对流，为什么与场馆擦肩而过；(3)此次气象保障中，决策服务经验是什么。

1 资料说明

文中所用资料包括2023年8月8日成都及周边区域自动站逐分钟/小时数据，ERA5 0.25°×0.25°逐时大气再分析资料，成都X波段相控阵雷达、新一代S波段双偏振多普勒天气雷达和激光测风雷达观测数据，以及8日20时—21时30分(北京时，下同)SWAN(中国气象局短临预报业务平台)临近大模型和"蓉城·夔牛"模型天气雷达外推数据。其中X波段相控阵雷达体扫时间为1 min、距离库长为30 m，较S/C波段天气雷达数据传输更快，观测结构更精细。激光测风雷达可每分钟获取320 m高度以下逐10 m或20 m间隔高度上的水平风和垂直速度，晴空条件下该数据可用性高，但有云和降水都会产生明显影响[5]，夏季局地对流水平尺度小，去掉降水和蒸发时段数据后，可近似用于观测分析，适宜焰火燃放对风的观测要求。本文所提及的降水预报产品包括：欧洲中期天气预报中心(ECMWF)全球模式预报，中国气象局全球同化预报系统(CMA-GFS)、区域数值预报模式(CMA-MESO)和上海9 km区域数值预报模式(CMA-SH9)。

2 天气实况和预报情况

2.1 天气实况

大运会闭幕式于2023年8月8日20时—21时20分在成都主城区北部的露天音乐公园(简称音乐公园)举行，当日白天音乐公园地面升温迅速，在多次喷水湿化处理下，日最高气温仍达33.9 ℃(其西侧和南侧最高气温为35.5～37.3 ℃)。18—22时，场馆西侧和南侧出现短时强降水和阵性大风，西侧30 km范围内降雨量最大为50.1 mm(图1a)，离音乐公园最近的郫都国家站1 h最强降水和最大瞬时风速分别为45.2 mm(20—21时)和11.3 m·s^{-1}(20时19分)，场馆西侧闻弱雷声；闭幕式现场在活动结束2 min左右(21时23分)出现阵雨(微量)，极大风为7.1 m·s^{-1}(21时28分)。

雷达回波显示，18时30分后，音乐公园西侧、南侧不断生成多个中尺度对流单体(图1b中A、B、C)，大多单体回波水平尺度小于15 km×15 km，属于γ中尺度对流系统。图1b中黑色箭头为单体移动方向，西侧A对流系统主要向北偏东方向移动，对场馆天气存在间接影响；

南侧B对流系统初期呈线状排列，整体向北偏西方向移动，离场馆较远；20时15分前后，A、B之间生成的C对流系统(图1b中湖蓝色三角形)向东北方向移动影响闭幕式场馆，是此次保障关注的重中之重。组合反射率因子图显示，21时23分，对流系统C东南部边缘擦过闭幕式场馆，强回波(>50 dBZ)边缘离现场仅600 m(图1c)。

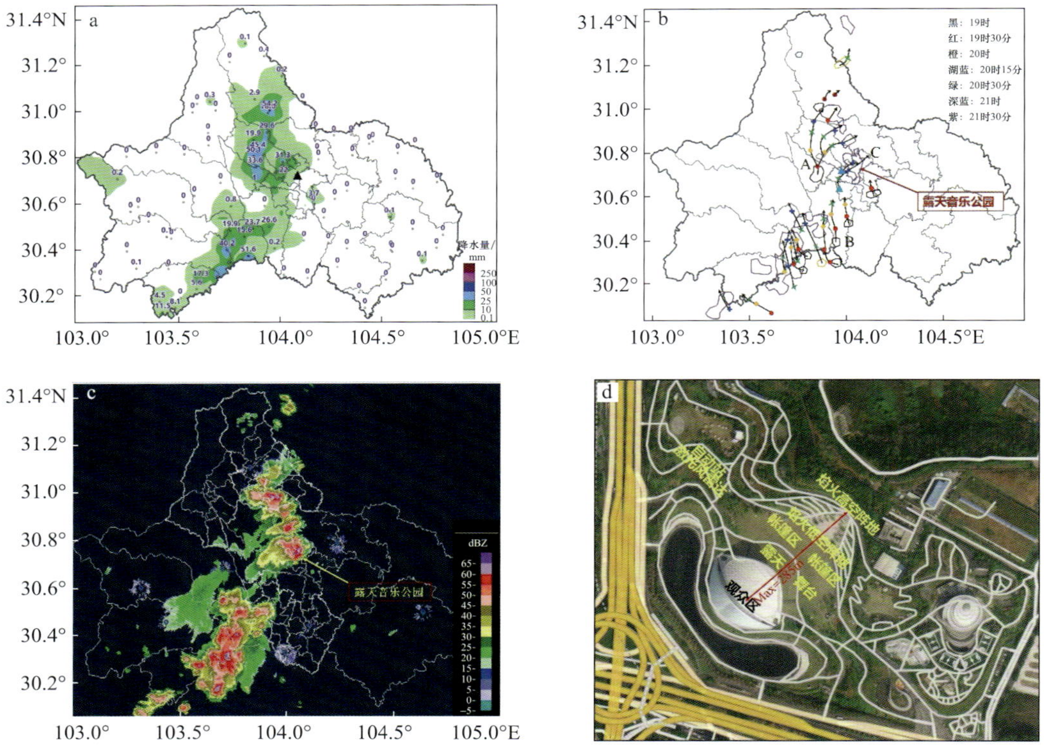

图1 (a)2023年8月8日18—22时成都市降水实况(黑色三角为露天音乐公园)；(b)8日19时—21时30分对流中心位置及移动方向示意(黑色多边形为19时对流位置，紫色为21时30分对流位置，不同颜色为不同时间对流中心位置)；(c)X波段相控阵雷达21时23分组合反射率拼图；(d)闭幕式现场示意图

2.2 气象保障需求

大运会闭幕式的演出筹备、文艺表演、观众互动等活动都在户外露天进行，需开展定时定点定量预报，并根据不同需求开展针对性气象服务提醒和建议。(1)“文艺表演”重点关注高温、高湿、降雨对演出效果的影响，如果出现极端天气则将成为闭幕式“三改”(改时间、改地点、改方案)的前置条件[4]；(2)“焰火燃放和扩散”重点关注风力不超过6级，风向不宜北偏东风(图1d)、是否有雷电和中雨或以上降雨；(3)“观众观看和互动”重点关注气象要素对体感、观感、进场、散场及秩序的影响；(4)“演出筹备”重点关注降雨、风、湿度对设备设施的影响，特别是现场大量的临时房棚、帐篷、钢铁支架可能受大风、雷电的影响造成安全隐患。虽然闭幕式当天出现分散性强对流的概率极大，但是何时、何地出现，什么时段影响场馆无法确定。在强对流不确定性与高要求的共同压力下，开展定点定时定量预报在当前技术水平上已是预报的极限。

2.3 预报情况

根据需求，我们开展了递进式精细化预报。(1)在中国气象局和四川省气象局指导下，提前1个月展望闭幕式当日天气，提前10 d开展逐日预报，预判有阵雨或雷雨，并保持结论不变；(2)受台风“卡努”和本地高能高湿环境影响，预报不确定性大，故提前3 d的预报为“核心时段18—22时有短时阵雨或雷雨，雨量5 mm以内，无冰雹发生的可能性”；(3)7日16时起，每小时滚动提供到8日23时的逐小时预报，除核心时段考虑降雨外，根据气候统计，对8日15时，前后降雨高概率时段也考虑阵雨；8日15时对预报做出调整，预报为“核心时段多云间阴，19—21时，短时阵雨为0.1～0.4 mm，气温为28～34 ℃，偏北风1～3级”；(5)从观众入场开始，加密为0.5 h和不定时服务，如18时暖场活动、18时30分强对流开始、19时演出倒计时、20时闭幕式开始、20时30分/20时45分强对流逼近场馆、21时强对流临近场馆等重要节点，随时报告天气。18时30分做出重大调整，将19—21时“短时阵雨”预报修改为“多云间阴”，并将此预报意见一直保持到21时。21时20分发布“未来1～2 h露天音乐公园将出现阵雨，降雨时伴有短时阵性大风，并可能出现雷电，请加强防范”的天气提示。

3 过程分析

3.1 环流背景和对流环境条件

8日08时，500 hPa欧亚中高纬为“两槽一脊”形势(图略)，低槽位于巴尔喀什湖和我国东北地区，青藏高原东部地区为高压脊控制。8日20时，西太平洋副热带高压588 dagpm西界位于成都东部(图2a)，受副高西伸和台风“卡努”的阻挡，青藏高原中部切变东移缓慢，成都为弱的偏南风。700 hPa四川盆地为偏南气流，成都位于假相当位温的高值区(>356 K)，无明显水汽辐合(图2b)；850 hPa受黄淮地区至盆地中部的偏东风影响，盆地西部相对湿度大多在80%以上。综合考虑当时的环境条件和数值预报形势场，首席团队认为对流触发和移动趋势将出现2种可能，一是低层偏东南风在成都西部受地形抬升而触发对流降水，该对流降水形成的冷池向东传与主城区干暖区形成抬升触发新对流，不断发展影响闭幕式，这与全球模式预报趋势一致；另一种是午后中心城区边界层不连续线或东部龙泉山脉扰动抬升触发对流，在偏南风引导下向北推进影响闭幕式。

温江站探空资料显示8日14时(图3a)对流有效位能快速增至1687.9 J·kg^{-1}，对流抑制能量(CIN)近乎消失，K指数39.2 ℃，SI指数−0.34 ℃，自由对流高度LFC从4.55 km左右下降至0.7 km(距离地面150 m)，850 hPa以下为干绝热温度直减率，并有暖平流存在，地面气温刚刚达到对流温度32.4 ℃[6]。环境温度0 ℃高度为5.97 km，有利于较深厚的暖云层形成，同时雷达反射率因子剖面显示对流均为低质心降水回波，45 dBZ以上的回波主要集中在6 km高度以下(图略)，回波顶达12 km以上，为深厚湿对流[7]。850 hPa和700 hPa比湿分别为16.45 g·kg^{-1}和11.20 g·kg^{-1}，利于高效率降水和短时强降雨的发生[8-10]。高能高湿的不稳定状态，近地面弱的抬升条件下即可触发局地积云对流,同时对流层中高层风向逆转(图 3a、图 3b),表明有弱干冷平流叠加在中低层暖湿空气上,利于向深对流发展,并可能伴有雷电的出现。20 时探空显示不稳定能量持续增大,各项指数较 14 时表现更不稳定。

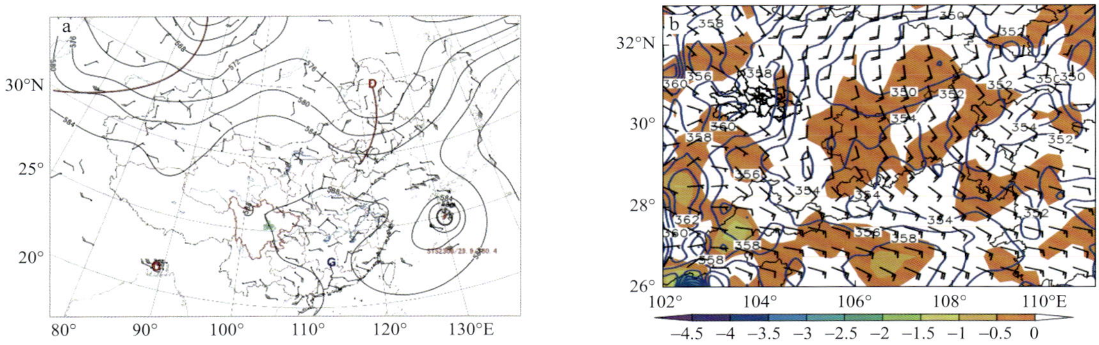

图 2　(a)500 hPa 位势高度(单位:dagpm)和 850 hPa 风场(单位:m · s^{-1});
(b)基于 ERA5 的 700 hPa 假相当位温(蓝色等值线,单位:K)、风(单位:m · s^{-1})和
水汽通量辐合(填色,单位:10^{-6} g · cm^{-2} · hPa^{-1} · s^{-1})

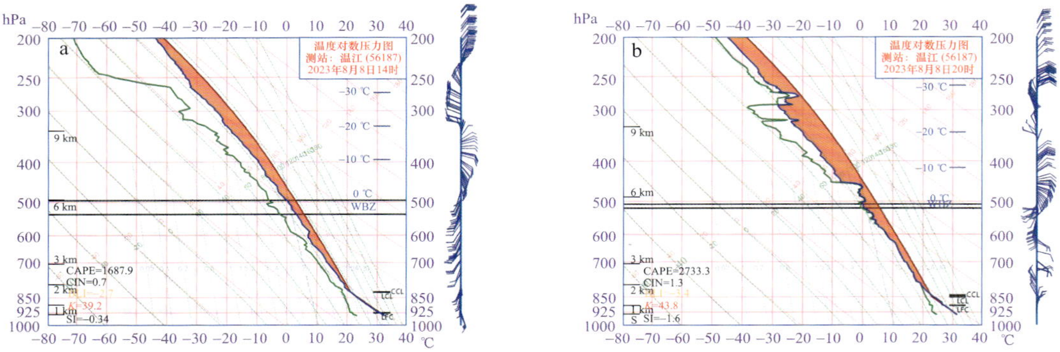

图 3　2023 年 8 月 8 日成都温江 14 时(a)和 20 时(b)温度对数压力图 T-ln$P$

3.2　对流触发和移动

3.2.1　对流触发

地面辐合的出现通常比深厚湿对流的形成提前 15～90 min[11,12]。利用 8 日 18 时地面要素综合图对对流系统 A 和 B 进行中尺度分析,图 4 中蓝色曲线为初生位置。对流初生处地面假相当位温值在 100 ℃以上,其中对流 A 初生处有明显的假相当位温梯度、露点温度梯度和偏北风与偏东风的辐合,这支偏北风可能与成都西北部龙门山脉前短时强降水形成的下沉气流有关,午后成都中东部逐渐转为一致的偏东风,并逐渐向西推进;19 时(图略),A 处的风速辐合进一步增强,这为对流初生和发展提供了良好的动力和热力条件;而 18 时 B 处虽然无明显的辐合线存在,但存在偏东风风速的弱辐合,假相当位温值更是高达 104 ℃以上,同时也是成都气温高值中心(>34 ℃)边缘(图略),等露点温度和等温线相对密集,对流分布和等露点

线走向一致。因此，闭幕式场馆以西和以南的对流由地面辐合线或风速脉动辐合和弱干线形成的上升运动而触发，同时 A 处动力条件更有利于旺盛对流发展，这与雷达回波强度和自动站监测到的短时强降水结果是一致的。

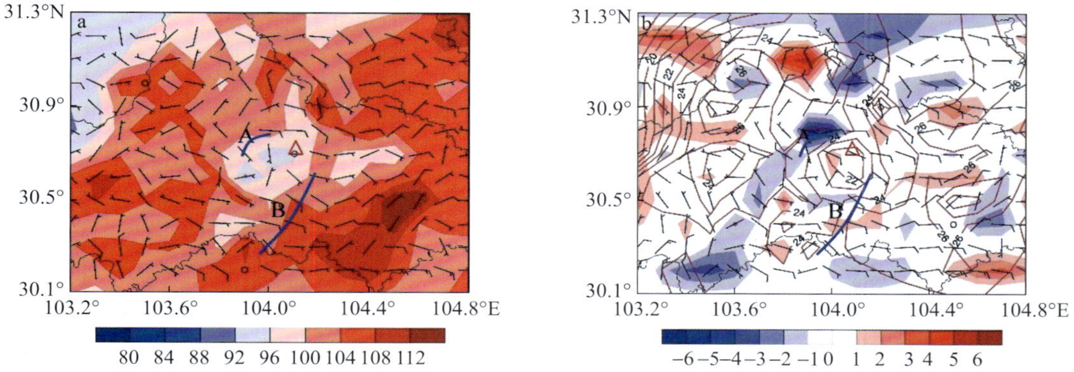

图 4　2023 年 8 月 8 日 18 时地面假相当位温（填色，单位：℃）和过去 1 h 地面极大风（a，单位：m · s^{-1}），以及露点温度（等值线，单位：℃）、过去 1 h 地面极大风（单位：m · s^{-1}）和散度（b，填色，单位：10^{-6} s^{-1}；红三角形为音乐公园位置，蓝色曲线为对流初生位置）

3.2.2　对流移动和发展

受短时强降水影响，对流系统 A 和 B 形成了 2 个冷池，并伴有地面风速增大。如图 5a 所示，20 时，A 和 B 处 1 h 地面降温中心在 4 ℃以上，极大风速达 8 m · s^{-1}左右，A 处向东的出流、B 处向西北方的出流和偏东风在绿色曲线（图 5a）附近相交，在靠近露天音乐公园西侧，强对流 A 出流的偏西风和干暖的偏东风之间形成辐合区，随即 20 时 10 分前后雷达监测到了两段辐合区附近分别有 γ 中尺度对流单体 C 生成。由于对流 C 的 2 个单体在不断靠近闭幕式场馆，且场馆附近无其他辐合线存在，因此对流 C 的发展和移动成为此时临近预报最为关注的难点。

风暴的运动是平流和传播的合成，对流 C 中≥45 dBZ 的回波在 6 km 以下（图 5b），因此风暴平流利用 500 hPa 和 700 hPa 高度的平均水平风来替代，20 时两层平均风风向为 194°（偏南风），风速 3.1 m · s^{-1}；传播常常是新上升气流发展的方向，对流 C 是对流 A 向东的出流而触发，即对流的传播方向是向东，对流 A 向东出流形成的西风风速为 2 min 平均西风分量在 2～3 m · s^{-1}，因此平流和传播的合成矢量方向为南偏西风，表明对流 C 向北偏东方向移动逐渐向闭幕式场馆移动。对流系统 C 的 2 个对流单体在向东北方向移动时合并。21 时，A 冷池和对流 C 下沉出流合并形成的偏西风与主城区弱偏东风形成新的中尺度辐合线（图 5c 中蓝曲线），辐合线即将到达闭幕式场馆。此时对流 C 强回波前沿距闭幕式场馆仅 2.8 km，并伴有微弱雷声，从移动路径来看，未来影响闭幕式现场的可能性很大，但由于对流 C 尺度小，也有可能出现强回波不直接影响或边缘影响现场。进一步分析发现，场馆处于辐合区东南边缘（图 5d），假相当位温和露点温度低值区，水汽条件较辐合区其他地方更差，且辐合区北部为假相当位温的高值区（图 5c 黄圈），预示对流在场馆附近新生可能性小或不利于对流 C 主体向场馆移去，而是更有利于向辐合区北部的高能高湿区移动，即主体与场馆擦肩而过。

对流 C 从生成到成熟阶段的最大风速为 8.1 m·s^{-1}，周围无瞬时风速达到 6 级(焰火表演风速上限)。分析表明，一方面，探空显示 400～300 hPa 虽有 $T-T_d$在 5～10 ℃的相对干空气层(图 3b)，该高度高于对流≥45 dBZ 的回波高度(图 5b)，且探空图上“狭腰结构”不明显，因此 γ 中尺度对流 C 的干空气夹卷有限；另一方面雷达回波强中心在 3 km 左右，对流中无明显强中心下降，同时径向速度辐合高度在 4.5 km 以下，水平 7 km 内正负速度极大差值为 12 m·s^{-1}，不满足中层径向辐合标准[13]，据此可以预报未来对流 C 向场馆靠近时，出现 6 级阵风的可能性很小，对焰火燃放不会产生明显影响。

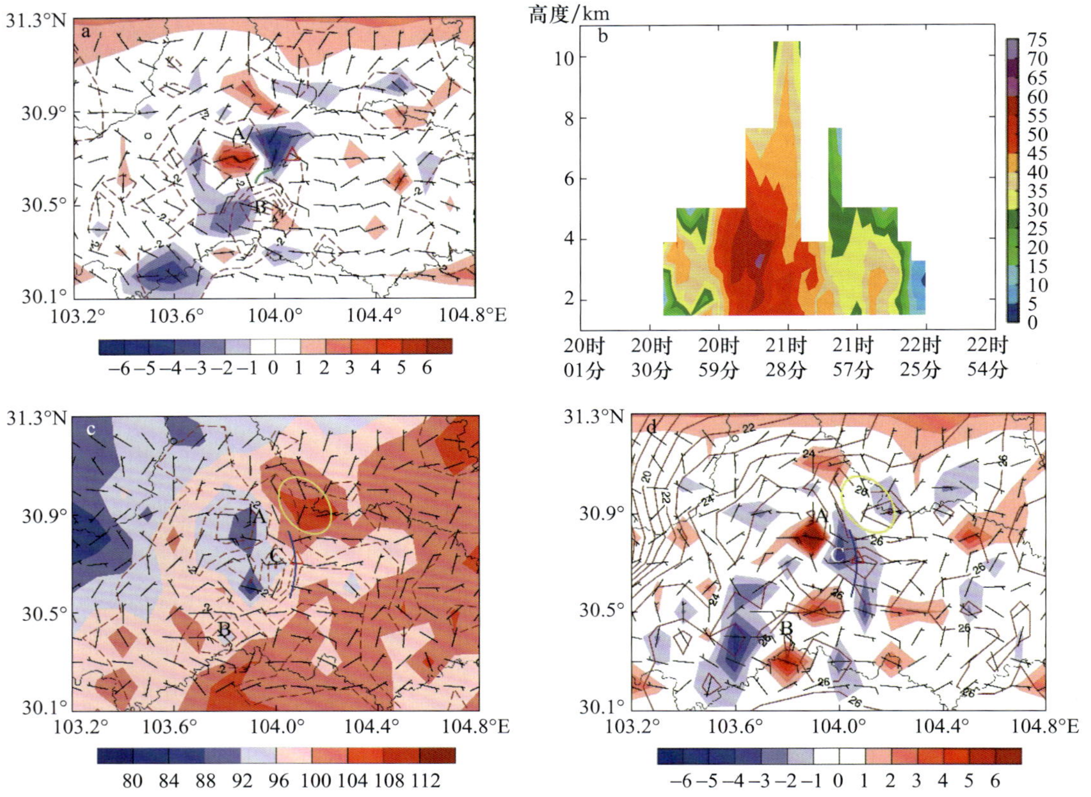

图 5　2023 年 8 月 8 日(a)20 时地面过去 1 h 极大风(单位：m·s^{-1})、1 h 变温(虚线，单位：℃)和散度(填色，单位：10^{-6} s^{-1})；(b)20 时 01 分—22 时 54 分对流 C 的雷达回波廓线时序(单位：dBZ)；(c)21 地面时过去 1 h 极大风(单位：m·s^{-1})、1 h 变温(虚线，单位：℃)、假相当位温(填色，单位：℃)；(d)21 时地面露点温度(等值线，单位：℃)、过去 1 h 极大风和散度(填色，单位：10^{-6} s^{-1}，红色三角形为音乐公园位置，绿色和蓝色曲线为地面辐合线，黄圈为对流 C 移动前方的假相当位温大值区和辐合区)

3.2.3　现场水平风和垂直运动变化

激光测风雷达上的持续上升运动和水平风速增加对降水临近预报发挥了辅助作用。当日 13 时 06 分—13 时 23 分出现了 2.5 mm 短时降雨，图 6a 显示降水前 40 min 近地面(320 m 以下)转为 0～2 m·s^{-1}的上升运动，维持时间 0.5 h，水平风转为一致东南风(图略)，且风速有 4 m·s^{-1}左右的增加。无降水产生的 11 时前后，上升运动持续时间亦超 0.5 h，但水平风风速无增加或风速辐合。上述特征可用于闭幕式期间短临预报研判。图 6b 显示 20 时前近地面为下沉运动，20 时—20 时 55 分转为 0～1 $\mathrm{m \cdot s^{-1}}$ 的上升运动，但水平风偏东风小于 4 $\mathrm{m \cdot s^{-1}}$，且风速不断减小（图略），不利于本地触发对流。20 时 55 分后，上升运动增强且接地，近地层风向突转为西偏北风，风速突增，表明对流 C 的出流前沿到达音乐公园，预示着对流系统即将临近。

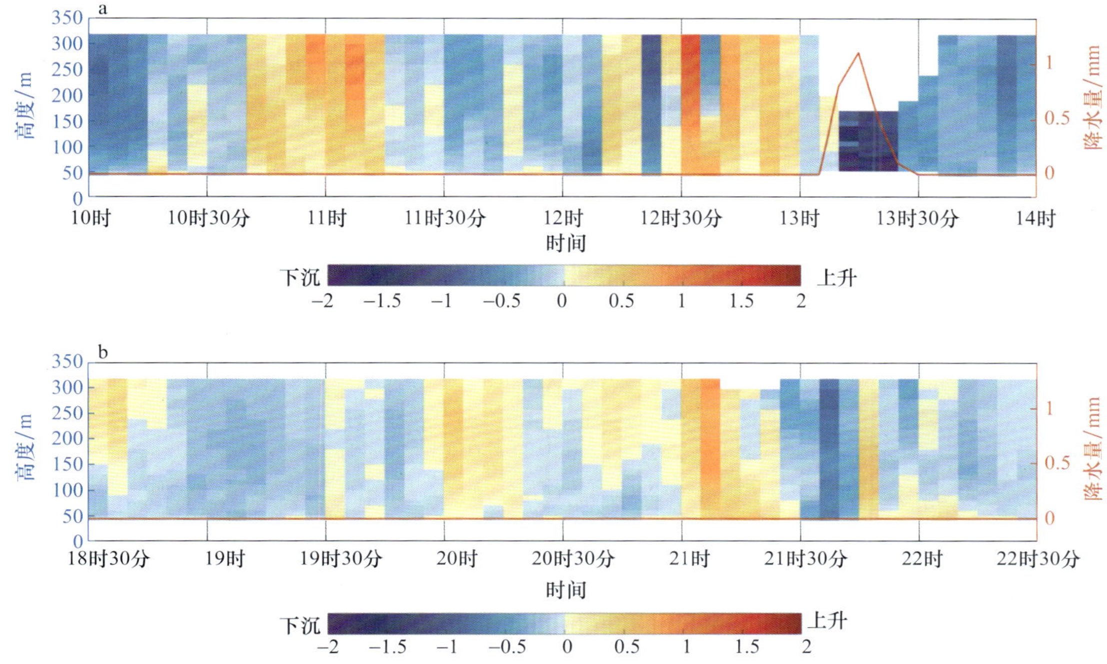

图 6　2023 年 8 月 8 日音乐公园激光雷达获取的垂直速度（填色）和 5 min 降水（红线，单位：mm）

4　客观预报技术支撑

4.1　数值模式预报

ECMWF 和 CMA-GFS 预报 8 日 20 时后有小到中雨从成都西部沿山开始逐渐东扩影响音乐公园，较实况降雨范围大；CMA-MESO 和 CMA-SH9 预报 8 日前半夜有零星阵雨，音乐公园无降雨，降雨范围明显偏小。CMA-MESO 1 km 各时次预报降雨区在成都西北部山前，其中除 8 日 08 时起报预报 19 时、17 时起报预报 18 时音乐公园有降水外，其余时段预报无降水（图略）。因此各家数值模式均预报当日有降水，但在降雨时间和范围上需进行人工订正。模式预报偏差原因可能是，成都位于副高边缘，数值模式预报中低层无明显触发条件，动力条件差，区域模式考虑地形对弱偏东风抬升作用，因此预报成都西北部山前有降水；全球模式预报夜间川西高原云系东移影响成都形成较大范围的小到中雨。

4.2 人工智能模型

大运会闭幕式应用的人工智能模型有国家气象中心 SWAN 临近大模型和成都高原所“蓉城・夔牛”模型,整体上两者对强对流的移动速度和方向预报效果较好。根据对流系统 C 的外推数据分析表明(表 1),SWAN 临近大模型从 20 时 18 分起报时刻开始预报闭幕式场馆在 21 时—21 时 30 分会出现短时阵雨,期间仅 20 时 30 分和 20 时 54 分起报时刻预报无阵雨。“蓉城・夔牛”在 20 时 30 分—20 时 42 分和 21 时 05 分以后,预报闭幕式结束前后有强回波影响闭幕式场馆,其余时段预报为弱回波影响。图 7 为“蓉城・夔牛”20 时 19 分起报外推结果,对场馆弱降水预报正确,但对流面积预报过大,且移动方向有偏差。SWAN 临近大模型可能是缺乏成都雷达数据的学习训练,而“蓉城・夔牛”模型训练样本中暖区强对流占比较少,使得预报强对流空间分布细节不足。因此,目前两种模型对暖区强对流的预报结果仅能作为人工订正预报的参考。

表 1 2023 年 8 月 8 日 SWAN 临近大模型不同起报时刻预报未来 0～3 h 逐 12 min 降水量的部分时段值

单位:mm

预报	起报								
	20 时 18 分	20 时 24 分	20 时 30 分	20 时 36 分	20 时 42 分	20 时 48 分	20 时 54 分	21 时 00 分	21 时 06 分
21 时 00 分		0		0		0			
21 时 06 分	0.2		0		0.6		0		
21 时 12 分		1		0		1.2		0.2	
21 时 18 分	0		0		2.4		0		2.6
21 时 24 分		2.4		0.2		8		1.8	
21 时 30 分	0		0		2.4		0		2.6

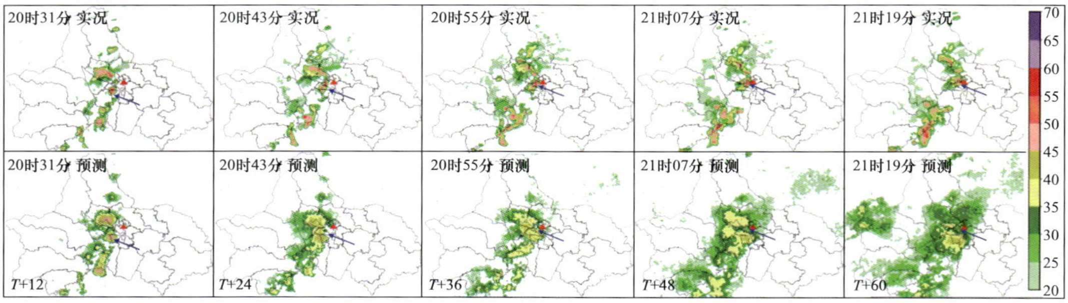

图 7 2023 年 8 月 8 日“蓉城・夔牛”雷达外推模型 20 时 19 分起报未来 1 h 组合反射率因子(单位:dBZ)和实况对比(红实心三角为音乐公园)

5 临近预报订正

关键决策时间点 18 时 30 分,主城区西侧和南侧有对流生成并发展,此时正值闭幕式暖场活动期间，运动员代表和观众情绪高涨，执委会需进一步掌握现场是否会出现阵雨以及出现时间。此刻模式未预报出有对流生成，对流初生时雷达外推的参考性较差，短临预报主要依据多源实况观测资料分析。主城区无明显的辐合线存在，露点温度和假相当位温值相对较低，对流组织性不强，且在主城区外围，临近时效内现场出现阵雨的可能性较小。故在最新的专题天气预报中将原来19—21时的小阵雨取消。

关键决策时间点20时45分，随着强对流临近，执委会要确定是否将闭幕式提前结束，焰火组要确定第二组、第三组焰火能否如期燃放。现场人员和气象台内及时电话沟通情况，雷达外推模型显示有弱对流影响闭幕式，总首席根据相控阵雷达逐分钟观测数据中对流单体向东移动非常缓慢(靠近场馆)，同时城区无新对流触发，研判外推预报有弱对流影响闭幕式的可能性小，即21时10分之前对流不会影响场馆，同时执委会也适当加快闭幕式活动进程。

决策时间点21时05分，强回波距离场馆2.5 km，对流单体主要在系统C的北段新生发展，场馆位于回波南段边缘附近(图8)。雷达外推模型的强对流回波细节刻画不足，此刻短临预报主要依据对流回波动态监测分析，云体向东北移动时南段会减弱，对流系统整体向北收缩，对场馆影响不大，且影响时间恰逢闭幕式结束，现场活动能正常进行。为避免短时阵雨对活动结束带来的不利影响，大运气象台及时发布天气提示，提示做好防淋雨准备。

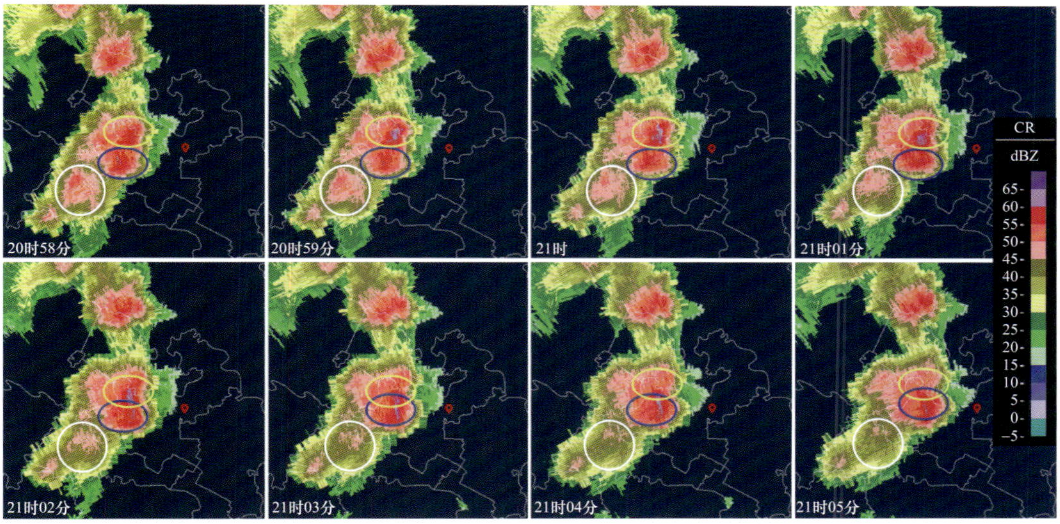

图8　2023年8月8日20时58分—21时05分相控阵雷达1.5 km高度反射率因子拼图(单位：dBZ，红色标记为音乐公园)

6 结论与讨论

此次强对流是在副高边缘的高能高湿环境中，由近地面风速扰动或辐合线与弱干线共同作用下触发形成。强对流开始阶段，闭幕式场馆附近无辐合存在，故不利于对流先在场馆生成。短期时效全球/区域模式和预报员都难以确定对流发生时段和范围，短临时效难点在于预报初生对流的具体时间和地点，最大的难点在于判断γ中尺度对流系统C向场馆逼近过程中是否影响场馆。对流 C 在对流 A、B 的对流出流和地面偏东风形成的辐合区被触发,在向东传播和偏南风引导下沿北偏东方向逐渐靠近场馆。场馆附近处于地面假相当位温和露点温度低值区,且动力辐合弱,使对流 C 面积无明显增大,进而强对流中心与场馆擦肩而过。

当日中低层触发条件不明显,对流触发条件更多来源加密自动站分析,故针对自动站资料的细致分析有不可替代的重要性。在地面自动站资料分析基础上,强化相控阵雷达逐分钟观测资料应用,结合专家经验,可以在一定程度上提升强对流临近预报的准确性。

现阶段数值模式和基于 AI 的雷达外推对此次强对流天气预报支撑有限,开展定点、定时、定量预报,还需通过强有力的专家团队支撑,特别是短临预报和决策服务专家,及时进行有针对性的决策服务,滚动订正预报,将气象风险讲得清,服务用语拿捏准。

由于典型案例积累不足,资料精细分析不够,高时空分辨率资料应用与重大活动气象保障的高难度、严要求、长链条和多需求之间存在差距。

参考文献

[1] 董林,张明英,郭虎,等. 北京奥运会开幕式天气预报难点的初步分析[J]. 气象,2008,34(S1):9-15.

[2] 杨波,孙继松,魏东. 北京奥运会开幕式期间的中尺度天气系统研究[J]. 应用气象学报,2010,21(2):164-170.

[3] 张涛,郑永光,毛旭,等. 2016 年 9 月 4 日下午"杭州 G20 峰会"期间短时阵雨天气成因与预报难点[J]. 气象,2018,44(1):42-52.

[4] 甘璐,郭金兰,雷蕾,等. 北京世园会开幕式期间弱降水天气成因[J]. 气象与环境学报,2021,37(3):12-18.

[5] 张志坚,张静,伍光胜,等. 超大城市综合气象观测试验之测风激光雷达数据评估[J]. 热带气象学报,2022,38(2):253-264.

[6] 郑永光,陶祖钰,俞小鼎. 强对流天气预报的一些基本问题[J]. 气象,2017,43(6):641-652.

[7] DOSWELL C A. Severe convective storms[J]. Meteor Monogr,2001,69:1-26.

[8] 肖递祥,王佳津,曹萍萍,等. 四川盆地突发性暖区暴雨特征及环境场条件分析[J]. 自然灾害学报,2020,29(3):110-118.

[9] 张涛,韦玮,青娉楚,等. 成都盛夏短时强降水特征统计分析[J]. 成都信息工程大学学报,2020,35(3):299-305.

[10] 俞小鼎,周小刚,王秀明. 雷暴与强对流临近预报技术进展[J]. 气象学报,2012,70(2):311-337.

[11] 郑永光,陈炯. 大气湿对流的类型和深厚湿对流触发机制综述[J]. 北京大学学报自然科学版,2022,58(6):1141-1152.

[12] WILSON J W,CROOK N A,MUELLER C K,et al. Nowcasting thunderstorms:a status report[J]. Bull Amer Meteor Soc,1998,79(10):2079-2099.

[13] 俞小鼎,姚秀平,熊廷南,等. 多普勒天气雷达原理与业务应用[M]. 北京:气象出版社,2006:170.

三、强降雪

2023年12月中旬我国持续雨雪低温天气特征及预报难点

刘晓波[1]　徐　珺[1]　杨成芳[2]　金晓青[3]　齐伊玲[4]
(1. 国家气象中心，北京，100081；2. 山东省气象台，济南，250031；
3. 河北省气象台，石家庄，050021；4. 河南省气象台，郑州，450003)

摘　要：2023年12月中旬，我国中东部地区出现大范围雨雪天气，华北、黄淮等地还出现了跌破1961年以来历史同期极值的极端低温。本文应用常规观测资料、ERA5(第5代欧洲再分析)资料，对这次大范围持续雨雪及低温天气过程进行分析，结果表明：乌拉尔山地区异常偏强的高压脊向极地发展并与极地高压打通，迫使冷空气在贝加尔湖附近聚集，导致寒潮暴发影响我国，造成我国大部地区出现低温天气。由于冷空气过程频繁影响，使得我国大部地区低温持续到12月下旬。低空急流发展加强为降水区稳定地输送强盛的水汽和能量，频繁南下的冷空气迫使暖湿气流在冷垫上倾斜上升，有利于垂直上升运动增强。冷暖空气的共同作用不仅增强了大气不稳定性，使降雪强度加强，还导致温度层结垂直变化大，引起华北、黄淮等地降水相态复杂多变，对流层低层暖层对雨雪相态转换有重要影响。寒潮移动速度、降水持续时间、下垫面性质等对气温及雨雪转换时间节点有较强影响，导致数值模式对最低气温及降雪量预报偏差较大。

关键词：暴雪，寒潮，极端低温，大气环流异常，预报难点

引言

降雪是我国北方冬季常见的天气现象，对人民的生产活动和交通运输、工业生成均有一定影响，而持续的雨雪、低温天气以不同形式一起发生，往往会使影响增强。特别是2008年1月，我国南方冰冻雨雪灾害，部分地区冰冻日数长达半个月以上，引起广泛社会关注，对此气象学者对雨雪冰冻天气形成机理进行了大量的研究[1-6]。持续的雨雪、低温冰冻天气往往发生在大气环流异常的背景下，李艳等[7]对雨雪冰冻灾害期间阻塞高压(简称“阻高”)异常特征分析时，得出阻高日数、强度及位置异常特征的共同配置，使得分裂出的小槽活动偏多，造成冷空气频繁南下。彭艳等[8]认为700 hPa异常偏强的低空西南风急流，850 hPa西太平洋上空异常东

资助项目：联合基金项目(U2142207)、气象能力提升联合研究专项(22NLTSZ002)和创新发展专项(CXFZ2023J010)共同资助。
第一作者：刘晓波，高级工程师，从事天气预报研究，E-mail：lxb9326@sina.com。
通信作者：徐珺，高级工程师，从事天气预报研究，E-mail：xuj@cma.gov.cn。

南风、印度洋上空异常西南风等，在很大程度上影响着 2008 年 1 月中国南部的天气。持续雨雪天气是在异常大气环流形势下，由干冷和暖湿气流交汇产生的，暖湿气流引起中低层温度升高，而冷空气的侵入导致温度层结垂直结构复杂，使得降水相态转换复杂多变，我国对降水相态影响机制的研究和预报方法也取得了许多成果[9-12]。陈双等[13]对中东部平原地区以地面气温 0～2 ℃作为临界气温条件的降水相态判别分析发现，临界气温下降雪出现频率总体高于降雨、雨夹雪出现频率。李江波等[14]对河北一次强寒潮背景下的降水多相态转换分析得到，当 0 ℃层高度下降到 950 hPa 以下、地面气温在 0 ℃上下、925 hPa 温度≤－2 ℃、1000 hPa 温度≤2 ℃，降水将从雨逐渐向雨夹雪到雪转变。总之，对流层低层温度变化是影响降水相态转换因素之一，而水平温度平流是引起对流层低层温度变化的重要因素。降水相态转换时间节点直接影响降雪量及积雪深度，给雨雪预报增加了难度。

2023 年 12 月 9—16 日，我国中东部地区发生了较强的持续性雨雪天气，华北、黄淮出现大范围强降雪和明显积雪，部分地区遭遇雨、冰粒、冻雨、雪等复杂的降水相态。同时受强寒潮等冷空气过程的频繁影响，我国大部分地区出现持续性低温冰冻，华北、黄淮还出现了跌破 1961 年以来历史同期极值的极端最低气温，低温天气持续到 12 月下旬。15—22 日，山东威海和烟台还出现持续性强冷流降雪。持续雨雪和低温天气给中东部地区的交通运输、城市运行、能源保供以及群众生活等造成了较为严重的影响。在经历了 2008 年初中国南方的低温雨雪冰冻灾害事件后，国内学者对它的关注和研究更加深入，那么这次大范围的持续性雨雪冰冻天气，其持续原因、造成不同相态的降水关键因子、持续低温发生的有利条件等，这些都是值得研究的科学问题。本文将对此次持续性雨雪及低温冰冻天气过程的环流形势异常特征、雨雪相态转变及低温维持机制等方面进行分析，并讨论低温和雪量预报偏差及难点，以期为今后的相关预报服务提供参考。

1 持续雨雪及低温天气概况

1.1 低温极端性及持续性特征

根据《寒潮等级》(GB/T 21987—2017)国家标准，13—16 日冷空气过程达到强寒潮等级。其中宁夏、甘肃、北京、山东、河北为寒潮等级，山西、江苏为强寒潮，上海、贵州为超级寒潮。此次寒潮造成的低温具有极端性，13—17 日全国大部地区最低气温下降 6 ℃以上，部分地区下降 12～18 ℃，其中内蒙古中部、陕西北部、山西、河北北部、辽宁东部、吉林东部及贵州、广西局地 20 ℃以上(图 1a)。最低气温－20 ℃线位于新疆北部、青海至陕西北部、华北北部、东北地区等一线；0 ℃线南压至江南北部，贵州大部最低气温也降至 0 ℃以下。最低气温突破历史同期极值的有 326 个观测站，主要集中在华北、黄淮北部和东部地区，最低值为内蒙古图里河－44.3 ℃(图 1b)。13—25 日最低气温除青藏高原外，我国其余大部地区比历史同期偏低 4～9 ℃，华北、东北地区东部及内蒙古中部、新疆西北部局地偏低 12～15 ℃(图略)，如山东省 11—25 日平均气温－4.6 ℃，为 1951 年有气象记录以来历史同期最冷，最低气温达－20.8 ℃，德州、冠县等 7 县(市、区)连续 5 d 气温低于－15 ℃，为 1986 年以来罕见；河北省有 103 个的气象站气温连续 10 d 低于－10 ℃，极端最低气温为－32.6 ℃。

从13—31日山西阳曲和广东仁化观测站逐日2 m最高/最低气温演变(图1c～图1d)可以看到，寒潮造成气温剧降，阳曲站最低气温24 h下降约12 ℃，仁化站的最高气温24 h下降约19 ℃；最低气温北方出现在17日早晨，南方出现在18日早晨，阳曲站从−4.5 ℃降到−26.8 ℃，仁化站从17.3 ℃降到3.8 ℃。寒潮影响过后，低温持续，23日开始大部地区最高气温缓慢回升，最低气温在27日以前继续维持低温态势。

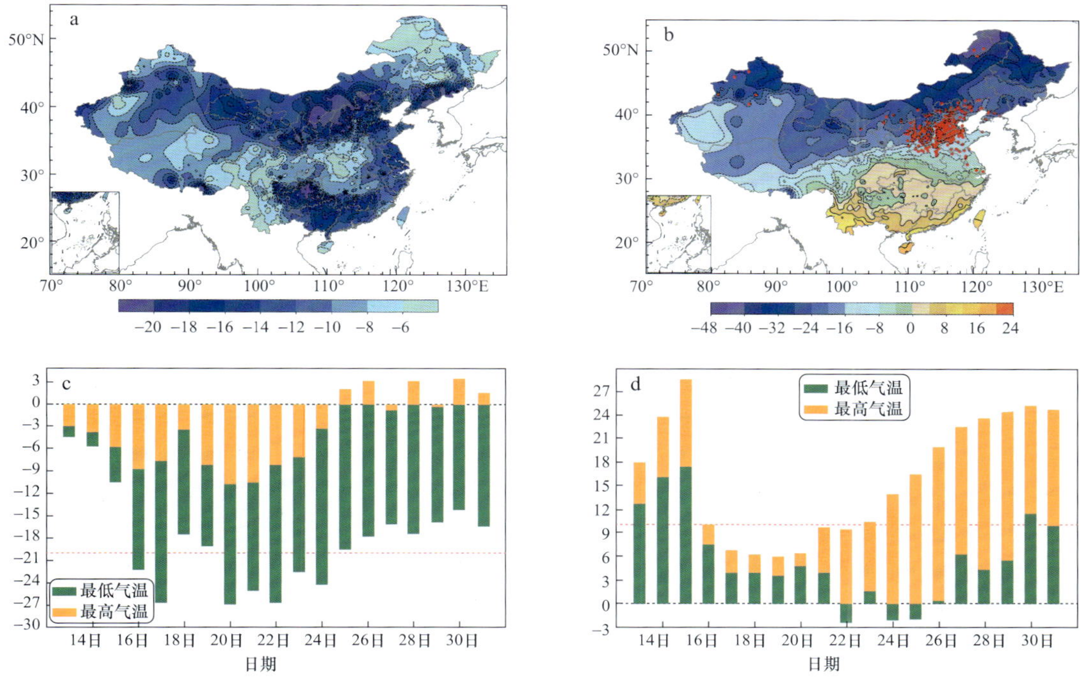

图1　2023年12月13—17日2 m最低气温降温幅度(a，单位：℃)、最低值(b，红点为突破历史同期极值，单位：℃)；13—31日山西阳曲站(c)、广东仁化站(d)2 m日最高/低气温演变(单位：℃)

1.2　雨雪分布及降水相态特征

2023年12月9—16日我国中东部地区出现持续性雨雪天气，主要降水时段为9—11日和13—15日。9—11日华北、黄淮、内蒙古中部、陕西中北部、辽宁东部、吉林东南部等地出现中到大雪、局地暴雪；部分地区有雨雪相态转换，如10日河南中西部局地出现短时冻雨或冰粒；陕西东南部、湖北东部和北部及江淮、江南北部沿江地区出现中雨，局地大雨。华北西部、黄淮西部、江淮至江南北部、陕西中南部累计降水量有10～20 mm，河南、湖北东部、安徽南部局地30～40 mm(图2a、图2c)。华北、河南中北部、山东西北部最大积雪深度有5～12 cm，山西南部和河南中北部局地15～18 cm(图略)。

2023年12月13—15日长江中下游以北地区出现大范围降雪，华北中南部、东北地区南部、黄淮至江南北部出现中到大雪，河北南部、山东、河南北部和东南部、安徽北部、江苏北部的部分地区出现暴雪到大暴雪；并有雨转雨夹雪到雪的相态转换，局地还出现“雷打雪”天气，河南西部和北部、湖北东南部、贵州西南部出现冻雨，其中13—14日，河南淮河以北出现大范围冻雨、冰粒，电线积冰普遍超过3 mm；沿淮河地区及湖北南部和东部出现大到暴雨。华北东部和南部、黄淮至江南及辽宁东部、吉林东部累计降水量有 10～25 mm，黄淮南部至江淮、江汉部分地区 35～60 mm，江苏中部局地 75 mm(图 2b、图 2d)。河北南部、山东北部积雪深度增加到 15～23 cm(图略)。13—15 日雨雪范围和强度都比 9—11 日强，降水相态也复杂，两段降水在华北南部、黄淮地区叠加范围较大，降雪叠加效应造成影响增强。

此外，15—22 日山东威海和烟台出现持续性强冷流降雪，烟台市区、威海市区、威海荣成、烟台牟平连续出现暴雪，威海文登出现特大暴雪，积雪深厚。累积降雪量最大为文登 88.4 mm，最大积雪深度为文登 74 cm，有 4 站积雪深度突破本站历史极值(图略)。

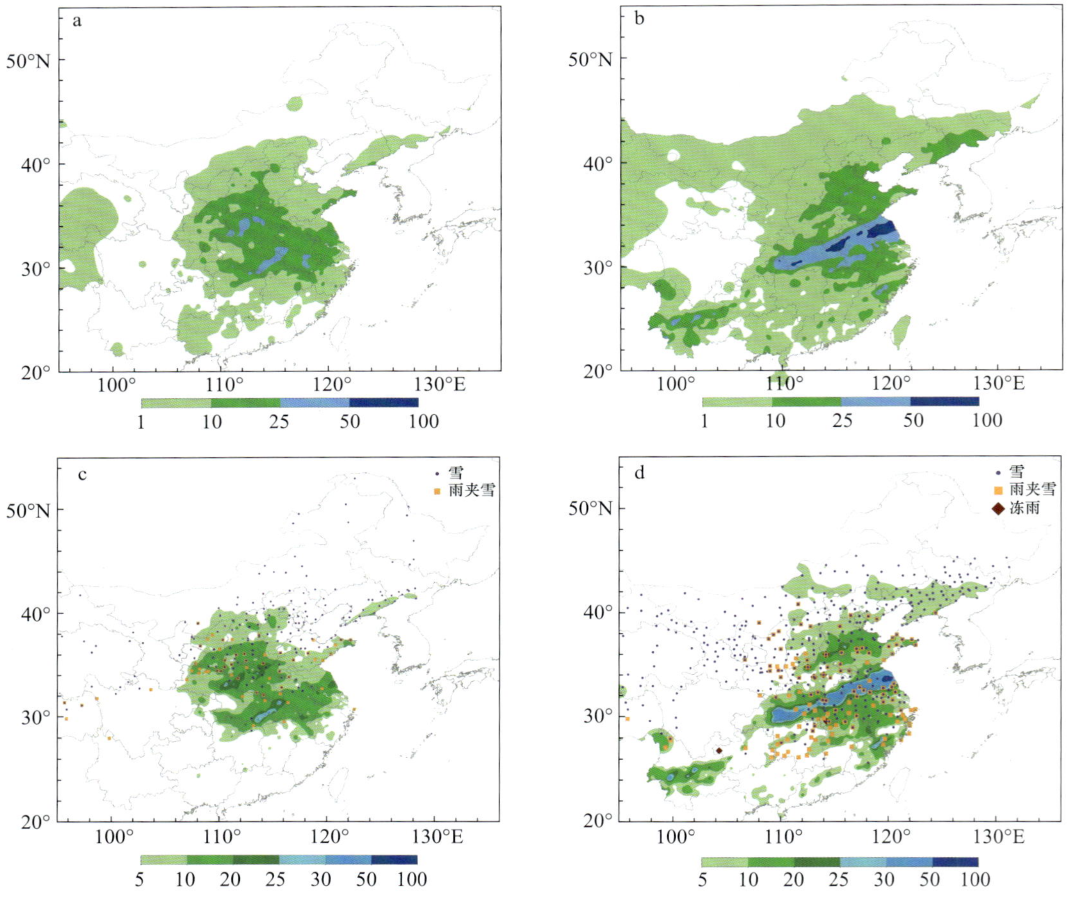

图 2　2023 年 12 月 9—11 日累计降水量(a)、日最大降水量(填色，单位：mm)和降水相态(点，降水不做标注)(c)；13—15 日累计降水量(b)、日最大降水量(填色，单位：mm)和降水相态(点，降水不做标注)(d)

2 大气环流背景

12 月上旬到中旬大气环流明显转折，从 500 hPa 平均位势高度场可以看到，12 月上旬(图 3a)极涡有三个中心，分别位于俄罗斯东部、阿留申群岛和加拿大北部，高压脊位于格陵兰岛和新地岛附近，高空槽位于欧洲、亚洲东海岸、北美洲东部，乌拉尔山到我国东北地区为宽广的低压槽区，影响我国的冷空气较频繁，但是主要影响北方地区。12 月中旬(图 3b)，环流形势变化明显，极涡呈“偶极型”，格陵兰岛和新地岛的高压转为极涡或高空槽，贝加尔湖到我国西北地区为横槽，乌拉尔山地区由高空槽转为高压脊，并向极地发展，形成阻塞形势，高压脊前偏北气流不断引导冷空气在贝加尔湖附近横槽内聚集，有利于汇聚成极强的冷空气。当贝加尔湖地区横槽转竖，极强冷空气将迅速南下影响我国，有利于暴发寒潮天气。天气实践分析也表明，当极地高压向南衰退与西风带上发展的长波脊叠加时，我国将有寒潮天气过程暴发。此外，由于乌拉尔山地区高压脊和贝加尔湖附近低压槽比较稳定，使得冷空气频繁影响我国，导致寒潮影响之后，我国大部地区出现持续低温天气。

图 3c～图 3d 为 200 hPa 平均位势高度场和急流，12 月上旬极涡位于东西伯利亚海，欧亚地区有两支西风急流带，分别位于 50°N 和 30°N 附近，并且两支急流在亚洲东海岸交汇，平均最大风速为 60～65 $m \cdot s^{-1}$，北支急流位置偏北，因此冷空气主要影响我国北方地区。12 月中旬，极涡南压到俄罗斯东北部，贝加尔湖到我国西北地区有一横槽，乌拉尔山到西西伯利亚为高压脊，有利于形成强冷空气。欧亚地区仅有一支西风急流带，急流轴从西亚伸向东亚，风速中心位于黄海南部至日本海南部，平均最大风速增强到 70～75 $m \cdot s^{-1}$，急流位置偏南，西风增强，有利于强冷空气大举南下，并直达我国长江以南地区。

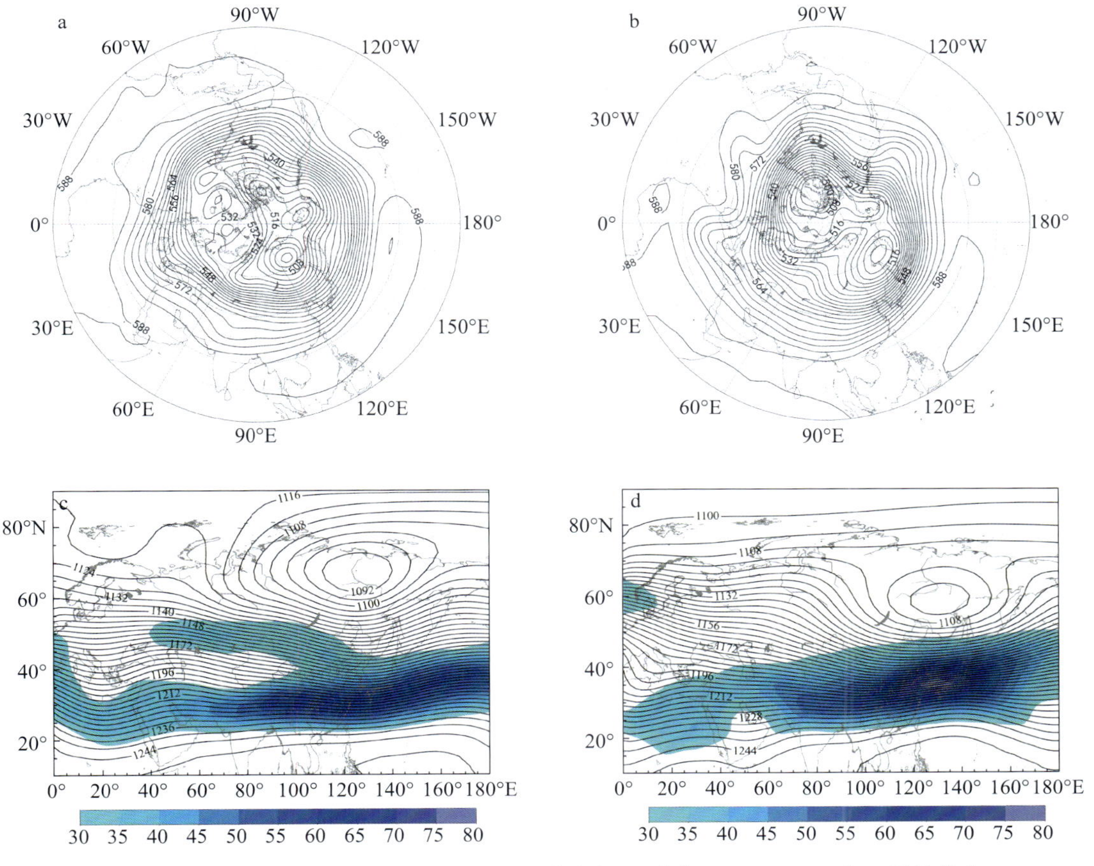

图 3　2023 年 12 月上旬 500 hPa 平均位势高度场(a，单位：dagpm)、200 hPa 平均位势高度场(单位：dagpm)及平均风速(填色≥30，单位：$m \cdot s^{-1}$)(c)；12 月中旬 500 hPa 平均位势高度场(b，单位：dagpm)、200 hPa 平均位势高度场(单位：dagpm)及平均风速(填色≥30，单位：$m \cdot s^{-1}$)(d)

为了更清楚地了解此次雨雪低温天气过程发生、发展及演变特征,给出了12月1—31日08时2 m地面24 h变温和日雨量沿110°—122°E平均纬向剖面时间演变(图4a),12月上旬冷空气势力不强,主要影响北方地区,全国大部地区气温较常年同期偏高。中旬到下旬初冷空气强度增强、活动频繁、影响范围广,全国大部地区气温由偏高转为显著偏低。25日之后冷空气活动偏弱,气温逐渐转为接近常年同期(距平图略)。12月中下旬共有5次冷空气过程(10—11日、13—16日、18—19日、25—26日、29—31日),其中,10—11日和13—16日冷空气过程伴有较强降水,从图4b~图4c中两段降水过程雨雪分界线和冷锋演变可以看到,降雪区位于地面冷锋北侧,冷空气持续影响,不仅为降雪区形成低温,大气整层气温低于0 ℃提供有利条件,冷空气的抬升作用也有利于降雪增强。图中还显示13—16日北方和南方各有一个变温中心,实际上该时段有包括寒潮在内的两股冷空气活动,后面将在3.1节中做补充分析。寒潮影响之后,由于不断有冷空气补充影响,导致气温回升缓慢,低温持续时间长。

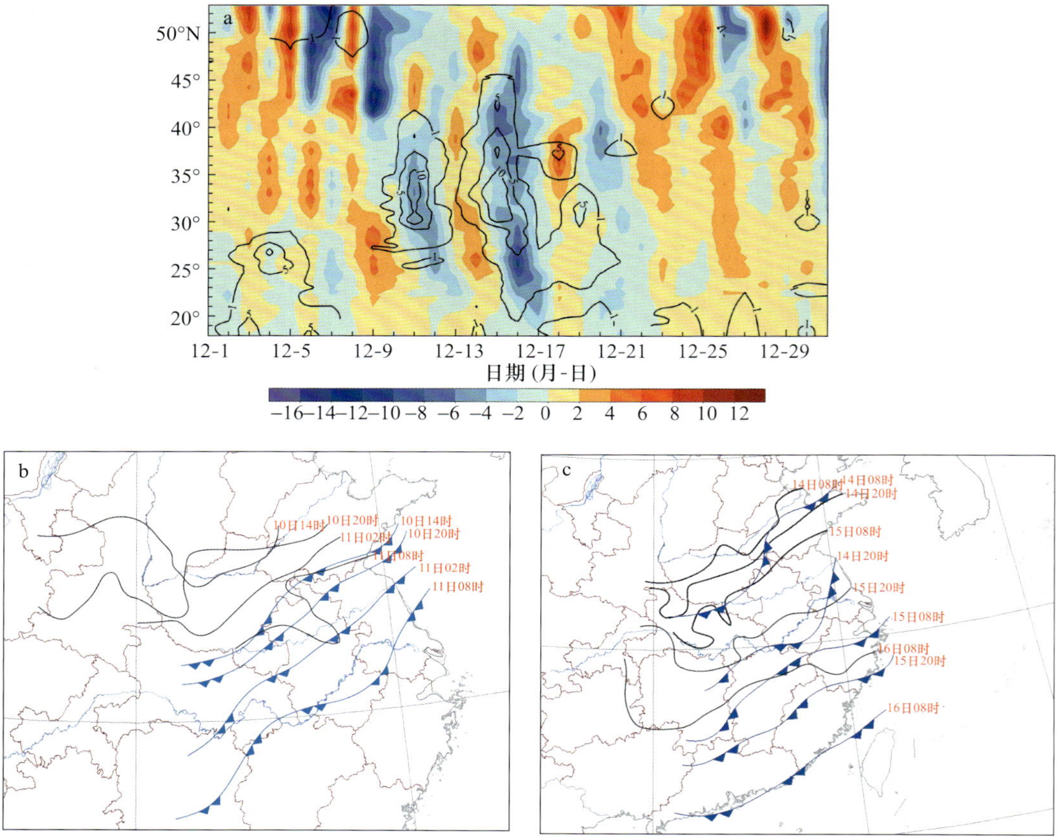

图4　2023年12月1—31日08时2 m地面24 h变温(填色,单位:℃)和24 h雨量(等值线,单位:mm)沿110°—122°E平均纬度剖面时间序列(a);12月10—11日(b)、14—15日(c)雪分界线(黑线)及冷锋(蓝线)

3 持续雨雪及低温天气形成机制

3.1 强烈的上升运动及大气不稳定层结

从图 5 中 12 月 11—15 日海平面气压和 2 m 地面 24 h 变温可以看到，地面有倒槽从西南地区向东北方向伸展，倒槽北部有冷空气南下，降水区位于倒槽北部到冷空气南侧的等值线密集区，冷暖空气的共同作用增强大气斜压不稳定，有利于垂直扰动发展，使降水强度增强。同时，冷空气形成冷垫，不仅迫使暖湿气流在其上倾斜上升，有利于垂直上升运动增强，也使气温下降，有利于降雪强度和范围增大。另外，还可以看到，13—15 日雨雪过程有两股冷空气作用，寒潮在该段降水过程开始时就在河套附近酝酿、发展，在两股冷锋前等值线密集带中均出现雨雪区，尤其是前一股冷空气影响过的区域，气温较低，导致寒潮引发的降雪范围增大，扩展到长江中下游一带，这也是第二段降雪范围和强度都比第一段强的主要原因。

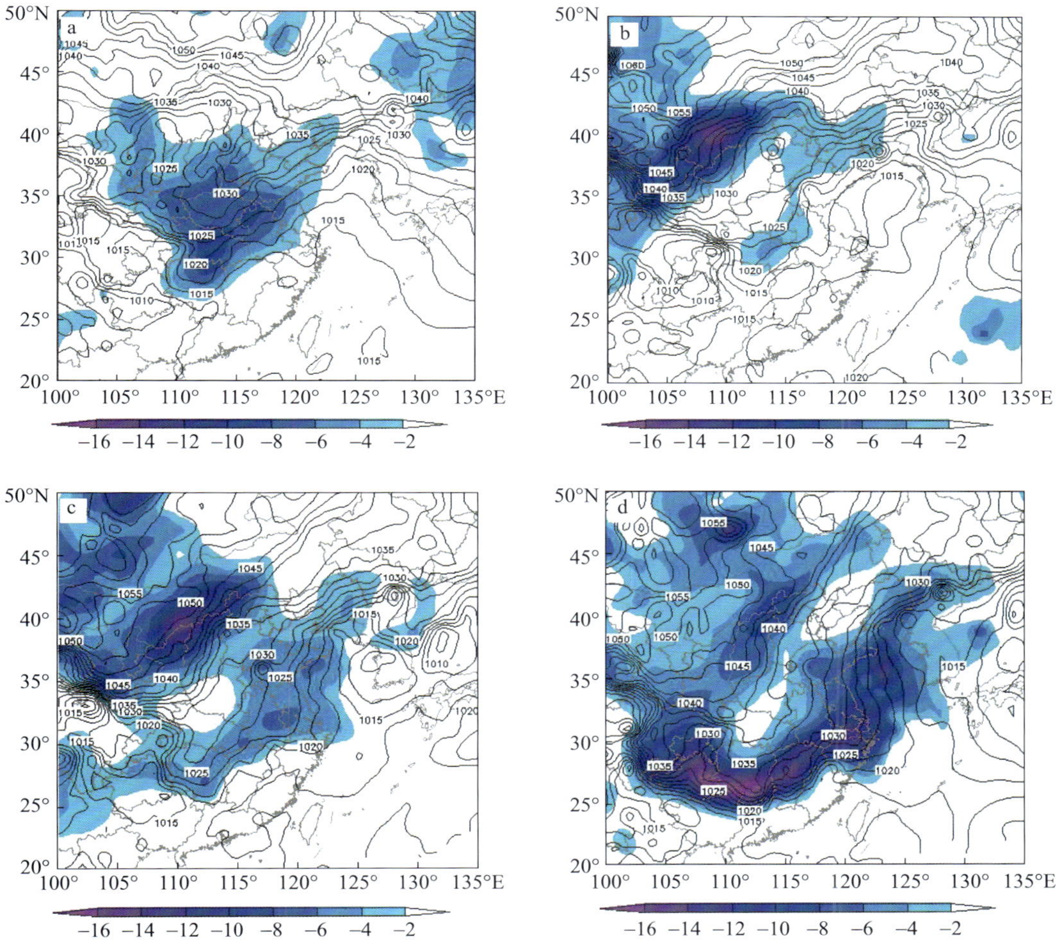

图 5　2023 年 12 月 11 日 02 时(a)、14 日 20 时(b)、15 日 08 时(c)、15 日 20 时(d)海平面气压(单位：hPa)和 2 m 地面 24 h 变温(填色，单位：℃)

假相当位温能反映大气的温湿状况,可以用来分析大气中的能量和不稳定状况。从图 6a～图 6b 中 700 hPa 层假相当位温(θ_{se})和水平风场发现,降水强度最大区域基本都在 θ_{se} 等值线密集带中,如河南中北部地区 θ_{se} 等值线比较密集,11 日 02 时和 14 日 08 时降水强度也最强,主要是由于对流层低层暖湿空气与北方干冷空气交汇,导致斜压性不稳定增强,斜压锋生增强形成较强上升运动,有利于中小尺度天气系统的发展,使得降水增强。从图 6c～图 6d 中对应时刻 θ_{se} 和垂直速度沿 36°N 较强降水位置纬向垂直剖面可知,较强降水的河南内黄站附近(图中三角形表示的经度位置)低空为 θ_{se} 高值,高空 θ_{se} 等值线呈"漏斗"状,表明有干冷空气下沉,并覆盖在暖湿空气上空,增强了大气位势不稳定层结,上升运动也明显增强。11 日 02 时上升速度从 850 hPa 垂直伸展到对流层顶,14 日 08 时从地面伸展到对流层顶,垂直上升速度最大值达到 $-1.6\ Pa \cdot s^{-1}$ 左右,中心位于 400～500 hPa,14 日 08 时垂直上升运动比 11 日 02 时深厚,降水增强。

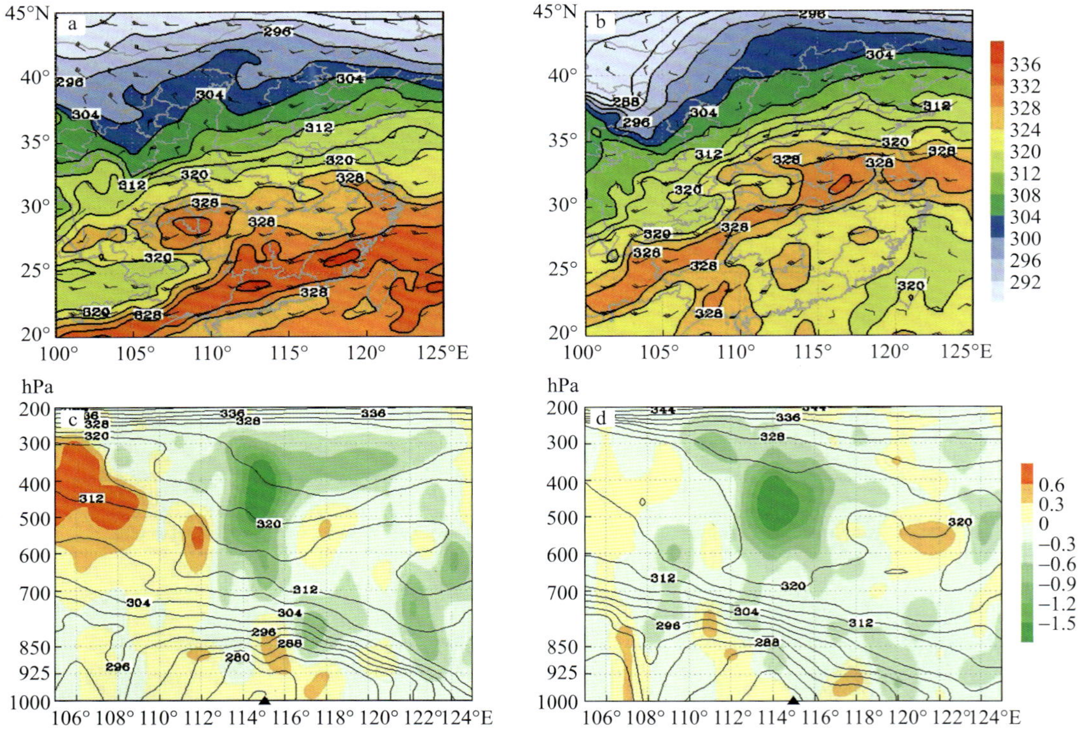

图 6　2023 年 12 月 11 日 02 时 700 hPa 假相当位温(单位:K)和风场(单位:$m \cdot s^{-1}$)(a);沿 36°N 垂直速度(填色,单位:$Pa \cdot s^{-1}$)和假相当位温(黑线,单位:K)纬向垂直剖面(三角形为河南内黄站经度位置)(c);14 日 08 时 700 hPa 假相当位温(单位:K)和风场(单位:$m \cdot s^{-1}$)(b);沿 36°N 垂直速度(填色,单位:$Pa \cdot s^{-1}$)和假相当位温(黑线,单位:K)纬向垂直剖面(三角形为河南内黄站经度位置)(d)

3.2 强盛的水汽输送及温度层结对降水相态转换的作用

图 7 为 700 hPa 水汽通量和风场,可以看到两段(10—11 日和 13—15 日)降水都有低空急流从西南地区东部伸向黄淮地区。第一阶段降水最大风速 $20\ m \cdot s^{-1}$,最大水汽输送强度

15 g·cm^{-1}·hPa^{-1}·s^{-1}；第二段降水最大风速 28 m·s^{-1}，水汽通量达到 20 g·cm^{-1}·hPa^{-1}·s^{-1} 以上；第二段降水强度也比第一段强。可见，强盛的水汽输送是此次中东部地区发生大范围持续性雨雪天气的关键因子。

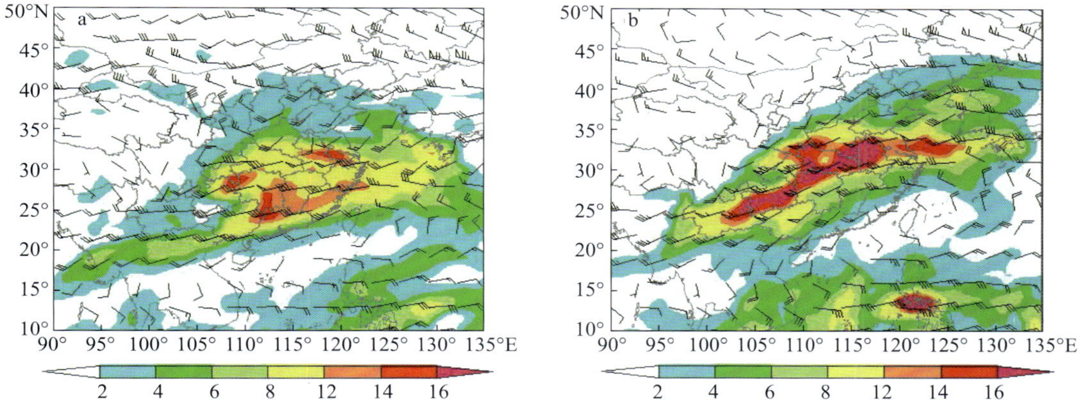

图 7　2023 年 12 月 11 日 02 时(a)、14 日 08 时(b)700 hPa
水汽通量(单位：g·cm^{-1}·hPa^{-1}·s^{-1})、风场(单位：m·s^{-1})

降水相态转换时间节点直接影响降雪量及积雪深度。通过分析 14 日 08 时和 14 时 925 hPa和 1000 hPa 温度、温度平流及降水相态分布(图略)，发现冷平流自西北向东南方向移速较快，随着冷平流东移，降雪区范围扩大。1000 hPa 冷平流先于 925 hPa 东移南压，对于降雪区域，低层的快速降温不利于高层降落雪花的融化，有利于降雪的增强。分析华北、黄淮等雨雪转换区域温度变化还发现，当 925 hPa 温度低于 −5 ℃时，雨转为雪；925 hPa 温度低于 −2 ℃，≥−5 ℃时，多为雨夹雪；1000 hPa 低于 2 ℃时，陕西、华北和黄淮地区雨可以转为雪，但是在安徽北部和江苏北部 −2 ℃时，还是雨。还发现 850 hPa 温度变化对雨雪转换影响不大，但是出现降雪时 850 hPa 温度基本小于 0 ℃，对于区域临界气温条件的分析结果与单站略有差异。

分析河南中西部冻雨形成原因，图 8 为河南宝丰和许昌站温度、相对湿度、垂直速度和水平风矢的垂直剖面及观测降水相态和 2 m 气温，降水发生时 700 hPa 以下相对湿度基本在 95%以上，降水强度最强时，上升速度垂直伸展到 200 hPa。850～700 hPa 层温度在 0 ℃以上，最大值可达 6 ℃，850 hPa 以上为西南气流，为冻雨形成提供融化层，850 hPa 以下为东北气流，温度低于 0 ℃，最低值低于 −4 ℃。冻雨主要发生在 14 日 08—14 时，上升运动最强，高层的冰晶、雪花经过 850～700 hPa 的融化层变为雨滴，在降落到 850 hPa 以下时，由于温度低于 0 ℃，雨滴冷冻，降落近地面形成冻雨。14 日 14 时以后，由于整层气温都降到 0 ℃以下，为雨夹雪或雨。可见，低空的暖层对冻雨的形成有重要影响。

3.3　持续低温维持机制

3.3.1　寒潮南下过程冷堆增强

寒潮南下过程中冷堆增强是导致出现低温的主要原因，针对华北和黄淮地区出现极端最低气温区域,对温度平流和水平涡度平流叠加上升速度垂直变化分析发现,图 9a 中寒潮影响时,对流层整层有很强的冷平流,最大值超过 35×10^{-5}℃·s^{-1},高层位于 300 hPa 附近,低层位于 600 hPa 附近,强冷平流使气温下降,等温线密集,锋生有利于寒潮冷堆增强,也有利于寒潮影响区域气温降低。图 9b 中寒潮冷空气堆中存在上升运动,在 500 hPa 附近最大上升速度可达 -1.2 Pa·s^{-1},主要是由正涡度平流引起,上升运动使空气绝热膨胀冷却,也有利于寒潮强度增强,这与张弛等[16]对一次寒潮过程中冷堆增强的动力原因分析发现,寒潮冷堆中存在上升运动使空气绝热冷却,导致寒潮冷堆增强的结论一致。由此可得,寒潮冷空气在南下过程中其冷堆增强是导致中东部出现大范围低温的主要原因。

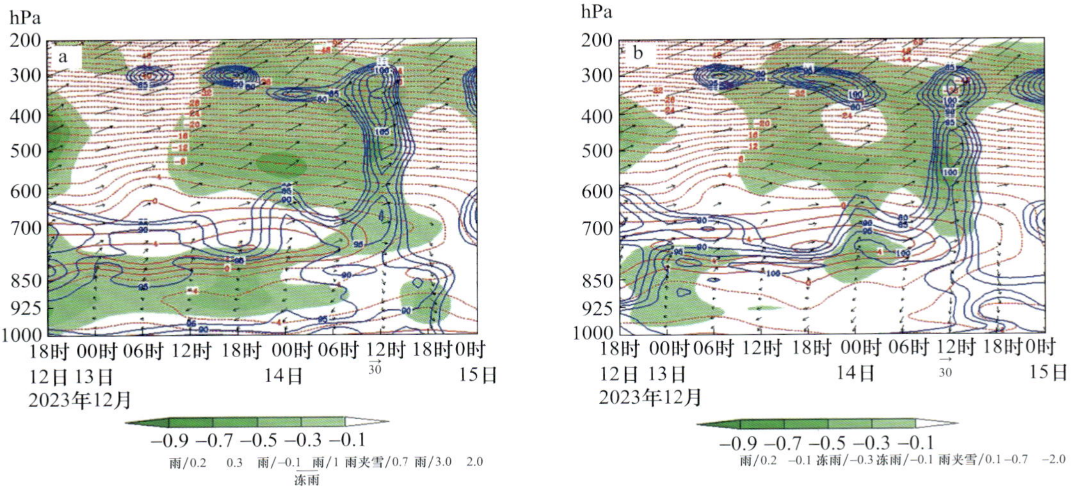

图 8 2023 年 12 月 13 日 20 时—15 日 08 时河南宝丰站(a)、许昌站(b)温度(红线,单位:℃)、相对湿度(蓝线,>80%)、垂直速度(填色,单位:Pa·s^{-1})和水平风矢(箭头)时间垂直剖面及观测降水相态和 2 m 气温(雨/0.2 表示降水相态和 2 m 气温,单位:℃)

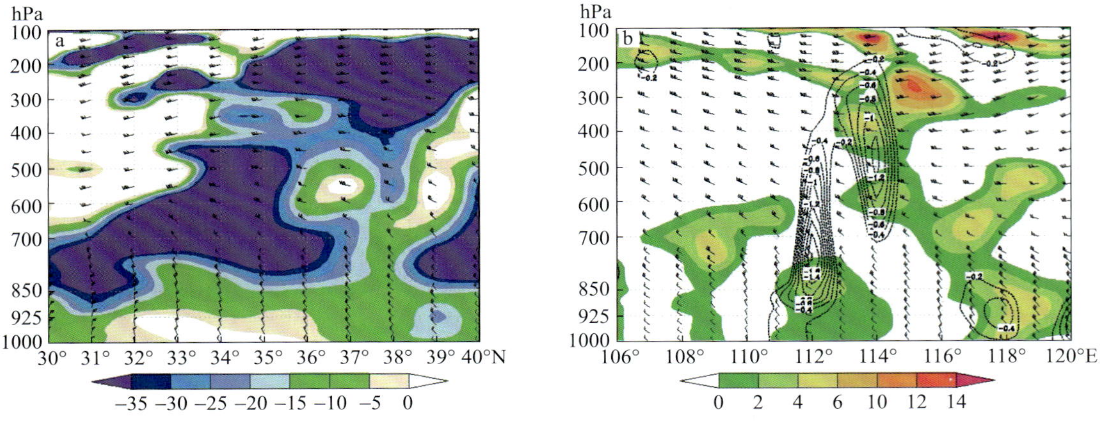

图 9 2023 年 12 月 16 日 02 时 115°E 经向温度平流(单位:10^{-5}℃·s^{-1})和水平风场(风杆,单位:m·s^{-1})(a);37°N 纬向涡度平流(单位:10^{-9}·s^{-2})、垂直速度(单位:Pa·s^{-1})和水平风场(风杆,单位:m·s^{-1})的垂直剖面(b)

3.3.2 冷空气持续影响

乌拉尔山伸向北极地区偏强的高压脊稳定维持是导致影响我国冷空气强度和频繁的主要原因，12月中旬乌拉尔山伸向北极地区的高压脊较常年同期明显偏强，正距平可达16 dagpm，我国西北地区到俄罗斯东部横槽内为负距平，蒙古国附近负距平可达−10 dagpm，有利于冷空气不断在蒙古国聚集，强度增强，我国黄淮以北大部地区为负距平，也说明冷空气强度偏强（图10a）。13—31日乌拉尔山地区高压脊和蒙古国到我国东北地区高空槽范围500 hPa平均位势高度时间变化（图10b）也显示，寒潮暴发时，乌拉尔山高压脊明显减弱，21日平均位势高度降至最低，之后又逐步增强，25日之后快速减弱，说明冷空气活动频繁。高空槽强度在17日达到最强，之后逐渐减弱，但是有起伏。从两条曲线对比来看，乌拉尔山地区平均位势高度增强时，高空槽的强度也加强，说明乌拉尔山高压脊的稳定维持，有利于冷空气持续影响我国，这也是导致我国中东部大部地区低温持续的主要原因。

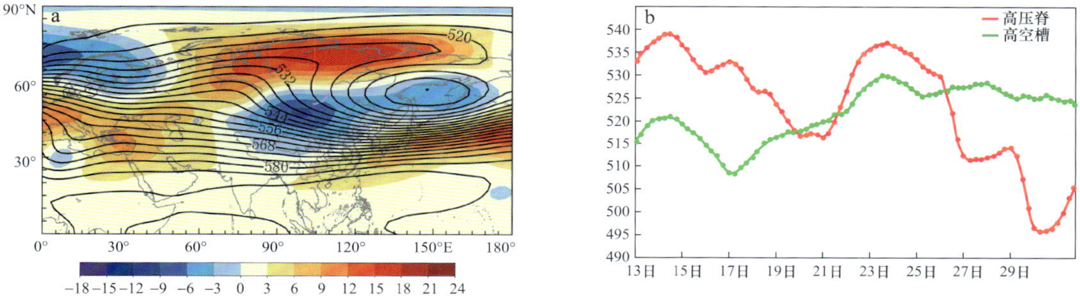

图10 2023年12月中旬500 hPa平均位势高度场（单位：dagpm）及距平（a）；12月13—31日乌拉尔山高压脊（红线）、蒙古国到我国东北地区高空槽范围（绿线）500 hPa平均位势高度演变（b，单位：dagpm）

4 预报难点

4.1 最低温度预报

图11a～图11d为欧洲中期天气预报（ECMWF）中期数值模式对13—17日过程最低气温前4～7 d的预报，分析发现前模式对华北、黄淮及陕西南部最低气温预报偏低4～8 ℃。模式对地形（图11f）附近气温预报普遍偏低，对中东部平原地区气温预报偏高。选取模式预报偏差较大的黄淮地区（33°—36°N，108°—118°E）计算温度局地变化方程中非绝热项平均值时间演变（图11e）发现，13—14日和16—18日非绝热加热可达0.4 ℃·h^{-1}以上，垂直加热厚度可达600 hPa，非绝热加热对冷空气强度影响较大。可见，最低气温不仅跟冷空气强度有关，冷空气移动速度及途经不同性质下垫面对其强度的影响程度等都增加了气温的预报难度，降水强度和相态及持续时间、风向、天空云量、下垫面特征等也增加了气温的预报难度。

4.2 降雪量及降水相态转换时间节点预报

对流层低层温度的变化是影响降水相态转变因素之一，而冷空气强度变化、移动速度等直

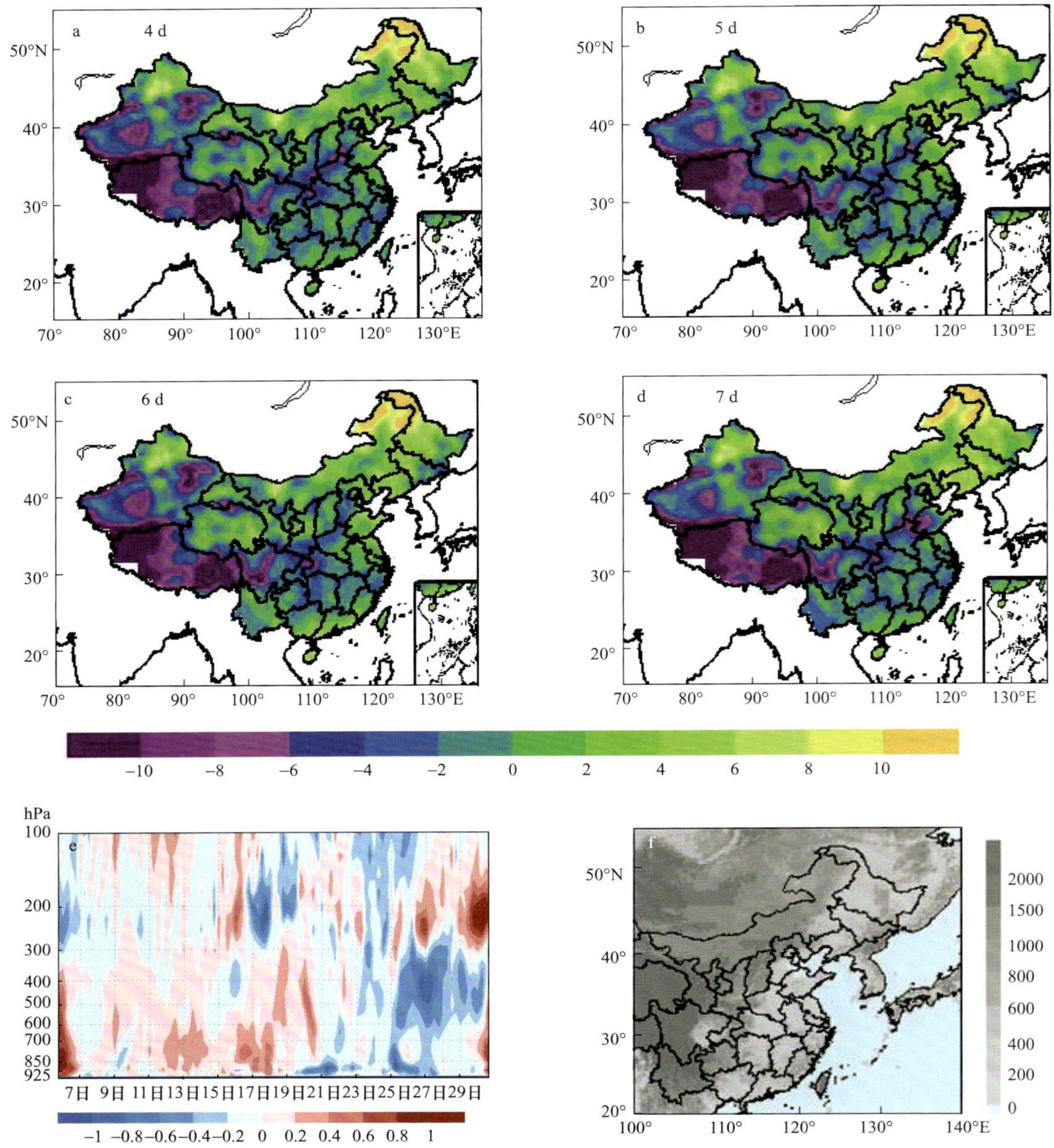

图 11　欧洲中期天气预报中心(ECMWF)中期数值模式前 4 d(a)、5 d(b)、6 d(c)、7 d(d)预报 2023 年 12 月 13—17 日 2 m 最低气温偏差(单位:℃);模式预报偏差较大区域(33°—36°N,108°—118°E)非绝热项平均值(e,单位:℃ · h^{-1});地形高度(f,单位:m)

接影响大气垂直温度层结。通过图 12 中 13—15 日华北、黄淮降雪开始时间和累计降雪量的实况和数值模式预报分析,发现模式 8 d 内预报华北降雪开始时间接近实况,预报河南、陕西降雪开始时间偏早,模式预报降雪范围比实况明显偏大。通过对数值模式 5 d 内预报的累计降雪量分析发现,对河北南部、河南西部、陕西南部模式预报的累计降雪量偏大,山东半岛模式预报明显偏小,结合 3.2 中降水相态分析,说明雨雪转换时间、地形、温度层结等对降雪量都会产生很大影响。

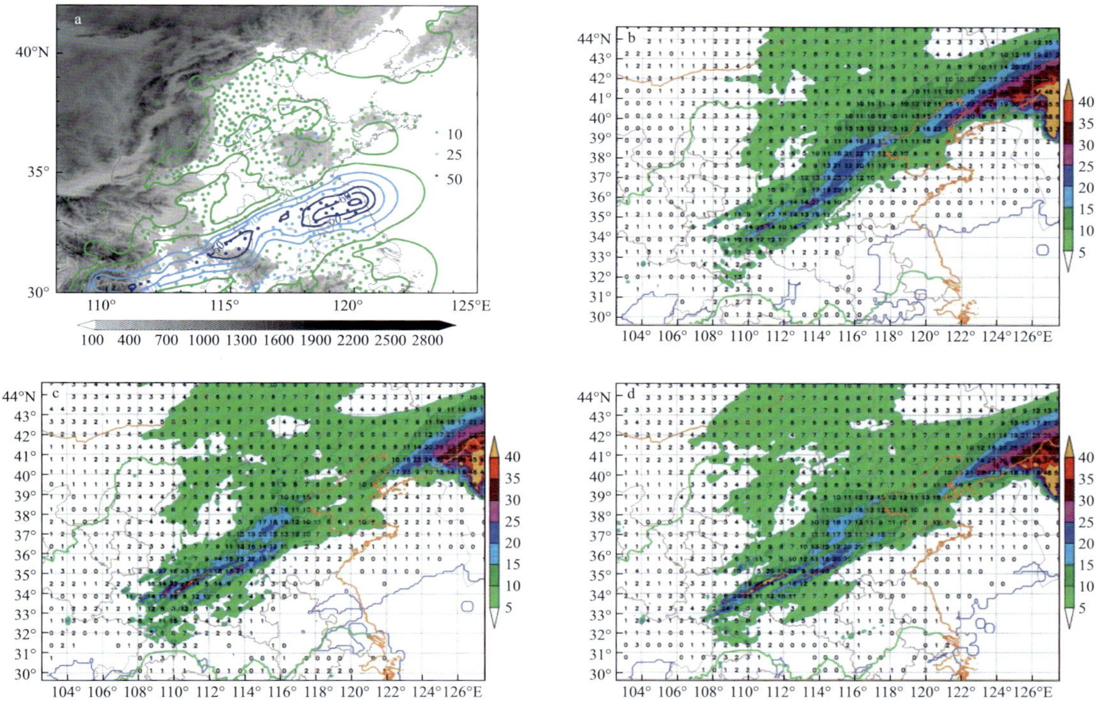

图12　2023年12月13—15日累计降水量实况(a，等值线；填色为地形高度，单位：m)；欧洲中期天气预报中心(ECMWF)中期数值模式前3 d(b)、4 d(c)、5 d(d)预报的累计降雪量(单位：mm)

5 结论与讨论

针对2023年12月中旬我国中东部地区大范围持续雨雪及低温天气过程特征及预报难点进行分析，主要结论如下。

(1)乌拉尔山地区高压脊向极地发展并与极地高压打通，迫使冷空气在贝加尔湖附近地区聚集，暴发寒潮影响我国，之后冷空气过程频繁影响，导致我国大部地区出现持续性低温天气。

(2)寒潮在南下影响我国的过程中，偏北急流中强烈的上升运动，使空气绝热膨胀冷却作用，以及对流层整层较强的冷平流作用，使寒潮冷堆增强，从而造成我国大部地区气温偏低及部分地区的极端低温天气。

(3)此次持续雨雪过程是伴随着西南低空急流强烈发展、加强，为降水区稳定地输送强盛的水汽和能量，而冷空气形成的冷垫迫使暖湿气流在其上倾斜上升，有利于垂直上升运动增强，冷暖空气的共同作用，增强了大气不稳定层结，有利于上升运动增强，导致低层辐合增强，从而使雨雪强度增强。

(4)由于冷暖空气作用，使得大气温度层结垂直变化较大，导致华北、黄淮等地出现了复杂雨雪相态转变，说明对流层低层温度垂直变化对雨雪相态转变有重要影响。

(5)寒潮移动速度、降水持续时间和相态及下垫面特征等增加了气温的预报难度，大气垂直温度层结、下垫面性质也对雨雪相态转换有较强影响,导致数值模式对雨雪转换时间、雪量及最低气温预报偏差较大。

参考文献

[1] 曾明剑,陆维松,梁信忠,等.2008年初中国南方持续性冰冻雨雪灾害形成的温度场结构分析[J].气象学报,2008,66(6):1043-1052.

[2] 姚蓉,黎祖贤,戴泽军,等.2008年初持续雨雪灾害过程分析[J].气象科学,2009,29(6):838-843.

[3] 马宁,李跃凤,琚建华.2008年初中国南方低温雨雪冰冻天气的季节内振荡特征[J].高原气象,2011,30(2):318-327.

[4] 宗志平,马杰.2008年初冻雨强度变化以及与逆温层特征之间的关系[J].气象,2011,37(2):156-160.

[5] 江漫,于甜甜,钱维宏.我国南方冬季低温雨雪冰冻事件的大气扰动信号分析[J].大气科学,2014,38(4):813-824.

[6] 彭京备,孙淑清.2018年1月南方雨雪天气的形成及其与冬季风异常的关系[J].大气科学,2019,43(6):1233-1244.

[7] 李艳,王式功,金荣花,等.我国南方低温雨雪冰冻灾害期间阻塞高压异常特征分析[J].高原气象,2012,31(1):94-101.

[8] 彭艳,王钊,刘安麟,等.2008年1月中国南部低温雨雪冰冻天气特征及其与东亚大气环流异常探讨[J].大气科学学报,2010,33(5):634-640.

[9] 漆梁波,张瑛.中国东部地区冬季降水相态的识别判据研究[J].气象,2012,38(1):96-102.

[10] 董全,黄小玉,宗志平.人工神经网络法和线性回归法对降水相态的预报效果对比[J].气象,2013,39(3):324-332.

[11] 荆浩,于波,张琳娜,等.北京及周边地区冬季降水相态的判别指标研究[J].气象,2022,48(6):746-759.

[12] 王洪,杨洁帆,龚佃利,等.基于微雨雷达的降水参数反演和粒子相态识别[J].大气科学,2023,47(3):739-755.

[13] 陈双,谌芸,何立富,等.我国中东部平原地区临界气温条件下降水相态判别分析[J].气象,2019,45(8):1037-1051.

[14] 李江波,李根娥,裴雨杰,等.一次春季强寒潮的降水相态变化分析[J].气象,2009,35(7):87-94.

[15] 全国气象防灾减灾标准化技术委员会.寒潮等级:GB/T 21987—2017[S].北京:中国标准出版社,2017.

[16] 张弛,沈新勇,张玲,等.一次寒潮过程中冷堆增强的动力原因分析[J].高原气象,2021,40(2):394-402.

2023年11月4—6日气旋背景下东北地区一次极端雨雪过程成因分析

权婉晴[1]　于　跃[2]　符娇兰[1]　李晓兰[1]　孔铃涵[1]　许先煌[1]　任宏昌[1]
（1. 国家气象中心，北京，100081；2. 辽宁省气象台，沈阳，110166）

摘　要：2023年11月4—6日，东北地区等地受气旋影响出现了一次强雨雪过程，雨雪极端性明显，相态复杂，局地出现冻雨，造成了严重的社会影响，给预报服务带来极大挑战。本文对此次雨雪过程的极端性、相态转换特征及相态偏差成因进行了深入分析，总结预报着眼点。结果显示：气旋随高度后向倾斜、气旋东部和南部动力强迫、水汽输送异常偏强，能量条件好，导致了极端强降水的形成；气旋温度平流位置差异造成了温度垂直结构不同，导致了降水相态类型、相态转换速度不同；数值模式对整体降水量预报效果较好，但在冷锋过境前后雨夹雪预报效果差，原因在于模式对冷锋移速预报偏慢。本文以此建立了气旋背景下的降水相态分布模型，并提供了以地面温度和逆温层高度为依据的雨雪相态判断标准以及双偏振雷达融化层监测判断依据，为今后预报此类天气提供借鉴。

关键词：极端降水，锋面气旋，相态转换，相态预报评估

引言

近些年来，我国东北地区的强降雪频次和强度均呈现增多增强的趋势[1,2]，且降水相态复杂。高空槽与温带气旋是造成我国冬半年北方地区强降雪的主要天气系统[3-6]。温带气旋与高空槽的不同动力结构、热力配置和水汽条件，如锋区配置、暖平流强度与高度、冷垫强度等，是造成相态转换复杂的直接原因[7-10]。预报实践表明，主流数值模式对天气尺度系统降水预报可靠性较高，但由于模式对冬季相态的分类与产生物理机制的描述具有局限性，模式相态预报以及相态转换时间预报往往有较大误差[11,12]。综上所述，雨雪的极端性和相态预报一直是预报的难点问题。

2023年11月4—6日，在江淮气旋北上的背景下，我国内蒙古东部和东北地区出现了一次极端强雨雪过程。暴雨、大暴雪、特大暴雪影响范围大，降水强度强，41个站点降水量超越同期历史极值，且经历了复杂的雨雪相态转换，局地出现冻雨，对交通、城市运行等造成了严重影响，佳木斯体育馆坍塌造成人员伤亡，产生了较大的社会影响和经济损失。

本文对此次雨雪过程的极端性、相态转换成因进行了深入分析，评估了模式相态预报能力，构建了气旋降水相态分布及相态转换机制物理概念模型，总结了预报着眼点和指标，有助

资助项目：中国气象局暴雨精细化分析和预报青年创新团队（CMA2023QN05）。
第一作者：权婉晴，高级工程师，主要从事灾害天气机理及预报技术研究。
通信作者：符娇兰，正高级工程师，主要从事灾害天气机理及预报技术研究，E-mail：bluelilyfly@163.com。

于预报员提升对雨雪极端性形成机理和复杂相态分布及转换机制的认识，为今后预报此类天气提供借鉴。

1 实况

1.1 降水极端性特征

2023 年 11 月 4 日 08 时—7 日 08 时，我国内蒙古大部、东北地区大部等地出现降雪、雨夹雪或雨转雪天气。国家观测站显示，内蒙古东南部、黑龙江东部、吉林中东部、辽宁等地累计降水量达到 25～50 mm，黑龙江牡丹江、吉林延边局地达 60～70 mm，最大值出现在黑龙江牡丹江穆棱，达到 74.8 mm。黑龙江佳木斯、五常，吉林珲春、延吉，辽宁沈阳等 41 个国家级气象站日降水量突破当地 11 月历史极值(图 1)。逐日降水分布显示，4 日整体降水较弱，仅在内蒙古中西部等地出现了小到中雪(雨)或雨夹雪，5—6 日雨雪范围向东发展、强度明显增强，内蒙古中东部、东北地区大部出现雨转雪天气，其中内蒙古东南部、辽宁中西部、黑龙江中东部、吉林中西部等地出现大到暴雪，部分地区大暴雪，局地特大暴雪，吉林东部、辽宁东部出现中到大雨，局地暴雨。

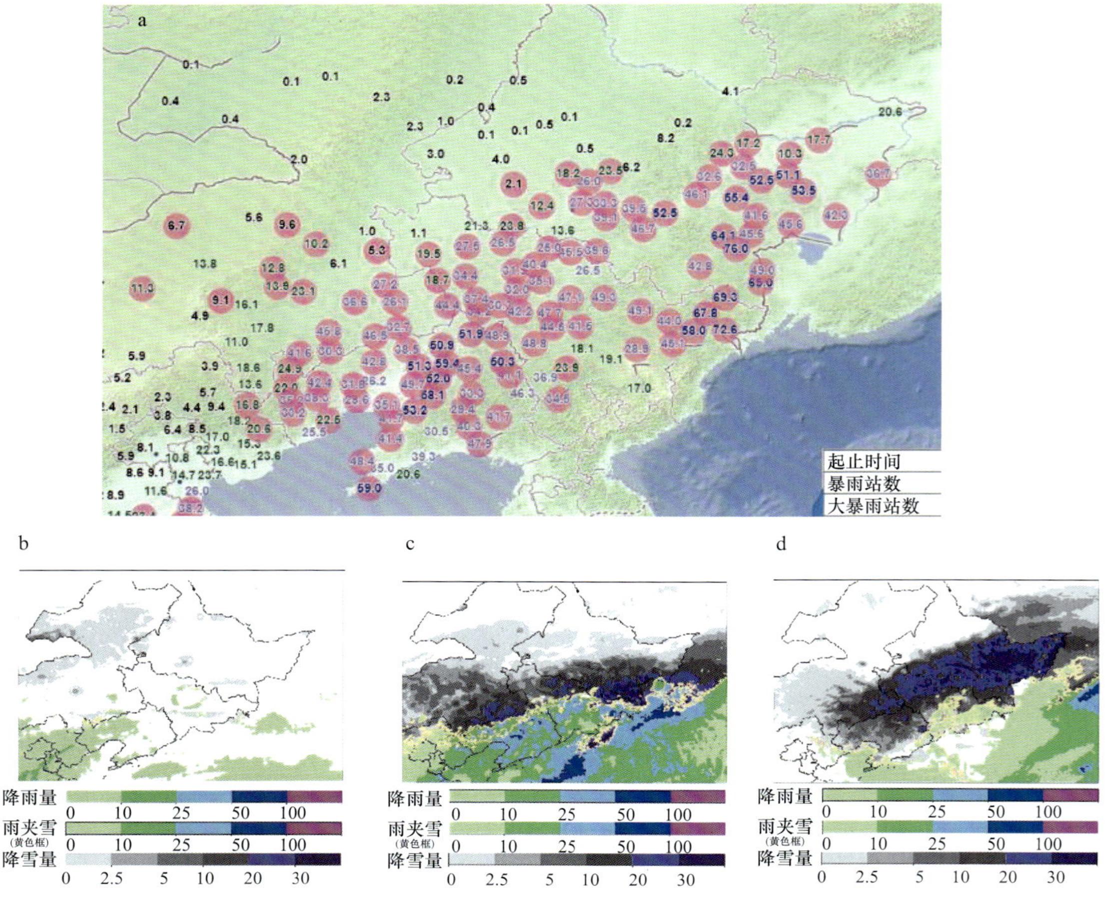

图 1　11 月 4—6 日过程累计降水量(a，粉色站点降水量突破同期历史纪录，单位：mm)；11 月 4 日(b)、11 月 5 日(c)、11 月 6 日(d)逐日雨雪量(单位：mm)

小时雨(雪)强度的空间分布与累计雨雪量分布类似(图 2)，雨(雪)强自西向东逐渐增大，最强区域主要位于长白山以及三江平原地区，最大小时雨强可达 5～10 mm，局地超过10 mm。从降水持续时间上看，东部地区降水持续时间较西部地区更长，最长持续降水发生在辽宁北部、吉林中部以及黑龙江东南部，累计超过 30 h。

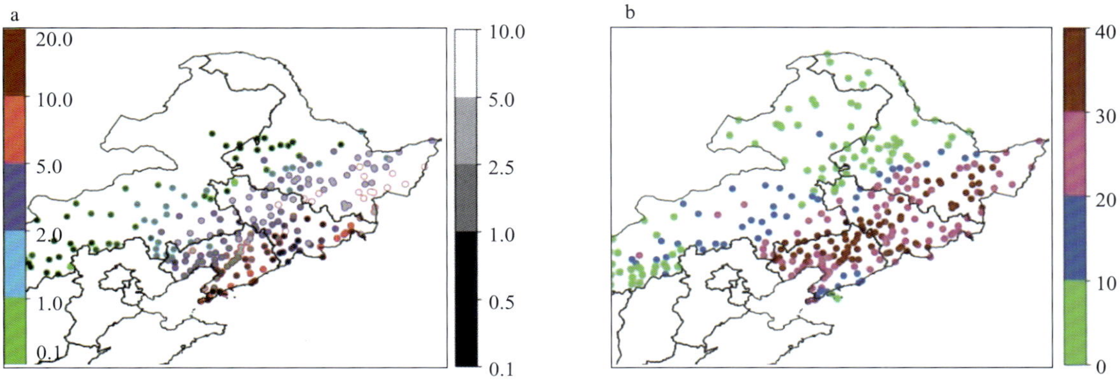

图 2 最大小时雨(雪)强分布图(a,彩色为小时雨强,灰色为小时雪强,单位:mm)；降水持续时间分布图(b,单位:h)

1.2 复杂相态转换特征

此次过程雨雪相态复杂，吉林西部和黑龙江大部为纯雪，内蒙古、辽宁大部、吉林中东部、黑龙江东南部出现雨转雨夹雪或雪，辽东半岛、吉林东北部为纯雨。雨雪分界线自西北向东南方向推进，5 日 08 时—6 日 08 时，雨雪分界线从内蒙古东南部快速向辽宁中西部推进，而在吉林中部推进速度较慢，其中 5 日 14 时—6 日 08 时，雨雪分界线在吉林中部出现东西摆动，6 日 08—20 时雨雪分界线在吉林中部推进速度较快；黑龙江东南部的雨雪转换速度较慢(图 3)。此外，黑龙江南部、吉林北部等地出现冻雨，电线积冰厚度达到 1～8 mm。

从雪水比(24 h 新增积雪深度/24 h 累计纯雪量)分析此次降雪的性质(图 4)，此次过程雪水比均小于 1，以湿雪为主。从 5 日与 6 日雪水比可以看出，5 日雪水比小于 0.9 站点居多，湿雪特征更明显，6 日大于 0.9 的雪水比占比明显增多，雪质含水量趋于正常。

进一步分析 5—6 日位于气旋不同区域雨雪相态时间变化(图 5)，通辽站 5 日白天出现了弱降雨，5 日 23 时转为降雪。吉林扶余 6 日凌晨开始降水，6 日 05 时转为纯雪，08 时电线结冰厚度达到 6 mm，降水开始伴有冻雨现象。穆棱站以纯雪为主，5 日出现了特大暴雪。辽宁沈阳在 6 日 06 时前为纯雨，在 6 日 08 时经过 1 h 完成雨雪转换；吉林长春从 5 日 20 时—6 日 10 时出现了长时间的雨夹雪，转雪速度慢，6 日 15 时后雪强迅速减弱；吉林汪清全过程为纯雨，降水时间分布与穆棱相近。

2 过程极端性成因分析

2.1 环流形势及影响系统异常性

5 日蒙古低涡旋转东移，且与南支波动同位相叠加，受高空槽前动热力强迫影响，江淮气旋在苏皖中北部生成，强度增强并快速北上影响东北地区，在气旋东侧和南侧有偏南、偏东急流发展。此时，气旋整体随高度增加向西倾斜，5 日 20 时地面气旋中心位于黄海北部至辽东半岛一带，500 hPa 气旋中心位于内蒙古河套地区附近。6 日，低层气旋中心移速减缓，高层气旋中心随高空槽迅速东移，气旋倾斜性减弱。6 日 20 时不同高度气旋中心基本重合，气旋强度减弱，此后降水趋于减弱结束(图 6)。

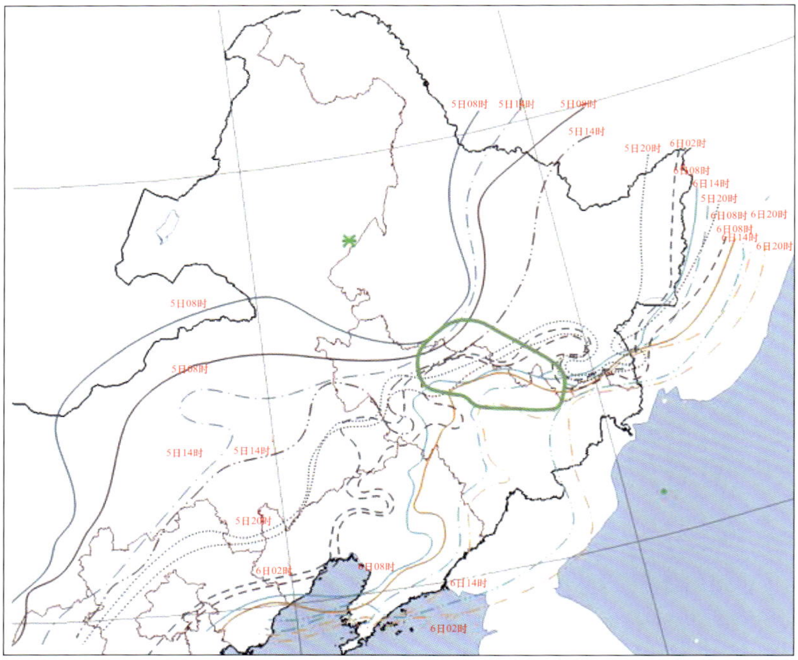

图 3　雨雪分界线时序变化图

(偏蓝色线条为雪区与雨夹雪区分界线，偏红色线条为雨夹雪区与雨区分界线，绿色线条内发生冻雨)

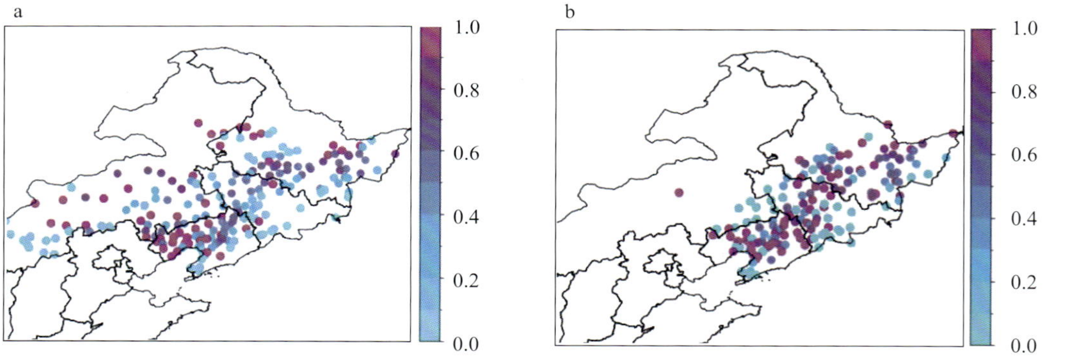

图 4　5 日(a)、6 日(b)逐 24 h 雪水比(24 h 新增积雪/24 h 降雪量)

500 hPa 高度场标准化距平显示，5 日 20 时 500 hPa 低压中心位势高度较历史同期气候态(1991—2020 年同期气候平均)偏低 1.5σ～2σ，表明蒙古低涡异常偏强。850 hPa 偏南风较气候态偏大 1σ 以上，日本海附近偏南风异常性超过 2σ，北侧异常性趋于 0，表明暖锋区域的动力强迫极端性强于冷锋区域。异常偏强的低涡或气旋以及偏南风为此次极端雨雪过程提供了有利的动力抬升以及水汽输送条件。

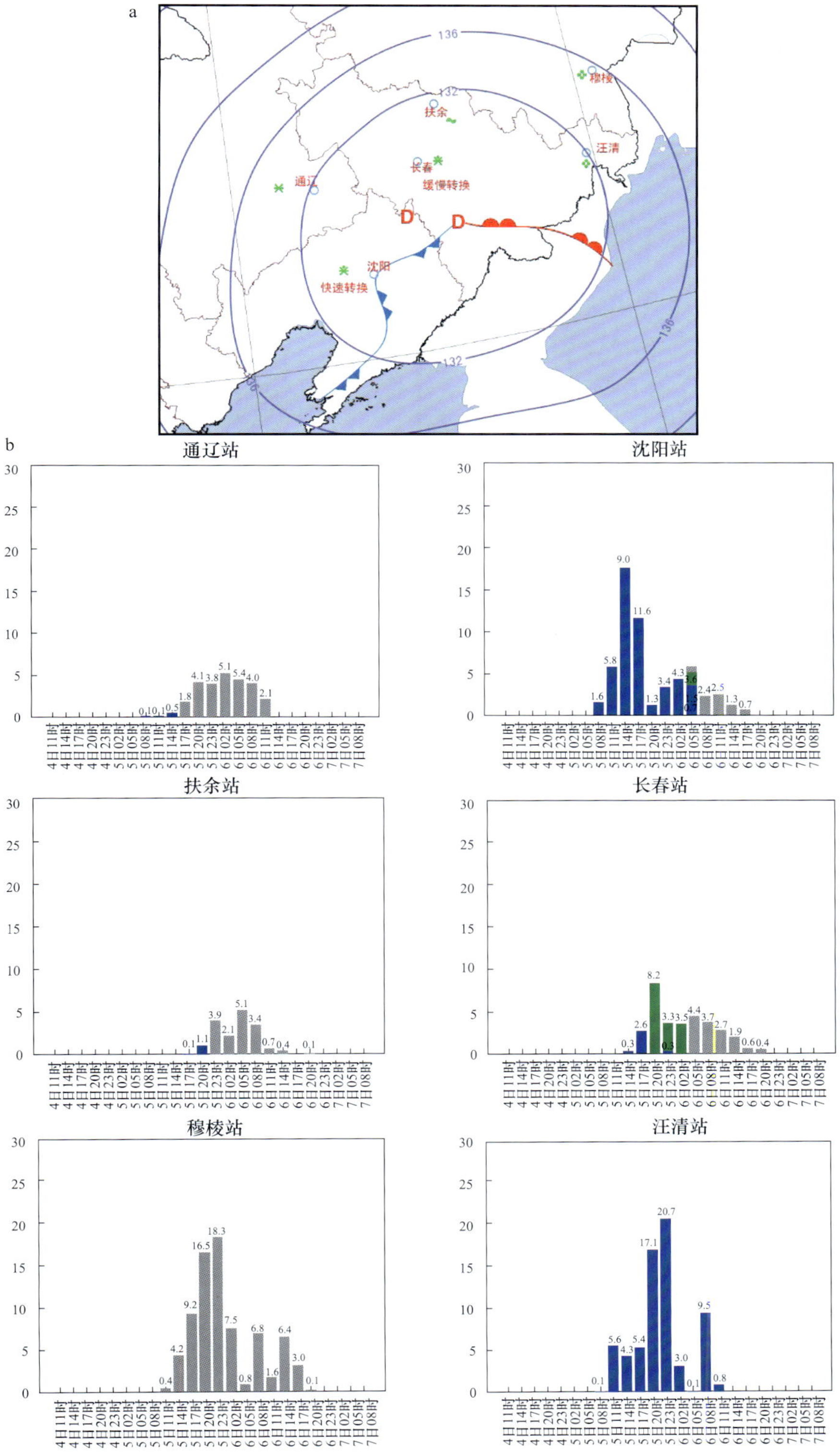

图 5 代表站点分布及 6 日 08 时 850 hPa 气旋位置及相态分布(a)；
代表站逐 3 h 降水量和相态分布(b，单位：mm)
(蓝色为雨，绿色为雨夹雪，灰色为雪)

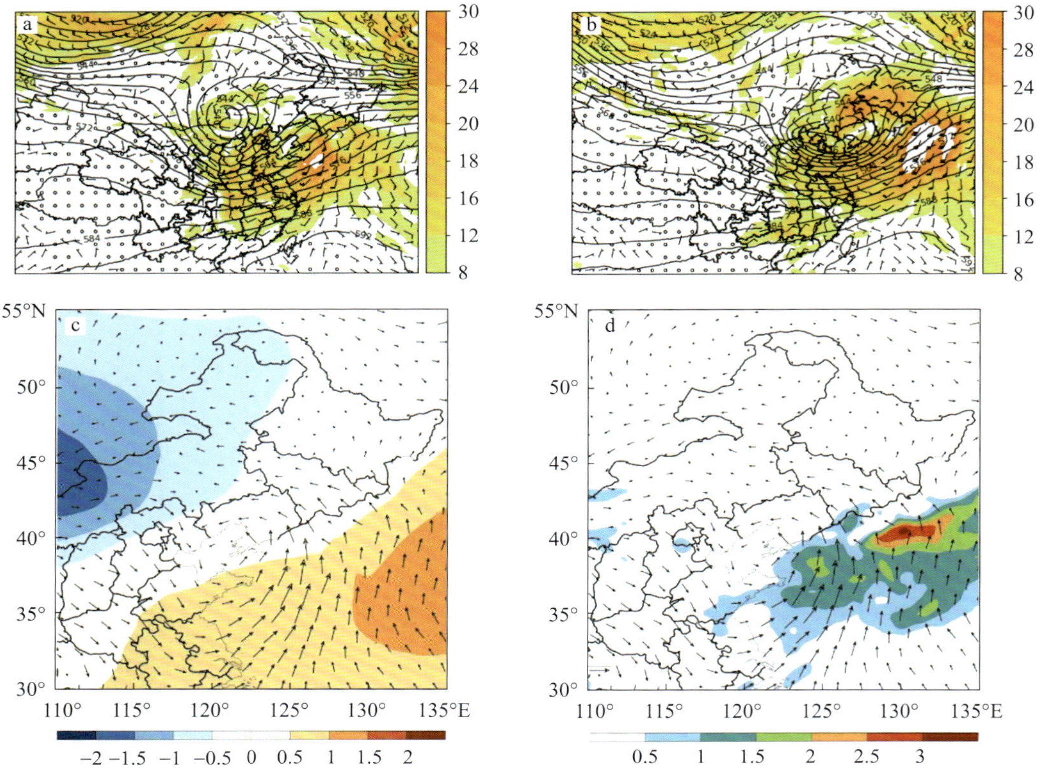

图 6　5 日 20 时(a)、6 日 20 时(b)500 hPa(位势高度:黑色等值线,单位:dagpm;850 hPa 风场和风速:填色,单位:m・s^{-1});5 日 20 时 500 hPa 位势高度(c)、850 hPa 风场异常性(d,单位:σ)

2.2　强降水成因

从图 7 可以看出,气旋西南侧冷锋区域和东北侧暖锋区域均出现了锋生,其中暖锋锋生在两层都很显著,锋生中心均超过了 4 K・m^{-1}・s^{-1}。而冷锋锋生明显弱于暖锋一侧,在 850 hPa局地达到 4 K・m^{-1}・s^{-1},在 925 hPa 为 2～3 K・m^{-1}・s^{-1},暖锋锋生附近次生环流垂直上升运动支为气旋东侧强雨雪提供了有利的动力条件。500 hPa 垂直速度场同样在暖锋区域显示出强上升运动,表明暖锋一侧抬升层次深厚。上述特征显示,气旋东侧暖锋动力强迫强于气旋西侧冷锋,气旋动力强迫呈现出不对称的特征,这也与雨雪强度空间分布基本一致。到 6 日 08 时,暖锋锋生强度继续维持,冷锋锋生在 925 hPa 有所增强,表明低层冷空气逐渐南下。对照 300 hPa 和 700 hPa 扰动位涡场(图 8),可以看出中低层扰动位涡大值区位于暖锋锋生区域与长白山地形区域,在 6 日 08 时面积达到极大值,而高层扰动位涡大值区位于内蒙古中部的气旋中心,扰动位涡向西向上倾斜特征显著。

自 5 日 14 时起,气旋东北侧 700 hPa 及以下层次出现强盛暖平流(图 9),到 5 日 20 时最大值超过 100 K・s^{-1},至 6 日 14 时稳定维持在吉林东部至北部地区,向东北方向移动速度缓慢,受其影响,气旋东侧有对流不稳定能量发展。整层对流有效位能(CAPE)大值区位于 850 hPa暖切变线与 700 hPa 西南急流辐合前沿附近及其南侧,5 日 11 时起辽宁东南部 CAPE 超过 50 J・kg^{-1},最大值超过 100 J・kg^{-1},5 日 23 时起随暖切变线北抬,CAPE 大值区也向东北方向移动并扩展，6 日 08 时，CAPE 在长白山区域发生突增，极大值超过 250 J · kg^{-1}，至 6 日 14 时，黑龙江东南部、吉林北部和东部均位于 CAPE 大值区。气旋东侧强暖平流以及对流不稳定能量为黑龙江东南部吉林北部与东部强降水形成提供了有利的热力条件。

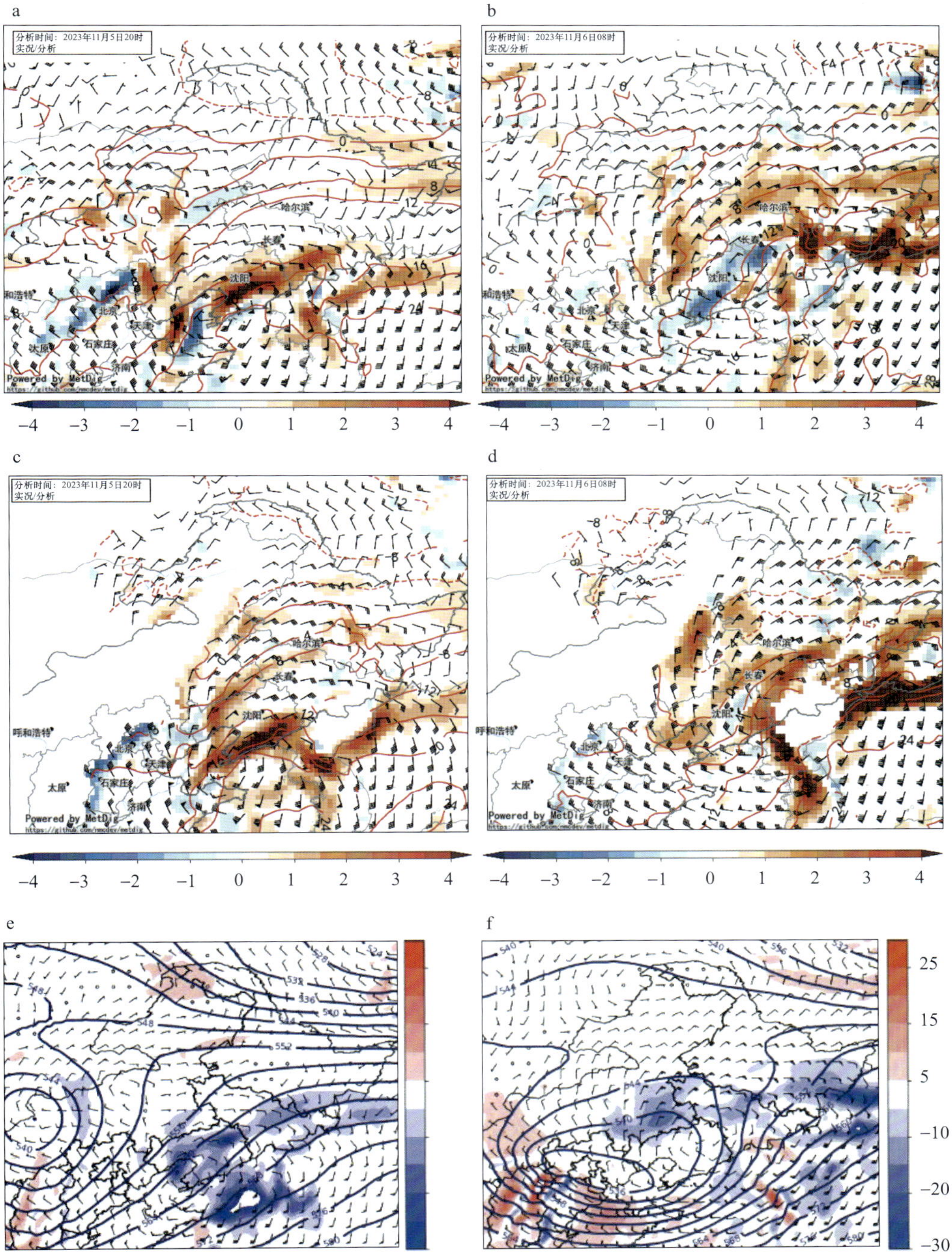

图 7　5 日 20 时 850 hPa(a)、925 hPa(c)的锋生函数(单位：K · m · s^{-1})、风场和位温(单位：℃)及 500 hPa 垂直速度(e，单位：Pa · s^{-1})；6 日 08 时 850 hPa(b)、925 hPa(d)的锋生函数(单位：K · m · s^{-1})、风场和位温(单位：℃)及 500 hPa 垂直速度(f，单位：Pa · s^{-1})

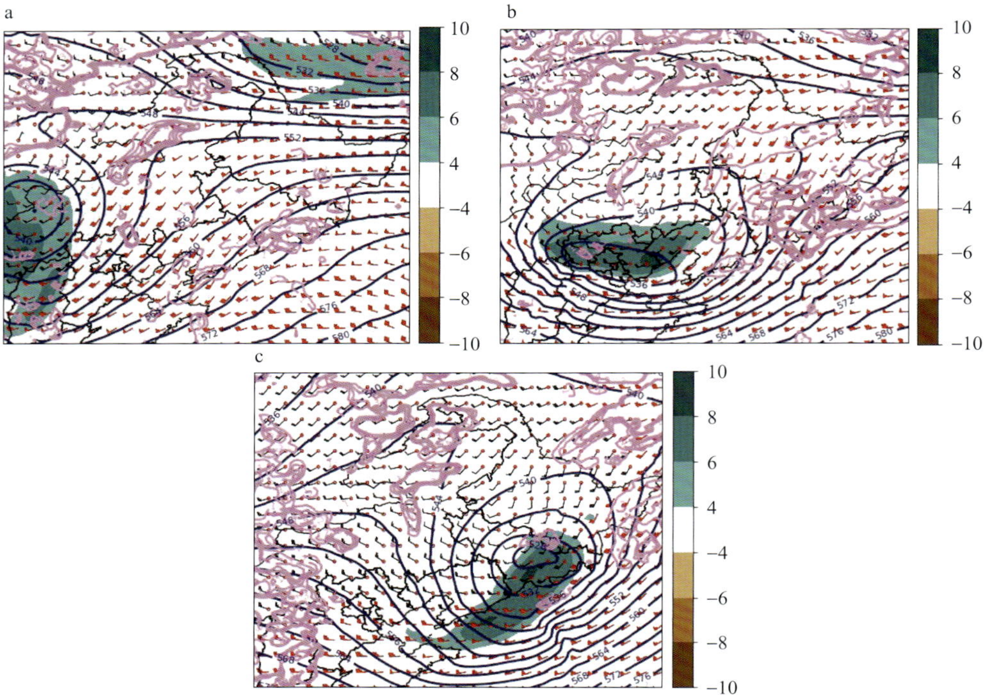

图 8　5 日 20 时(a)、6 日 08 时(b)、6 日 20 时(c)的 300 hPa(填色)与 700 hPa(粉色等值线)扰动位涡(单位:PUV)、500 hPa 位势场(黑色等值线,单位:dagpm)和 200 hPa 风场(单位:m · s^{-1})

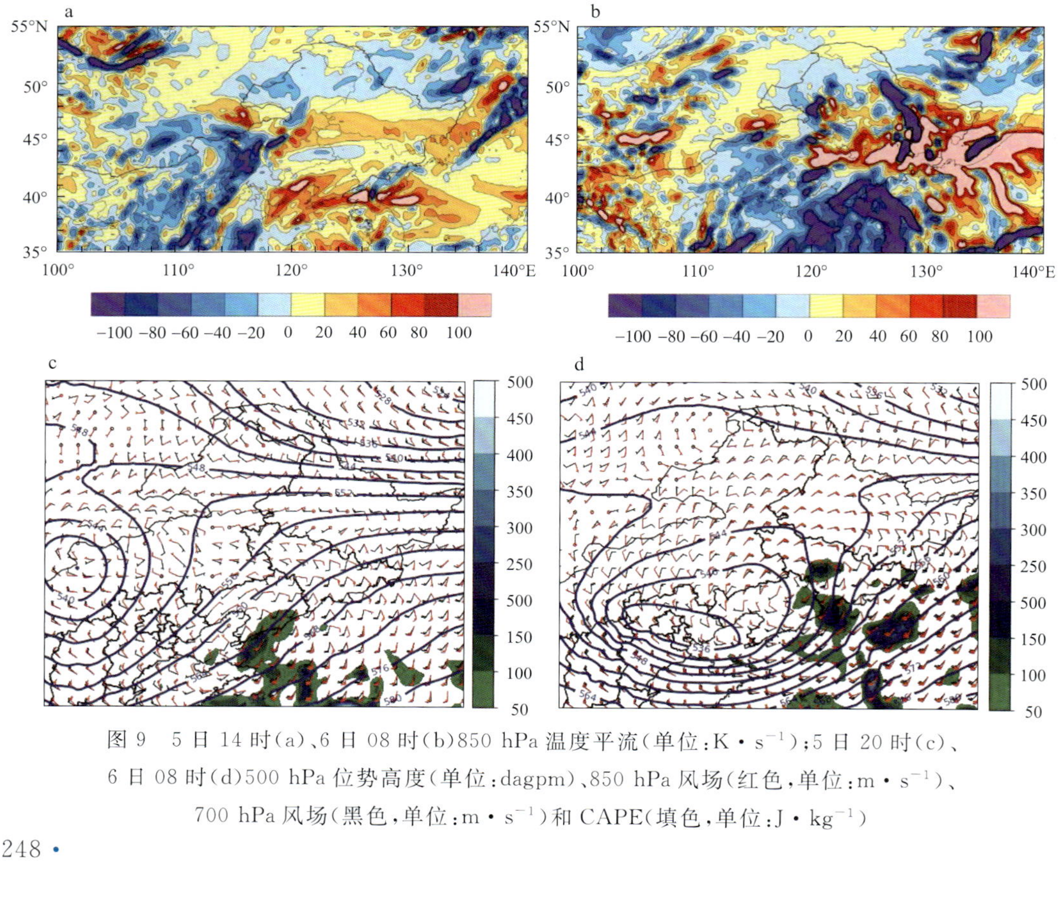

图 9　5 日 14 时(a)、6 日 08 时(b)850 hPa 温度平流(单位:K · s^{-1});5 日 20 时(c)、6 日 08 时(d)500 hPa 位势高度(单位:dagpm)、850 hPa 风场(红色,单位:m · s^{-1})、700 hPa 风场(黑色,单位:m · s^{-1})和 CAPE(填色,单位:J · kg^{-1})

从5日20时850 hPa水汽通量来看（图10），存在两条水汽通路，一条为来自日本海的偏东风，一条是来自黄海的江淮气旋东南风。5日20时起，两条水汽通路合并，造成气旋东北侧的湿舌增强，内蒙古东部、东北地区大部850 hPa比湿在2 g・kg^{-1}以上，内蒙古东南部、吉林、辽宁的850 hPa比湿超过4 g・kg^{-1}，并持续到6日14时。6日伴随高空槽东移，黄海水汽通路的水汽条件较5日略有减弱，850 hPa比湿大于2 g・kg^{-1}区域范围东移，面积明显减小，但在黑龙江东南部、吉林东部沿长白山地区，出现了比湿大于4 g・kg^{-1}的范围集中和强度增大区域，850 hPa比湿较气候态偏大1.5σ，部分地区超过了2.5σ，表明偏东路水汽通道显著增强了雨雪过程的水汽输送。从整层可降水量来看，气旋北侧和西侧的整层可降水量普遍超过2σ，气旋东侧和南侧的整层可降水量最大超过5σ，体现了水汽总量的极端异常。

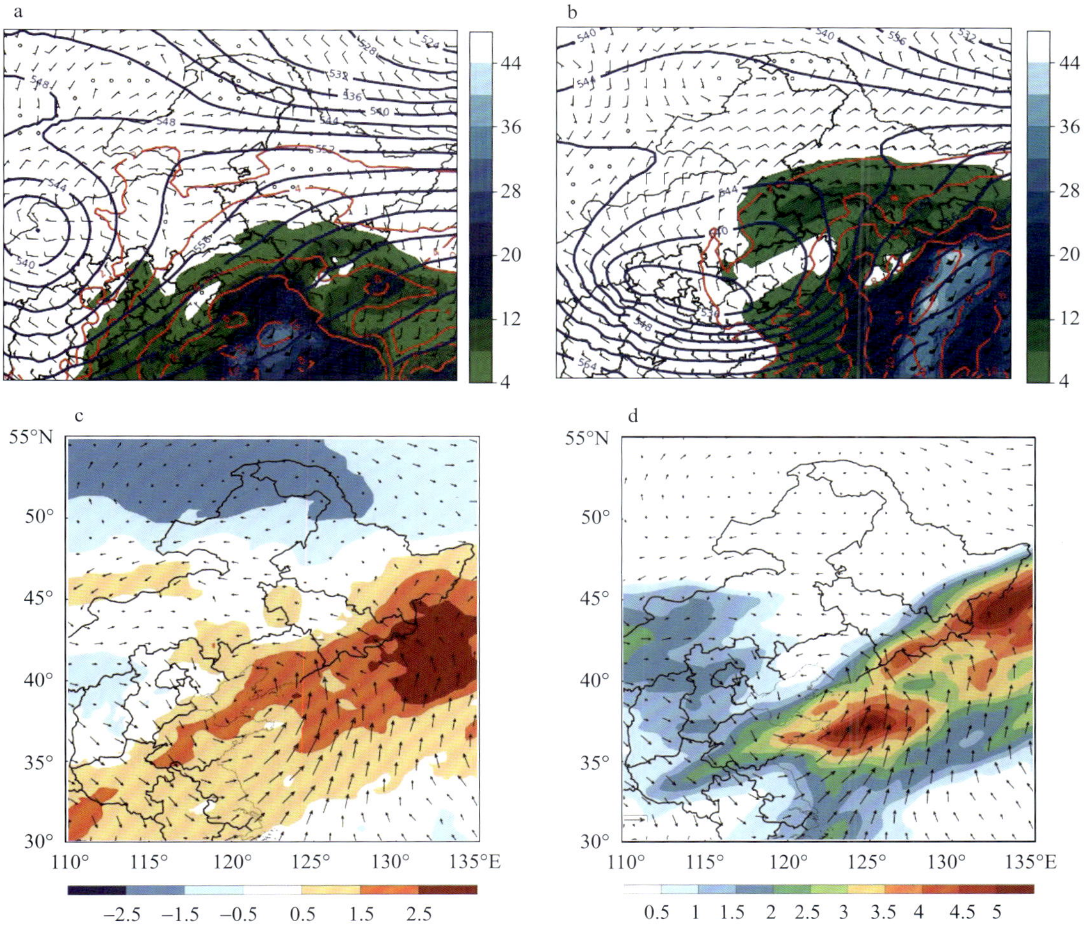

图10 5日20时(a)、6日08时(b)500 hPa位势高度（单位：dagpm）、850 hPa风场、比湿（单位：g・kg^{-1}）和水汽通量（单位：kg・m^{-2}・s^{-1}）；5日20时比湿（c，单位：g・kg^{-1}）、可降水量（d，简称PWAT）异常性叠加850 hPa风场

可见，此次极端雨雪过程是在异常偏强的低涡以及气旋东侧偏南风、异常充沛的水汽背景下产生的。

3 气旋不同位置复杂雨雪相态转换的成因

3.1 气旋西南部雨雪转化区

5 日 15 时—6 日 05 时，沈阳出现持续降雨。雷达监测显示，5 日 20 时(图 11)，沈阳地区降水相态为雨，小时雨强 4～7 mm，对应区域 Z(回波反射率)均值为 30 dBZ，最大值>35 dBZ，积状云为主；ZDR(差分反射率)>1 dB，最大值>2.5 dB，以小雨滴为主；CC(相关系数)接近 1，降水粒子分布均匀，为大小相同的小雨滴。6 日 07 时，沈阳地区相态为雨夹雪，Z 值明显增大，最大值>40 dBZ，为雨雪相态混合；ZDR 均值>1，最大值>3 dB；CC 相关系数呈现东北、西南向低值分布带，均值减小至 1 以下，表明相态不均匀，出现雨、雨夹雪、雪等混合；KDP(差分传播相移率)增大至 0.75 以上，粒子数浓度增加。6 日 08 时开始，沈阳迅速转雪，6 日 14 时雷达监测显示，Z 值减小至 30 dBZ 以下，ZDR 下降至 0.2 以下；CC 相关系数接近 1，表明此时为均匀降雪粒子，与地面相态观测基本一致；KDP 明显减小，均值降低至 0.31 以下，粒子数浓度最小。

站点综合廓线时序图表明(图 12)，沈阳 5 日 14 时起 925 hPa 出现冷侵入，但低层温度依旧较高，6 日 08 时之前，700 hPa 以下温度维持在 0～6 ℃。6 日 08 时，随着冷锋进一步东移，700 hPa 以下出现明显降温，近地面降温更为显著，整层温度均低于−2 ℃以下，为转雪提供了温度条件。从云内相态可以看出，07 时之前云中冰相粒子与水滴共存，07 时之后，冰相粒子下沉，过冷水滴很少，主要以冰相粒子为主，对应此时开始转雪。

3.2 气旋中部缓慢相态转化区

6 日 00 时之前长春以弱降雨为主，6 日 00—08 时出现了明显的雨夹雪，6 日 11 时之前转为纯雪。从长春站雷达监测(图 13)看，5 日 20 时长春上空出现了明显的融化层，云内粒子相态识别以湿雪和冰晶为主，Z 和 ZDR 都出现突增大值区，高度在 0.5～2 km，表明融化层较厚，地面观测为雨。5 日 23 时—6 日 07 时，Z 和 ZDR 大值带更明显，表明此时雨雪强度增强，同时大值带中心向上抬升，表明融化层位于相对较高的位置，中层有暖湿气流输送，有利于雨夹雪的维持。6 日 08 时融化层重新下降到地面附近，低层温度再次下降至 0 ℃左右，开始了雨夹雪向纯雪的转变。6 日 11 时起，回波强度和 ZDR 强度均下降，转为典型降雪回波，对应地面观测转为纯雪。

站点综合时序图表明(图 14)，5 日 08—23 时之前，850 hPa 至地面气温明显高于 0 ℃，此时长春主要以降雨为主。6 日 00—08 时，925 hPa 及以下高度转为东北风，配合低层冷空气从东路侵入，850 hPa 以下在 0～2 ℃，地面温度降至 0 ℃以下，但受强暖平流影响，850 hPa 及以上层次温度有所升高，达到 0 ℃以上，有利于降雪的融化，对应该时段为持续性的雨夹雪天气。6 日 08—11 时，伴随着气旋东移北上，气旋西侧偏北气流迅速控制长春，中层冷侵入下沉，低层强暖平流减弱并移出长春，整层气温降至 0 ℃以下，长春完全转为纯雪。

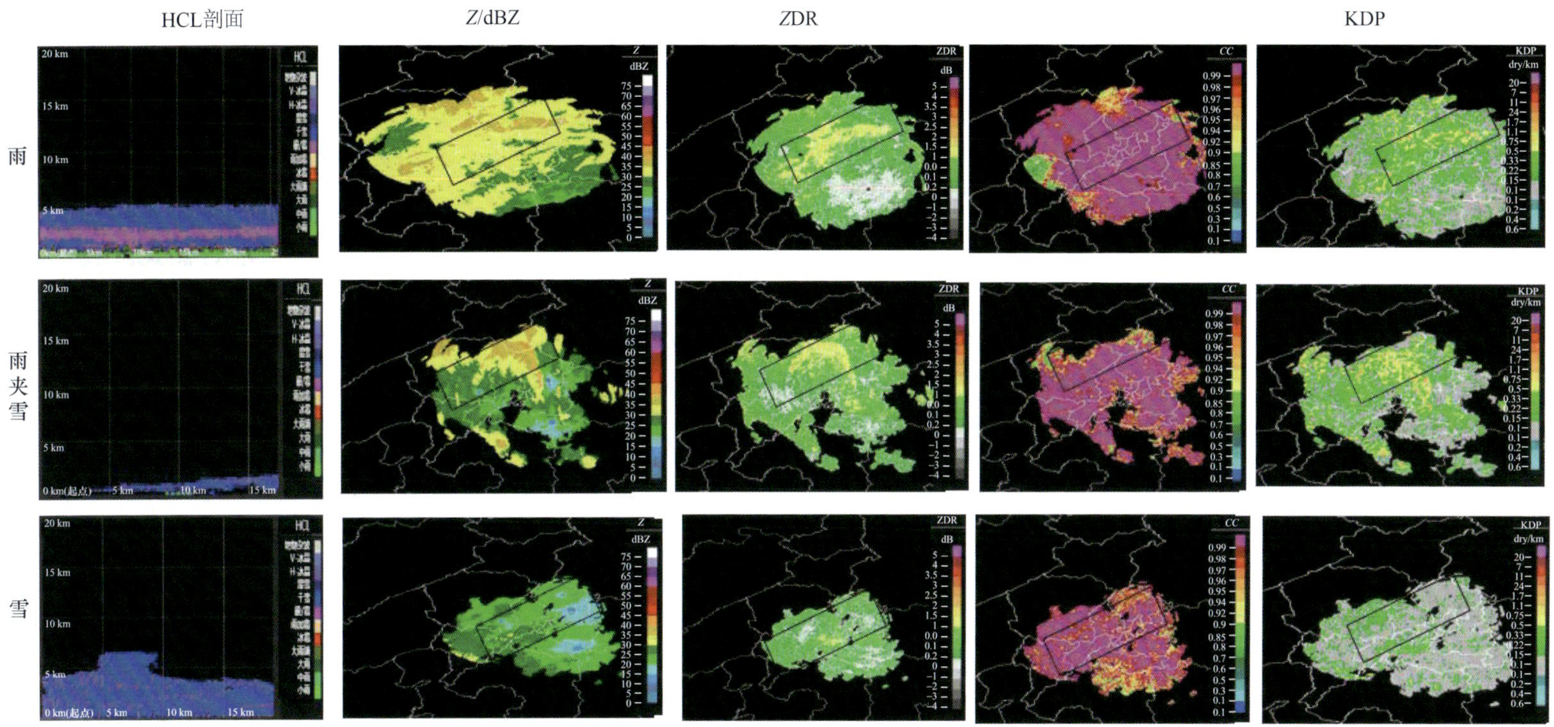

图 11　沈阳 X 波段相控阵雷达观测参数从左到右依次为 HCL、基本反射率因子 Z、ZDR、CC 相关系数和 KDP
（上图观测时间为 11 月 5 日 20 时、中图为 11 月 6 日 07 时、下图为 11 月 6 日 14 时）

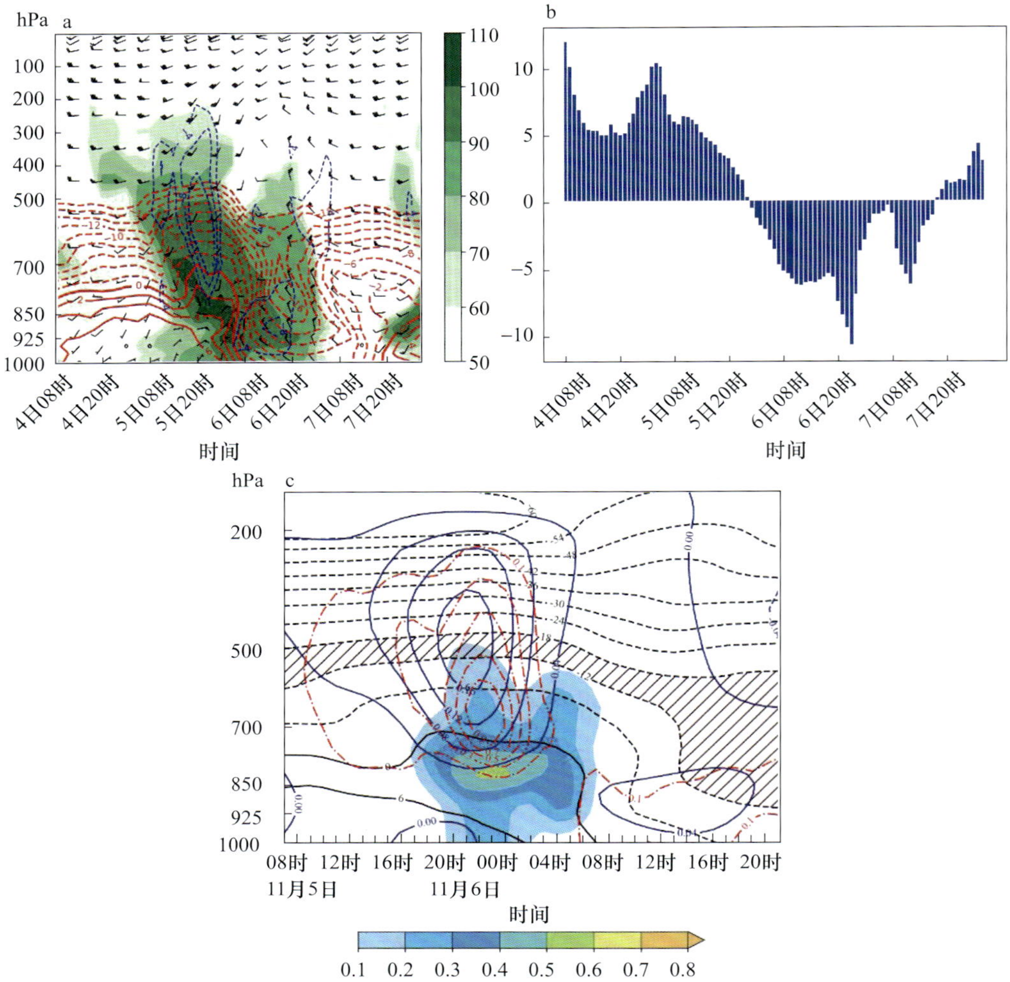

图 12　沈阳站物理量综合时序图(a,填色:相对湿度;红色等值线:温度,单位:℃;蓝色等值线:垂直速度,单位:hPa・s^{-1};风场)、2 m 温度时序图(b)、微物理量时序图(c)(填色:云水与雨水含量,单位:kg・m^{-2},红色等值线:雪水含量,单位:kg・m^{-2},黑色等值线:温度,单位:℃,阴影层:成雪层,蓝色等值线:垂直速度,单位:m・s^{-1})

3.3　气旋中北部冻雨区

6 日 00 时起,吉林扶余地区出现了雨及冻雨混合相态。雷达相态识别显示,6 日 02 时扶余上空 3～4 km 存在融化层(图 13c),伴随暖平流,扶余 850～925 hPa 层从 5 日 20 时—6 日 05 时维持约 1 km 厚度的逆温层,气温高于 2 ℃,有利于雪花的融化,逆温层顶端有相对湿度超过 100%的过饱和区(图 14b、图 14d、图 14e),部分云水存在于 0 ℃层以上,形成过冷水,进一步造成雪层下方的冰粒碰并凇附,增加过冷水含量。925 hPa 以下为弱冻结层,扶余地表温度在 6 日 00 时之后一直在 0 ℃以下,有利于过冷水落地凝结为冻雨。6 日 05 时之后,扶余上空逆温层温度下降至 0 ℃以下,云冰浓度开始增加,伴随云水和过冷水浓度下降,冻雨过程基本结束,扶余转为纯雪。

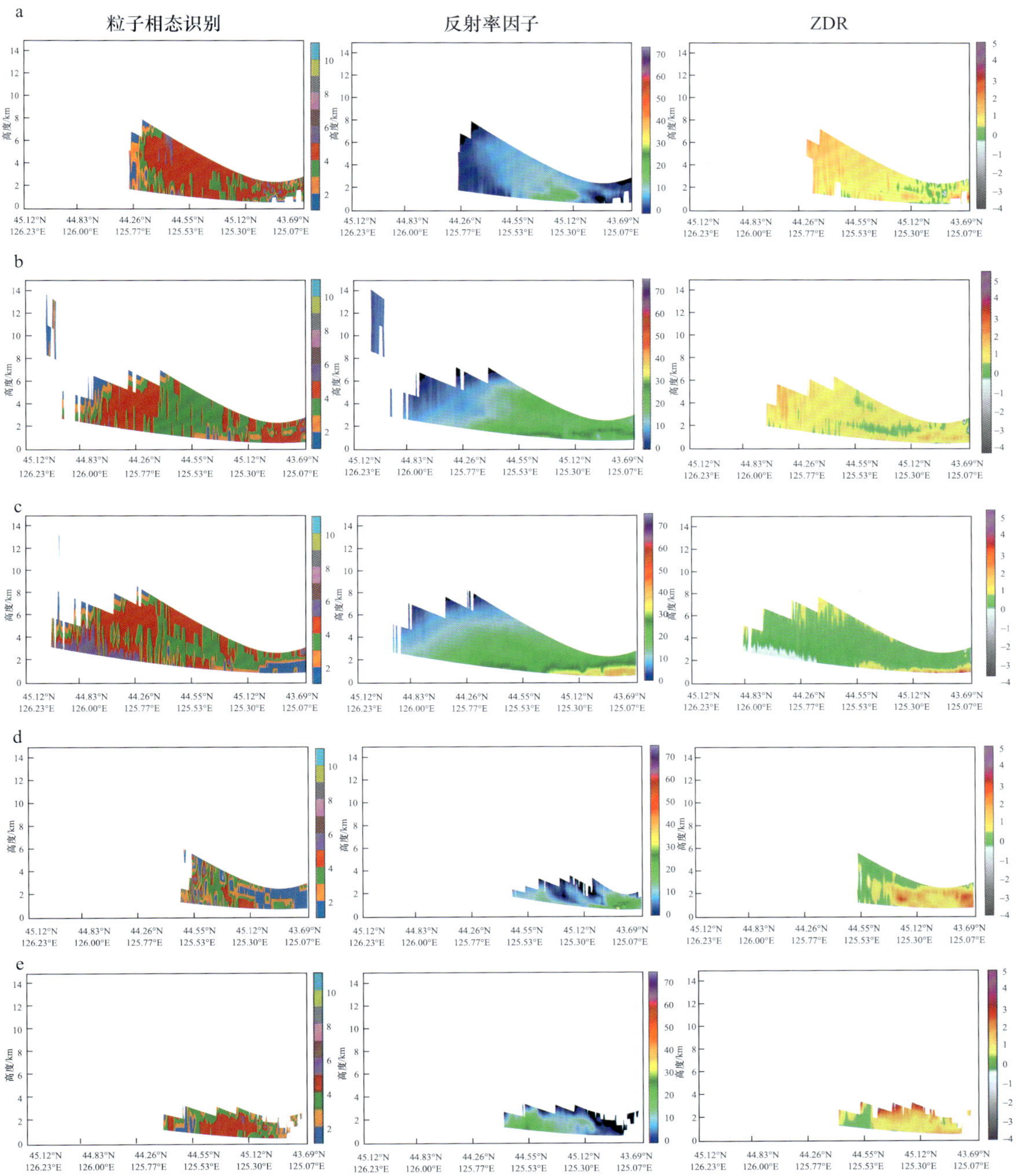

图 13　长春雷达站通过长春和扶余的 5 日 20 时(a)、5 日 23 时(b)、6 日 02 时(c)、6 日 08 时(d)、6 日 11 时(e)的粒子相态识别、反射率因子(单位:dBZ)、ZDR 剖面图

3.4　气旋东北部纯湿雪区

5 日 18 时—6 日 05 时穆棱以纯雪为主，且雪水比较小，以湿雪为主。站点时序图(图 15)

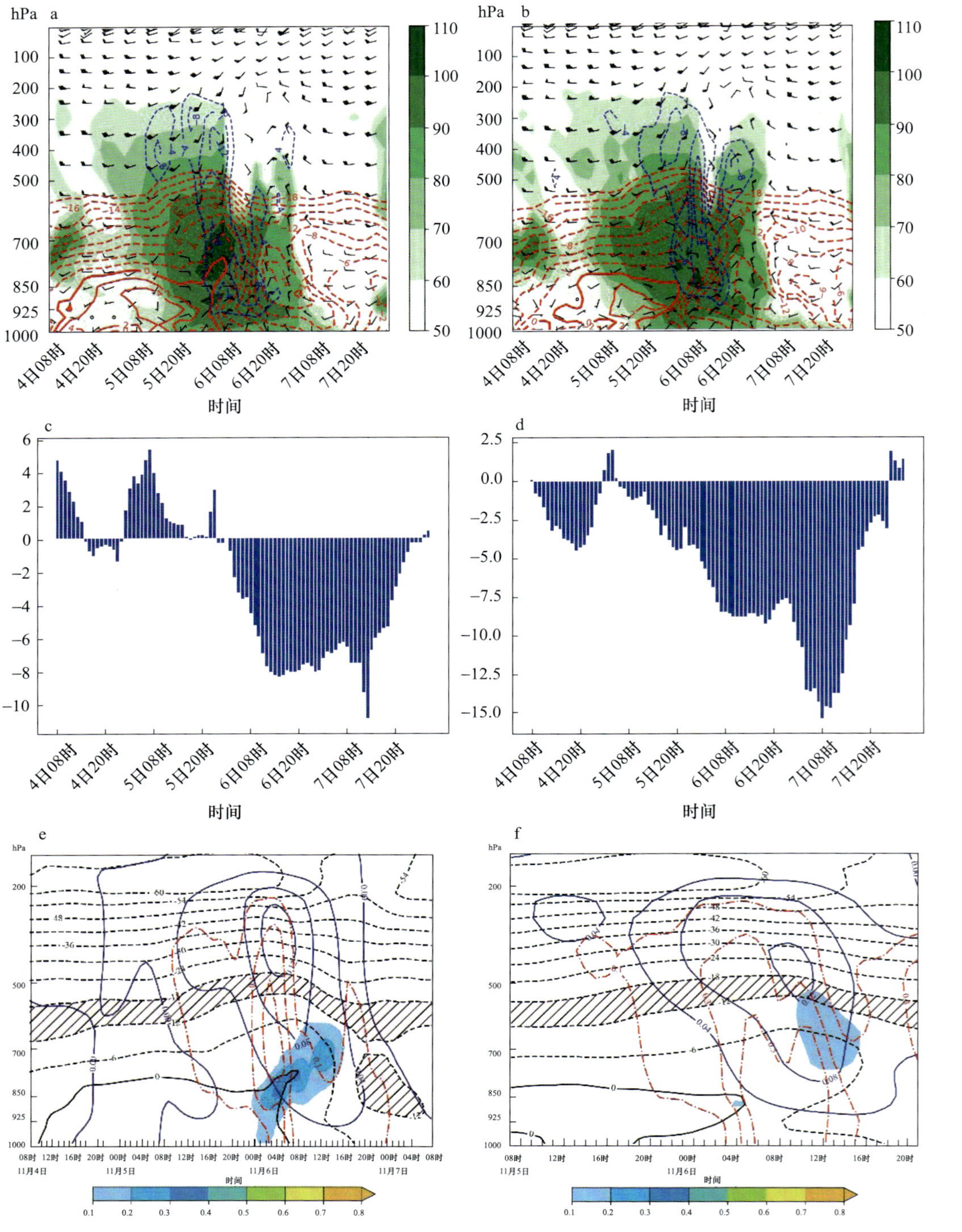

图14　11月4—7日长春站(a)、扶余站(b)物理量综合时序图(填色:相对湿度,红色等值线:温度,单位:℃,蓝色等值线:垂直速度,单位:hPa·s^{-1},风场);11月4—7日长春站(c)、扶余站(d)2 m温度时序图;11月4日08时—7日08时长春站(e)、11月5日08时—6日20时扶余站(f)微物理量时序图(填色:云水与雨水含量,单位:kg·m^{-2},红色等值线:雪水含量,单位:kg·m^{-2},黑色等值线:温度,单位:℃,阴影层:成雪层,蓝色等值线:垂直速度,单位:m·s^{-1})

显示，850～700 hPa存在暖平流，出现弱逆温层，温度在0～2 ℃，逆温层中过冷水含量高，过冷水大值区位于成雪层以下，凇附效应显著，但因逆温层高度较高，850 hPa以下对流层低层均为冻结层，气温在−6～−2 ℃，地面温度持续在−6 ℃以下，降水粒子在下降过程中重新冻结，因此地面降水相态为湿雪。

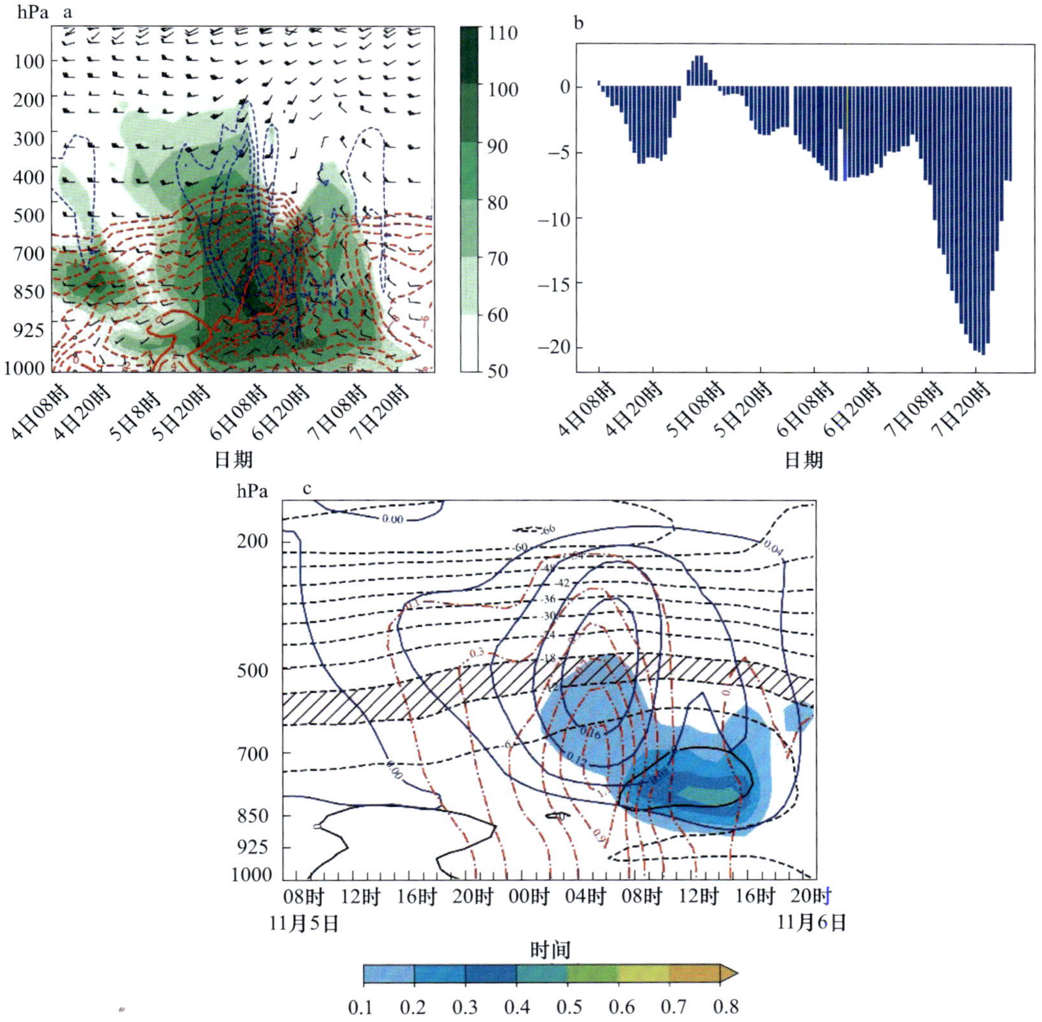

图15 4日08时—7日20时穆棱站物理量综合时序图(a，填色：相对湿度，红色等值线：温度，单位：℃，蓝色等值线：垂直速度，单位：hPa·s^{-1}；风场)、2 m温度时序图(b)；11月5日08时—6日20时穆棱站微物理量时序图(c，填色：云水与雨水含量，单位：kg·m^{-2}；红色等值线：雪水含量，单位：kg·m^{-2}；黑色等值线：温度，单位：℃；阴影层：成雪层；蓝色等值线：垂直速度，单位：m·s^{-1})

3.5 倾斜锋面气旋降水相态分布模型

依据气旋不同区域复杂相态分布，本文提出锋面气旋中的相态分布模型(图16)。

复杂相态转化主要发生在锋面气旋随高度存在后向倾斜的情况下，位于冷锋前部的气旋西南侧，在冷锋南下之前先为降雨，伴随着冷锋锋面南下，中低层冷侵入快速完成雨雪转换；气旋中东部 700～850 hPa 存在强暖平流,且暖平流自气旋外围向中心方向向上抬升。受近地层浅薄偏北风携带冷空气影响,主要以雨夹雪、湿雪或冻雨为主,其中气旋中心区域同时受暖平流和中层冷侵入影响,由于暖湿气流较为强盛,中低层冷侵入影响速度慢且逆温层偏厚,因此雨雪转换速度慢,雨夹雪出现时间长。气旋北部和东部暖锋前方,受近地层冷侵入和中低层暖平流共同影响,近地面温度较低,其中逆温层高度较高区域,凇附后过冷水重新成雪,以湿雪为主,而逆温层高度较低区域,过冷水落地后冻结,形成冻雨天气。

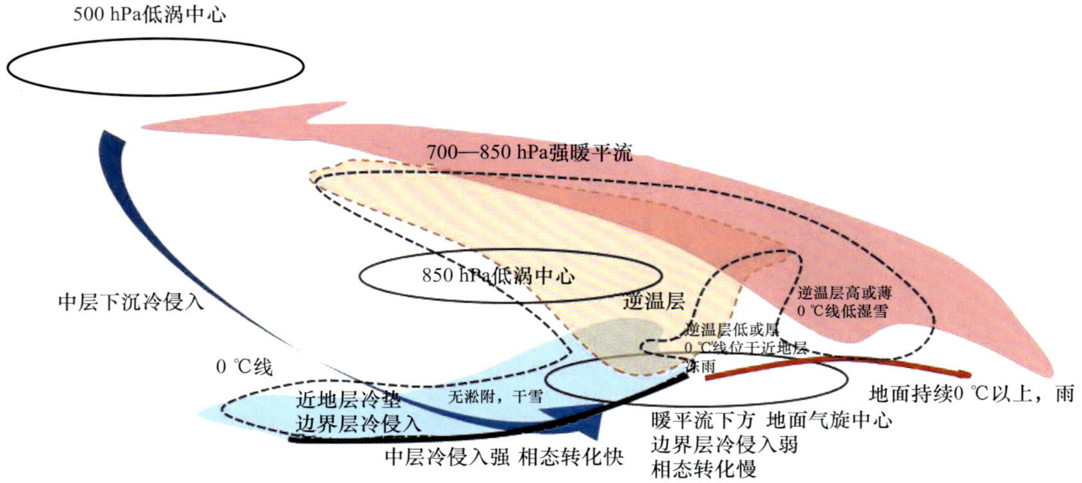

图 16　倾斜锋面气旋降水相态分布模型

4 冷锋过境前后雨雪相态预报偏差分析

此次过程,数值模式对雨雪量以及降水相态预报总体与实况较为接近,但对于辽宁等地转雪时间以及降雪量预报出现了一定的偏差。本文利用 TS 检验方法,对辽宁中西部 5 日 08 时和 20 时起报的逐 36～60 h 雨雪预报进行检验,并对预报偏差成因进行分析,初步总结气旋背景下降水相态预报着眼点。

4.1　TS 评分检验

ECMWF(欧洲中心中期天气预报)模式 5 日 08 时和 20 时起报的逐 3 h 降水相态 TS 评分(图 17)显示,5 日 14 时强降水开始,6 日 06—09 时气旋冷锋扫过辽宁,造成雨转雪的迅速转换,在雨雪转换过程开始前,纯雨的 TS 评分均维持在 0.9～1.0。雨雪转换开始后,雨夹雪的 TS 评分始终很低,在 0.0～0.1,转为纯雪后 TS 评分迅速上升,维持在 0.7～1.0。

4.2　预报偏差分析

ECMWF 模式各时次起报对纯雨和纯雪的预报技巧较高,对雨夹雪相态的预报存在明显偏差。

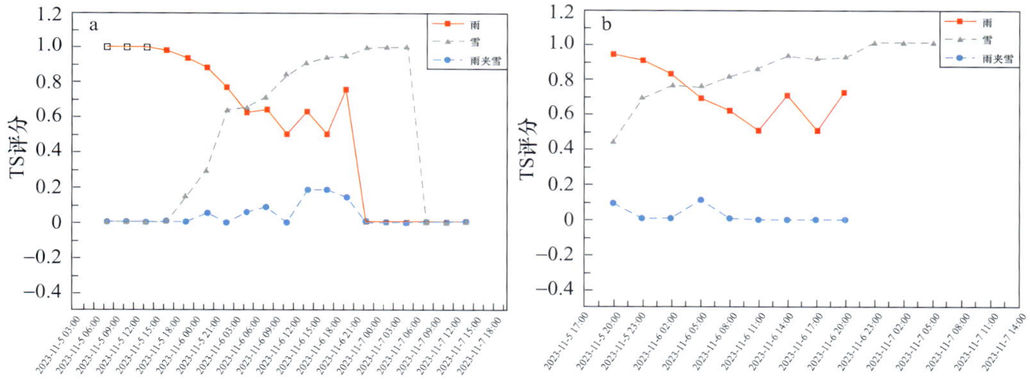

图 17　模式 5 日 08 时(a)、20 时(b)起报整体降水 TS 评分和分类型降水 TS 评分

从模式 6 日 02 时 3 h 相态预报检验来看(图 18)，模式预报的雨夹雪范围小，对辽宁中南部雨夹雪预报为纯雨。从 850 hPa 气温预报可以看出，模式预报冷锋在辽宁中南部移动速度慢，落后于实况，导致辽宁中南部雨雪落区出现明显偏差。

综上所述，秋末冬初，气旋背景下降水相态时空分布异常复杂，需根据气旋不同方位的热力、动力垂直结构预报降水相态的空间分布。在气旋暖输送带影响的区域，相态异常复杂，可能会出现湿雪、雨夹雪、雨、冻雨、冰粒等多种相态共存或反复转换等现象，需根据冰晶层、融化层、冻结层等动态结构变化分析温度垂直结构的变化。其次，要关注气旋以及冷、暖锋面的移动方向及速度，在此基础上，进一步分析不同区域温度垂直结构的变化及相态转化情况。此外，需关注模式对气旋动热力结构的预报性能，其中对气旋后部冷空气移动速度以及前部暖输送带强弱的检验评估是对模式相态预报订正的关键。

5 结论与讨论

(1)此次过程发生在蒙古低涡以及南支槽同位相叠加及江淮气旋背景下，蒙古低涡及江淮气旋东侧偏东风、偏南风异常偏强，为极端雨雪过程提供了异常充沛的动力、水汽等条件，同时在暖湿输送带伴有弱的对流不稳定条件。

(2)判断站点是否发生雨雪相态转换、冻雨或湿雪时，需要同时参考降水发生时垂直方向 0 ℃逆温层是否存在、逆温层高度、厚度以及地表温度。若逆温层不存在，地表温度高于 0 ℃出现雨，地表温度在−2～0 ℃出现雨夹雪，雨雪转换速度快，地表温度低于−2 ℃出现干雪为主的降雪。若存在逆温层，当逆温层底位于 925 hPa，逆温层顶高于 850 hPa，地表温度高于 0 ℃时出现雨，地表温度在 0 ℃以下出现冻雨；当逆温层底高于 850 hPa，地表温度一般不会高于 0 ℃，当地表温度为−2～0 ℃时，出现雨夹雪，雨雪转换速度慢，当地表温度低于−2 ℃，出现湿雪为主的降雪。

(3)利用雷达判断雨雪相态转换时，近地层会伴随 CC 的突降，一般有 $CC \leqslant 0.95$，同时伴随 Z、ZDR、KDP 的突增，一般有 $Z \geqslant 30$ dBZ，ZDR≥1 dB，KDP≥0.5，可推测相态为雨夹雪。在雨雪转换完成后，CC 重新趋近 1，Z、ZDR、KDP 均比转换前更低，可推测相态为冰粒、干雪

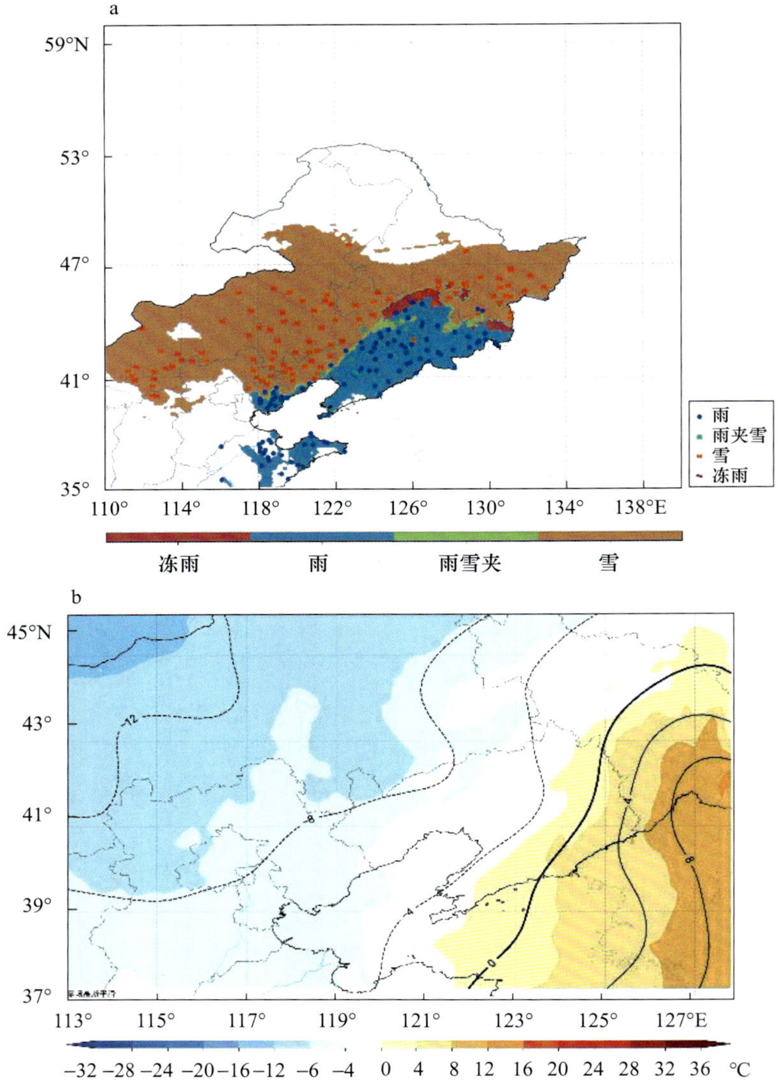

图 18　模式 5 日 20 时起报 6 日 02 时逐 3 h 降水相态与实况相态对比(a);
08 时 850 hPa 气温 36 h 预报与零场对比(b)

或湿雪。在雨雪相态转换发生反复时,会出现上述 *CC* 突降区和 *Z*、ZDR、KDP 突增区的高度摆动。当有冻雨发生时,1～3 km 高度的 *Z* 和 ZDR 大于近地层的 *Z* 和 ZDR,出现悬空大值区。上述特征可用于短临滚动预报指标。

(4)主流数值模式对于冷锋过境后辽宁中南部雨转雪预报偏慢,主要是因为对气旋后部冷锋及冷空气东移速度预报偏慢所致。现有模式在预报雨雪相态转换方面,尤其在雨夹雪的持续时间和发生区域上,依旧存在着较大误差。一方面,这与模式本身对微物理相态的描述,尤其对过冷水和冻雨的描述不够精准有关,另一方面,这与系统环流与物理量具有异常性和极端性,尤其有对流系统参与的情况下,模式对冷侵入、暖平流等物理量的强度位置计算不足,引起从落区偏差到相态转换偏差的连锁反应。

(5)本文建立的倾斜锋面气旋下降水相态分布模型，可以帮助预报员在进行降水相态估计时，对模式输出相态进行有效订正，也可以用于对模式预报产品进行客观订正，提高预报准确率。

参考文献

[1] 侯冰飞，姜超，孙建新. 基于雪雨比的黑龙江省降水相态变化特征分析[J]. 高原气象，2019，38(4)：781-793.

[2] 周晓宇，赵春雨，李娜，等. 东北地区积雪变化及对气候变化的响应[J]. 高原气象，2021，40(4)：875-886.

[3] 王东海，柳崇健，刘英，等. 2008 年 1 月中国南方低温雨雪冰冻天气特征及其天气动力学成因的初步分析[J]. 气象学报，2008，66(3)：405-422.

[4] 任丽，杨娃娃，唐熠，等. 一次温带爆发性气旋引发的大暴雪过程诊断分析[J]. 气象与环境学报，2015，31(5)：45-52.

[5] 付亮，赵宇，杨成芳，等. 影响东北的北上温带气旋暴雪的统计特征[J]. 高原气象，2018，37(6)：1705-1715.

[6] 易笑园，张庆，陈宏，等. 一次华北暴风雪过程中边界层中尺度扰动涡旋和水汽输送特征的分析[J]. 高原气象，2023，42(5)：1311-1324.

[7] 杨成芳，姜鹏，张少林，等. 山东冬半年降水相态的温度特征统计分析[J]. 气象，2013，39(3)：355-361.

[8] 杨舒楠，徐珺，何立富，等. 低层温度平流对华北雨雪天气过程的降水相态影响分析[J]. 气象，2017，43(6)：665-674.

[9] 张桂莲，霍志丽，王学强. 冷垫背景下冻雨和极端大暴雪成因机制分析[J]. 高原气象，2023，42(3)：725-733.

[10] 齐道日娜，何立富，张乐英."21·11"极端暴雪过程多系统结构演变及热动力机制[J]. 气象，2024，50(1)：18-32.

[11] 王淑彩，平凡，孟雪峰，等. 不同微物理参数化方案对我国北方一次大范围暴雪天气过程的数值模拟研究[J]. 大气科学，2022，46(3)：599-620.

[12] 谭政华，张爱忠，阎琦，等. 2020 年 2 月辽宁一次暴雪过程天气学成因与预报偏差分析[J]. 气象与环境学报，2023，39(4)：1-8.

2023年2月12日河北中南部雨雪天气的相态特征及成因分析

秦坚肇　金晓青　陈子健　隆璘雪　张美如
(河北省气象台,石家庄,050021)

摘　要:利用ERA5(第5代欧洲再分析)资料及风廓线、雨滴谱和飞机探测等观测资料分析2023年2月12日冀中南一次雨或雨夹雪—雪—雨或雨夹雪降水过程的相态特征和转换成因。结果表明:(1)雨转雪时,冰晶制造层饱和且0 ℃层高度降至300～500 m,粒子数浓度出现先降后升的小幅度波动。强降雪阶段4 km高度存在大量枝状冰晶而2 km高度有丰富过冷却水滴。雪转雨时,冰晶制造层变干,云中以过冷水滴为主。(2)低层东路冷空气和低涡外围暖湿气流在太行山前汇合辐合抬升,导致较强降水产生。冷空气沿太行山前逐渐向西南侵入,西部率先降温,西部转雪明显早于东部。(3)降水相态预报可参考模式预报温湿廓线,关注冰晶制造层湿度、0 ℃层高度、特性层温度等指标,根据监测资料及时订正预报。

关键词:降水相态,0 ℃层高度,风廓线,雨滴谱,冰晶制造层

引言

冬季降水相态复杂多样,相同的降水量级对应不同降水相态时会造成不同的影响和危害。降水相态及其转换时间预报的准确与否往往决定一次降水过程预报和服务的成败[1]。实际上,降水相态的决定因素比较复杂,涉及天气系统、云微物理、环境大气温度等,造成降水相态不同的关键在于空中的成雪机制,冰相粒子产生的层次以及雪花在下落过程中发生的变化及融化机制[2]。针对降水相态的成因方面,国内外从降温机理[3,4]和云微物理过程[5,6]开展了大量有价值的研究,而且温度层结与相态变化是相互影响的[7]。近年来随着监测资料的丰富,应用雨滴谱、微波辐射计、双偏振天气雷达和风廓线雷达探测数据及反演产品有助于降水相态识别判断及其转换机制分析[8-10]。武威和胡燕平[11]利用多种高分辨率资料分析沙颍河流域一次雨雪过程的降水相态,表明微波辐射计的温湿廓线、云底高度以及液态水在雨雪转换中均有显著变化,而且风廓线速度定量反映出雨雪转换时下落速度明显减小。目前河北中南部尚缺乏新型探测资料在降水相态方面的研究。

2023年2月12日,冀中南出现一次雨雪天气过程,并伴有相态逆转。本文应用国家级地面气象观测站资料、欧洲中期天气预报中心提供的ERA5资料、石家庄站雨滴谱及风廓线雷达资料[8,12]、飞机探测资料,从相态特征和转换成因两方面挖掘利于雨雪转换的信息,以期为

资助项目:河北省气象局暴雨强对流野外观测项目、河北省气象局科研开发项目(22ky01)和河北省气象局灾害性天气机理创新团队共同资助。

第一作者:秦坚肇,工程师,从事天气预报研究,E-mail:jianzhaoginqqq@163.com。

本地冬季降水相态的监测与预报判断提供参考依据。

1 天气实况

1.1 雨雪实况特点

2023年2月11日20时—12日20时（北京时，下同）冀中南出现一次雨雪天气，降水自河北西南部开始，逐渐往东推进；降水量大值区主要位于保定西部、石家庄中西部和邢台西部，最大降水量出现在石家庄井陉县，为17.3 mm（图1）。本次降水相态极其复杂，河北中南部都发生雨雪转换，相态转变自西向东发生且固态降水持续时间为4～10 h，河北西部雨或雨夹雪转雪时间早于东部；中西部还经历了雨或雨夹雪—雪—雨夹雪或雨相态的二次转换，转化时间和相态变化存在一定空间差异，因此出现同一时刻邻近站点相态明显不同的现象（图略）。图2为石家庄站的逐时演变，可以看出，石家庄站出现了多次相态转换，温度总体呈先降后升的趋势，但也存在昼升夜降的日变化特征；04时，气温为2.5 ℃，开始出现明显降雨；06时，气温快速降至0.6 ℃降水相态转为雪；07—14时，降雪阶段气温为0.2～0.8 ℃；15时，气温缓慢回升至1.2 ℃，降水相态又转为雨。

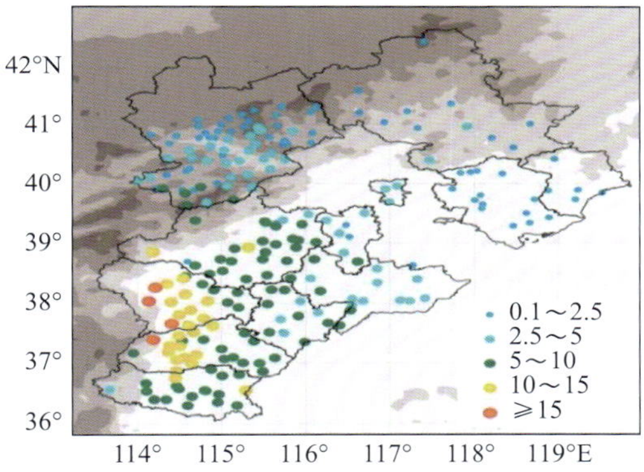

图1　11日20时—12日20时河北省降水量分布（单位：mm）

1.2 环流特征与影响系统

2月12日04时500 hPa华北地区上空受两个短波槽影响，华北北部有一短波槽引导冷空气东移后以东北路径南下影响河北；华北南部槽位于河套及以西地区，河北中南部位于短波槽前正涡度区（图3a）；与500 hPa槽的位置对应700 hPa存在低涡，低涡伸出的暖式切变线位于河北中南部（图3b）；850 hPa形势与700 hPa类似，河北中部有切变线，河北南部受低涡外围东南风控制（图3c），在河北西北部到内蒙古一带等温线密集，锋区压在河北西北部；地面图上，冷高压主体位于贝加尔湖西南侧，12日08时高压中心最强达1060 hPa以上，华北地区海平面气压场呈现北高南低的形势，冷空气自东北平原经渤海到达华北中部，河北中南部受低压倒槽控制，地面为东北风（图3d）。20时，随着低槽过境，槽后西北气流作用下冷平流快速东移南下,850 hPa 及以下转为东北风,雨雪过程结束(图略)。综上所述,东路不断扩散南下的冷空气和低涡外围暖湿气流长时间结合,形成冀中南雨雪天气;低层偏南风带来水汽输送为降水发生提供较好的水汽条件;同时回流冷空气造成降温,导致降水相态变化,为降雪的形成提供一定的冷垫条件。

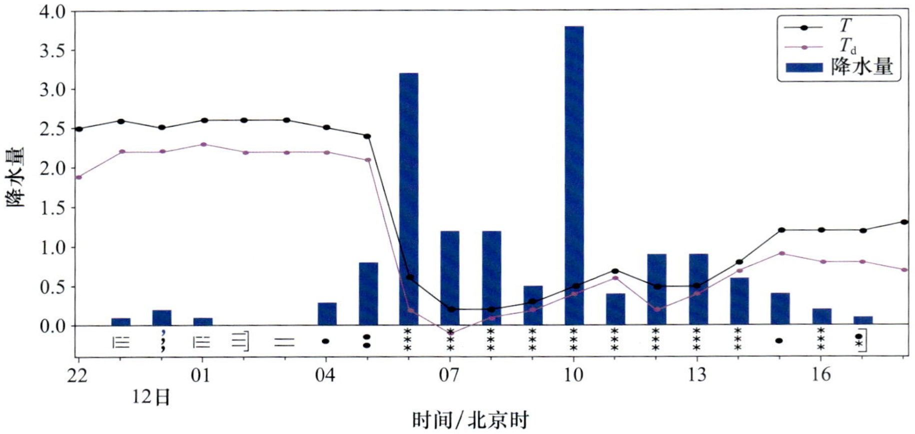

图 2　11 日 22 时—12 日 18 时石家庄站降水量(单位:mm)、天气现象、温度(T,单位:℃)和露点(T_d,单位:℃)逐时演变

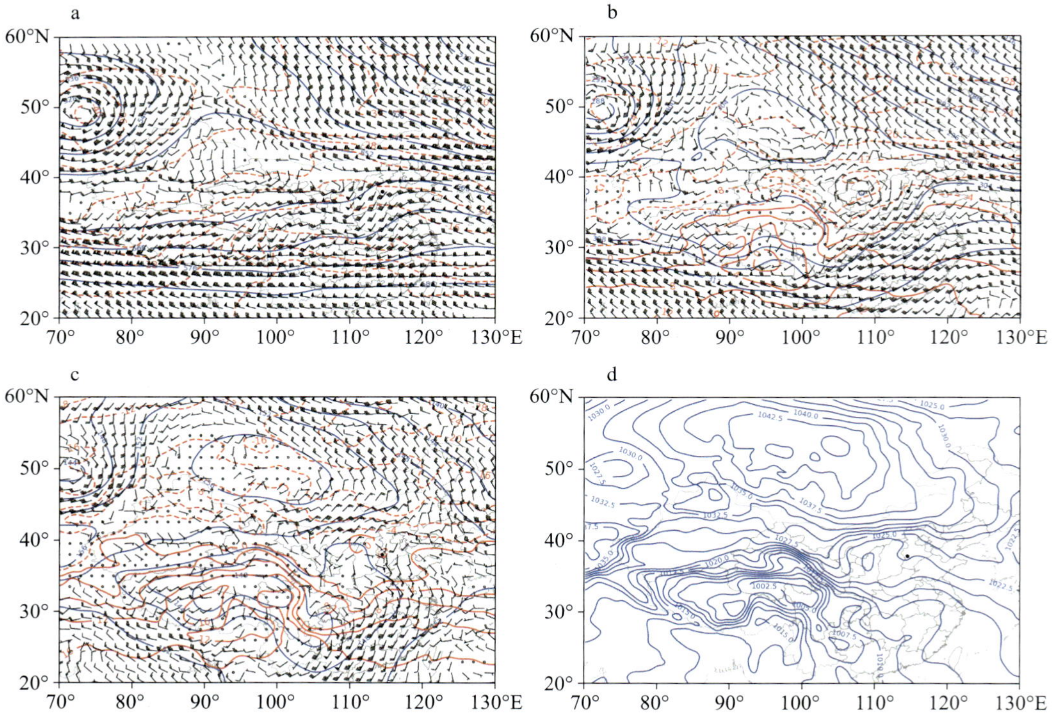

图 3　2 月 12 日 04 时 500 hPa(a)、700 hPa(b)、850 hPa(c)高度场(蓝色等值线,单位:dagpm)、温度场(红色等值线,单位:℃)及风场(风羽,单位:m · s^{-1})和(d)地面海平面气压场(蓝色等值线,单位:hPa)

(a、b、c、d 中黑色圆点代表石家庄站)

2 高分辨率探测资料揭示的相态转换特征

2.1 雨滴谱资料

图4为石家庄站粒子平均直径和数浓度随时间的演变,可以看出,粒子平均直径(D_m)在降雨阶段(04—05时)为0.72～1.40 mm;05—07时随着雨雪相态转变,粒子平均直径平稳增大为1.14～2.27 mm;14—15时出现雪转雨,粒子平均直径波动减小为0.71～1.14 mm,可见降雪粒子的平均直径较降雨粒子明显偏大。降水粒子数浓度在04时58分为610 m^{-3}后波动下降,05时27分降至354 m^{-3}后波动上升,至06时25分达到最大为1446 m^{-3},可见粒子数浓度在雨转雪阶段(05—06时)出现先降后升的小幅度波动,这种变化与空中分层的不同相态降水粒子的下落速度有关[10],此特征可作为实况监测判断雨转雪的辅助指标。

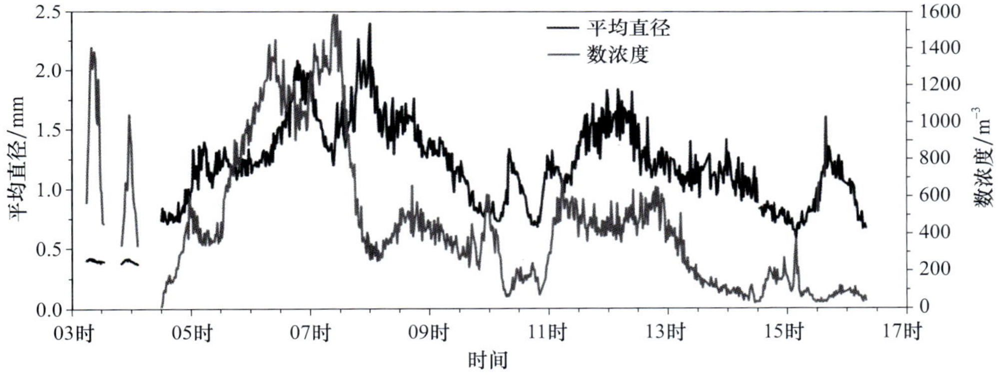

图4　2月12日03—17时每分钟粒子平均直径(单位:mm)和数浓度(单位:m^{-3})的时间演变

粒子直径的变化本质上是由降水粒子谱变化而引起的,下面分析不同类型降水粒子数浓度在不同粒径和不同降落末速度的分布特征。图5是石家庄站激光雨滴谱仪在12日04—07时和14—15时观测的逐小时累计粒径—粒速分布图,图中的实线和虚线分别是由结霜雪花和未结霜雪花末速表达式[13]得到的曲线。04—05时为降雨时段(图5a),粒子降落末速度随着直径增大呈线性增加趋势,粒子直径总体较小为0～2 mm,较多粒子末速度在2 m·s^{-1}以上;数浓度峰值位于拟合结霜曲线上方且粒子直径越大下落末速度越接近结霜曲线,表明纯雨阶段粒子表面已有大部分结冰,直径较大的雨粒子大多为冻雨,石家庄站上空850 hPa附近存在暖层(图8),上下冷中间暖的配置使得雨滴在下落过程中凝结为冻雨。05—06时为雨转雪阶段(图5b),粒子直径和末速度增大,下落末速度随着粒子直径增大呈增大趋势;数浓度中心集中在0.6 mm,对应下落末速度为2.5 m·s^{-1},中心值位于拟合结霜曲线上侧以及结霜曲线和未结霜曲线之间;近地层冷空气到达石家庄站,冷空气势力加强使得空中粒子逐渐转为雪花,当冻滴附着在冰晶上时,下落速度增至1 m·s^{-1}且速度随尺度增大而增大[14],粒子多以雪粒聚集物和立体枝状冰晶为主。06—07时为降雪前期(图5c),降水粒子整体直径较大，降落末速度明显减小，数浓度中心在0.6～0.9 mm，下落速度基本以正态分布形式分布在1.2 m·s^{-1}两侧，数浓度峰值位于未结霜曲线与结霜曲线之间以及未结霜曲线的下方，说明该温度下雪花粒子结构不均一，雪花以湿雪为主；低层环境温度接近于0 ℃(图8)，为过冷水滴的存在提供空间，增加了雪花结霜概率。14—15时为雪转雨阶段(图5d)，较前1 h粒子下落末速度略增大，粒子直径变小；数浓度峰值中心在2～3 m·s^{-1}和0.6～1.0 mm且位于结霜曲线上侧，对流层中高层降温但地面受日变化影响升温，使得结霜雪粒子下落融化为雨。

由以上分析可见，激光雨滴谱仪观测的降雨和降雪粒子的直径及降落末速度有明显差别，降雨粒子直径小、降落末速度大，而降雪粒子直径大、降落末速度小，这些特征可以用来辅助判断降水相态的变化。本次过程雨粒子靠近结霜一侧，下落速度与直径呈线性相关关系；雪粒子则靠近未结霜一侧，粒子速度与粒子直径无明显线性相关关系。说明降雨时雨粒子表面出现结霜的概率较大，而降雪时雪粒子以未结霜雪花为主，且多为雪粒聚集物和立体枝状冰晶为主。

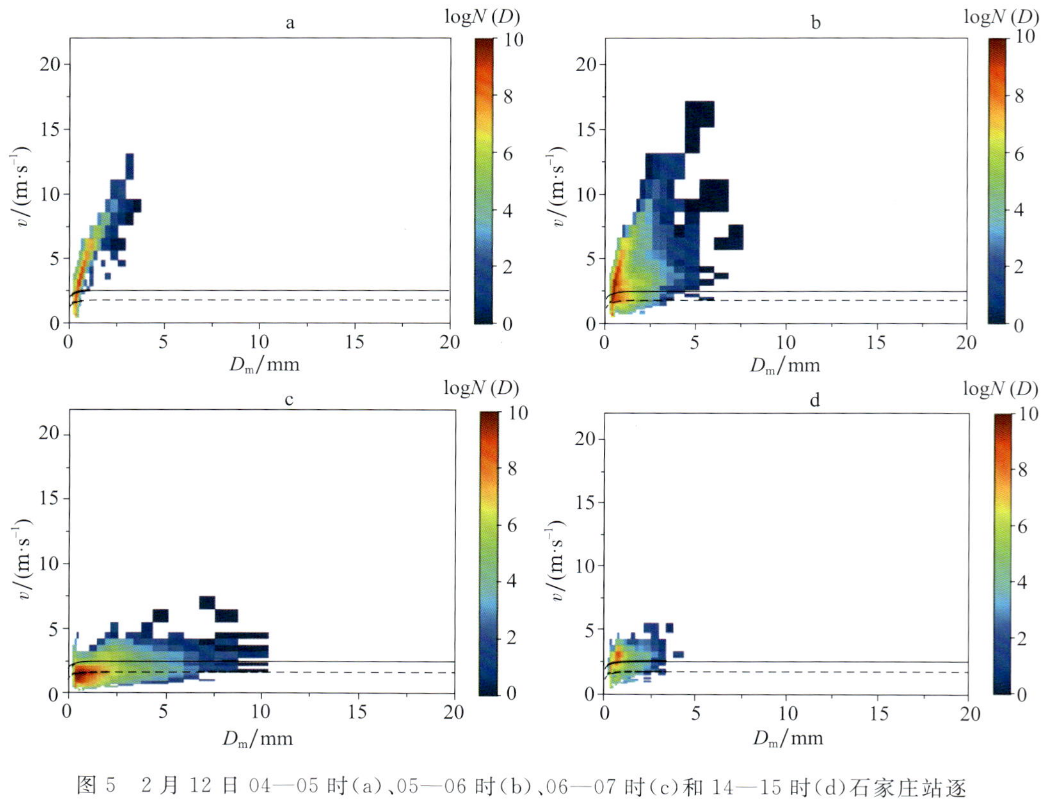

图5　2月12日04—05时(a)、05—06时(b)、06—07时(c)和14—15时(d)石家庄站逐小时激光雨滴谱仪累计粒径-粒速分布($N(D)$为数浓度，单位：m^{-3}·mm^{-1})

2.2　风廓线雷达探测资料

本节利用风廓线雷达资料，分析石家庄上空风场垂直结构的变化特征。图6a为2月12

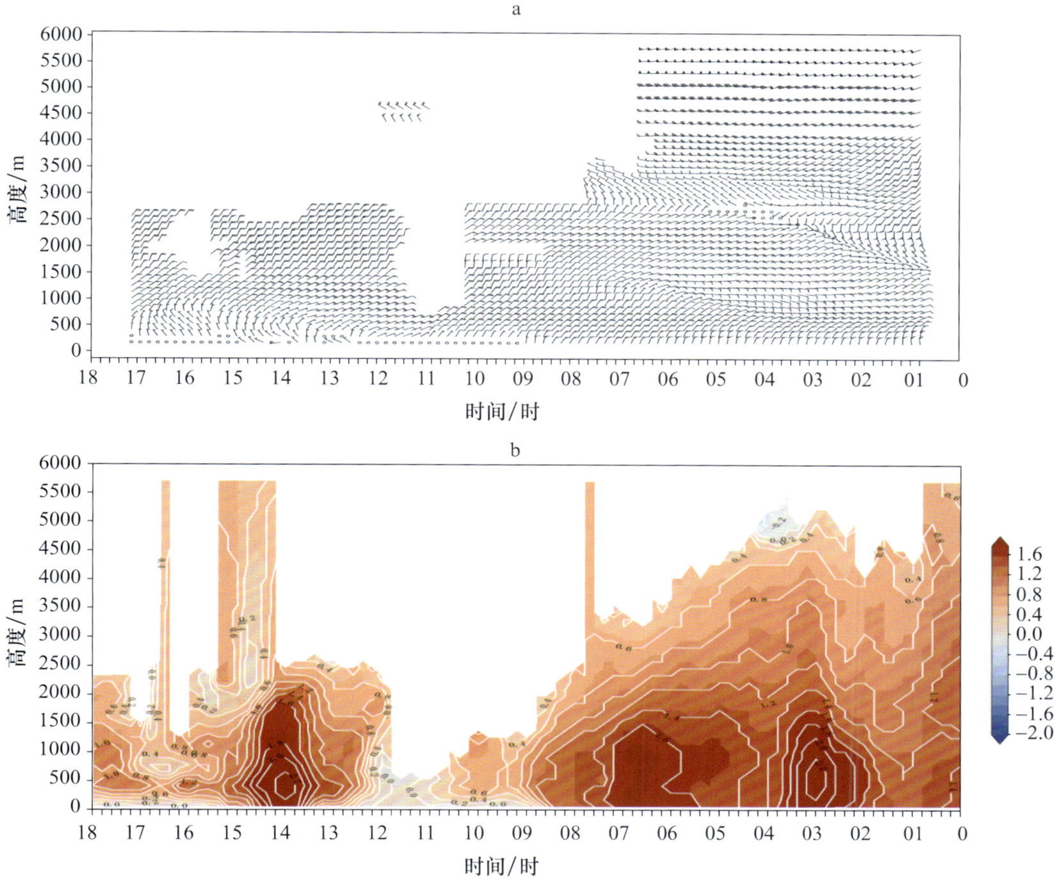

图 6　风廓线雷达资料反演的 2 月 12 日 0—18 时石家庄上空 0～6 km
(a)水平风场(单位：m・s^{-1})和(b)径向速度(单位：m・s^{-1})随时间演变

日 00—18 时石家庄站风廓线水平风场的演变，从图中可以看出，12 日 00—03 时降水开始前，低层 1 km 以下为一致的偏北风，1～2 km 为东北风，3 km 以上为西南风，整层风随高度顺转，有暖平流输送。04 时降雨开始，低层 1 km 转为东北风且风量有所加大，说明有冷空气从低层渗透，1～2 km 转为偏东风。05—06 时雨转雪时，低层冷垫逐渐增厚东北风高度扩展到 3 km 附近，冷空气迫使西南暖湿空气不断抬升，导致了降水相态转变。14—15 时再次转为雨之后，低层转为一致的西北风，中层为偏北风转为冷平流区，说明高空槽东移过境，此时干冷气流深厚，降水逐渐停止。

风廓线雷达探测到气流的径向速度是下降粒子与空气运动速度的合成[15]，由于降水粒子对电磁波的散射能力远大于晴空大气，且在层状云降水条件下，空气运动速度可忽略不计，因此降水时风廓线雷达探测的垂直径向速度主要是降水粒子下落末速度。图 6b 为 2 月 12 日 00—18 时石家庄风廓线雷达径向速度时间—高度剖面(径向速度向下为正，向上为负)，石家庄地面站 03—04 时开始观测到有降雨，石家庄上空整层出现一致向下的径向速度，其量值随高度分布上小、下大，2 km 以下径向速度明显加大，04 时径向速度达到最大，为 2.2 m・s^{-1} 且最大值位于近地面层,反映了降雨的特征,地面观测雨强较小,小时雨量为 0.3 mm。05—06 时向下的径向速度仍接地,但速度值略有下降,最大为 1.4 m·s^{1},此时地面转为降雪,观测到小时降水量较大为 3.2 mm。06—07 时降雪阶段,近地层径向速度缓慢增大为 1.8 m·s^{-1}。08—12 时主要降雪阶段,向下径向速度迅速减小到 1 m·s^{-1}以下且贴地层速度为 0。13—15 时径向速度增大且向上扩展,15 时达到最大为 2.2 m·s^{-1}出现雪转雨。降雨阶段(03—05 时)和降雪前期(06—07 时)径向速度差异不大,一方面是因为降水越强向下的垂直速度越大[16,17],而雨强较小均在 1 mm 以下,使得雨滴下落速度较小;另一方面是因为降雪初期水汽条件转好(图略)且地面气温在 0 ℃附近,使雪花处于半融化状态且雪中含水量较高(图 5c),造成降雪粒子下落速度较大。降雪后期(08—12 时),冷空气加强使得整层温度下降,水汽条件转差,雪中含水量减小,雪花下落速度迅速减小。可见降雨和降雪时粒子径向速度与降水强度、冰相粒子表面状态和结霜程度,雪中含水量有关。

为进一步分析低层冷空气活动特征,定义低空切变指数[16] $s_{\text{hear}}=\dfrac{V_S}{(H_1-H_2)}$,$V_S$ 为1 km高度以下最大风切变,H_1、H_2 分别为最大风切变对应的空间两点风矢量所在高度($H_1>H_2$)。利用风廓线资料计算得到 2 月 11 日 19 时—12 日 19 时石家庄低空切变指数随时间变化(图 7),可以看出,降水发生前,低空切变指数维持在 6~8 m·s^{-1}·km^{-1};11 日 23 时,低空切变指数出现明显波动增大为 11 m·s^{-1}·km^{-1},地面开始出现零星降水。降水持续期间(12 日 04—18 时),低空切变指数发生两次大幅波动,第一次是在 12 日 04—06 时,低空切变指数出现陡升,6 m·s^{-1}·km^{-1}增大至 12 m·s^{-1}·km^{-1},结合风场特征,低层偏东风增强,冷垫增厚,降雨转为降雪且降水量增强出现峰值,低空切变指数能够反映低层东北风冷空气侵入特征,低空切变指数陡增预示着雨雪相态转换;第二次是在 10 时,低空切变指数陡增至 17~18 m·s^{-1}·km^{-1},该小时降水量最强且 1.5 km 以下有 8~10 m·s^{-1}强东北风出现,低空切变指数的陡增与低层东北风迅速增强相对应。12 时后,低空切变指数波动下降,对应着低层偏北风明显减弱,降水量减小。综上所述,风廓线雷达揭示低空切变指数对降水起止时间和强度变化有很好指示意义,指数上升(下降)对应降水开始(结束),高值阶段对应降水峰值;降水持续阶段低空切变指数的增加与降水强度的增强相对应,雨转雪时低空切变指数出现大幅度增长。

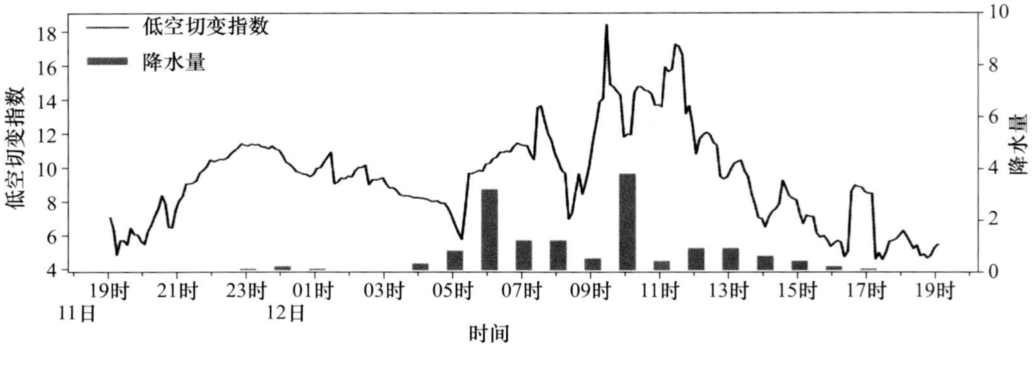

图 7　2 月 11 日 19 时—12 日 19 时石家庄低空切变指数(单位:m·s^{-1}·km^{-1})和降水量(单位:mm)随时间演变

3 降水相态转换成因分析

3.1 温度变化原因

天气尺度背景下，温度平流是影响温度变化的主要因子。从石家庄站温度平流演变(图 8)看，12 日 05—12 时对流层低层先有冷空气影响，地面气温快速下降到 0 ℃(图 2)，高层冷空气影响滞后，高层降温慢、温度高，且中层为暖平流使得降水粒子部分融化，降雪量不大；12 日 13—19 时对流层低层和 800～400 hPa 有冷平流影响，对流层高层气温变化不大，中低层气温继续下降，1000 hPa 气温在 0 ℃附近，但地面气温缓慢升高至 1 ℃(图 2)。由此可见，降水相态雨转雪时近地面 1 km 以下的弱负温度平流对地面气温下降有一定影响；雪转雨时，对流层中低层受冷平流影响气温逐渐下降，但地面气温升高，这主要是日变化影响。

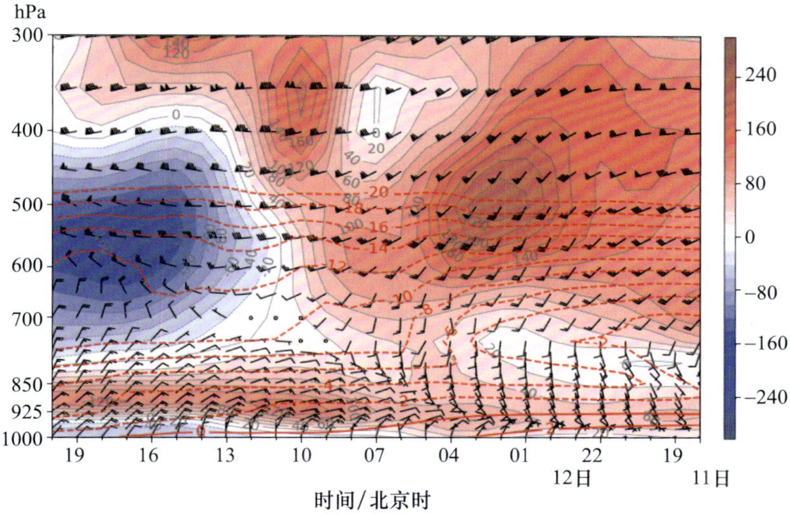

图 8　2 月 11 日 19 时—12 日 19 时石家庄站风场(风羽，单位：m・s^{-1})、温度平流(填色和灰色等值线，单位：10^{-6}℃・s^{-1})和温度(红色等值线，单位：℃)时间—高度剖面

图 9 为 2 月 12 日 0 时 925 hPa 温度场和风场分布，从 0 ℃线的形态可知，冷高压主体偏西偏北，冷空气沿 40°N 从东北路径入侵到石家庄一带，该回流方式不同于常见方式，使得冀中南偏西地区降温早，因此转雪时间早于东部地区。还有，冀中南 0 ℃层高度下降至 300～500 m 可出现雨转雪，这可作为雨雪转换预报的一个经验性指标(图略)。

3.2 云微物理特征

以往研究表明，−18～−12 ℃温度范围对树枝状雪花的形成至关重要[18]，称−18～−12 ℃所在层次为冰晶制造层。下面利用 ERA5 资料，对石家庄站上空的温度、湿度、云中冰相粒子和液相粒子特征进行分析。降雨阶段(04—05 时)，湿度达到 90%的层次向上发展到 200 hPa(图 10a)；05 时，850～925 hPa 存在液态粒子，含量最大为 50×10^{-2}g・kg^{-1}，500～600 hPa 有

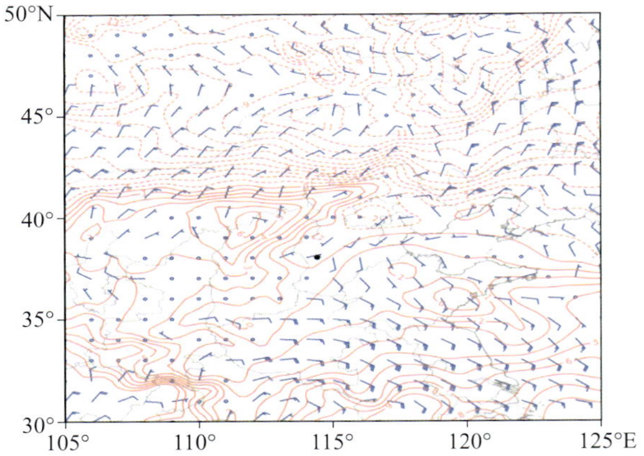

图 9　2 月 12 日 0 时 925 hPa 风场(风羽,单位:m·s^{-1})和温度场
(红色等值线,单位:℃,图上黑点代表石家庄站)

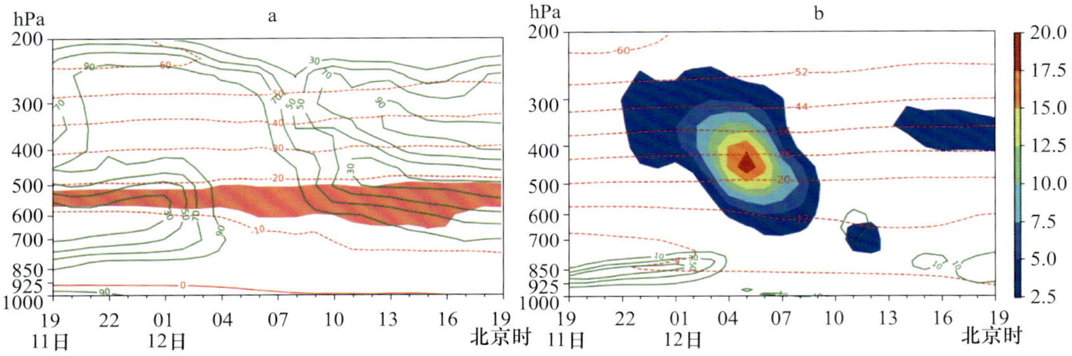

图 10　石家庄温度和相对湿度(a,绿线为相对湿度,单位:%;红线为温度,单位:℃;填色区域表示温度−18～−12 ℃),云中冰相粒子和液相粒子含量的时间—高度剖面(b,红线为温度,单位:℃;绿线为云中液态水粒子含量,填色为云中冰相粒子含量,单位:10^{-2}g·kg^{-1})

少量的冰相粒子,925 hPa 到地面温度略高于 0 ℃(图 10b),冰相粒子下落融化而液相粒子在近于饱和的环境中下落,粒子表面蒸发很少,下落到地面形成降雨。雨转雪阶段(05—06 时),冰晶制造层厚度增加(图 10a),冰相粒子含量明显增多,最大为 20×10^{-2}g·kg^{-1},低层存在少量液态粒子,冰晶效应明显,冰晶凝华增长,整层大气处于低于 0 ℃环境中,冰相粒子可降落到地面,形成固态降水(图 10b)。降雪较强阶段(10—11 时),飞机观测到石家庄站上空 1600～2000 m 是冰晶和液态水共存且以液态水为主,而 4000～4200 m 存在大量枝状冰晶粒子(图 11),也正好验证了此次降雪过程冰晶作用明显。雪转雨阶段(14—15 时),冰晶制造层相对湿度减小为 40%～80%(图 10a),云中冰相粒子减少且层次较高为 300 hPa,使得冰相粒子下落易融化或者升华,低层 850～700 hPa 以过冷水滴为主(图 10b),因此地面上为降雨。综上所述,雨转雪时,冰晶制造层湿度增加产生大量冰相粒子,低层有过冷却水,冰晶凝华增长形成雪花,受冷空气影响 0 ℃层高度下降,冰相粒子可以下落到地面;雪转雨时,0 ℃层高度较低,温度垂直廓线变化不大(图略),但冰晶制造层变干,温度露点差大于 5 ℃(图略),云中冰相粒子减少且层次变高,下落易融化或升华,低层以过冷水滴为主。因此,以后相态转换预报可关注冰晶制造层的湿度条件和 0 ℃层高度,冰晶制造层变干可能出现雪转雨。

图 11　2 月 12 日飞机探测得到石家庄上空不同高度的粒子照片(时间分辨率 1 s)
(a)10 时 37 分 1600～2000 m(－7～－5 ℃)；(b)10 时 57 分 4000～4200 m(－12.7～－11.1 ℃)

4 降水相态转换的可预报性及偏差分析

与实况数据对比分析，发现 ECMWF 预报冷空气移动速度较实况偏慢且冷空气势力较实况偏强，表现为冷空气影响前期预报 0 ℃层和低层温度较实况偏高且温度下降时间偏晚；而冷空气影响后期预报中低层温度预报较实况偏低；但其对湿度的预报较为准确(图略)。预报员根据本地归纳的特性层和地面温度阈值指标，并参考 ECMWF 预报的温度判断降水相态，结果是雨转雪的时间预报偏晚且没有考虑到出现相态逆转。预报偏差究其原因，一方面是模式对温度预报的偏差；另一方面是降雪出现有 2 个决定条件分别为云体的温湿状况判断冰雪晶形成和增长的条件和通过云底到地面的温度层结判断冰雪晶降落过程中是否被融化的条件，但温度阈值指标仅考虑了冰雪晶能否被融化的条件。因此，今后可利用高空、地面的温度和变温资料，结合风廓线探测风场数据推断冷空气速度和强度，对模式温度进行订正；参考模式的湿度廓线和订正后的温度廓线，判断冰晶制造层的湿度条件和 0 ℃层高度，并依靠多源监测资料进而对降水相态出现的误差进行短临订正。

5 结论与讨论

利用 ERA5 资料及自动站、风廓线、雨滴谱和飞机观测等多源观测资料，对 2023 年 2 月 12 日冀中南一次降水天气相态特征和转换成因进行分析。主要结论如下：

(1)降水区位于高空槽前正涡度区，低层东路冷空气和低涡外围暖湿气流在太行山前汇合辐合抬升，同时偏南风输送水汽，导致较强降水产生。

(2)低层北部山区的冷空气沿太行山前逐渐向西南侵入，使得西部地区率先降温，降水相态快速由雨转为雪，东部雨转雪明显晚于西部地区。

(3)多源观测资料的应用有助于相态的监测和降水强度预报。激光雨滴谱仪观测到降雨和降雪粒子的直径及降落末速度均有明显差别，粒子数浓度出现先降后升的小幅度波动，可用于降水相态转变的监测。风廓线雷达观测到风场定性反映出冷空气持续南下冷垫增厚，气温下降，导致降水相态转变；低空切变指数对降水起止时间和强度变化有很好指示意义，指数上升(下降)对应降水开始(结束)，高值阶段对应降水峰值；降水持续阶段低空切变指数增加对应着降水强度的增强，雨转雪时低空切变指数出现大幅度增长。

(4)雨雪相态转化预报应关注冰晶制造层湿度条件和0 ℃层高度，冰晶制造层变干可能出现雪转雨。雨转雪时，冰晶制造层逐渐饱和，产生大量冰相粒子，低层有过冷却水，冰晶凝华增长，0 ℃层高度下降至300～500 m，使得冰相粒子可以下落到地面；雪转雨时，冰晶制造层变干，温度露点差大于5 ℃，冰相粒子减少且层次变高，下落易融化或升华，低层以过冷水滴为主。

(5)利用实况资料订正模式温度，参考模式温湿廓线，关注冰晶制造层湿度和0 ℃层高度、特性层温度综合判断冰雪晶形成、增长和能否被融化的条件，制作雨雪相态预报，并在临近时段根据多源观测资料及时订正预报。

参考文献

[1] 杨成芳，姜鹏，张少林，等. 山东冬半年降水相态的温度特征统计分析[J]. 气象，2013，39(3)：355-361.

[2] 廖晓农，张琳娜，何娜，等. 2012年3月17日北京降水相态转变的机制讨论[J]. 气象，2013，39(1)：28-38.

[3] 彭霞云，刘汉华，李文娟，等. 一次局地暴雪过程低层降温机制分析[J]. 气象，2020，46(8)：1015-1025.

[4] 杨舒楠，徐珺，何立富，等. 低层温度平流对华北雨雪天气过程的降水相态影响分析[J]. 气象，2017，43(6)：665-674.

[5] 孙晶，王鹏云，李想，等. 北方两次不同类型降雪过程的微物理模拟研究[J]. 气象学报，2007，65(1)：575-584.

[6] 秦庆昌，张琳娜，于佳，等. 北京地区两次雨雪转换过程的相态模拟研究[J]. 高原气象，2019，38(5)：1027-1037.

[7] 徐辉，宗志平. 一次降水相态转换过程中温度垂直结构特征分析[J]. 高原气象，2014，33(5)：1272-1280.

[8] 杨晓亮，尚可，段宇辉，等. 基于高分辨率探测资料的降水相态错报成因分析[J]. 暴雨灾害，2017，36(6)：535-541.

[9] 毛宇清，李力，姜有山，等. 一次春季雨雪天气的降水相态演变特征分析[J]. 暴雨灾害，2022，41(3)：290-297.

[10] 翟亮，黄钰，李梓铭，等. 风廓线雷达和雨滴谱仪资料在北京一次弱雨雪天气中的特征分析[J]. 干旱气象，2019，37(1)：90-96.

[11] 武威，胡燕平. 沙颍河流域一次基于高分辨资料的降水相态分析[J]. 高原气象，2019，38(5)：983-992.

[12] 钤伟妙，罗亚丽，曹越，等. 基于多种探测资料对华北中部一次回流暴雪过程的分析[J]. 气象学报，2022，80(5)：732-747.

[13] MAGNON C. On the growth of snowflakes and graupel[R]. Yokohama：Science Reports of the Yokohama National University，1953(2)：18-40.

[14] NAKAYA U，TERADA T. Simultaneous observations of the mass falling velocity and form individual snow crystal[J]. J Fac Sci，Hokkaido Univ Ser Ⅱ，1935，1(7)：191-200.

[15] 陈楠，胡明宝，徐芬，等. 一次降雨过程风廓线雷达回波特征[J]. 气象与环境学报，2012，28(5)：19-24.

[16] 王文波，高晓梅，李晓利，等. 一次雨雪天气过程的风廓线雷达特征[J]. 干旱气象，2020，38(1)：109-116.

[17] 王令，王国荣，古月，等. 风廓线雷达垂直径向速度应用初探[J]. 气象，2014，40(3)：290-296.

[18] HOBBS P V，RANGNO A L. Ice particle concentrations in clouds[J]. Journal of the Atmospheric Sciences，1985，42(23)：2523-2549.

2023年2月7—8日西北地区东部回流暴雪天气过程分析

肖　玮[1]　刘鹏兵[2,3]　徐丽丽[1]　李晨蕊[1]　宋兴宇[1]　聂晶鑫[2,3]　谭志强[2,3]
(1. 兰州中心气象台，兰州，730020；2. 中国气象局旱区特色农业气象灾害监测预警与风险管理重点实验室，银川，750002；3. 宁夏气象台，银川，750002)

摘　要：2023年2月7—8日西北地区东部出现一次典型的回流暴雪天气，13个国家站日降雪量突破极值。本文应用多种观测资料和ERA5(第5代欧洲再分析)资料分析此次过程的水汽条件及动力、热力成因。结果表明：暴雪开始阶段以低空急流水汽输送为主，后期以回流输送为主，降雪最强阶段两支气流均有贡献。在蒙古冷高压、华北冷高压与河套倒槽共同影响下，西北地区东部长时间边界层锢囚锋面抬升使得降雪持续时间、强度及范围均增大，东路回流与倒槽发展最旺盛阶段锋生最强，边界层β中尺度锋面气旋作用下降雪再度加强；而中低层深厚的暖湿气流沿边界层浅薄冷垫长时间爬升，进一步加强了动力抬升条件；地形抬升在降雪开始阶段起主要作用，而倒槽与回流之间稳定少动的地面辐合线配合700 hPa切变东移是造成暴雪及多站累计雪量达到历史极值的主要原因。中小尺度降雪系统的分析是预报业务中的难点，通过云图和雷达径向速度进行识别可以为临近预报提供有利依据。

关键词：回流暴雪，地形，β中尺度锋面气旋，锢囚锋生

引言

西北地区地处欧亚腹地，毗邻青藏高原，从南到北依次跨越湿润区、半湿润区、干旱半干旱区及高原气候区，是我国年降雨量最少的地区[1]，冬半年少雨干旱的特点十分明显。强降雪对土壤墒情改善有十分积极的作用，但同时强降雪形成的积雪或结冰等给交通、航空、电力等行业及群众生活也带来了很多负面影响。回流暴雪不同于大多数普通降雪天气，通常低层有东北或偏东气流，近地层有冷垫形成；降雪发生时南方暖湿空气沿低层冷垫爬升，到达一定高度后水汽凝结产生降雪[2]。近年来，回流强降雪带来的灾害受到广泛关注。

随着现代观测手段的进步，多源数据的融合应用和数值预报技术的发展，回流暴雪的研究越来越深入[3,4]，多数研究认为偏东风回流多出现在2 km高度以下边界层内，在降雪过程中起“冷垫”的作用[5]，暖湿空气沿冷垫上滑，锋生时间长，中层锋区与低层东北回流叠加时会出

资助项目：中国气象局气象能力提升联合研究专项(23NLTSZ001)、中国气象局复盘总结专项(FPZJ2024-136)和甘肃省气象局创新团队(GSQXCXTD-2024-01)共同资助。

第一作者：肖玮，高级工程师，从事强对流天气的分析研究，E-mail：weiweir1983@126. com。
通信作者：刘鹏兵，高级工程师，从事天气预报研究，E-mail：1473793939@qq. com。

现强降雪[6]，并且地形在回流暴雪过程中对低层偏东气流有阻挡、汇聚和抬升作用[7,8]。也有研究表明，回流降雪的开始和结束与高低层的风向密切相关，中高层的西南气流与低层偏东气流叠加时降雪开始，两者之一消失时降雪结束[9]；在倒槽暴雪中，冷垫最厚、中低层西南风速最大时刻提前于强降雪 5 h，对暴雪预报预警有先兆意义[10]。以上有关回流形势下降雪的研究成果在暴雪预报中得到了应用，并取得一定成效。

近年来回流暴雪在西北地区出现次数明显增加，常常造成极端暴雪，尤其是冬末初春时的回流对西北地区强降雪影响较大[11]，对经济和生产生活造成很大影响，因此加强该地区回流暴雪研究非常必要。2023 年 2 月 7—8 日西北地区东部出现一次典型的回流暴雪天气，极端强降雪给交通运输、设施农业、城市运行和人民生产生活等造成严重影响。本文将利用 FY-4A(风云四号 A 星)卫星云图、天气雷达和 ERA5 等资料分析此次暴雪过程的环流形势和影响系统，重点分析此次暴雪过程的动力、热力成因以及水汽条件，总结预报订正思路，以期加深对西北地区回流暴雪的理解和认识，为业务预报提供参考。

1 天气实况及环流背景

1.1 天气实况

2023 年 2 月 7 日 20 时—9 日 08 时(北京时，下同)，西北地区东部出现明显降雪天气(图 1a)，影响范围大、降雪时段集中、小时雪量大，其中甘肃中东部、宁夏南部、陕西关中西部等三省交界处共 9 个国家站出现 10 mm 以上暴雪(简称暴雪关键区)，过程最大降雪量出现在宁夏泾源，为 16.6 mm，积雪深度为 24 cm；共 13 个国家观测站日降雪量突破极值(表 1)。7 日 23 时西北地区东南部首先出现降雪，雨带由南向北、自西向东缓慢推进，8 日 02—03 时，甘肃中部及宁夏南部相继出现降雪，8 日 08—09 时，雨带范围向东扩展，陕西关中西部出现雨转雪现象，8 日 14 时，西北地区东部均出现不同程度降雪，过程降雪于 9 日 02 时趋于结束，共持续 27 h；暴雪关键区主要降雪时段在 8 日 03—16 时，以宁夏南部泾源站来看(图 1b)，连续13 h 保持 0.9 mm 以上的小时雪强，尤其是 14 时小时雪强达到 1.6 mm·h^{-1}；宁夏中部降雪出现时间较晚，8 日 06 时开始，09 时及 13—15 时小时雪强均在 1.0 mm·h^{-1}以上；甘肃中部的兰州站 02 时出现降雪，主要的降雪时段为 8 日 09—13 时，小时降雪较小。

表 1　2023 年 2 月 7—8 日三省(区)日降雪极值(24 h 累积雪量)

测站/宁夏	$R_{极大值}$/mm	测站/陕西	$R_{极大值}$/mm	测站/甘肃	$R_{极大值}$/mm
固原泾源	16.6	宝鸡麟游	15.0	平凉华亭	13.2
固原六盘山	16.1	宝鸡陇县	12.0	平凉庄浪	11.6
固原西吉	11.2	汉中勉县	11.6	定西通渭	11.6
固原	9.2	咸阳长武	10.6	平凉静宁	9.9
中卫海原	8.5				
吴忠同心	7.6				

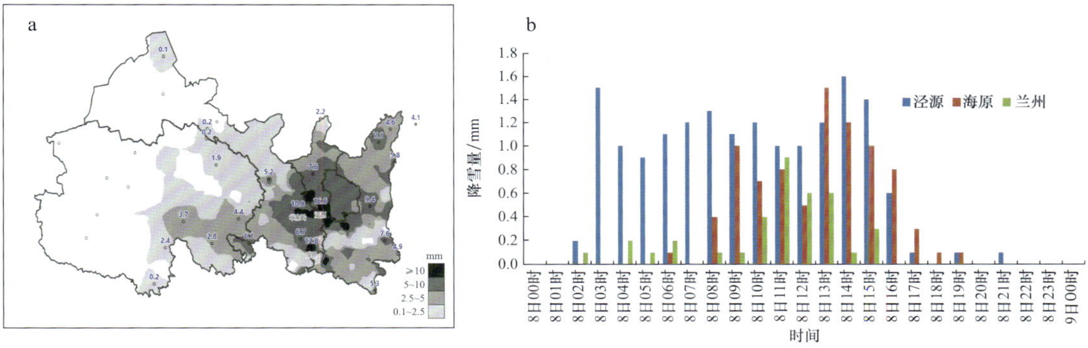

图1 (a)2月7日20时—9日08时西北地区降雪量实况图；
(b)泾源、海原、兰州逐小时降雪时序图(单位：mm)

1.2 环流背景

2023年2月7日20时，即降雪开始前，500 hPa亚欧中高纬为“两槽一脊”，东亚大槽后部冷平流持续影响华北地区，西西伯利亚横槽底部西风带多短波槽活动，高原槽和南支槽并存(图略)；至8日08时(图2)，西风带短波快速东移至甘肃河西西部，高原槽与南支槽位相趋于一致，槽前西南气流影响西北地区中东部。700 hPa冷式切变位于河西东部，暴雪关键区位于切变线东南侧低空急流左前方，西北地区东部上空比湿为2～4 g·kg^{-1}，已达到西北地区暴雪的比湿阈值。地面上，华北冷高压向东南延伸，高压底部的东风回流自东海经华北平原影响西

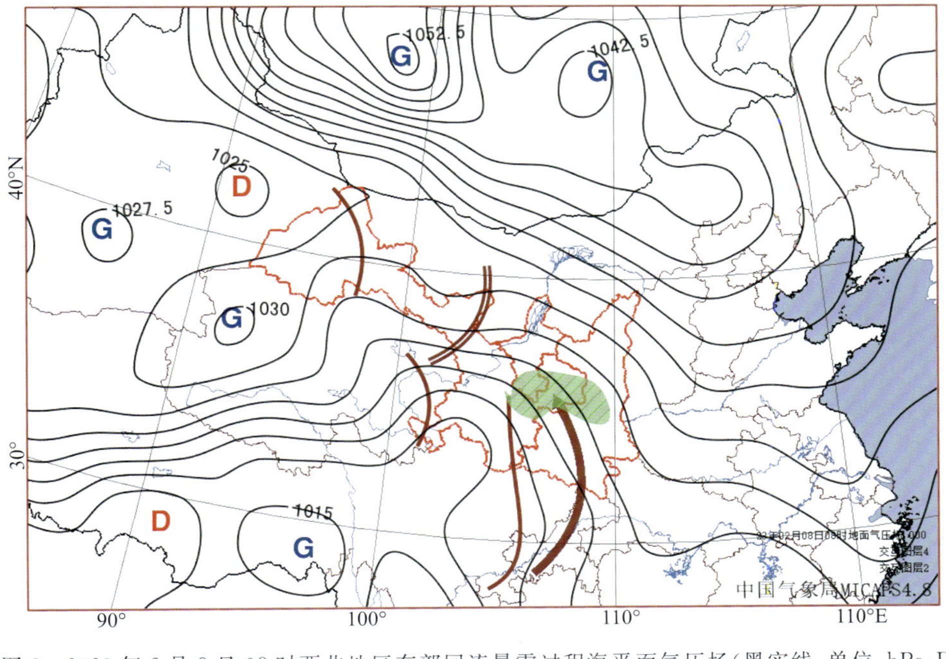

图2 2023年2月8日08时西北地区东部回流暴雪过程海平面气压场(黑实线，单位：hPa，D为地面低压中心，G为地面高压中心)和高空影响系统(绿色阴影为暴雪关键区，棕色实线为500 hPa槽线，棕色双实线为700 hPa切变线，棕色粗箭头为700 hPa急流)

北地区东部,高原槽前深厚的偏南气流在近地面偏东回流上爬升,加强了天气尺度的动力抬升[12];随着 700 hPa 偏南急流增强,中低层较强暖平流导致地面减压明显,8 日 02—08 时,地面倒槽自甘肃河东向北发展,形成典型的回流降雪形势。

2 降雪水汽条件及动力机制

2.1 水汽条件

2 月 7 日 20 时崆峒站(距离暴雪关键区最近)探空廓线显示,大气湿层主要集中在 850~700 hPa,由于暴雪关键区海拔高度普遍在 850~750 hPa,因此选择 800 hPa 高度对水汽条件进行分析,7 日 20 时降雪发生前(图略),800 hPa 暴雪关键区比湿为 2~3 g · kg^{-1},8 日 02 时,降雪开始加强,暴雪中心附近比湿增至 3.50~3.75 g · kg^{-1},即随着低空急流发展增强,靠近急流轴的暴雪关键区水汽含量明显增加,比湿强度维持至 8 日 18 时,之后逐渐减弱。结合 7—8 日水汽通量及其散度分布可知,7 日 20 时(图 3a),偏南气流将孟加拉湾水汽输送至降雪区,东路回流自东海带来的水汽输送较弱,甘肃南部处于弱的水汽通量辐合区;8 日 02—08 时(图 3b),随着东路回流和西南低空急流加强,2 支气流的水汽输送逐渐加强,水汽通量辐合范围扩大至西北地区东部,强度明显加强;09—14 时,2 支气流的水汽输送维持(图略);15 时后(图 3c),随着西南低空急流减弱,来自孟加拉湾的水汽输送减弱,此时回流水汽输送维持,可以看到西北地区东部依然有明显的水汽通量辐合,辐合中心略有北抬,强度略有减弱;18 时后,随着西路冷空气入侵,东路回流的水汽输送减弱并东退,西北地区东部逐渐转为辐散区。

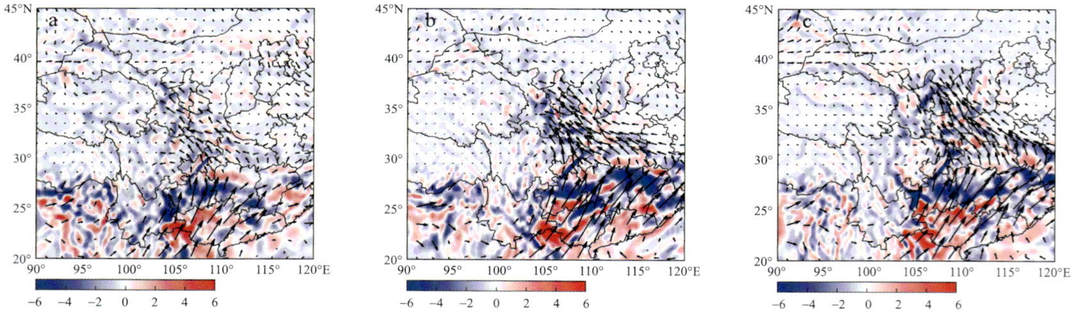

图 3　2023 年 2 月 7—8 日 800 hPa 水汽通量(箭矢,单位:g · cm^{-1} · hPa^{-1} · s^{-1})和水汽通量散度(彩色阴影,单位:10^{-7} g · cm^{-2} · hPa^{-1} · s^{-1})分布

(a)7 日 20 时;(b)8 日 08 时;(c)8 日 15 时

2.2 动力机制

此次降雪过程影响范围大,西北地区东部大部地区均出现不同程度降雪,有 13 个国家站日降雪量突破同期极值。以下利用常规观测资料及 ERA5 资料等,重点分析降雪的动力成

因，通过 700 hPa、850 hPa 温度平流、800 hPa 锋生函数和假相当位温等物理量诊断过程的锋生特征。

2.2.1 高低层系统配置

500 hPa 上，7 日 20 时(图 4a)东欧平原和鄂霍茨克海附近有 2 个冷空气主体(以下分别称为西、东路冷空气)，巴尔喀什湖到新疆西部、贝加尔湖以东到华北平原均有冷平流，高原以南地区南支槽维持，槽前西南暖湿气流发展，随后西北地区东南部出现降水。8 日 08 时(图 4b)，西路冷空气沿高原南下，河西短波槽稳定少动，受下游脊阻挡，雨带向东北方向缓慢移动，8 日 20 时(图略)，西路冷空气加强南下，河西短波槽与高原槽同位相叠加并快速东移至河套西部，雨带逐渐移出西北地区东部。

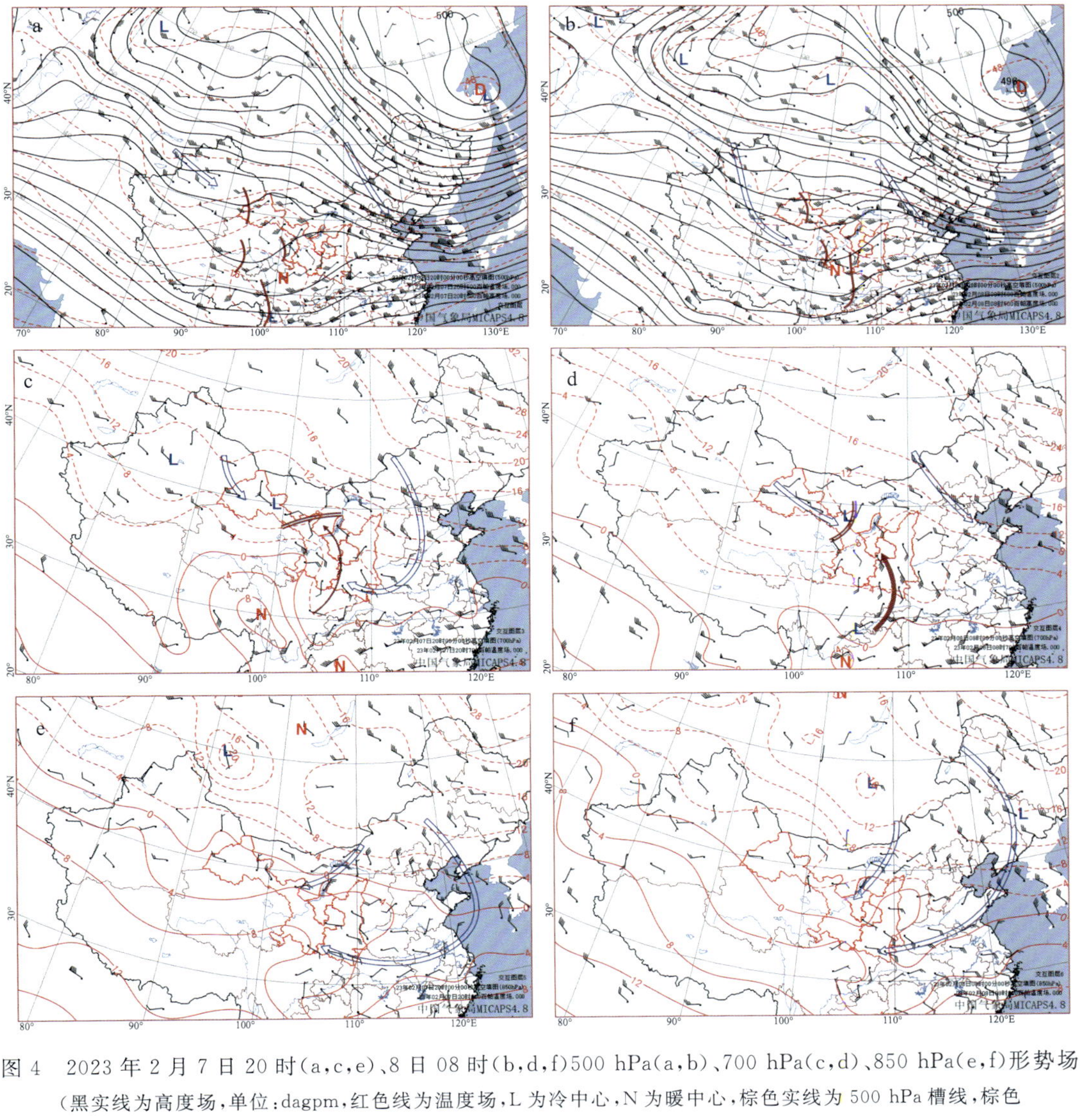

图 4 2023 年 2 月 7 日 20 时(a,c,e)、8 日 08 时(b,d,f)500 hPa(a,b)、700 hPa(c,d)、850 hPa(e,f)形势场

(黑实线为高度场，单位：dagpm，红色线为温度场，L 为冷中心，N 为暖中心，棕色实线为 500 hPa 槽线，棕色双实线为 700 hPa 切变线，棕色粗箭头为 700 hPa 急流，棕色细箭头为 700 hPa 显著流线，蓝色空心箭头为冷空气路径)

700 hPa 上,7 日 20 时(图 4c),西路小股冷空气进入甘肃河西西部,在甘肃中部至内蒙古西部有切变形成,东路冷空气南下西伸形成回流冷垫影响西北地区东部,回流强迫抬升发生在 700 hPa 之上,但维持时间较短。8 日 08 时(图 4d),随着偏南风发展为低空急流,东路回流向北收缩,切变附近冷暖对峙加强,在 8 日白天降雪影响范围明显扩大,暴雪关键区位于低空急流的顶端,低空切变线东侧,小时雪强增大。8 日 20 时(图略),700 hPa 切变东移至同时次 500 hPa槽相应位置。

850 hPa 上,7 日 20 时(图 4e),西北地区东部位于冷高压底后部,有冷空气沿内蒙古中部南下,同时东路回流自华北北部西伸,冷空气强度较弱,此时西北地区东部受东北—西南向暖脊控制,0 ℃线位于 40°N 附近。8 日 08 时(图 4f),随着西路冷空气补充东移,冷高压加强,0 ℃线沿内蒙古中部南压,在宁夏形成冷垫;东路回流明显发展,风速自 4 $m \cdot s^{-1}$ 显著增加至 10～12 $m \cdot s^{-1}$,西北地区东南部形成东段冷垫;两股冷空气在西北地区东部形成锢囚形势,8 日白天 850 hPa 以上偏南气流沿冷垫爬升,形成有利于降雪的高低空配置。8 日 20 时,冷空气进一步南下(图略),西北地区东部为冷空气盘踞,雨带移出西北地区东部。

从海平面气压场来看,降雪发生前,冷空气主体位于蒙古高原西部,不断有分裂冷空气补充汇入华北冷高压,使其强度维持。由图 5a 可见,7 日 20 时—8 日 08 时,与 850 hPa 相似,东西两路冷空气在西北地区东部形成锢囚形势,随着倒槽发展,与其携带的暖湿气流相互作用,锢囚锋略有北抬。8 日 02 时,甘肃南部低压(37.2°N,105.5°E)与华北(39°N,116°E)冷高压气压差约为 9 hPa,气压梯度力的作用导致近地面偏东风回流形成,倒槽前的暖湿气流与冷高压底部的偏东风回流相遇形成地面辐合线,2 支气流在暴雪关键区附近形成强烈交汇,且该地面辐合线稳定少动,维持时间较长,这也是暴雪关键区长时间维持较高小时雪强的原因之一。8 日 08—20 时(图 5b),地面倒槽继续向北发展,之前中高纬度庞大的冷高压分裂为东西两环,在河套地区形成“Ω”型的低压倒槽,锢囚锋由内蒙古西部至宁夏北部一线继续北抬,雨带北推;随后倒槽被冷空气切断在河套北部形成切断低压,继续北上影响华北等地。

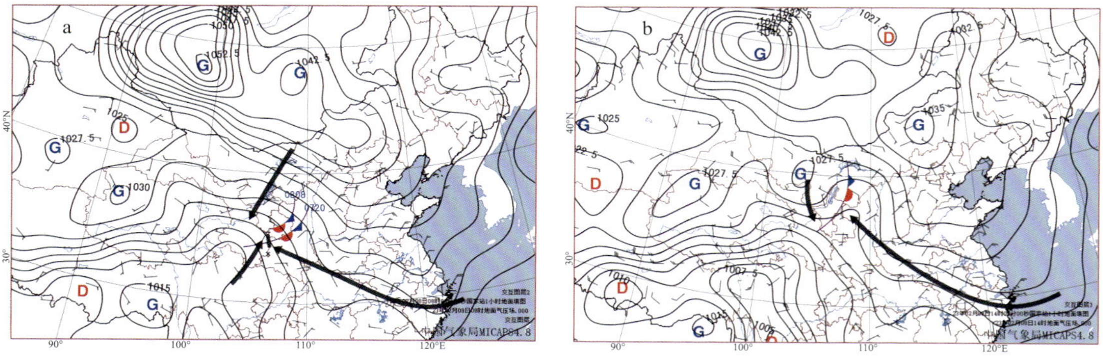

图 5　2023 年 2 月 8 日 08 时(a)、8 日 14 时(b)海平面气压、地面风场及不同时次锋面动态

(黑实线为海平面气压场,单位:hPa;黑色粗箭头为地面显著流线)

综上所述,此次过程是在 500 hPa 西风槽、高原槽、南支槽与 700 hPa 低空急流、切变线相配合下形成的西北地区东部的暴雪天气,边界层东、西两路冷空气与河套倒槽形成长时间锢囚形势,使得降雪时间、范围及降雪强度均增大;华北冷高压稳定少动且不断有西路冷空气补充,使得地面东风回流维持时间较长,深厚的暖湿气流沿边界层回流冷垫爬升,加强了边界层以上

的动力抬升条件；此外，河套倒槽与东风回流在暴雪关键区形成的地面辐合线，其时长约为 9 h（8 日 02—11 时），期间雪强稳定，随后 700 hPa 切变东移至暴雪关键区附近，雪强再度增强，使得西北地区东部多站累计雪量达到历史极值，暴雪关键区长时间维持较高小时雪强。

2.2.2 锋生特征

利用 700 hPa、850 hPa 温度平流、800 hPa 锋生函数和假相当位温（θ_{se}）的空间分布来诊断此次暴雪过程的锋生特征（图 6，图 7）。从 700 hPa 温度平流来看（图略），7 日白天早于降雪 12 h 以上东风回流冷垫已形成，西北地区东部受冷平流控制，7 日夜间至 8 日上午，随着低空急流建立，西北地区东部转为暖平流控制；8 日 14 时后，西路冷平流沿河西走廊南下，暴雪关键区附近出现明显的冷暖交汇，700 hPa 锋生出现在 8 日午后。

850 hPa 温度平流分布较为复杂，7 日 20 时（图 6a）冷平流沿内蒙古中部南下，东路回流冷空气较弱；8 日 08 时（图 6b），回流加强，锋生加强，并且在 7 日 20 时—8 日 08 时，西北地区东部有暖平流发展，对应 850 hPa 锢囚锋生始于 7 日 20 时，同时在六盘山附近也存在回流冷平流与倒槽暖平流之间的锋生，对应维持较长时间的地面辐合线。8 日 12—14 时（图 6c），宁夏南部暖平流与东路回流形成暖锋锋生，甘肃中部西路冷平流南下形成冷锋锋生，在冷暖平流之间，有明显的切变涡度生成，宁夏中部有气旋式流场，尺度较小但结构类似锋面气旋，可称为 β 中尺度锋面气旋；由冷、暖锋生形成的 β 中尺度锋面气旋受冷暖气流的辐合以及地形摩擦作用影响，气旋附近存在明显的上升运动，与宁夏中北部的强降雪时间高度吻合，也是宁夏中北部降雪的主要系统之一。此后随着倒槽向北发展，β 中尺度锋面气旋和其北部的锢囚锋生向东北方向移动（图略）。

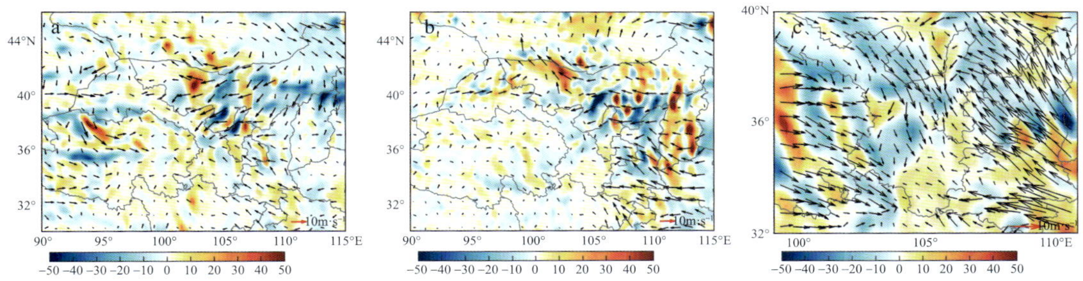

图 6　2023 年 2 月 7—8 日 850 hPa 温度平流（填色区，单位：10^{-5} K · s^{-1}）和风矢量分布图

(a)7 日 20 时；(b)8 日 08 时；(c)8 日 14 时

从垂直方向来看，锋生集中在 800～850 hPa，两个高度上锋生结构相似，因此本文仅选择 800 hPa 进行分析。7 日 20 时（图 7a），800 hPa 上 θ_{se} 等值线密集带由甘肃中部向东北延伸至阿拉善左旗，对应有锋生函数正值，与 850 hPa 温度平流分析的锢囚锋位置接近，同时在甘肃陇东至宁夏南部也存在 θ_{se} 等值线密集带，对应地面辐合线，此时两个区域内的锋生函数较小，影响范围较小；至 8 日 08 时（图 7b），西北地区东部均出现不同程度的锋生，范围扩大，强度较前一时次明显加强，对应回流增强、倒槽发展后形成的锢囚强锋区；8 日 12 时后（图 7c），地面辐合线附近的锋生减弱直至消失，而在宁夏北部及甘肃中部的 θ_{se} 等值线密集带依然清晰可见，该阶段对应地面暖锋锋生和冷锋锋生以及宁夏北部的锢囚锋生，23 时后，锋生区域移出西北地区东部（图略），过程趋于结束。

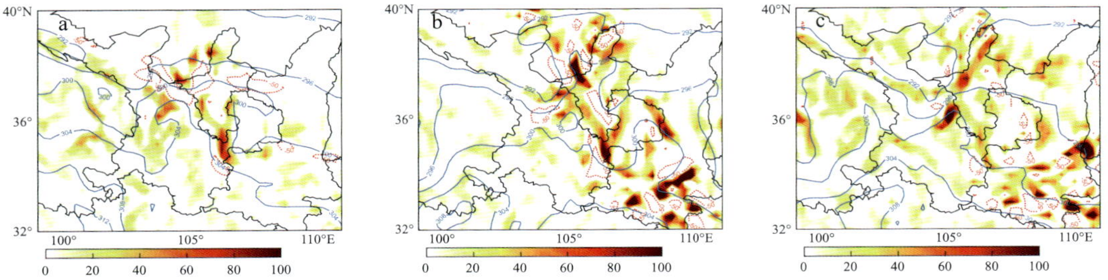

图 7　2023 年 2 月 7—8 日 800 hPa 锋生函数分布图(填色区代表正值,红色虚线代表负值,单位:10^{-10} K·m^{-1}·s^{-1})和假相当位温 θ_{se}(蓝色实线,单位:K)分布图

(a)7 日 20 时;(b)8 日 08 时;(c)8 日 12 时

2.3　地形抬升

西北地区复杂地形与回流的相互作用是产生暴雪的重要原因之一,从暴雪关键区海拔高度分布来看(图 8a),104°—105°E 附近为黄土高原境内华家岭,106.5°E 附近六盘山—陇山为南北向山脉,107°—108°E 附近为陕西关中西部的喇叭口地形。过 35.5°N 经向剖面可见,7 日 20 时降雪开始前(图 8b),偏东回流与各山脉之间夹角较大,受地形阻力造成的东侧迎风坡气流堆积和强迫抬升,对应在边界层内有弱的上升运动,背风坡有下沉气流,此时 600~700 hPa 也是东风冷垫,因此偏南风沿冷垫强迫抬升主要出现在 600 hPa 以上,整体上升运动较弱。8 日 02—08 时(图 8c),强降雪开始阶段,随着 700 hPa 及以上偏南风发展,104°—107°E 受地形及中低层系统共同影响,出现了 3 个上升支,分别位于 104°E、105.5°E 及 106.5°E 附近,上升气流向上扩展至 500 hPa 附近,在 650 hPa 和边界层分别出现 2 个垂直速度大值中心,分别为 −0.7 Pa·s^{-1}和 −0.2 Pa·s^{-1},在 108°E 附近受喇叭口地形影响,700 hPa 以下也出现了上升运动;8 日 12 时(图 8d),104°—105°E 附近地面转为弱西风,750 hPa 以上偏南急流进一步加强,系统性上升运动明显加强,垂直速度大值中心抬升至 700 hPa,达 −0.7 Pa·s^{-1},105°—106°E 附近深厚暖湿急流沿边界层冷垫爬升,106°E 偏南急流与冷垫交界处(650~750 hPa)出现冷暖气团锋生,对应 600 hPa 有 −0.9 Pa·s^{-1}的垂直速度大值中心,106°—108°E 附近受喇叭口地形影响,垂直速度大值中心依然在较低层次,可见冷垫配合中低层系统的抬升作用大于单一的系统性上升或地形抬升,抬升的高度更高;8 日 18 时(图 8e),104°—105°E 700 hPa 以上转偏西风,出现下沉气流,106°E 附近边界层偏西气流在山脉西侧形成上升支,配合冷锋锋生作用,650 hPa以下依然有上升气流,此时降雪强度明显减弱,而 107°—108°E 附近降雪持续。

整体而言,地形抬升在降雪过程开始阶段起主要作用,抬升作用主要在边界层内,随着中低层系统东移,系统性抬升条件改善,整层出现抬升,且降雪的范围扩大,槽前暖湿气流加强并沿冷垫爬升时,抬升条件达到最好,锋生作用下上升气流向上伸展的高度最高。

3　β 中尺度锋面气旋识别

8 日 13—18 时,宁夏中北部多站小时雪强超过 1 mm,通过上述诊断分析可知,β 中尺度锋面气旋是造成宁夏中北部强降雪的主要中尺度影响系统,其在地面没有明显的低压中心,风场

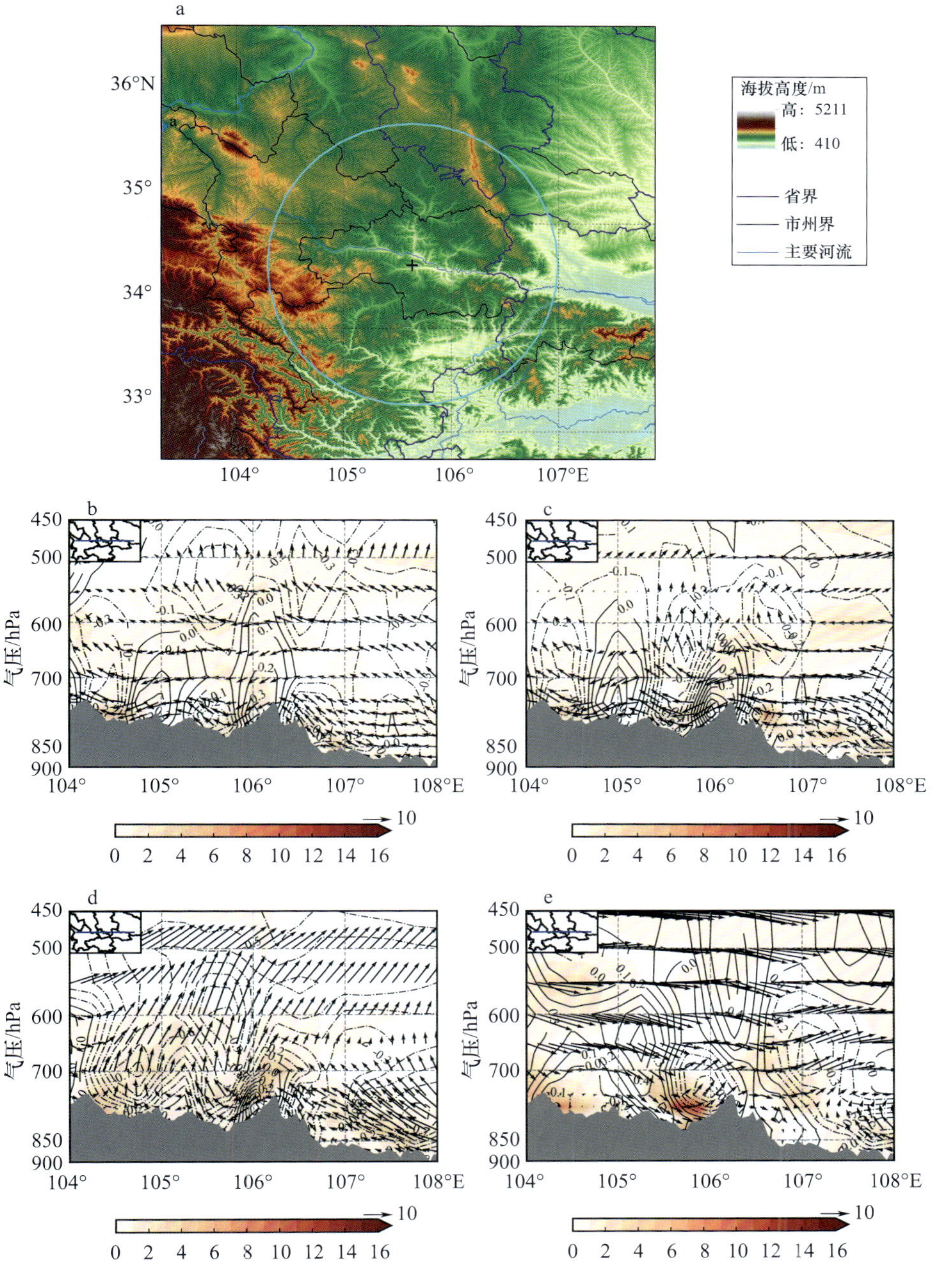

图 8　暴雪关键区海拔高度分布(a)和 2023 年 2 月 7—8 日沿 35.5°N 的经向垂直环流(箭矢表示水平风，单位：m·s^{-1})与垂直速度(单位：10^{-2} m·s^{-1})合成)及锋生函数(彩色填色区，单位：K·m^{-1}·s^{-1})、垂直速度(黑色等值线，单位：Pa·s^{-1})的垂直剖面(b)7 日 20 时；(c)8 日 02 时；(d)8 日 12 时；(e)8 日 18 时
(左上角为剖线示意图)

也较弱，不易识别，通过云图和雷达则可清晰辨别涡旋云系特征。由可见光云图可见，8 日 11 时有暖锋云系逐渐向北推进(图略)，13 时 15 分(图 9a)，暖锋位于宁夏中部，暖锋前云系呈反气旋性弯曲，东西宽 200 km 左右，冷锋则自甘肃中部向东南方向移动进入宁夏；到 14 时 15 分

时(图 9b),气旋中心螺旋云带结构已清晰可辨;随后气旋中心随高空西南气流向东北方向移动。红外云图由于气旋附近云顶过低,直到 15 时 15 分左右,方可识别闭合的气旋结构(图 9c),较可见光云图对该气旋的识别延后 1.5 h 左右。这个气旋闭合的范围为 100 km 左右,与之配合的锋面云系长度在 200～300 km,在宁夏境内的生命史约为 4～5 h。

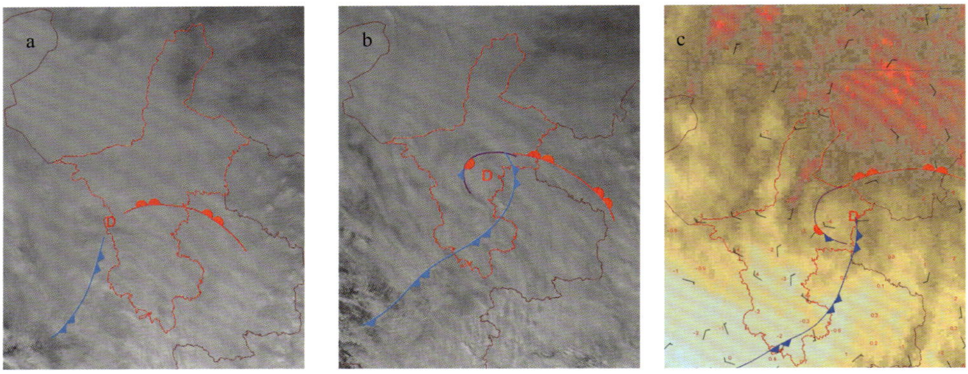

图 9　2023 年 2 月 8 日 FY-4A 卫星云图(蓝色齿线为地面冷锋,红色齿线为地面暖锋,紫色齿线为地面锢囚锋,D 为地面中尺度锋面气旋)

(a)13 时 15 分可见光;(b)14 时 15 分可见光;(c)15 时 15 分红外

吴忠雷达径向速度图上也可以清晰地看出这个中尺度锋面气旋及与之伴随的锋面结构的演变。8 日 08 时 43 分(图 10a),吴忠雷达观测范围内整体以东南风为主,而在距雷达站 25～50 km,高度在距地面 0.3～0.8 km 的低层则出现明显速度模糊,退模糊后的东南风速为

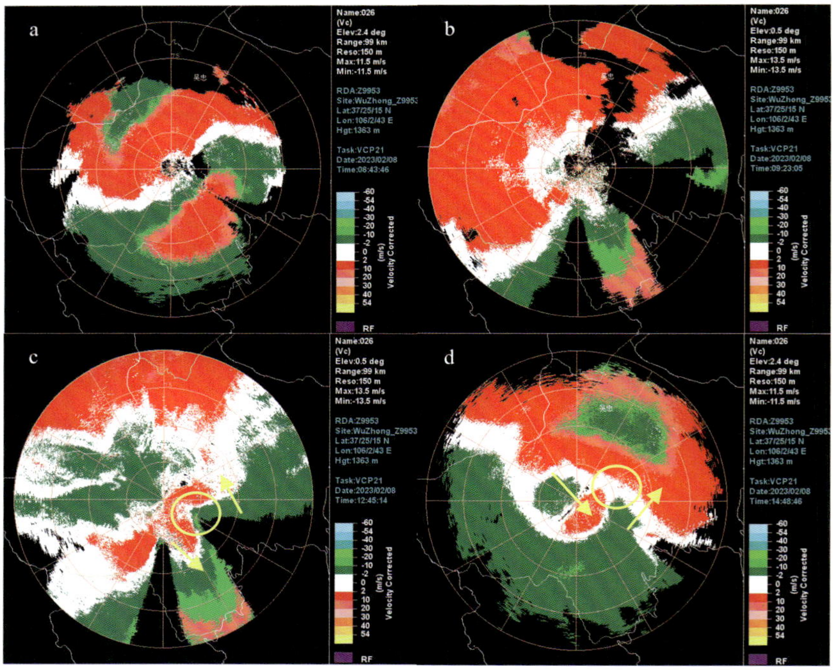

图 10　2023 年 2 月 8 日吴忠雷达基本径向速度图(单位:$m \cdot s^{-1}$)

(a)08 时 43 分 2.4°;(b)09 时 23 分 0.5°;(c)12 时 45 分 0.5°;(d)14 时 48 分 2.4°

15 m·s^{-1}左右,达急流标准,此时宁夏中部降雪开始;09 时 23 分(图 10b),雷达站西北侧近地层开始出现西北风,这意味着西路冷锋开始自低层侵入,其前侧有冷锋锋生,到 12 时 45 分(图 10c),冷锋越过雷达站,雷达站偏东地区的“零速度线”则呈 L 形,冷锋东北方向地面为偏东南气流,对应暖锋锋生区,冷暖锋之间(图 10c 黄圈处)则为 β 中尺度锋面气旋的中心,气旋附近动力抬升加强,导致宁夏中部雪强明显增大;到 14 时 48 分(图 10d),随着高空西风槽的逐渐东移,在低层东南气流逐渐转为西南气流,气旋中心向东偏北方向移动;15—16 时(图略),低层冷锋仍在宁夏中部维持,高空东南风急流北移,对应气旋移至宁夏北部,18 时后气旋移出宁夏境内。

宁夏中北部的强降雪出现在 8 日 13—18 时,卫星云图在 11 时便可观测到暖锋锋前的反气旋性弯曲,较强降雪时段提前 3～4 h,而多普勒天气雷达早在 09 时前后即可观测到近低层的东南风急流,以及北侧的西路冷空气,更早地给出中尺度锋面气旋可能发生发展的临近预报信息,结合实况 8 日 08 时地面倒槽、西路冷空气、东风回流以及高空强盛西南盛行风,为临近预报及识别该类中尺度降雪系统提供有利依据。

4 结论与讨论

2023 年 2 月 7—8 日,西北地区东部出现回流暴雪天气过程,甘肃、宁夏、陕西三省交界处共 9 个国家级气象站出现暴雪,共 13 个国家观测站日降雪量突破历史极值。降雪过程自 7 日夜间开始,9 日凌晨结束,持续 27 h,强降雪时段为 8 日 02—16 时。本文通过分析此次降雪过程水汽条件及动力、热力成因,得到以下结论。

(1)大气湿层集中在 700～850 hPa,在降雪发生前期,水汽主要来自低空急流,降雪后期以回流输送为主,降雪最强时段两条通道对降雪均有贡献,且影响范围扩大,为暴雪区提供了充沛的水汽条件。

(2)蒙古冷高压、华北冷高压和河套倒槽共同作用形成长时间边界层锢囚形势,使得西北地区东部降雪时间、强度及范围均增大;华北冷高压稳定少动且不断有西路冷空气补充,地面东风回流维持时间较长,深厚的暖湿气流沿边界层回流冷垫爬升,加强了边界层以上的动力抬升条件。此外,河套倒槽与东风回流形成的地面辐合线稳定少动,配合西路 700 hPa 切变东移,暴雪关键区长时间维持较高小时雪强,从而形成多站累计雪量达到历史极值。地形抬升在降雪过程开始阶段起主要作用,槽前暖湿气流沿冷垫强迫抬升优于地形抬升。

(3)锋生集中在 800～850 hPa,在降雪开始阶段,东、西两路冷空气配合低压倒槽形成的锢囚形势,使得锋面抬升增强。强降雪对应锋生最强时段,出现在东路回流与倒槽发展最旺盛阶段,随着西路冷空气南下,倒槽暖平流与东路回流形成暖锋锋生,西路冷平流与倒槽暖平流形成冷锋锋生,对应 β 中尺度锋面气旋,降雪再度加强,随着西路冷空气南下,锢囚锋移出西北地区东部。

(4)宁夏中部形成的 β 中尺度锋面气旋是边界层现象,垂直方向发展高度较低,地面锋面及气旋系统的分析是预报业务中的难点。在实际工作中,由于没有更精细化的资料,边界层降雪系统在地面观测反应较弱的时候,通过云图与天气雷达进行识别这类系统,可以为临近预报提供有利依据,如果在白天,可见光云图识别该气旋优于红外云图。

根据预报员以往经验，对于西北地区而言，在冬季由西路冷空气配合高原槽带来的降雪过程，模式往往存在降雪量级偏高、影响范围偏大的情况，需要预报员对雪量和落区进行订正；对比检验本次回流暴雪过程与2017年2月一次西北地区东部的回流暴雪过程发现(图略)，西北地区东部模式预报的降雪量、落区均与过程降雪实况较为一致，可见模式对回流暴雪预报的可信度更高，也增加了预报员提前预报暴雪量级以上降水的信心。

但是本次过程积雪深度预报偏差较大，过程实况在暴雪关键区积雪深度为9～24 cm，较模式预报的6～10 cm明显偏高。根据水密度、降雪量和积雪深度估算暴雪区泾源和华亭雪密度分别为69 $kg \cdot m^{-3}$和101 $kg \cdot m^{-3}$，与ECMWF模式预报150 $kg \cdot m^{-3}$左右存在较大偏差。同时对比了2 m温度和降水类型预报，跟实况基本一致，因此，模式对雪密度的高估可能是积雪深度预报偏差的主要原因，需要进一步对西北地区不同湿度、温度条件下雪密度进行评估，改进模式积雪深度预报参数化方案，从而提高模式积雪深度预报的准确率。

致谢：在论文的撰写过程中，特别感谢中央台张芳华、林建首席，两位老师从论文框架到细节修改都给予了细致的指导，感谢兰州中心台傅朝、沙宏娥首席提出了很多宝贵的意见与建议，感谢甘肃省气象局创新团队的协助和资助。

参考文献

[1] 白虎志. 中国西北地区近500年极端干旱事件[M]. 北京：气象出版社，2011：1740-2008.

[2] 张芹，丁治英，杨成芳，等. 山东一次历史极端降雪过程的诊断分析[J]. 高原气象，2015，34(4)：1131-1138.

[3] 王丛梅，李永占，刘晓灵. 河北省南部回流暴雪天气结构特征[J]. 气象与环境学报，2015，31(3)：23-28.

[4] 张守保，张迎新，杜青文，等. 华北平原回流天气综合形势特征分析[J]. 气象科技，2008，36(1)：25-30.

[5] 于波，李桑，郝翠，等. 冬奥会延庆赛区降雪与边界层东风的关系[J]. 大气科学，2022，46(1)：181-190.

[6] 阎琦，崔锦，杨青. 年辽宁两次雨转暴雪过程对比分析[J]. 干旱气象，2019，37(6)：944-953.

[7] 周雪松，谈哲敏. 华北回流暴雪发展机理个例研究[J]. 气象，2008，34(1)：18-26.

[8] 张迎新，张守保，裴玉杰，等. 2009年11月华北暴雪过程的诊断分析[J]. 高原气象，2011，30(5)：1204-1212.

[9] 张迎新，侯瑞钦，张守保. 回流暴雪过程的诊断分析和数值试验[J]. 气象，2007，33(9)：25-32.

[10] 卢秉红，杨青，高松影，等. 两次不同类型暴雪的雷达回波特征分析[J]. 干旱气象，2016，34(5)：836-840.

[11] 冯建民. 宁夏天气预报手册 [M]. 北京：气象出版社，2012：196-201.

[12] 张南，张迎新，申莉莉. 冀中南一次春季雨雪过程诊断与预报技术分析[J]. 干旱气象，2014，32(4)：622-628.

2023 年 5 月上旬南疆东部极端低温雨雪天气成因及预报检验

周雪英[1]　张云惠[2]　张林梅[2]　努　加[1]　刘长墉[1]　余惠乔[1]
（1. 巴音郭楞蒙古自治州气象局，库尔勒，841000；
2. 新疆维吾尔自治区气象台，乌鲁木齐，830002）

摘　要：2023 年 5 月 2—7 日，南疆东部巴音郭楞蒙古自治州（简称“巴州”）平原出现极端低温、罕见雨雪和霜冻灾害，多站出现最低气温破历史同期极值、春季罕见最晚的雨转雪以及大范围低温霜冻灾害。分析表明：此次天气是在深厚中亚低涡系统长时间稳定维持、高空伴有强冷平流、地面西翻冷空气与南疆盆地东灌冷空气在南疆东部汇合增强、叠加两次降水后的晴空辐射降温等共同作用下产生的，雨雪成因与低层暖平流活动、850 hPa 锋生以及高空强降温密切相关。ECMWF（欧洲中期天气预报中心）模式形势预报基本准确，但对于影响南疆东部的低涡系统的强度、位置、稳定性存在偏差；ECMWF 对极端最低气温预报稳定、接近实况，CMA-GFS（中国气象局全球同化预报系统）呈明显正偏差；对库尔勒城区单站降水预报，各家模式和智能网格产品均预报偏小，CMA-GFS 临近预报增大，有较强指示意义。

关键词：南疆东部平原，极端低温雨雪，天气成因，预报检验

引言

南疆盆地春季灾害性天气种类多、冷空气活动频繁，易造成寒潮或低温冻害发生，但春季冷空气活动高频时段集中在 4 月[1]，进入 5 月南疆盆地气温升高迅速、降水增多，冷空气活动常造成大风、沙尘暴、局地冰雹和暴雨等多种灾害性天气[2-6]，但云、风、沙等天气现象和城市热岛效应均制约最低气温的下降[7-9]，因此 5 月南疆盆地很少发生寒潮和低温霜冻天气。近年来全球气候变暖加剧，西北干旱区新疆气候呈现“暖湿化”特征，气温上升的趋势显著，极端气候事件的频次和强度剧烈变化[10]，5 月寒潮和持续低温时有发生，一旦发生往往低温强度和范围增强，致使霜冻天气加剧发展，且霜冻灾害造成的损失极其严重[11,12]，而低温霜冻天气主要受环流背景异常、影响系统持续时间、冷空气入侵强度及路径、地面冷锋过境、霜冻线移动速度以及地形等综合条件的影响[13]。

2023 年 5 月 2—7 日新疆南疆盆地巴州遭遇极端低温雨雪霜冻天气，5 月 2—5 日先后出

资助项目：中国气象局复盘总结专项（FPZJ2024-151）、新疆维吾尔自治区科技厅天山英才项目（2023TSYCJC0064）和新疆维吾尔自治区科技厅基金项目（2023D01F29）共同资助。

第一作者：周雪英，高级工程师，从事灾害性天气预报预警技术及天气机理研究，E-mail：zhouxueying2004@163.com。
通信作者：张云惠，正高级工程师，从事新疆暴雨及灾害性天气预报研究，E-mail：715208285@qq.com。

现大风、沙尘暴、暴雨、局地冰雹,6日巴州北部尉犁、库尔勒、焉耆盆地出现同期最晚雨转雪;7日清晨全州平原普遍遭遇低温霜冻天气,和硕、和静、库尔勒、轮台约7万 km^2 最低气温打破历史同期极值。此次天气致使南疆东部平原棉花、加工辣椒和番茄等农作物受灾面积达96305.6 hm^2,经济损失3.38亿元,给当地工农业生产和人民群众生活造成严重影响和危害。此次天气巴州气象局启动重大气象灾害Ⅳ级应急响应命令,自治州分管领导巴岱对气象局材料作出重要批示,5月6日在巴州气象台升级霜冻黄色预警后,巴州政府统一指挥,紧急安排和部署防御低温霜冻天气措施,并结合巴州气象台逐时滚动低温实况和温度预报,在全州86个农业乡镇开展了熏烟防霜冻工作,有效降低了低温霜冻造成灾害损失。此次低温霜冻天气巴州气象台提前研判、准确预报,加强与政府及相关部门联动,采取多项服务举措,得到各方认可。

尽管业务预报对此次冷空气活动总体把握较好,尤其低温霜冻预报预警服务效果好,但关于中亚低涡对南疆东部造成罕见极端低温和降水落区、量级以及雨雪相态变化等特征估计不足。为此本文利用常规观测、全球分析资料(FNL)、美国国家环境预报中心(NCEP)再分析等资料,对此次天气的极端低温发生异常环流背景、冷空气特点,雨雪天气形成有利条件和温度变化特征以及单站降水预报进行检验分析,以期加深对极端低温雨雪霜冻天气的理解和认识,为防灾减灾提供参考和依据。

1 低温天气影响及极端性

1.1 天气概况

2023年5月2—7日南疆东部平原遭遇极端低温雨雪霜冻天气过程,5月2—3日巴州各地有196站出现8级以上大风、平原有5站出现沙尘暴。5月3—4日巴州北部出现明显降水天气,134站出现降水,3日轮台县局地出现冰雹。3—4日博湖县5站出现暴雨,其中博湖县艾勒逊沟累计降水量39.6 mm,降水集中在5月3日01时—4日09时。5—6日尉犁、库尔勒、焉耆盆地出现同期最晚的罕见雨转雪,此阶段降水发生在5日12时—6日16时,降水相态经历了从“雨—雨夹雪—雪—雨夹雪—雨”的复杂变化。尉犁、库尔勒、焉耆盆地在6日07时出现雨—雨夹雪—雪相态转变,6日12时后发生雪—雨的相态变化,强降雪中心位于尉犁县英库勒镇,累计降水量17.2 mm(图1a)。7日清晨巴州各地普遍遭遇极端低温霜冻天气,和静县最低气温降至−3~0 ℃、库尔勒市−3~2 ℃、轮台县−2~2 ℃、和硕县−4~0 ℃(图1b),和硕、和静、库尔勒、轮台最低气温打破历史同期极值。此次天气过程平原各地气温逐步下降,最高气温累计降幅在20 ℃左右,最低气温在10 ℃左右,正值巴州各类喜温农作物出苗及幼苗生长关键期,致使农作物和林果受灾严重。

1.2 低温雨雪霜冻的极端性

1960—2023年近64 a巴州5月上旬平均气温为16.9 ℃,2023年仅为10.3 ℃,较历年同期偏低6.6 ℃(图1a),突破历史同期极值(12.9 ℃);而最低气温巴州平原各地也异常偏低,其中和硕、和静、库尔勒、轮台4站极端最低气温分别为−1.8 ℃、−0.9 ℃、0.5 ℃、0.7 ℃,均破历史同期极值。5 月 6 日上午南疆东部平原出现雨转雪也具有很强极端性，巴州平原历年降雪最晚出现在 4 月，5 月除尉犁县 1982 年 5 月 11 日出现降雪，其余地区无降雪发生。

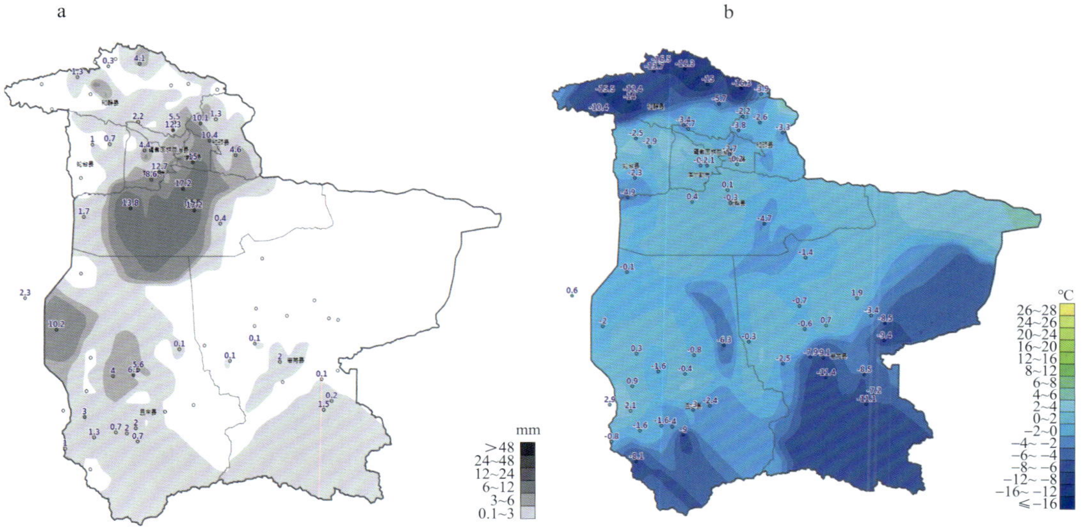

图 1　2023 年 5 月 5—6 日巴州地区降水实况(a，单位：mm)；
7 日巴州地区最低气温实况(b，单位：℃)

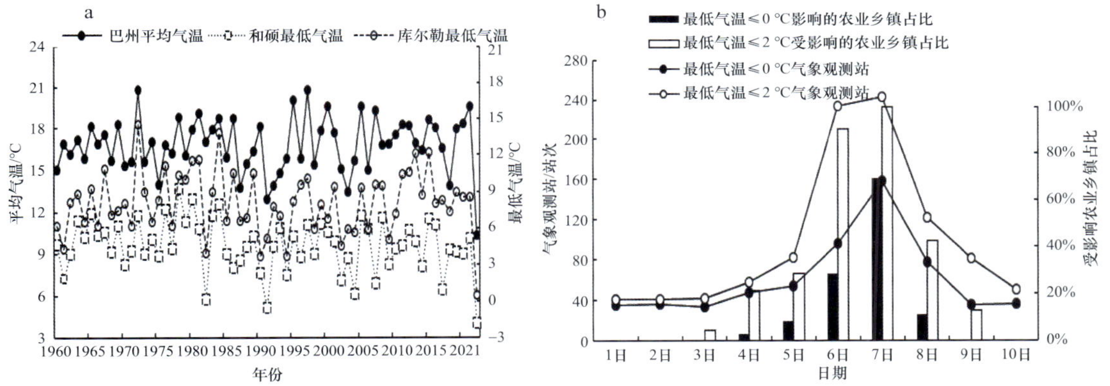

图 2　1961—2023 年 5 月上旬巴州平均气温及库尔勒、和硕最低气温变化
趋势(a，单位：℃)；巴州最低气温≤0 ℃和≤2 ℃自动站数量及霜冻影响乡镇占比逐日变化(b)

统计巴州 278 个地面气象观测站和 86 个乡镇，分析 2023 年 5 月上旬最低气温≤0 ℃和≤2 ℃逐日分布和受低温霜冻影响农业乡镇占比变化(图 2b)可知，5 月 3 日开始巴州个别农业乡镇出现轻霜冻，日最低气温≤2 ℃的有 1 站次。5 月 4—5 日有 54 站次日最低气温≤0 ℃，3%～8%的农业乡镇出现霜冻，有 82 站次日最低气温≤2 ℃，21%～28%农业乡镇出现轻霜冻。5 月 6—7 日有 158 站次日最低气温≤0 ℃，28%～69%的农业乡镇出现霜冻，有 243 站次日最低气温≤2 ℃，基本全部农业乡镇出现轻霜冻。5 月 8—9 日仍有 80 站次日最低气温≤2 ℃，13%～42%的农业乡镇出现轻霜冻。此次极端低温天气致使巴州各农业乡镇普遍出现轻霜，超过 69%的农业乡镇出现严重霜冻，此次低温霜冻灾害持续时间长、影响范围广、造成灾害重，极端性较强。

2 低温雨雪成因分析

2.1 大尺度环流与天气系统演变

2023 年 5 月 2—7 日 100 hPa 高度及距平场上，北半球极涡呈持续偏心型，中心位于 80°N 的鄂霍次克海附近，同时极涡西伸至新地岛西南侧，新地岛附近是冷空气活动中我国达到寒潮次数最多的源地[14]。500 hPa 欧亚范围中高纬呈“两脊两槽”的经向环流，新疆为深厚的中亚低涡，正负距平呈“西北高、东南低”(图 3a)，有利于中亚低涡东南下，此次中亚低涡影响新疆时间长、冷中心强，中亚低涡携带冷空气分两段影响南疆东部。

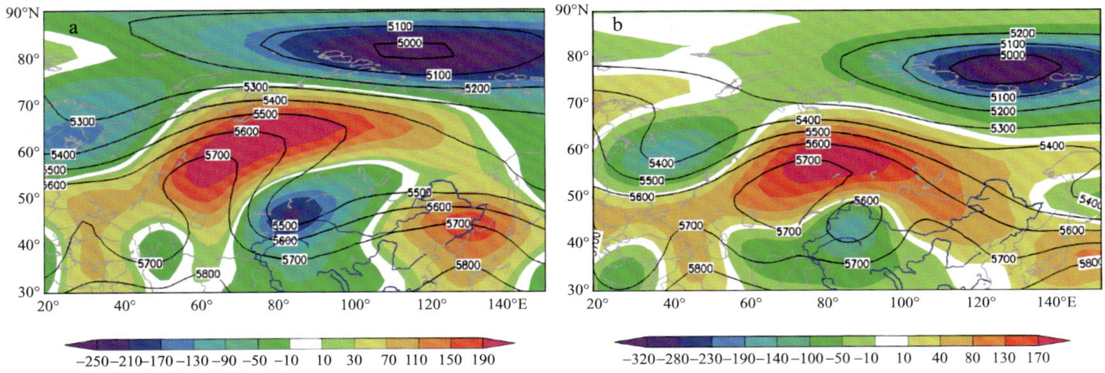

图 3　2023 年 5 月 2—4 日(a)、5—7 日(b)500 hPa 位势高度及其距平(单位:gpm)

从图 4 可知，2—4 日东欧至乌拉尔山高压脊不断向北发展，脊前北风带引导冷空气南下，中亚低涡中心位于西西伯利亚 55°N 附近，中心值 532 dagpm，并伴有−36 ℃的冷中心。槽底南伸至 40°N 以南，南疆东部位于中亚低涡底部，受低涡 556 dagpm 等高线及−26 ℃等温线南压影响。南疆东部出现大风、沙尘暴、局地暴雨、大范围强对流天气。5 月 4 日开始平原北部日最低气温开始下降，有 47 站次≤0 ℃，3%的农业乡镇出现霜冻，58 站次日最低气温≤2 ℃，21%农业乡镇出现轻霜冻。5—7 日乌拉尔山阻塞高压向东北伸展，中亚低涡在北疆西退南压，然后自西天山翻山进入天山南坡，配合有−32 ℃的冷中心，6 日 08 时−30 ℃的冷舌南伸至 40°N 附近，造成南疆东部库尔勒、尉犁、焉耆盆地罕见雨转雪天气，7 日 08 时 69%的农业乡镇出现霜冻，全部农业乡镇出现轻霜冻。研究表明[15-18]中亚低涡常东移减弱成槽影响新疆，且 5 月多浅薄型低涡，深厚型中亚低涡一般在 7 月出现最多，但 2023 年 5 月上旬深厚的中亚低涡进入新疆后长时间维持，南疆东部由于受三面环山地形阻挡，中亚低涡的深厚与浅薄、持续时间的长短对当地的天气系统演变造成的影响变化更大。

2.2 冷平流与地面冷空气

2.2.1 高空冷平流

春季发生极端低温天气与高空温度快速下降密切相关，气温变化的程度取决于温度平流

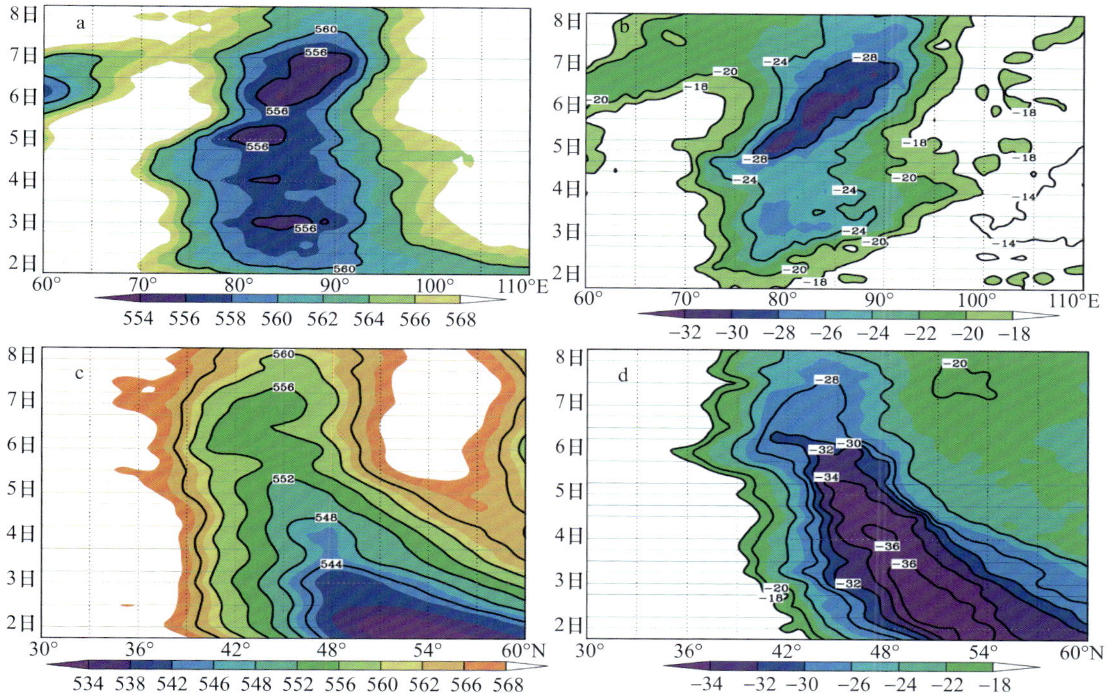

图 4　2023 年 5 月 2—7 日沿 41°N 500 hPa 高度(a，单位：dagpm，阴影区：位势高度≥544 dagpm，下同)；温度(c，单位：℃，阴影区：温度≤−18 ℃，下同)的时间—经度剖面；沿 86°E 500 hPa 高度(b)、温度的时间—纬度剖面(d)

的强度[14]。

从 2023 年 5 月 2—7 日 500 hPa 和 850 hPa 水平方向过程平均温度与温度平流以及风场分布可见(图 5b，图 5c)，500 hPa 中亚低涡冷中心平均强度为−30 ℃，位于北疆偏西偏北一带，南疆东部平原受−24 ℃等温线影响，巴州全境受冷平流控制，强度在$-4.8\times10^{-5}\sim-4.0\times10^{-5}$ $K\cdot s^{-1}$之间，-4.8×10^{-5} $K\cdot s^{-1}$强冷平流中心位于巴州东南部，850 hPa 上过程平均巴州北部表现为$\pm0.2\times10^{-5}K\cdot s^{-1}$冷暖平流之间。巴州南部仍为强冷平流控制，整体看高空巴州东南部均受较强的冷平流影响，冷空气不断沿着低层东风东灌影响巴州地区，表明此次天气东灌的冷空气对降温起到重要作用。从图 5a 可知，高空 600 hPa 以上长时间维持小于-0.5×10^{-5} $K\cdot s^{-1}$的冷平流，包含 2—4 日和 5—6 日两个时段，冷平流最强中心在 400 hPa 附近为$-4.8\times10^{-5}K\cdot s^{-1}$，出现在 5 日夜间，7 日以后 500 hPa 出现强盛的暖平流中心，对应地面天气转好开始升温。此次天气中冷暖平流日变化特征比较明显，夜间近地层基本为弱的冷平流，南疆盆地由于三面环山、地形封闭，在冷空气活动后，地面降温常存在滞后效应，5—6 日白天低层为明显暖平流，有利于冷暖交汇和降水天气发展，而 6 日夜间整层为弱的冷平流同时叠加了雨雪天气后的晴空辐射降温，致使巴州出现大范围极端低温。

2.2.2　地面冷空气补充

过程前期 2—4 日冷高压中心位于巴尔喀什湖西北部，冷高压中心逐日增强(图 6a、图 6b)，4 日冷高压中心强度为 1022.5 hPa，5 日达到 1027.5 hPa，6 日增强至 1034 hPa，1015 hPa

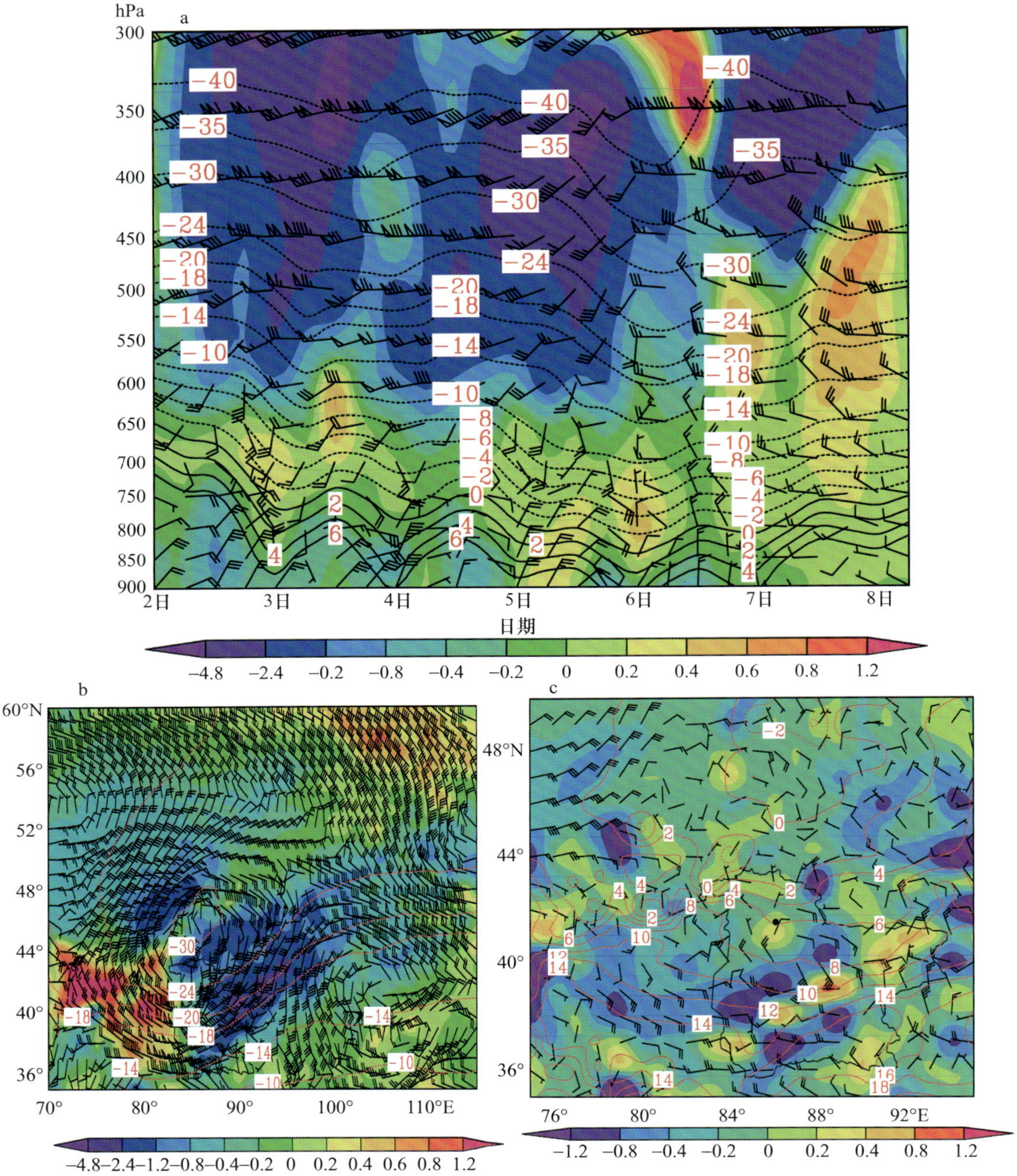

图 5 2023 年 5 月 2—7 日南疆东部平原(40°—42.5°N,84°—90°E)区域平均的温度、温度平流及风场的高度—时间剖面(a,温度为实线,单位:℃、温度平流为彩色阴影区,单位:10^{-5} K·s^{-1}、风场为黑色风杆,单位:m·s^{-1},下同);2023 年 5 月 2—7 日过程 500 hPa(b)、850 hPa(c)平均的温度(单位:℃)、温度平流(单位:10^{-5} K·s^{-1})及风场(单位:m·s^{-1})(●为库尔勒市)

等压线压至南疆东部,冷空气势力较历年同期明显偏强(图略)。5—7 日冷高压中心位于西伯利亚地区,4—5 日 1022.5 hPa 冷高压南压至 42°N 以北,地面冷高压中心位于巴尔喀什湖至伊犁河谷一带,地面影响巴州冷空气主力为西部翻山冷空气(图 6c)。6 日 08 时南疆东部平原得到蒙古国地区东北路径冷空气的补充，冷空气从南疆东部灌入塔里木盆地（图 6d），1022.5 hPa 冷高压南压至 39°N，两路冷空气持续共同影响，致使 6 日 08—11 时东部高空、地面温度快速下降，出现罕见雨转雪天气。

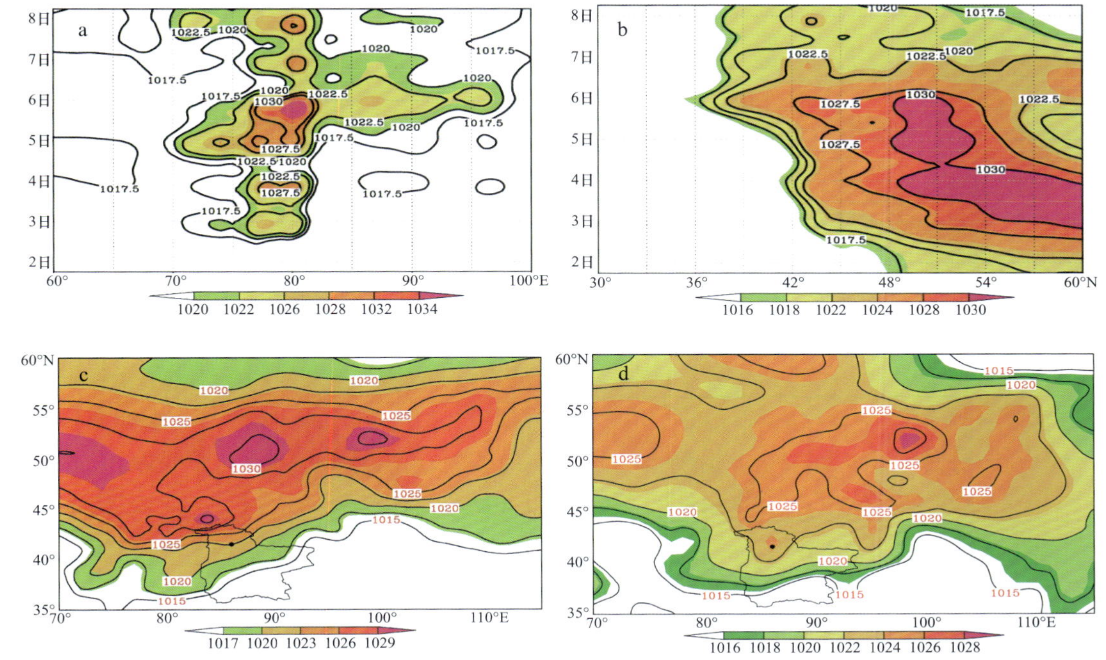

图 6　2023 年 5 月 2—7 日海平面气压场沿 41°N 的时间-经度剖面(a)和沿 86°E 的时间-纬度剖面(b)；2023 年 5 月 5 日 20 时(c)和 6 日 08 时(d)海平面气压场(单位：hPa)

2.3　锋生与雨雪降温影响

此次天气在 5 月 3 日 01 时—4 日 09 时和 5 日 12 时—6 日 16 时两个时段出现明显降水，都伴随南疆东部平原高空的锋生。从图 7a、图 7c 可知，第一降水时段南疆东部山区 500 hPa 为西风锋区，锋区南压，巴州北部山区锋生中心达 3×10^{-7} K·(m·s)$^{-1}$。南疆东部暴雨天气与低层锋生关系更密切，850 hPa 上 3 日午后在轮台北部至巴音布鲁克山区开始锋生，锋生中心强度 1.8×10^{-7} K·(m·s)$^{-1}$，随后锋生区东南下造成博湖暴雨，此阶段锋生与水平方向上高空 500 hPa 暖平流强盛发展，与近地层弱冷平流多方向汇合，致使垂直上升运动增强造成局地暴雨。从图 7b、图 7d 可知，第二降水时段 6 日 02 时 500 hPa 上南疆东部存在明显的西南风锋区，锋生中心强度 2.5×10^{-7} K·(m·s)$^{-1}$，6 日 08 时 850 hPa 上在库尔勒偏东至焉耆盆地出现不足 6 h 的短暂锋生，锋生中心强度 1.2×10^{-7} K·m^{-1}·s^{-1}，低层锋生与南疆降水关系密切，且与暴雨落区对应[19]。此阶段锋生与高空 500 hPa 以上强冷平流与近地层弱冷平流包裹着低空 850 hPa 暖平流强盛发展致使形成降温明显的冷暖交汇。第二降水时段还出现复杂的降水相态变化，降水相态变化与高空温度快速下降密切相关，2—4 日 0 ℃线高空位置较高在750 hPa以上，3 日$\geqslant6\times10^{-6}$ K·s^{-1}暖平流中心位于 650～600 hPa，5—7 日 0 ℃线高空位置逐步降低，$\geqslant4\times10^{-6}$ K·s^{-1}暖平流中心明显下降位于 700 hPa 以下，6 日当 0 ℃线降至

850 hPa附近，在 800 hPa 出现 $6\times10^{-6}\,K\cdot s^{-1}$暖平流中心(图 5a)，南疆东部出现雨转雪天气，降水相态发生变化。3 日夜间和 6 日上午南疆东部平原出现了复杂降水天气，分别从高空降下了雨和雪，都是有利于地面气温的冷却降温，当 6 日出现罕见雨转雪，7 日清晨天气转晴后，高空冷平流叠加晴空辐射降温进一步加剧最低气温的下降幅度[20,21]。

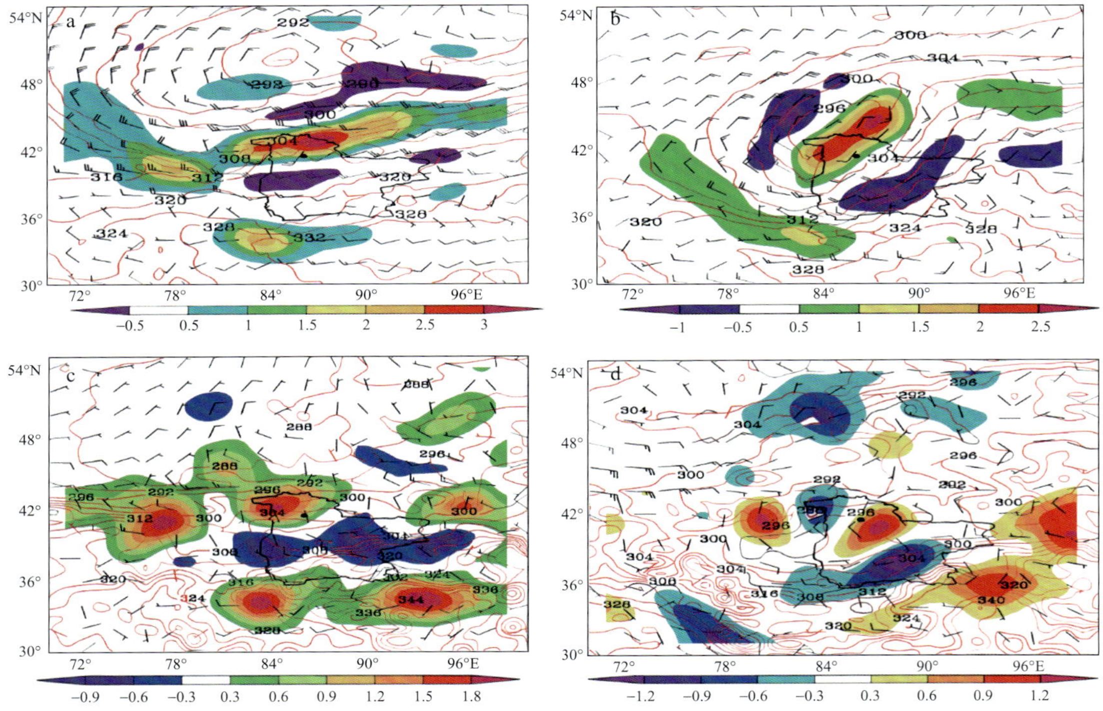

图 7　2023 年 7 月 3 日 02 时(a)、6 日 02 时 500 hPa(b)、3 日 14 时(c)、6 日 08 时(d)850 hPa 锋生函数(彩色阴影区，单位：$\times10^{-7}\,K\cdot(m\cdot s)^{-1}$)和假相当位温(红色等值线，单位：K)

3　预报偏差分析

3.1　检验选取的模式

针对日常业务使用率高的模式和网格产品开展检验，选取了欧洲中期天气预报中心(ECMWF)开展了中亚低涡形态变化、稳定性的形势预报检验，对中国气象局高分辨率全球同化预报系统(CMA-GFS)、美国国家环境预报中心(NCEP)以及国家气象中心智能网格预报中新疆维吾尔自治区省级订正智能网格预报(简称省气象台)、国家气象中心预报员的主观产品(简称主观)、国家气象中心智能网格预报客观产品(简称客观)预报产品进行单站降水以及最低气温检验。

3.2 中亚低涡预报检验

中亚低涡东移南下对南疆东部天气影响，往往低涡位置预报偏南更有利于南疆盆地降水或降温天气[15-18]。对 ECMWF 模式不同起报时间进行检验，从图 8 中亚低涡逐 12 h 移动路径变化可知，中亚低涡 ECMWF 模式预报基本准确，3 日中亚低槽西退南压、4 日低槽加深东移、5 日中亚低涡在新疆打转西退南压、6 日低涡在天山南坡东移北抬影响南疆东部。从 ECMWF 96 h预报即 5 月 2 日起报 6 日的路径变化可知，中亚低涡中心强度较实况偏弱，位置偏北偏东，对南疆东部影响相对较弱。3 日起报低涡中心位置明显调整，西退南压至新疆偏西的伊犁河谷一带，同时低涡冷中心降至－30 ℃，对南疆东部可能产生明显影响。但由于天山山脉阻挡作用，后续的移动路径是否翻越西天山进入南疆盆地，这对南疆东部平原低温雨雪预报很关键。而 72 h 内预报的中亚低涡中心位置和强度与实况基本一致，且 5 日预报的冷中心强度强于实况。与实况出现偏差的关键预报在 6 日 08 时，中亚低涡外围－28 ℃等温线东移南压的位置，6 日实况－28 ℃等温线明显偏南，3—5 日 ECMWF 模式预报整体沿南疆东部山区一带东移北抬，并未预报出－28 ℃等温线南压至 40°N 南疆东部平原附近。6 日 08 时实况不论中亚低涡南压的位置还是冷空气西翻位置都更偏南一些。ECMWF 模式对于中亚低涡中心强度、位置预报较好，提前 96 h 稳定性略差，提前 72 h 内中亚低涡预报连续性、一致性较好，对于南疆东部预报偏差主要体现在低涡外围－28 ℃等温线和地面冷高压关键特征线南压的位置。

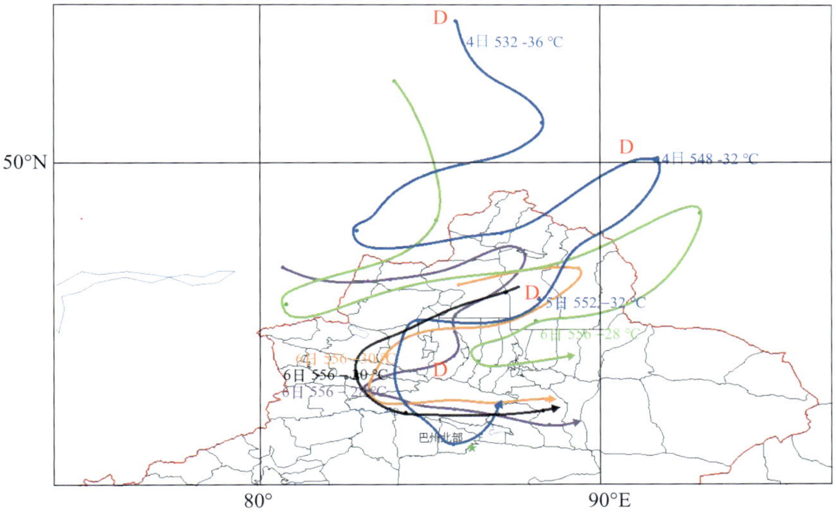

图 8　2023 年 5 月 2—5 日 ECMWF 模式预报中亚低涡中心位势高度(单位：dagpm)、温度(单位：℃)及移动路径(不同颜色代表不同起报时间：2 日为绿色，3 日为紫色，4 日为黄色，5 日为黑色，实况为蓝色)

3.3 南疆东部极端最低气温检验

对比分析南疆东部巴州 13 个国家站按北部山区、焉耆盆地、库尉轮平原、若羌及且末平原分四个区域，5 月 7 日最低气温各家模式不同起报时间的平均绝对误差可知(图 9a)，ECMWF

模式预报偏差最小，误差在 0.7～1.5 ℃，基本接近实况，而 CMA-GFS 和 NCEP 预报偏差在 3.5～8.4 ℃，误差较大，预报整体高于实况较多。分析各家模式不同时效预报误差可见，CMA-GFS 模式最低气温误差随着预报时效临近，误差逐步减小，NCEP 模式误差呈波动式增加；ECMWF 模式整体对极端最低温度预报稳定、准确，可提前 72 h 准确预报出最低气温，且误差控制在 1 ℃范围内，具有极强业务参考价值。

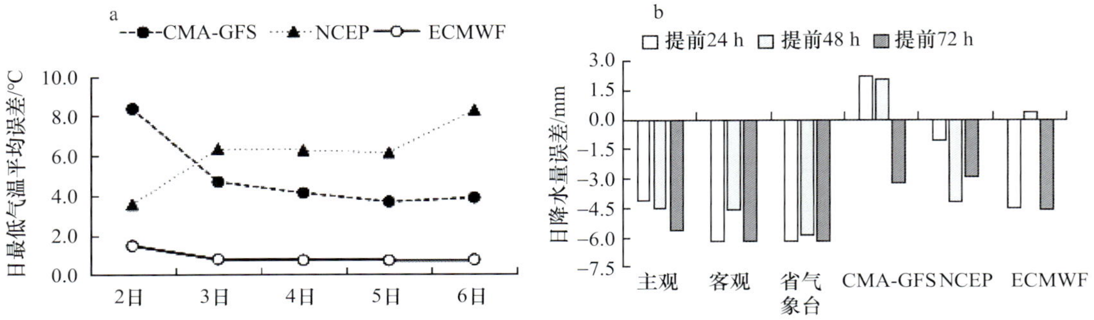

图 9　2023 年 5 月 7 日南疆东部国家站日最低气温各模式不同起报时间平均绝对误差(a,单位:℃)；5 月 6 日库尔勒城区日降水量各家模式和智能网格不同时效预报误差(b,单位:mm)

分析 08 时和 20 时不同时效预报的南疆东部 5 月 7 日最低气温表明(表 1)，从 2 日开始起报至 6 日，平均误差 ECMWF 模式<1 ℃，NCEP 模式误差最大，在 5.8～6.5 ℃，CMA-GFS 模式居中在 4.1～4.9 ℃。NCEP 模式和 CMA-GFS 模式 20 时起报误差均小于 08 时起报，ECMWF 模式则相反，08 时起报误差略小于 20 时起报。

表 1　5 月 7 日各家模式不同起报时间南疆东部极端低温平均误差变化　　单位:℃

预报起报时间	2 日	3 日	4 日	5 日	6 日	平均误差
CMA-GFS 08 时	7.2	5.1	4.4	3.6	4.4	4.9
CMA-GFS 20 时	5.5	4.3	3.8	3.7	3.3	4.1
NCEP 08 时	8.0	7.0	6.2	6.1	5.3	6.5
NCEP 20 时	−0.9	6.1	6.4	6.0	11.5	5.8
ECMWF 08 时	0.8	1.1	0.8	0.8	0.7	0.8
ECMWF 20 时	2.2	0.5	0.6	0.6	0.8	0.9

3.4　库尔勒单站降水预报检验

从 6 日库尔勒城区罕见雨转雪降水实况对应的不同预报时效多模式日降水量误差分析可知(图 9b)，6 日库尔勒城区 24 h 降水量为 6.2 mm，降水相态复杂，包括雨、雨夹雪和雪三种相态，且固态雨夹雪降水量 5.1 mm。不同提前量的模式降水预报中，NCEP、ECMWF 模式为负偏差，说明降水量预报偏小；智能网格不同预报产品也是一致的负偏差，且库尔勒城区降水漏报；72 h 内 CMA-GFS 数值模式与其他模式一致表现为明显负偏差，但是提前 48 h 开始 CMA-GFS 模式调强，库尔勒降水为 2 mm 左右的正偏差，与实况接近，对于库尔勒降水预报具有很强的应用价值。但是 CMA-GFS 模式对库尔勒降水预报空报率较高，尤其预报小量级降水时，当多家模式降水预报一致偏小，预报员对 CMA-GFS 模式突然报大，应用会有顾虑，但今后也应当多应用和检验 CMA-GFS 的降水产品。

4 结论与讨论

本文利用多种资料，对 2023 年 5 月 2—7 日南疆东部极端低温雨雪天气成因和预报检验进行分析，主要结论如下。

(1)极端低温雨雪天气发生在北半球极涡偏心型，乌拉尔山阻塞高压向东北发展，深厚中亚低涡配合－36 ℃的冷中心在新疆长时间维持，中亚低涡自北疆西部翻山进入南疆，－30 ℃冷舌伸至南疆东部的有利天气背景下。

(2)过程前期西北路径冷高压东移南压强度较历年同期偏强，冷高压平均中心值达 1025 hPa，前期南疆盆地西翻冷空气与后期补充东灌冷空气合并增强共同影响南疆东部，高层为强冷平流，低层为弱的冷平流，叠加降水冷却降温以及晴空辐射降温，致使巴州遭遇大范围极端低温霜冻天气。

(3)南疆东部降水与低层锋生和暖平流活动关系密切，降水落区位于低层暖平流中心和 850 hPa 锋生叠置区域，低涡活动中造成巴州出现两次明显降水，后期降水相态经历“雨—雨夹雪—雪—雨夹雪—雨”的复杂变化。

(4)ECMWF 模式形势预报较准确预报出中亚低涡中心位置、强度与移动路径，但对低涡外围－28 ℃等温线东移南压的位置和稳定性有偏差，对最低气温预报接近实况，是临近霜冻预警发布的重要参考。各家模式和网格预报对库尔勒单站降水预报为负偏差，预报偏小，临近 CMA-GFS 降水预报为正偏差，具有很强参考意义，仍需积累更多本地化订正经验。

此次天气高空影响系统较为明确，从短期预报能较好地预报冷空气活动过程。连续降温造成南疆东部平原的低温霜冻与中亚低涡维持时间、冷平流强度和范围、地面冷空气补充以及降水后晴空辐射降温等因素密切相关。要加强各家模式的预报检验，寻求中长期时段对乌拉尔山阻塞高压、中亚低涡与地面冷高压等形势演变有指示意义的特征。对于极端灾害天气的预报，各家模式关于天山南坡最低气温降幅、降水有无和落区以及相态预报都有明显偏差，不同起报时次的模式稳定性也不好，难点在于高效选取不同模式不同起报时间的预报产品结合形势预报判断天气极端性，要求本地预报员积累各家模式预报产品本地化修正经验，采取递进式服务、迅速结合实况、跟进和更新预报预警、提升服务效果。

库尔勒城区降水相态预报是此次天气的预报难点，一般情况下春季南疆东部平原降温过程中发生降水时，当 850 hPa 温度在 0 ℃附近，地面温度在 2 ℃以上，降水量级预报较小时，结合云、城市热岛效应等条件，温度一般会有弱的上升，就不会考虑雨转雪天气，当出现雨转雪后，低层弱冷平流和晴空辐射降温致使气温下降得更明显，致使低温霜冻灾害范围强度增强。因此，对于库尔勒城区降水智能网格预报及数值模式确定性预报整体预报偏小，对于雨雪相态转换的模式预报评估，需要更多精细资料深入分析，这也是今后工作开展的重点方向。

致谢：在论文的撰写过程中，特别感谢国家气象中心陶亦为和新疆气候中心张超的帮助和指导，同时感谢巴州气象局智能网格预报创新团队的协助。

参考文献

[1] 胡小玲. 我国南疆春季沙尘暴天气成因和数值模拟研究[D]. 兰州:兰州大学,2022.

[2] 热孜瓦古·孜比布拉,吕新生,王鹏飞,等. 2020年春季南疆西部一次极端暴雨成因分析[J]. 沙漠与绿洲气象,2021,15(3):20-28.

[3] 杨霞,张云惠,张超,等. 南疆西部"5·21"极端大暴雨成因分析[J]. 沙漠与绿洲气象,2020,14(1):21-30.

[4] 李如琦,李建刚,王江,等. 南疆西部暴雨过程的动力热力结构分析[J]. 干旱区地理,2018,41(1):9-16.

[5] 李如琦,李建刚,唐治,等. 中亚低涡引发的两次南疆西部暴雨中尺度特征对比分析[J]. 干旱气象,2016,34(2):297-304.

[6] 周宏,杨利鸿,胡素琴,等. 2014年南疆西部一次大风天气过程分析[J]. 沙漠与绿洲气象,2015,9(6):50-55.

[7] 秦庆昌,于波,徐路扬,等. 造成北京春季气温预报失误的持续性低云过程分析 [J]. 气象,2022,48(6):705-718.

[8] 李嘉睿,符娇兰,陶亦为,等. 冬奥会张家口赛区气温与风的特征分析 [J]. 气象,2022,48(2):149-161.

[9] 马林,孙艳云,张钰祺,等. 城市热岛效应增温对环境气温的影响 [J]. 装备环境工程,2019,16(6):78-84.

[10] 陈颖,杨智敏,张旭. 增暖背景下新疆冷冬与极端低温事件的联系 [J]. 沙漠与绿洲气象,2022,16(5):1-7.

[11] 陈豫英,陈楠,杨银,等. 贺兰山东麓春季最低气温和霜冻精细化格点预报产品的检验[J]. 自然灾害学报,2019,28(1):198-206.

[12] 丁永平. 宁夏主栽果树苹果、酿酒葡萄、桃晚霜冻风险区划[D]. 银川:宁夏大学,2022.

[13] 杨洋,张磊,陈豫英,等. 贺兰山东麓酿酒葡萄种植区晚霜冻低温持续时间规律分析[J]. 甘肃农业大学学报,2019,54(6):149-154.

[14] 朱乾根,林锦瑞,寿绍文,等. 天气学原理和方法[M]. 北京:气象出版社,2007.

[15] 秦贺,杨莲梅,张云惠. 近40年来塔什干低涡活动特征的统计分析[J]. 高原气象,2013,32(4):1042-1049.

[16] 张云惠,杨莲梅,肖开提·多莱特,等. 1971—2010年中亚低涡活动特征[J]. 应用气象学报,2012,23(3):312-321.

[17] 杨莲梅,张云惠,秦贺. 中亚低涡研究若干进展及问题[J]. 沙漠与绿洲气象,2015,9(5):1-8.

[18] 杨涛,杨莲梅,李建刚,等. 中亚低涡及其对新疆强降雨影响研究进展[J]. 暴雨灾害,2022,41(6):613-620.

[19] 周雪英,仇会民,温春,等. 2020年初夏中天山一次罕见雨转暴雪天气成因分析[J]. 沙漠与绿洲气象,2022,16(6):67-76.

[20] 张俊岚,刘进新,路学敏. 2008年初南疆地区持续低温天气的成因分析 [J]. 沙漠与绿洲气象,2009,3(2):6-10.

[21] 吉正敏,李师融. 辐射降温天气的山坡温暖带、冷径流和冷湖 [J]. 广西气象,1985(2):24-30.

四、沙尘

2023年3月19—23日强沙尘暴过程溯源和预报难点分析

张碧辉[1] 饶晓琴[1] 王继康[1] 黄玉霞[2] 贾宏元[3] 徐 冉[1] 尤 媛[1]
(1. 国家气象中心，北京，100081；2. 兰州中心气象台，兰州，730000；
3. 宁夏回族自治区气象台，银川，750000)

摘 要：2023年3月19—23日，我国北方地区出现春季首场强沙尘暴过程，位列2000年以来3月第3强。利用气象观测及模式资料、生态环境部PM_{10}数据和激光雷达气溶胶垂直探测等多源资料，对本次强沙尘暴过程的成因、溯源和预报难点进行分析。结果表明：3月上中旬气温先升后降的剧烈变化导致沙源区大面积裸露和地表风蚀加剧，为强沙尘暴天气发生提供了充足的物质条件。北亚极涡偏强偏南，引导强冷空气南下形成大风天气，提供了有利起沙和远距离传输的动力条件。沙尘溯源表明，本次沙尘贡献主要来自蒙古国(50%～70%)和内蒙古中部(20%左右)，两地的起沙量决定了本次沙尘过程的强度。起沙强度和沉降速度是沙尘预报中的难点。CMA模式(中国气象局亚洲沙尘暴数值预报系统)预报起沙强度偏强，KMA模式(韩国气象局沙尘模式)预报偏弱，各家模式对沙尘沉降作用预报均偏强，导致对下游地区沙尘浓度预报偏低。预报中需结合沙源区地表状况、蒙古气旋位置和强度、沙尘模式空间检验等对沙尘主体强度、传输路径和沉降速度做出有效订正。

关键词：强沙尘暴，极涡，蒙古气旋，沙尘溯源，模式偏差

引言

沙尘暴天气是一种严重影响气候变化、大气环境、人类健康和经济活动的恶劣天气。沙尘暴天气造成的全球经济损失超过每年56亿美元[1]。我国是受沙尘暴天气影响的主要地区之一。1980年以来，受气候和地表植被变化等影响，我国沙尘暴天气发生频次呈明显下降趋势[2,3]，但是2015年以来我国沙尘天气过程次数有所增加*，尤其是2021年3月15日和2023年3月19—23日我国北方地区出现的极端强沙尘暴过程，引起社会高度关注。

准确的沙尘预报是气象防灾减灾的重要前提。目前，受起沙参数化方案不完善、沙源区地表状况监测不全面等影响，沙尘数值模式对于强沙尘暴天气的预报还存在较大的偏差[4,5]。

资助项目：中国气象局创新发展专项(CXFZ2023P062)和中国气象局复盘总结专项(FPZJ2024-164)共同资助。

第一作者：张碧辉，高级工程师，从事环境气象预报评估研究，E-mail：zhangbh@cma.gov.cn。
通信作者：饶晓琴，正高级工程师，从事天气预报研究，E-mail：raoxq@cma.gov.cn。

* 数据来源为中国气象局发布的《大气环境气象公报(2022年)》。

起沙方案对比研究表明,单一的起沙参数化方案难以对所有区域的沙尘天气过程都有较好模拟效果。起沙过程依赖于沙源区的地表信息,但是目前观测手段还难以快速捕捉沙源区地表动态变化[6]。沙源区地表的风蚀性和起沙通量受干湿交替、冻融循环和机械干扰等因素影响,而数值模式难以全面表达这些影响因素[7],因此需要利用更多的地表观测信息来订正数值模式的预报。

对不同强度沙尘暴天气发生的天气学机理研究有助于提升对于强沙尘暴天气的模式订正预报能力[8]。目前,有学者认为近年来北亚极涡中心逐渐西移北抬、扩张至东西伯利亚海是导致影响我国中东部地区的沙尘天气明显增强的主要原因之一[9]。同时很多研究指出,蒙古气旋和地面冷锋是导致东北亚地区沙尘暴天气暴发的关键天气系统。但是不同强度的蒙古气旋和不同类型的地表对沙尘暴天气暴发强度的影响尚缺乏较为全面定量的研究。有研究指出,春季异常升温导致的温度剧烈变化会导致沙尘暴天气的增强[10],但是目前仍缺乏沙尘暴天气对温度剧烈变化响应的系统研究。沙尘粒子经起沙过程进入大气后,会随着大气输送到高空和下游地区并发生沉降,沙尘传输路径和沉降速度是决定下游非沙源区沙尘天气强度的关键。许多研究指出,我国中东部地区的沙尘天气过程中超过 60% 的颗粒物来自于蒙古国[8,11,12]。针对影响北京等关键区域的沙源地的识别和早期起沙观测,将有利于提升对关键地区沙尘强度的预报准确度。本文针对 2023 年 3 月 19—23 日强沙尘暴过程的特点、成因、溯源和预报难点等进行分析,提炼出预报方法和数值模式订正思路,可为强沙尘暴天气预报预警提供参考。

1 资料和方法

本文使用的气象数据为国家站地面逐小时观测,PM_{10} 小时浓度来自于中国环境监测总站。沙尘天气实况采用国家气象中心基于空气质量和气象观测匹配融合校正的产品*。气象再分析资料来源于 GDAS(全球资料同化系统)再分析数据。沙尘浓度再分析数据为基于全球沙尘数值模式和卫星观测 AOD(气溶胶光学厚度)数据同化融合而成的 MERRA-2(美国第二代再分析)数据。

本文使用数值模式 CAMx(大气化学传输模式)对沙尘天气过程进行溯源分析。CAMx 模式采用示踪的方式对不同沙源地排放的沙尘粒子进行追踪标记,从而可以对任意格点上的沙尘粒子进行溯源。模式模拟范围覆盖整个中国和东亚地区,可实现对不同沙漠沙尘粒子的全过程追踪。数值模式模拟区域和沙漠区划见图 1,具体方法见参考文献[11]。

2 沙尘天气特征

2023 年 3 月 19—23 日我国北方地区出现春季首场强沙尘暴过程(图 2),具有时间长、范围广、强度大、极端性突出、社会关注度高等特点。

沙尘过程持续 5 d,影响面积超过 485 万 km^2,波及 20 个省(区、市)。此次沙尘于 19 日

* 信息来自于气预函〔2022〕95 号文件。

开始影响新疆,20—21日自西向东影响甘肃、青海北部、内蒙古中西部、宁夏、陕西中北部、山西,22日沙尘主体影响内蒙古中东部、河北、北京、天津、黑龙江、吉林、辽宁、山东、河南等地,23日沙尘向南传输至湖北、安徽、江苏、上海、浙江北部。其中新疆南部、甘肃中部、内蒙古、河北北部、山西北部、北京、黑龙江西部等地部分地区出现沙尘暴,新疆西南部、内蒙古中部和东南部、河北北部、北京、黑龙江西南部局地出现强沙尘暴,最低能见度100～200 m。上述沙尘影响地区 PM_{10} 普遍超过500 $\mu g \cdot m^{-3}$,达到严重污染。其中河北张家口 PM_{10} 峰值浓度超过9000 $\mu g \cdot m^{-3}$,北京城区 PM_{10} 峰值浓度达1500～2000 $\mu g \cdot m^{-3}$,郊区局地超过8000 $\mu g \cdot m^{-3}$。经综合评估,此次过程是2000年以来3月沙尘过程的第3强,也是2023年的最强沙尘过程,具有一定的极端性。

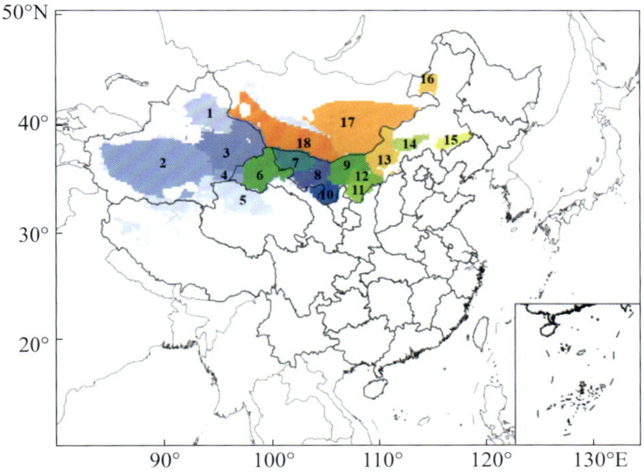

图1　模型区域和沙尘源区

(填色区域:1古尔班通古特;2塔克拉玛干;3新疆东部;4库木塔格;5柴达木;6甘肃西部;7阿拉善西部;8巴丹吉林;9乌兰布和;10腾格里;11毛乌素;12库布齐;13内蒙古中部;14浑善达克;15科尔沁;16呼伦贝尔;17蒙古国东南部;18蒙古国西南部)

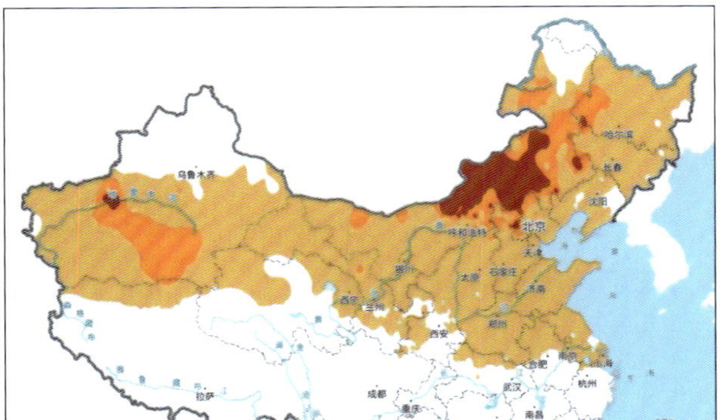

图2　2023年3月19—23日沙尘天气过程实况图

3 沙尘天气成因和溯源

3.1 起沙下垫面条件

2023 年 3 月上旬，蒙古国和内蒙古等地的沙源区最高气温普遍超过 20 ℃，导致沙源地积雪消融和地表快速解冻，积雪覆盖日数较常年平均偏少 6 d 以上。3 月中旬，环流形势调整，影响亚洲中高纬地区的冷空气趋于活跃，上述沙源地最低气温普遍低于－10 ℃。冷暖快速变化导致沙源地沙粒之间的结构更加疏松，地表风蚀加剧，为强沙尘暴天气的发生提供了充足的物质条件。

3.2 起沙和传输动力条件

本次过程期间，极涡呈偏心型分布(图 3)，中心位置位于西伯利亚北部，北亚极涡较常年同期(2000 年以来的 3 月)整体偏强、面积偏大，极地锋区南压，亚洲中高纬乌拉尔山以东大部地区 500 hPa 为负距平控制，有利于西伯利亚冷空气南下影响我国北方地区。在高层动力强迫作用下，地面蒙古气旋强烈发展，中心气压低于 990 hPa，为蒙古国上游起沙提供了较强的动力条件，导致蒙古国率先出现大面积强沙尘暴天气。

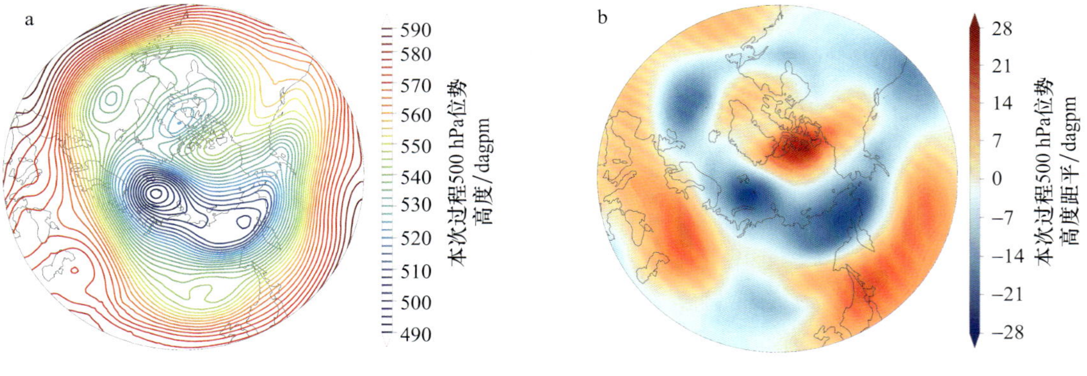

图 3　3 月 19—23 日 500 hPa 位势高度(a)、距平(b)

3 月 19 日，极涡分裂冷空气沿西西伯利亚南下，高空低槽东移配合地面冷锋导致新疆塔里木盆地出现本地起沙。3 月 20 日，随着 500 hPa 横槽旋转南下，地面气旋自蒙古国西部生成并发展东移(图 4)。21—22 日，蒙古气旋东移至蒙古国与我国呼伦贝尔交界地区，发展达最强，中心气压为 989 hPa，地面冷高压东移加强，高压中心强度超过 1040 hPa。蒙古国和内蒙古的沙源地在强烈的气压梯度作用下，大部地区平均风力大于 8 级，阵风超过 10 级，为沙源地起沙提供了较强的动力条件。内蒙古中东部和华北北部出现强沙尘暴天气，最低能见度 100～200 m。

3 月 23 日，蒙古气旋东移北收并减弱填塞，其后部的冷高压主体较为偏北，冷空气南下势力减弱,华北、黄淮等地处于弱气压梯度区,水平风速小,导致沙尘向南传输速度缓慢,沙尘滞留时间较长。以济南市为例,PM_{10}重度污染持续达 25 h。中东部沙尘传输过程从 22 日凌晨影响华北开始,至 24 日早晨于江南东北部结束,沙尘影响时间超过 48 h。沙尘南下传输过程中,在江淮、江汉、江南等地受到降水天气的湿清除作用,本轮沙尘天气止步于浙江北部,彻底消散。

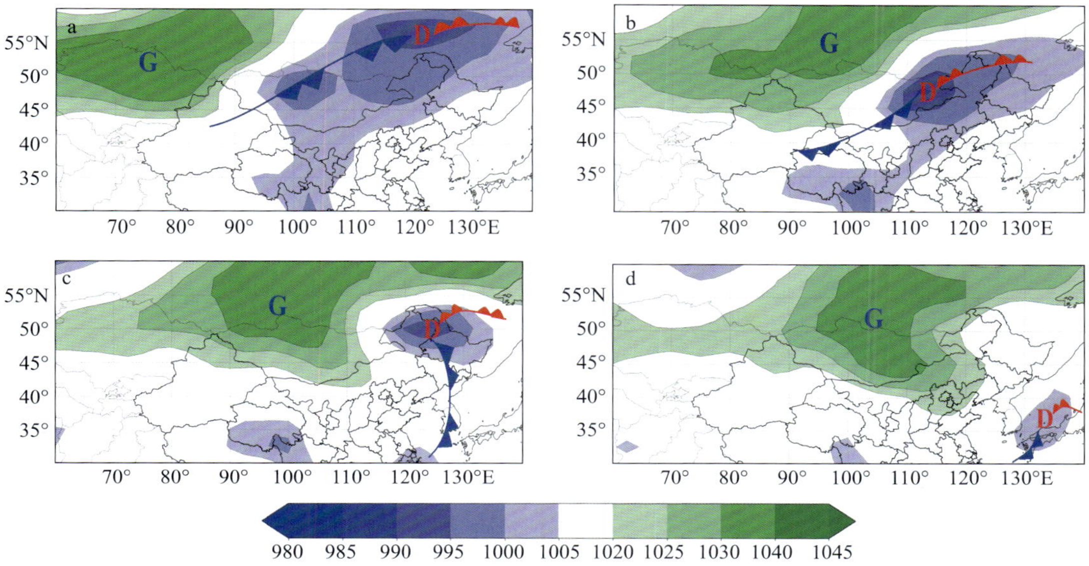

图 4 3 月 20 日 14 时(a)、21 日 14 时(b)、22 日 14 时(c)、23 日 14 时(d)海平面气压(单位:hPa)

3.3 沙尘传输路径和沉降速度

本文基于再分析资料,选取本次过程每个格点 PM_{10} 峰值浓度出现时刻对应的地面风场,代表对该格点传输影响最大的风向,用地面风场组成的流场代表本次沙尘过程中的传输路径(图 5)。可以看到,沙尘向我国中东部地区传输可分为偏西和偏北两条路径。其中,偏西路径为蒙古国和内蒙古中部沙源地起沙,经过北京,沿太行山脉经河北、河南,直至湖北北部。偏北路径为蒙古国和内蒙古东部沙源地起沙,经过辽宁,跨过渤海,经山东和黄海,传输至安徽、江苏、上海等地。

偏西传输路径上,北京 PM_{10} 峰值浓度最高,超过 8000 $\mu g \cdot m^{-3}$,出现强沙尘暴天气。沙尘经北京向南传输过程中,PM_{10} 峰值浓度逐步降低(图 6)。北京至河北传输过程中,沉降作用较强,沙尘浓度下降速度达 1000 $\mu g \cdot m^{-3} \cdot h^{-1}$(每小时浓度下降约 12%);河北至河南的传输过程历经 12 h,浓度以 200 $\mu g \cdot m^{-3} \cdot h^{-1}$ 左右的速度逐步降低(每小时浓度下降约 5%)。河南至湖北的传输过程中,沉降速度进一步减缓至小于 5 $\mu g \cdot m^{-3} \cdot h^{-1}$(每小时浓度下降小于 3%)。

偏北路径主要影响山东东部,其西部还受到偏西路径南下沙尘的影响,叠加效应导致山东部分城市 PM_{10} 浓度持续偏高,以济南为例,重度污染持续时间超过 24 h。江苏、上海等地的沙尘主要经过黄海和东海传输,由于这一路径传输时间较长,上游沙尘沉降作用明显,导致整体 PM_{10} 浓度低于偏西路径，上海峰值浓度仅 644 μg·m^{-3}，远低于偏西路径上的湖北(1837 μg·m^{-3})等地。

在预报中东部地区沙尘影响时，需重点关注沙尘传输路径和沉降速率。从本次过程来看，沙尘自沙源地传输至华北地区时，沉降作用较强。随着粗颗粒物的快速沉降，细颗粒物沉降速度在向南传输过程中趋于稳定，浓度以 200 μg·m^{-3}·h^{-1}左右的速度降低。传输持续一天之后，沙尘浓度降低速度开始明显减慢，沉降作用明显减弱。

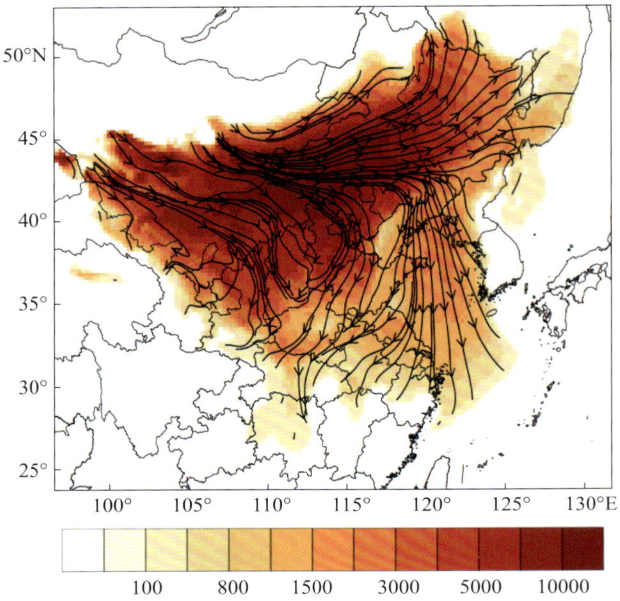

图 5　2023 年 3 月 19—23 日沙尘过程中 PM_{10} 峰值浓度(单位：μg·m^{-3})和沙尘传输数据路径(箭头)

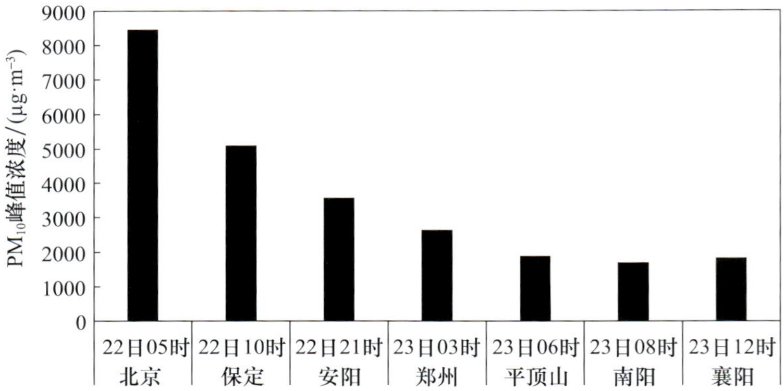

图 6　沙尘天气过程中不同城市的峰值浓度及出现时间

3.4　沙尘溯源分析

为进一步分析不同传输路径上的沙尘来源，基于沙尘溯源模型对中东部典型城市沙尘来源进行量化分析(表1)。

选取偏西路径上的北京和郑州，分析影响该路径的关键沙源地。沙尘溯源表明，北京的沙尘浓度中蒙古国贡献了69%，内蒙古中部贡献了22.8%，其他地区的沙源地对北京影响较小。蒙古国和内蒙古中部沙源地的起沙直接影响北京，为北京沙尘天气预报重点关注区域。郑州的沙尘由北京经河北传输。从溯源结果来看，影响郑州的沙源地与北京基本相同，蒙古国和内蒙古中部为主要源地。不同之处在于乌兰布和沙源地对郑州的贡献为14.6%，表明除了受经过北京的沙尘影响之外，郑州还受到西北方向传输影响。

选取偏北路径上的济南、南京和上海，分析影响该路径的关键沙源地。蒙古国和内蒙古中部仍为最主要的沙源地，但是贡献比例低于对偏西路径上城市的贡献。浑善达克沙地和科尔沁沙地合计对济南、南京和上海的贡献占比达到了19.7%、58.6%和45.3%，明显高于对偏西路径上城市的贡献，这表明偏北路径上的城市明显受到东北方向的传输影响，沙尘经辽宁后折向黄海、东海沿偏北路径传输。相比于南京和上海，济南的沙尘更复杂，先后受到经过华北地区和东北地区的沙尘传输影响。因此对于济南的预报，需要同时关注华北和东北地区的沙尘浓度。

综上分析，不同传输路径上的城市呈现出不同沙尘溯源特征，表明3.3节中的沙尘传输路径划分可以准确地表述沙尘的传输过程。蒙古国和内蒙古中部沙源地对两种路径上的沙尘贡献均占比较大，是我国中东部地区沙尘暴天气预报的重点关注区域。上述地区的起沙量决定了本次沙尘天气的强度，对上游沙尘源区起沙量进行精准定量监测，将有利于提升对下游城市沙尘天气强度的预报能力。

表1　典型城市沙尘来源及贡献率 %

	蒙古国	内蒙古中部	科尔沁	浑善达克	乌兰布和	库布齐	巴丹吉林	阿拉善	其他
北京	69.0	22.8	0.0	0.2	5.4	0.0	0.1	0.1	2.3
郑州	54.4	20.4	0.1	2.7	14.6	1.1	0.6	0.6	5.4
济南	50.5	19.1	7.4	12.3	6.7	0.0	0.2	0.7	3.0
南京	27.6	11.9	27.8	30.8	1.3	0.0	0.0	0.0	0.5
上海	41.0	12.0	22.9	22.4	1.2	0.0	0.0	0.0	0.6

4 预报偏差和难点分析

针对业务中广泛应用的主流沙尘模式——中国气象局亚洲沙尘暴数值预报系统(以下简称CMA模式)、韩国气象局沙尘模式(以下简称KMA模式)和多模式集成客观预报产品，分别检验起沙和传输阶段的预报，分析模式对沙尘沉降和重点城市精细化预报的能力，总结各阶段的预报偏差和预报难点。

针对起沙阶段，起沙强度是本次过程最大预报难点。3月21日14时，沙尘天气主要发生在蒙古国中南部、我国内蒙古西部偏北地区、甘肃中部和宁夏等地。CMA模式预报天气系统移动偏快，沙尘主体位置较实况偏东且影响范围偏大，在内蒙古中部、华北北部等地存在一定空报。KMA模式和多模式集成预报对起沙的范围把握较好，但KMA模式显著低估了沙源地的起沙浓度(图 7)。从数值模式的单站检验结果来看(图 8),不同数值模式预报存在较大偏差,CMA 模式预报偏强,KMA 模式预报偏弱。CMA 模式预报呼和浩特和锡林浩特的 PM_{10} 浓度峰值分别为 5176 μg·m^{-3} 和 8914 μg·m^{-3},KMA 模式对两地的预报结果分别为 534 μg·m^{-3} 和 946 μg·m^{-3},均较实况浓度 1968 μg·m^{-3} 和 3190 μg·m^{-3} 存在较大偏差。2023 年 3 月沙源地经历异常升温等天气影响,预报中难以定量把握地表风蚀变化,而数值模式也没有包含冷暖变化对地表风蚀的影响,因此预报员难以通过前期数值模式的检验结果来判断不同模式起沙阶段的预报效果,很难准确把握本次过程的起沙强度。

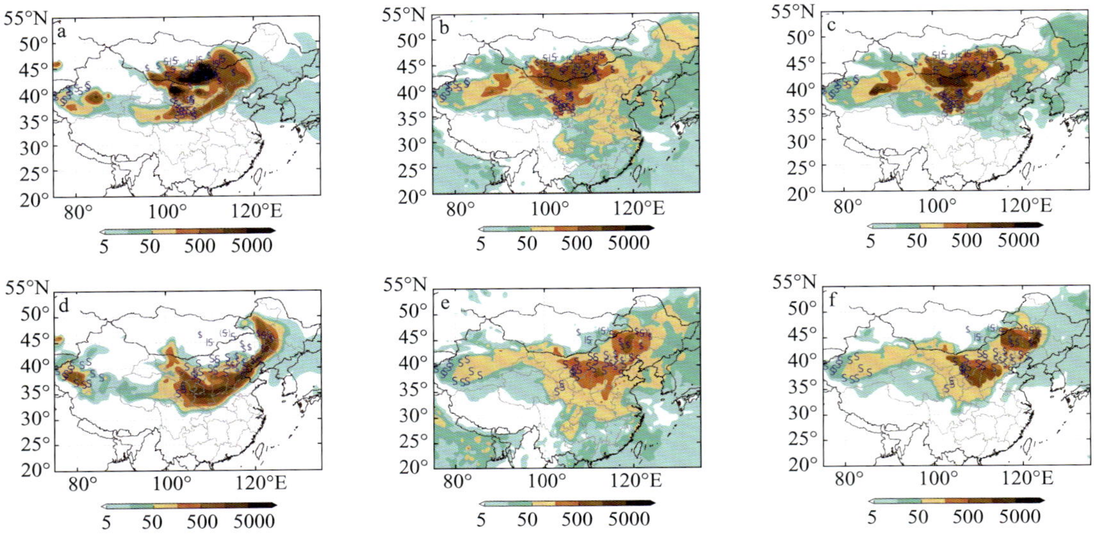

图 7　2023 年 3 月 21 日 14 时(a、b、c)、22 日 08 时(d、e、f)、
CMA 模式(a、d)、KMA 模式(b、e)、多模式集成(c、f)沙尘预报检验(单位:μg·m^{-3})

针对沙尘传输阶段,沙尘向下游传输路径复杂是预报难点之一。本次传输过程出现两个路径传输,由于路径的差异和两个路径沙尘的叠加影响,导致对下游地区影响时间和强度的预报存在偏差。3 月 22 日 08 时,随着冷锋的推进,蒙古国和内蒙古西部的沙尘持续向下游地区输送,主要影响内蒙古中东部、华北北部和东北地区西部。上述三家预报对沙尘在东北地区的传输把握较好。对华北地区的传输预报偏快,CMA 预报偏快更加明显,三家预报均在内蒙古中部存在漏报,在华北南部、黄淮西部存在空报(图 7)。从数值模式的单站检验结果来看(图 8),山东中部受来自两个路径的传输影响,济南在 3 月 22 日下午和 23 日上午先后受偏西和偏北路径传输影响,出现两个 PM_{10} 浓度峰值,第二个峰值显著低于第一个。数值模式没有预报出两个路径的先后影响,导致对山东中部一带的沙尘影响持续时间预估偏短。江苏、上海等地主要受偏北路径来自海上传输的沙尘影响,数值模式对沙尘的影响时间把握较好,但峰值浓度预报显著偏低。由于沙尘在海上滞留时间长且观测数据匮乏,即使在短临时段也难以对沙尘强度进行有效的订正预报。

针对沙尘沉降的影响,对沙尘沉降作用的高估是导致数值模式预报偏差的重要因素之一,也是对下游城市沙尘强度预报难点之一。基于数值模式的计算结果,沙尘粒子在地表的沉降速率为 5～10 cm·s^{-1}。以边界层高度 1500 m 计算,沉降造成的浓度下降速率为每小时

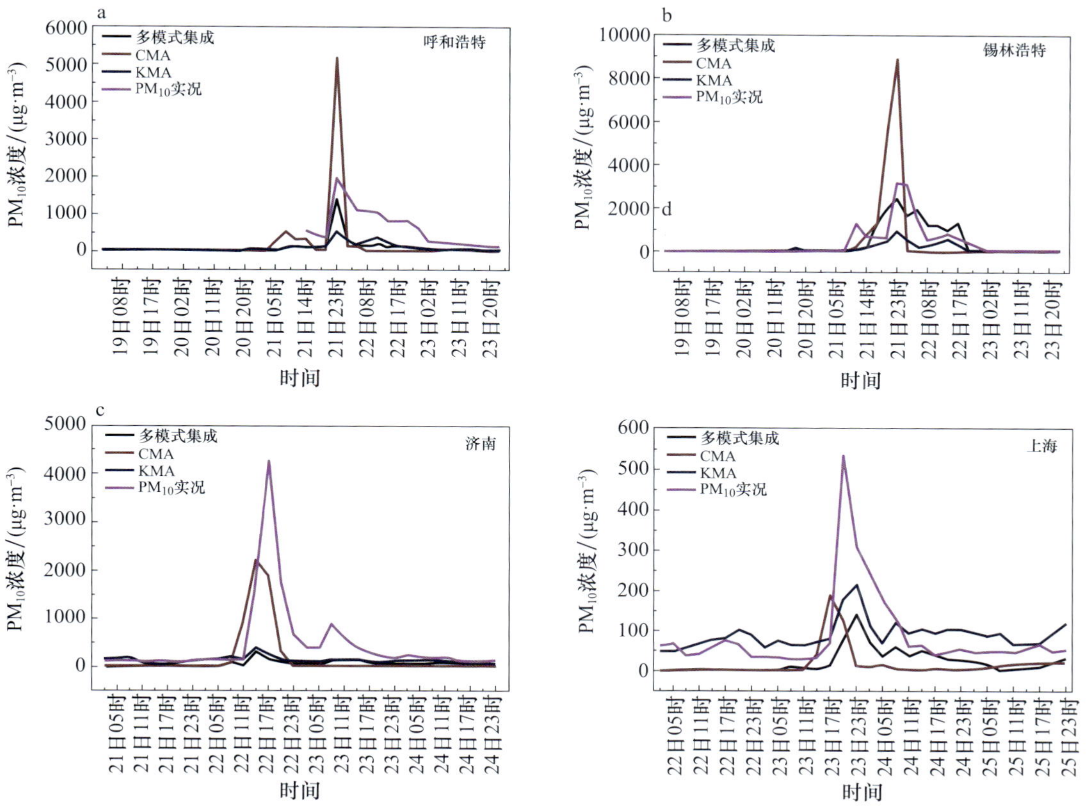

图 8　呼和浩特(a)、锡林浩特(b)、济南(c)、上海(d)PM_{10}浓度实况观测和模式预报对比

10%～30%。根据 3.3 节的分析(图 6)，PM_{10}浓度的实际下降幅度在每小时 3%～10%，尤其是在河南等远离沙源地的下游地区随着传输距离的增加，PM_{10}浓度下降速度明显减小，低于每小时 5%。对沙尘沉降作用的高估，导致数值模式低估了受传输影响的下游城市的沙尘浓度，进而导致沙尘影响范围预报偏小。

针对重点城市的精细化预报，地形等局地因素导致的沙尘分布区域差异是目前业务面临的难点之一。以北京为例，本次过程中北京沙尘浓度呈现较大的区域差异。北京郊区峰值浓度超过 8000 $\mu g \cdot m^{-3}$，出现在房山，而城区峰值浓度仅在 2000 $\mu g \cdot m^{-3}$左右。数值模式对沙尘预报的精细化程度不足，未能体现城市内的沙尘分布区域差异(表 2)。从北京气溶胶激光雷达消光系数垂直分布变化来看(图 9)，北京上空在 22 日 03 时左右开始出现沙尘，400 m 高度以下消光系数显著增大，地面 PM_{10}浓度开始同步升高并于 06 时前后达到峰值，但在沉降过程中受地形等影响导致地面沙尘浓度分布出现较大的局地性。现有的技术手段尚难以实现对这种区域差异进行精细预报。

表 2　北京房山和官园站 PM_{10}峰值浓度和模式预报浓度　　单位：$\mu g \cdot m^{-2}$

PM_{10}峰值浓度	实况	CMA	KMA
北京房山	8543	4557	289
北京官园	2003	4557	289

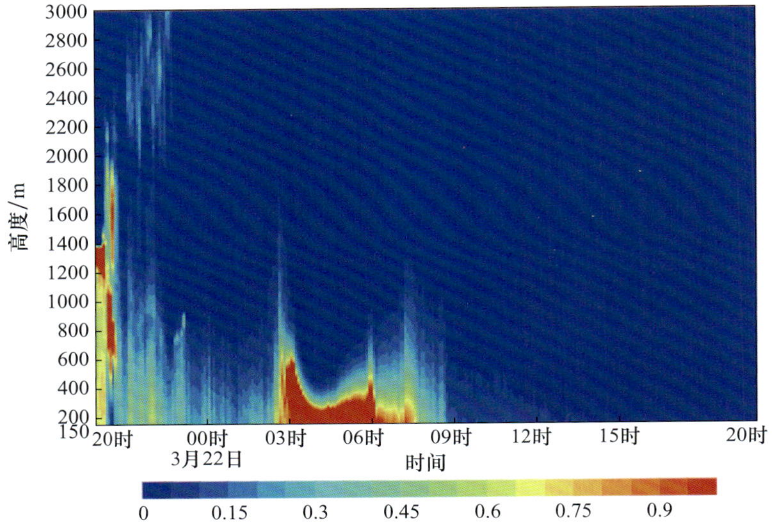

图9　3月22日北京气溶胶激光雷达消光系数垂直分布(单位:km^{-1})

5 预报改进思路及对策

5.1 沙尘预报分析思路和预报着眼点

(1)强沙尘暴的发生源于沙源区异常偏高的起沙通量,预报中要关注上游沙源区地表状况的变化。充分利用卫星植被、积雪、土壤水分和沙尘遥感监测以及地面气温、降水变化等,分析研判蒙古国和我国西北沙源区的起沙下垫面条件与历史同期和过程前期对比状况,有助于对沙源地起沙通量和沙尘暴强度等级做出预判。

(2)北亚极涡位置和强度对沙尘天气强度、传输路径预报具有提前指示作用,高层系统预报稳定性好,开展高层动力强迫作用研究,可为沙源地起沙和跨境传输提供预报思路和分析方法。

(3)沙尘远距离传输过程中,需特别关注蒙古气旋收缩转向东北后,在东路冷空气影响下,沙尘由辽宁经渤海、黄海南下传输至山东、江苏和上海等地,由于海上缺乏观测数据,易导致对华东地区沙尘影响时间和强度预报偏差。

(4)针对数值模式在沙尘强度和沙尘落区预报存在的较大偏差,可结合相似个例对比分析、天气系统预报稳定性检验、沙尘模式空间检验等,对沙尘主体强度、传输路径和沉降速度做出正确有效的订正。

5.2 预报技术提升方案

(1)沙尘数值模式要重点考虑不同季节沙源区植被覆盖度、积雪、土壤水分和冻土等下垫面状况以及降水、气温等气象条件变化对起沙条件的影响。

(2)开展沙尘模式产品应用和预报检验，及时将预报偏差反馈模式研发人员，在应用中不断改进。现已联合中国气象科学研究院和中国气象局地球系统数值预报中心开展起沙机制优化，进一步改进和提升 CMA 沙尘模式预报水平。

(3)充分利用现有业务中获取的多家沙尘模式产品，开展多模式对比和集成应用技术研究，开发动态权重集成沙尘预报产品，降低单一模式的预报误差和不确定性。

(4)针对模式对沙尘影响时间和峰值浓度预报不足，可充分利用实况资料对预报的订正作用，发展基于快速循环检验的沙尘短临预报订正技术，以提升沙尘动态精细预报能力。

6 结论与讨论

本文针对 2023 年 3 月 19—23 日我国北方地区春季首场强沙尘暴过程的成因、溯源和预报难点进行分析，归纳了沙尘预报分析改进思路和预报着眼点，主要结论如下。

(1)3 月上旬剧烈升温和中旬快速降温导致积雪融化和地表风蚀加剧，为强沙尘暴天气的发生提供了充足的物质条件。

(2)北亚极涡偏强偏南，有利于引导强冷空气翻越蒙古高原南下影响我国，高层动力强迫导致蒙古气旋强烈发展，在气旋及其后部高压形成的强烈气压梯度作用下，产生 9～10 级大风天气，为沙源地起沙、跨境传输和远距离输送提供了有利的动力条件。

(3)沙尘溯源表明，本次沙尘贡献主要来自蒙古国(50%～70%)和内蒙古中部(20%左右)，两地的起沙量决定了本次沙尘过程的强度。沙尘主要沿偏西和偏北两条路径传输。

(4)沙尘模式检验表明，CMA 模式对沙源地起沙强度预报偏强，KMA 模式预报偏弱；各家模式对沙尘沉降作用预报均偏强，导致对下游地区沙尘浓度预报偏低。

(5)预报中需结合沙源地表信息、蒙古气旋位置和强度、沙尘模式空间检验等对沙尘主体强度、传输路径和移动速度做出有效订正。

致谢：特别感谢中国气象科学研究院周春红研究员提供高分辨率沙尘模式产品，中国气象局气象探测中心康家琦提供激光雷达气溶胶垂直观测数据。

参考文献

[1] UNEP，WMO，UNCCD. Global Assessment of Sand and Dust Storms[M]. Nairobi：United Nations Environment Programme，2016.

[2] LIU J，WU D，LIU G，et al. Impact of Arctic amplification on declining spring dust events in East Asia[J]. Climate Dynamics，2020(54)：1913-1935.

[3] YAO W，GUI K，WANG Y，et al. Identifying the dominant local factors of 2000—2019 changes in dust loading over East Asia[J]. Science of The Total Environment，2021，777(D23)：146064.

[4] SHAO YAPING. Simplification of a dust emission scheme and comparison with data[J]. Journal of Geophysical Research Atmospheres，2004(109)：D10202.

[5] ZHAO A,RYDER C L,WILCOX L J. How well do the cmip6 models simulate dust aerosols[J]. Atmospheric Chemistry and Physics,2022,22(3):2095-2119.

[6] WANG Z,CHEN S,LIU C,et al. Dynamic dust source regions and the associated natural and anthropogenic dust emissions at the global scale[J]. Frontiers in Earth Science,2022(10):802658.

[7] 高广磊,殷小琳,丁国栋,等. 土壤风蚀可蚀性研究进展评述[J]. 中国水土保持科学,2022,20(1):143-150.

[8] LIANG P,CHEN B,YANG X,et al. Revealing the dust transport processes of the 2021 mega dust storm event in northern China[J]. Science Bulletin,2022,69(1):21-24.

[9] 徐冉,张碧辉,安林昌,等. 2000—2021 年中国沙尘传输路径特征及气象成因分析 [J]. 中国环境科学,2023,43(9):4450-4458.

[10] YIN Z,WAN Y,ZHANG Y,et al. Why super sandstorm 2021 in North China[J]. National Science Review,2022,9(3):nwab165.

[11] WANG J,GUI H,AN L,et al. Modeling for the source apportionments of PM_{10} during sand and dust storms over East Asia in 2020[J]. Atmospheric Environment,2021(267):118768.

[12] YOU Y,AN L,LI S,et al. Analysis and research on the differences in observed data of sand-dust weather between China and Mongolia[J]. Atmosphere,2013,14(9):1401.

2023 年春季内蒙古区域性强沙尘暴成因及来源解析

王慧清[1]　孙　鑫[1]　姜艳丰[2]　孙　玉[3]
(1. 内蒙古自治区气象台,呼和浩特,010051;2. 内蒙古气象科学研究所,呼和浩特,010051;
3. 内蒙古自治区气候中心,呼和浩特,010051)

摘　要:利用 2023 年 3 月 21—22 日高空和地面观测资料、美国国家环境预报中心(NCEP)/美国国家大气研究中心(NCAR)和 ERA5(第 5 代欧洲再分析)资料、1°×1°全球数据同化系统(GDAS)资料,分析了内蒙古 6 年来最强沙尘暴天气成因,并结合 PM_{10} 浓度数据,运用混合单粒子拉格朗日综合轨迹模式(HYSPLIT 模式)、潜在源贡献因子分析法和浓度权重轨迹分析法,探讨了其沙尘潜在来源并量化了源区贡献率。结果表明:本次区域性强沙尘暴主要影响系统为强烈发展的蒙古气旋,沙尘暴区呈涡旋状自西向东伸延,与气旋中心移动路径关系密切;高低空急流是本次强沙尘暴发生的动力机制之一,其发生时间地点、强度、移动路径与急流的入侵时间、强度、轴位置有密切关系。次级环流的上升支将沙尘卷扬至高空,下沉支一方面将其在下游释放,另一方面使得高空急流动量下传至地面,加大地面风速,使沙尘暴天气强度升级。深厚混合层是本次沙尘暴对流层中低层的重要层结特征。本次强沙尘天气过程中,内蒙古沙尘主要贡献区为新疆北部沙漠、蒙古国西部荒漠以及内蒙古中西部偏北地区戈壁沙漠,其主要沿东南路径对下游北京和河北省造成影响。

关键词:强沙尘暴,PM_{10},潜在源区,潜在源贡献因子分析法,浓度权重轨迹分析法

引言

沙尘暴天气是风将地面尘土、沙粒卷入空中使空气混浊、能见度下降的一种天气现象,其不仅对自然环境、交通安全、生产生活、生态环境等产生重要影响,还对人体健康等产生较大危害,从长远看这些问题不可忽视[1]。进入 21 世纪以来,东亚沙尘暴正经历一个明显的高发期,强度也增强了近 5 倍,成为一种特殊且影响显著的气象灾害[2]。

内蒙古自治区是我国沙尘暴多发区,由于其长距离传输可对下游地区产生较大的影响,因此一直以来是内蒙古自治区天气预报工作中的一项重要内容。对于内蒙古沙尘暴的研究始于 21 世纪初,随后多位学者对其进行了全面系统的分析工作,并在时空分布、影响因素以及天气学成因等方面取得了一些成果[3-14]。然而对于沙尘暴过程中,沙尘颗粒物源区、路径和贡献率大小等,有效、定量的诊断尚较少。近年来,HYSPLIT 模式被广泛应用于大气污染物来源和输送分析中,其计算采用拉格朗日方法,可直观了解粒子的运动轨迹并识别污染物潜在源区和相对贡献[15-22]。

2023 年 3 月上旬至中旬,由于冷空气活动次数少、势力弱,造成内蒙古气温异常偏高,中

资助项目:呼伦贝尔市科技计划项目(SF2022013)、华北区域气象科技创新项目(HBXM202413)共同资助。
第一作者:王慧清,高级工程师,从事灾害性天气机理及预报方法研究,E-mail:11612160@qq.com。

西部地区降水异常偏少。干旱少雨,使得土壤水分蒸发,地表土质干燥,为沙尘天气的发生创造了极为有利的沙源条件。3 月 21—22 日,在蒙古气旋强劲发展的推动下,内蒙古出现了一次区域性强沙尘暴天气,其影响范围大、强度强,全区共有 88 个国家级气象站出现沙尘天气,其中 32 站强沙尘暴、10 站沙尘暴,多站日均 PM_{10} 浓度超过 300 $\mu g \cdot m^{-3}$,特别是在 3 月 22 日,沙尘暴达到峰值,部分环境监测站点的日均 PM_{10} 浓度飙升至 500 $\mu g \cdot m^{-3}$ 以上,为近 6 年最强沙尘过程。乌拉特后旗受大风沙尘天气影响,5 户 22 人受灾,30 只羊丢失,房屋、风机、太阳能设施受到不同程度损毁,造成直接经济损失 6.4 万元。基于此,本文在分析此次区域性强沙尘暴天气成因的基础上,为了进一步揭示不同沙源对此次沙尘事件的影响,运用 HYSPLIT 模式和轨迹聚类分析法确定此次内蒙古沙尘的来源、传输路径及其主要影响区域,并利用潜在源贡献因子分析法(PSCF)和浓度权重轨迹分析法(CWT),量化不同沙源对此次沙尘浓度的贡献,以期寻找沙尘暴预报业务着眼点,并对沙尘发生的区域和强度进行科学合理的监测预报预警,以提高内蒙古强沙尘暴天气的预报、预警准确率,并为当地大气污染治理措施制定提供参考。

1 资料来源及方法

本文所用数据包括:内蒙古自治区气象数据中心提供的气象台站逐小时常规地面及高空观测资料;NCEP/NCAR 再分析资料,空间分辨率为 2.5°× 2.5°,时间分辨率为 6 h;ERA5 再分析资料,空间分辨率为 0.25°× 0.25°,时间分辨率为 1 h;大气污染物 PM_{10} 逐小时数据来源于全国空气质量监测站;轨迹模拟所需的气象数据来自于 GDAS 提供的空间分辨率为 1°× 1°、时间分辨率为 1 h、垂直方向上 23 层的格点数据。

为了探讨本次区域性强沙尘暴的可能传输路径及其对下游的影响,本文采用 NOAA 提供的 HYSPLIT 模式对沙尘暴过程中沙尘粒子的运动轨迹进行追踪模拟,之后将追踪的轨迹进行聚类分析,分别计算聚类后各通道的贡献率。将研究区域划分为 0.25° ×0.25°的网格,结合 PM_{10} 浓度数据,利用潜在源贡献分析法(PSCF)给出沙尘的潜在源区。PSCF 值越大,表明该网格区域内要素值大于阈值的概率越大,其经过的网格区域对观测点要素值贡献的可能性就越大。在此基础上,结合浓度权重轨迹分析法(CWT)进一步计算轨迹的浓度权重,以反映不同源区对沙尘的贡献大小,可以定量反映不同轨迹的污染程度,CWT 越大表示该网格区域对受体站点污染物质量浓度贡献越大。

2 天气实况及预报服务情况

本次区域性强沙尘天气过程中,沙尘暴以上等级天气主要出现在内蒙古西部偏北、中部和东部偏西偏南地区(图 1a)。21 日 14 时开始,内蒙古中西部偏北地区已经受沙尘天气影响,阿拉善盟北部、巴彦淖尔市大部、乌兰察布市北部,包头市北部,锡林郭勒盟部分地区出现扬沙或沙尘暴。至 22 日 08 时,内蒙古西起阿拉善盟北部和东部,东至呼伦贝尔市西南部均受到不同程度的沙尘天气影响,之后系统稳定维持,大风沙尘天气持续影响内蒙古东部地区(图 1b)。

针对本次强沙尘暴,内蒙古自治区气象台在 3 月 18 日发布《气象预报信息》中强调:"3 月 20—23 日,受冷空气的影响,全区大部 4、5 级短时 6、7 级西北风,中西部偏西和偏北地区阵风

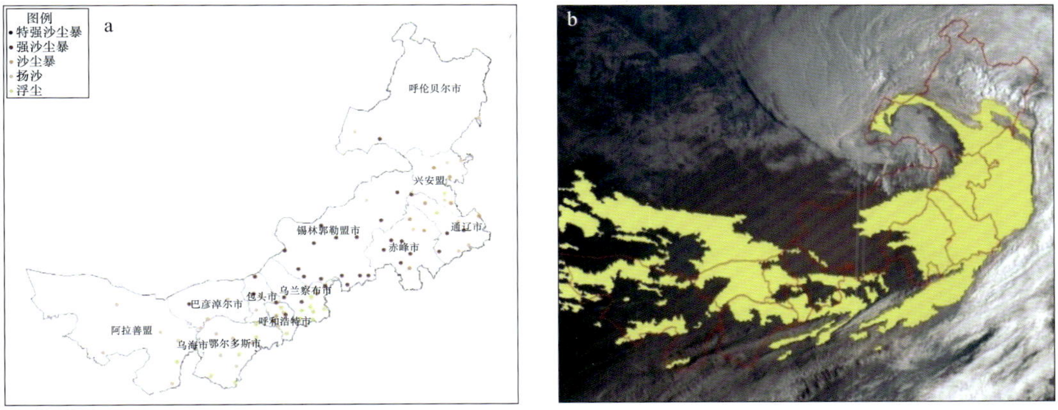

图 1　2023 年 3 月 21—22 日内蒙古沙尘分布图(a)；22 日 08 时沙尘遥感监测图(b，黄色为沙尘)

可达 7、8 级，局地阵风可达 9 级，并伴有沙尘天气，西部偏西和偏北地区局地沙尘暴”。过程期间，内蒙古气象台 2 次参加全国会商，就本次过程做了准确全面预报分析。共发布 11 份气象服务产品：1 期《气象预报信息》，大风(蓝色)、沙尘暴(黄色、橙色)、寒潮(蓝色)、暴雪(黄色、橙色)预警信号共 10 期。

3　环流形势及影响系统

本次强沙尘暴天气过程中，欧亚大陆中高纬度为“两槽一脊”型，经向度大，高空急流活跃，3 月 21 日 08 时，200 hPa 上急流核位于新疆北部地区且中心风速超过 50 $m \cdot s^{-1}$，21 日 20 时(图 2a)，急流核东移至内蒙古中西部地区，而此时沙尘暴天气也已影响内蒙古中西部地区。500 hPa 高空图上，21 日 20 时(图 2b)，位于贝加尔湖以西、新疆以北地区的高空槽东移至内蒙古中部，内蒙古西部和中部偏西地区受槽后西北气流影响，而中部偏东和东部地区位于槽前，处于西南气流控制下。温度槽落后于高度槽，且等温线密集，冷平流较强。随高度降低，系统逐渐加强，在 850 hPa 形成切断低压，与温度场的配置显示系统呈明显的斜压结构，700 hPa、850 hPa 槽后 10 个经纬距内存在 5～6 条等温线，等温线密集，和等高线交角较大，表明低槽(涡)后部冷平流较强(图 2c、图 2d)。

海平面气压场上，21 日 08 时(图 3a)，蒙古气旋中心位于蒙古国偏东地区高空急流出口区左侧，中心强度低于 1000 hPa，这一地区强烈的气流辐散是蒙古气旋强烈发展和低层沙尘向高空输送的动力机制。此时冷锋位于蒙古国中部至内蒙古西部一带，锋后等压线密集，气压梯度大，产生较强的变压风，内蒙古西部偏北地区开始出现扬沙或沙尘暴天气。21 日 14 时(图 3b)，蒙古气旋强烈发展，6 h 气旋加深率为 7.5 hPa，中心强度低于 992.5 hPa，锋面进一步东移南压至内蒙古中西部偏北地区，强烈发展的蒙古气旋使得地面风速迅猛加大，这是形成本次强沙尘暴的主要动力机制。21 日 20 时(图略)，随着气旋后部冷高压进一步东南移动，蒙古气旋也向东移动，锋面扫过内蒙古西部偏北和中部偏西北地区位于内蒙古中部偏东，受其影响内蒙古西部及中部偏东大部分地区出现扬沙或沙尘暴，部分地区出现强沙尘暴。而此时配合高层为强暖平流，使得地面减压，蒙古气旋将进一步发展加强。22 日 02 时(图 3c)，蒙古气旋略

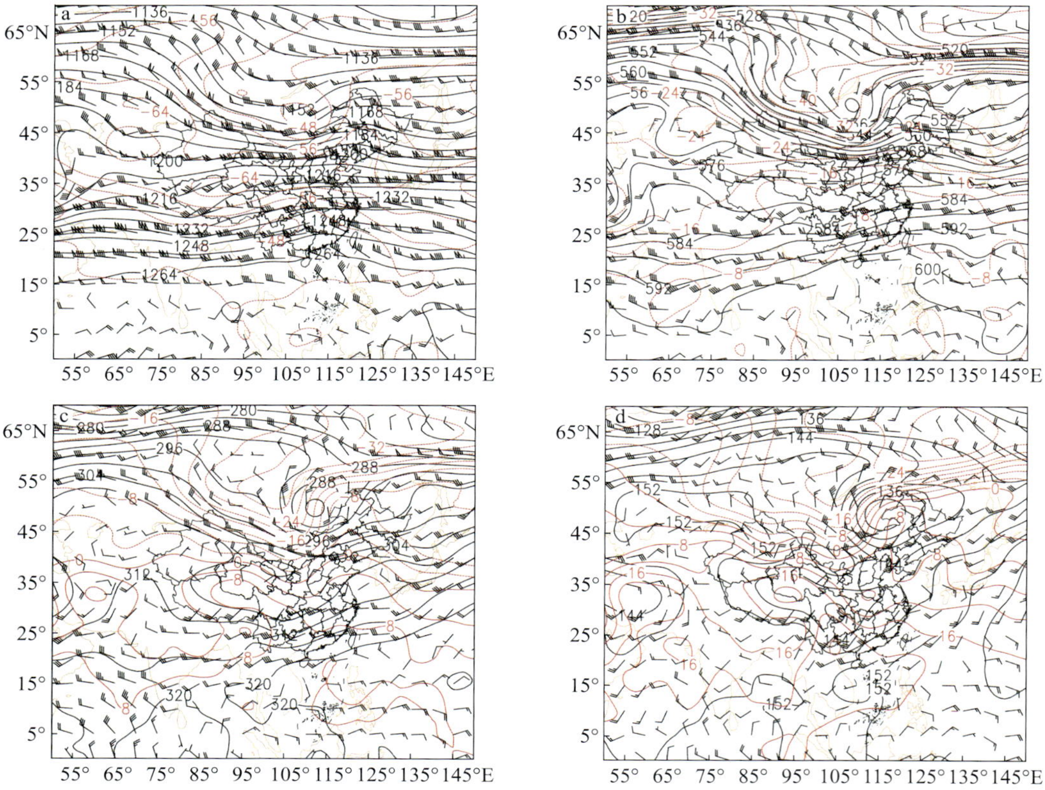

图 2　2023 年 3 月 21 日 20 时 200 hPa(a)、500 hPa(b)、700 hPa(c)、850 hPa(d)环流形势
(黑色线为高度场，单位：gpm；红色线为温度场，单位：℃)

东北移动，强度中心低于 990 hPa，气压梯度进一步加大，锋面移至内蒙古东南部，赤峰、通辽等地出现大风强沙尘暴。22 日 08 时(图 3d)锋面进一步东移出内蒙古，内蒙古沙尘暴天气也趋于结束。

4 成因分析

4.1 动力条件

大范围沙尘暴暴发时，一般高空有强风区，高空风的加强和下落，卷起地面沙尘形成沙尘暴。20 日 08 时，300 hPa 极锋急流中心位于 47° N 附近新疆北部，由于西西伯利亚低槽发展东移，极锋锋区底部 35～50 m·s^{-1} 急流不断东移至内蒙古。20 日 20 时极锋急流东移并分支，北支西南急流位于蒙古国西部上空，南支大于 50 m·s^{-1} 偏西急流进入内蒙古西部并不断向东移动，内蒙古中西部偏北地区刚好位于高空急流出口区右侧(图 4a)。呼和浩特站风速场时间-垂直剖面显示，21 日白天，64 m·s^{-1} 急流位于 200～300 hPa，随着时间推移，动量向下传递，急流向中低层延伸，21 日 14 时，呼和浩特市 500 hPa、700 hPa、850 hPa 均出现偏西急流

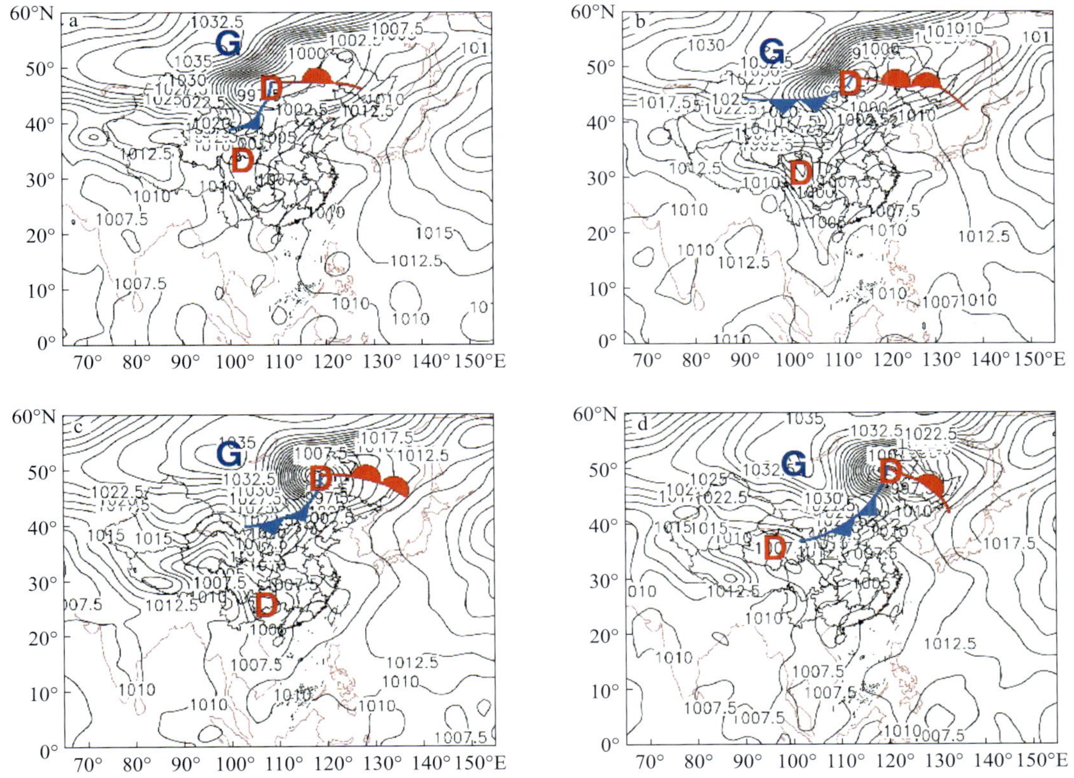

图 3　21 日 08 时(a)、21 日 14 时(b)、22 日 02 时(c)、22 日 08 时(d)海平面气压场(单位:hPa)

(图 4b)，大风、沙尘暴天气出现在高空急流(≥35 m·s^{-1})、中低空急流(≥20 m·s^{-1})附近。21 日 20 时，急流继续向东向南压，影响内蒙古东南部地区，赤峰市和通辽市位于高空急流正下方(图 4c)，赤峰市上空高空急流在东移过程中不断加强并下传。23 时 700 hPa 附近风速出现 36 m·s^{-1}急流中心，近地层风速加强至 16 m·s^{-1}以上(图 4d)，使得其南部和通辽市的沙尘暴范围扩大、强度增强，到 22 日 10 时后各层急流基本移出内蒙古，沙尘暴天气减弱。

综上可见，沙尘暴主要发生在高低空急流轴附近，高低空急流具有时间差，因锋区加强并下落，造成高空动量由对流层高层下传到对流层中低层，使中低层风速显著增大，对近地层的气流加速起到间接作用。整个过程中急流尤其中低空急流的入侵时间、强度、轴位置与沙尘暴发生时间、地点、强度、移动有密切关系，故高低空急流是大范围沙尘暴发生的动力机制之一。

分析散度纬向-垂直剖面，有助于发现上升气流与下沉气流所在位置，从而分析次级环流的情况，判断动量下传机制。3 月 21 日 08 时(图 5a)，110°E 以东低层为辐合区，高层为辐散区，表明该区域存在上升运动，而 110°E 以西则正好相反。21 日 20 时(图 5b)，随着地面气旋东移南下并发展加强，各层风速也随之增大，内蒙古东南部地区出现深厚的辐散辐合运动，120° E 附近存在低层辐合、高层辐散的上升运动，而在其东西两侧则为低层辐散、中高层辐合的下沉运动区，尤其在其西侧的 118° E 附近低层辐散中心和高层辐合中心在垂直方向上几乎垂直，表明该地下沉运动极为强烈。可以看出，在高空急流出口区右侧存在垂直方向上的次级环流，其上升运动支将沙尘卷扬至高空，下沉运动支一方面将其在下游地区释放，另一方面使得高空急流动量下传至地面，使得地面风速加大，沙尘暴强度加强。

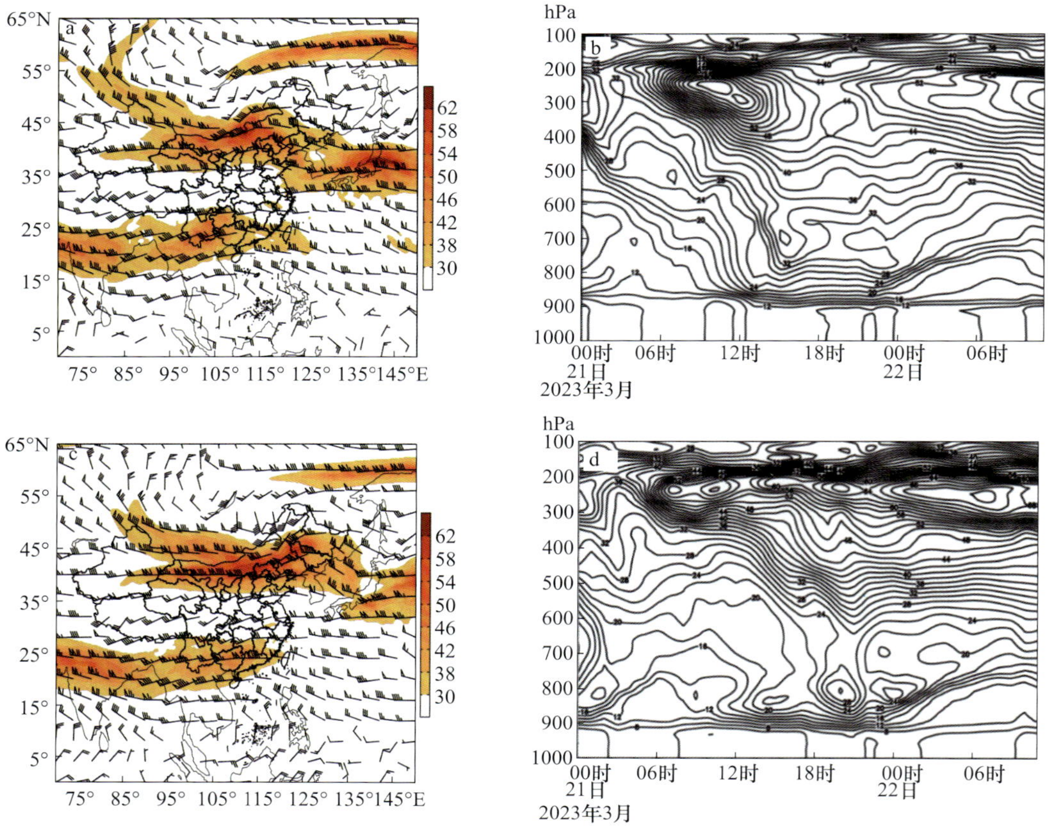

图 4　2023 年 3 月 21 日 08 时(a)、20 时(c)300 hPa 急流(阴影单位：m・s^{-1})；呼和浩特市(b)、赤峰市(d)风速场(单位：m・s^{-1})时间-空间剖面图(横坐标时间为世界时)

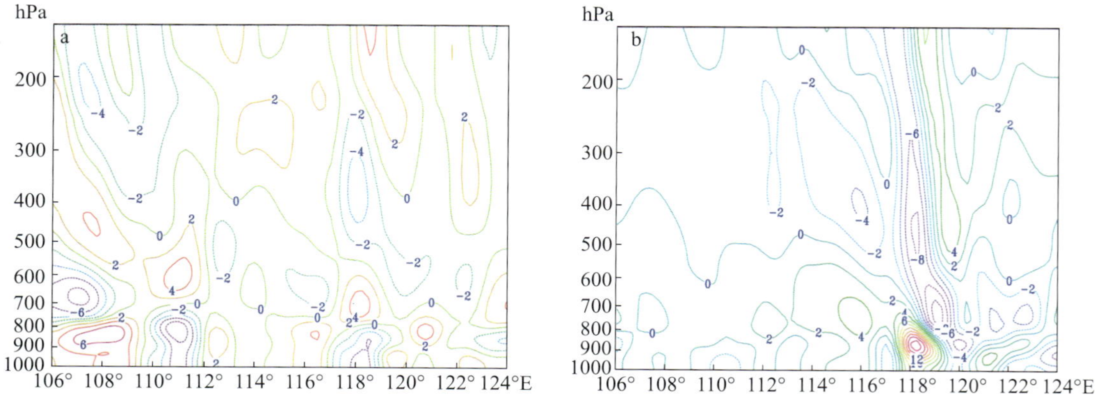

图 5　2023 年 3 月 21 日 08 时(a)、20 时(b)沿 43° N 散度场(单位：10^{-5} ・s^{-1})纬向-垂直剖面

4.2　层结条件

大气层结稳定性是沙尘暴形成的重要因素，是沙尘暴过程预报的关键。分析锡林浩特站

V-3θ 曲线(图 6)发现，在沙尘暴出现前 20 日 20 时，上下层风垂直切变明显，低层 850 hPa 为偏西西南风，700 hPa 以上为西北风，且上层风速明显大于低层风速，有利于垂直运动发展，满足潜在动力不稳定条件。θ_e 达到大约 50 ℃，同时随气压下降迅速减小，表明垂直方向的温度递减率非常大。θ 和 θ_{se} 线在 500 hPa 层以下距离接近，θ 和 θ_e 之间距离非常大，表明低层大气为干热状态，满足热力不稳定条件。600 hPa 等压面高度层以下 θ 及 θ_{se} 线几乎垂直于横坐标轴，表明大气层结非常接近绝热状态(混合层)。而此时潜在不稳定能量接近于 0，表明温度层结减小了稳定大气层结气块抬升需要的能量。可见，尽管中性层结不同于不稳定层结，但无疑成为有利于沙尘暴形成的层结状态(图 6)。在沙尘暴发展、维持阶段，对流层低层也并未出现不稳定层结，而是混合层始终维持，表明混合层与沙尘暴之间有着一定的伴随关系，在傍晚至夜间沙尘暴强度有所增强。之后低层风速加大，上下层风垂直切变减弱，且 θ 低层出现向右弯曲现象，表明低层有冷空气进入，θ 和 θ_{se} 线转变为自下而上很接近，特别是 500 hPa 以上，θ 和 θ_{se} 线两条曲线几乎重合，表明中高层大气接近饱和状态，沙尘天气减弱结束。

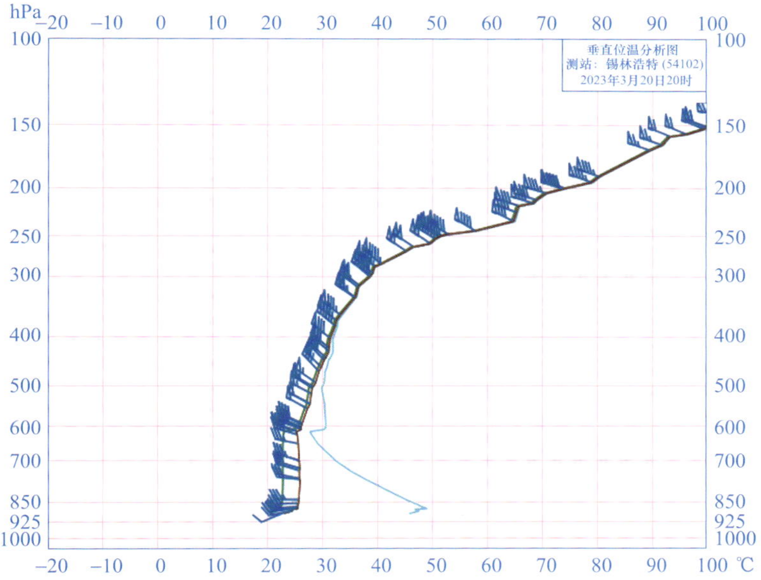

图 6　2023 年 3 月 20 日 20 时(沙尘暴发生前)锡林浩特站 V-3θ 曲线

5　沙尘来源及传输路径

本次强沙尘暴经内蒙古向下游传播，影响北京、哈尔滨甚至向南最远推进到长三角地区。那么，本次强沙尘暴的源区究竟在哪里？传输路径如何？源区贡献率大小？内蒙古沙尘对下游哪些地区有影响？影响有多大？讨论上述问题，对于预防和改善沙尘暴的影响具有重要意义。本文选取呼和浩特站作为起点进行后向(向前)轨迹模拟和聚类分析，以整个沙尘时段内各整点(3 月 21 日 00 时、01 时、……23 时和 22 日 00 时、01 时、……23 时)作为追踪的起始时间，由于呼和浩特海拔高度较高，因此以 1500 m 作为起始高度，后向(向前)追踪 72 h。本研究同时结合 PM_{10} 浓度，用潜在源贡献因子分析法(PSCF)和浓度权重轨迹分析法(CWT)计算分析了本次沙尘暴过程 PM_{10} 变化的可能潜在源区和贡献及其对下游的影响。

5.1 轨迹聚类分析

从呼和浩特市气团后向轨迹(图 7a)看出,影响该地的主导气流来自受偏西和西北风影响的西方。偏西路径占总气团的 45.8%,主要来自哈萨克斯坦北部丘陵,受高空冷涡后部和地面高压底部偏西气流影响,经新疆北部戈壁荒漠一路沿着新疆北部及内蒙古西北部输送至呼和浩特上空;来自西北方向的气流为本次沙尘传输的主导气流,占总气团的 54.2%,其中 37.5%来自于蒙古国西北部经蒙古国中部到达内蒙古西部偏北地区,后沿偏西方向输送至呼和浩特上空,16.7%来自于西西伯利亚沿偏北方向经蒙古国西部后沿西北方向到达呼和浩特。表明本次沙尘暴过程中,沙尘主要以西偏北路移动,受蒙古气旋影响,沿西—西北方向进入内蒙古西部,之后到达呼和浩特。如前分析,沙尘源地上空为低层辐合、高层辐散的上升运动区,而在 110°E 以西为低层辐散、高层辐合的下沉运动区。上升运动支将沙尘卷扬至高空,下沉运动支一方面将其在下游地区释放,另一方面使得高空急流动量下传至地面,加大地面风速,使得呼和浩特沙尘天气强度加强。

而呼和浩特市前向轨迹主要有 3 条。第一条为东南路径,受高空冷涡底部和地面气旋底后部西北气流控制,主要影响河北北部—北京—天津一直到渤海湾一带,可占总气团的 54.2%,该类气团轨迹较短,传输速度较快,对下游影响的响应时间较短。第二条为偏南路径,主要经山西省北部—河北省中部转向一路向南到达山东省西部和河南省北部,可占总气团的 33.3%,该类气团的轨迹最短,传输速度最快,主要对河北省造成影响。第三条也为东北路径气团,主要经河北省北部—内蒙古东南部—辽宁省北部—吉林省中部—黑龙江省南部一直向东北偏东方向经鄂霍次克海最远到达西太平洋北部,占总气团的 12.5%(图 7b)。

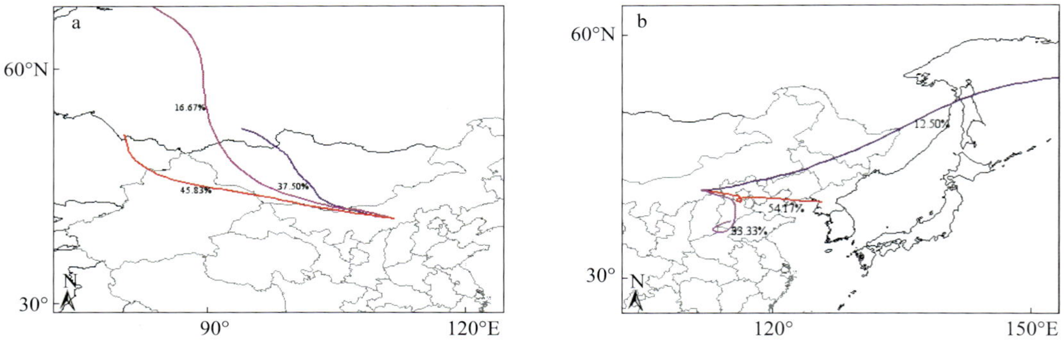

图 7　2023 年 3 月 21—22 日呼和浩特后向(a)、前向(b)轨迹聚类分析

5.2 潜在源贡献和浓度权重轨迹分析

从呼和浩特站后向轨迹(图 8a)来看,新疆北部荒漠、蒙古国西部荒漠以及内蒙古中西部偏北地区呈现较高的 WPSCF 值,表明上述地区是造成呼和浩特沙尘天气 PM_{10} 高浓度的主要潜在源区,与聚类分析结果基本一致。呼和浩特市前向轨迹 PM_{10} 的 WPSCF 高值区主要为北

京和河北，超过 0.9 的影响区主要分布在北京市南部和河北省中部，表明呼和浩特市沙尘主要沿着东南方向影响北京市和河北省，这也和北京后向轨迹分析结果较为一致（图 8b）。

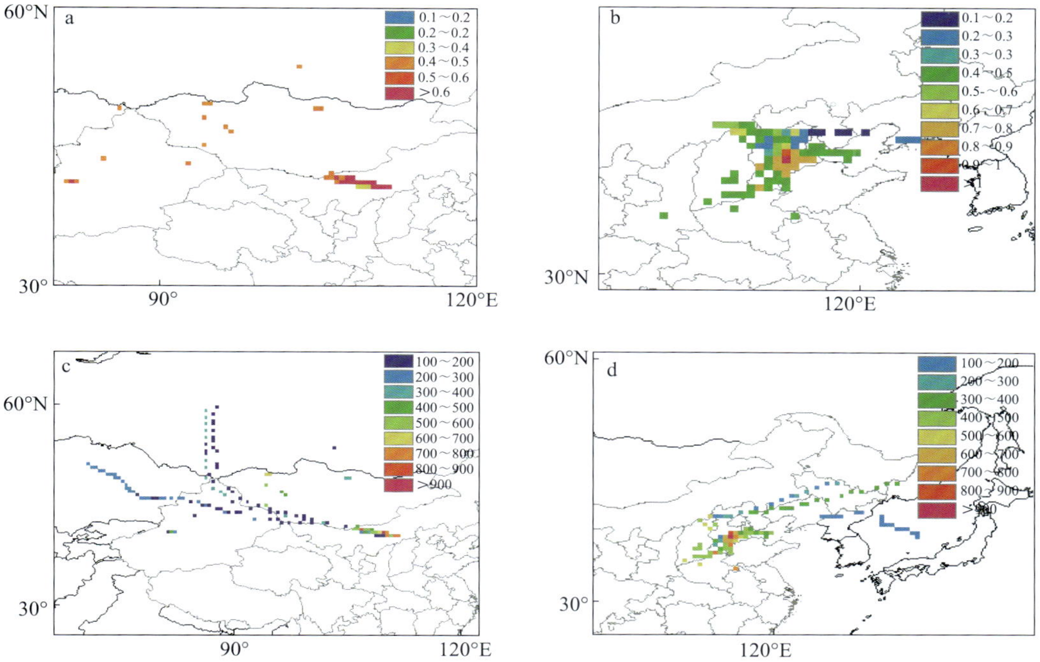

图 8　2023 年 3 月 21—22 日呼和浩特后向 WPSCF(a)、WCWT(c)分布；前向 WPSCF(b)、WCWT(d)分布（单位：$\mu g \cdot m^{-3}$）

呼和浩特市后向（图 8c）WCWT 高值区主要在新疆北部、蒙古西北部以及内蒙古中西部偏北地区，权重浓度超过 400 $\mu g \cdot m^{-3}$，蒙古国西北部偏北荒漠及内蒙古北部戈壁的权重浓度甚至超过 700 $\mu g \cdot m^{-3}$，与 WPSCF 结果较为一致。而呼和浩特市前向 PM_{10} 的 WCWT 高值区也集中在北京南部和河北省中部，权重浓度超过 800 $\mu g \cdot m^{-3}$（图 8d）。

6　结论与讨论

本文在分析了内蒙古 6 年来最强沙尘暴天气成因的基础上，结合 PM_{10} 浓度数据，运用 HYSPLIT 模式、潜在源贡献因子分析法和浓度权重轨迹分析法，探讨了其沙尘潜在来源并量化了源区贡献率，得到如下结论。

(1)本次区域性强沙尘暴为近 6 年来内蒙古最强，沙尘暴区呈涡旋状自西向东伸延，与气旋中心移动路径关系密切。

(2)蒙古气旋强烈发展及冷锋过境是造成本次大范围沙尘暴天气过程的主要原因，对于内蒙古而言，蒙古气旋中心强度低于 1000 hPa 时，认为可能出现沙尘暴天气。

(3)本次强沙尘暴主要发生在高低空急流轴附近，通过动量下传，使得中低层风速显著增大。强沙尘暴发生的时间地点、强度、移动路径与急流的入侵时间、强度、轴位置有密切关系。

(4)本次沙尘暴过程中,深厚混合层是对流层中低层的重要层结特征。强沙尘暴出现在夜间,与太阳辐射的日变化关系不密切。

(5)本次强沙尘天气过程中,内蒙古沙尘主要贡献区为新疆北部沙漠、蒙古国西部荒漠以及内蒙古中西部偏北地区戈壁沙漠,其主要沿东南路径对下游北京和河北省造成影响,其次沿东北路径北上到达我国东北地区。

对于本次过程,CMA 和本地沙尘模式以及预报员对于内蒙古中西部偏北地区的沙尘落区均做出了较为成功的预报,提前信息发布及后期预警信号、信息专报跟进服务效果很好。然而,对于沙尘强度预报却较实况偏弱,特别是强沙尘暴的预报尤其难把握,后续要持续总结沙尘发生规律和预报经验,大力提升客观预报产品的预报能力。另外,对于内蒙古中部偏南和东北部地区的沙尘落区及强度,在考虑了水汽条件较好并伴有雨雪和积雪覆盖的条件下,无论是落区和强度都存在漏报的情况。综合考虑,一方面上游蒙古国沙尘实况参考性差,下垫面情况较缺乏,使得沙尘暴预警信号发布提前量较难;另一方面自动气象站对沙尘观测的精细度也影响对下游天气的判别。因此,在今后的工作中,还需继续加强对数值预报的解释应用,进一步凝练本地沙尘暴预报指标,不断提高沙尘暴天气预报预警准确率,为防灾减灾决策提供更有力支撑。

参考文献

[1] 霍文,智协飞,杨莲梅,等. 沙漠气象若干问题研究进展[J]. 大气科学学报,2019,42(3):469-480.

[2] 张强,王胜. 论特强沙尘暴(黑风)的物理特征及气候效应[J]. 中国沙漠,2005,25(5):675-681.

[3] 姜学恭,沈建国. 内蒙古两类持续型沙尘暴的天气特征[J]. 气候与环境研究,2006,11(6):702-712.

[4] 康玲,孙鑫,侯婷,等. 内蒙古沙尘暴的分布特征[J]. 中国沙漠,2010,30(2):400-406.

[5] 袁国波. 21 世纪以来内蒙古沙尘暴特征及成因[J]. 中国沙漠,2017,37(6):1204-1209.

[6] 陈静,许彦慧,蔡文玮. 内蒙古中西部地区一次沙尘暴天气的动力诊断[J]. 干旱气象,2011,29(3):330-335.

[7] 袁国波,宋燕,吕晶洁,等. 内蒙古西部一次沙尘暴环流背景和动力机制分析[J]. 气象科技,2012,40(4):642-646.

[8] 李一平,德勒格日玛,斯琴,等. 内蒙古沙尘天气少发季节沙尘天气预报技术分析[J]. 中国沙漠,2013,33(5):1483-1491.

[9] 德勒格日玛,曹杰,李一平,等. 2011 年一次蒙古气旋黑风暴过程综合分析[J]. 中国沙漠,2013,33(5):1473-1482.

[10] 顾润源,陈磊,周伟灿,等. 一次强沙尘暴的近地层气象要素及内部热力、动力结构特征[J]. 大气科学学报,2014,37(4):414-424.

[11] 云静波,姜学恭,孟雪峰,等. 冷锋型和蒙古气旋型沙尘天气过程典型个例对比分析[J]. 中国沙漠,2013,33(6):1848-1857.

[12] 孟雪峰,孙永刚,仲夏,等. 2015 年 2 月 21 日内蒙古风雪沙尘天气特征[J]. 中国沙漠,2016,36(1):239-246.

[13] 韩经纬,沈建国,孙永刚,等. 一次强沙尘暴和雪暴天气过程的诊断及模拟分析[J]. 高原气象,2007,26(5):1031-1038.

[14] 宗志平,张恒德,马杰,等. 2009 年 4 月下旬蒙古气旋型大范围沙尘暴天气过程的诊断分析[J]. 沙漠与绿洲气象,2012,6(1):1-9.

[15] DRAXLER R, HESS G D. Description of the HYSPLIT_4 modeling system[R]. Maryland: Silver Spring, 2018: 1-28.

[16] WANG Y Q, ZHANG X Y, DRAXLER R R. TrajStat: GIS-based software that uses various trajectory statistical analysis methods to identify potential sources from long-term air pollution measurement data [J]. Environmental Modelling & Software, 2009, 24(8): 938-939.

[17] HAN Y J, HOLSEN T M, Hopke P K. Estimation of source locations of total gaseous mercury measured in New York State using trajectory-based models [J]. Atmospheric Environment, 2007, 41 (28): 6033-6047.

[18] ZHAO M, HUANG Z, QIAO T, et al. Chemical characterization, the transport pathways and potential sources of $PM_{2.5}$ in Shanghai: Seasonal variations [J]. Atmospheric Research, 2015(158): 66-78.

[19] 任传斌，吴立新，张媛媛，等. 北京城区 $PM_{2.5}$ 输送途径与潜在源区贡献的四季差异分析[J]. 中国环境科学，2016，36(9)：2591-2598.

[20] 刘娜，余晔，张莉燕，等. 2016—2018 年西宁市颗粒物来源及输送差异分析[J]. 环境科学学报，2021，41(10)：4212-4227.

[21] 王璐，袁亮，张小玲，等. 成都地区黑碳气溶胶变化特征及其来源解析[J]. 环境科学，2020，41(4)：1561-1572.

[22] 孔祥晨，张连霞，张彩云，等. 鄂尔多斯市夏秋季黑碳气溶胶时间演变特征及其来源解析[J]. 环境科学，2022，43(7)：3439-3450.

第三部分

预报技术支撑

2023年风云气象卫星技术进展及天气应用分析

任素玲　寿亦萱　胡菊旸　郭　徵　吴　琼　尹红刚　杨冰韵
窦芳丽　王志伟　李　博　刘年庆　曹　赟
(国家卫星气象中心,北京,100081)

摘　要:本文阐述了2023年风云气象卫星发展概况及天气应用技术提升。介绍了新发射的FY-3G"降水星"和FY-3F"上午星"的性能和应用潜力,FY-3G降水和FY-3E洋面风产品的反演算法、技术改进和产品性能。综合应用风云卫星高低轨、微波和红外观测,发展了基于卫星垂直探测的大气廓线分析技术和产品,弥补气象探空观测时空覆盖稀疏的不足,研发了降水预警产品和基于人工智能的卫星降水定量估计产品。在大运会气象保障服务过程中,综合利用卫星云图解译技术和定量化产品,7月25日,FY-4B/GHI 250 m、1 min高时空分辨率龙泉山可见光积云发展排列实时观测,为午后对流发展提供了早期预警信息;7月28日,水汽图像暗区特征和卫星大气廓线综合产品均显示保障区大气层结趋于稳定、低层水汽条件转差,发生系统性对流、降水的可能性明显降低,有利于开幕式活动顺利进行。

关键词:FY-3G/PMR,FY-3F,FY-4B/GIIRS,T-ln$P$,"风云地球"

引言

2023年4月和8月先后发射了我国首颗降水星风云三号G星(FY-3G)[1,2]和上午星风云三号F星(FY-3F)[3]。自此,中国是全球唯一同时业务运行晨昏、上午、下午和倾斜4条近地轨道民用气象卫星的国家,观测网的完备整体优势可进一步加强在气象灾害监测领域向世界贡献中国智慧和风云方案。FY-3G和FY-3F分别搭载6台和10台仪器,两颗卫星共搭载新研制仪器5台,其中FY-3G/PMR(FY-3G降水测量雷达)可监测降水的三维精细结构,FY-3F搭载的两台紫外高光谱臭氧探测仪具备污染气体三维空间监测和服务能力。

面向天气、气候、生态、冰冻圈、大气环境以及空间天气等应用,基于新发射的FY-3G和FY-3F卫星分别开发了32个二级(L2)和65个三级(L3)产品,其中基于新研制仪器开发的产品共22个。依据FY-3G/PMR主动探测能力开发的亮带检测、降水分类、三维滴谱、三维降水率、三维等效雷达反射率因子以及潜热等产品,可以描述降水系统三维精细结构[1],FY-3G搭载的微波成像仪可提供被动微波降水、水凝物廓线等产品,主被动仪器降水反演产品联合应用将有助于更全面、客观和准确地认识全球降水系统。此外,还针对已有风云卫星产品开展了系统性能和质量改进,包括FY-3E/WindRAD(风场测量雷达)洋面风和FY-3D气溶胶等。

第一作者:任素玲,正高级工程师,从事卫星遥感天气气候业务服务和研究,E-mail:rensl@cma.gov.cn。
通信作者:胡菊旸,副研究员,从事星载微波大气探测研究,E-mail:hujy@cma.gov.cn。

2023 年按需启动 FY-4B/GHI(快速成像仪)高频次目标观测以及 FY-4B/GIIRS(干涉式大气垂直探测仪)台风加密观测助力数值模式同化。FY-3G 降水产品在台风、京津冀特大暴雨、成都“大运会”、杭州“亚运会”等重大灾害性天气和重大活动气象保障中开展应用,为预报服务提供精密的数据保障。完成“风云地球”谱系化建设,产品质量和时效显著提升,FY-4B/GHI 云图直播时效缩短至 3 min 24 s。静止和极轨卫星、红外和微波探测等卫星产品定量化应用能力进一步提升,发展基于卫星垂直探测的大气廓线分析技术和产品,在对流性天气监测和气象保障服务中发挥重要作用。

1 风云气象卫星、仪器和产品新进展

1.1 风云气象卫星、仪器和 L1 数据质量新进展

1.1.1 新卫星和新仪器

2023 年 4 月 16 日,FY-3G 在酒泉卫星发射中心成功发射,以 50°倾角运行在非太阳同步的倾斜轨道(图 1)。FY-3G 是风云三号 03 批首发降水测量卫星,具备微波主被动联合测量降水三维结构的能力,光学成像仪和短波红外偏振多角度成像仪还提供了获取云微物理参数的新途径。作为民用遥感卫星,FY-3G 率先采用中继技术开展业务数据回传,提升数据回传时效,支撑降水测量数据的天气应用。FY-3G/PMR 是新研制仪器,可观测台风、暴雨、暴雪等降水的三维滴谱特性,反演降水比被动遥感更准确,还可以获得降水类型、降水层高度等信息。降水测量能力整体优于国际上首颗降水雷达,与国际上第二代降水雷达(DPR)能力相当,部分指标略优于 DPR(图 2)。

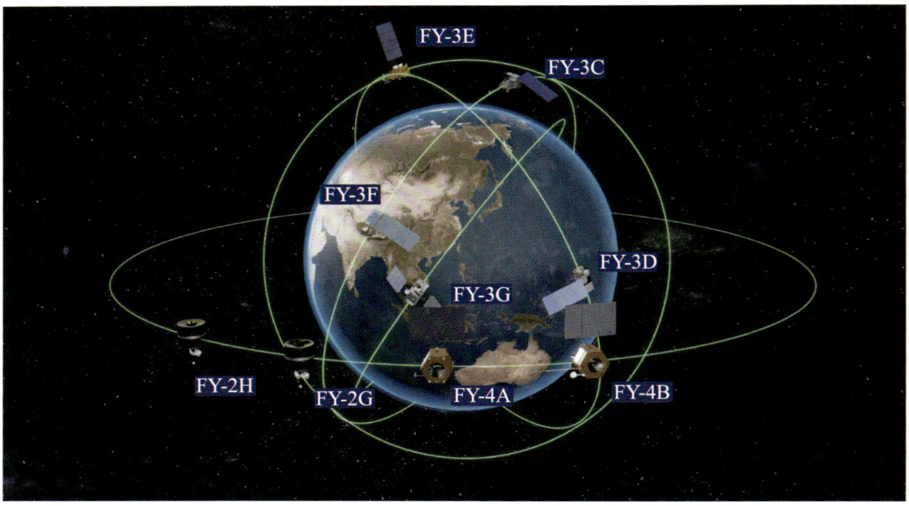

图 1　2023 年风云气象卫星组网

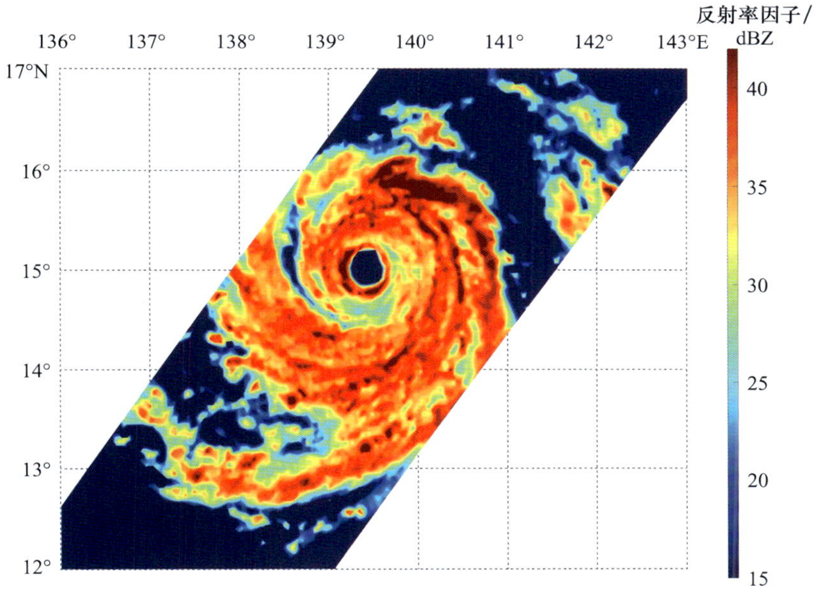

图 2　FY-3G/PMR 台风“玛娃”5 km 高度雷达反射率因子（2023 年 5 月 26 日 22 时 19 分）

2023 年 8 月 3 日，FY-3F 在酒泉卫星发射中心成功发射，作为风云气象卫星系列第 21 颗卫星，FY-3F 将接替已服役近 10 a 的 FY-3C。其中搭载的 2 台新研制紫外高光谱臭氧探测仪，可通过天底加临边联合探测增强大气成分、污染气体及气溶胶探测能力。3 台改进和 5 台继承仪器，接续全球光学和微波成像及大气垂直探测业务，提高对平流层和对流层大气成分以及地球辐射收支能量探测能力，服务于天气预报、气候预报、灾害监测、环境监测等领域。

1.1.2　FY-3 L1 数据质量提升

针对新发射和在轨业务服务 FY-3 卫星，开展了微波主被动仪器定标质量提升工作。更新了 FY-3E/WindRAD 各波段定标因子及校正系数，增加 L1 数据中的负值数据及天线旋转角度数据集，迭代优化改进定标算法，提升了后向散射数据的稳定性。判断 FY-3G/PMR 的瞬时视场内是否存在降水是后续数据处理和产品反演的基础和前提，通过建立地杂波干扰仿真模型突破了杂波干扰评估和判识技术，大大减少了降水的误判和降水强度的错误估计。溯源分析并订正了 FY-3G 微波成像仪飞行向条纹问题和 FY-3F 微波成像仪冷空污染问题，提升了定标质量和稳定性。针对 FY-3F 微波温度计存在的通道串扰问题，研发了在轨优化算法，将部分通道海陆偏差从大于 0.2 K 降低到 0.05 K 以内。

1.1.3　FY-4 L1 数据质量提升

对 FY-4B/AGRI（先进的静止轨道辐射成像仪）5 个反射波段进行定标系数更新，更新后的反射波段定标精度提升至 5%以内。针对 FY-4B/AGRI 由于卫星春分调头导致的定位系统偏差，研发了订正算法，修正后定位精度东西方向由 4.55 km 提升至 2.77 km。针对 FY-4B/GHI 遥测数据延迟问题，增加查询频率提升定标稳定性，解决了遥测数据延迟到达导致 L1 产品定标无效的问题，改进后定标成功率达到 100%。热形变引起的扫描镜指向偏差是静止轨道光学星图像定位误差的主要来源，研发了 FY-4B/GHI 热形变优化模型，将定位精度东西方向由 2.11 km 提升至 1.52 km,有效改善了动画抖动。针对 FY-4B/GIIRS 初始定标系数不准确问题,通过自主研发实现光谱位置在轨精确标定,将光谱定标偏差由初始的约 −120 ppm* 提高到 5 ppm 水平,更有利于微弱谱线的判识。

1.2 风云气象卫星 L2 新产品及产品改进

1.2.1 FY-3G/PMR 降水

传统的地面观测降水主要有雨量计和雷达 2 种,雨量计能够提供高精度的观测降水,但受站网密度及其空间分布的影响,而雷达降水也受到电子信号以及运行环境等多种误差来源的影响,在地形复杂地区具有较大的不确定性。FY-3G/PMR 探测优势在于可以获得降水系统内部的三维结构信息,且不受站点位置、视场以及观测角度等限制,和传统降水测量形成优势互补。FY-3G/PMR L2 级产品包括亮带检测、降水分类、三维滴谱、三维降水率以及三维等效雷达反射率因子等,星下点水平空间分辨率 5 km,垂直分辨率 250 m(图 3,图 4)。

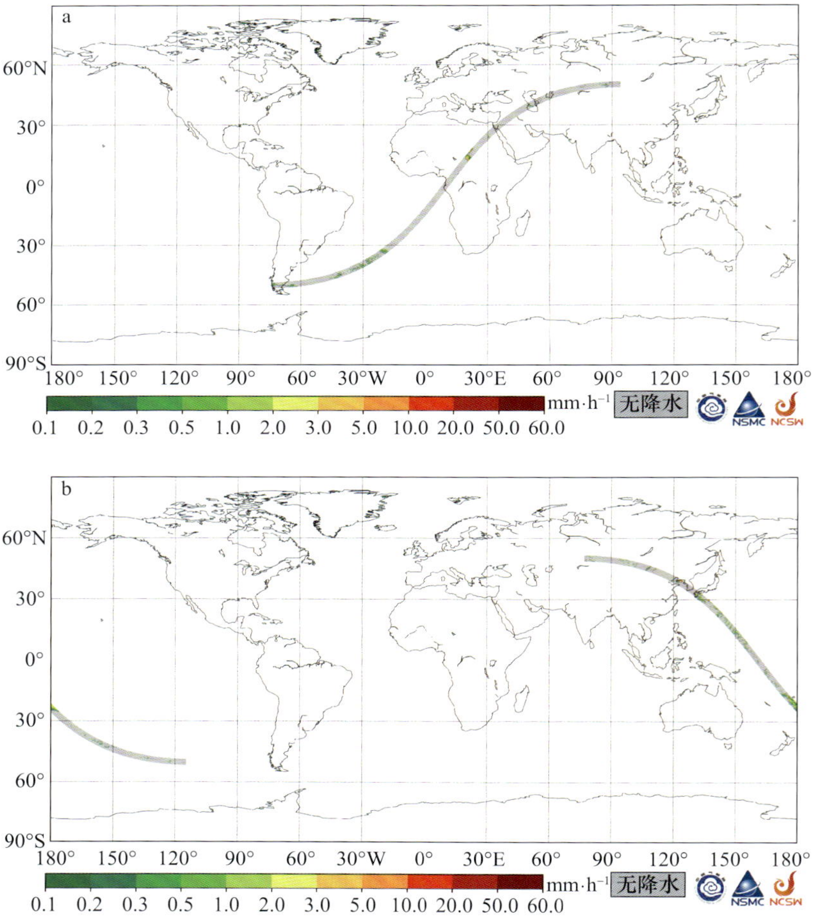

图 3 FY-3G/PMR Ku 雷达升轨(a)和降轨(b)

* 1 ppm=10^{-6}。

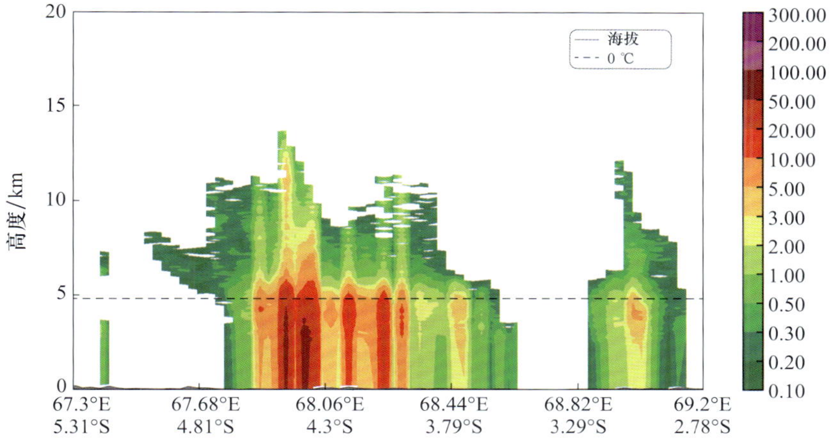

图 4　2023 年 8 月 5 日 20 时 46 分(UTC)FY-3G/PMR Ku 雷达降水率垂直剖面(单位：mm·h^{-1})

FY-3G/PMR 降水率通过接收降雨层反射的回波信号反演得到。降水类型基于层状云、积状云降雨在雷达回波上的特点判识获得，降水类型包括均匀性降雨(层状云降雨)、对流性降雨(积状云降雨)以及这 2 种类型共存的混合型降雨。降水相态分为固态、液态以及混合相态三类。产品设有质量标识码，以降水率为例，标识为 0 的产品精度较高[4]。

利用中国地面分钟降水分别对 FY-3G/PMR 和 GPM/DPR 降水率产品进行了精度评估。检验时段为 2023 年 7 月 27 日—8 月 3 日。以卫星像元为中心，查找相距 2.5 km 以内且时间相差 2 min 以内的地面雨量计资料，构成匹配对数据。评估显示(表 1)，FY-3G/PMR 降水率产品精度与 GPM/DPR 产品相当。FY-3G/PMR 降水率与地面雨量计相比，平均偏差为 −3.05 mm·h^{-1}，均方根误差为 8.74 mm·h^{-1}，相对误差为 −44.9%，总体呈现出小雨偏小、大雨偏大的趋势。

表 1　FY-3G/PMR 和 GPM/DPR 降水率与中国地面分钟降水精度验证

卫星	偏差/(mm·h^{-1})	均方根误差/(mm·h^{-1})	相关系数	相对误差/%
FY-3G	−3.05	8.74	0.41	−44.90
GPM	−2.46	7.92	0.53	−42.06

1.2.2　FY-3E/WindRAD 洋面风改进

自 2022 年 3 月产品发布以来[5,6]，洋面风产品分别于 2023 年 7 和 11 月进行了算法变更。改进后最高分辨率从 20 km 提升至 10 km(图 5)，在单波段风场的基础上增加了双波段风场产品。针对产品精度提升，重点对 L2 产品业务代码整体框架、数据 IO、L1 数据海洋定标偏差订正、质量码、欧洲中期天气预报中心(ECMWF)背景场数据调度策略等方面进行了调整和修改。

改进后(图 6)，Ku 波段风速误差由 1.4 m·s^{-1}减小至 1.1 m·s^{-1}，风向误差由 13°减小至 10°。C 波段风速误差由 1.4 m·s^{-1}减小至 1.2 m·s^{-1}，风向误差由 15°减小至 12°。双波段风速误差可由 1.4 m·s^{-1}减小至 1.2 m·s^{-1}，风向误差由 15°减小至 11°。

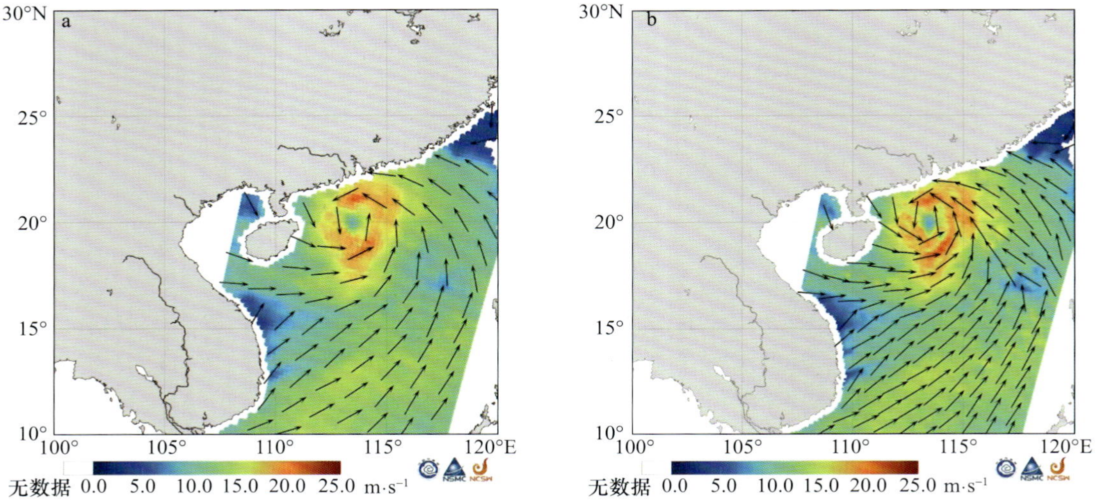

图5　Ku波段洋面风改进前20 km(a)和改进后10 km(b)分辨率对比

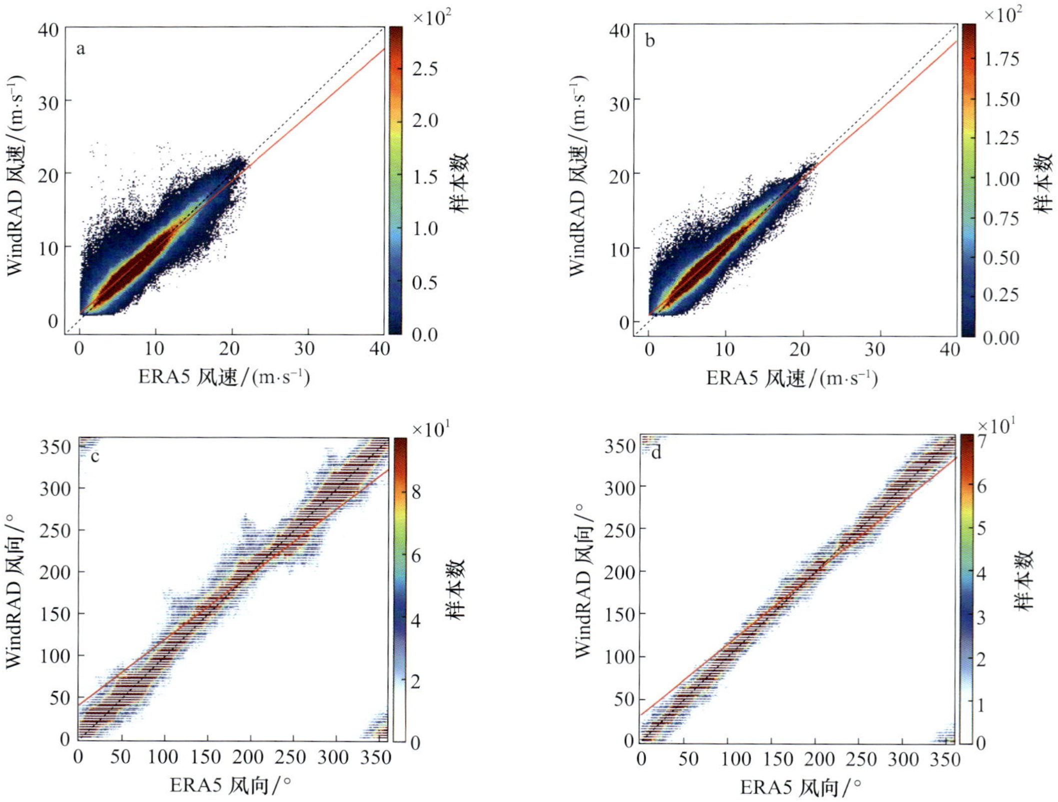

图6　(a、c)算法改进前、(b、d)改进后的FY-3E/WindRAD Ku波段风速(a、b)和风向(c、d)与ERA5 10 m风比较的散点密度图

2 “风云地球”谱系化建设

2.1 “风云地球”谱系化开发及应用

在“风云地球”推广应用基础上[7]，2023 年提升了“风云地球”产品精度和时效，FY-4B/GHI 云图直播时效最小延迟 3 min 24 s。针对重大活动气象保障业务需求，完成“风云地球”大运版(图 7)、亚运版、太平洋运动会版研发并投入应用，完成卫星慧眼三个县级版研发并投入应用。初步建成“风云地球”国际版并在风云卫星国际用户大会发布。加强新卫星资料应用，实现了 FY-3G 测试阶段实时业务应用。优化风云卫星温湿度廓线、降水估计、对流预警等关键产品算法并加强检验评估。

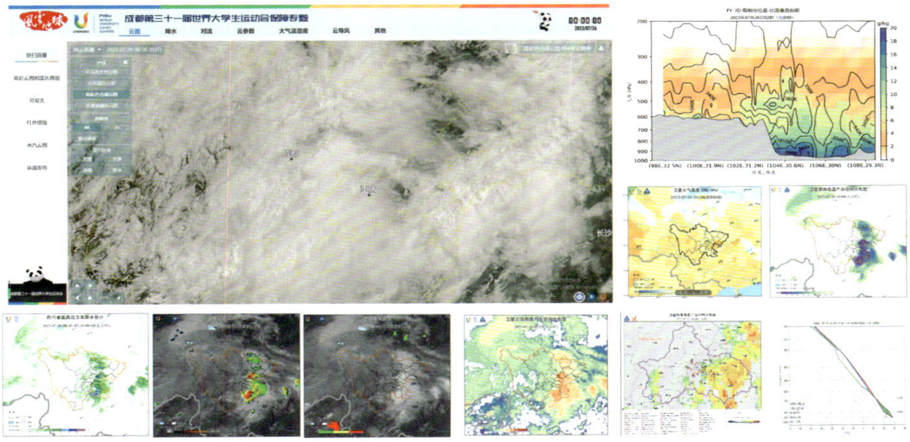

图 7 “风云地球”大运版首页和主要产品

2.2 “风云地球”谱系化开发新产品研制

根据气象保障服务期间可能发生高频灾害性天气特征、高影响气象要素及区域特征等，针对“风云地球”大运版和亚运版研发了卫星综合应用产品。

2.2.1 卫星降水预警产品

卫星降水预警产品是基于 FY-4A/AGRI 和 CMA-GFS 数值天气预报分析场数据，利用机器学习方法得到的降水范围和强度等级的短临预警产品[8]。精度检验表明，该产品 4—9 月 8 mm·h^{-1}以下降水的对流判识率为 0.50～0.85，8 mm·h^{-1}以上降水的对流判识率为 0.69～0.91，我国北方地区的对流判识效果更好。典型天气过程分析表明，降水预警产品能对不同等级对流提前做出预警，部分天气过程能提前 1 h 以上进行准确预警。降水预警模型于 2023 年 4 月 11 日 06 时 53 分(UTC)对位于重庆北部的云团进行了中等强度的对流预警，同时湖北和重庆交界处出现了弱对流预警(图 8)。重庆北部的预警于 07 时 23 分(UTC)升级为强对流预警,07 时 30 分(UTC)湖北和重庆交界处的对流预警升级为中等强度预警,随后也升级为强对流预警。这两处云团都在 08—09 时(UTC)出现了大于 16 mm・h^{-1} 的降水,局地降水超过 25 mm・h^{-1}。而这两处云团较为明显的雷达回波分别出现在 07 时 12 分(UTC)和 07 时 36 分(UTC)。降水预警产品早于地基雷达对该局地对流做出预警。

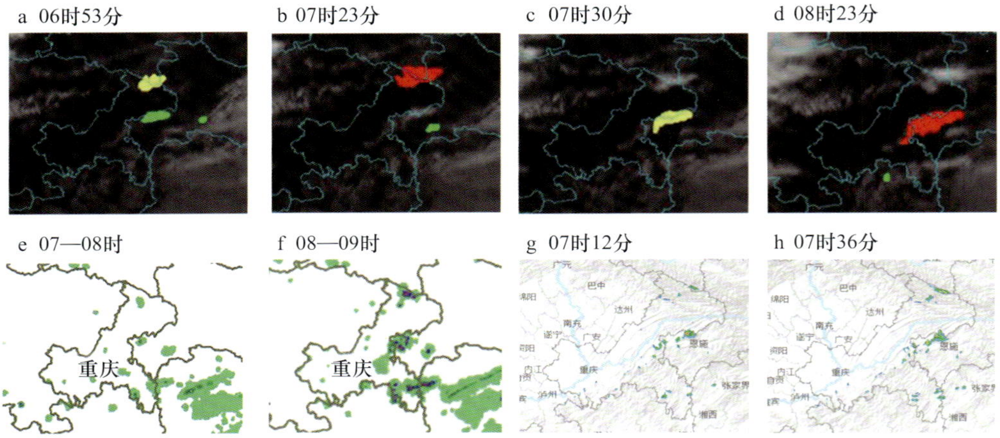

图 8　2023 年 4 月 11 日湖北和重庆强降水预警产品(a—d,红色为强对流,黄色为中等强度对流,绿色为弱对流)、地面累计降水量(e—f,单位:mm・h^{-1})和雷达反射率因子(g、h,单位:dBZ)

2.2.2　人工智能 FY-4 降水估计

地面降水观测数据为过去 1 h 累计降水,在快速演变的天气系统条件下,1 h 内降水率变化显著,导致利用单时次的卫星观测无法准确反演过去 1 h 内总降水量。为了满足高海拔地区地面观测站点稀少对高时效高精度降水观测的需求,开发了基于人工智能的 FY-4A 降水估计产品,提供 4 km 分辨率逐 15 min 的降水估计产品(图 9)[9],利用轻量梯度提升机算法训练西南区域降水估计模型,不断融入可用的最新地面观测降水数据迭代更新模型。本算法利用 1 h 内 15 min 间隔卫星数据及各通道之间的相互关系与 1 h 站点累积降水建立训练集,利用人工智能算法构建特征量与降水量的关系,弥补了传统用单时次卫星数据估计降水信息量不足、算法精确度不高的缺陷。

利用 2022 年 7 月 1 日—2023 年 6 月 30 日地面雨量计 1 h 降水数据开展精度评估,结果表明基于人工智能的 FY-4A 降水估计相比于 GPM/IMERGE-L 产品,均方根误差降低 27.8%,相对误差降低 10.9%。

2.2.3　三星联合 T-ln$P$ 图

围绕灾害性天气发生前后大气稳定度及能量监测需求,利用 FY-4B、FY-3D 和 FY-3E 实现三星联合大气温湿度观测,研发了 T-ln$P$ 图,为预报员提供热力稳定度和能量参数,包括 K 指数(K)、最优抬升指数(BLI)、沙氏指数(SI)、对流有效位能(CAPE)和对流抑制能量(CIN)等(图 10)。极轨气象卫星 FY-3D“下午星”和 FY-3E“晨昏星”每日共计 4 次观测,搭载的垂直探测系统包含微波探测通道,可反演有云条件下高精度大气温湿度产品。静止气象卫星 FY-

4B/GIIRS 为红外探测，可每 2 h 1 次观测获取晴空或少云条件大气温湿度，具有高时空分辨率的优势。由于 3 颗卫星的观测时间均不同，相比单星而言大大增加产品频次，有效探测夏季温度和湿度日变化特征，弥补了常规气象探空站观测在时间和复杂地形条件下空间分布稀疏的不足，特别是填补上午和午后对流发展前或发展过程中地基大气垂直探测的空缺。

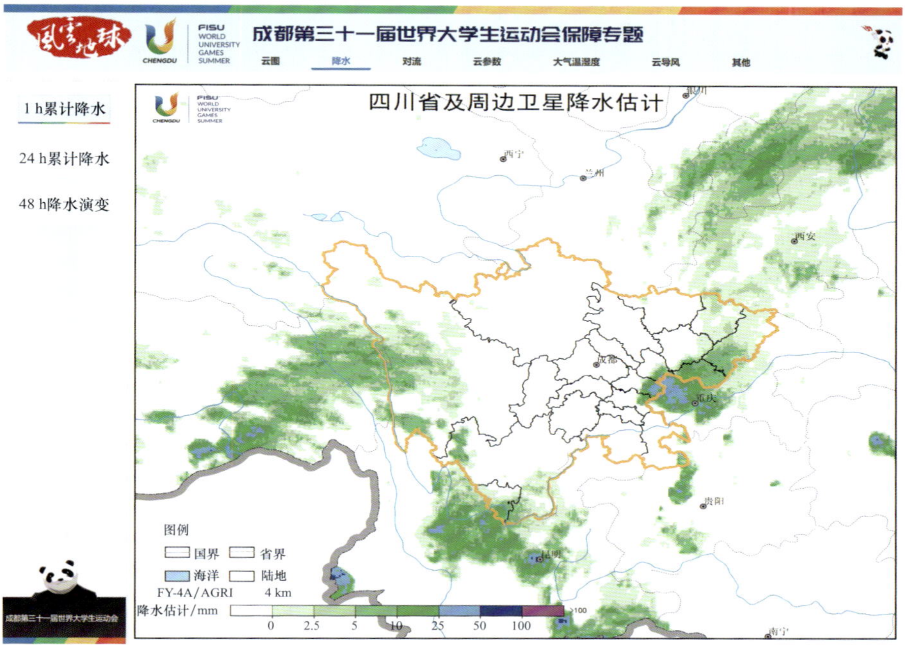

图 9 “风云地球”大运版人工智能 FY-4A 卫星降水估计产品

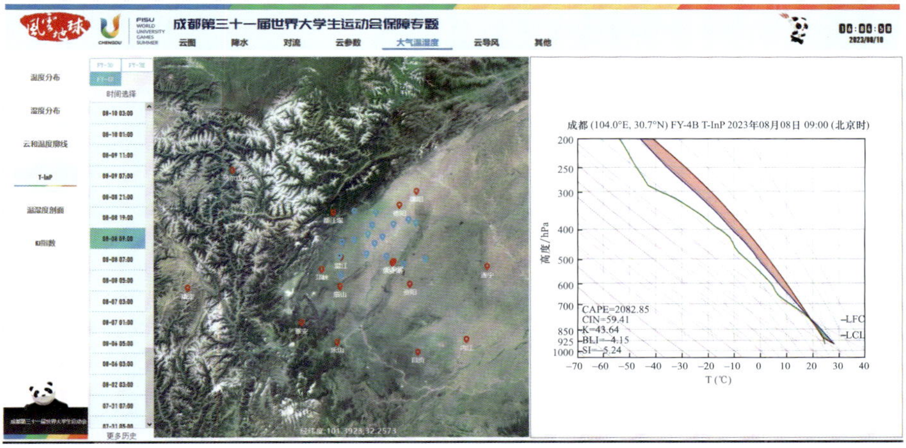

图 10 “风云地球”大运版 FY-4B、FY-3D 和 FY-3E *T*-ln*P* 图

为了解 *T*-ln*P* 图在实际业务应用中适用性，对卫星反演温度和比湿廓线产品在西南地区的精度开展检验评估，FY-4B 数据时间为 2023 年 1 月 16 日—3 月 10 日，FY-3E 数据时间为 2023 年 1 月 1 日—3 月 10 日。检验结果显示（表 2，表 3）：盆地和高原地区 FY-4B 温度平均偏差分别为－0.848 ℃和－1.943 ℃，比湿平均偏差分别为－0.027 g · kg^{-1} 和 0.202 g · kg^{-1}；

盆地和高原地区 FY-3E 温度平均偏差分别为 1.671 ℃和−0.551 ℃，比湿均平均偏差分别 0.277 g・kg^{-1}和 0.090 g・kg^{-1}。由于 FY-3D 过境时间和探空观测时间差异较大，利用 ERA5 再分析资料作为中间变量，间接地评估了 2020—2021 年 FY-3D 相对于探空数据的误差，盆地和高原地区 FY-3D 温度平均偏差分别为 0.123 ℃和−2.437 ℃，比湿平均偏差分别为−0.585 g・kg^{-1}和−0.640 g・kg^{-1}。

表 2 基于探空资料的 FY-4B 温度和比湿检验

	样本数	相关系数	均方根误差	偏差	标准差
温度(盆地)	2634	0.993	2.573	−0.848	2.429
温度(高原)	1144	0.993	3.339	−1.943	2.715
比湿(盆地)	2820	0.922	0.674	−0.027	0.674
比湿(高原)	1116	0.886	0.504	0.202	0.462

表 3 基于探空资料的 FY-3E 温度和比湿检验

	样本数	相关系数	均方根误差	偏差	标准差
温度(盆地)	2654	0.985	4.320	1.671	3.984
温度(高原)	347	0.992	2.156	−0.551	2.084
比湿(盆地)	2633	0.907	0.990	0.277	0.950
比湿(高原)	341	0.838	0.460	0.090	0.452

三类新研制产品集成至“风云地球”大运版和亚运版，为预报员提供了定量化降水预警、定量降水估计、大气温湿度层结和能量信息，弥补了海上或西南地区复杂地形条件下地基气象观测数据稀少，对上游或周边天气系统监测能力的不足，支撑了气象保障服务。

3 风云气象卫星高影响天气过程监测

第 31 届“大运会”气象保障是在四川成都 7 月底至 8 月初主汛期开展，受复杂地形影响，在夏季高温高湿条件下弱天气系统影响时局地对流触发及后期发展演变是预报服务难点，地形和云覆盖非均匀性造成的感热加热非均匀性对对流触发往往造成强天气的突然发展。开幕式前期，青藏高原不断有短波槽和高原低涡东移影响成都，超强台风“杜苏芮”活动并于 7 月 28 日登陆，强天气系统影响下，大气环流的调整也给开幕式期间天气监测预报预警服务增加了难度。针对此次重大活动气象保障分析风云卫星发挥的作用。

3.1 天气实况和地形特征

开幕式前期，2023 年 7 月 25—26 日，气象保障服务关键区(东安湖场馆)及周边出现强对流天气过程，为地形引起的非均匀感热加热在有利的环境条件下触发的对流。对流触发后，中小尺度对流之间相互作用造成后期快速发展。7 月 25 日 08 时—26 日 08 时(以下为北京时)国家级地面气象观测站降水显示(图 11a)：东安湖场馆附近的龙泉驿站降水量为 17 mm，龙泉驿周边的降水量为 10～20 mm，四川东部和重庆西部出现大到暴雨，主要为对流性降水。

地形高度分布显示(图 11b)：成都西部海拔高度由 400 m 快速提升至 3000 m 以上，东安湖场馆以东的龙泉山呈“东北—西南”走向带状分布，海拔高度为 600～800 m。

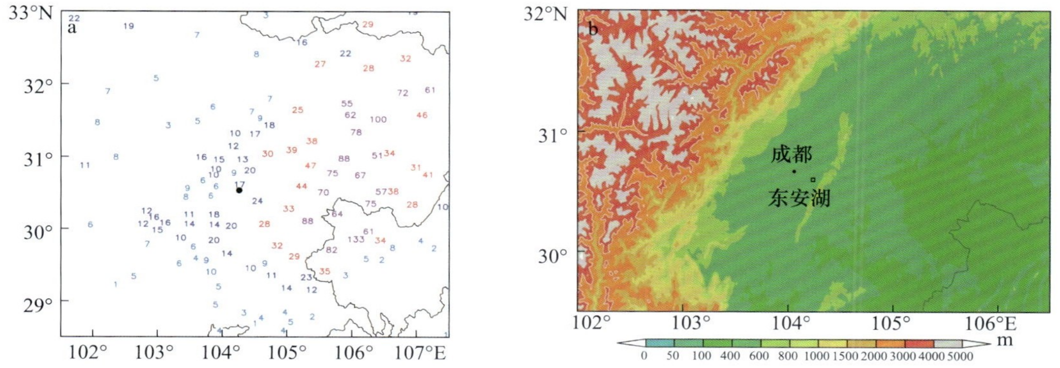

图 11　2023 年 7 月 25 日 08 时—26 日 08 时 24 h 累积降水
(a，单位：mm，黑色圆点为龙泉驿站)和成都及周边地形海拔高度(b，单位：m)

3.2　龙泉山积云突发对流演变特征

气象保障期间，FY-4B/GHI 观测中心定位于成都，提供时间分辨率 1 min、空间最高分辨率 250 m 的快速扫描观测，对捕捉快速发展演变的中小尺度对流系统具有显著优势。FY-4B/GHI 可见光云图监测显示(图 12)：7 月 25 日 09 时 01 分—10 时 02 分，成都大部分区域为晴到多云天气，东安湖场馆(图 12 红色“＋”位置)09 时 01 分天气晴，10 时 02 分开始出现丝缕状高层卷云，10 时 31 分，东安湖场馆东部出现一条与龙泉山走向和分布相似的带状积云(图 11b)。20 min 后，带状积云明显发展，西南侧发展更清晰，并有向西发展的趋势。11 时 31 分—12 时 01 分，南侧和西侧的积云进一步发展为对流云团，开始出现降水。和龙泉山地形走向一致的积云分布和上午时段晴空条件下太阳加热形成的山区和平原之间非均匀感热加热有关，受太阳加热影响，在同一高度上，山地的温度较平原略高，因而产生上升运动形成积云。12 时 01 分之后，东安湖西南部的对流快速发展，中尺度对流云形成的近地面外流在其西部触发新生对流，使得对流范围和强度进一步增加，龙泉驿区和天府新区等地开始出现明显降水。14 时 01 分开始，龙泉山东北侧又有新生对流活动，在发展过程中向西南方向移动，于 18 时 01 分发展成强中尺度对流系统，云顶出现清晰的暗影结构，并靠近东安湖。

气象保障期间，综合利用 FY-4A 和 FY-4B 观测优势，定量化产品采用星下点位于东经 104.7°的 FY-4A 观测，7 月 25 日 13 时 45 分，FY-4A 黑体亮温监测显示(图 13)：在对流发展阶段，成都市大部分区域黑体亮温在－20 ℃以上，仅在东南部出现－20 ℃左右的低亮温，说明此时积云和对流云发展云顶较低。同时次的 FY-4A 对流监测显示，成都南部开始出现对流。相比 FY-4B/GHI 可见光云图(图 12)，基于卫星红外通道监测的黑体亮温和对流识别产品，在本次对流发生演变过程中前期信号均较弱。在积云发展成对流并开始产生降水阶段，云顶高度较低，云顶亮温较高，红外云图和雷达反射率因子等无法很好识别其初期发展演变过程。FY-4B/GHI 分钟级的快扫观测对此类系统的预警服务提供了早期监测信息，根据排列成带状的积云发展演变，以及对流触发后中小尺度对流系统之间的相互作用，及时发布对流预警信息。

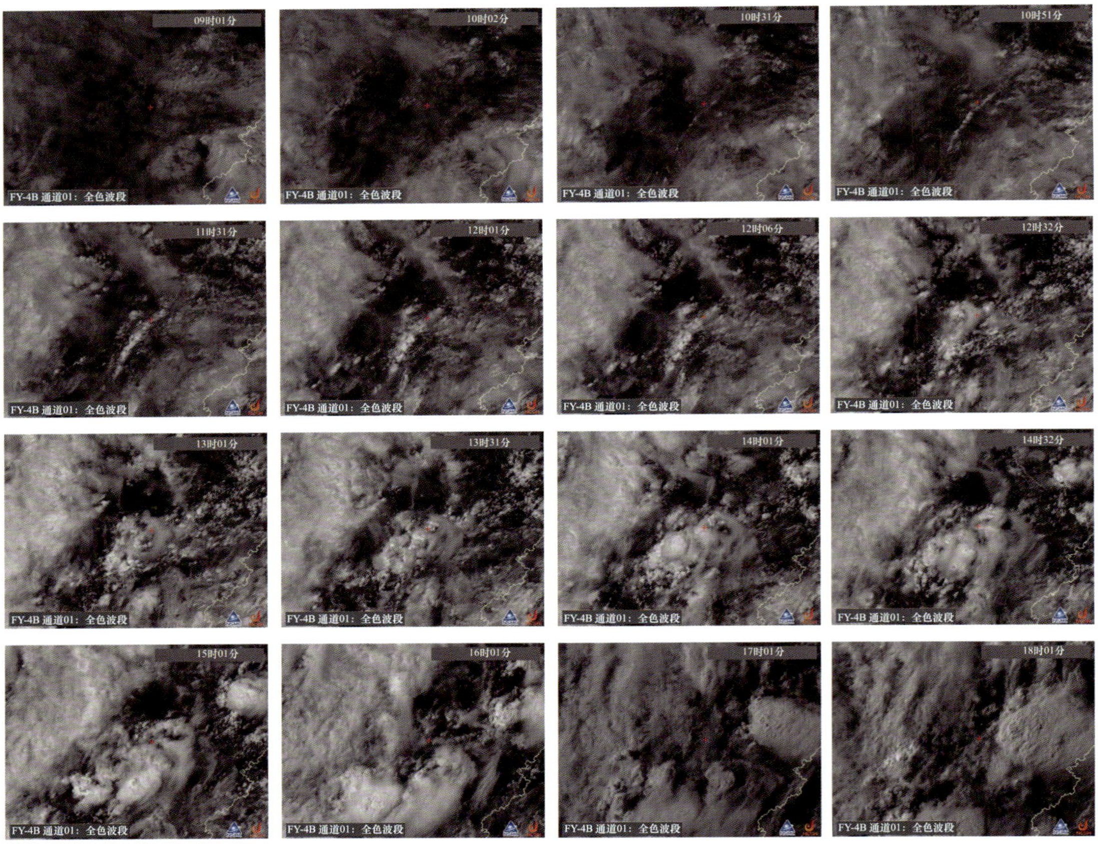

图 12　2023 年 7 月 25 日 09 时 01 分—18 时 01 分 FY-4B/GHI 可见光云图(红色“+”为东安湖场馆)

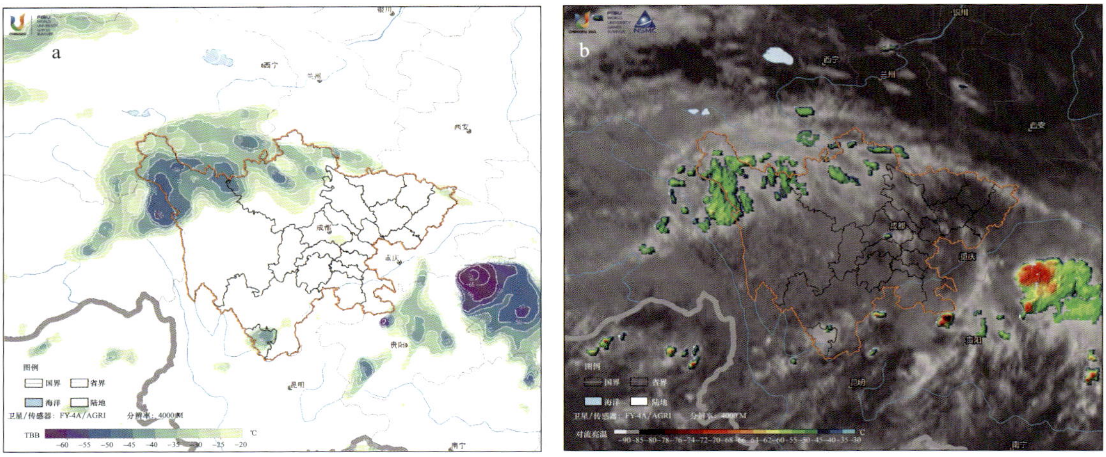

图 13　2023 年 7 月 25 日 13 时 45 分 FY-4A 黑体亮温(a)和对流监测(b)

3.3 三星联合观测大气温湿度特征

对流活动和大气层结密切相关，气象保障期间部分时段，因航空管制温江探空观测站无法开展观测，急需大气温度和湿度垂直观测产品。2023 年 7 月 24—27 日，卫星反演 T-ln$P$ 图显示（图 14），四川出现对流性降水期间，温江探空站和东安湖场馆附近 CAPE 值均较高，K 指数为 35～45 ℃，大气不稳定能量条件较好，27 日东安湖 CAPE 略有减弱。28 日 07—11 时，东安湖整层大气温度露点差逐渐变大，不利于午后对流活动。27—28 日大气温湿度条件的转换和青藏高原东移低涡活动有关，7 月 28 日上午，随着高原低涡东移，卫星水汽图像暗区开始控制成都（图 15），大气不稳定能量迅速降低，对流层中层相对湿度低于 40%（图 16）。据卫星监测显示，28 日成都位于高原涡后部，大气层结趋于稳定、低层水汽条件转差，发生系统性对流、降水的可能性明显降低，有利于开幕式活动顺利进行。三星联合反演多时次连续全天候大气温湿度和能量条件实时监测，为预报员准确把握天气系统演变提供了实况观测信息，支撑了天气预报服务。

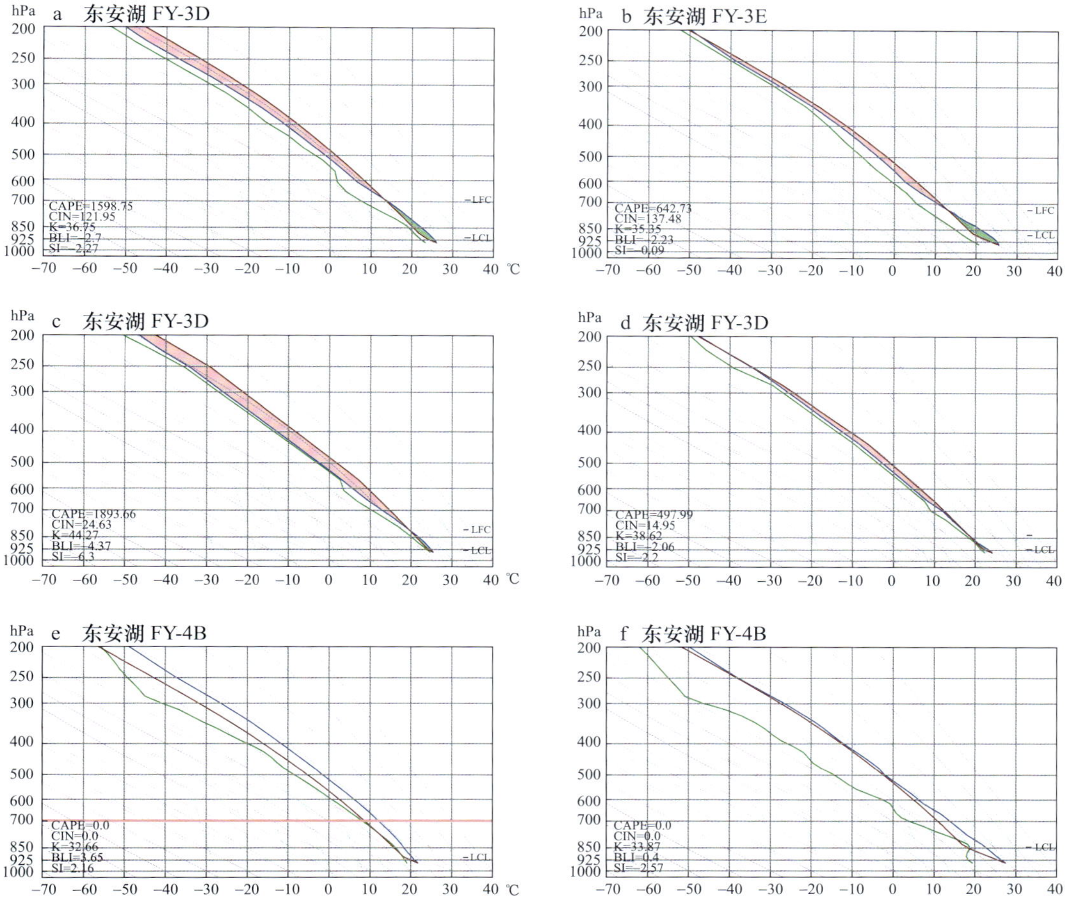

图 14　2023 年 7 月 24—28 日卫星反演 T-ln$P$ 图

(a)7 月 24 日 15 时 05 分；(b)7 月 25 日 06 时 59 分；(c)7 月 26 日 03 时 11 分；(d)7 月 27 日 02 时 52 分；(e)7 月 28 日 07 时；(f)7 月 28 日 11 时

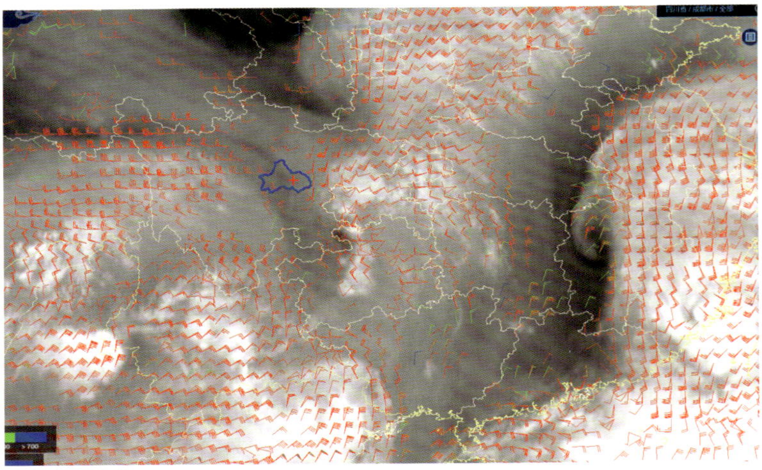

图 15　2023 年 7 月 28 日 11 时 FY-4A 水汽图像和云导风叠加

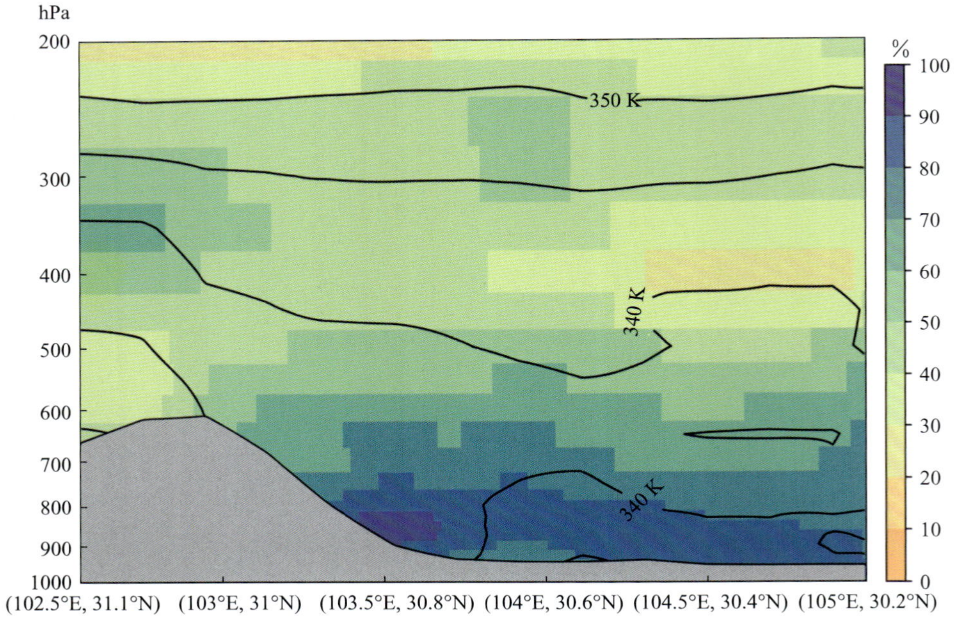

图 16　2023 年 7 月 28 日 06 时 FY-3E 假相当位温(等值线,单位:K)和相对湿度垂直剖面(填色)

4 结论与讨论

2023 年风云气象卫星及天气应用技术提升主要内容如下:

(1)先后成功发射 FY-3G“降水星”和 FY-3F“上午星”,FY-3G 在轨测试基本完成。

(2)开展“风云地球”谱系化建设,完成“风云地球”大运版、亚运版、太平洋运动会版和卫星慧眼3个县级版研发，实现定制化和精细化服务。在重大活动气象保障服务期间，高时效高质量的卫星产品为精准天气预报提供支撑。

(3)开展高低轨、主被动、微波和红外卫星观测数据综合应用，发展了基于卫星垂直探测的大气廓线分析技术和产品，填补气象探空观测时空覆盖稀疏的不足；开展卫星灾害信息提取关键要素和预警产品研发，降水预警产品和基于人工智能的卫星降水估计产品应用于业务服务；提升云图解译高影响天气的预警能力，可见光图像的积云排列，水汽图像暗区特征都具有预报预警指示意义。

2024年FY-3G降水星将投入业务运行，提供稳定高时效的产品，将针对不同降水天气过程开展云系降水三维结构、微物理特征等研究和遥感应用。加强FY-4B/GHI定量化产品研发，包括对流识别和对流初生等产品，提高分钟级观测的定量化应用能力。

致谢：在论文的撰写过程中，参与编写的人员还包括徐娜、商建、李元、王倩、武胜利、袁梅和李路。

参考文献

[1] ZHANG P，GU S Y，CHEN L，et al. FY-3G satellite instruments and precipitation products：first report of China's Fengyun rainfall mission in-orbit [J]. Journal of Remote Remote Sensing，2023，3：0097.

[2] HE W Y，XIA X，WU S L，et al. A rapid assessment of MWRI-RM/FY3G brightness temperature[J]. Atmospheric and Oceanic Science Letters，2024，100466.

[3] HU J Y，CHEN W X，CHI J D，et al. Prelaunch performance evaluation of MWTS-III onboard FengYun-3F using thermal vacuum test data [J]. IEEE Transactions on Geoscience and Remote Sensing，2023，61：1-10.

[4] 吴琼，仰美霖，陈林，等. 一种星载降水测量雷达和地基天气雷达的频率修正方法[J]. 气象学报，2023，81(2)：353-360.

[5] 中国气象局. 全国高影响天气监测预报服务技术复盘(2021年)[M]. 北京：气象出版社，2022.

[6] REN S，FANG X，NIU N，et al. The application of FY-3D/E meteorological satellite products in South China Sea summer monsoon monitoring[J]. Journal of the Meteorological Society of Japan，2023，101(4)：347-365.

[7] 中国气象局. 全国高影响天气监测预报服务技术复盘(2022年)[M]. 北京：气象出版社，2023.

[8] 李俊，闵敏，李博，等. 基于风云四号静止气象卫星的局地对流智能化预警模型及应用[J]. 气象科技，2023，51(6)：771-784.

[9] LIU N Q，REN S，JIANG J Y，et. al. AI-based estimation of precipitation in the Tibetan Plateau using multi-frame FY-4A satellite data[J]. International Journal of Remote Sensing，2023，44(20)：6523-6547.

2023 年综合气象观测高影响天气应用技术进展

郭建侠　高　岑　季承荔　杨金红　高丽娜　夏元彩　窦有俊　张雪芬　张　瑛
(中国气象局气象探测中心,北京,100081)

摘　要:2023 年综合气象观测产品在高影响天气监测中取得了多项技术进展。本文结合强对流过程,重点介绍了回波三维结构剖析、降水定量估测和龙卷雷达监测等方面的技术能力与产品应用。同时,通过分析强对流指数、低空急流、云雷达相态识别等新产品,介绍了垂直观测在极端降水和寒潮暴雪监测中的重要应用能力和支撑作用。利用大气成分新产品,总结了 2023 年多路径辐合沙尘和沙尘回流特征的两次典型沙尘天气过程。此外,本文还介绍了移动垂直观测、机动目标观测和北斗平漂探空新探测技术在成都大运会保障和台风监测中的应用能力和技术支撑作用。

关键词:综合气象观测,高影响天气,新产品,监测应用,支撑作用

引言

2023 年,随着科技的发展和应用,天气雷达、垂直观测、移动观测、机动观测、平漂探空等观测技术取得了显著进展,为强对流监测和灾害预警提供了重要的支持和保障[1]。综合气象观测产品“3366”体系进一步健全,凸显观测产品的服务功能。围绕重大气象灾害监测与服务需求,新观测技术的解读和应用能力进一步提升[2,3]。天气现象视频智能观测仪以及视程障碍现象仪于 7 月 1 日正式业务化运行,地基遥感垂直观测系统 12 月 15 日纳入全国综合气象观测网业务运行,同步业务准入 43 种垂直观测产品,天气雷达产品进入中国气象局高价值产品发布,“天衡天衍”系统获中国气象局业务准入[4],实现 31 省(区、市)属地化功能,全国业务应用。

2023 年,利用综合气象观测产品,探测中心制作了快报 613 份,专报 11 份,为中央气象台会商提供实况 PPT365 期,与 19 个省(区、市)开展了国省互动,提供实况监测服务,尤其是台风“杜苏芮”、强对流、龙卷、沙尘、寒潮暴雪等重大灾害性天气服务中,“天衡天衍”综合气象观测实况监测产品在中国气象局官网首页、中国气象报融媒体、华风中国天气微博等滚动展示,中央电视台首次采访并播放探测中心“杜苏芮”监测实况。在中国-中亚峰会、大运会、亚运会等重大活动中,“天衡天衍”定制专版,开展针对性服务,提供了有力的保障,尤其是机动观测、移动观测在成都大运会保障中呈现异彩。

本文利用以上观测新产品与技术,重点总结在台风“杜苏芮”及后续影响京津冀极端降水、

资助项目:中国气象局创新发展专项(CXFZ2022J057)。
第一作者:郭建侠,正高级工程师,主要从事气象探测技术研究,E-mail:gjxaoc@cma.gov.cn,guo_jianxia@163.com。
通信作者:季承荔,高级工程师,主要从事垂直遥感观测技术研究,E-mail:jcl0606@163.com。

成都大运会、6 月江淮多龙卷、3—4 月春季沙尘、12 月强寒潮暴雪等中的典型应用。

1 全国综合观测总体情况

截至 2023 年，我国业务运行考核的新一代天气雷达共 247 部，设备型号有 S 波段和 C 波段两个波段，S 波段天气雷达主要布设在我国沿海和多强降水的地区，包括 SA、SAD、SB、SBD、SC、SCD 和 WSR-88D 共 7 种型号 135 部；C 波段天气雷达主要布设在我国强对流天气发生和活动频繁，经济比较发达的中部地区，包括 CA、CAD、CB、CC、CCD、CD、CDD 共 7 种型号 112 部。距离雷达站地面 1 km 高度的探测覆盖范围占国土面积的 33.7%，2 km 高度占 56.0%，3 km 高度占 64.8%，较 2023 年提升约 2%以上。风廓线雷达 87 部，主要分布在三大经济区，京津冀、长三角、珠三角平均站距 50～100 km，局部 20～50 km，设备型号以边界层和对流层探测高度为主，主要分为 3 km 型、6～8 km 型、12 km 型。地基遥感垂直观测系统共计 49 部，其中 17 部已业务准入，系统主要包含风廓线仪、毫米波测云仪、地基微波辐射计、气溶胶激光观测仪（三波长）、GNSS/MET 观测仪共 5 种垂直观测设备和地基遥感垂直廓线集成系统，可探测温度、湿度、风、水凝物、气溶胶等要素，时间分辨率达到 1 min，垂直空间分辨率达到百米级；设备基本覆盖全国内陆及沿海地区，平均站间距 600 km。雷电观测站 504 个，基本覆盖了我国内陆区域，我国东部、南部等雷电多发区域的平均站距多在 100～150 km，中部、西部和北部等区域多在 150～200 km，新疆、西藏等站点间距超过 200 km。设备型号以 ADTD 型和 DDW1 型为主，前者以探测云地闪为主，后者可实现部分云闪监测，工作在 VLF/LF 频段，采用多站测向和时差联合定位技术。自动土壤水分站 2441 个，覆盖各主要气候区、土壤类型和生态下垫面，除西藏、新疆、青海、云南等西部地区平均站距超过 100 km，多数地区平均站距在 20～70 km。设备型号有 DZN1、DZN2 和 DZN3 共 3 种，DZN1 型采用驻波率法频域反射，DZN2 和 DZN3 型采用电容法频域反射。各类大气成分观测站（气溶胶质量浓度观测仪）共 261 个，气溶胶质量浓度设备有 MEZUS 610、蓝盾 LGH-01E、聚光 BPM-200、XH-PM3000、TEOM1405、TEOM1400A、SHARP5030、MP101 和 GRIMM180 九种型号。国家级地面气象观测站 10962 个，省级地面气象观测站 51709 个，设备型号以 CAWS 型、DZZ1-2、DZZ1-2N、DZZ3、DZZ4、DZZ5、DZZ5（HY1100）、DZZ5（qml201）、DZZ6 等型号为主。

2 雷达新产品在强对流监测服务中的应用能力和技术支撑作用

2023 年全国已有 93 部雷达完成双偏振升级改造并业务运行，X 波段天气雷达运行数量达到 230 部，在冰雹、雷暴大风、龙卷、台风等强对流监测预警方面发挥了重要作用。本节以台风“杜苏芮”、江苏启东龙卷为例，分析雷达新产品新技术在台风过程降水估测、龙卷监测中的应用情况。

2.1 京津冀极端降水雷达单站和三维剖面产品

受“杜苏芮”北上残余环流影响，京津冀等地遭受极端强降雨，引发严重暴雨洪涝、滑坡、泥石流等灾害。7 月 31 日 18 时,京津冀地区有大范围强回波发展,最大回波强度达 55 dBZ,回波整体向北移动。北京雷达单站产品显示,18 时为混合性降水回波,最大强度 55 dBZ,最大径向速度为 15 $m \cdot s^{-1}$左右,零速度线呈 S 型弯曲,表明有暖平流存在,有利于降水的维持(图略)。北京雷达三维剖面显示,18 时,强回波质心高度在 6 km 以下,降水效率较高(图 1)。

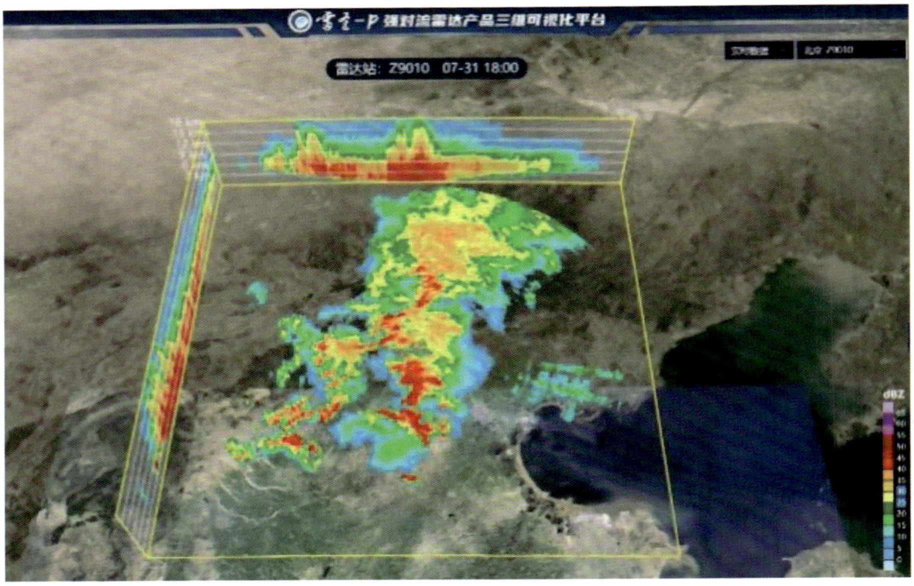

图 1　2023 年 7 月 31 日 18 时北京雷达组合反射率三维剖面

2.2　雷达定量估测降水产品

7 月 29 日—8 月 2 日,受"杜苏芮"北上强降水影响,京津冀地区共 219 套自动站出现通信故障,导致数据无法上传,正值强降水过程,降水量观测至关重要。利用双偏振雷达参量改进的定量估测降水产品及时发挥作用,提供了面上降水的强度监测。经 7 月 29 日—8 月 2 日的京津冀强降水过程地面站降水检验,双偏振雷达定量估测降水在 10～20 mm 准确率达到 74.95%,20～50 mm 准确率为 80.9%,50～100 mm 准确率达到 84.06%,说明双偏振雷达定量估测降水在强降水时准确性较好。以 7 月 31 日 18 时为例,京津冀地区强降水主要集中在北京西北部和北京南部,地面实况显示 1 h 最大累积降水量 107 mm,位于北京大兴马家屯(图 2a)。18 时,雷圣-P 北京雷达定量估测降水产品显示,1 h 估测降水量最大为 102.5 mm,位于北京市大兴区榆垡镇附近,估测和实况较为一致(图 2b)。当自动站降水缺失时,雷达定量估测降水可以通过定点反演,弥补自动站缺失数据,同时也为融合分析降水产品提供数据源。图 3 是 7 月 31 日 22 时 50 分雷达定量估测降水补充京津冀缺失自动站降水示例。

2.3　雷达龙卷监测产品

2022 年,气象探测中心通过揭榜挂帅方式引进龙卷风识别产品算法,并运行于雷圣-P 系统,该算法是基于质控后的基数据,使用二维局地最小平方差分方法计算方位涡度切变,以及

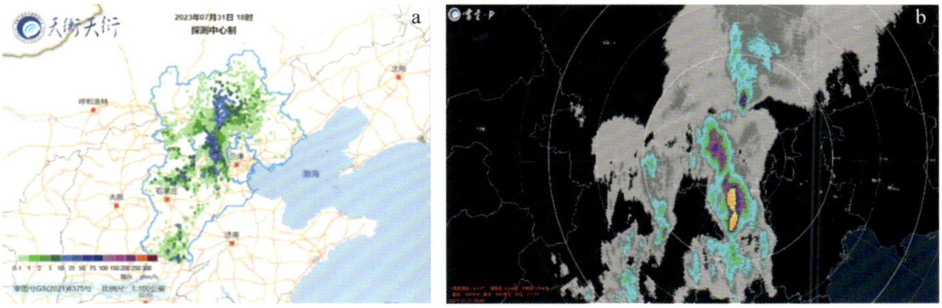

图 2　2023 年 7 月 31 日 18 时京津冀地面降水实况(a)与雷圣-P 1 h 定量估测降水产品(b)

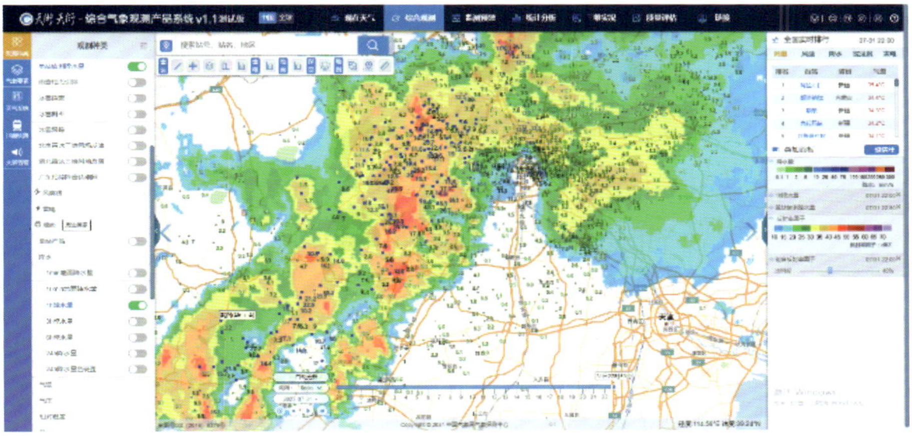

图 3　2023 年 7 月 31 日 22 时 50 分雷达定量估测降水填补地面自动站缺失降水(深蓝色点)示例

提取二维、三维涡旋特征，并定量地给出最大正方位涡度、中气旋旋转速度等定量化的指标，同时给出 TVS(龙卷涡旋特征)和 ETVS(高空龙卷风特征)两种类型的结果。

受东北冷涡影响，2023 年 6 月 10 日江淮地区出现多个强回波单体，16 时 30 分左右，在南通启东市王鲍镇松桥村、庙桥村、中施村发生龙卷(江苏省气象台提供)，三阳自动站 16 时 29 分监测到极大风为 34.2 $m \cdot s^{-1}$(12 级)。雷圣-P 监测产品显示，10 日 16 时 07 分，南通雷达监测到 2 个超级单体回波，分别在南通雷达西北侧的海安和东侧的启东，最大回波强度 67.5 dBZ，其中东侧的单体在 16 时 30 分产生了龙卷。

16 时 07 分，南通雷达 3.4°北偏东方向(距雷达 45 km 左右)的海门区悦来镇首次识别到中气旋(启东西北侧交界处)，雷达回波显示该单体有钩状回波特征和弱回波区，径向速度图上高层有明显的速度切变。此时中气旋旋转速度为 23.00 $m \cdot s^{-1}$，6 km 以下计算最大正方位涡度为 $2.075 \times 10^{-2} s^{-1}$(图略)。

16 时 13 分，中气旋持续，雷圣-P 首次识别到高架 TVS，中心位置(121.46°E，31.99°N)速度切变特征逐渐显著，最大中气旋旋转速度 32.00 $m \cdot s^{-1}$，6 km 以下计算最大正方位涡度为 $1.856 \times 10^{-2} s^{-1}$。此后，继续识别到中气旋和高架 TVS，16 时 26 分，雷圣-P 首次识别到 TVS，说明低层速度切变明显，最大中气旋旋转速度为 32.50 $m \cdot s^{-1}$，6 km 以下计算最大正方位涡度为 $2.841 \times 10^{-2} s^{-1}$；16 时 32 分仍识别到 TVS，但结构开始减弱，最大中气旋旋转速度为 31.00 m·s^{-1},6 km 以下计算最大正方位涡度为 2.615×10^{-2}s^{-1}(图 4),16 时 30 分发生了龙卷。

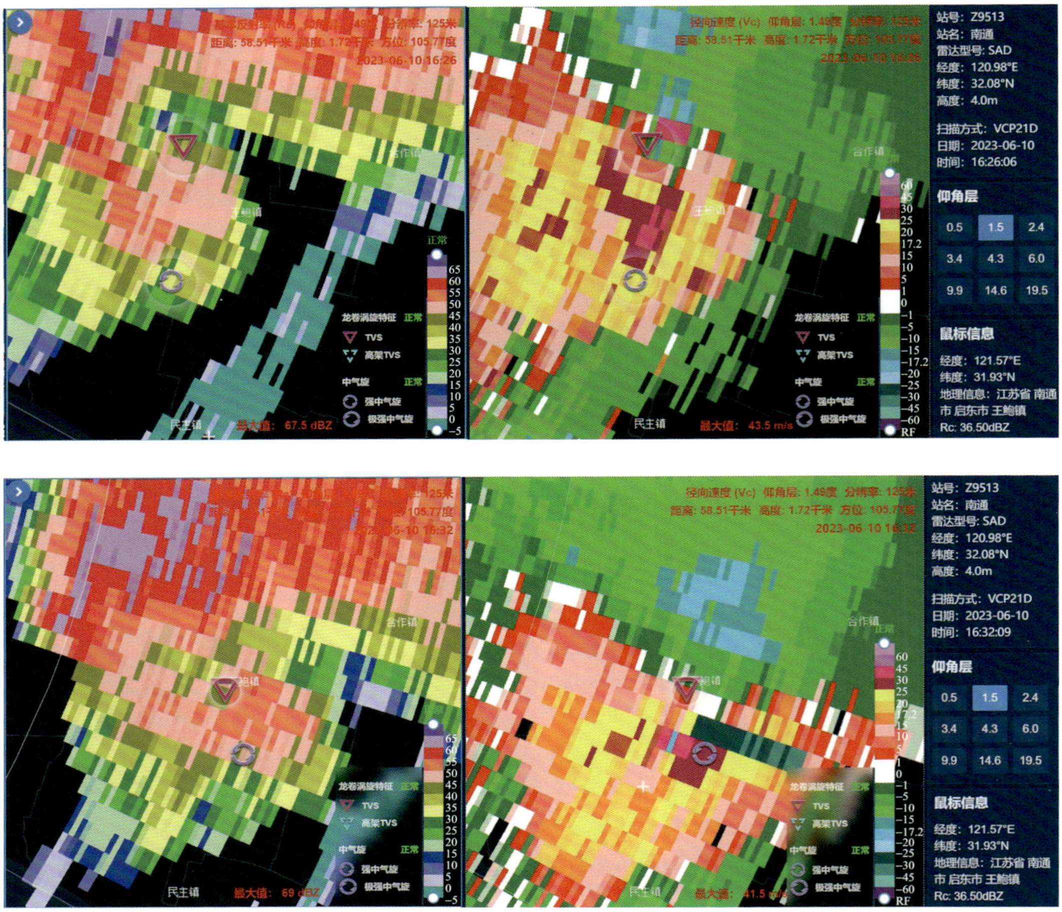

图 4 2023 年 6 月 10 日 16 时 26 分和 16 时 32 分雷圣-P 启东龙卷中气旋和 TVS 特征识别

(倒三角:TVS 识别位置;紫色环形圈:中气旋位置)

16 时 38 分—16 时 50 分,雷圣-P 仍识别到了中气旋信息,但此时已无明显的钩状回波特征,速度切变较之前也大幅减弱,16 时 38 分,最大中气旋旋转速度为 24.75 m·s^{-1},6 km 以下计算最大正方位涡度为 1.569×10^{-2}s^{-1},龙卷过程基本结束。

由以上分析可知,在龙卷发生前 17 min,龙卷监测产品给出了 32.00 m·s^{-1}的中气旋旋转速度,且提示有高架 TVS 存在,有发生龙卷的可能,在龙卷发生前 4 min,产品识别到 TVS,且此时中气旋旋转速度达到最大 32.50 m·s^{-1},可见该产品对龙卷的监测预警具有一定的提前量,能够为强对流识别预警、短临预报提供关键的实时监测信息。

综上所述,雷达定量估测降水算法的改进使其成为地面站失联等极端情况下短时强降水监测与分析重要的增补观测信息,雷达龙卷监测识别出的中气旋与 TVS 特征无论在预报同化还是预警监测当中都发挥着不可替代的作用。

3 垂直观测新产品的应用能力和技术支撑作用

3.1 京津冀极端降水垂直系统监测产品

受台风杜苏芮的影响，北京 7 月 29 日 11 时开始出现降水，由东南向西北方向发展，8 月 2 日 13 时结束，持续了 98 h。降水主要集中在 30 日白天和 31 日午后到前半夜，1 日夜间降水逐渐减弱。

3.1.1 基于指数的强降水预警产品

基于微波辐射计温湿度资料计算的 TTI（全总指数）、*K* 指数、*SI*（沙氏指数）、DCI（深对流指数）、*LI*（抬升指数）8 个强对流特征指数，根据指数及其半小时变率给出强降水和弱降水自动预警[5,6]。该产品时间分辨率 2 min，通过了探测中心数据业务中试平台的中试，强降水的准确率为 73.33%，预警提前量为 61 min；弱降水的准确率为 65.71%，预警提前量 176 min；无降水（不发预警）的准确率为 93.33%。基于指数阈值指标和机器学习分类结果，进行综合判别，给出强（弱）降水预警、降水概率以及预警时间等产品[7,8]。

2023 年 7 月 29 日 00—20 时，霞云岭站指数产品显示（图 5），*K* 指数在 09—13 时和 15—20 时出现峰值，期间超过 25 ℃以上，表明强对流天气发生概率较大，17 时 30 分—19 时 30 分左右超过 35 ℃，强对流天气发生概率进一步增大，大气层结处于强不稳定状态；全总指数在 10—11 时和 16—20 时也出现突增峰值，17 时 30 分—19 时 30 分左右超过 45 ℃，表明有利于对流天气的发生。地面站监测显示霞云岭站在 10 时开始出现降水，14 时和 15 时出现降水停歇。

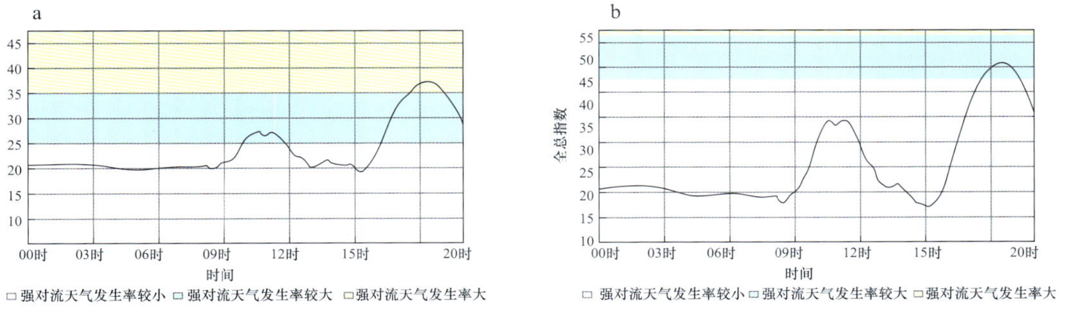

图 5　2023 年 7 月 29 日 00—20 时霞云岭站 *K* 指数(a)和全总指数(b)时序图

从基于微波辐射计指数的降水天气自动分类预警产品来看，2023 年 7 月 29 日 05—11 时，霞云岭站降水预警时序图显示（图 6），从 29 日 05 时 08 分开始发出有 70% 概率弱降水预警，10 时 14 分更新弱降水预警，概率提升至 75%，同时霞云岭站降水开始，随后至 11 时之前，更新了 4 次强降水预警，提示后续会有强降水的发生，预警正确。

3.1.2 低空急流产品

低空急流是强降水的重要触发机制和维持原因，站点上空低空急流风速脉动和低空急流

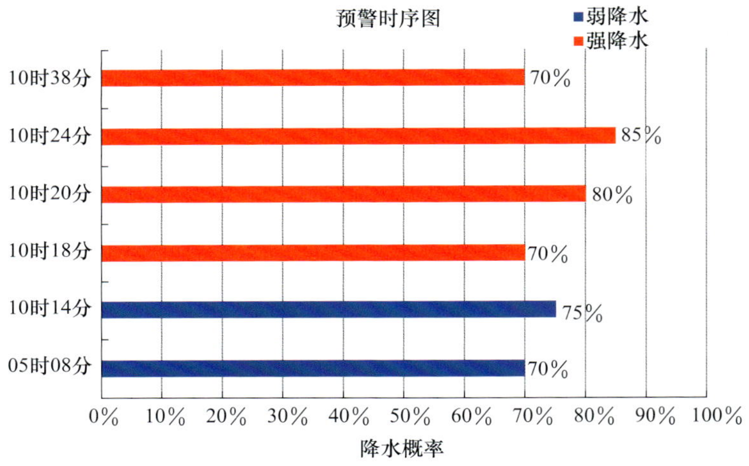

图 6　2023 年 7 月 29 日 05—11 时期间霞云岭站降水预警时序图

下边界的突然降低，即低空急流指数。低空急流指数定义为 $I=V/D$，其中 V 为 2 km 以下急流中心最大风速，D 为风速大于 12 $m \cdot s^{-1}$ 的最低位置[9,10]，往往预示着短时强降水的出现。

3.1.2.1　低空急流单站产品

2023 年 7 月 31 日 03—14 时，受台风登陆后的偏东风影响，海淀站出现低空急流，其中 09—11 时风速最大，可达 24.6 $m \cdot s^{-1}$。低空急流指数产品显示(图 7)，09—10 时，急流指数陡升，预示降水将明显增强；地面自动站分钟降水实况显示，11—12 时的分钟降水量明显较之前增强。

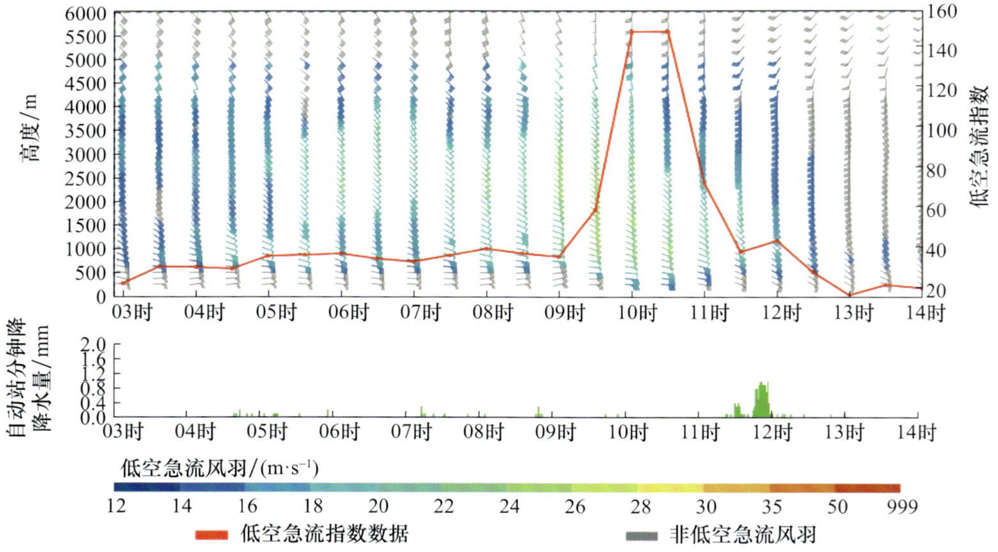

图 7　2023 年 7 月 31 日 03—14 时海淀站低空急流指数和水平风羽时序图

3.1.2.2 低空急流面产品

低空急流面产品基于实况分析三维风场进行识别，时间分辨率为 1 h，空间分辨率为 3 km×3 km，垂直方向有 700 hPa 和 850 hPa 2 层，水平展示范围为 18°—54°N，97°—135°E。产品以彩色风羽展示低空急流区域和急流区风速大小，以红色箭头标注急流轴。结合涡度散度产品，可用于降水落区的预判。该产品通过了探测中心数据业务中试平台的中试，低空急流轴绘制的准确击中率为 70.5%，偏差击中率为 23.7%，误报率为 5.8%。

2023 年 7 月 31 日 10 时，低空急流 850 hPa 面产品显示（图 8，数据来源为气象探测中心融合格点 1 km 实况分析场），京津冀地区受副高外围和台风远距离输送影响，在天津—北京—内蒙古中部出现东南急流，低空急流轴位于山东中部—天津—北京北部一带，将东南海面的暖湿空气向北输送。从风场来看，低空急流轴出口左前方出现气旋性弯曲，且天津—北京—内蒙古中部一带处于风速辐合区，易产生明显上升运动形成降水。10 时，天气雷达反射率因子和 10—13 时地面降水实况显示，上述地区确实有降水产生。

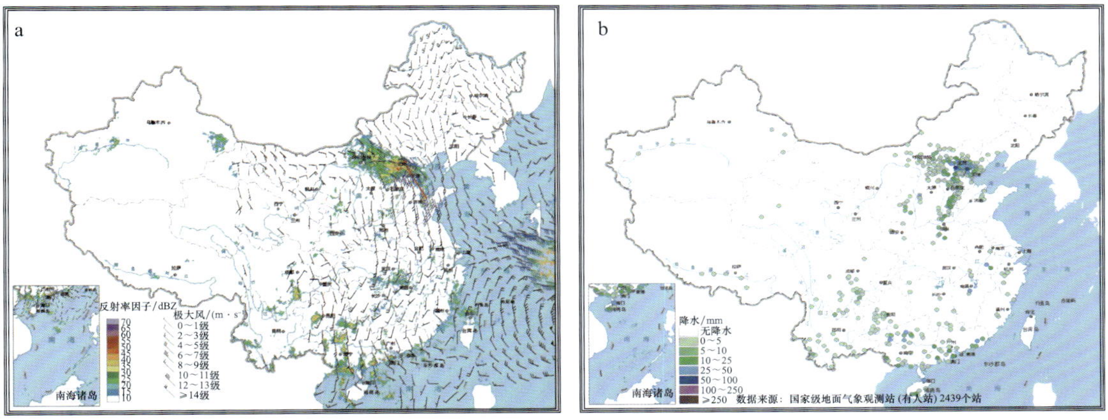

图 8　2023 年 7 月 31 日 10 时低空急流指数 850 hPa 面产品、雷达反射率因子(a)
和 2023 年 7 月 31 日 10—13 时全国地面站 3 h 累积降水(b)

3.2 寒潮暴雪监测新产品

2023 年 12 月 13—17 日，一次强寒潮暴雪过程自北向南影响我国东部地区，主要雨雪区位于江苏、安徽、河南南部和湖北一带，国家站最大累积降水量达 74.9 mm；降水期间，随着冷空气南压，自北向南发生雨雪相态转化。

通过微波辐射计和云雷达的协同监测，利用水凝物的温度和散射特征，基于统计方法调整模糊逻辑的隶属度函数对云粒子相态做分类，生成雨滴、液态云滴、混合相态、冰晶和雪花等降水相态以及融化层和杂波产品。该产品空间分辨率为 30 m，时间分辨率为 1 min，时效性平均 5 min，准确率为 90.2%，通过了探测中心数据业务中试平台的中试。

北京海淀站云雷达产品显示降雪分 2 个阶段（图 9）。第一阶段：12 月 13 日 06 时起，2 km 以下和 6 km 以上区域有弱回波不断发展，08 时 30 分出现弱降雪，10 时回波合并降雪加强，15—18 时，降雪逐渐减弱停止，期间最强反射率因子达 19 dBZ；第二阶段：13 日 20 时起，底层回波出现并不断发展，降雪逐渐加强，14 日 01 时 50 分开始，高层有回波生成、发展，截至 14 日 04 时，降雪逐渐停止，同时两层回波再次形成合并趋势，预示降雪可能再次加强。

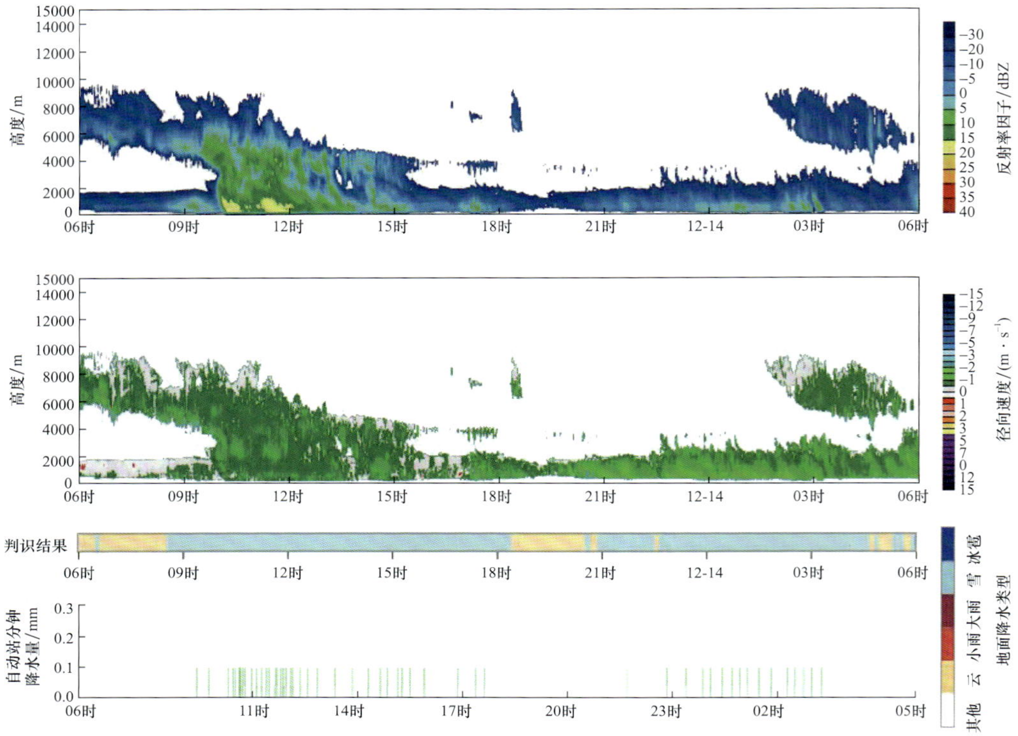

图 9　2023 年 12 月 13 日 06 时—14 日 06 时海淀站云雷达反射率和径向速度及地面降水类别

北京海淀站云相态产品显示（图 10），第一阶段，13 日 08 时 30 分—12 时，降雪加强阶段，6 km高度云相态由冰晶转为雪花，云系发展旺盛，整层温度较低。12—15 时，2～4 km 出现液态云滴层，说明温度升高不利于降雪的发生，云系逐渐减弱，降雪减小；15—18 时，高层冰晶层基本消散，降雪逐渐减小停止。区域降水相态在 1.2 km 高度由液态云滴转换为雪花。第二阶段，基本以液态云滴转雪花为主，降雪量相对第一阶段较弱。

综合微波辐射计、云雷达、风廓线雷达多种垂直观测研发强对流指数、低空急流、云雷达相态识别等新产品，可以为暴雨、暴雪等高影响天气预报预警捕捉垂直方向监测特征与预警信息。垂直观测新产品不仅可以为高影响天气提供的实况观测关键特征，还对雨雪过程起止时间、增强、减弱等发展趋势有着一定的指示意义。

4　大气成分新产品在雾、霾、沙尘中的应用能力和技术支撑作用

4.1　2023 年我国 2 次典型沙尘天气过程分析

基于气象探测中心多源气溶胶观测资料实时同化系统，准实时同化气溶胶质量浓度 PM_{10}、$PM_{2.5}$、激光雷达气溶胶光学特性观测资料，生成全国地面 $PM_{2.5}$、PM_{10} 和沙尘准实时分

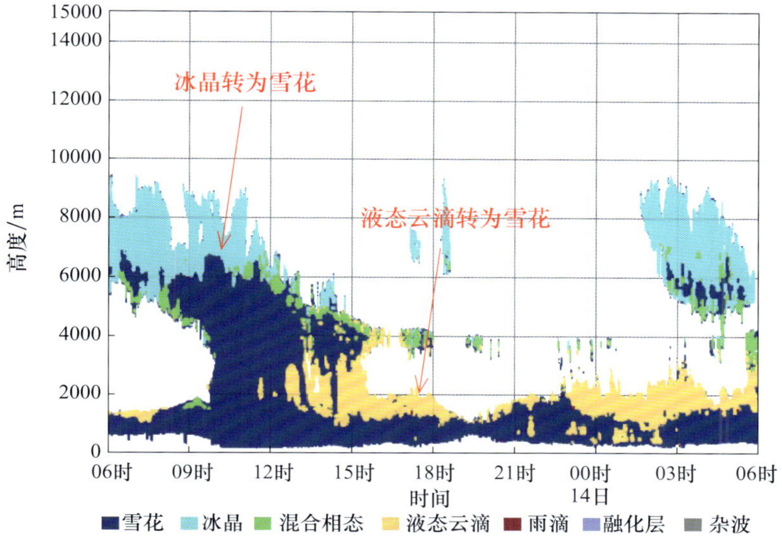

图 10　2023 年 12 月 13 日 06 时—14 日 06 时海淀站云相态图

析产品，分析 2023 年我国 2 次典型沙尘天气过程的演变特征。

4.1.1　3 月 19—23 日沙尘天气过程——多路径辐合沙尘天气过程

2023 年 3 月 19—23 日，我国发生一次强沙尘暴天气过程。本次沙尘主要起源于蒙古国南部和我国新疆南部，影响范围较大，强度较强。多源气溶胶观测准实时同化系统分析所得全国 $PM_{2.5}$、PM_{10} 和沙尘产品显示（图 11），本次沙尘暴天气过程呈现多路径辐合（先西路后北路）的特征。其中，19 日中午，起源于新疆南部的沙尘开始影响新疆，20 日上午影响甘肃，20 日下午到达甘肃东北部（武威，如图 12 序列图所示），21 日凌晨影响宁夏北部、内蒙古西南部地区。21 日上午，起源于蒙古国中部的沙尘到达内蒙古中部，再一次影响甘肃和宁夏的北部。21 日夜间，随着大风区东移，来自外蒙古的气流在内蒙古东部被加强，影响区域逐渐扩展到内蒙古中东部、东北、北京、河北南部；22 日中午前后，沙尘天气开始影响河南、山东、江

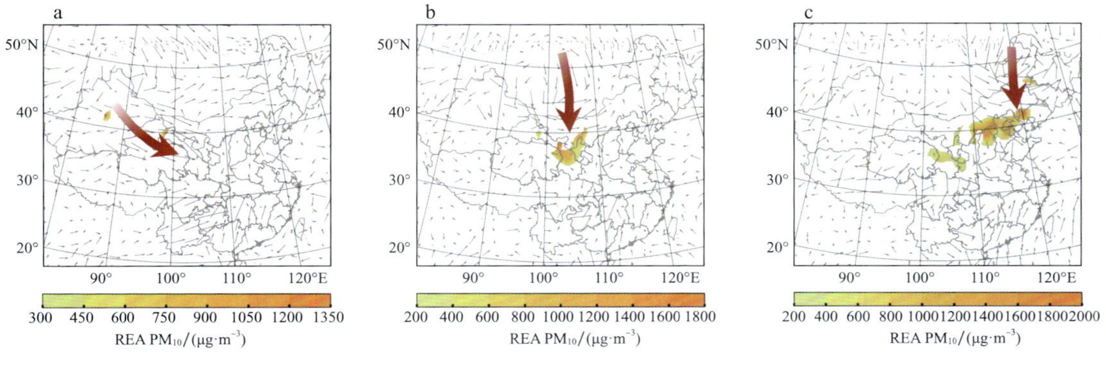

图 11　2023 年 3 月 19—23 日沙尘天气过程中，多源气溶胶观测资料实时同化系统 PM_{10} 格点产品（图中红色箭头为沙尘移动路径）

(a)3 月 20 日 14 时；(b)3 月 21 日 14 时；(c)3 月 22 日 08 时

苏北部、安徽南部、湖北北部等地;23 日沙尘天气逐渐减弱,影响趋于结束。沙尘天气过程中,新疆、甘肃、北京等多个地区 PM_{10} 质量浓度超过 2000 $\mu g \cdot m^{-3}$,其中 20 日 20 时,甘肃武威达 5521 $\mu g \cdot m^{-3}$(图 12c 图)。

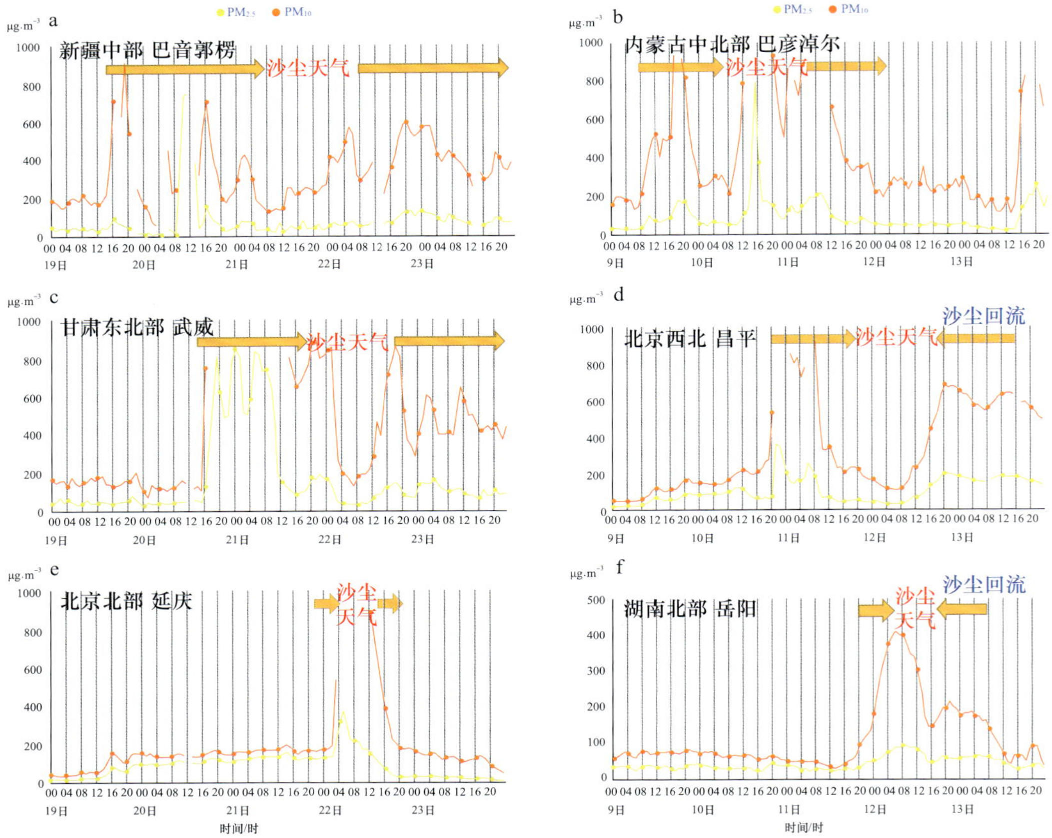

图 12　2023 年 3 月 19—23 日沙尘天气过程新疆中部(a)、甘肃东北部(c)、北京北部(e)地区 PM_{10}、$PM_{2.5}$ 演变及 2023 年 4 月 9—13 日沙尘天气过程内蒙古中北部(b)、北京西北部(d)、湖南北部(f)地区 PM_{10}、$PM_{2.5}$ 的演变

4.1.2　4 月 9—13 日沙尘天气过程呈现沙尘回流的特征

4 月 9—13 日发生一次沙尘暴天气过程。本次沙尘暴天气是由蒙古气旋引起大风卷起沙尘,途经我国北方内蒙古等干旱半干旱地区时,沙尘得到补充,强度进一步增强,进而长距离输送至我国长江以北区域,期间,出现自南向北传输的沙尘回流的特征。多源气溶胶观测准实时同化系统分析所得全国 $PM_{2.5}$、PM_{10} 和沙尘产品显示(图 13):9 日中午,沙尘传输到内蒙古中部、甘肃西北部、宁夏北部地区;受西北气流影响,10 日下午到夜间到达东北、河北北部、北京地区、陕西、山西,并逐渐影响到天津、山东、河南、江苏、安徽、上海、浙江北部、湖北东部、湖南北部、江西北部;12 日上午,随着东南向气流盛行,出现由南向北的沙尘回流现象,南至湖南岳阳(如图 12f)、北至辽宁北部,均受到沙尘回流的影响。地面监测显示,此次沙尘天气过程,北方多地 PM_{10} 峰值浓度超过 2000 $\mu g \cdot m^{3}$,其中内蒙古乌兰察布在 10 日 18 时 PM_{10} 浓度高达

5432 μg·m³。内蒙古中部部分地区出现了沙尘暴或强沙尘暴，最低能见度不足 50 m。

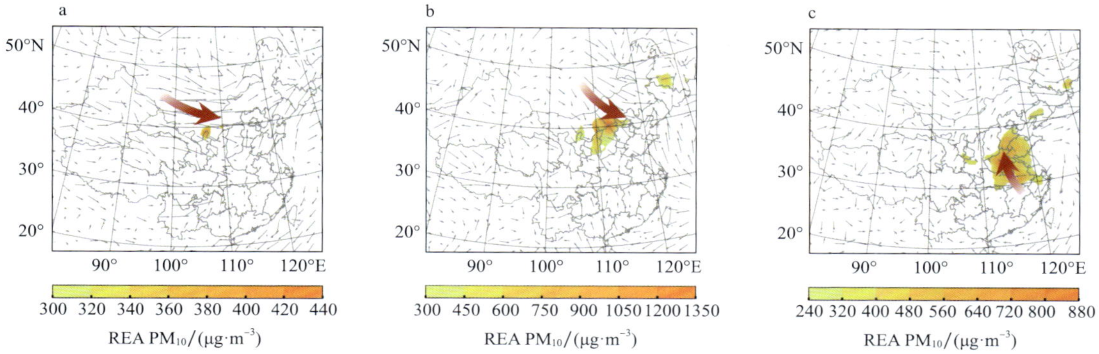

图 13　2023 年 4 月 9—13 日沙尘天气过程中模式分析沙尘区域（图中红色箭头示意沙尘传输路径）
(a)4 月 9 日 14 时；(b)4 月 10 日 21 时；(c)4 月 12 日 20 时

基于模式和实测数据的沙尘准实时分析产品，给出 2023 年度两次截然不同的沙尘天气过程期间，沙尘的分布区域和移动特征，可为沙尘天气预报和预报效果检验提供参考依据。

5 移动与机动观测的应用能力和技术支撑作用

为保障大运会等重大活动，气象探测中心充分发挥移动观测和机动目标观测的支撑保障作用。

5.1　移动观测

温江垂直观测系统距离开幕式主场馆距离 40 km，两地的天气状况差异较大，温江垂直观测不能有效代表主场馆的实况，预报参考性不足，为弥补这一短板，气象探测中心利用移动垂直观测，在主场馆周边允许到达的最近位置（西南方向 9 km 左右），架设移动垂直观测方舱，包括毫米波云雷达、微波辐射计、测风激光雷达、气溶胶激光雷达等，数据实时传送“天衡天衍—成都大运会—天气监测”，向大运会气象台提供主场馆周边精细化垂直观测产品，为主场馆短临预报提供了精细化的大气垂直观测支撑（图 14）。

5.2　机动观测

针对成都大运会气象服务保障需求，海燕型无人机在川西高原开展 4 架次飞行观测，总共飞行 18 h，航程 8000 km，完成 43 枚探空仪精准投放，飞行高度在海拔 8500 m 左右，投放地点选择高原山区和无人迹活动的区域，探空仪落点最高海拔高度 6491 m，落点最低高度 3673 m（图 15）。机动观测的 43 枚下投探空温湿风廓线、T-ln$P$ 图、云层等资料及产品在大运会气象台、西南区域数值模式系统中得到应用。观测数据在数值模式中应用评估表明，机动观测资料的同化,能够改善降水预报结果。

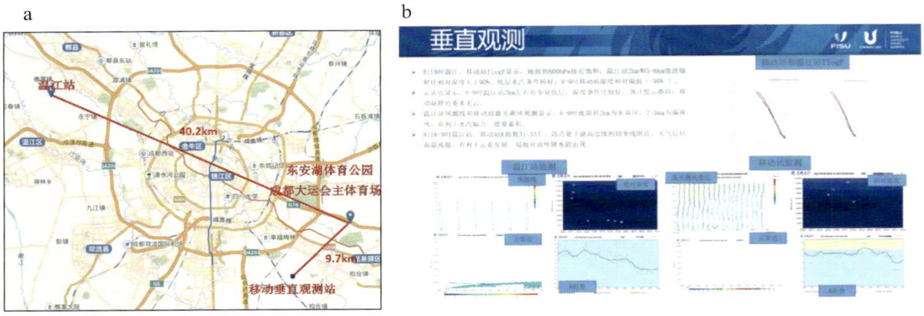

图 14 移动垂直观测站的地理位置(a)及产品在大运会气象保障服务中的应用(b)

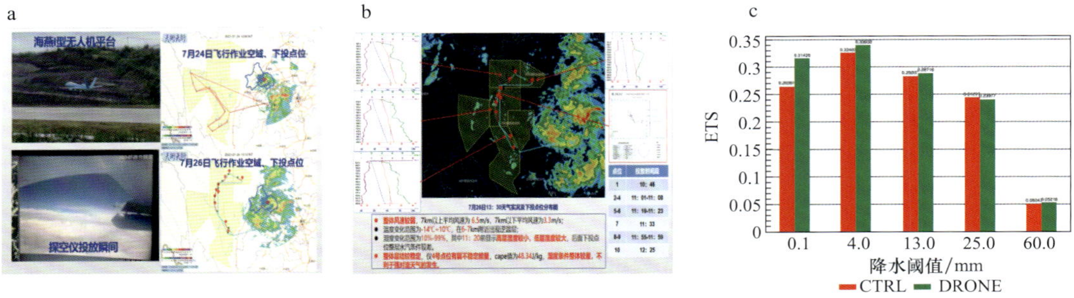

图 15 无人机下投探空作业及下投点位情况(a)和机动观测产品在气象保障服务材料中的应用(b)及西南区域中心模式对 27 日下投探空同化的评估结果(c)

6 平漂探空产品的应用能力和技术支撑作用

2022 年,中国气象局选取广东省作为珠江流域气象灾害多发的典型省份,开展北斗平漂组网观测业务化示范工作。平漂探空观测将传统单一的上升段观测升级为“上升—平漂—下降”三段观测,即一次观测可获得三段探空数据,其中下降段探空主要是增加了 02 时和 14 时业务探空观测,实现了原有探空观测的空间覆盖延伸和时间频次加密,弥补了平流层长时效连续直接探测的资料空白,可显著提升高空气象观测的建设效益。

台风“苏拉”期间,以广东阳江站为例进行分析(图 16)。9 月 1 日 20 时,平漂探空上升段 $T\text{-}\ln P$ 产品显示 1000 hPa 为 6 m・s^{-1}的偏北风,9 月 2 日 08 时上升段转为 14 m・s^{-1}的西北风,监测到台风西行逼近,逐渐靠近阳江站的大尺度风场环境变化。9 月 1 日 20 时,上升段 $T\text{-}\ln P$产品显示 250～400 hPa 湿度较低,不利于强降水;2 日 08 时,上升、下降段监测到 250～400 hPa 湿度明显上升,大气整层转为高湿并维持,平漂探空 $T\text{-}\ln P$ 产品很好地指示了台风本体移近后强降水的出现[11]。2 日 20 时,下降段 $T\text{-}\ln P$ 产品监测到 850 hPa 风速减弱,表明台风登陆后在陆地上整体环流形势的减弱趋势。2 日 20 时上升段、下降段 $T\text{-}\ln P$ 产品均监测到,随着台风本体的远离,水汽条件开始转差,预示强降水趋于结束。

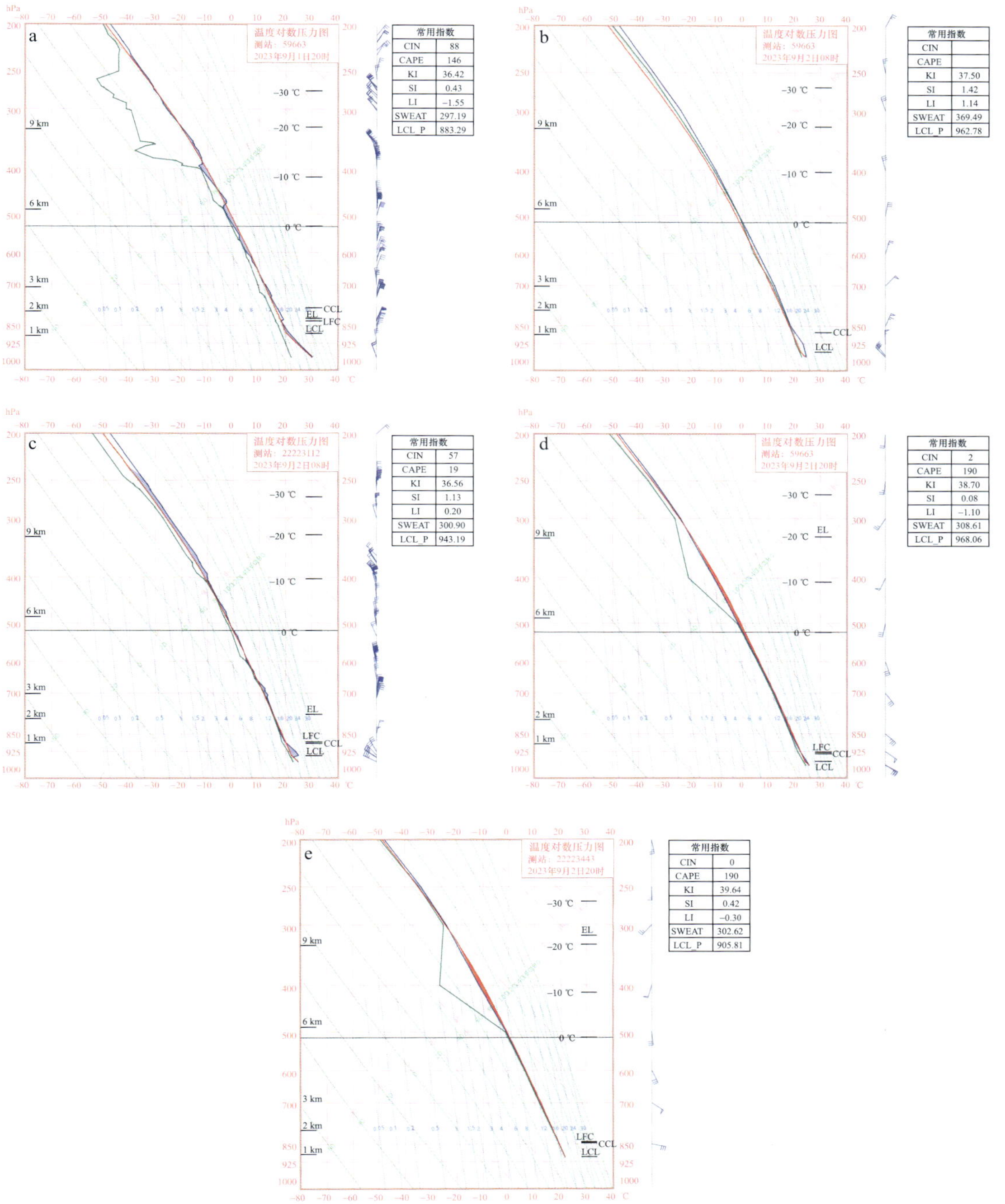

图 16　2023 年 9 月 1 日和 2 日间不同时次上升段和下降段的阳江探空 T-ln$P$ 产品

(a)1 日 20 时上升段；(b)2 日 08 时上升段；(c)2 日 08 时下降段；

(d)2 日 20 时上升段；(e)2 日 20 时下降段

平漂探空的下降段时间是可控的，在业务实践中，预报员可根据需求进行下降指令，从而获取合适时间和地点的廓线数据，提升预报员对环境形势变化的掌控能力，对强对流天气系统的演变、对流条件发展变化，台风结构和强降水过程演变等判断预报有较好的支撑作用。

7 结论与讨论

本文总结了2023年综合气象观测产品在雷达、微波辐射计、云雷达、平漂探空、大气成分监测、移动与机动观测等方面的应用技术进展。这些进展主要体现在对台风、龙卷、暴雨、暴雪、沙尘等高影响天气及重大活动保障方面的应用能力与支撑作用上。首先,雷达三维产品、双偏振雷达参量改进的定量估测降水可以提供降水回波立体结构特征与面上降水的强度监测,雷达龙卷监测多次识别出龙卷回波结构、高层辐散与低层速度切变等关键特征。其次,结合多种设备协同监测,垂直新产品在降水预警、低空急流特征识别和降水相态综合判识等方面为暴雨寒潮暴雪过程提供了关键的实况观测支撑。通过多源气溶胶观测同化产品分析,全面描述了2023年多路径辐合与沙尘回流2次典型过程的沙尘传输路径。此外,在成都大运会保障与台风监测上,垂直移动观测、机动观测与平漂的应用对于提高预报准确性和灾害预警能力也具有重要意义。这些新产品的应用有望在天气预报和灾害防范中发挥重要作用。

新的产品应用虽然取得较大的进步,但反演产品和识别产品的准确性还距预报员的需求有差距,垂直观测产品的检验和应用也需要加强,下一步将在产品算法、检验和应用场景等方面进一步进行优化和提升,加强观测预报互动,推动预报员对观测产品的理解和应用,加强针对预报员需求的产品研发。

致谢:在论文的撰写过程,特别感谢权继梅、施丽娟、吴蕾、赵培涛、靳军丽给予的大力支持,王佳、康家琦、陈子键、刘征为编写提供帮助。

参考文献

[1] 中国气象局,科学技术部,中国科学院. 中国气象科技发展规划(2021—2035年)[Z]. 中国气象局,2022:7-10.

[2] 郭建侠,王佳,姚聃,等. 2022年综合气象观测技术及天气应用分析[M]. 北京:气象出版社,2022:298-312.

[3] 郭建侠,杨金红,陶法,等. 综合观测技术及天气应用复盘(2021)[M]. 北京:气象出版社,2021:271-283.

[4] 梁海河. 综合气象观测产品系统(天衍)技术手册[M]. 北京:气象出版社,2019.

[5] 张雪芬,王志诚,茆佳佳. 微波辐射计温湿廓线反演方法改进试验[J]. 应用气象学报,2020,31(4):385-396.

[6] 周冰雪,朱朗峰,吴昊,等. 微波辐射计反演大气廓线精度及降水预报应用[J]. 应用气象学报,2023,34(6):717-728.

[7] 杨杰波,陈柯,徐桂荣,等. 基于微波辐射计观测亮温数据集的神经网络训练反演研究[J]. 暴雨灾害,2022,41(4):477-487.

[8] 王景刚,于雷,李洪辉,等. BP神经网络深度对辐射计温湿度反演精度的影响[J]. 科学技术创新,2021(29):1-3.

[9] 王佳津,张琪,张涛,等. 成都两次暴雨期间风廓线雷达观测的低空风场特征[J]. 干旱气象,2021,39(1):87-95.

[10] 金巍,曲岩,姚秀萍,等. 一次大暴雨过程中低空急流演变与强降水的关系[J]. 气象,2007,33(12):31-38.

[11] 章丽娜. T-ln$p$ 图在天气分析和预报中的应用[M]. 北京:气象出版社,2022.

2023 年气象数据产品的快速服务技术研究与应用

姜筱玮　张　强　杨和平　曹　磊　许永芳　霍子墨　周小康
（国家气象信息中心，北京，100081）

摘　要：在日常会商、重大活动保障及高影响天气复盘等气象服务中，气象高分网格融合、要素统计服务等各类产品的高时效供给需求旺盛。针对各类气象高分网格融合产品由于专业性强、单文件量大等导致应用率不高、传输及应用时效变低等问题，基于高分网格实况产品，研发高效压缩、动态切片及压缩技术，利用 B/S 服务框架、空间数据处理以及 WebGL（网络图形库）等服务技术，实现单要素百兆网格数据毫秒级可视化以及任意位置的气象要素长序列提取服务；同时，基于观测站点数据，统一数据源及算法，研发混合存储及服务技术，实现小时级站点历史与实况极值的高效统计分析服务，为 2023 年成都大运会、杭州亚运会等保障提供支撑，并为中央台早间会商保障、重大天气过程复盘、突发灾害保障等提供服务。

关键词：可视化渲染，瓦片金字塔，多源时空数据

引言

随着经济社会的快速发展，信息收集和存储技术取得了显著进步，全球已经步入了大数据时代。在这个背景下，气象数据作为重要的数据信息之一，其价值和作用日益凸显。近年来，多源气象实况融合产品及再分析技术的成熟，使得气象实况格点产品实现了不断更新换代并呈现出海量增长的趋势。然而，随之而来的是一系列挑战和问题，特别是在气象数据产品的快速服务技术方面。

首先，气象实况产品的使用专业要求较高，在一定程度上限制了其气象数据产品的快速服务。为了解决这个问题，国内外均发布了针对格点产品的可视化工具，通过降低使用门槛，使更多的非专业人员能够轻松理解和使用气象数据产品。然而，由于这些工具单纯地使用表格展示空间格点数据，无法挖掘数据的完整价值，静态可视化展示工具种类繁多、专业性强，现有网页端展示效果差[1]，这些问题不仅影响了气象数据的传播和应用，也阻碍了气象服务在更广泛领域的推广和普及。

其次，气象实况产品的可视化技术有待提高。随着基于 B/S（浏览器/服务器架构）结构下 HTML5（超文本标记语言）技术的兴起，延伸了页面前端渲染技术的发展，气象数据可视化发展到了全新的时代[2-5]。中国气象局于 2021 年发布 1 km 的气象实况网格数据，单个文件大小达到 106 M，在实际应用中，主要应用方式包括：转成透明图片，直接叠加到地图上，但放大后

资助项目：中国气象局青年创新团队（CMA2023QN08）、国家气象信息中心重点创新团队（NMIC-2024-ZD08）和国家气象信息中心青年创新团队（NMIC-2024-QN01）共同资助。

第一作者：姜筱玮，工程师，从事气象数据服务技术研究，E-mail：jiangxw@cma. cn。

通信作者：张强，正高级工程师，从事气象数据服务技术研究，E-mail：zhangq@cma. cn。

分辨率效果不好;或逐层抽稀成稀疏网格,会导致特征丢失,影响前台真实渲染结果。因此,基于 B/S 架构的页面渲染,很难既保障效率又保障数据准确性。

此外,气象网格数据由于其强大的空间特性,与地理信息数据的结合能够极大地提升多种行业数据图层的可视化表达能力,这在当前的业务和社会公众服务方面有着极为迫切的需求。虽然国内外在气象与地理数据结合运用方面取得了一定的成果[6-9],但仍面临一些问题和挑战:各类数据相对孤立,缺乏有效的整合和共享机制,数据覆盖面较窄,不能满足不同领域的需求,同时数据的准确性和可靠性也有待提高。

因此,为进一步满足气象数据精细化的服务需求,亟须开展气象数据产品的快速服务技术,提升气象产品服务的准确性、稳定性和全面性。本文重点围绕高分辨率气象实况数据渲染效率低、多来源数据服务不统一等问题,结合基于长序列站点数据及高分辨率网格数据的数据特征,提出通过长序列数据处理与服务技术、实况产品处理与快速服务技术及多源时空数据整合处理技术,实现气象数据产品面向会商保障、突发灾害服务、重大活动保障等不同应用场景的快速服务。

1 技术架构

为实现气象数据产品的快速服务,本文主要通过优化数据存储与压缩、数据传输与切片、数据快速可视化渲染等环节,在保证数据精度的前提下进一步实现气象数据的快速加载与应用服务。系统框架如图 1 所示。

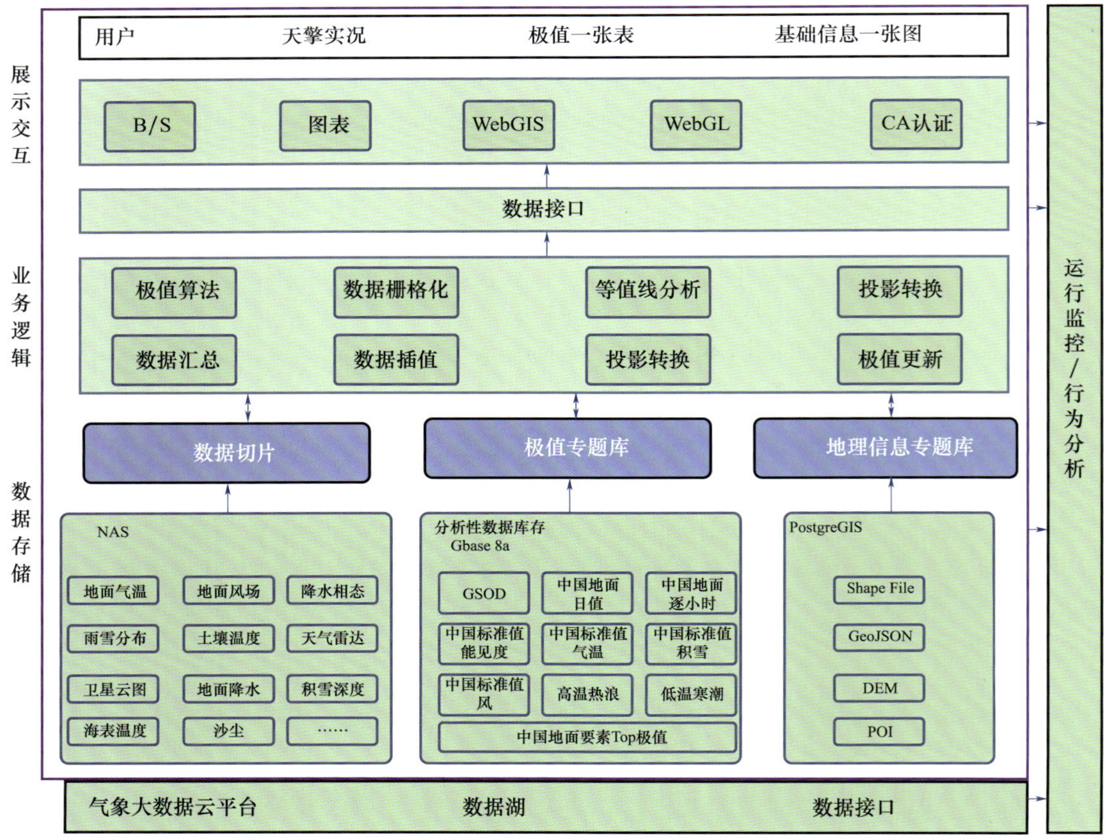

图 1　气象实况产品服务矩阵系统框架

数据源：数据取自于气象大数据云平台·天擎，站点数据通过数据服务接口获取，格点数据通过数据湖获取，极值统计数据来自于分析库的长序列观测数据、历史统计数据。

数据处理：格点数据通过数据栅格化和切片处理，有效提升数据访问效率，使 WebGIS（网络地理信息系统）根据不同的可视范围和缩放等级请求不同的切片。

数据展示：系统通过 Web 的形式展示实况和历史统计极值数据。实况观测数据包括全球和中国区域地面、雷达、卫星、高空、海洋等 9 类数据产品，实况格点数据包括降水实况、陆面实况、大气实况等 6 类数据产品。

2 关键技术

2.1 长序列数据处理与服务技术

极值实况统计业务面向长时间序列、全国乃至全球站点数据统计的业务需求，实时性要求较高，频繁检索长序列历史观测数据效率较低。针对这一问题，如图 2 所示，“天擎·极值一张表”导入人工统计的历史极值，而实时数据则采取融入气象大数据云平台加工流水线的开发方式（实现算法的加载部署、任务定义、任务调度等功能的业务运行支撑环境）：直接读取数据库中数据源、同时将业务结果回写，极大地提升了处理效率。观测数据还存在质控信息随时更新的特点，如果质控信息不能实时体现，那么则很有可能产出错误的统计结果。天擎·极值一张表的实时数据直接读取分析库中的地面观测数据，不再进行内部缓存，有效防止了因观测数据订正导致的数据错误问题。

2.2 实况产品处理与服务技术

随着气象保障服务需求日渐精细化，实况网格产品文件分辨率从数十千米精细化到千米级，甚至百米级，文件大小达到百兆级。面向前端实况产品的应用服务需求，传统可视化技术已无法满足高效服务需求，因此，本文采用气象网格数据的快传快视技术、基于 VUE（视图对象用户自谦型）开发框架的气象组件发布技术等，实现多源数据的标准化处理、功能集约建设以及图层渲染等组件松耦合发布，为气象实时保障调度指挥提供服务支撑。

实况产品处理与服务技术采用的关键技术为快传快视技术，它能够实现从数据处理与压缩、数据切片与传输、数据可视化渲染及数据混合存储技术等方面来大幅提升实况产品处理与服务技术的效率。

在数据存储方面，采用混合存储技术（如图 3），实现面向前端服务的多源数据存储设计和管理。综合运用空间关系数据库、分布式文件存储技术、内存数据存储技术和本地文件存储技术等，在满足数据应用需求和存储需求情况下，实现数据存储效率最大化及存储成本最小化。

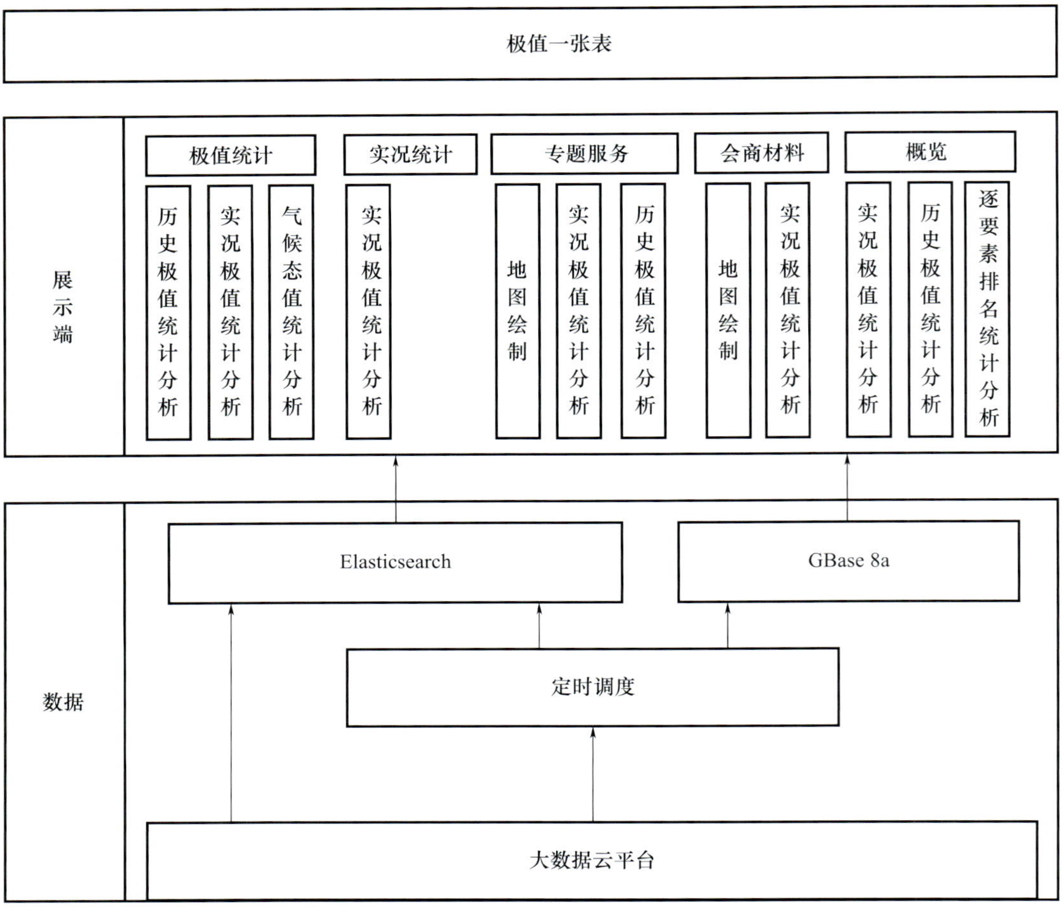

图 2 “天擎·极值一张表”系统框架

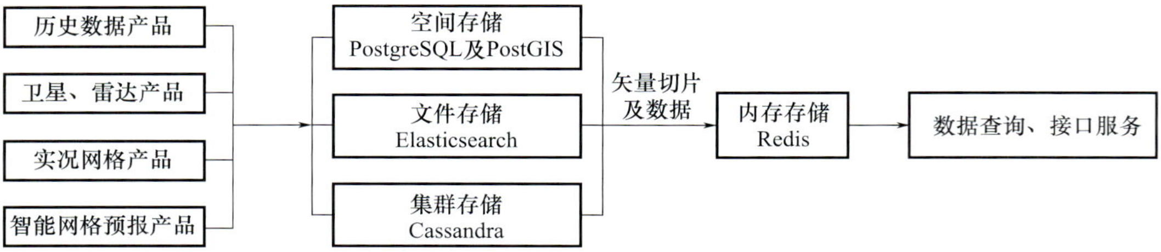

图 3 数据存储与服务流程

2.3 多源时空数据混合存储技术

多源时空数据混合存储技术就是将多种气象业务基础数据通过空间数据模型的对象模型集成并存储为包括空间实体、实体属性及关系的空间数据。对于区域站等数据量非常大的站点数据，为提高数据空间化展示速度，将数据进行预处理并以建立金字塔的方式，分割成批量的描述性文件，以 GeoJSON 格式或者 PBF 等自定义格式组织，按需请求不同的矢量瓦片数据进行地图渲染。同时，充分发挥站点气象观测数据与栅格数据综合服务能力，利用空间插值算法，加工成适合快速空间发布的高精度栅格数据，提高数据的服务精度。同时利用成果数据存储提升响应效率，对于频繁访问的热点数据，采用 Redis（远程字典服务）作为缓存进一步提升响应效率，建立影像金字塔，并基于"基础信息一张图系统"统一发布。

通过构建数据中台，如图 4 所示，利用多源数据混合存储技术，向用户提供统一的访问接口。存储规则是混合存储引擎的关键，根据用户喜好、数据类型、数据大小、数据规模、访问需求、数据特点等因素和指标，来确定数据的最佳储存介质。

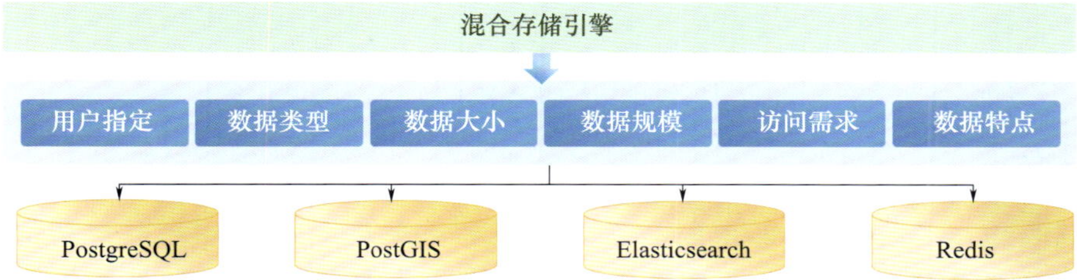

图 4　多源数据混合存储技术

3 天气应用服务

3.1　面向日常会商保障的应用服务

在气候变化背景下，全球及全国的极端天气气候事件频发强发，决策服务中对暴雨、高温、大风等气象灾害的极值统计需求迫切。但数据源不统一、统计方法不一致、数据更新频率不一样等导致服务过程中提供的历史极值、突破历史极值等统计信息不一致，这给决策者或者公众造成困惑甚至降低气象部门的公信度。"天擎・极值一张表"凭借权威的数据来源、准确的业务流程，为灾害天气过程极端性的把握提供了重要的决策参考。

高温热浪是"天擎・极值一张表"的一个重要应用场景。2023 年夏季，一次高温热浪过程席卷我国华北地区。"天擎・极值一张表"超历史极值情况实时统计功能、高温热浪过程统计功能，给出精准、快速的极值统计结果，为每日早间会商、复盘会商都提供了重要保障。图 5 为 2023 年 6 月下半月全国国家站日最高气温突破历史极值排名情况。"天擎・极值一张表"可以统计在任意时段、任意地区内突破建站以来、同期（月、旬）极值情况及历史极值出现时间以及相应站数统计。2023 年 6 月 22 日华北地区的高温过程占据全国前十名。图 6 为 2023 年 6 月下半月全国国家站日最高气温突破历史极值分布情况。高温突破历史极值的站点有 23 个，主要分布在北京、天津、河北和山东。图 7 为 2023 年 6 月高温热浪持续天数分布情况。以日最高气温超过 35 ℃、连续 3 d 以上为标准筛选高温热浪过程。2023 年 6 月，高温热浪持续 5 d 及以上的国家站有 366 站次，高温热浪天气主要分布在新疆、华北、云南、江南、华南和西南；新疆东北部、云南北部热浪持续日数可达 20 d。

站点统计 2023-06-16至2023-06-30

极值统计(总站数：181个)

超历史极值　站数　次数　(总站数：23个)

日最高气温(23个)　详情

排序	省市	站名/站号	日最高气温(°C)	出现时间	历史极值(°C)	出现时间
1	北京市	汤河口/54412	41.8	2023-06-22	40.9	2010-07-03
2	天津市	大港/54645	41.8	2023-06-22	41.2	2000-07-01
3	河北省	廊坊/54515	41.6	2023-06-22	41.2	2022-06-25
4	河北省	固安/54512	41.4	2023-06-22	40.8	2022-06-25
5	山东省	无棣/54722	41.3	2023-06-22	41.1	1961-06-12
6	北京市	怀柔/54419	41.2	2023-06-22	41	1961-06-10
7	北京市	斋堂/54501	41.1	2023-06-22	40.6	2000-07-01
8	天津市	西青/54527	41.1	2023-06-22	40.5	2000-07-01
9	天津市	武清/54523	41	2023-06-22	40.6	2000-07-01
10	天津市	北辰/54528	40.9	2023-06-22	40.5	2000-07-01

图 5　2023 年 6 月下半月全国日最高气温突破历史极值情况前 10 名

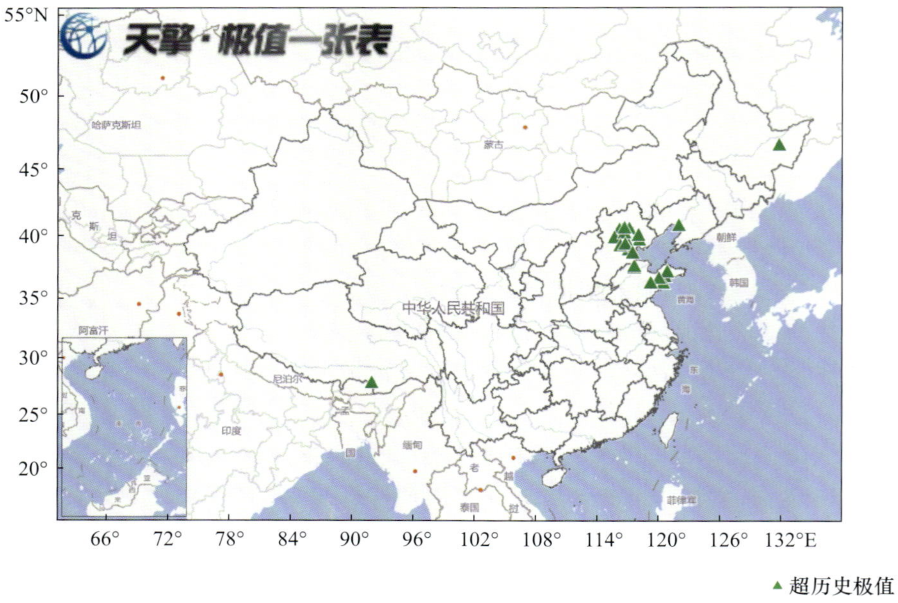

图 6　2023 年 6 月下半月全国国家站日最高气温突破历史极值分布情况

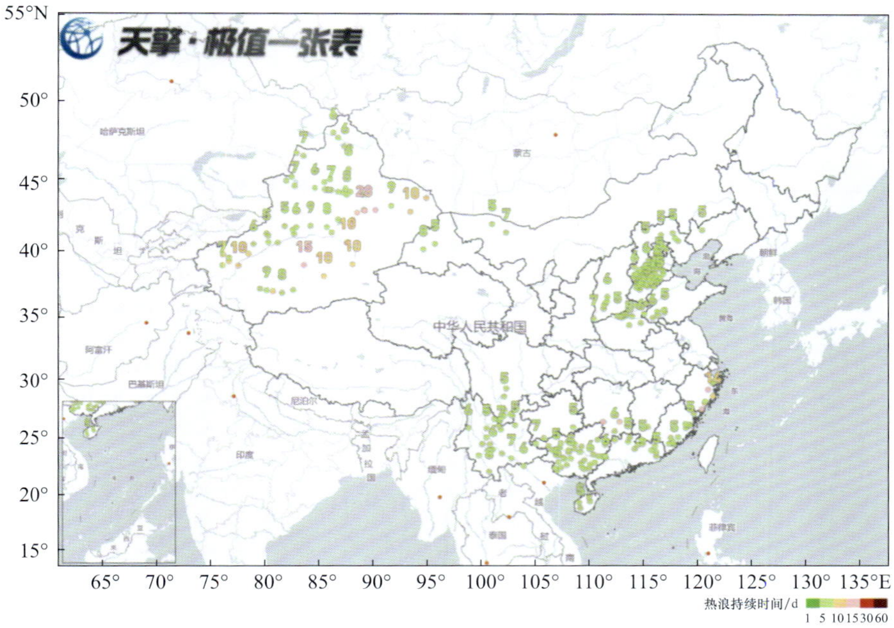

图 7　2023 年 6 月高温热浪持续天数（5 d 以上）分布情况

7 月 29 日—8 月 1 日，华北地区受杜苏芮台风残余环流影响，发生了暴雨洪涝，中国气象局和省气象局对这次过程降水的极端性高度关注，基于实况和历史极端性为会商和复盘提供了快速有效的服务支撑。围绕台风“杜苏芮”残余环流给京津冀带来的极端降水，重点关注北京、天津、河北三省的累计降水以及这次降水的极端情况，7 月 29 日—8 月 2 日期间，“天擎・极值一张表”和“天擎・实况”为上述三省的天气会商和加密会商提供 93 个数据产品，会商中应用量为 10 次。

3.2　面向突发事件保障的应用服务

基础地理空间信息数据、自然资源信息数据、环境与生态信息数据、经济与社会信息数据以及气象业务基础信息数据五大类行业数据已经实现了统一接入、处理、存储和管理，从而具备了多源数据统一空间化处理和存储管理能力。在此基础上，“天擎・基础信息一张图”平台共计发布了 1642 个空间图层服务，其中包括基础地理类 941 个、自然资源类 58 个、环境生态类 11 个、社会经济类 109 个和气象业务类 523 个。这些服务为行业数据和气象数据提供了统一叠加、多图层表达、空间检索以及任意位置的空间信息服务。

“天擎・基础信息一张图”（简称“一张图”）平台不仅支撑了气象局各单位的业务，还为四川、广东、吉林、天津、北京等各省（区、市）提供了服务。同时，它也支撑了天擎・实况、“天擎・极值一张表”等业务系统的数据处理工作。此外，该平台还为中国气象局短临预报业务平台（SWAN3.0）提供了行政边界（如乡镇边界等）信息，以及灾害普查中的隐患点信息，如中小河流隐患点、山洪沟隐患点、城市内涝隐患点等。同时，它还提供了智能搜索组件，如行政区、流域、站点、水系、道路搜索等功能以及距离测量和面积测量等工具组件，为气象预报和灾害管理提供了强大的数据支撑和工具支持。

针对突发地震灾害,如图8所示,"一张图"系统提供震中及附近地区影响分析展示,用户可以结合地图,通过实时数据更新和智能分析,系统能够快速响应地震事件,为减轻地震灾害的影响和保护人民生命财产安全提供有力支持。

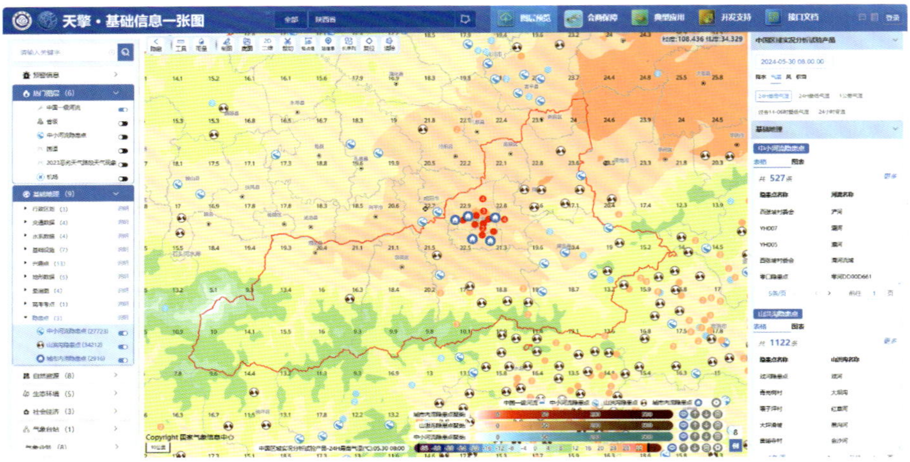

图8　图层叠加展示

针对突发灾害天气,如图9所示,"一张图"系统提供北京暴雨灾害场景展示功能,结合地图实现相关应急天气事件的应急处置和指挥。北京暴雨专题具备预警预报、河流模拟以及受灾情况分析等功能,能够实时监控降雨量,清晰展示降雨实况,并与历史极值进行对比。同时,该系统运用三维模拟技术展示洪水形成过程,直观呈现不同河道汇集的情景和洪水随时间的变化。此外,系统还详细描绘河道附近村庄的淹没场景、洪水影响的缓冲区范围及隐患点,使受灾情况一目了然。同时,暴雨专题还展示了人口、经济、医疗资源以及隐患点分布等信息,帮助决策用户了解受灾情况和资源分布,提供全面、准确的暴雨信息,对人群疏散、人员应急防护、应急救援物资、人工天气调整等信息进行综合管理和应用。

3.3　面向重大活动保障的应用服务

以杭州第19届亚运会(简称亚运会)保障服务需求为例,针对现场局地小场景精细化气象信息服务特点,采用集约化、组件化、开放式设计,统一集成常规数据产品,以及空间天气、百米融合等新观测数据产品,实现各类信息资源快速响应、时空联动、动态加载、一站服务,为综合研判、决策和指挥提供保障服务支撑。

图10a为杭州亚运会国家级指挥平台的四分屏卫星+雷达+实况网格展示页面,其以关注场馆等特定保障区域为中心,构建缓冲区,实现雷达+卫星、雷达+网格以及网格+站点等一体化显示,并提供网格、站点等时序图显示功能。图10b为雷达+卫星叠加显示页面,实现基于WebGIS雷达拼图和卫星云图(FY-4、葵花卫星)叠加显示。图10c和图10d为站点观测+网格叠加显示页面,实现基于WebGIS站点观测和网格实况叠加显示。网格实况显示要素包括:降水、温度、风场、相对湿度等。显示方式支持:填色、等值线和填值,风场支持风向杆、流

线、填色显示方式。

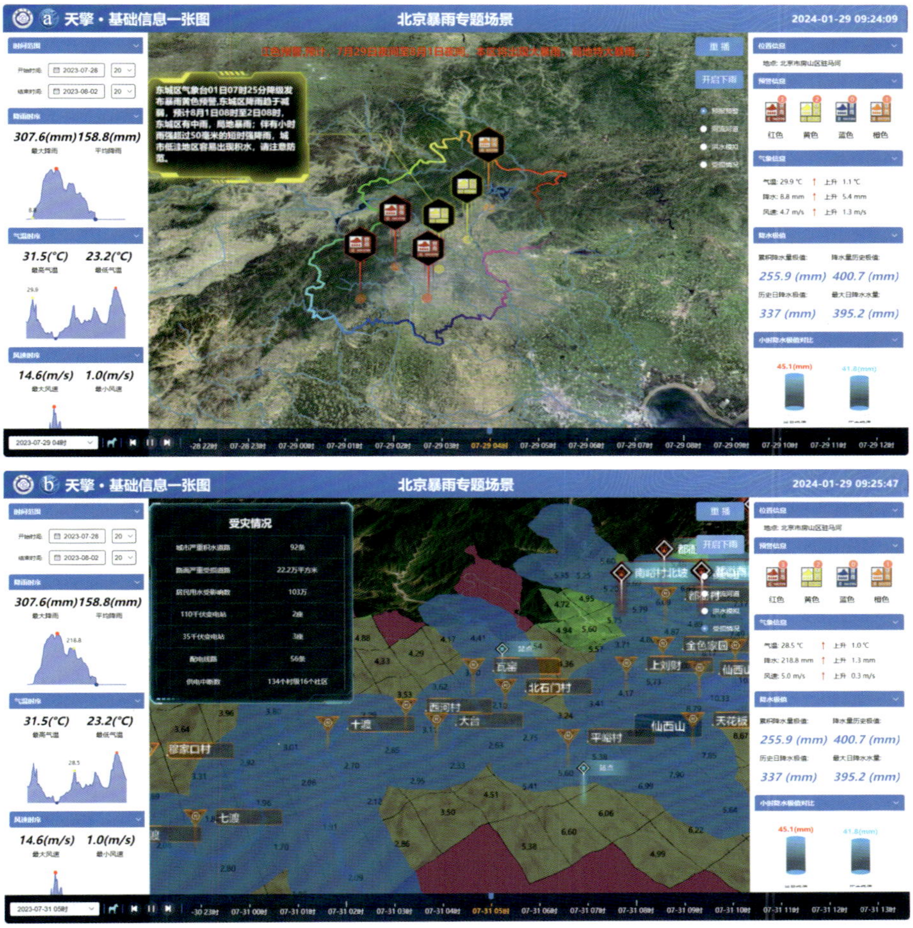

图 9　北京暴雨专题

(a)预警预报；(b)受灾情况

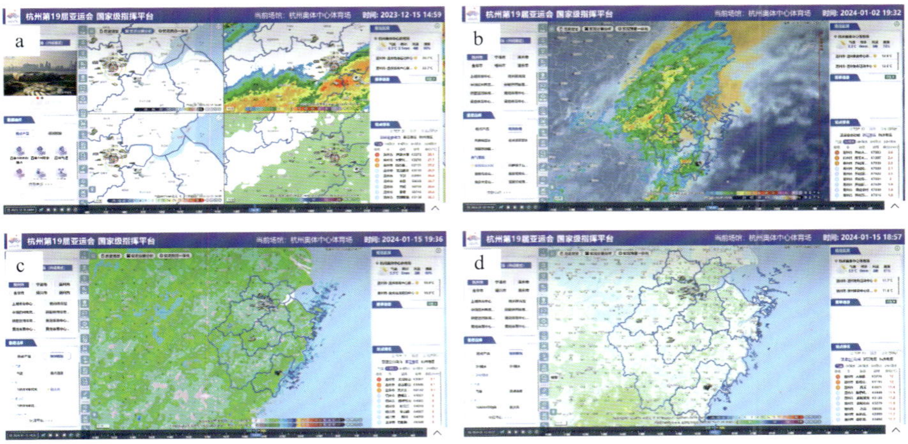

图 10　杭州亚运会可视化支撑平台

基于新型观测设备资料，如微波辐射计、雷达剖面、雷达探空等资料，针对特定保障服务区域，实现 0～6000 m 的温、湿、垂直风、风切变以及 $T\text{-}\ln P$（温度-对数压力）图等垂直实况分析图，并实时更新，提供垂直分析研判支撑（图 11）。

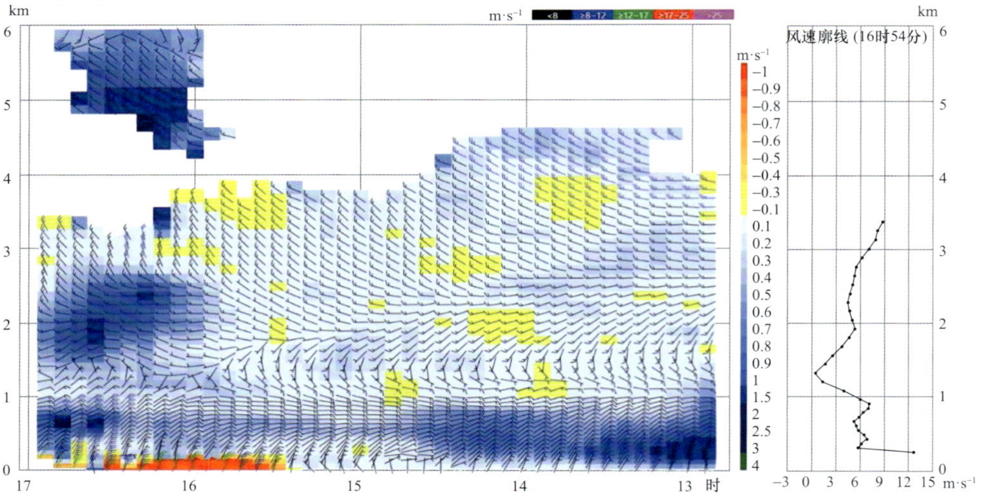

图 11　风廓线雷达的可视化展示

综上，气象实况产品服务矩阵自上线以来，已经取得了广泛的应用和肯定，在日常会商、重大活动保障、突发灾害保障及高影响天气复盘等气象服务中持续发挥着重要的支撑作用。2023 年以来，“天擎・实况”先后为成都大运会、天津达沃斯论坛、中亚峰会及杭州亚运会等 9 次重大活动提供保障支撑；在日常会商中，紧密围绕会商需求，为预报首席提供降水、气温、风、闪电等大气实况产品以及过去 10 d 统计、过去 7 d 统计、过去 1 d 统计等统计产品，累计提供 2250 张图形产品。2023 年入汛以来，“天擎・极值一张表”针对华北高温、台风和暴雨洪涝等，面向中央台和省级会商，大运会和亚运会重大活动等提供专题服务 200 多次，其中气象要素历史极值 100 多次，基本要素历年数据支撑 100 多次，有力地支撑了决策服务、防灾减灾和重大活动保障需求；“天擎・基础信息一张图”面向全国会商提供面雨量、隐患点、降水、大风实况、CZ 铁路专项保障服务等专题服务 184 次，有效支撑国省会商服务。

4　结论与讨论

气象实况产品服务矩阵在多个方面取得了显著进展，包括实时业务平台的建立、高效的可视化技术以及多源数据的整合服务。然而，这些服务仍面临一些挑战，如数据质量控制、可视化精度提升以及更广泛的应用价值挖掘等。未来的发展方向将围绕这些挑战进行持续的完善和创新。具体体现在：

（1）“天擎・极值一张表”是国家级层面初步建立的第一个极值统计的实时业务平台，其统一了针对天气气候灾害事件极端性的宣传口径并显著度提升了长序列历史数据的处理效率。

然而，由于观测数据序列极长且质量参差不齐，未来需要完善容错功能，并对历史数据进行更科学合理的质量控制。

(2)“天擎·实况”作为国家级的气象数据综合可视化平台，其采用 HTML5 的 VUE 架构的可视化技术，实现了百兆级格点数据的快速可视化，通过多终端渲染技术中台支撑流程，提高了 WebGIS 的渲染效率。但当前技术对于更大尺度的累计值和小数点后 3 位有效数字的可视化精度存在限制，未来可通过更细致的算法处理进一步提升可视化效率。

(3)“天擎·基础信息一张图”是一个集成了多种气象数据的综合性服务平台，包括结构化和非结构化数据，以及网格化和二进制格式的数据。通过混合存储数据库引擎和特定技术的使用，服务能够高效处理和存储这些数据，同时提供了 API(应用程序编程)接口供其他系统或应用进行二次开发。未来将整合更加多源的行业数据，进一步推动了气象数据的广泛应用和价值挖掘。

致谢：在论文撰写过程中，感谢国家气象信息中心领导及同事的指导，感谢中国气象局青年创新团队及信息中心创新团队的资助，感谢国家气象中心于超、杨波、符娇兰、谌芸、张涛、马学款等专家对气象实况产品服务应用的指导。

参考文献

[1] 杨和平，张志强，杨明，等. 气象格点数据在线可视化平台的设计与开发[J]. 计算机工程与应用，2019，55(18)：207-211.

[2] ZILLMANN U，BECHTLE P. Emergence and economic dimension of airborne wind energy[M]//Airborne wind energy. Singapore：Springer，2018：1-25.

[3] HUNT J D，LEAL FILHO W. Land，water，and wind watershed cycle：a strategic use of water，land and wind for climate change adaptation[J]. Climatic Change，2018，147(3/4)：427-439.

[4] 司瑶冰，韩经纬，李云鹏，等. 基于网格数据的内蒙古决策气象服务技术研究与实现[J]. 沙漠与绿洲气象，2020，14(6)：127-133.

[5] 丰德恩，唐卫，王慕华，等. 基于 WebGIS 的气象服务产品自动加工关键技术[J]. 气象与环境科学，2020，43(1)：130-136.

[6] DIRK H. NinJo Recent Developments[R]. 20th EGOWS，2009.

[7] Ian R. Recent Developments in Metview[R]. 25th EGOWS，2014.

[8] GRIFITH F. AWIPS-Ⅱ Into the Future[C]//Proceedings of 27th ⅡPS for Meteorology，Oceanography，and Hydrology. 2011.

[9] 陈京华，杨和平，陈楠，等. WebGIS 技术在气象网格产品精细化服务中的应用[J]. 气象科技，2022，50(6)：766-775.

[10] 王笑，杨贤栋. 基于 ArcGIS 的福建省气象数据可视化系统[J]. 福建电脑，2018，34(1)：3.